합격Easy

산업위생관리 산업기사

필기

2025

- ✓ <산업안전보건법> 최근 개정 법령 해설에 반영
- ✓ 항목별 **학습 POINT로** 학습 방향 제시
- ✓ 적중률 높은 **출제예상문제로** 최단기 필기시험 합격
- ✓ 예상문제 + 기출문제(2018~2020년) + CBT 모의고사 완벽해설

신은상 저

 CBT 모의고사 해설
동영상 강의 무료 제공

 CBT 온라인 실전 모의고사
6회 무료 제공

 CBT 온라인 과년도
기출문제 무료 제공

 학습지원센터
https://cafe.naver.com
/sandangi
네이버 카페 산단기

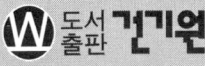

합격 Easy
산업위생관리 산업기사 합격을 향한 합격이지의 Easy한 사용법

STEP 1 | 합격이지 산업위생관리 산업기사 필기 교재인증

① QR 코드로 [도서인증 | 산위산기] 빠른 이동
② [글쓰기] 클릭
③ 양식에 맞춰 글 작성

STEP 2 | CBT 온라인 기출문제 및 모의고사 이용법

① 미디어몬에서 산업위생관리 산업기사 필기 온라인 기출문제 무료 응시
② 미디어몬에서 가입한 이메일 주소로 쿠폰 전달
③ 쿠폰 확인 후 CBT 온라인 실전 모의고사 무료 구매
  ※ CBT 온라인 모의고사 이용 시 **로그인 및 PC 사용 권장**

STEP 3 | 미디어몬 쿠폰 사용법

① 온라인 강의 쿠폰 사용법
② 미디어몬 CBT 온라인 실전 모의고사 쿠폰 사용법

STEP 4 | 합격이지 산업위생관리 산업기사 필기 무료강의

① QR 코드로 스캔하여 [산위산기 필기(해설 강의)] 빠른 이동
② 합격이지 산업위생관리 산업기사 필기의
   무료강의로 모두 다 함께 학습!

미디어몬
CBT 온라인 실전 모의고사 응시방법

인터넷 주소창에 https://mediamon.co.kr/을 입력하여 미디어몬 홈페이지에 접속

① 홈페이지 우측 상단에 있는 **[회원가입]** 또는
[로그인]을 클릭하여 네이버 로그인

② 우측 상단에 있는 **[온라인모의고사]**를 클릭

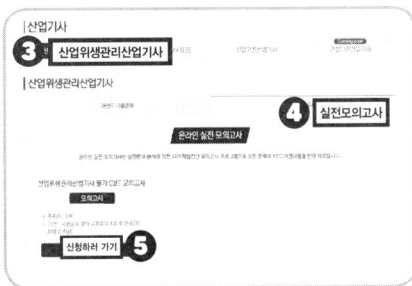

③ **[산업기사]** – **[산업위생관리산업기사]** 선택 후

④ **[실전모의고사]** 탭 클릭

⑤ 산업위생관리산업기사 필기 CBT 모의고사
[모의고사] – **[신청하러 가기]** 클릭

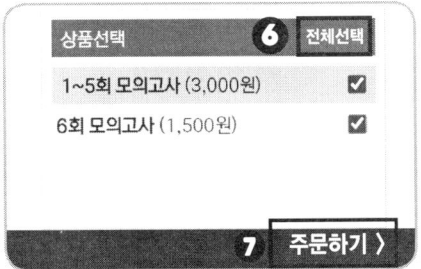

⑥ **[전체선택]** 클릭

⑦ **[주문하기]** 클릭

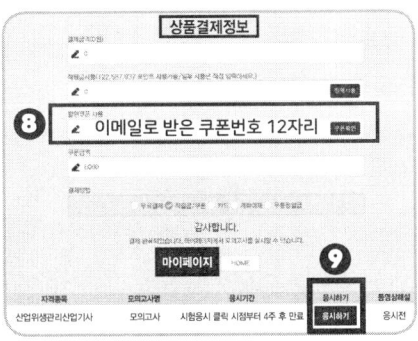

⑧ **[상품결제정보]** 창의
  → 할인 쿠폰 사용에서
    [이메일로 받은 쿠폰번호 12자리] 쿠폰번호 입력 후
  → 쿠폰확인 클릭 → **[사용가능한 쿠폰입니다]**
    안내 확인 후 **[결제]** 클릭

⑨ **[마이페이지]**로 접속하여 원하는 회차에 **[응시하기]** 클릭

합격Easy
산업위생관리 산업기사

🔒 교재 인증[등업] 방법

01 산단기 학습지원센터 카페에 가입
(https://cafe.naver.com/sandangi)
02 아래 공란에 닉네임 기입 후 **QR-코드 촬영**
03 게시판 목록 중 **[도서인증 | 산위산기]**에 게시

카페 닉네임

- 중고도서 지운 흔적 등 중복기입(인증) 불가
- 볼펜, 네임펜 등 지워지지 않는 펜으로 크게 기입

📌 주의사항

✅ 교재 인증 시 CBT 온라인 실전 모의고사 6회를 볼 수 있습니다.
✅ 교재 인증 시 [산단기] - [무료강의] 게시판 목록에서 무료강의 시청 가능
✅ 카페 닉네임 변경 시 등급 변경에 대한 불이익을 받을 수 있습니다.
✅ 카페 내 공지사항은 반드시 필독해 주세요!

머리말

산업위생관리산업기사는 최근 근로자가 안전하게 근무할 수 있는 산업환경의 관심 급증 및 보건관리자 선임 기준으로 떠오르는 자격증으로 자리매김하고 있습니다. 특히 산업안전보건법과 함께 시행된 지 얼마 되지 않은 중대재해처벌법으로 인해 그 역할이 더욱 중요해지고 있는 상황입니다. 취업조건도 2018년 9월 1일 산업안전보건법 시행령 변경으로 인해 30명 미만인 소규모 사업장에도 안전·보건관리담당자 선임 제도를 도입, 미선임 시 500만 원 과태료를 부과하는 법이 제정되어, 자격증 취득 후 앞으로의 취업 전망은 상당히 밝다고 하겠습니다.

이에 저자는 산업위생관리산업기사 필기시험을 짧은 기간 내에 합격할 수 있도록 30여 년간의 강의와 실무경험을 바탕으로 출제기준에 따른 전 과목의 항목별 출제예상문제를 꼼꼼한 해설과 함께 구성하였고, 또한 산업보건지도사·보건관리자 취득에도 도움이 되도록 본 교재를 집필하게 하였습니다.

교재의 특징

❶ 주요 항목별 학습 POINT를 삽입하여 학습 방향을 제시하였다.
❷ 최신 출제기준에 적합한 예상문제의 적용과 CBT 시험 모의고사를 수록하였다.
❸ 계산문제는 알기 쉬운 풀이 과정을 제시하여 응용력을 높였다.
❹ 체계적인 문항 배치로 수험생이 짧은 기간 내에 자격을 취득하도록 학습도를 높였다.
❺ 과목별 예상문제 및 과년도 기출문제는 쉬운 해설로 이해하기 쉽게 서술하여 수험생의 학습도를 높이는 데 주력하였다.

이 문제집을 통해 산업위생관리산업기사를 취득한 보건관리자가 근로자의 안전을 위한 고도의 전문인력임을 감안할 때, 저자는 30여 년의 강의경력과 경험을 통해 해당하는 모든 내용의 산업 현장성과 정확성에 중점을 두어 최선을 다해 집필하였음을 밝힙니다. 따라서 본 교재를 집필하면서 잘못된 부분이 없도록 최선의 노력을 기울였으나 급변하는 시대에 법규의 변경이나 새로운 기술의 도입으로 수정할 부분이 있으면 출간된 이후에도 지속적으로 보완작업을 게을리하지 않을 것이며, 더욱더 정확하고 완벽한 해설을 제공할 것을 약속드립니다. 끝으로 이 교재가 출간되도록 애써주신 도서출판 건기원 관계자분께도 진심에서 우러나오는 감사의 말씀을 전합니다.

2023.
편저자 신은상

출제기준

| 직무분야 | 안전관리 | 중직무분야 | 안전관리 | 자격종목 | 산업위생관리산업기사 | 적용기간 | 2020.01.01.~2024.12.31 |

○**직무내용**: 작업장 및 실내 환경의 쾌적한 환경 조성과 근로자의 건강 보호와 증진을 위하여 작업장 및 실내 환경 내에서 발생하는 화학적, 물리적, 생물학적, 그리고 기타 유해요인에 관한 환경 측정, 시료 분석 및 평가(작업환경 및 실내 환경)를 통하여 유해요인의 노출 정도를 분석·평가하고, 그에 따른 대책을 제시하며, 산업 환기 점검, 보호구 관리, 공정별 유해 인자 파악 및 유해물질 관리 등을 실시하며, 보건 교육 훈련, 근로자의 보건관리 업무를 통하여 환경 시설에 대한 보건 진단 및 개인에 대한 건강 진단 관리, 건강증진, 개인위생 관리 업무를 수행하는 직무이다.

| 필기 검정방법 | 객관식 | 문제수 | 80 | 시험시간 | 2시간 |

과목명	문제수	주요항목	세부항목	세세항목
산업위생학개론	20	1. 산업위생	1. 역사	1. 외국의 산업위생 역사 2. 한국의 산업위생 역사
			2. 정의 및 범위	1. 산업위생의 정의 2. 산업위생의 범위
			3. 산업위생관리의 목적	1. 산업위생의 목적 2. 산업위생의 윤리강령
		2. 산업 피로	1. 산업 피로	1. 산업 피로의 정의 및 종류 2. 피로의 원인 및 증상
			2. 작업조건	1. 에너지소비량 2. 작업 강도 3. 작업시간과 휴식 4. 교대 작업 5. 작업환경
			3. 개선대책	1. 산업 피로의 측정과 평가 2. 산업 피로의 예방 3. 산업 피로의 관리 및 대책
		3. 인간과 작업환경	1. 노동생리	1. 근육의 대사과정 2. 산소소비량 3. 작업 자세
			2. 인간공학	1. 들기 작업 2. 단순 및 반복작업 3. VDT 증후군 4. 노동생리 5. 근골격계 질환 6. 작업부하 평가방법 7. 작업환경의 개선
			3. 산업심리	1. 산업심리의 정의 2. 산업심리의 영역

과목명	문제수	주요항목	세부항목	세세항목
				3. 직무 스트레스 원인 4. 직무 스트레스 평가 5. 직무 스트레스 관리 6. 조직과 집단 7. 직업과 적성
			4. 직업성 질환	1. 직업성 질환의 정의와 분류 2. 직업성 질환의 원인 3. 직업성 질환의 진단과 인정 방법 4. 직업성 질환의 예방대책
		4. 실내 환경	1. 실내 오염의 원인	1. 물리적 요인 2. 화학적 요인 3. 생물학적 요인
			2. 실내 오염의 건강 장해	1. 빌딩 증후군 2. 복합 화학물질 민감 증후군 3. 실내 오염 관련 질환
			3. 실내 오염 평가 및 관리	1. 유해인자 조사 및 평가 2. 실내 오염 관리기준 3. 관리적 대책
		5. 산업재해	1. 산업재해 발생원인 및 분석	1. 산업재해의 개념 2. 산업재해의 분류 3. 산업재해의 원인 4. 산업재해의 분석 5. 산업재해의 통계
			2. 산업재해 대책	1. 산업재해의 보상 2. 산업재해의 대책
		6. 관련 법규	1. 산업안전보건법	1. 법에 관한 사항 2. 시행법령에 관한 사항 3. 시행규칙에 관한 사항 4. 산업보건기준에 관한 사항
			2. 산업위생 관련 고시에 관한 사항	1. 노출 기준 고시 2. 환경 측정 및 정도관리 규정 3. 물질안전보건자료(MSDS)에 관한 고시
작업환경측정 및 평가	20	1. 측정원리	1. 시료 채취	1. 측정의 정의 2. 작업환경 측정의 목적 3. 작업환경 측정의 종류 4. 작업환경 측정의 흐름도 5. 작업환경 측정 순서와 방법 6. 준비작업 7. 유사 노출군의 결정 8. 유사 노출군의 설정 방법 9. 단위작업장소의 측정설계

출제기준

과목명	문제수	주요항목	세부항목	세세항목
			2. 시료 분석	1. 보정의 원리 및 종류 2. 정도 관리 3. 측정치의 오차 4. 화학 및 기기분석법의 종류 5. 유해물질 분석절차 6. 포집 시료의 처리방법 7. 기기분석의 감도와 검출한계 8. 표준액 제조검량선, 탈착효율 작성
		2. 분진 측정	1. 분진 농도	1. 분진의 발생 및 채취 2. 분진의 포집기기 3. 분진의 농도계산
			2. 입자 크기	1. 입자별 기준, 국제통합기준 3. 크기 표시 및 침강속도 3. 입경 분포 분석
		3. 유해인자측정	1. 화학적 유해 인자	1. 노출 기준의 종류 및 적용 2. 화학적 유해인자의 측정원리 3. 입자상 물질의 측정 4. 가스 및 증기상 물질의 측정
			2. 물리적 유해 인자	1. 노출 기준의 종류 및 적용 2. 소음 진동 3. 고온과 한랭 4. 습도 5. 이상 기압 6. 조도 7. 방사선
			3. 측정기기 및 기구	1. 측정 목적에 따른 분류 2. 측정기기의 종류 3. 흡광광도법 4. 원자흡광광도법, 유도결합플라즈마 (ICP) 5. 크로마토그래피
			4. 산업위생 통계처리 및 해석	1. 통계의 필요성 2. 용어의 이해 3. 자료의 분포 4. 평균 및 표준편차의 계산 5. 자료 분포의 이해 6. 측정 결과에 대한 평가 7. 노출 기준의 보정 8. 작업환경 유해도 평가

과목명	문제수	주요항목	세부항목	세세항목
작업환경관리	20	1. 입자상 물질	1. 종류, 발생, 성질	1. 입자상 물질의 정의 2. 입자상 물질의 종류 3. 입자상 물질의 모양 및 크기 4. 입자상 물질별 특성
			2. 인체에 미치는 영향	1. 인체 내 축적 및 제거 2. 입자상 물질의 노출 기준 3. 입자상 물질에 의한 건강 장해 4. 진폐증 5. 석면에 의한 건강 장애 6. 인체 방어기전
			3. 처리 및 대책	1. 입자상 물질의 발생 예방 2. 입자상 물질의 관리 및 대책
		2. 물리적 유해 인자 관리	1. 소음	1. 소음의 생체 작용 2. 소음에 대한 노출 기준 3. 소음 관리 및 예방 대책 4. 청력보호구
			2. 진동	1. 진동의 생체 작용 2. 진동의 노출 기준 3. 진동 관리 및 예방 대책 4. 방진보호구
			3. 기압	1. 이상기압의 정의 2. 고압환경에서의 생체 영향 3. 감압환경에서의 생체 영향 4. 이상기압에 대한 대책
			4. 산소결핍	1. 산소결핍의 개념 2. 산소결핍의 노출 기준 3. 산소결핍의 인체장해 4. 산소결핍 위험작업장의 작업환경측정 및 관리 대책
			5. 극한온도	1. 온열요소와 지적온도 2. 고열 장해와 인체 영향 3. 고열 측정 및 평가 4. 고열에 대한 대책 5. 한랭의 생체 영향 6. 한랭에 대한 대책
			6. 방사선	1. 전리방사선의 개요 및 종류 2. 전리방사선의 물리적 특성 3. 전리방사선의 생물학적 작용 4. 비전리방사선의 개요 및 종류 5. 비전리방사선의 물리적 특성 6. 비전리방사선의 생물학적 작용 7. 방사선의 관리 대책 8. 방사선의 노출 기준

출제기준

과목명	문제수	주요항목	세부항목	세세항목
			7. 채광 및 조명	1. 조명의 필요성 2. 빛과 밝기의 단위 3. 채광 및 조명방법 4. 적정조명수준 5. 조명의 생물학적 작용 6. 조명의 측정방법 및 평가
		3. 보호구	1. 각종 보호구	1. 개념의 이해 2. 호흡기의 구조와 호흡 3. 호흡용 보호구의 종류 및 선정방법 4. 호흡용 보호구의 검정규격 5. 눈 보호구 6. 피부 보호구 7. 기타 보호구
		4. 작업공정관리	1. 작업공정개선대책 및 방법	1. 작업공정분석 2. 분진 공정 관리 3. 유해물질 취급 공정 관리 4. 기타 공정 관리
산업환기	20	1. 환기 원리	1. 유체 흐름의 기초	1. 산업 환기의 의미와 목적 2. 환기의 기본 원리 3. 유체의 역학적 원리 4. 공기의 성질과 오염물질 5. 공기압력 6. 압력손실 7. 흡기와 배기
			2. 기류, 유속, 유량, 기습, 압력, 기온 등 환기인자	1. 기류의 종류, 원인, 대책 2. 기습의 원인 및 대책 3. 유속의 계산 4. 유량의 산출 5. 압력의 영향 6. 기온의 영향
		2. 전체 환기	1. 희석, 혼합, 공기 순환	1. 희석의 개요 2. 희석의 방법 및 효과 3. 혼합의 개요 4. 혼합방법 및 효과 5. 공기순환 시스템
			2. 환기량과 환기 방법	1. 유해물질에 대한 전체 환기량 2. 환기량 산정방법 3. 환기량 평가 4. 공기 교환횟수 5. 환기 방법의 종류

과목명	문제수	주요항목	세부항목	세세항목
			3. 흡·배기 시스템	1. 환기 시스템 2. 공기공급 시스템 3. 공기공급 방법 4. 공기혼합 및 분배 5. 배출물의 재유입 6. 설치, 검사 및 관리
		3. 국소 환기	1. 후드	1. 후드의 종류 2. 후드의 선정방법 3. 후드 제어속도 4. 후드의 필요 환기량 5. 후드의 정압 6. 후드의 압력손실 7. 후드의 유입손실
			2. 닥트	1. 닥트의 직경과 원주 2. 닥트의 길이 및 곡률반경 3. 닥트의 반송속도 4. 닥트의 압력손실 5. 설치 및 관리
			3. 송풍기	1. 송풍기의 기초이론 2. 송풍기의 종류 3. 송풍기의 선정방법 4. 송풍기의 동력 5. 송풍량 조절방법 6. 작동점과 성능곡선 7. 송풍기 상사법칙 8. 송풍기 시스템의 압력손실 9. 연합운전과 소음대책 10. 설치 및 관리
			4. 공기정화장치	1. 선정 시 고려사항 2. 공기정화기의 종류 3. 입자상 물질의 처리 4. 가스상 물질의 처리 5. 압력손실 6. 집진장치의 종류 7. 흡수법 8. 흡착법 9. 연소법
		4. 환기시스템	1. 성능검사	1. 국소배기 시설의 구성 2. 국소배기 시설의 역할 3. 점검의 목적과 형태 4. 점검 사항과 방법 5. 검사 장비 6. 필요 환기량 측정 7. 압력측정
			2. 유지관리	1. 국소배기장치의 검사 주기 2. 자체검사 3. 유지보수 4. 공기공급 시스템

Contents

차 례

PART I 산업위생학개론

CHAPTER 1 산업위생
- 01 산업위생 역사 ········· 14
- 02 산업위생의 정의 및 범위 ········· 21
- 03 산업위생의 목적 ········· 24

CHAPTER 2 산업 피로
- 01 산업 피로의 정의 및 종류 ········· 29
- 02 작업 강도와 교대제 ········· 35
- 03 산업 피로 개선대책 ········· 43

CHAPTER 3 인간과 작업환경
- 01 노동생리 ········· 48
- 02 인간공학 ········· 53
- 03 산업심리 ········· 69
- 04 직업성 질환 ········· 74

CHAPTER 4 실내환경
- 01 실내오염의 원인과 건강장해 ········· 95

CHAPTER 5 산업재해
- 01 산업재해 발생원인 및 분석과 대책 ········· 102

CHAPTER 6 산업위생 관련 법규
- 01 산업안전보건법 ········· 109
- 02 산업위생 관련 고시에 관한 사항 ········· 121

PART II 작업환경 측정 및 평가

CHAPTER 1 작업환경 측정원리
- 01 시료 채취(Sampling) ········· 132
- 02 시료 분석 ········· 144

CHAPTER 2 분진 측정
- 01 분진 농도 ········· 163
- 02 입자 크기 ········· 171

CHAPTER 3 유해인자 측정

01 화학적 유해인자 ·················· 179
02 물리적 유해인자 ·················· 203
03 측정기기 및 기구 ·················· 225

CHAPTER 4 산업위생 통계처리 및 해석

01 산업위생 통계처리 및 해석 ········ 235

PART III 작업환경관리

CHAPTER 1 입자상 물질

01 입자상 물질의 종류, 발생 및 성질 248
02 입자상 물질이 인체에 미치는 영향 254

CHAPTER 2 물리적 유해인자 관리

01 소음 ·················· 265
02 진동 ·················· 284
03 기압 ·················· 293
04 산소결핍 ·················· 301
05 극한 온도 ·················· 306
06 전리 및 비전리방사선 ·················· 318
07 채광 및 조명 ·················· 332

CHAPTER 3 보호구

01 각종 보호구 ·················· 339

CHAPTER 4 작업공정 관리

01 작업공정 개선대책 및 방법 ········ 350

PART IV 산업환기

CHAPTER 1 환기원리

01 유체 흐름의 기초 및 환기인자 ···· 364

CHAPTER 2 전체환기

01 전체환기량과 환기 방법 ············ 385

CHAPTER 3 국소환기

01 후드(hood) ·················· 397
02 덕트(duct, 송풍관) ·················· 421
03 송풍기(fan) ·················· 438
04 공기정화장치 ·················· 456

Contents 차 례

CHAPTER 4 환기 시스템
01 성능검사 및 유지관리 ·················· 470

부록 1 기출문제

- 2018년 1회 기출문제(03월 04일 시행) ·································· 482
- 2018년 2회 기출문제(04월 28일 시행) ·································· 498
- 2018년 3회 기출문제(08월 09일 시행) ·································· 515
- 2019년 1회 기출문제(03월 03일 시행) ·································· 531
- 2019년 2회 기출문제(04월 27일 시행) ·································· 550
- 2019년 3회 기출문제(08월 04일 시행) ·································· 568
- 2020년 1·2회 기출문제(06월 06일 시행) ································ 584
- 2020년 3회 기출문제(08월 22일 시행) ·································· 600

부록 2 CBT 모의고사

- CBT 모의고사 1회 ·· 618
- CBT 모의고사 2회 ·· 643

CBT 필기시험 미리보기

http://www.q-net.or.kr

처음 방문하셨나요?
큐넷 서비스를 미리 체험해보고
사이트를 쉽고 빠르게 이용할 수 있는
이용 안내, 큐넷 길라잡이를 제공

- 큐넷 체험하기
- CBT 체험하기
- 이용안내 바로가기
- 큐넷길라잡이 보기
- 동영상 실기시험 체험하기
- 전문자격시험체험학습관 바로 가기

 이용방법
큐넷에 접속한 후, 메인 화면 하단의 〈CBT 체험하기〉 버튼을 클릭한다.

PART I 산업위생학개론

출제 예상 문제

CHAPTER 1 산업위생

CHAPTER 2 산업 피로

CHAPTER 3 인간과 작업환경

CHAPTER 4 실내환경

CHAPTER 5 산업재해

CHAPTER 6 산업위생 관련 법규

CHAPTER 1 산업위생

출제 예상 문제

01 산업위생 역사

학습 POINT
외국 및 우리나라의 산업위생 역사에 대해 기출문제에 자주 출제되는 인물과 연도순 내용을 숙지하도록 한다.

01 역사상 최초로 기록된 직업병은?

① 납중독
② 방광염
③ 음낭암
④ 수은중독

해설 B.C. 4세기 그리스의 히포크라테스가 광산에서의 납(Pb) 중독 보고를 한 것이 역사상 최초로 기록된 직업병이다.

02 산업위생의 역사적 인물과 업적으로 옳지 않은 것은?

① Galen - 광산에서의 산 증기 위험성을 보고
② Robert Owen - 굴뚝청소부법의 제정에 기여
③ Alice Hamilton - 유해물질 노출과 질병의 관계를 확인
④ Sir George Baker - 사이다 공장에서 납에 의한 복통을 발표

해설
- 오웬(Robert Owen): 영국의 공장주로 노동시간의 단축과 소년의 학교 교육의 실시를 주장함
- 퍼시벌 포트(Pott): 굴뚝청소부법의 제정에 기여

03 "모든 물질은 독성을 가지고 있으며 중독을 유발하는 것은 용량(dose)에 의존한다."라고 말한 사람은?

① Galen
② Palacelsus
③ Agicola
④ Hippocrates

해설 파라켈수스(Palacelsus) (독일 의사, 화학자): "모든 물질은 독성을 가지고 있으며 중독을 유발하는 것은 용량(dose)에 의존한다."라고 말하여 독성학의 아버지로 추앙받음.

04 세계 최초로 보고된 "직업성 암"에 관한 내용으로 옳지 않은 것은?

① 보고된 병명은 진폐증이다.
② 18세기 영국에서 보고되었다.
③ Percivall Pott에 의하여 규명되었다.
④ 발병자는 어린이 굴뚝청소부로 원인물질은 검댕(soot)이었다.

해설 퍼시벌 포트(Pott) (18세기): 굴뚝에서 배출되는 검댕과 음낭암의 관계를 밝힘(암의 원인물질은 다핵방향족탄화수소(PAH)임) 세계 최초로 보고된 직업성 암은 음낭암이다.

> 진폐증(Pneumoconiosis)
> 폐에 손상을 입히는 물질로 이루어진 분진(먼지)을 흡입하고 난 뒤 나타나는 폐질환으로 먼지가 발생하는 환경에서 일하는 사람들에게 많이 생기는 직업성 폐질환을 총칭한다.

05 외국의 산업위생 역사에 관한 설명으로 옳은 것은?

① 최초의 직업성 암으로 보고된 것은 폐암이다.
② 역사상 최초로 기록된 직업병은 수은중독이다.
③ 최초로 보고된 직업성 암의 원인물질은 납이었다.
④ 산업보건에 관한 법률로서 실제로 효과를 거둔 최초의 법은 영국의 "공장법"이다.

해설
- 역사상 최초로 기록된 직업병은 납중독이다.
- 최초의 직업성 암으로 보고된 것은 음낭암이다.
- 최초로 보고된 직업성 암의 원인물질은 검댕이었다.

06 1833년 산업보건에 관한 법률로서 실제로 효과를 거둔 최초의 법안 "공장법"을 제정한 국가는?

① 미국　　　　② 영국
③ 프랑스　　　④ 독일

해설 영국의 공장법(1833년)은 산업보건에 관한 법률로서 실제로 효과를 거둔 최초의 법안이다.

07 1700년대 "직업인의 질병"을 발간하였으며 직업병의 원인을 작업장에서 사용하는 유해물질과 근로자들의 불완전한 작업 자세나 동작으로 크게 두 가지로 구분한 인물은?

① Hippocrates　　　　② Georgius Agricola
③ Percivall Pott　　　　④ Bernardino Ramazzini

해설 이탈리아 의사인 Ramazzini는 1700년에 "직업인의 질병(De Morbis Artificum Diatriba)"을 발간하여 작업장에서 사용하는 유해물질과 근로자들의 불안전한 작업 자세나 동작 등 크게 두 가지로 구분하였다.

정답 01 ① 02 ② 03 ② 04 ① 05 ④ 06 ② 07 ④

CHAPTER 1 출제 예상 문제

08 1900년대 초 진동 공구에 의한 수지(手指)의 Raynaud 증상을 보고한 사람은?

① Rehn ② Raynaud
③ Loriga ④ Rudolf Virchow

해설 로리거(Loriga) (영국의사): 1911년 진동 공구에 의한 수지(手指)의 Raynaud 증상을 상세히 보고함.

> **렌(Rehn)**
> 아닐린 염료를 취급하는 근로자가 40년 후에 직업성 방광암이 발생하였고, 황산, 염산 취급자의 치아산식증을 발견하여 보고하였으며, 고무공업에서 이황화탄소(CS_2) 중독, 다이나마이트에 의한 니트로글리세린 중독을 보고함
>
> **비르초프(Rudolf Virchow)**
> 독일 근대병리학의 시조로 의학의 사회성 속에서 근로자의 건강 보호를 주장함

09 1940년대 일본에서 발생한 중금속 중독사건으로, 이른바 이타이이타이(itai–itai)병의 원인물질에 해당하는 것은?

① 납(Pb) ② 크로뮴(Cr)
③ 수은(Hg) ④ 카드뮴(Cd)

해설 이따이이따이병(イタイイタイ病, Itai–itai disease)은 "아파 아파"라는 의미의 일본어에서 유래된 것으로, 1912년 일본 도야마현의 진즈강 하류에서 발생한 대량의 카드뮴이 뼈에 축적되어 발생되었다. 카드뮴은 만성중독 시 신장기능장애, 뼈 조직의 장애 등을 일으키는 원인물질이다.

10 우리나라에서 학계에 처음으로 보고된 직업병은?

① 직업성 난청 ② 납중독
③ 진폐증 ④ 수은중독

해설 우리나라에서 학계에 처음으로 보고된 직업병은 1954년 광산에서 진폐증을 발견해서 보고한 것이다.

11 우리나라의 산업위생 역사를 볼 때 1990년대 초반 각종 직업성 질환의 등장은 사회적으로 커다란 반향을 일으켰다. 인조견사를 만드는데 쓰는 물질로서 특히 중추신경조직에 심각한 영향을 줌으로 많은 직업병 환자를 양산하게 되었던 이 물질은 무엇인가?

① 벤젠 ② 톨루엔
③ 이황화탄소 ④ 노말헥산

해설 1991년 원진레이온(주) 이황화탄소중독 사건 발생 후 1998년 근로자 집단 발생으로 사회문제화되어 노동부에서 직업병 종합대책을 마련하게 된 계기가 되었다. 이황화탄소(CS_2)는 상온에서 무색, 무취의 휘발성이 높은 액체로 인조견(비스코스레이온) 합성에 사용되며 1991년 원진레이온(주)에서 근로자들의 중독사건이 발생한 이후 1998년 근로자 집단 발생으로 사회문제화가 크게 되었다. 노출 기준은 TWA 1 ppm이고, 생물학적 노출 기준(BEI)은 소변 중 TTCA 5 mg/g이다.

12 2004년도 우리나라에서 외국인 근로자들의 하지마비 사건발생으로 인하여 크게 사회문제가 있었던 물질은?

① 수은 ② 이황화탄소
③ DMF ④ 노르말헥산

해설 2004년 경기도 화성시의 모 디지털 회사에서 외국인 근로자(태국의 여성)의 노말헥산 노출로 다발성 말초신경염 장해 발생으로 하지마비 사건이 발생하여 크게 사회문제가 되었다.

> 디메틸포름아미드 (DMF, HCON(CH$_3$)$_2$)
> 무색의 수용성 액체이며 암모니아 비슷한 냄새가 약하게 나는 유기용제로 피부에 흡수되어 복통, 소화불량이 주요 증상으로 나타나며 심하면 구역질 등의 불쾌감이 발생된다. 간질환(독성 간염)의 경우 주관적으로는 별다른 증상을 못 느낄 수도 있으므로 주의를 요한다.

13 한국의 산업위생역사에 대한 역사의 연혁으로 옳지 않은 것은?

① 산업위생 관련 자격제도 도입 – 1981년
② 수은중독으로 문송면 군의 사망 – 1988년
③ 한국산업위생학회 창립 – 1990년
④ 산업보건연구원 개원 – 1992년

해설 산업위생 관련 자격제도 도입은 1984년부터 산업위생관리기사 2급과 1급, 1985년도부터는 산업위생관리기술사 제도를 도입하게 되었다.

14 우리나라 산업위생의 역사에 있어서 1981년에 일어난 일과 가장 관계가 깊은 것은?

① ILO 가입 ② 근로기준법 제정
③ 산업안전보건법 공포 ④ 한국산업위생학회 창립

해설 1981년은 노동청이 노동부로 승격, 노동부의 산업안전보건법·시행령·시행규칙의 제정 및 공포된 해이다.

> • 한국은 1991년 12월 9일 152번째로 ILO에 가입, 현대화된 「근로기준법」이 1953년 5월 10일에 공포됨
> • 한국산업위생학회(KSOEH, Korean Society of Occupational and Environmental Hygiene)는 우리나라의 산업위생학 발전과 근로자의 건강 보호, 회원들의 역량 향상 등을 목적으로 1990년 창립된 학회임

15 우리나라 산업위생 역사와 관련된 내용으로 옳은 것은?

① 문송면 군 – 납중독 사건
② 원진레이온 – 이황화탄소중독 사건
③ 근로복지공단 – 작업환경 측정기관에 대한 정도관리제도 도입
④ 보건복지부 – 산업안전보건법·시행령·시행규칙의 제정 및 공포

해설
• 원진레이온 – 이황화탄소중독 사건(1991년)
• 문송면 군 – 수은중독 사건(1988년)
• 한국산업안전보건공단 산업보건연구원 – 작업환경 측정기관에 대한 정도관리제도 도입(1992년)
• 노동부 – 산업안전보건법·시행령·시행 규칙의 제정 및 공포(1981년)

정답 08 ③ 09 ④ 10 ③ 11 ③ 12 ④ 13 ① 14 ③ 15 ②

CHAPTER 1 출제 예상 문제

16 현재 우리나라에서 산업위생과 관련 있는 정부 부처 및 단체, 연구소 등 관련 기관이 옳게 연결된 것은?

① 고용노동부 – 환경운동연합
② 고용노동부 – 안전보건공단
③ 국민안전처 – 국립환경연구원
④ 보건복지부 – 국립노동과학연구소

해설
- 환경부 – 국립환경연구원
- 고용노동부 – 국립노동과학연구소
- 환경부 관련 NGO(비정부 기구, nongovernmental organization)단체 – 환경운동연합

참고 외국의 산업위생 역사

인물	시대	업적
히포크라테스 (그리스 의사)	B.C. 4세기	광산에서의 납(Pb) 중독 보고(역사상 최초로 기록된 직업병)
플리니 (로마학자)	1세기	아연(Zn), 황(S)의 유해성을 주장, 먼지 방진 마스크로 동물의 방광을 사용토록 권장함
갈레노스(갈렌) (그리스 의사)	2세기	구리(Cu) 광산에서의 산(酸, acid) 증기의 위험성을 보고
셀수스 (그리스 의사)	2세기	납중독에 관해서 기술함
산업위생 관련 인물이 없음	중세봉건 시대	작업조건 개선 부진, 직업병 연구 부진 시대
얼리치 엘렌버그	15세기	직업병과 위생에 관한 교육용 팜플릿을 발간함
아그리콜라(독일 의사, 광물학자)	16세기	• 1556년 저서 『광물에 대하여』에서 광산 환기와 마스크 사용을 권장함 • 먼지에 의한 규폐증을 기록함
파라켈수스 (스위스의 연금술사)	16세기	• 논문 『금속 독성과 수은중독에 대한 경고』에서 광부들의 질병을 관찰하여 광산과 제련근로자의 질병을 연구하여 폐질환의 원인물질을 Hg, S 및 그 염이라고 주장함 • "모든 것은 독이며 독이 없는 것은 존재하지 않는다. 용량만이 독이 없는 것을 정한다."라는 말로 독성학의 아버지로 추앙받음
라마치니 (이탈리아 의사)	18세기	산업위생의 시조로 불리며 저서 『직업인의 질병』(1700년)에서 직업병의 원인을 설명함. 원인은 과격한 동작, 유해물질, 불안전한 작업 자세 등임
베이커 경 (영국 의사)	18세기	사이다 공장에서 납에 의한 복통을 발표함
산업혁명 시기	18세기 중·후반	영국을 중심으로 산업혁명이 시작됨(1771년 영국, 수력을 이용한 면방직 공장이 설립, 1781년 제임스 와트에 의해 증기기관이 발명으로 가내수공업 형태의 생산이 공장에서 대량생산을 하는 형태로 바뀜)

인물	시대	업적
퍼시벌 포트 (영국 의사)	18세기	굴뚝에서 배출되는 검댕(soot)과 음낭암(최초의 직업성 암)의 관계를 밝힘(암의 원인물질은 다핵방향족탄화수소(PAH)임) 이로 인해 굴뚝 청소부법(1788)을 제정함
로버트 필 경 (영국 의사)	19세기	면방직 공장에서 발진티푸스가 집단으로 발생함에 따라 원인조사를 계기로 '도제 건강 및 도덕법'을 제정(1802년)하는 데 기여함
로버트 오웬을 비롯한 박애주의자 공장주	19세기	• 1819년 면방직공장규제법이 제정 • 노동시간의 단축과 소년의 학교 교육의 실시를 주장함
19세기 초 영국의 공장법 시행	1833년	• 영국의 공장법 제정(원인 개선보다는 보상에 치중함) – 감독관을 임명하여 공장을 감독한다. – 작업할 수 있는 연령을 13세 이상으로 한다. – 18세 미만 근로자의 야간작업을 금지한다. – 주간 작업시간을 48시간으로 제한한다. – 근로자에게 해당 공장의 안전·보건 교육을 하는 것을 의무화한다.
	1847년 1864년	• 안전관리를 위해 기계 주위에 울타리 설치 • 산업위생에 관한 법률로서 최초의 '공장법'으로 분진, 가스, 오염물질을 희석할 것으로 요구함
	1878년	• 분진을 송풍기로 배출하는 국소배기의 시작을 알림
비르초프 (독일의 병리학자)	19세기	독일 근대병리학의 시조로 의학의 사회성 속에서 근로자의 건강 보호를 주장함
터너 태크라 (영국 의사)	19세기	직업에 따라 발생할 수 있는 질병의 예방에 노력, 어린이 노동의 문제점, 재봉사의 결핵, 광부와 금속연삭 근로자의 폐질환, 납중독에 대한 문제점을 기술함, 직업병 관련 책자 발간(산업의학 분야의 선구자)
렌 (독일 의사)	19세기	아닐린 염료를 취급하는 근로자가 40년 후에 직업성 방광암이 발생하였고, 황산, 염산 취급자의 치아산식증을 발견하여 보고하였으며, 고무공업에서 이황화탄소(CS_2) 중독, 다이나마이트에 의한 니트로그리세린 중독을 보고함
로리거 (영국 의사)	1911년	진동 공구에 의한 손가락의 Raynaud 증상을 보고함
20세기 영국의 공장법	20세기	1901년 공장법에서는 안전·보건 조항 강화와 유해 작업장 개선을 촉구함 • 도자기 공장에서의 호흡기질환 개선 • 모자(hat) 제조공장에서의 수은중독 개선 • 성냥공장에서의 황린 노출에 의한 턱뼈 괴사(phossy jaw)로 사용 금지조치 • 납, 인, 비소, 탄저병 독성에 대해 감독관에게 보고 지시(최초의 통계자료) • 급성 직업병, 폐의 섬유화 및 석면폐 등의 만성병 확인
해밀턴 (미국 여의사)	20세기	유해물질 노출과 질병의 관계를 규명함. 미국 최초의 산업위생학자이자 산업의학자로 인정됨
중금속중독 사건	1912년	이따이이따이병(イタイイタイ病, Itai-itai disease)은 "아파 아파"라는 의미의 일본어에서 유래된 것으로, 일본 도야마현의 진즈강 하류에서 발생한 대량의 카드뮴이 뼈에 축적되어 발생됨
존 블룸필드외 2인	1920년	허드슨강 지하로 홀랜드 터널을 뚫으면서 환기시설을 설계함
중금속중독 사건	1956년	미나마타병(水俣病, Minamata disease)은 수은중독으로 인해 발생. 일본 구마모토현의 미나마타시에서 메틸수은이 포함된 어패류를 먹은 주민들에게서 집단적으로 발생됨

CHAPTER 1 출제 예상 문제

인물	시대	업적
미국	1970년	미국산업안전보건법의 공포로 인해 연구기관인 미국산업안전보건연구원(NIOSH)과 행정기관인 산업안전보건청(OSHA)이 발족됨
영국	1974년	산업안전보건법이 제정됨

▼ 한국의 산업위생 역사

연도	내용
1921년	일제강점기에 건강보험법의 일환으로 산업재해와 직업병에 대한 보상규칙이 처음 발효됨
1926년	일제강점기 공장보건위생법이 제정(재해와 질병의 보상에 있어서 기업주와 근로자 간의 사법처리 내용이 포함되어 있었으나 매우 미비함)
1953년	근로기준법 제정
1954년	광산에서 진폐증 발견
1958년	대한석탄공사(장성병원 중앙실험실에서 산업보건시료 분석)
1962년	가톨릭의대 산업의학연구소 설립
1963년	보건사회부 노정국에서 노동청으로 승격, 대한산업위생협회 창립
1977년	국립노동과학연구소 설립, 근로복지공사 설립
1981년 ~ 1982년	노동청이 노동부로 승격, 노동부의 산업안전보건법·시행령·시행규칙의 제정 및 공포
1984년	산업위생 관련 자격제도 도입, 이후 1985년도부터는 산업위생관리기술사 제도를 도입하게 됨
1986년	유해물질의 허용농도 제정
1987년	12월 9일 고용노동부 산하 근로자의 안전유지·보건증진과 사업주의 재해예방 활동으로 경제발전에 기여하기 위해 '한국산업안전보건공단' 설립
1988년	수은중독으로 15살의 문송면 군의 사망. 온도계, 형광등 제조회사에 입사하여 압력계 커버를 시너로 세척하고, 페인트칠을 하며 온도계에 수은을 주입하는 작업에 배치되어 작업을 하면서 중독됨
1989년	노동부 산업안전국 신설
1990년	한국산업위생학회 창립
1991년	원진레이온(주)에서 상온에서 무색, 무취의 휘발성이 높은 액체인 이황화탄소(CS_2)가 인조견(비스코스레이온) 합성에 사용되며 근로자들의 중독사건이 발생한 이후, 1998년 근로자 집단 발생으로 사회문제화가 크게 됨. 이황화탄소의 만성 독성으로는 뇌경색증, 다발성 신경염, 협심증 및 신부전증 등을 유발함
1992년	산업보건연구원 개원, 작업환경 측정기관에 대한 정도 관리 규정 및 작업환경 측정실시 규정 제정
1993년	원진레이온(주) 폐업 및 이듬해 기계를 중국으로 수출
1995년 8월	모 전자부품업체에서 일하는 근로자들에게 유기용제 집단 중독사건이 발생하여 월경이 중단되고 재생불량성 빈혈이라는 건강 장해가 일어남. 나중에 확인된 바로는 그로부터 반년 전인 1994년 2월에 그때까지 써오던 프레온 113 대신에 SPG-6AR과 솔벤트 5200(2-브로모프로판 함유)으로 물질을 바꾸어 담금액으로 사용한 후 빠른 사람은 불과 1년 만에 생리가 없어진 것으로 나타남

연도	내용
1999년	원진 노동환경건강연구소 설립 한국산업안전공단 'KOSHA 2000 Program'(산업보건안전경영 시스템 규격인증제도) 도입
2002년	대한산업보건협회 12개 산업보건센터 운영
2004년	경기도 화성시의 모 디지털 회사에서 외국인 근로자(태국의 여성)의 노말헥산 노출로 다발성 말초신경염 장해 발생으로 하지마비 사건이 발생하여 크게 사회문제가 됨
2009년	한국산업안전보건공단으로 명칭 변경
2010년	노동부를 고용노동부로 명칭 변경

02 산업위생의 정의 및 범위

01 산업위생의 정의에서 제시되는 주요 활동 4가지를 올바르게 나열한 것은?

① 예측, 인지, 평가, 치료
② 예측, 인지, 평가, 관리
③ 예측, 책임, 평가, 관리
④ 예측, 평가, 책임, 치료

해설 미국산업위생학회(AIHA)의 산업위생에 대한 정의에서 제시된 4가지 활동
  ㉠ 예측(anticipation): 맨 처음으로 요구되는 활동
  ㉡ 인식(recognition): 어떤 문제점이 있는지 상황이 존재하는 상태에서 유해인자에 대한 문제점을 찾아내는 활동
    일반적으로 예측과 인식 단계에서 위험성 평가(risk assessment)가 필요하다.
  ㉢ 평가(evaluation): 과학적인 방법을 이용하여 유해인자에 대한 양, 정도, 중요성, 상태를 결정하는 활동
  ㉣ 관리(control): 바람직한 작업환경을 만드는 최종적인 활동(공학적 관리, 작업 방법 개선, 행정적 관리, 보호구 착용)

학습 POINT
산업위생의 정의에 대한 활동 순서와 해당 기관들의 약어(예를 들어, OSHA, NIOSH, ACGIH 등)를 우리나라 언어로 확실하게 알아둔다.

02 산업위생 활동의 순서로 옳은 것은?

① 관리 → 인지 → 예측 → 측정 → 평가
② 인지 → 예측 → 측정 → 평가 → 관리
③ 예측 → 인지 → 측정 → 평가 → 관리
④ 측정 → 평가 → 관리 → 인지 → 예측

해설 산업위생(industrial hygiene) 활동의 순서는 예측(anticipation) → 인지(recognition) → 측정(measurement) → 평가(evaluation) → 관리(control) 순이다.

정답 01 ② 02 ③

CHAPTER 1 출제 예상 문제

03 미국산업위생학회(AIHA)에서 정한 산업위생의 정의를 설명한 것으로 옳은 것은?

① 일반 대중의 육체적 건강과 쾌적한 환경을 조성하는 것을 목표로 하는 일이다.
② 근로자의 신체발육, 생명연장 및 육체적, 정신적 효율을 증진시키는 제반 역할이다.
③ 근로자의 육체적, 정신적 건강을 최고로 유지 증진시키고 작업조건에 의한 질병을 예방하는 일이다.
④ 근로자나 일반 대중에게 질병, 건강장해, 불쾌감, 능률저하 등을 초래하는 작업환경 요인과 스트레스를 등을 예측, 인식, 평가하고 관리하는 과학과 기술이다.

> **해설** 산업위생(occupational hygiene)은 근로자나 일반 대중에게 질병, 건강장해, 심각한 불쾌감 및 능률저하 등을 초래하는 작업환경 요인과 스트레스를 예측하고 인식하며 평가하고 관리하는 과학(science)인 동시에 기술(art)이다.

04 산업위생의 정의에 대한 설명으로 옳지 않은 것은?

① 직업병을 판정하는 분야도 포함된다.
② 작업환경관리는 산업위생의 중요한 분야이다.
③ 유해요인을 예측, 인지, 평가, 관리하는 학문이다.
④ 근로자와 일반 대중에 대한 건강장애를 예방한다.

> **해설** 직업병을 판정하는 분야는 전문 의료인이 행하여야 한다.

05 산업위생의 정의에 포함되지 않는 산업위생 전문가의 활동은?

① 지역주민의 건강의식에 대하여 설문지로 조사한다.
② 지하상가 등에서 공기 시료 등을 채취하여 유해인자를 조사한다.
③ 지역주민의 혈액을 직접 채취하고 생체 시료 중의 중금속을 분석한다.
④ 특정 사업장에서 발생한 직업병의 사회적인 영향에 대하여 조사한다.

> **해설** 지역주민의 혈액을 직접 채취하고 생체 시료 중의 중금속을 분석하는 활동은 전문 의료인이 행하여야 한다.

06 국제노동기구(ILO)와 세계보건기구(WHO) 공동위원회에서 정한 산업보건의 정의에 포함되어 있지 않은 내용은?

① 근로자의 건강진단 및 산업재해 예방
② 근로자들의 육체적, 정신적, 사회적 건강을 유지증진
③ 근로자를 생리적, 심리적으로 적합한 작업환경에 배치
④ 작업조건으로 인한 질병 예방 및 건강에 유해한 취업 방지

> **해설** 산업위생(industrial hygiene)의 WHO, ILO 정의
> 모든 직업에 종사하는 근로자의 육체적, 정신적 사회복지를 최고도로 유지·증진시키고 작업조건에 의한 질병을 예방하고 건강에 위험한 작업에 취업되지 않도록 하여 작업자를 생리적으로나 심리적으로 적합한 환경에 배치하여 취업시키는 일로써 요약하면 작업을 사람에게 적합하게 하여 각 개인을 그 직무에 적응시키는 일이다. 근로자의 건강진단은 전문 의료인의 영역이다.

07 산업위생에 대한 일반적인 사항의 설명으로 옳지 않은 것은?

① 작업환경 요인과 스트레스에 대해 예측, 인식, 평가, 관리하는 과학과 기술이다.
② 유독물질 발생으로 인한 중독증을 관리하는 것으로 제조업 근로자가 주 대상이다.
③ 사업장의 노출 정도에 따라 사업장에서 발생하는 유해인자에 대해 적절한 관리와 대책을 제시한다.
④ 산업위생 전문가는 전문가로서의 책임, 근로자에 대한 책임, 기업주와 고객에 대한 책임, 일반 대중에 대한 책임 등의 윤리강령을 준수할 필요가 있다.

> **해설** 산업위생은 근로자들과 지역사회 주민들에게 질병, 건강장해와 안녕방해, 또는 심각한 불쾌감과 비능률을 초래하는 작업환경요인 또는 스트레스를 예측, 인지(또는 측정), 평가 및 관리(또는 대책)하는 과학이며 기술이다.

08 산업위생의 중요성이 급속하게 대두된 원인으로 옳지 않은 것은?

① 산업현장에서 취업하는 근로자 수의 급격한 증가
② 대기오염에 의한 질병으로 비용부담의 급속한 증가
③ 근로자의 권익을 보호하고자 하는 시대적인 사회사조 대두
④ 노동생산성 향상을 위하여 인력관리 측면에서 근로자의 보호가 필요

> **해설** 산업위생과 대기오염은 관련성이 없으며 대기오염은 환경공학 분야에서 취급된다.

정답 03 ④ 04 ① 05 ③ 06 ① 07 ② 08 ②

CHAPTER 1 출제 예상 문제

09 산업위생의 영역 중 기본과제로서 옳지 <u>않은</u> 것은?
① 작업장에서 생산성 향상에 관한 연구
② 노동력의 재생산과 사회경제적 조건에 관한 연구
③ 작업 능력의 향상과 저하에 따른 작업조건 및 정신적 조건의 연구
④ 최적 작업환경 조성에 관한 연구 및 유해 작업환경에 의한 신체적 영향 연구

해설 산업위생의 기본적인 과제
  ㉠ 작업 능력의 신장과 저하에 따르는 작업조건의 연구
  ㉡ 작업 능력의 신장과 저하에 따르는 정신적 조건의 연구
  ㉢ 작업환경에 의한 신체적 영향과 최적 환경의 연구
  ㉣ 노동력의 재생산과 사회경제적 조건의 연구

03 산업위생의 목적

01 산업위생(보건) 관련 기관과 그 약어의 연결이 옳지 <u>않은</u> 것은?
① 국제암연구소: IARC
② 미국산업위생학회: AIHA
③ 미국산업안전보건청: NIOSH
④ 미국정부산업위생전문가협의회: ACGIH

해설
• 미국산업안전보건청: OSHA(Occupational Safety and Health Administration)
• 미국국립산업안전보건연구원: NIOSH(National Institute for Occupational Safety & Health)
• 국제암연구소: IARC(International Agency for Research on Cancer)

02 산업위생과 관련된 정보를 얻을 수 있는 기관으로 적합하지 <u>않은</u> 것은?
① EPA
② AIHA
③ ACGIH
④ OSHA

해설 미국 환경보호청(EPA, Environmental Protection Agency)
미국 환경에 관련한 모든 입법 제정 및 법안 예산을 책정한다. 환경보호청은 미국 국민의 건강과 환경보전을 그 임무로 하고 있다.

> **학습 POINT**
> 산업위생 전문가의 윤리강령 4가지를 파악하고 그 내용을 반드시 알아두어야 한다.

03 산업위생관리의 목적에 대한 설명으로 옳지 않은 것은?

① 작업자의 건강 보호 및 생산성의 향상
② 작업환경 개선 및 직업병의 근원적 예방
③ 작업환경 및 작업조건의 인간공학적 개선
④ 직업성 질병 및 재해성 질병의 판정과 보상

해설 산업위생의 기본적인 목표는 작업장의 유해인자에 의해 발생한 질병의 진단과 치료가 아니라 질병의 예방에 있으며 최적의 작업환경 및 작업조건으로 개선함으로써 근로자의 건강을 유지, 증진시키고 작업능률을 향상시키는 것이기 때문에 직업성 질병 및 재해성 질병의 판정과 보상과는 거리가 멀다. 그래서 산업위생에서 Hygiene이라는 단어는 예방(prevention) 또는 관리(control)의 의미를 포함하고 있다.

04 미국산업위생학술원(AAIH)에서 채택한 산업위생 전문가의 윤리강령에 포함되지 않는 것은?

① 전문가로서의 책임
② 근로자에 대한 책임
③ 국가에 대한 책임
④ 일반 대중에 대한 책임

해설 미국산업위생위원회(ABIH, American Board of Industrial Hygiene)와 미국산업위생학술원(AAIH, American Academy of Industrial Hygiene)의 산업위생 전문가 윤리강령
㉠ 산업위생 전문가로서의 책임
㉡ 기업주와 고객에 대한 책임
㉢ 근로자에 대한 책임
㉣ 일반 대중에 대한 책임

산업위생 윤리강령의 목적: 산업위생 전문가가 준행해야 할 윤리적 행동지침으로 근로자의 건강을 보호하고 작업환경을 개선하며, 산업위생학을 양질의 전문 영역이 되도록 하는 것을 목표로 삼고 노력하자는 데 있다.

05 산업위생 전문가로서의 책임에 대한 내용으로 옳지 않은 것은?

① 이해관계가 있는 상황에서는 개입하지 않는다.
② 전문 분야로서의 산업위생을 학문적으로 발전시킨다.
③ 궁극적 책임은 기업주 또는 고객의 건강 보호에 있다.
④ 과학적 방법의 착용과 자료의 해석에서 객관성을 유지한다.

해설 기업주 또는 고객의 건강 보호에 있는 궁극적 책임은 산업위생 전분가가 아니라 기업주에게 있다.

정답 09 ① 03 01 ③ 02 ① 03 ④ 04 ③ 05 ③

CHAPTER 1 출제 예상 문제

06 산업위생 전문가의 윤리강령 중 전문가로서의 책임으로 옳지 <u>않은</u> 것은?

① 학문적으로 최고수준을 유지한다.
② 이해관계가 상반되는 상황에는 개입하지 않는다.
③ 위험요인과 예방조치에 관하여 근로자와 상담한다.
④ 과학적 방법을 적용하고 자료 해석에서 객관성을 유지한다.

해설 건강의 유해요인에 대한 정보(위험요소)와 필요한 예방조치에 대해 근로자와 상담(대화) 하는 것은 근로자에 대한 책임 윤리강령이다.

07 미국산업위생학술원(American Academy of Industrial Hygiene)은 산업위생 분야에 종사하는 전문가들이 반드시 지켜야 할 윤리강령을 채택하였다. 윤리강령에 대한 내용 중 옳지 <u>않은</u> 것은?

① 궁극적인 책임은 기업주와 고객보다 근로자의 건강 보호에 있다.
② 근로자의 건강 보호가 산업위생 전문가의 일차적인 책임이라는 것을 인식한다.
③ 근로자, 사회 및 전문 직종의 이익을 위해 과학적 지식을 공개하고 발표한다.
④ 기업주와 근로자 간 이해관계가 있는 상황에서 적극적으로 개입하여 문제를 해결한다.

해설 산업위생 전문가로서의 책임에서 전문적 판단이 타협에 의하여 좌우될 수 있거나 이해관계가 있는 상황에는 개입하지 않는 것이 원칙이다.

08 미국산업위생학술원(american academy of industrial hygiene)은 산업위생 분야에 종사하는 사람들이 반드시 지켜야 할 윤리강령을 채택하였다. 다음 설명으로 옳지 <u>않은</u> 것은?

① 기업체의 기밀은 누설하지 않는다.
② 근로자, 사회 및 전문직종의 이익을 위해 과학적 지식을 공개하고 발표한다.
③ 전문적 판단이 타협에 좌우될 수 있거나 이해관계가 있는 상황에는 개입하지 않는다.
④ 위험요인의 측정, 평가 및 관리에 있어서 외부의 압력에 굴하지 않고 소신껏 주관적 태도를 취한다.

해설 근로자에 대한 책임 중 위험요인의 측정, 평가 및 관리에 있어서 외부 영향력에 굴하지 않고 중립적(객관적) 태도를 취한다.

09 산업위생 전문가가 지켜야 할 윤리강령 중 "기업주와 고객에 대한 책임"에 관한 내용에 해당하는 것은?

① 신뢰를 중요시하고, 결과와 권고사항에 대하여 사전 협의토록 한다.
② 건강에 유해한 요소들을 측정, 평가, 관리하는 데 객관적인 태도를 유지한다.
③ 산업위생 전문가의 첫 번째 책임은 근로자의 건강을 보호하는 것임을 인식한다.
④ 건강의 유해요인에 대한 정보와 필요한 예방대책에 대해 근로자들과 상담한다.

해설 기업주와 고객에 대한 책임
　㉠ 결과 및 결론을 뒷받침할 수 있도록 정확한 기록을 유지하고 산업위생사업을 전문가답게 전무 부서들을 운영, 관리한다.
　㉡ 기업주와 고객보다는 근로자의 건강 보호에 궁극적 책임을 두어 행동한다.
　㉢ 쾌적한 작업환경을 조성하기 위하여 산업위생의 이론을 적용하고 책임 있게 행동한다.
　㉣ 신뢰를 바탕으로 정직하게 권하고 성실한 자세로 충고하며 결과와 개선점 및 권고사항을 정확히 보고한다.

10 미국산업위생학술원(AAIH)에서 제시한 산업위생 전문가의 윤리강령 중 '일반 대중에 대한 책임'으로 볼 수 있는 것은?

① 기업체의 기밀은 누설하지 않는다.
② 정확하고도 확실한 사실을 근거로 전문적인 견해를 발표한다.
③ 신뢰를 존중하여 정직하게 권고하고 결과와 개선점을 정확히 보고한다.
④ 쾌적한 작업환경을 만들기 위하여 산업위생의 이론을 적용하고 책임 있게 행동한다.

해설 일반 대중에 대한 책임
　㉠ 일반 대중에 관한 사항은 학술지에 정직하게 사실 그대로 발표한다.
　㉡ 적정(정확)하고도 확실한 사실을 근거로 전문적인 견해를 발표한다.

11 우리나라에서 산업위생관리를 관장하는 정부 행정부처는?

① 환경부　　　　　② 고용노동부
③ 보건복지부　　　④ 행정안전부

해설 산업위생관리를 '산업안전보건법'을 통해 관장하는 행정부서는 고용노동부이다.

정답 06 ③ 07 ④ 08 ④ 09 ① 10 ② 11 ②

12 현재 우리나라에서 산업위생과 관련 있는 정부부처 및 단체, 연구소 등 관련 기관의 연결로 옳은 것은?

① 환경부 - 국립환경연구원
② 고용노동부 - 환경운동연합
③ 고용노동부 - 안전보건공단
④ 보건복지부 - 국립노동과학연구소

해설 안전보건공단은 고용노동부 산하 근로자의 안전유지·보건증진과 사업주의 재해예방 활동으로 경제발전에 기여하기 위해 설립(1987년 12월9일)되었다.

13 각 국가 및 기관에서 사용하는 노출 기준의 용어로 옳지 않은 것은?

① 스웨덴: REL(Recommended Exposure)
② 미국: PEL(Permissible Exposure Limits)
③ 영국: WEL(Workplace Exposure Limits)
④ 독일: MAK(Maximum Concentration Values)

해설 스웨덴(OEL, Occupational Exposure Limits), 프랑스(OEL, Occupational Exposure Limits)

"노출 기준"이란 근로자가 유해인자에 노출되는 경우 노출기준 이하 수준에서는 거의 모든 근로자에게 건강상 나쁜 영향을 미치지 아니하는 기준을 말하며, 1일 작업시간 동안의 시간가중평균노출기준(TWA, Time Weighted Average), 단시간노출기준(STEL, Short Term Exposure Limit) 또는 최고노출기준(C. Ceiling)으로 표시한다. (고용노동부 고시 제2020-48호, 화학물질 및 물리적 인자의 노출 기준 제2조(정의))

CHAPTER 2 산업 피로

출제 예상 문제

01 산업 피로의 정의 및 종류

> **학습 POINT**
> 산업 피로에 대한 시몬손과 비텔레스의 정의 내용과 국소 피로 및 전신 피로에 대해 그 차이점을 이해한다.

01 피로에 관한 설명으로 옳지 않은 것은?

① 피로의 자각증상은 피로의 정도와 반드시 일치하지 않는다.
② 피로는 그 정도에 따라 보통 피로, 과로, 곤비 상태로 나눌 수 있다.
③ 산업 피로는 주로 작업 강도와 양, 속도, 작업시간 등 외부적 요인에 의해서만 좌우된다.
④ 피로의 본태는 에너지원의 소모, 피로물질의 체내 축적, 신체조절 기능의 저하 등에서 기인한다.

> **해설** 산업 피로는 작업 강도와 양, 속도, 작업시간, 작업 자세, 작업환경 등 외부적 요인, 체력부족, 신체허약 등의 신체적 요인과 작업적성의 결함, 작업의욕 상실 등, 직장, 가정, 사회의 인간관계와 사회경제적 양상에 의해서도 영향을 받는 여러 인자가 복합적으로 얽혀 나타나는 경우가 많다.

02 산업 피로에 대한 설명으로 옳지 않은 것은?

① 고단하다는 객관적이고 보편적인 느낌이다.
② 피로가 오래되면 얼굴 부종, 허탈감의 증세가 온다.
③ 피로 자체는 질병이 아니라 가역적인 생체변화이다.
④ 작업 강도에 반응하는 육체적, 정신적 생체 현상이다.

> **해설** 산업 피로의 특징
> ㉠ 고단하다는 주관적인 느낌
> ㉡ 작업능률이 저하됨
> ㉢ 생체기능의 변화를 가져옴(개관적으로 측정이 가능함)

정답 12 ③ 13 ① 01 01 ③ 02 ①

CHAPTER 2 출제 예상 문제

03 Shimonson이 말하는 산업 피로 현상으로 옳지 않은 것은?

① 활동 지원의 소모
② 조절기능의 장애
③ 중간대사물질의 소모
④ 체내의 물리화학적 변화

해설 Shimonson의 산업 피로 현상
㉠ 중간대사물질(피로물질: 젖산, 초성포도당, 암모니아, 시스틴, 시스테인, 크레아틴, 크레아티닌, 잔여질소)의 체내축적
㉡ 활동자원의 소모(근육운동의 에너지원의 소모)
ⓐ 혐기성 대사 에너지원: ATP(Adenosine-Tri-Phosphate), CP(Creatine Phosphate), 글리코겐(($C_6H_{10}O_5)_n$), 포도당
ⓑ 호기성 대사 에너지원: 포도당(glucose), 단백질, 지방 등이 산소와 결합하여 구연산회로와 같은 대사과정을 거쳐 에너지를 생산
㉢ 체내의 물리·화학적 변화(혐기성 대사 시 근육 내 pH 저하)
㉣ 신체조절기능의 저하(수면 부족)

04 Viteles가 분류한 산업 피로의 3가지 본질로 옳지 않은 것은?

① 재해의 유발
② 작업량의 감소
③ 피로감각
④ 생체의 생리적 변화

해설 Viteles의 산업 피로 본질 3대 요소
㉠ 생체의 생리적 변화(의학적)
㉡ 피로감각(심리학적)
㉢ 작업량의 감소(생산적)

05 산업 피로에 관한 설명으로 옳지 않은 것은?

① 정신적 피로와 육체적 피로는 보통 구별하기 어렵다.
② 피로는 비가역적 생체의 변화로 건강장해의 일종이다.
③ 곤비(困憊)는 피로의 축적상태로 단기간에 회복할 수 없다.
④ 국소 피로와 전신 피로는 피로 현상이 나타난 부위가 어느 정도인가를 상대적으로 표현한 것이다.

해설 ㉠ **보통 피로**: 하루 저녁잠을 잘 자고 나면 다음 날 회복 가능한 정도로 가역적 생체의 변화
㉡ **과로**: 다음날까지 피로 상태가 계속 유지되는 상태
㉢ **곤비**: 과로 상태가 축적되어 단기간에 휴식을 취하여도 회복될 수 없는 병적인 상태로 심하면 사망에 이를 수 있음
㉣ 정신적 피로(중추신경계의 피로)와 육체적 피로(근육운동의 피로)는 심신이 동일체이므로 각각을 구분할 수 없다.
㉤ 국소 피로(팔, 다리의 근육에 계속적인 반복운동으로 발생, 근전도(EMG)를 이용하여 측정)와 전신 피로(심박수를 측정하여 판단함)

06 피로를 일으키는 인자에 있어 외적 요인으로 옳은 것은?

① 적능 능력
② 영양 상태
③ 숙련 정도
④ 작업환경

해설 산업 피로를 일으키는 요인
ⓐ 내적 요인(개인 조건): 적응 능력, 영양 상태, 숙련 정도, 신체적 조건
ⓑ 외적 요인: 작업환경, 작업부하, 작업시간, 생활조건

07 산업 피로의 종류에 관한 설명으로 옳지 않은 것은?

① 정신 피로란 중추신경계의 피로를 말한다.
② 곤비란 과로 상태가 축적되어 병적인 상태를 말한다.
③ 보통 피로란 하루 잠을 자고 나면 완전히 회복되는 피로를 말한다.
④ 과로란 피로가 계속 축적된 상태로 4일 이내 회복되는 피로를 말한다.

해설 과로: 다음날까지 피로 상태가 계속 유지되는 상태

08 작업에 기인한 피로 현상을 나타낸 것으로 옳지 않은 것은?

① 작업이 과중하면 피로의 원인이 되어 각종 질병을 유발할 수 있다.
② 취업 후 6개월 이내의 이직은 노동 부담이 커서 오는 경우가 많다.
③ 피로의 현상은 작업의 종류에 따라 차이가 있으며 개인적 차이는 작다.
④ 사업장에서 발생되는 피로는 작업부하, 작업환경, 작업시간 등의 영향으로 발생할 수 있다.

해설 피로의 현상은 작업의 종류에 따라 차이가 거의 없으며 개인적 차이는 크다고 하겠다.

09 전신 피로에 있어 생리학적 원인으로 옳지 않은 것은?

① 산소 공급 부족
② 체내 젖산농도의 감소
③ 혈중 포도당 농도의 저하
④ 근육 내 글리코겐량의 감소

해설 전신 피로 발생의 생리적인 원인
ⓐ 산소 공급 부족
ⓑ 체내 젖산농도의 증가
ⓒ 혈중 포도당 농도의 저하
ⓓ 근육 내 글리코겐량의 감소

젖산은 급격한 운동을 했을 때 근육 통증을 유발하는 피로물질이다. 근육세포에서 해당작용(glycolysis)으로 세포 에너지원인 포도당이 분해될 때 생산 및 분비되는 물질로 전해지거나 산소가 적은 저산소 상황에서 해당작용이 활성화될 때도 다량으로 생성된다.

정답 03 ③ 04 ① 05 ② 06 ④ 07 ④ 08 ③ 09 ②

CHAPTER 2 출제 예상 문제

10 산업현장에서 근로자에게 일어나는 산업 피로 현상은 외부적 요인과 신체적 요인 등 여러 인자들에 의해 복합적으로 발생하는데 다음 중 외부적 요인으로 옳지 않은 것은?

① 작업환경 조건
② 작업의 숙련도 및 적응 능력
③ 작업의 강도와 양의 적절성
④ 작업시간과 작업 자세의 적부

해설 산업 피로를 일으키는 요인
㉠ 내적 요인(개인 조건): 적응 능력, 영양 상태, 숙련 정도, 신체적 조건
㉡ 외적 요인: 작업환경, 작업부하, 작업시간, 생활조건

11 피로의 증상으로 옳지 않은 것은?

① 체온은 높아지나 피로 정도가 심해지면 오히려 낮아진다.
② 혈압은 초기에는 높아지나 피로가 진행되면 오히려 낮아진다.
③ 혈당치가 낮아지고 젖산과 탄산량이 증가하여 산혈증으로 된다.
④ 소변의 양이 줄고, 소변 내의 단백질 또는 교질물질의 농도가 떨어진다.

 피로의 생리적 증상: 소변량이 줄고 진한 갈색으로 변하며 심한 경우 단백뇨가 나타나 교질물질의 농도가 높아진다.

12 산업 피로의 증상으로 옳은 것은?

① 체온조절의 장애가 나타나며, 에너지 소모량이 증가한다.
② 혈액 중의 젖산과 탄산량이 감소하여 산혈증을 일으킨다.
③ 호흡이 얕고 빨라지며, 근육 내 글리코겐이 증가하게 된다.
④ 소변의 양과 뇨 내 단백질이나 기타 교질 영양물질의 배설량이 줄어든다.

해설
• 호흡이 얕고 빨라지며, 근육 내 글리코겐이 감소하게 된다.
• 혈액 중의 젖산과 탄산량이 증가하여 산혈증을 일으킨다.
• 소변의 양과 뇨 내 단백질이나 기타 교질 영양물질의 배설량이 많아진다.

13 산업 피로로 인한 생리적 증상으로 옳지 않은 것은?

① 맥박이 느려지고, 혈당치가 높아진다.
② 판단력이 흐려지고, 지각 기능이 둔해진다.
③ 호흡은 얕아지고, 호흡곤란이 오기도 한다.
④ 소변량이 줄고 진한 갈색으로 변하며 심한 경우 단백뇨가 나타난다.

> [해설] 맥박 및 호흡이 빨라지고, 혈액 내 혈당치는 낮아진다.

단백뇨(proteinuria)
소변 내에 과도한 단백질이 섞여 나오는 것으로 신장이 정상적으로 기능을 할 때는 사구체에서 여과된 단백질을 재흡수하여 혈액으로 되돌려 보내지만, 신장 기능이 저하되면 단백질을 재흡수하지 못하고 소변으로 단백질이 나오게 된다.

14 국소 피로와 관련된 설명으로 옳지 않은 것은?

① 적정 작업시간은 작업 강도와 대수적으로 비례한다.
② 국소 피로를 초래하기까지의 작업시간은 작업 강도에 의해 결정된다.
③ 대사산물의 근육 내 축적과 근육 내 에너지 고갈이 국소 피로를 유발한다.
④ 작업 강도란 근로자가 가지고 있는 최대의 힘에 대한 작업이 요구하는 힘을 말한다.

> [해설]
> - 적정 작업시간은 작업 강도와 대수적으로 반비례한다.
>   적정 작업시간(초) = $671\,120 \times \%MS^{-2.222}$
>   보통 작업 강도가 10 % 미만인 경우 국소 피로는 발생하지 않고, 30 % 이상일 때 국소 피로가 하나의 제한 요소가 된다.
> - 작업 강도(%MS) = $\dfrac{\text{작업이 요구하는 힘(required force)}}{\text{근로자가 가지고 있는 최대의 힘(maximum strength)}} \times 100$
>   여기서, 힘의 단위는 kp(kilopond), 1 kp: 질량 1 kg을 중력의 크기로 당기는 힘
>   ($1\,kp = 2.2\,pound_f = 1\,kg_f$)

15 국소 피로와 관련한 작업 강도와 적정 작업시간의 관계를 설명한 것으로 옳지 않은 것은?

① 힘의 단위는 kp(kilo pound)로 표시한다.
② 적정 작업시간은 작업 강도와 대수적으로 비례한다.
③ 1 kp(kilo pound)는 2.2 pounds의 중력에 해당한다.
④ 작업 강도가 10 % 미만인 경우 국소 피로는 오지 않는다.

> [해설] 적정 작업시간은 작업 강도와 대수적으로 반비례한다.
>   적정 작업시간(초) = $671\,120 \times \%MS^{-2.222}$

정답 10 ② 11 ④ 12 ① 13 ① 14 ① 15 ②

CHAPTER 2 출제 예상 문제

16 영양소의 작용과 그 작용에 관여하는 주된 영양소의 종류를 설명한 것으로 옳지 않은 것은?

① 체내에서 산화 연소하여 에너지를 공급하는 것 - 탄수화물, 지방질 및 단백질
② 체내 조직을 구성하고 분해·소비되는 물질의 공급원이 되는 것 - 단백질, 무기질, 물
③ 여러 영양소의 영양적 작용의 매개가 되고 생활기능을 조절하는 것 - 비타민, 무기질, 물
④ 몸의 구성성분을 위해 보급하고 영양소의 체내 흡수기능을 조절하는 것 - 탄수화물, 유기질, 물

해설 여러 영양소의 영양적 작용의 매개가 되고 생활기능을 조절하는 것(신체의 생리작용, 조절소): 비타민, 무기질, 물

17 영양소 부족에 의한 결핍증을 연결한 것으로 옳지 않은 것은?

① 비타민 B_1 - 구루병
② 비타민 A - 야맹증
③ 단백질 - 전신 부종, 피부 반점
④ 비타민 K - 혈액응고 지연작용

해설
- 비타민 B_1(티아민, thiamine) - 각기병(다리근육 이상), 일산화탄소(CO) 중독에 효과 있음. 구루병은 비타민 D 부족에 의한 결핍증임
- 비타민 B_2, B_6 - 벤젠(C_6H_6) 중독에 효과 있음
- 비타민 C - 괴혈병, 암모니아(NH_3) 중독에 효과 있음
- 비타민 E - 생식기능 장애, 염소(Cl_2) 증기와 사염화탄소(CCl_4) 중독에 효과 있음 (니코틴에 효과 있음)

02 작업 강도와 교대제

01 작업 강도를 분류하는 2가지 척도로 옳은 것은?

① 심박동률과 심전도
② 실동률과 에너지 소비량
③ 총에너지 소비량과 심박동률
④ 계속 작업의 한계시간과 실동률

해설 작업 강도의 평가
㉠ 작업 강도를 에너지 소비량으로 나타낸 지표(작업대사율, RMR)를 사용
㉡ 작업 시 필요한 에너지 요구량에 따라 쉽게 변하는 중요한 지표인 심박동률(heart rate)을 사용

▼ 에너지 소비량과 심박동률에 따른 작업 강도의 비율(NIOSH의 분류)

작업 강도의 분류	총에너지 소모량(작업대사량) (kcal/min)	심박동률 (박동수/분)
경 작업(light work)	2.5	90 이하
중등 작업(moderate work)	5	100
중(重) 작업(heavy work)	7.5	120
격심 작업(very heavy work)	10	140
극심 작업(extremely heavy work)	15	160 이상

02 미국정부 산업위생전문가협의회에서 제시한 작업대사량에 따라 작업 강도를 구분할 때 경 작업에 해당하는 소비열량은?

① 200 kcal/h 이하
② 300 kcal/h 이하
③ 400 kcal/h 이하
④ 500 kcal/h 이하

해설 작업대사량에 따른 작업 분류(ACGIH 분류)

작업 강도와 대사량	작업의 형태
휴식(resting)(<100 kcal/h)	조용히 앉아 있음
경 작업(light work)(<200 kcal/h)	팔운동하면서 작업대에서 가벼운 작업
중(中) 작업(moderate work) (<350 kcal/h)	서있는 상태에서 작업대의 물건을 굵은 작업 무게 3 kg의 물건을 들고 6 km/h 정도로 걷는 작업
중(重) 작업(heavy work)(<500 kcal/h)	건조한 모래 삽질 작업, 간헐적인 무거운 물건 들기 작업
격심 작업(very heavy work(>500 kcal/h)	습한 모래 삽질 작업

학습 POINT

작업 대사율에 관련된 계산문제와 바람직한 교대제 근무에 관한 내용을 정확하게 파악하여 숙지한다.

CHAPTER 2 출제 예상 문제

03 작업 강도의 일반적인 평가기준으로 옳은 것은?
① 혈당치 변화량
② 작업시간 및 밀도
③ 총작업시간
④ 열량소비량

해설 작업 강도의 일반적인 평가기준은 열량소비량(에너지 소비량)으로 나타낸 지표인 작업대사율(에너지대사율, RMR)를 사용한다.

04 작업대사율(RMR)에 관한 설명으로 옳은 것은?
① 기초대사량을 작업대사량으로 나눈 값이다.
② 작업에 소모된 열량에서 기초대사량을 나눈 값이다.
③ 작업에 소모된 열량에서 안정 시의 열량을 나눈 값이다.
④ 작업에 소모된 열량에서 안정 시의 열량을 뺀 후 기초대사량으로 나눈 값이다.

해설 $RMR = \dfrac{\text{작업에 소모된 열량} - \text{안정 시 열량}}{\text{기초대사량}} = \dfrac{\text{작업대사량}}{\text{기초대사량}}$

05 상대 에너지대사율(RMR)에 관한 설명으로 옳지 <u>않은</u> 것은?
① 연령은 고려하지 않은 지수이다.
② 작업대사량을 소요시간에 대한 가중 평균으로 나타낸 것이다.
③ $\dfrac{\text{작업 시 소비에너지} - \text{안정 시 소비에너지})}{\text{기초대사량}}$ 으로 산출할 수 있다.
④ 일본 산업위생학회에서 RMR에 근거한 작업 강도의 구분으로 경(輕) 작업은 0~1, 중(重) 작업은 4~7, 격심(激甚) 작업은 7 이상의 값을 나타낸다.

해설 RMR은 작업연령을 고려한 지수이다.

▼ 기초대사량 기준치

연령	남 (kcal/kg/d)	여 (kcal/kg/d)	연령	남 (kcal/kg/d)	여 (kcal/kg/d)
20대	24.3	23.4	60대	22.1	20.9
30대	23.1	22.0	70대	21.6	21.1
40대	22.7	21.0	80대	21.1	21.3
50대	22.5	20.9			

※ 성인 남자: 1 400 ~ 1 500 kcal/d, 성인 여자: 1 100 ~ 1 200 kcal/d

기초대사량이란 우리 몸이 생명을 유지하는 데 필요한 최소한의 에너지이다. 이는 우리의 심장이 뛰고, 호흡을 하고, 체온을 유지하며, 뇌가 활동을 하는 데 필요한 생명 유지를 위한 에너지로 우리가 사용하는 전체 에너지 중 기초대사량이 차지하는 에너지는 약 70 %에 달한다.

- 기초대사량 공식(성인에게만 적용)
  - 남성: [293 − (3.8 × 나이) + 456.4 × 키(m) + 10.12 × 체중(kg)]
  - 여성: [247 − (2.67 × 나이) + 401.5 × 키(m) + 8.60 × 체중(kg)]

06 미국 정부산업위생전문가협의회에서는 작업대사량에 따라 작업 강도를 3가지로 구분하였다. 중등도 작업(moderate work)일 경우 작업대사량으로 옳은 것은?

① 100 kcal/h 이하
② 100 ~ 200 kcal/h
③ 200 ~ 350 kcal/h
④ 350 ~ 500 kcal/h

해설 중(中) 작업, moderate work)의 작업대사량은 200 ~ 350 kcal/h이다.

07 일본 산업위생학회에 따르면 작업 강도는 작업대사율에 따라 5단계로 구분한다. 격심 작업의 작업대사율은?

① 3 이상
② 5 이상
③ 7 이상
④ 9 이상

해설 RMR에 의한 작업 강도의 분류(일본 산업위생학회)

작업 강도	RMR	실동률(%)
경 작업(가벼운 작업)	0 ~ 1	80 이상
중등(中等) 작업(보통 작업)	1 ~ 2	80 ~ 76
강(强) 작업	2 ~ 4	76 ~ 67
중(重) 작업(힘든 작업)	4 ~ 7	76 ~ 50
격심 작업(매우 힘든 작업)	7 이상	50 이하

> 작업 대사율(에너지대사율)은 특정한 작업을 수행하는 데 있어서 작업자의 생리적 부하를 계측하기 위한 지표로 주로 근력 작업의 강도를 측정하여 적정한 연속작업 가능 시간을 예측하기 위한 것이다. 미국의 ACGIH 기준과 일본 산업위생학회의 기준이 다르므로 주의하여 문제를 풀이하도록 한다.

08 어떤 작업에 있어 작업 시 소요된 열량이 3,500 kcal로 파악되었다. 기초대사량이 1,100 kcal이고, 안정 시 열량이 기초대사량의 1.2배인 경우 작업대사율(RMR, Relative Metabolic Rate)은 약 얼마인가?

① 1.82
② 1.98
③ 2.65
④ 3.18

해설
$$RMR = \frac{\text{작업에 소모된 열량} - \text{안정 시 열량}}{\text{기초대사량}}$$
$$= \frac{3,500 - 1.2 \times 1,100}{1,100} = 1.98$$

09 기초대사량이 1,500 kcal/d이고, 작업대사량이 시간당 250 kcal가 소비되는 작업을 8시간 동안 수행하고 있을 때 작업대사율(RMR)은?

① 0.17
② 0.75
③ 1.33
④ 6

해설
$$RMR = \frac{\text{작업에 소모된 열량} - \text{안정 시 열량}}{\text{기초대사량}} = \frac{\text{작업대사량}}{\text{기초대사량}}$$
$$= \frac{250 \times 8}{1,500} = 1.33$$

정답 03 ④ 04 ④ 05 ① 06 ③ 07 ③ 08 ② 09 ③

CHAPTER 2 출제 예상 문제

10 작업대사율(RMR)이 4인 작업을 하는 근로자의 실동률은? (단, 사이또와 오시마 식을 적용한다.)

① 55 % ② 65 %
③ 75 % ④ 85%

해설 실동률은 실제 노동률을 의미하며 작업 강도가 클수록 실동률은 낮아지고 휴식시간은 길어진다.
실동률(%) = $85 - 5 \times RMR = 85 - 5 \times 4 = 65\%$
즉 작업대사율이 4인 강작업인 경우 실제 노동률은 65 %이다.

11 작업에 소모된 열량이 4,500 kcal, 안정 시 열량이 1,000 kcal, 기초대사량이 1,500 kcal일 때 실동률은 약 얼마인가? (단, 사이토와 오시마의 경험식을 사용한다.)

① 70.0 % ② 73.4 %
③ 84.4 % ④ 85.0 %

해설 $RMR = \dfrac{\text{작업에 소모된 열량} - \text{안정 시 열량}}{\text{기초대사량}} = \dfrac{(4,500 - 1,000)}{1,500} = 2.33$
∴ 실동률(%) = $85 - 5 \times RMR = 85 - 5 \times 2.33 = 73.4\%$

12 작업 강도가 높아지는 요인으로 옳지 않은 것은?

① 작업 속도의 증가 ② 작업 인원의 감소
③ 작업 종류의 증가 ④ 작업 변경의 감소

해설 작업 강도에 영향을 주는 요소: 에너지소비량, 작업 속도, 작업 자세, 작업 범위, 작업 인원 등

> 작업의 위험성 등으로 작업 강도가 커지는 경우
> ㉠ 정밀작업일 때
> ㉡ 작업 대상의 종류가 많을 때
> ㉢ 작업이 복잡할 때
> ㉣ 판단을 요할 때
> ㉤ 위험부담을 느낄 때
> ㉥ 작업 인원이 감소할 때
> ㉦ 작업 변경이 증가할 때
> ㉧ 대인접촉이나 제약조건이 빈번할 때

13 기초대사량이 1.5 kcal/min이고, 작업대사량이 225 kcal/h인 작업을 수행할 때, 이 작업의 실동률(%)은?(단, 사이또(齋藤)와 오지마(大島)의 경험식을 적용한다.

① 61.5 ② 66.3
③ 72.5 ④ 77.5

해설 $RMR = \dfrac{\text{작업대사량}}{\text{기초대사량}} = \dfrac{225}{1.5 \times 60} = 2.5$
∴ 실동률(%) = $85 - 5 \times RMR = 85 - 5 \times 2.5 = 72.5\%$

14 최대 육체적 작업 능력이 16 kcal/min인 남성이 8시간 동안 피로를 느끼지 않고 일을 하기 위한 작업 강도는 어느 정도인가?

① 12 kcal/min   ② 5.3 kcal/min
③ 4 kcal/min   ④ 3.4 kcal/min

해설 육체적 작업 능력(PWC, Physical Work Capacity)
작업 시 개인의 최대 에너지 생산율을 말하며 최대 육체적 작업 능력(MPWC)은 활동하고 있는 근육에 산소를 전달해 주는 심장이나 폐의 최대 역량에 의하여 결정된다. PWC는 작업의 지속시간이 증가하면 급속히 감소하는 현상을 나타내는데 NIOSH는 직무를 설계할 경우 작업자의 최대 육체적 작업 능력의 33 %(약 1/3)보다 높은 조건에서 8시간 이상 계속 작업을 하지 않도록 권장하고 있다.
∴ 8시간 동안 피로를 느끼지 않고 일을 하기 위한 작업 강도
$= 16 \times \dfrac{1}{3} = 5.33 \,\text{kcal/min}$

15 16 kcal/min에 대한 작업시간은 4분이고, 16/3 kcal/min에 대한 작업시간이 480분일 때, 육체적 작업 능력(PWC)이 16 kcal/min인 근로자에 대한 허용 작업시간(T_{end}, 분)과 작업대사량(E, kcal/min)의 관계식으로 옳은 것은?

① $\log T_{end} = 3.150 - 0.1949 \times E$
② $\log T_{end} = 3.720 - 0.1949 \times E$
③ $\log T_{end} = 3.150 - 0.1847 \times E$
④ $\log T_{end} = 3.720 - 0.1847 \times E$

해설 육체적 작업 능력(PWC)은 젊은 남성에서 평균 16 kcal/min, 젊은 여성에서 평균 12 kcal/min이며 이러한 작업은 피로를 느끼지 않고 하루에 4분간 계속할 수 있다. 하루에 480분간 일을 하려면 일반적으로 PWC의 1/3에 해당하는 작업을 말한다. 즉 젊은 남성인 경우 5.3 kcal/min, 젊은 여성인 경우는 4 kcal/min인 작업이다. 젊은 남성을 기준으로 $\log T_{end} = b_0 + b_1 \times E$ 에서 T_{end}: 허용 작업시간(endurance time, 분), E: 작업대사량(kcal/min), b_0, b_1: 작업 능력에 따른 상수이 므로
$\log 4 = b_0 + b_1 \times 16$ 식 ①
$\log 480 = b_0 + b_1 \times \dfrac{16}{3}$ 식 ②

이 두 가지의 식에서 ① – ②를 하여 b_1을 구하면
$b_1 = \dfrac{\log 480 - \log 4}{5.33 - 16} = -0.1949$, $b_0 = \log 4 - 16 \times (-0.1949) = 3.720$

∴ 이 근로자에 있어서 작업 강도와 허용 작업시간의 관계식은
$\log T_{end} = 3.720 - 0.1949 \times E$ 이다.

16
기초대사량이 75 kcal/h이고, 작업대사량이 4 kcal/min인 작업을 계속하여 수행하고자 할 때, 다음 식을 참고할 경우 계속 작업의 한계시간은 약 얼마인가? (단, T_{end}는 계속 작업 한계시간, RMR은 작업대사율을 의미한다.)

$$\log T_{end} = 3.724 - 3.25 \times \log \text{RMR}$$

① 1.5시간   ② 2시간
③ 2.5시간   ④ 3시간

해설
$\text{RMR} = \dfrac{\text{작업대사량}}{\text{기초대사량}} = \dfrac{4 \times 60}{75} = 3.2$
$\log\,(\text{계속 작업의 한계시간, 분}) = 3.724 - 3.25 \log\,(3.2)$
∴ 계속 작업의 한계시간 $= 10^{3.724 - 3.25 \log 3.2} = 10^{2.082} = 120\,(\text{분}) = 2\text{시간}$

17
어떤 근로자가 물체를 운반하는 작업을 하고 있다. 1일 8시간 작업에 적합한 작업대사량은 5.3 kcal/min, 해당 작업의 작업대사량은 6 kcal/min, 휴식 시의 대사량은 1.3 kcal/min이라면 Hertig식을 이용한 적절한 휴식시간의 비율은?

① 약 15 %   ② 약 20 %
③ 약 25 %   ④ 약 30 %

해설
$T_{rest}\,(\%) = \left[\dfrac{\text{1일 8시간 작업에 적합한 작업대사량} - \text{작업대사량}}{\text{휴식대사량} - \text{작업대사량}}\right] \times 100$
$= \left(\dfrac{5.3 - 6}{1.3 - 6}\right) \times 100 = 14.89\,\%$

> Hertig 식은 작업 강도에 따른 피로 예방 허용시간을 구하는 오시마의 계속 작업의 한계 시간(분)을 구하는 식과는 달리 피로 예방을 위한 휴식시간 비를 구하는 식이다.
> $T_{rest}\,(\%) = \left(\dfrac{E_{\max} - E_{task}}{E_{rest} - E_{task}}\right)$
> 여기서 T_{rest}: 휴식시간 비,
> $E_{\max}$: 1일 8시간 작업에 적합한 작업대사량,
> E_{rest}: 휴식 중 소모대사량,
> E_{task}: 해당 작업의 작업대사량이다.

18
젊은 근로자의 약한 손 힘의 평균은 45 kP이고, 작업 강도(% MS)가 11.1 %일 때, 적정 작업시간은? (단, 적정작업시간(초) = $671{,}120 \times \%\text{MS}^{-2.2222}$ 식을 적용한다.)

① 33분   ② 43분
③ 53분   ④ 63분

해설
적정작업시간(초)
$= 671\,120 \times \%\text{MS}^{-2.2222} = 671\,120 \times 11.1^{-2.2222} = 3{,}191\,(\text{초}) ≒ 53\,\text{분}$

> 작업 강도(% MS) = $\dfrac{\text{작업 시 요구되는 힘}}{\text{근로자가 가지고 있는 최대의 힘}} \times 100$

19 교대제가 기업에서 채택되고 있는 이유로 옳지 <u>않은</u> 것은?

① 섬유공업, 건설사업에서 근로자의 고용기회를 확대하기 위하여
② 의료, 방송 등 공공사업에서 국민생활과 이용자의 편의를 위하여
③ 화학공업, 석유정제 등 생산과정이 주야로 연속되지 않으면 안 되는 경우
④ 기계공업, 방직공업 등 시설투자의 상각을 조속히 달성하려고 생산설비를 완전가동하고자 하는 경우

해설 교대제가 기업에서 채택되고 있는 이유와 근로자의 고용기회를 확대하는 것은 관련성이 없다.

20 바람직한 교대제로 옳지 <u>않은</u> 것은?

① 각 조의 근무 시간은 8시간씩으로 한다.
② 교대방식은 역교대보다 정교대가 좋다.
③ 야간근무의 연속은 일주일 정도가 좋다.
④ 연속된 야간근무 종료 후의 휴식은 최저 48시간을 가지도록 한다.

해설 야간근무의 연속은 2~3일 이상 연속하지 않도록 하고, 3일 이상 연속하면 피로도가 커지며 6~7일의 야근 연속은 불합리하다.

21 교대제의 운영방법으로 옳지 <u>않은</u> 것은?

① 12시간 교대제를 우선적으로 적용한다.
② 야근의 교대시간은 심야에 하지 않는다.
③ 3조 3교대의 연속근무는 가급적 피한다.
④ 야근은 2~3일 이상 연속하지 않는다.

해설 교대제 운영방법에서 8시간 교대제를 우선적으로 적용한다.

22 바람직한 교대제 근무에 관한 내용으로 옳지 <u>않은</u> 것은?

① 야간근무의 교대시간은 심야를 피해야 한다.
② 야간근무 종료 후 휴식은 48시간 이상으로 한다.
③ 교대방식은 낮 근무, 저녁 근무, 밤 근무 순으로 한다.
④ 야간근무는 신체의 적응을 위하여 최소 3일 이상 연속하여야 한다.

해설 야간근무의 연속은 2~3일 이상 연속하지 않아야 한다.

> **교대제(교대근로시간제)**
> 장시간의 연속작업을 하기 위하여 작업자를 2교대조 이상으로 편성하여 작업자를 일정한 기간마다 교대로 작업하게 하는 근무형태이다. 교대제의 유형에는 교대조의 수와 교대 순번에 따라 주간 2교대제, 2조 격일제, 2조 1일 2교대제, 3조 1일 2교대제, 3조 1일 3교대제, 4조 1일 3교대제 등이 있다.

정답 16 ② 17 ① 18 ③ 19 ① 20 ③ 21 ① 22 ④

CHAPTER 2 출제 예상 문제

23 작업자의 교대제 편성 상 고려사항과 그에 따른 관리 방법으로 옳지 않은 것은?

① 야간근무의 연속 일수는 5 ~ 6일로 조정한다.
② 야간근무의 교대시간은 상오 0시 이전이 바람직하다.
③ 근무 시간은 8시간 교대로 하고 야간근무는 짧게 한다.
④ 야간근무 시 가면(假眠) 시간은 1시간 30분 이상으로 한다.

해설 야간근무의 연속 일수는 2 ~ 3일로 한다.

24 교대근무의 운용방법으로 옳은 것은?

① 근무의 연속성을 고려하여 가능한 한 3조 3교대로 한다.
② 신체의 적응을 위하여 야간근무는 5일 ~ 7일 연속하여 실시한다.
③ 교대방식은 피로의 회복을 위하여 정교대보다 역교대방식으로 한다.
④ 야간근무 후 다음 반으로 가는 간격은 최소 48시간 이상을 가지도록 하여야 한다.

해설
- 야간근무는 2 ~ 3일 미만으로 연속하여 실시한다.
- 근무의 연속성을 고려하여 가능한 한 4조 3교대로 편성한다.
- 피로의 회복을 위하여 정교대방식(휴식했던 반 → 갑반 → 을반 → 병반 → 휴식)이 좋다.

25 교대제 근무가 생체에 주는 영향에 대한 설명으로 옳지 않은 것은?

① 야간작업 시 주간작업보다 체온상승이 높아지므로 작업능률이 떨어진다.
② 주간 수면 시 혈액 수분의 증가가 충분치 않고, 에너지대사량이 저하되지 않아 잠이 깊이 들지 않는다.
③ 주간작업에서 야간작업으로 교대 시 이미 형성된 신체 리듬은 즉시 새로운 조건에 맞게 변화되지 않으므로 활동력이 저하된다.
④ 야간근무는 오래 계속하더라도 습관화되기 어려우며 야간근무를 3일 이상 연속으로 하는 경우에는 피로축적 현상이 나타나게 된다.

해설 야간작업 시 체온상승은 주간작업 시보다 낮다.

26 야간교대 근무자의 건강관리 대책상 필요한 조건으로 옳지 않은 것은?

① 난방, 조명 등 환경조건을 갖출 것
② 작업량이 과중하지 않도록 할 것
③ 야근에 부적합한 자를 가려내는 검진을 할 것
④ 육체적으로나 정신적으로 생체의 부담도가 심하게 나타나는 순으로 저녁 근무, 밤 근무, 낮 근무 순서로 할 것

해설 육체적으로나 정신적으로 생체의 부담도가 적은 피로의 회복을 위하여 정교대방식(휴식했던 반 → 갑반(낮 근무) → 을반(저녁 근무) → 병반(밤 근무) → 휴식)으로 교대하는 것이 좋다.

03 산업 피로 개선대책

01 피로를 가장 적게 하고 생산량을 최고로 올릴 수 있는 경제적인 작업 속도를 무엇이라 하는가?

① 완속속도 ② 지적속도
③ 감각속도 ④ 민감속도

해설 지적속도(optimum speed): 피로를 가장 적게 하고 생산량을 최고로 올릴 수 있는 경제적인 작업 속도

학습 POINT
전신 피로와 국소 피로를 측정하는 객관적인 방법과 피로의 예방대책에 대하여 암기하도록 한다.

02 작업환경조건과 피로의 관계를 설명한 것으로 옳은 것은?

① 소음은 정신적 피로의 원인이 된다.
② 정밀작업 시 조명은 광원의 성질과 관계없이 100럭스(lux) 정도가 적당하다.
③ 온열조건은 피로의 원인으로 포함되지 않으며 신체적 작업밀도와 관계가 없다.
④ 작업자의 심리적 요소는 작업능률과 관계되고, 피로의 직접 요인이 되지는 않는다.

해설
• 온열조건은 피로의 원인으로 포함되며 신체적 작업밀도와 관계가 있다.
• 정밀작업 시 조명은 300럭스(lux) 정도가 적당하다.
• 작업자의 심리적 요소는 작업능률과 관계되고, 피로의 직접 요인이 된다.

럭스(lux, 기호 lx)는 빛의 조명도를 나타내는 SI 단위이다.
$1\,lx = 1\,lm/m^2$, 여기서 lm은 루멘이다.

정답 23 ① 24 ④ 25 ① 26 ④  01 ② 02 ①

03 flex-time제를 설명한 것으로 옳은 것은?

① 하루 중 자기가 편한 시간을 정하여 자유 출퇴근하는 제도
② 주휴 2일제로 주당 40시간 이상의 근무를 원칙으로 하는 제도
③ 연중 4주간의 연차 휴가를 정하여 근로자가 원하는 시기에 휴가를 갖는 제도
④ 작업상 전 근로자가 일하는 중추시간(core time)을 제외하고 주당 40시간 내외의 근로 조건 하에서 자유롭게 출퇴근 하는 제도

해설 flex-time제: 개인의 자유시간을 고려하여 작업상 전체 근로자가 일하는 중추시간(core time)을 제외하고 주당 40시간 내외의 근로 조건하에서 자유롭게 출퇴근을 인정하는 제도로 개인생활의 편의, 피로의 경감, 출퇴근 시 교통량의 완화 등 정신적인 면에서 효과를 나타낸다.

> **플렉스 타임(flex time)**
> 개인의 선택에 따라 근무 시간·근무 환경을 조절할 수 있는 제도로 선택적 근로 시간제, 유연근무제(柔軟勤務制)라고도 한다. 기업 조직에 유연성을 주는 제도로 틀에 박힌 근무 시간이나 근무자를 요구하는 정형화된 기준의 근무제도에서 벗어나, 개인의 특성이나 환경에 맞는 다양한 근무제도를 통해 생산성을 높이는 일종의 기업경영 개선책이다. 핵심 근무 시간(중추 시간)을 제외하고 재택근무제, 유연 출·퇴근제, 일자리 공유제(하나의 자리를 두 사람이 나누어 근무하는 것)가 여기에 속한다.

04 객관적 피로의 측정방법으로 옳지 않은 것은?

① 피로의 자각증상 조사
② 생리적 기능 검사
③ 생화학적 검사
④ 생리·심리적 검사

해설 피로의 자각증상 조사는 주관적 측정방법이다.

05 피로의 검사 및 측정방법에 있어 생리적 방법으로 옳지 <u>않은</u> 것은?

① 근력
② 호흡순환기능
③ 연속 반응시간
④ 대외피질 활동

해설 피로의 검사 및 측정방법에 있어 생리적 방법
㉠ 근력(근전도 측정)
㉡ 호흡순환기능(심박수 측정)
㉢ 대외피질 활동

> 피로의 검사 및 측정 방법(피로 판정법)에 있어 검사 항목 중 (행동기록) 연속반응시간은 심리학적 검사 방법이다.

06 산업 피로를 측정할 때 국소 피로를 측정하는 객관적인 방법은?

① 심전도
② 근전도
③ 부정맥 지수
④ 작업종료 후 회복 시의 심박수

해설 국소 피로를 평가하는 데는 근전도(EMG, electromyogram)를 가장 많이 이용한다. 근육이 위치한 부위의 피부 표면에 2개의 전극을 부착시켜 측정한다.

07 산업 피로를 측정할 때 전신 피로를 측정하는 객관적인 방법은 무엇인가?

① 근력
② 근전도
③ 심전도
④ 작업종료 후 회복 시의 심박수

해설 전신 피로의 측정: 작업을 마친 직후 회복기의 심박수(beats/min)를 측정하여 산출한다.

08 전신 피로의 정도를 평가하려면 작업종료 후 심박수(Heart Rate)를 측정하여 이용한다. 다음 중 가장 심한 전신 피로 상태로 판단할 수 있는 경우는? (단, HR_1은 종료 후 30 ~ 60초 사이의 평균심박수이고, HR_2는 종료 후 60 ~ 90초 사이의 평균심박수이고, HR_3은 종료 후 150 ~ 180초 사이의 평균심박수이다.)

① HR_1이 120이고, HR_3와 HR_2의 차이가 15인 경우
② HR_1이 90이고, HR_3와 HR_2의 차이가 15인 경우
③ HR_1이 120이고, HR_3와 HR_2의 차이가 5인 경우
④ HR_1이 90이고, HR_3와 HR_2의 차이가 5인 경우

해설 $HR_{30~60}(HR_1)$이 110을 초과하고, $HR_{150~180}(HR_3)$과 $HR_{60~90}(HR_2)$의 차이가 10 미만이라면 심한 전신 피로 상태로 판단한다.

09 피로한 근육에서 측정된 근전도(EMG)의 특징으로 옳은 것은?

① 저주파수(0 ~ 40 Hz) 힘의 증가, 총 전압의 감소
② 고주파수(40 ~ 200 Hz) 힘의 감소, 총 전압의 증가
③ 저주파수(0 ~ 40 Hz) 힘의 감소, 평균 주파수의 증가
④ 고주파수(40 ~ 200 Hz) 힘의 증가, 평균 주파수의 증가

해설 국소 피로의 평가(피로한 근육에서 측정된 EMG와 정상 근육에서 측정된 EMG를 비교할 경우의 차이)
 ㉠ 0 ~ 40 Hz의 저주파수에서 힘의 증가
 ㉡ 40 ~ 200 Hz의 고주파수에서 힘의 감소
 ㉢ 평균 주파수의 감소
 ㉣ 총 전압의 증가

정답 03 ④ 04 ① 05 ③ 06 ② 07 ④ 08 ③ 09 ②

CHAPTER 2 출제 예상 문제

10 피로 측정 및 판정에 있어 가장 중요하며 객관적인 자료에 해당하는 것은?

① 개인적 느낌
② 작업능률 저하
③ 생체기능의 변화
④ 작업 자세의 변화

해설 피로 측정 및 판정에 있어 가장 중요하며 객관적인 자료는 심박수(전신 피로 측정) 및 근전도(국소 피로 측정)를 이용한 생체기능의 변화이다.

11 주관적 피로를 알아보기 위한 측정방법으로 옳은 것은?

① CMI 검사
② 생리심리적 검사
③ PPR 검사
④ 생리적 기능 검사

해설 피로의 주관적 측정(피로 자각증상 항목을 분석하여 판정. 정확성은 높지 않음)
㉠ 미국 CMI(Cornel Medical Index)
㉡ 일본 산업위생학회의 피로자각증상 항목 조사 판정(Ⅰ군: 졸음과 권태, Ⅱ군: 주의 집중 곤란, Ⅲ군: 신체의 국소 이화(異化)감)
㉢ 판정
 ⓐ 일반형 피로: Ⅰ 〉 Ⅲ 〉 Ⅱ
 ⓑ 정신작업형, 야근형 피로: Ⅰ 〉 Ⅱ 〉 Ⅲ
 ⓒ 육체 작업형 피로: Ⅲ 〉 Ⅰ 〉 Ⅱ

12 산업 피로의 방지 대책으로 옳지 <u>않은</u> 것은?

① 충분한 수면과 영양을 섭취하도록 한다.
② 작업 중 불필요한 동작을 피하고 에너지 소모를 적게 한다.
③ 너무 정적인 작업은 피로를 가중시키므로 동적인 작업으로 전환한다.
④ 휴식시간을 자주 갖는 것은 신체리듬에 부담을 주게 되므로 장시간 작업 후 장시간 휴식하는 것이 효과적이다.

해설 휴식시간은 한 번에 장시간을 휴식하는 것이 바람직하지 않으며 짧은 시간을 반복적으로 휴식하는 것이 효과적이다.

13 산업 피로의 예방대책으로 옳지 않은 것은?

① 작업과정 중간에 적절한 휴식시간을 추가한다.
② 개인마다 동일한 작업량을 부여한다.
③ 가능한 한 동적인 작업으로 전환한다.
④ 작업환경을 정비하고 정리·정돈한다.

해설 각 개인에 따라 작업량을 조절한다.

14 산업위생관리 측면에서 피로의 예방대책으로 옳지 않은 것은?

① 각 개인에 따라 작업량을 조절한다.
② 작업과정에 적절한 간격으로 휴식시간을 준다.
③ 개인의 숙련도 등에 따라 작업 속도를 조절한다.
④ 동적인 작업을 모두 정적인 작업으로 전환한다.

해설 너무 정적인 작업은 오히려 피로를 가중시키므로 동적인 작업으로 전환한다.

정답 10 ③ 11 ① 12 ④ 13 ② 14 ④

CHAPTER 3 인간과 작업환경

출제 예상 문제

01 노동생리

학습 POINT

근육의 에너지원에 대한 종류를 알아두고 그 에너지원을 소비하는 산소소비량 및 산소부채에 대하여 자세하게 이해한다.

01 작업환경에서 식품과 영양소에 대한 설명으로 옳지 <u>않은</u> 것은?
① 열량의 공급원은 탄수화물, 지방, 단백질이다.
② 칼륨은 치아와 골격을 구성하며 철분은 혈액을 구성한다.
③ 단백질, 탄수화물, 지방, 무기질 및 비타민을 5대 영양소라 한다.
④ 신체의 생활기능을 조절하는 영양소에는 비타민, 무기질 등이 있다.

해설 칼슘(Ca)은 치아와 골격을 구성하며 철분(Fe)은 혈액을 구성한다.

02 호기적 산화를 도와서 근육의 열량공급을 원활하게 해주기 때문에 근육노동에 있어서 특히 주의해서 보충해 주어야 하는 것은?
① 비타민 A
② 비타민 B_1
③ 비타민 C
④ 비타민 D_4

해설 작업 강도가 높은 근로자의 근육에 호기적 산화로 연소를 도와주는 영양소는 비타민 B_1(티아민, thiamine)이다.

> 호기적 산화를 유기호흡이라고도 하는 데, 최종 전자수용체가 산소이고 기질 수준 인산화 반응과 더불어 산화적 인산화(전자전달계) 반응으로 ATP를 생성할 수 있다. 이와는 대조적으로 혐기성 산화인 무기호흡은 외부의 전자수용체로서 산소 이외의 다른 무기질을 사용하는 산화환원반응으로 에너지를 얻는 현상이다.

03 작업의 종류에 따른 영양관리 방안으로 옳지 <u>않은</u> 것은?
① 중 작업자에게는 단백질을 공급한다.
② 저온 작업자에게는 지방질을 공급한다.
③ 저온 작업자에게는 식수와 식염을 우선 공급한다.
④ 근육 작업자의 에너지 공급은 당질을 위주로 한다.

해설 고온 작업자에게는 식수와 식염을 우선 공급한다.

04 근육과 뼈를 연결하는 섬유조직은?

① 뉴런(neuron) ② 건(tendon)
③ 인대(ligament) ④ 관절(joint)

해설
- 건(腱, tendon)은 뼈와 근육을 연결하는 강한 섬유조직으로 골격근(가로무늬근, 수의근)을 형성한다.
- 인대(ligament)는 추골과 추골을 연결하는 강한 결합조직이다.
- 뉴런(neuron)은 신경으로 뇌에서 아래로 내려가면서 존재하고 여러 개가 모여 척수를 이룬다.

05 근육의 에너지원으로 가장 먼저 소비되는 것은?

① 포도당 ② 산소
③ 글리코겐 ④ 아데노신삼인산(ATP)

해설 근육의 에너지원으로 가장 먼저 소비되는 것은 아데노신삼인산(ATP)이다.
ATP ⇔ ADP + P + free energy
CP + ADP ⇔ 크레아틴(creatine) + ATP
글리코겐(glycogen) 또는 포도당(glucose) ⇔ 젖산(lactate) + ATP

06 혐기성 대사에서 혐기성 반응에 의해 에너지를 생산하지 않는 것은?

① 지방 ② 포도당
③ 크레아틴인산(CP) ④ 지방아데노신삼인산(ATP)

해설 혐기성 대사 에너지원
ATP(Adenosine-Tri-Phosphate), CP(Creatine Phosphate), 글리코겐($(C_6H_{10}O_5)_n$), 포도당

07 근육운동에 필요한 에너지는 혐기성 대사와 호기성 대사를 통해 생성된다. 다음 중 혐기성과 호기성 대사에 모두 에너지원으로 작용하는 것은?

① 지방(fat) ② 단백질(protein)
③ 포도당(glucose) ④ 아데노신삼인산(ATP)

해설 활동자원의 소모(근육운동의 에너지원의 소모)
㉠ 혐기성 대사 에너지원: ATP(Adenosine Tri-Phosphate), CP(Creatine Phosphate), 글리코겐($(C_6H_{10}O_5)_n$), 포도당
㉡ 호기성 대사 에너지원: 포도당(glucose), 단백질, 지방 등이 산소와 결합하여 구연산회로와 같은 대사과정을 거쳐 에너지를 생산

정답 01 ② 02 ② 03 ③ 04 ② 05 ④ 06 ① 07 ③

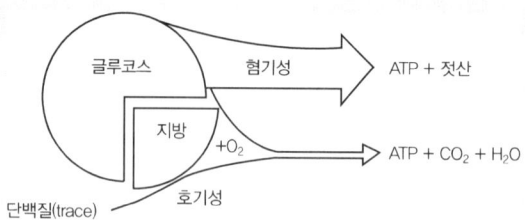

▲ 무산소 과정에서 에너지원의 소비

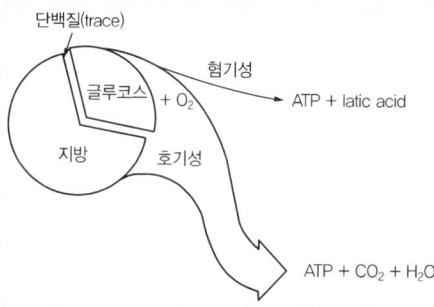

▲ 유산소 과정에서의 에너지원 소비

08 일반적으로 근로자가 휴식 중일 때 산소소비량(oxygen uptake)은 어느 정도인가?

① 0.25 L/min
② 0.75 L/min
③ 1.50 L/min
④ 5.0 L/min

해설 근로자가 휴식 중일 때 산소소비량(oxygen uptake)은 약 0.25 L/min이나 운동할 때는 20배가 증가하여 약 5 L/min까지 증가한다.

▼ 작업형태에 따른 에너지 및 산소소비량

작업 구분	에너지 소비량		산소소비량 (L/min)
	kcal/min	kcal/8 h	
매우 힘든 작업	12.5 이상	6,000 이상	2.5 이상
어느 정도 힘든 작업	10.0 ~ 12.5	4,800 ~ 6,000	2.0 ~ 2.5
힘든 작업	7.5 ~ 10.0	3,600 ~ 4,800	1.5 ~ 2.0
중간 작업	5.0 ~ 7.5	2,400 ~ 3,600	1.0 ~ 1.5
가벼운 작업	2.5 ~ 5.0	1,200 ~ 2,400	0.5 ~ 1.0
어느 정도 가벼운 작업	2.5 이하	1,200 이하	0.5 이하

09 일반적으로 성인 남성 근로자가 운동할 때의 산소소비량(oxygen uptake)은 약 얼마까지 증가하는가?

① 0.25 L/min ② 2.5 L/min
③ 5 L/min   ④ 10 L/min

해설 근로자가 휴식 중일 때 산소소비량(oxygen uptake)은 약 0.25 L/min이나 운동할 때는 20배가 증가하여 약 5 L/min까지 증가한다.

10 인간의 육체적 작업 능력을 평가하는 데에는 산소소비량이 활용된다. 산소소비량 1 L는 몇 kcal의 작업대사량으로 환산할 수 있는가?

① 1.5   ② 3   ③ 5   ④ 8

해설 산소소비량을 에너지량(작업대사량)으로 환산하면 산소소비량
1 L = 4.92 kcal ≒ 5 kcal

11 산소부채(oxygen debt)에 관한 설명으로 옳지 않은 것은?

① 산소부채 현상은 작업이 시작되면서 발생한다.
② 작업대사량의 증가와 관계없이 산소소비량은 계속 증가한다.
③ 작업이 끝난 후에는 산소부채의 보상(compensation) 현상이 발생한다.
④ 작업 강도에 따라 필요한 산소요구량과 산소공급량의 차이에 의하여 산소부채 현상이 발생한다.

해설 작업 시 소비되는 산소소비량은 초기에 서서히 증가하다가 작업 강도에 따라 일정한 양에 도달하고, 작업이 종료된 후 서서히 감소되어 일정 시간 동안 산소를 소비한다.

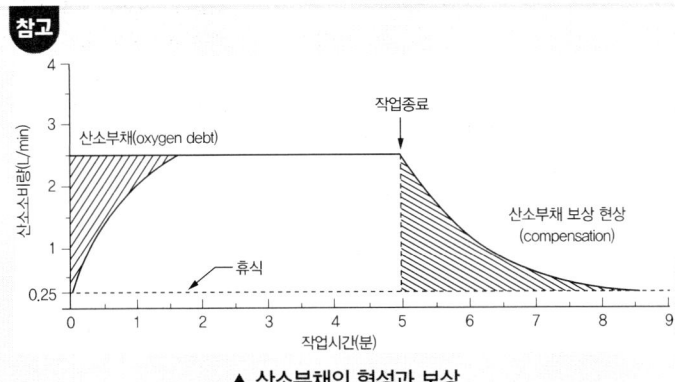

▲ 산소부채의 형성과 보상

정답 08 ① 09 ③ 10 ③ 11 ②

CHAPTER 3 출제 예상 문제

12 산소결핍에 대하여 가장 민감한 인체조직은?
① 폐
② 말초신경계
③ 대뇌피질
④ 뇌간척수계

해설 성인은 1분에 0.2 ~ 0.3 L의 산소를 소비하며, 특히 생체의 장기 중에서 뇌가 가장 많은 산소량을 소비하기 때문에 산소결핍에 가장 민감한 인체조직은 대뇌피질이다.

13 산업안전보건법상 용어의 정의로 옳지 <u>않은</u> 것은?
① 산소결핍이란 공기 중의 산소농도가 18 % 미만인 상태를 말한다.
② 산소결핍증이란 산소가 결핍된 공기를 들여 마심으로써 생기는 증상을 말한다.
③ 밀폐공간이란 산소결핍, 유해가스로 인한 화재·폭발 등의 위험이 있는 장소로서 별도로 정한 장소를 말한다.
④ 적정한 공기란 산소농도의 범위가 18 % 이상 23.5 % 미만, 탄산가스의 농도가 1.0 % 미만, 황화수소의 농가 100 ppm 미만인 수준의 공기를 말한다.

해설 적정공기란 산소농도의 범위가 18퍼센트 이상 23.5퍼센트 미만, 탄산가스의 농도가 1.5퍼센트 미만, 일산화탄소의 농도가 30피피엠 미만, 황화수소의 농도가 10피피엠 미만인 수준의 공기를 말한다.

14 산소결핍장소에서의 관리 방법에 관한 내용으로 옳지 <u>않은</u> 것은?
① 생체 중에서 산소결핍에 대하여 가장 민감한 조직은 뇌이다.
② 산소결핍이란 공기 중의 산소농도가 18 % 미만인 상태를 말한다.
③ 산소결핍의 우려가 있는 경우에는 산소의 농도를 측정하는 사람을 지명하여 측정하도록 하여야 한다.
④ 맨홀 지하작업 등 산소결핍이 우려되는 장소에서는 근로자에게는 구명밧줄과 방독 마스크를 착용하여야 한다.

해설 맨홀 지하작업 등 산소결핍이 우려되는 장소에서는 근로자에게는 구명밧줄과 송기식 마스크를 착용하여야 한다.

> 송기식 마스크란 호흡용 보호구 중에서 공기호스 등으로 호흡용 공기를 공급할 수 있도록 만들어진 호흡용 보호구를 말하며 종류로는 호스 마스크, 에어라인 마스크, 복합식 에어라인 마스크가 있다.

15 고용노동부령 '산업안전보건기준에 관한 규칙'에서 '산소결핍'이란 공기 중의 산소농도가 얼마 미만인 상태를 말하는가?

① 17 % ② 18 % ③ 19 % ④ 20 %

해설 "산소결핍"이란 공기 중의 산소농도가 18퍼센트 미만인 상태를 말한다.

16 작업 시작 및 종료 시 호흡에 의한 산소소비량에 대한 설명으로 옳지 않은 것은?
① 산소소비량은 작업부하가 계속 증가하면 일정한 비율로 같이 증가한다.
② 작업이 끝난 후에도 맥박과 호흡수가 작업 개시 수준으로 즉시 돌아오지 않고 서서히 감소한다.
③ 작업부하 수준이 최대 산소소비량 수준보다 높아지게 되면 젖산의 제거속도가 생성속도에 못 미치게 된다.
④ 작업이 끝난 후에 남아 있는 젖산을 제거하기 위하여 산소가 더 필요하게 되며, 이때 동원되는 산소소비량을 산소부채(oxygen debt)라고 한다.

해설 작업대사량이 증가하면 산소소비량도 비례하여 계속 증가하나 작업대사량이 일정 한계를 넘으면 산소소비량은 증가하지 않는다. 이는 사람의 심폐기능에 한계가 있기 때문이다.

02 인간공학

학습 POINT
바람직한 작업 자세와 중량물 취급작업에 따른 각종 기준에 대한 공식을 알아두고, 근골격계질환의 종류별 발생원인과 건강장해 예방방법을 암기하도록 한다.

01 생산성 향상을 위해 기계와 작업대의 높이를 조절하고자 할 때 다음 중 작업자의 신체로부터 일할 수 있는 최대작업 영역에 대한 설명으로 옳은 것은?
① 작업자가 작업할 때 시선이 닿는 범위
② 작업자가 작업할 때 상지(上肢)를 뻗어서 닿는 범위
③ 작업자가 작업할 때 사지(四肢)를 뻗어서 닿는 범위
④ 작업자가 작업할 때 아래팔과 손으로 조작할 수 있는 범위

해설 최대작업 영역은 어깨로부터 위팔(상지(上肢))까지를 뻗어 휘두를 때 닿을 수 있는 영역(전면 50.8 cm, 좌우 150 cm)이다.

정답 12 ③ 13 ④ 14 ④ 15 ② 16 ① **02** 01 ②

CHAPTER 3 출제 예상 문제

02 인간공학적 방법에 의한 작업장 설계 시 정상작업 영역 범위로 옳은 것은?

① 서 있는 자세에서 팔과 다리를 뻗어 닿는 범위
② 서 있는 자세에서 물건을 잡을 수 있는 최대범위
③ 앉은 자세에서 위팔과 아래팔을 곧게 뻗어서 닿는 범위
④ 앉은 자세에서 위팔은 몸에 붙이고, 아래팔은 곧게 뻗어서 닿는 범위

해설 수평면에서의 표준작업 영역(정상작업 영역)은 위팔(상완, upper arm)을 뻗지 않고 아래팔(전완, forearm)을 휘둘러서 닿을 수 있는 영역(전면 39.4 cm, 좌우 119.4 cm)

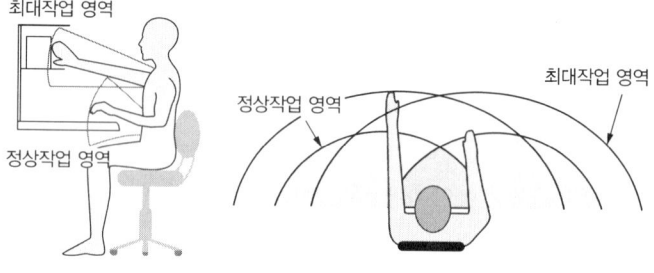

03 작업 자세는 피로 또는 작업능률과 관계가 깊다. 다음 중 가장 바람직하지 않은 자세는?

① 가능한 한 작업 중 움직임을 고정한다.
② 작업대와 의자의 높이는 개인에게 적합하도록 조절한다.
③ 작업에 주로 사용하는 팔의 높이는 심장 높이로 유지한다.
④ 작업물체와 눈과의 거리는 약 30 ~ 40 cm 정도 유지한다.

해설 가능한 한 작업 중 움직임을 자유스럽게 한다.

04 작업 자세는 에너지 소비량에 영향을 미친다. 바람직한 작업 자세로 옳지 않은 것은?

① 정적 작업을 피한다.
② 불안정한 자세를 피한다.
③ 작업물체와 몸과의 거리를 약 30 cm 유지토록 한다.
④ 원활한 혈액의 순환을 위해 작업에 사용하는 신체 부위를 심장 높이 보다 아래에 두도록 한다.

해설 원활한 혈액의 순환을 위해 작업에 사용하는 신체 부위를 심장 높이보다 약간 위에 두도록 한다.

05 정교한 작업을 위한 작업대 높이의 개선방법으로 옳은 것은?

① 팔꿈치 높이를 기준으로 한다.
② 팔꿈치 높이보다 5 cm 정도 낮게 한다.
③ 팔꿈치 높이보다 10 cm 정도 낮게 한다.
④ 팔꿈치 높이보다 5 ~ 10 cm 정도 높게 한다.

해설 작업 종류에 따른 권장 작업대 높이
작업대의 작업면은 그림과 같이 팔꿈치 높이 또는 약간 아래에 있도록 하고 팔꿈치 이하 부위는 수평이거나 약간 아래로 기울게 한다. 또한 아주 정밀한 작업인 경우에는 팔꿈치 높이보다 높게 하고 팔걸이를 제공한다.

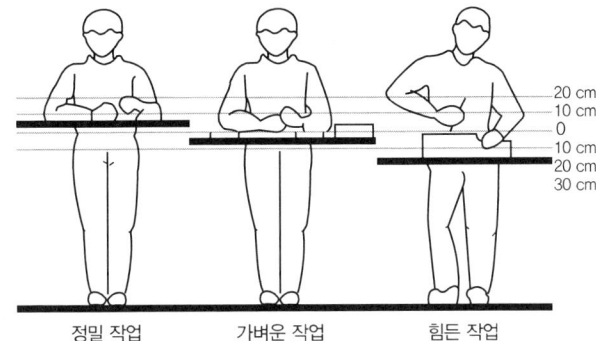

06 허리에 부담을 주어 요통을 유발할 수 있는 작업 자세로서 옳지 <u>않은</u> 것은?

① 높은 곳에 물건을 취급하기 위하여 어깨를 90도 이상 반복적으로 들리게 하는 작업 자세
② 큰 수레에서 물건을 꺼내기 위하여 과도하게 허리를 숙이는 작업 자세
③ 낮은 작업대로 인하여 반복적으로 숙이는 작업 자세
④ 측면으로 20도 이상 기우는 작업 자세

요통은 허리 부위에서 다리까지 광범위하게 나타나는 통증을 말한다.

해설 요통은 상체를 지나치게 앞으로 굽히거나 뒤로 지나치게 젖혀서 균형을 잃는 불균형 자세를 오랫동안 지속할 경우 척추의 손상을 입혀 발생하는 것으로 높은 곳의 물건을 취급하기 위하여 어깨를 90도 이상 반복적으로 들리게 하는 작업 자세는 요통과는 상관이 없다.

정답 02 ④ 03 ① 04 ④ 05 ④ 06 ①

CHAPTER 3 출제 예상 문제

07 중량물 취급작업에 있어 미국국립산업안전보건연구원(NIOSH)에서 제시한 감시기준(action limit)의 계산에 적용하는 요인으로 옳지 않은 것은?

① 물체의 이동거리
② 대상물체의 수평거리
③ 중량물 취급작업의 빈도
④ 중량물 취급작업자의 체중

해설 감시기준의 영향요인
㉠ 대상물체의 이동거리   ㉡ 대상물체의 수평거리.
㉢ 대상물체의 수직거리   ㉣ 중량물 취급작업의 빈도

> 감시기준이란 허리의 L_5/S_1 부위에서 압축력이 3,400 N 정도 발생하는 상황을 표현하는 데, 이 단계까지의 작업조건은 거의 모든 근로자가 무리 없이 견디어 낼 수 있는 상황이다.

08 중량물 들기 작업의 구분 동작을 순서대로 올바르게 나열한 것은?

㉠ 발을 어깨너비 정도로 벌리고 몸은 정확하게 균형을 유지한다.
㉡ 무릎을 굽힌다.
㉢ 중량물에 몸의 중심을 가깝게 한다.
㉣ 목과 등이 거의 일직선이 되도록 한다.
㉤ 가능하면 중량물을 양손으로 잡는다.
㉥ 등을 반듯이 유지하면서 무릎의 힘으로 일어난다.

① ㉠ → ㉡ → ㉢ → ㉣ → ㉤ → ㉥
② ㉠ → ㉢ → ㉡ → ㉣ → ㉤ → ㉥
③ ㉢ → ㉠ → ㉡ → ㉣ → ㉤ → ㉥
④ ㉢ → ㉠ → ㉡ → ㉤ → ㉣ → ㉥

해설 중량물 취급작업 시 지켜야 할 가장 중요한 원칙
㉠ 물체와 몸의 거리를 가능한 가까이 한다.
㉡ 몸의 자연 곡선(균형, 자세 등)을 유지한다.

09 중량물 취급 시 주의사항으로 옳지 않은 것은?

① 몸을 회전하면서 작업한다.
② 허리를 곧게 펴서 작업한다.
③ 다릿심을 이용하여 서서히 일어난다.
④ 운반체 가까이 접근하여 운반물을 손 전체로 꽉 쥔다.

해설 중량물 취급 시에는 몸의 중심을 가능한 중량물에 가깝게 하며, 회전하면서 작업하는 것을 피한다.

10 들어 올리기 작업 중 적절하지 않은 자세는?

① 등을 굽히면서 다리를 편다.
② 가능한 짐은 양손으로 잡는다.
③ 무릎을 굽혀 물건을 들어 올린다.
④ 목과 등은 거의 일직선이 되게 한다.

해설 미국의 국립안전위원회(NSC, national safety council)에서는 들어 올리기 작업을 할 경우 허리를 굽히는 방법보다는 허리를 펴고 다리를 굽히는 방법을 권장하고 있다.

11 젊은 근로자의 약한 손의 힘은 평균 45 kP라고 한다. 이 경우 어떤 근로자가 무게 8 kg인 상자를 양손으로 들어 올릴 경우 작업 강도(% MS)는?

① 17.8 %   ② 8.9 %
③ 4.4 %   ④ 2.3 %

해설 무게가 8 kg인 상자를 두 손으로 들어 올리므로 한 손에 미치는 힘은 4 kp가 된다. 따라서 작업 강도를 구하면

$$\text{작업 강도(\%MS)} = \frac{\text{작업이 요구하는 힘(RF, required force)}}{\text{근로자가 가지고 있는 최대의 힘(MS, maximum strength)}} \times 100$$

$$= \frac{4}{45} \times 100 = 8.9 \,(\%MS)$$

12 육체적 작업 능력(PWC)이 16 kcal/min인 근로자가 1일 8시간 동안 물체 운반작업을 하고 있다. 이때의 작업대사량은 7 kcal/min일 때 이 사람이 쉬지 않고 계속 일을 할 수 있는 최대허용시간은 약 얼마인가? (단, $\log T_{end} = 3.720 - 0.1949 \times E$)

① 4분   ② 83분
③ 141분 ④ 227분

해설 $\log T_{end} = 3.720 - 0.1949 \times E$ 에서
$\log T_{end} = 3.720 - 0.1949 \times 7 = 2.3557$
∴ $T_{end} = 10^{2.3557} = 227$분

정답 07 ④ 08 ④ 09 ① 10 ① 11 ② 12 ④

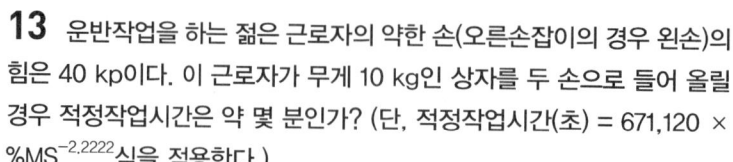

13 운반작업을 하는 젊은 근로자의 약한 손(오른손잡이의 경우 왼손)의 힘은 40 kp이다. 이 근로자가 무게 10 kg인 상자를 두 손으로 들어 올릴 경우 적정작업시간은 약 몇 분인가? (단, 적정작업시간(초) = 671,120 × %MS$^{-2.2222}$식을 적용한다.)

① 25분 ② 41분
③ 55분 ④ 122분

해설

작업 강도(%MS) = $\dfrac{\text{작업이 요구하는 힘(RF, required force)}}{\text{근로자가 가지고 있는 최대의 힘(MS, maximum strength)}} \times 100$

$= \dfrac{5}{40} \times 100 = 12.5\,(\%MS)$

∴ 적정작업시간(초) $= 671,120 \times 12.5^{-2.2222} = 2,450$ 초 $= 41$ 분

14 미국국립산업안전보건연구원(NIOSH)에서 정하고 있는 중량물 취급 작업기준이 아닌 것은?

① 감시시준(AL, Action Limit)
② 허용기준(TLV, Threshold Limit Values)
③ 권고 기준(RWL, Recommended Weight Limit)
④ 최대허용기준(MPL, Maximum Permissible Limit)

해설 미국국립산업안전보건연구원(NIOSH)에서 정하고 있는 중량물 취급 작업기준: AL, MPL(1981년 적용), RWL(1994년 적용), 그리고 특정한 작업에 의한 스트레스를 비교 평가하기 위해 중량물 취급지수(들기지수, LI, Lifting Index)를 개발하였다.

15 NIOSH의 중량물 취급에 대한 기준에 있어 최대허용기준(MPL)과 감시기준(AL)의 관계가 옳은 것은?

① MPL = 3×AL
② AL = 3×MPL
③ MPL = $\dfrac{3+AL}{AL}$
④ AL = $\dfrac{3+MPL}{MPL}$

해설 최대허용기준(MPL, Maximum Permissible Limit)은 감시기준(AL, Action Limit)의 3배, 즉 MPL = 3×AL에 해당하는 값이다.

16 미국국립산업안전보건연구원(NIOSH)의 중량물 취급작업에 대한 권고치 가운데 감시기준(AL)이 40 kg일 때 최대허용기준(MPL)은?

① 60 kg   ② 80 kg
③ 120 kg ④ 160 kg

해설 최대허용기준, MPL = 3×AL = 3×40 = 120 kg

17 미국 NIOSH에서 설정한 중량물 취급 중 최대허용한계(MPL)의 기준에 대한 설명으로 옳지 않은 것은?

① MPL에 해당하는 작업은 L_5/S_1 디스크에 6,400 N의 압력을 부하시킨다.
② MPL에 해당하는 작업이 요구하는 에너지대사량은 5.0 kcal/min를 초과한다.
③ MPL을 초과하는 작업에서는 대부분의 근로자들이 근육과 골격에 장애가 발생한다.
④ 남성 근로자의 50 % 미만과 여성 근로자의 10 % 미만에서만 MPL 수준의 작업수행이 가능하다.

해설 최대허용기준(MPL, Maximum Permissible Limit)의 기준
 ㉠ MPL을 초과하는 작업에서는 대부분의 근로자들에게 근육과 골격계 장해가 나타났다.
 ㉡ 인간공학적 연구결과 MPL에 해당하는 작업은 L_5/S_1 디스크에 6,400 N의 압력을 부하하였고, 대부분의 근로자들이 이 압력에 견딜 수 없었다.
 ㉢ 노동생리학 연구결과 MPL에 해당하는 작업이 요구하는 에너지대사량은 5.0 kcal/min를 초과하였다.
 ㉣ 정신물리학적 연구결과 남성근로자의 25 % 미만, 여성근로자의 1 % 미만에서만 MPL 수준의 작업을 수행할 수 있었다.

18 개정된 NIOSH의 권고중량한계(RWL)에서 모든 조건이 가장 좋지 않을 경우 허용되는 최대중량은?

① 15 kg   ② 23 kg
③ 32 kg   ④ 40 kg

해설 중량상수(부하상수), 즉 23 kg은 최적 작업상태 권장 최대무게로 모든 조건이 가장 좋지 않을 경우 허용되는 최대중량을 의미한다.

CHAPTER 3 출제 예상 문제

19 개정된 NIOSH의 들기 작업 권고 기준에 따라 물체의 무게가 8 kg이고, 권장무게 한계가 10 kg일 때 중량물 취급지수(LI: Lifting Index)는?

① 0.4   ② 0.8   ③ 1.25   ④ 1.5

해설 중량물 취급지수(들기지수, LI, Lifting Index)는 권고 기준에 대한 물체 무게의 비이므로 $LI = \dfrac{\text{물체 무게(kg)}}{RWL} = \dfrac{8}{10} = 0.8$

20 무게 8 kg 물건을 근로자가 들어 올리는 작업을 하려고 한다. 해당 작업조건의 권장무게한계(RWL)가 5 kg이고, 이동거리가 20 cm일 때에 들기지수(Lifting Index, LI)는 얼마인가? (단, 근로자는 10분 2회씩 1일 8시간 작업한다.)

① 1.2   ② 1.6   ③ 3.2   ④ 4.0

해설 중량물 취급지수. $LI = \dfrac{\text{물체 무게(kg)}}{RWL} = \dfrac{8}{5} = 1.6$

21 미국국립산업안전보건청(NIOSH)의 들기 작업기준(Lifting Guideline)의 평가요소로 옳지 않은 것은?

① 수평거리   ② 수직거리
③ 휴식시간   ④ 비대칭 각도

해설 들기 작업기준(Lifting Guideline)의 평가요소는 LI와 RWL이므로 휴식시간은 관련이 없다.

22 NIOSH의 권고중량물한계기준(RWL, Recommended Weight Limit)을 산정할 때, 고려되는 인자로 옳지 않은 것은?

① 수평계수   ② 수직계수
③ 작업 강도계수   ④ 비대칭계수

해설 개정된 NIOSH 권고 기준(1994년)에서
$RWL(kg) = LC \times HM \times VM \times DM \times AM \times FM \times CM$
즉, $RWL(kg) = 23 \times \left(\dfrac{25}{H}\right) \times \{1 - (0.003|V - 75|)\} \times \left\{0.82 + \left(\dfrac{4.5}{D}\right)\right\}$
$\times \{1 - (0.0032\,A)\} \times (FM) \times (CM)$
이므로 작업 강도 계수는 포함되지 않는다.

RWL의 7개 변수
- LC(Load Constant): 부하상수 = 23 kg
- HM(Horizontal Multiplier): 수평계수
- VM(Vertical Multiplier): 수직계수
- DM(Distance Multiplier): 거리계수
- AM(Asymmertic Multiplier): 비대칭계수
- FM(Frequence Multiplier): 빈도계수
- CM(Coupling Nultiplier): 결합계수

23 NIOSH에서는 권장중량한계(RWL)와 최대허용한계(MPL)에 따라 중량물 취급작업을 분류하고 각각의 대책을 권고하고 있는데 MPL을 초과하는 경우에 대한 대책으로 옳은 것은?

① 문제가 있는 근로자를 적절한 근로자로 교대시킨다.
② 반드시 공학적 방법을 적용하여 중량물 취급작업을 다시 설계한다.
③ 대부분의 정상 근로자들에게 적절한 작업조건으로 현 수준을 유지한다.
④ 적절한 근로자의 선택과 적정 배치 및 훈련 그리고 작업방법의 개선이 필요하다.

해설
- MPL을 초과하는 경우의 대책: 반드시 공학적 방법을 적용하여 중량물 취급작업을 다시 설계한다.
- RWL과 MPL 사이의 영역: 적절한 근로자의 선택과 적정 배치 및 훈련, 그리고 작업방법의 개선이 필요하다.
- RWL 이하의 영역: 권고치 이하로 대부분의 근로자들에게 적절한 작업조건이다.

24 누적외상성 질환의 발생과 가장 관련성이 적은 작업은?

① 18 ℃ 이하에서의 하역작업
② 나무망치를 이용한 간헐성 분해작업
③ 진동이 수반되는 곳에서의 조립작업
④ 큰 변화가 없는 동일한 연속 동작의 운반작업

해설 누적외상성 질환의 발생 요인: 반복적인 동작, 부적절한 자세, 무리한 힘의 사용, 날카로운 변과의 신체접촉, 진동, 저온

25 경견완(頸肩腕) 장애가 발생하기 가장 쉬운 직업은?

① 커피 시음
② 전산자료 입력
③ 잠수작업
④ 음식 배달

해설 경(頸-목 경), 견(肩-어깨 견), 완(腕-팔 완). 따라서 컴퓨터로 작업하는 전산자료 입력작업이 경견완 장해가 발생하기 쉽다.

> **누적외상성 질환**
> (CTD, Cumulative Trauma Disorders)의 정의
> 적어도 1주일 이상 또는 과거 1년간 적어도 한 달에 한 번 이상 상지의 관절 부위(목, 어깨, 팔꿈치 및 손목)에서 지속되는 증상(통증, 쑤시는 느낌, 뻣뻣함, 화끈거리는 느낌, 무감각 또는 찌릿찌릿함)이 있고, 현재의 작업으로부터 증상이 시작되어야 한다(OSHA).

정답 19 ② 20 ② 21 ③ 22 ③ 23 ② 24 ② 25 ②

3 출제 예상 문제

26 누적외상성 질환의 발생을 촉진하는 것으로 옳지 않은 것은?

① 진동
② 간헐성
③ 큰 변화가 없는 연속 동작
④ 섭씨 21도 이하에서 작업

해설 누적외상성 질환의 발생을 촉진하는 것은 반복성, 연속성과 무리함이다.

27 영상표시단말기(VDT) 작업으로 인하여 발생되는 질환과 직접적으로 연관이 가장 적은 것은?

① 안(眼)장해
② 청력저하
③ 정신신경계 증상
④ 경견완증후군 및 기타 근골격계 증상

> VDT 증후군이란 장시간 동안 모니터를 보며 키보드를 두드리는 작업을 할 때 생기는 각종 신체적, 정신적 장애를 이르는 말이다. 이는 장시간 동안 컴퓨터, 스마트폰, 모바일 디바이스 등을 보는 젊은이에게 많이 나타나는 질환이다.

해설 영상표시단말기(VDT) 작업으로 인하여 발생되는 질환
㉠ 근골격계질환
㉡ 눈질환
㉢ 안면피부염
㉣ 감광성 간질
㉤ 스트레스(신경성질환, 수면방해, 심장질환, 소화기 장해, 내분비계 불균형)

28 영상표시단말기(VDT) 취급근로자 작업관리에 관한 설명으로 옳지 않은 것은?

① 작업 화면상의 시야는 수평선상으로부터 아래로 15도 이상 25도 이하에 오도록 한다.
② 작업장 주변 환경의 조도를 화면의 바탕 색상이 검정색 계통일 때 300럭스 이상 500럭스 이하를 유지한다.
③ 단색화면일 경우 색상은 일반적으로 어두운 배경에 밝은 황·녹색 또는 백색문자를 사용하고 적색 또는 청색의 문자는 가급적 사용하지 않는다.
④ 연속 작업을 수행하는 근로자에 대해서는 영상표시단말기 작업 외의 작업을 중간에 넣거나 또는 다른 근로자와 교대로 실시하는 등 계속해서 영상표시단말기 작업을 수행하지 않도록 한다.

해설 작업자의 시선은 수평선상으로부터 아래로 10 ~ 15° 이내일 것

29 영상표시단말기(VDT) 작업자의 건강장해를 예방하기 위한 방법으로 옳지 않은 것은?

① 서류받침대는 화면과 같은 높이로 맞추어 작업한다.
② 작업자의 발바닥 전면이 바닥 면에 닿는 자세를 취하도록 한다.
③ 작업자의 시선은 수평선상으로 10 ~ 15° 위를 바라보도록 한다.
④ 윗 팔(upper arm)은 자연스럽게 늘어뜨리고, 팔꿈치의 내각은 90° 이상으로 한다.

해설 작업자의 시선은 수평선상으로부터 아래로 10 ~ 15° 이내일 것

30 바람직한 VDT(Video Display Terminal) 작업 자세로 옳지 않은 것은?

① 무릎의 내각(knee angle)은 120° 전후가 되도록 한다.
② 눈으로부터 화면까지의 시거리는 40 cm 이상을 유지 한다.
③ 아래팔은 손등과 일직선을 유지하여 손목이 꺾이지 않도록 한다.
④ 작업자의 시선은 수평선상으로부터 아래로 10 ~ 15° 이내로 한다.

해설 무릎의 내각(Knee Angle)은 90도 전후가 되도록 하되, 의자의 앉는 면의 앞부분과 영상표시단말기 취급근로자의 종아리 사이에는 손가락을 밀어 넣을 정도의 틈새가 있도록 하여 종아리와 대퇴부에 무리한 압력이 가해지지 않도록 할 것

31 근골격계질환의 특징을 설명한 것으로 옳지 않은 것은?

① 생산 공정이 기계화, 자동화되어도 꾸준하게 증가하고 있다.
② 우리나라의 경우 산업재해는 50인 미만의 영세 중소기업에서 약 70% 정도를 차지한다.
③ 우리나라에서는 건설업에서 근골격계질환 발생이 가장 많고 그 다음으로 제조업 순이었다.
④ 근골격계질환을 최대한 줄이기 위하여 조기 발견, 작업환경 개선, 절절한 의학적 조치 등을 취하여야 한다.

> 근골격계질환이란 반복적인 동작, 부적절한 작업 자세, 무리한 힘의 사용, 날카로운 면과의 신체접촉, 진동 및 온도 등의 요인에 의하여 발생하는 건강장해로서 목, 어깨, 허리, 팔다리의 신경·근육 및 그 주변 신체조직 등에 나타나는 질환을 말한다.

해설 근골격계질환 다발 10개업종의 성별현황을 보면 남자가 81.2 %, 여자가 18.8 %를 차지하며, 업종별로는 수송용기계기구제조업이 20.5 %, 도소매 및 소비자용품 수리업 19.3 %, 건설업 11.6 % 순이다.

3 출제 예상 문제

32 근골격계질환에 관한 설명으로 옳지 않은 것은?

① 부자연스러운 자세는 피한다.
② 작업 시 과도한 힘을 주지 않는다.
③ 연속적이고 반복적인 동작일 경우 발생률이 높다.
④ 수공구의 손잡이와 같은 경우에는 접촉 면적을 최대한 적게 하여 예방한다.

해설 수공구의 손잡이와 같은 경우에는 접촉 면적을 최대한 크게 하여 예방한다.

33 사업장 내에서 발생하는 근골격계질환의 특징을 설명한 것으로 옳지 않은 것은?

① 자각증상으로 시작된다.
② 환자의 발생이 집단적이다.
③ 회복과 악화가 반복적이다.
④ 손상 정도의 측정이 용이하다.

해설 근골격계질환은 손상 정도의 측정이 용이하지 않다.

34 근골격계질환의 발생에 관한 설명으로 옳지 않은 것은?

① 진동이 적고, 고온의 작업조건에서 주로 발생한다.
② 손목을 반복적으로 무리하게 사용하는 작업에서 발생하기 쉽다.
③ 오랜 기간 동안 부자연스러운 작업 자세로 작업하는 경우에 많이 발생한다.
④ 무거운 물건을 들어 올리거나 밀고 당기고 운반하는 작업에서 많이 발생한다.

해설 근골격계질환의 발생은 진동이 많고, 저온의 작업조건에서 주로 발생한다.

35 근골격계질환을 예방하기 위한 조치로 옳은 것은?

① 손잡이에 완충물질을 사용하지 않는다.
② 작업의 방법이나 위치를 변화시키지 않는다.
③ 임팩트 렌치나 천공 해머를 사용하지 않는다.
④ 가능한 파워 그립보단 핀치 그립을 사용할 수 있도록 설계한다.

해설
• 손잡이에 완충물질을 사용하여 진동을 줄인다.
• 작업의 방법이나 위치를 변화시켜 가면서 작업한다.
• 가능한 핀치 그립보단 파워 그립을 사용할 수 있도록 설계한다.

36 근골격계질환을 예방하기 위한 작업환경개선의 방법으로 인체측정치를 이용한 작업환경의 설계가 이루어질 때, 다음 중 가장 먼저 고려되어야 할 사항은?

① 조절 가능 여부
② 최대치의 적용 여부
③ 최소치의 적용 여부
④ 평균치의 적용 여부

[해설] 인체측정치를 이용한 작업환경의 설계가 이루어질 때, 가장 먼저 고려되어야 할 사항은 여러 사람이 사용 가능하도록 하는 조절 가능 여부이다.

37 근골격계질환을 예방하기 위한 개선사항으로 옳지 않은 것은?

① 반복적인 작업을 연속적으로 수행하는 근로자에게는 집중력 향상을 위해 해당 작업 이외의 작업을 중간에 넣지 말아야 한다.
② 작업 영역은 정상작업 영역 이내에서 이루어지도록 하고 부득이한 경우에 한해 최대작업 영역에서 수행하되 그 작업이 최소화되도록 한다.
③ 반복의 점도가 심한 경우에는 공정을 자동화하거나 다수의 근로자들이 교대하도록 하여 한 근로자의 반복작업의 시간을 가능한 한 줄이도록 한다.
④ 작업대의 높이는 작업 정면을 보면서 팔꿈치 각도가 90도를 이루는 자세로 작업할 수 있도록 조절하고 근로자와 작업면의 각도 등을 적절히 조절할 수 있도록 한다.

[해설] 반복적인 작업을 연속적으로 수행하는 근로자에게는 작업의 방법이나 위치를 변화시켜 가면서 작업하게 하여 지루함과 정적 작업을 피하여야 근골격계질환을 완화시킨다.

38 L_5/S_1 디스크에 얼마 정도의 압력이 초과되면 대부분의 근로자에게 장해가 나타나는가?

① 3,400 N
② 4,400 N
③ 5,400 N
④ 6,400 N

[해설] L_5/S_1 디스크에 6,400 N의 압력부하가 있게 되면 대부분의 근로자들은 견딜 수가 없다.

정답 32 ④ 33 ④ 34 ① 35 ③ 36 ① 37 ① 38 ④

CHAPTER 3 출제 예상 문제

39 인체의 구조에서 앉을 때, 서 있을 때, 물체를 들어 올릴 때 및 뛸 때 발생하는 압력이 가장 많이 흡수되는 척추의 디스크 위치는?

① L_1/S_9
② L_2/S_1
③ L_3/S_2
④ L_5/S_1

해설 사람의 척추(vertebrae)는 33개의 척추뼈로 구성되고, 척추뼈는 각각 경추(목뼈, cervical spine, $C_1 \sim C_7$) 7개, 흉추(등뼈, thoracic spine, $T_1 \sim T_{12}$) 12개, 요추(허리뼈, lumbar spine, $L_1 \sim L_5$) 5개, 천추(엉치뼈, sacral spine, $S_1 \sim S_5$) 5개, 미추(꼬리뼈, coccyx spine) 4개로 구성되어 있다. 척추 구조에서 앉을 때, 서 있을 때, 물체를 들어 올릴 때 및 뛸 때 발생하는 압력이 가장 많이 흡수되는 척추의 디스크 위치는 요추 다섯 번째(L_5)와 천추 첫 번째(S_1) 사이의 위치 즉, L_5/S_1이다.

> 척추디스크는 추간판의 퇴행성 변화에 의해서나 급격한 압박으로 인해 섬유륜이 파열돼 수핵이 일부 또는 전부가 정상적인 위치를 탈출하는 것으로 탈출된 수핵이 척수의 경막이나 신경근을 압박, 통증을 일으키는 것으로 침범되는 신경근에 따라 증상은 다양하게 나타날 수 있다.

40 척추의 디스크 중 물체를 들어 올릴 때나 뛸 때 발생하는 압력이 영향을 주어 추간판 탈출증이 주로 발생하는 요추 부분은?

① L_3/S_1 discs
② L_4/S_1 discs
③ L_5/S_1 discs
④ L_6/S_1 discs

해설 척추 구조에서 물체를 들어 올릴 때나 뛸 때 발생하는 압력이 영향을 주어 추간판 탈출증이 발생하는 척추의 디스크 위치는 요추 다섯 번째(L_5)와 천추 첫 번째(S_1) 사이의 위치 즉, L_5/S_1이다.

41 인간공학이 현대산업에서 중요 시 되는 이유로 옳지 않은 것은?

① 인간존중 사상에서 볼 때 종전의 기계는 개선되어야 할 많은 문제점이 있음
② 생산 경쟁이 격심해 짐에 따라 이 분야의 합리화를 통해 생산성을 증대시키고자 함
③ 자동화에 따른 근로자의 실직과 새로운 화학물질 사용으로 인한 직업병 예방이 필요함
④ 근로자는 자동화된 생산과정 속에서 일하고 있으므로 기계와 인간과의 관계가 연구되어야 함

해설 자동화에 따른 근로자의 실직과 새로운 화학물질 사용으로 인한 직업병 예방이 필요한 이유는 인간공학의 범주가 아니다.

42 인간공학에서 적용하는 정적 치수(static dimensions)에 관한 설명으로 옳지 않은 것은?

① 동적인 치수에 비하여 데이터가 적다.
② 일반적으로 표(table)의 형태로 제시된다.
③ 구조적 치수로 정적 자세에서 움직이지 않는 피측정자를 인체계측기로 측정한 것이다.
④ 골격 치수(팔꿈치와 손목 사이와 같은 관절 중심거리 등)와 외곽 치수(머리둘레 등)로 구성된다.

[해설] 정적 치수는 동적 치수에 비해 데이터 수가 많다.

> 정적 치수(static dimension): 대부분의 인체측정 데이터로 구조적 인체 치수이다.

43 공장의 기계시설을 인간공학적으로 검토함에 있어서 준비단계에 대한 설명으로 옳은 것은?

① 인간-기계 관계의 구성인자의 특성을 명확히 알아낸다.
② 공정 설계에 있어서의 기능적 특성, 제한점을 고려한다.
③ 인간-기계 관계 전반에 걸친 상황을 실험적으로 검토한다.
④ 각 작업을 수행하는 데 필요한 직종 간의 연결성을 고려한다.

[해설] 인간공학 활용 3단계
  ㉠ **준비단계**: 인간과 기계 관계 구성인자의 특성이 무엇인가를 알아야 하는 단계
  ㉡ **선택단계**: 직종 간 연결성, 공정 설계에 있어서의 기능적 특성, 경제적 효율, 제한점을 고려하여 세부 설계를 하는 단계
  ㉢ **검토단계**: 인간과 기계 관계의 비합리적인 면을 수정, 보완하는 단계

44 인간의 능력을 낭비 없이 발휘하면서 편하게 일할 수 있도록 '동작경제의 원칙'에 따라 작업방법을 개선하고자 할 때, 다음 중 동작경제의 3원칙에 해당하지 않는 것은?

① 작업비용 산정의 원칙
② 신체의 사용에 관한 원칙
③ 작업역의 배치에 관한 원칙
④ 공구류 및 설비의 설계에 관한 원칙

[해설] 인간의 능력을 낭비 없이 발휘하면서 편하게 일할 수 있도록 작업방법을 개선하는 원칙인 동작경제의 3원칙에는 작업비용 산정의 원칙은 해당되지 않는다.

> 동작경제의 원칙: 길브레드 부부에 의해 만들어진 작업자가 에너지의 낭비 없이 효과적으로 작업할 수 있도록 작업자의 동작을 세밀하게 분석하여 가장 경제적이고 합리적인 표준 동작을 설정하는 원칙이다.

CHAPTER 3 출제 예상 문제

45 인간-기계 시스템 설계 시 고려사항으로 옳지 않은 것은?
① 기계 시스템 설계 시 동작경제의 원칙에 만족하도록 고려하여야 한다.
② 최종적으로 완성된 시스템에 대해 부적합 여부의 결정을 수행하여야 한다.
③ 대상 시스템이 배치될 환경조건이 인간의 한계치를 만족하는가의 여부를 조사한다.
④ 인간과 기계가 다 같이 복수인 경우, 배치에 따른 개별적 효과가 우선적으로 고려되어야 한다.

해설 인간-기계 시스템 설계 시 고려사항
㉠ 기계 시스템 설계 시 동작경제의 원칙에 만족하도록 고려하여야 한다.
㉡ 인간-기계 시스템에서 항상 인간이 먼저여야 한다.
㉢ 대상 시스템이 배치될 환경조건이 인간의 한계치를 만족하는가의 여부를 조사한다.
㉣ 인간이 수행해야 할 조작이 연속적인지 불연속적인지를 알아보기 위해 특성 조사를 실시한다.
인간과 기계가 다 같이 복수인 경우, 항상 인간이 우선적으로 고려되어야 한다.

46 어깨, 팔목, 손목, 목 등 상지(upper limb)의 분석에 초점을 두고 있기 때문에 하체보다는 상체의 작업부하가 많이 부과되는 작업의 작업 자세에 대한 근육부하를 평가하는 도구로 옳은 것은?
① OWAS   ② RULA   ③ REBA   ④ 3DSSPP

해설 RULA(Rapid Upper Limb Assessment): 영국의 Lynn McAtamney와 Nigel Corlett가 1990년대 초에 개발한 방법으로 어깨, 팔목, 손목, 목 등 상지(Upper limb)에 초점을 맞추어서 작업 자세로 인한 작업부하를 쉽고 빠르게 평가할 수 있는 기법이다.

47 다음 약어의 용어들은 무엇을 평가하는 데 사용되는가?

> OWAS, RULA, REBA, SI

① 직무 스트레스 정도
② 근골격계질환의 위험요인
③ 뇌심혈관계질환의 정량적 분석
④ 작업장 국소 및 전체환기 효율 비교

해설 SI 혹은 JSI(job strain index)는 상지의 말단(손, 손목, 팔꿈치)의 작업 관련성 근골격계질환 위험도 평가하기 위해 Moore & Garg(1995)가 개발한 평가 기법이다.

인간-기계 시스템(human-machine system)
인간과 물리적 요소가 주어진 입력에 대해 원하는 출력을 내도록 결합되어 상호작용하는 집합체이다. 쉽게 말해서 인간과 기계가 협력해서 단독으로 하기에는 곤란한 일을 효율적으로 처리하는 시스템으로 정보처리 시스템에 있어서 기계인 컴퓨터는 명확하게 정의되어 대규모의 수치 계산이나 데이터 처리 따위의 정형화된 일을 매우 능률적으로 처리한다.

OWAS(Okavo Working posture Analysis System)
철강업에서 작업자들의 부적절한 자세를 정의하고 평가하기 위해 개발된 대표적인 작업자세 평가기법이다.

REBA(Rapid Entire Body Assessment)
근골격계질환과 관련된 위해인자에 대한 개인작업자의 노출 정도를 평가하기 위한 목적으로 개발되었다.

NLE(revised NIOSH Lifting Equation)
기존의 감시기준(AL)과 최대허용기준(MPL)을 보완 개정하여 권고무게기준(RWL)으로 통합하고 들기지수(LI)를 개발하였다.

JIE(Job strain Index Equation)
근골격계질환(상지질환)의 원인이 되는 위험요인들이 작업자에게 노출되어 있거나 그렇지 않은 상태를 구별하는 데 사용된다. (상지질환에 대한 정량적 평가기법)

03 산업심리

01 산업심리학(industrial psychology)의 주된 접근방법은?

① 인지적 접근방법 및 행동학적 접근방법
② 인지적 접근방법 및 생물학적 접근방법
③ 행동적 접근방법 및 정신분석적 접근방법
④ 생물학적 접근방법 및 정신분석적 접근방법

해설 심리학에 대한 접근방법에는 5가지, 즉 생물학적, 정신분석적, 인지적, 행동학적, 인본주의적 접근방법이 있으나 이 중 산업심리학의 주된 접근법은 인지적 접근방법 및 행동학적 접근방법(자극-반응심리학)이다.

학습 POINT
인간의 행동에 영향을 미치는 산업안전 심리의 5대 요소와 산업 스트레스 및 직업에 따른 적합한 적성검사에 대해 파악하도록 한다.

02 인간의 행동에 영향을 미치는 산업안전 심리의 5대 요소가 아닌 것은?

① 동기(motive)
② 기질(temper)
③ 경계(caution)
④ 습성(habit)

해설 산업안전심리의 5대 요소: 동기, 기질, 감성, 습성, 습관

03 직장에서 당면문제를 진지한 태도로 해결하지 않고 현재보다 낮은 단계의 정신상태로 되돌아가려는 행동반응을 나타내는 부적응 현상을 무엇이라고 하는가?

① 작업도피(evasion)
② 체념(resignation)
③ 퇴행(degeneration)
④ 구실(pretext)

해설
- 퇴행(degeneration)의 예로는 특정 조직에 맹목적인 충성, 일이 잘 안 풀릴 때 간질 발작을 하는 경영자나 감독자, 감정적 통제의 결여, 유언비어에 쉽게 빠지는 행위 등이 있다.
- 작업도피(evasion): 자기에게 주어진 이을 회피함
- 체념(resignation): 기대한 성과에 못 미치거나 만족할 만한 성과를 얻지 못했을 때 단념하는 현상
- 구실(pretext): 자신의 과오를 어떤 방법을 써서라도 정당화하려 함

정답 45 ④ 46 ② 47 ② **03** 01 ① 02 ③ 03 ③

CHAPTER 3 출제 예상 문제

04 산업 스트레스의 관리에 있어서 개인차원의 관리 방법으로 옳은 것은?

① 긴장이환 훈련
② 개인의 적응수준 제고
③ 사회적 지원의 제공
④ 조직구조와 기능의 변화

해설
- 개인의 적응수준 제고, 사회적 지원의 제공, 조직구조와 기능의 변화, 직무의 재설계, 직무의 순환은 집단차원의 관리 방법이다.
- 개인차원의 관리 방법은 건강 검사, 긴장이환 훈련, 운동과 직무 외적인 취미생활, 휴식, 즐거운 활동의 참여 등이다.

05 스트레스(stress)는 외부의 스트레서(stressor)에 의해 신체에 항상성이 파괴되면서 나타나는 반응이다. 다음 설명에서 ( ) 안에 적절한 물질은?

> 인간은 스트레스 상태가 되면 부신피질에서 ( )이라는 호르몬이 과잉 분비되어 뇌의 활동 등을 저해하게 된다.

① 도파민(dopamine)
② 코티즐(cortisol)
③ 옥시토신(oxytocin)
④ 아드레날린(adrenalin)

해설 인간은 스트레스 상태가 되면 부신피질에서 코티즐(cortisol)라는 호르몬이 과잉 분비되어 뇌의 활동 등을 저해하게 된다.

> 스트레스는 개인에게 부담을 주는 정신적, 육체적 자극과 그에 대한 반응을 의미한다. 스트레스가 무조건 건강에 좋지 않은 영향만을 끼치는 것은 아니며, 적당한 스트레스는 신체와 정신에 활력을 주기도 한다. 스트레스로 나타나는 반응 3단계는 놀람, 적응 또는 저항, 교감이다.

06 산업 스트레스 발생 요인으로 작용하는 집단 간 갈등이 심한 경우의 해결 방법으로 옳지 않은 것은?

① 경쟁의 자극
② 상위의 공동목표 설정
③ 문제의 공동해결법 토의
④ 집단 구성원 간의 직무순환

해설
- 갈등해결의 기법: 문제의 공동해결, 상위목표의 도입, 자원의 확대, 타협, 전제적 명령(상위계층에서 명령), 조직구조의 변경, 공동 적의 설정
- 갈등촉진 기법: 커뮤니케이션의 증대, 성원의 이질화, 경쟁부서 신설(조직구조의 변경), 경쟁의 자극(성과보상제)

07 산업 스트레스의 반응에 따른 행동적 결과로 옳지 않은 것은?

① 흡연
② 불면증
③ 행동의 격앙(激昻)
④ 알코올 및 약물남용

해설 산업 스트레스의 반응 결과
㉠ **행동적 결과**: 흡연, 알코올 남용, 약물 남용, 돌발적 사고, 행동의 격앙, 식욕부진
㉡ **심리적 결과**: 가정문제 발생, 수면방해(불면증), 성(性)적 역기능
㉢ **생리적, 의학적 결과**: 심장질환, 위장질환, 만성 두통, 고혈압, 당뇨병, 간경변증, 폐질환, 피부질환, 암, 우울증 등
㉣ **직무에 미치는 결과**: 결근율, 이직률 증가, 직무성과 저하

08 사업장에서 부적응의 결과로 나타나는 현상을 모두 나타낸 것은?

㉠ 생산성의 저하
㉡ 사고 및 재해의 증가
㉢ 신경증의 증가
㉣ 규율의 문란

① ㉠, ㉡, ㉢
② ㉠, ㉢, ㉣
③ ㉡, ㉢, ㉣
④ ㉠, ㉡, ㉢, ㉣

해설 부적응의 결과
㉠ 생산성의 저하
㉡ 사고 및 재해의 증가
㉢ 신경증의 증가
㉣ 규율의 문란
㉤ 결근증가
㉥ 파업발생
㉦ 산업 피로
㉧ 도덕성의 저하(moral hazards)
㉨ 이직률의 저하

09 인체가 외부의 환경 및 자극에 대하여 적응하고 인간의 신체상태를 일정하게 유지하려는 경향을 무엇이라 하는가?

① 반응(reaction)
② 조화(harmony)
③ 보상(compensation)
④ 항상성(homeostasis)

해설 항상성(恒常性, homeostasis)은 인체가 외부의 환경 및 자극에 대하여 적응하고 인간의 신체상태를 일정하게 유지하려는 경향을 말한다.

10 작업적성에 대한 생리적 적성검사 항목으로 옳은 것은?

① 체력검사
② 지능검사
③ 지각동작검사
④ 인성검사

해설 생리적 적성검사 항목: 감각기능검사, 심폐기능검사, 체력검사

정답   04 ① 05 ② 06 ① 07 ② 08 ④ 09 ④ 10 ①

11 심리학적 적성검사로서 언어, 기억, 추리, 귀납 등의 인자에 대한 검사에 해당하는 것은?

① 지능검사 ② 지각동작검사
③ 감각기능검사 ④ 인성검사

해설 심리학적 적성검사
㉠ **지능검사**: 언어, 기억, 추리, 귀납 등의 인자에 대한 검사
㉡ **지각동작검사**: 수족협조, 운동속도, 형태지각 등에 대한 검사
㉢ **인성검사**: 성격, 태도, 정신상태에 대한 검사
㉣ **기능검사**: 직무와 관련된 기본 지식과 숙련도, 사고력 등 즉무평가에 관한 항목을 가지고 하는 추리검사

12 심리학적 적성검사로 옳은 것은?

① 지능검사 ② 작업적응성검사
③ 감각기능검사 ④ 체력검사

해설 심리학적 적성검사 중 지능검사는 언어, 기억, 추리, 귀납 등의 인자에 대한 검사이다.

13 노동의 적응과 장애에 관한 설명으로 옳지 않은 것은?

① 환경에 대한 인체의 적응에는 한도가 있으며 이러한 한도를 '허용기준 또는 노출 기준'이라고 한다.
② 외부의 환경변화와 신체활동이 반복되거나 오래 계속되어 조절기능이 숙련된 상태를 '순화'라고 한다.
③ 작업에 따라서 신체의 형태와 기능에 국소적 변화가 일어나는 경우가 있는데 이것을 '직업성 변이'라고 한다.
④ 인체에 어떠한 자극이건 간에 체내의 호르몬계를 중심으로 한 특유의 반응이 일어나는 것을 '적응증상군(適應症狀群)'이라 하며 이러한 상태를 스트레스라고 한다.

해설
• 환경에 대한 인체의 적응 한도를 서한도라고 한다.
• 적응증상군(適應症狀群)은 일반적응증후군(一般適應症候群, general adaptation syndrome)으로 지속적으로 스트레스를 받았을 때, 스트레스의 종류에 관계없이 일어나는 신체적·생리적 증상으로 3단계(경고반응단계, 저항단계, 탈진단계)의 과정을 일컫는다. 일반적응증후군의 부작용으로는 피로, 두통, 불면증, 우울증, 분노, 불안 따위가 이에 해당한다.

> **서한도**(maximum allowable concentration)
> 최대허용농도로서 어떤 유해물질이 포함된 공기의 침입에 의해 중독이 일어나지 않는 최대 농도, 즉 환경에 대한 인체의 적응 한도이다.

14 심리학적 적성검사 중 직무에 관한 기본지식과 숙련도, 사고력 등 직무평가에 관련된 항목을 가지고 추리검사의 형식으로 실시하는 것은?

① 지능검사 ② 기능검사
③ 인성검사 ④ 직무능검사

 기능검사: 직무와 관련된 기본 지식과 숙련도, 사고력 등 즉무평가에 관한 항목을 가지고하는 추리검사

15 신체적 결함과 부적합한 작업의 연결로 옳지 않은 것은?

① 간기능 장해 – 화학공업
② 편평족 – 앉아서 하는 작업
③ 심계항진 – 격심 작업, 고소작업
④ 고혈압 – 이상기온, 이상기압에서의 작업

 편평족 – 서서 일하는 작업(백화점 점원, 이·미용사)

 유연성 편평족

흔히 말하는 '평발'로 발바닥 안쪽의 모양이 아치(arch)형을 이루지 못하고 비정상적으로 낮아지거나 소실되는 경우를 말한다.

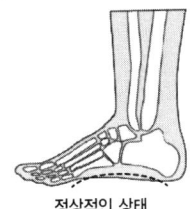
정상적인 상태

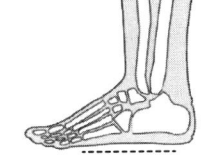
발바닥 아치 모양이 평평한 경우

16 한랭 작업을 피해야 하는 대상자가 아닌 사람은?

① 심장질환자 ② 고혈압 환자
③ 위장장애자 ④ 내분비 장애자

 신체결함과 부적합한 작업에서 한랭 작업을 피해야 하는 대상자로는 심장질환자, 고혈압 환자, 위장장애자 등이 있다.

17 신체적 결함으로 간기능 장해가 있는 작업자가 취업하고자 할 때 적합하지 <u>않는</u> 작업은?
① 고소작업　　② 유기용제 취급작업
③ 분진 발생작업　　④ 고열 발생작업

[해설] 유기용제 취급작업은 신체적 결함으로 간기능 장해가 있는 작업자에게 악영향을 미치기 때문에 적합하지 않다.

04 직업성 질환

> **학습 POINT**
> 작업에 따른 발생 유해인자별 직업성 질환의 종류와 진단을 파악하고 그 예방대책을 확실하게 알아둔다.

01 직업성 질환의 특성에 대한 설명으로 옳지 <u>않은</u> 것은?
① 주로 유해인자에 장기간 노출됨으로써 발생한다.
② 노출에 따른 질병 증상이 발현되기까지 시간적 차이가 크다.
③ 임상적 또는 병리적 소견으로 일반 질병과 명확히 구분할 수 있다.
④ 질병 유발물질에는 인체에 대한 영향이 확인되지 않은 새로운 물질들이 많다.

[해설] 직업성 질환은 임상적 또는 병리적 소견으로 일반 질병과 명확히 구분할 수 없는 특징을 갖고 있다.

02 직업성 질환에 관한 설명으로 옳지 <u>않은</u> 것은?
① 재해성 질병과 직업병으로 분류할 수 있다.
② 장기적 결과를 가지므로 직업과의 인과관계를 명확하게 규명할 수 있다.
③ 직업상 업무로 인하여 1차적으로 발생하는 질병을 원발성 질환이라고 한다.
④ 합병증은 원발성 질환에서 떨어진 다른 부위에 같은 원인에 의한 제2의 질환을 일으키는 경우를 말한다.

[해설] 직업성 질환은 직업과의 인과관계를 명확하게 규명할 수 없는 어려움이 있다.

> **원발성(原發性, primary)**
> '원래 그 자리에서 '발'생한 것이다. 때로는 최초로 생겼다는 뜻으로도 쓰인다. 원발성 질환은 직업상의 업무에 의해 1차적으로 발생하는 질환을 말하며, 상대적 용어로 속발성(secondary)이 있다. 속발성은 다른 원인으로 인해 생긴 결과일 때를 말한다.

03 직업성 질환의 범위에 대한 설명으로 옳지 않은 것은?
① 합병증이 원발성 질환과 불가분의 관계를 가지는 경우를 포함한다.
② 직업상 업무에 기인하여 1차적으로 발생하는 원발성 질환은 제외한다.
③ 원발성 질환과 합병 작용하여 제2의 질환을 유발하는 경우를 포함한다.
④ 원발성 질환에서 떨어진 다른 부위에 같은 원인에 의한 제2의 질환을 일으키는 경우를 포함한다.

해설 직업성 질환의 범위는 직업상 업무에 기인하여 1차적으로 발생하는 원발성 질환을 포함한다.

04 직업병 발생 요인 중 간접 요인에 대한 설명으로 옳지 않은 것은?
① 작업 강도와 작업시간 모두 직업병 발생의 중요한 요인이다.
② 작업장의 환경은 직업병의 발생과 증세의 악화를 조장하는 원인이 될 수 있다.
③ 일반적으로 연소자의 직업병 발병률은 성인보다 낮게 나타나는 것으로 알려져 있다.
④ 작업의 종류가 같더라도 작업방법에 따라서 해당 직장에서 발생하는 질병의 종류와 발생빈도는 달라질 수 있다.

해설 일반적으로 연소자의 직업병 발병률은 성인보다 높게 나타나는 것으로 알려져 있다.

05 직업성 질환 중 직업상의 업무에 의하여 1차적으로 발생하는 질환을 무엇이라고 하는가?
① 속발성 질환   ② 합병증
③ 일반 질환   ④ 원발성 질환

해설 직업상 업무에 의해 1차적으로 발생하는 질환을 원발성 질환이라 한다.

06 직업성 질환과 가장 관련이 적은 것은?
① 근골격계질환   ② 진폐증
③ 노인성 난청   ④ 악성중피종

해설 노인성 난청은 청각기관의 노쇠로 인하여 발생하는 것이므로 직업성 질환과의 관련성이 적다.

07 직업성 질환으로 볼 수 없는 것은?

① 화학적 유해인자에 의한 중독
② 분진에 의하여 발생되는 진폐증
③ 화학물질의 반응으로 인한 폭발 후유증
④ 유해광선, 방사선 등의 물리적 인자에 의하여 발생되는 질환

해설 직업성 질환은 어떤 직업에 종사함으로써 발생하는 업무상 질병을 말하고, 화학물질의 반응으로 인한 폭발 후유증은 산업재해로 발생한 재해성 질환이다.

08 직업성 질환의 발생 원인으로 옳지 않은 것은?

① 국소적 난방
② 단순 반복작업
③ 격렬한 근육운동
④ 화학물질의 사용

해설 직업성 질환의 발생 원인
㉠ 물리적 원인: 온도, 복사열, 소음, 진동, 유해광선 등
㉡ 분진에 의한 진폐증
㉢ 화학적 원인: 가스, 증기, 금속, 유기용제 사용
㉣ 생물학적 원인: 세균, 곰팡이, 바이러스
㉤ 단순 반복작업, 격렬한 근육 사용

09 작업에 따른 발생 유해인자와 직업병의 연결로 옳지 않은 것은?

① 탈지 작업 - 벤젠 - 간장해
② 초자공 - 적외선 - 백내장
③ 인쇄 주자공 - 납 - 빈혈
④ 방사선기사 - 방사선 - 암 유발

해설 탈지 작업의 유해인자는 강산 및 강알칼리성 물질이고, 벤젠 노출로 인한 대표적인 증상은 조혈장애이다.

> **탈지(degreasing) 작업**
> 피도금물의 표면에 부착된 유지성분을 제거하는 작업으로 유지성분을 알칼리성 수용액에서 침적, 분리하는 방식, 소둔로에서 태우는 방식, 세척제를 사용하는 수작업 등이 있다.

10 직업병과 관련 직종의 연결로 옳지 않은 것은?

① 잠함병 - 제련공
② 면폐증 - 방직공
③ 백내장 - 초자공
④ 소음성난청 - 조선공

해설 잠함병 - 이상기압(고압환경에서 감압환경으로 진행될 경우)

11 납이 인체에 미치는 영향으로 옳지 않은 것은?

① 신경계통의 장해 ② 조혈 기능의 장해
③ 간에 미치는 장해 ④ 신장에 미치는 장해

해설 납(Pb) 중독의 주요 임상증상
　㉠ 위장계통의 장해: 복부팽만감, 급성복부 선통
　㉡ 신경, 근육계통의 장해: 손처짐, 마비, 근육통, 납경련
　㉢ 중추신경 장해: 기억상실, 혼수상태, 안면창백
　㉣ 조혈 기능의 장해: 혈색소 저하, 망상 적혈구 수 증가

12 작업장에 존재하는 유해인자와 직업성 질환의 연결이 옳지 않은 것은?

① 망간 – 신경염 ② 무기분진 – 규폐증
③ 6가 크로뮴 – 비중격 천공 ④ 이상 기압 – 레이노드 씨 병

해설 이상 기압 – 폐수종, 레이노드 씨 병은 한랭환경에서 진동 공구를 사용할 경우 발생한다.

13 석재공장, 주물공장 등에서 발생하는 유리규산이 주원인이 되는 진폐의 종류는?

① 면폐증 ② 활석폐증
③ 규폐증 ④ 석면폐증

해설 규폐증은 결정형 석재공장(돌가루), 주물공장(주물사) 등에서 발생하는 규소(유리규산(SiO_2))에 직접적으로 노출된 근로자에게 발생한다.

14 직업성 질환과 발생 요인 중 상호 관계가 있는 것을 올바르게 연결한 것은?

① 레이노 현상 – 규폐증 ② 파킨슨씨 증후군 – 비소
③ 금속열 – 산화아연 ④ C_5-dip 현상 – 진동

해설
　• 레이노 현상 – 진동작업(착암공, 병타공)
　• 파킨슨씨 증후군 – 망간(Mn) (제강공)
　• C_5-dip 현상 – 소음(제관공, 조선공, 금속공)

정답 07 ③ 08 ① 09 ① 10 ① 11 ③ 12 ④ 13 ③ 14 ③

CHAPTER 3 출제 예상 문제

15 생물학적 원인에 의한 직업성 질환을 유발하는 직종으로 옳지 않은 것은?

① 제지업　② 농부　③ 수의사　④ 피혁 제조

해설 생물학적 원인에 의한 직업성 질환을 유발하는 원인으로는 병원체 오염에 의한 전염병, 동식물 취급이며 여기에 해당하는 직종은 피혁 제조, 축산, 수의사, 농부, 세균 취급자 등이 있다.

16 원인별로 분류한 직업성 질환과 직종의 연결로 옳지 않은 것은?

① 비중격 천공 : 도금　② 규폐증 : 채석, 채광
③ 열사병 : 제강, 요업　④ 무뇨증 : 잠수, 항공기 조종

해설 신장장해로서 무뇨증은 크로뮴(Cr)의 급성중독으로 인한 증상이다.

17 금속 작업 근로자에게 발생된 만성중독의 특징으로 코점막의 염증, 비중격 천공 등의 증상을 일으키는 물질은?

① 납　② 6가 크로뮴
③ 수은　④ 카드뮴

해설 **6가 크로뮴**: 만선중독으로 폐암, 코점막의 염증, 비중격 천공(도금업 근로자)

18 규폐증은 공기 중 분진 내에 어느 물질이 함유되어 있을 때 발생하는가?

① 석면　② 탄소가루
③ 크로뮴　④ 유리규산

해설 규폐증은 결정형 규소(유리규산(SiO_2) 등)에 직접적으로 노출된 근로자에게 발생한다.

> **규폐증(硅肺症, silicosis)**
> 규산 성분이 있는 돌가루가 폐에 쌓여 생기는 질환이다. 광부, 석공, 도공, 돌 따위의 연마공 등에서 주로 볼 수 있는 직업병이다.

19 입자상 물질의 호흡기 내 주요 침착 메커니즘으로 옳지 않은 것은?

① 충돌　② 침강
③ 확산　④ 흡수

해설 입자상 물질의 호흡기 내 주요 침착 메커니즘은 확산, 관성 충돌, 침강, 차단, 정전기 등이 있다.

20 소음의 정의를 설명한 것으로 옳은 것은?

① 불쾌하고 원하지 않는 소리
② 일정 범위의 강도를 갖는 소리
③ 주파수가 높고 규칙적으로 발생하는 소리
④ 주파수가 낮고 불규칙적으로 발생하는 소리

해설 소음의 정의: 불쾌하고 원하지 않는 소리(unwanted sound)

21 상온에서 음속은 약 344 m/s이다. 주파수가 2 kHz인 음의 파장은 얼마인가?

① 0.172 m   ② 1.72 m   ③ 17.2 m   ④ 172 m

해설 음속: $c = f \times \lambda$

∴ 음의 파장: $\lambda = \dfrac{c}{f} = \dfrac{344}{2,000} = 0.172 \text{ m}$

22 소음의 음압레벨(SPL, Sound Pressure Level)을 나타내는 식으로 옳은 것은?

① $\log\left(\dfrac{p}{p_o}\right)$ ② $10\log\left(\dfrac{p}{p_o}\right)$

③ $20\log\left(\dfrac{p}{p_o}\right)$ ④ $40\log\left(\dfrac{p}{p_o}\right)$

해설 음압레벨 $L_p = 20\log_{10}\dfrac{P}{P_o} = 20\log_{10}\dfrac{P}{2\times 10^{-5}}$ dB

여기서 P: 측정되는 음압(N/m²)

23 1,000 Hz에서 음압 수준(dB)을 기준으로 하여 등감곡선을 나타내는 단위를 무엇이라고 하는가?

① Hz   ② sone
③ phon   ④ cone

등감곡선(equal loudness contour)
인간의 청각특성을 그래프로 나타낸 것으로 등청감곡선, 등라우드네스곡선이라고도 한다.

해설 건강한 사람에 대하여 1,000 Hz의 평면정현파의 소리를 기준으로 하여 같은 크기의 소리로 들리는 주파수별 음압 수준을 실험적으로 알아내서 표시한 것을 등감곡선(等感曲線, loudness level contours)이라 하고, 등감곡선상의 주파수별 음의 크기를 1,000 Hz의 음압 수치로 나타낸 것이 폰(phon)이며, 소리의 크기(loudness level)를 나타내는 단위로 사용한다.

정답 15 ① 16 ④ 17 ② 18 ④ 19 ④ 20 ① 21 ① 22 ③ 23 ③

CHAPTER 3 출제 예상 문제

24 직업성 난청(영구적 청력장해)에 대한 설명으로 옳은 것은?
① 고막 이상의 병변이 있다.
② 청력손실이 생기면 회복될 수 있다.
③ Corti 기관에는 영향이 없고, 청신경에만 이상이 있다.
④ 전음계(傳音系)가 아니라 감음계(感音系)의 장해를 말한다.

해설 직업성 난청
㉠ 내이의 세포 변성이 원인이다.
㉡ 영구적인 청력 저하로 비가역적 질환이다.
㉢ 청신경 말단부인 Corti 기관의 섬모세포에 손상이 발생한다.

> **직업성 난청**
> 영구적 난청(PTS, Permanent Threshold Shift)이라고도 하며 이는 소음환경에서 장시간 일하거나 충격음에 과다 노출되어 내이의 청각조직에 손상이 되어 청력이 회복되지 않는 것이다. 내이의 와우관(달팽이관)에 있는 코르티기관 속의 청각수용 세포가 파괴되어 결국 소리를 느끼게 하는 신경말단이 손상을 받아 청력장애가 생긴 상태로서 회복이나 치료가 어렵다.
>
> **전음계**
> 음을 전달하는 부위로써 외이(이개, 외이도)와 중이(고막, 이소골)를 말한다.
>
> **감음계**
> 음을 알아듣고 감지하는 부위로 내이(와우, 청신경, 대뇌)를 말한다.

25 전신진동을 일으키는 주파수 범위로 옳은 것은?
① 1 ~ 80 Hz   ② 200 ~ 500 Hz
③ 1,000 ~ 2,000 Hz   ④ 4,000 ~ 8,000 Hz

해설 전신진동: 1 ~ 80 Hz, 국소진동: 8 ~ 1,500 Hz

26 한랭환경에서 국소진동에 노출되는 경우 나타나는 현상으로 수지의 감각마비 등의 증상을 보이는 것은?
① Raynaud 증상   ② heat exhaustion 증상
③ 참호족(trench foot) 증상   ④ heat stroke 증상

해설 레이노(Raynaud) 증후군(레이노 현상): 추위에 노출되거나 정서적 스트레스를 받는 경우 손가락, 발가락 끝이 하얗게(pallor) 변하여 수지의 감각마비 증상이 보이고, 시간이 경과하면 퍼렇게(cyanosis) 변하는 것을 말한다.

27 착암기 또는 해머(Hammer) 같은 공구를 장기간 사용한 근로자에게 가장 유발되기 쉬운 국소진동에 의한 신체 증상은?
① 피부암   ② 소화 장애
③ 불면증   ④ 레이노드 씨 현상

해설 레이노드 씨 현상: 착암기 또는 해머(Hammer) 같은 공구를 장기간 사용한 근로자에게 가장 유발되기 쉬운 국소진동에 의한 신체 증상으로 손가락 동맥과 피부세동맥의 혈관경련 수축에 의해 일어나며, 국소적인 혈관조절기능의 이상에 의해 발생한다.

28 고온다습한 작업환경에서 격심한 육체적 노동을 하거나 옥외에서 태양의 복사열을 두부에 직접적으로 받는 경우 체온조절 기능의 이상으로 발생하는 증상은?

① 열경련(heat cramp) ② 열사병(heat stroke)
③ 열피로(heat exhaustion) ④ 열쇠약(heat prostration)

해설 열사병(heat stroke): 뜨거운 환경에서 체내에서 발생된 열을 배출하지 못하여 생기는 증세. 대개 섭씨 40도 이상의 습한 환경에서 증상이 시작된다. 40도 이상부터는 몸의 단백질이 변성되기 시작하는 데, 쉽게 말해서 산 채로 삶아지는 것이다. 이 증세가 나타나면 인간은 버틸 수가 없다. 즉시 의식이 흐려지며 몸에 경련이 일어나고 저혈압, 탈수 증상이 일어나 구토, 설사를 동반하여 사망까지 이어진다.

열피로(heat exhaustion)
열탈진이라고도 하며 대표적인 증상은 탈수와 피로다. 땀을 많이 흘리고, 극심한 무력감과 피로가 동반된다.

열사병(heat stroke)
체온조절 중추가 외부의 열 스트레스에 견디지 못해 그 기능을 잃으면서 생기는데 땀을 흘리는 기능이 망가져 지속적인 체온상승을 보인다.

29 다음 설명에 해당하는 고열장해는?

> 고온 환경에서 심한 육체적 노동을 할 때 잘 발생되며 그 기전은 지나친 발한에 의한 탈수와 염분소실이다. 증상으로는 작업 시 많이 사용한 수의근(voluntary muscle)에 유통성 경련이 오는 것이 특징이며, 이에 앞서 현기증, 이명, 두통, 구역질, 구토 등의 전구증상이 나타난다.

① 열경련(heat cramp) ② 열사병(heat stroke)
③ 열발진(heat rashes) ④ 열허탈(heat collapse)

해설 열경련은 가장 전형적인 열중증 형태로 주로 고온환경에서 지속적으로 심한 육체적인 노동을 할 때 나타나며 지나친 발한에 의한 수분 및 염분손실이 원인이다. 증상으로는 작업 시 많이 사용한 수의근(voluntary muscle)에 유통성 경련이 오는 것이 특징이며, 이에 앞서 현기증, 이명, 두통, 구역질, 구토 등의 전구증상이 나타난다. 치료로는 수분 보충과 NaCl을 보충(생리식염수 0.1 %를 공급)한다.

30 감압(decompression)에 따른 기포 형성량과 관련된 요인으로 옳지 않은 것은?

① 감압속도 ② 혈류의 변화
③ 대기의 상대습도 ④ 조직에 용해된 가스량

해설 감압(decompression)에 따른 용해질소의 기포 형성량
㉠ 조직에 용해된 가스량(질소의 지방용해도는 물에 대한 용해도보다 5배가 크다.)
㉡ 혈류의 변화 정도(혈류를 변화시키는 상태)
㉢ 감압속도

정답 24 ④ 25 ① 26 ① 27 ④ 28 ② 29 ① 30 ③

CHAPTER 3 출제 예상 문제

31 전자파 방사선은 보통 전리방사선과 비전리방사선으로 구분한다. 다음 중 전리방사선에 해당하지 <u>않는</u> 것은?

① X선
② γ선
③ 중성자
④ 자외선

해설 전리방사선은 전자기방사선(X선, γ선)과 입자방사선(α 입자, β 입자, 중성자)이 있다. 자외선은 비전리방사선이다.

> 전리방사선은 물질을 구성하고 있는 일부의 원소에서 외곽 전자를 분리시켜 이온화시키는 방사선으로 알파(α) 입자, 베타(β) 입자, 중성자 등의 입자선과 짧은 파장을 갖는 전자파인 감마선과 X선이 있고, 비전리방사선은 이온화시키는 능력이 없는 방사선으로 긴 파장을 갖는 자외선, 가시광선, 적외선, 마이크로파가 해당이 되고, 보통 방사선이라고 하면 전리방사선을 의미한다.

32 Vitamin D 생성과 가장 관계가 깊은 광선의 파장은?

① 280 ~ 320 Å
② 280 ~ 320 nm
③ 380 ~ 760 Å
④ 380 ~ 760 nm

해설 도르노선(Dorno-ray)
㉠ 파장: 280 ~ 315 nm(2,800 Å ~ 3,150 Å)의 자외선
㉡ 작용: 소독작용, 비타민 D 형성, 피부색소 침착 등 생물학적 작용이 강함
㉢ 별칭: 건강선, 생명선

33 인조견, 셀로판 등에 이용되고 실험실에서 추출용 등의 시약으로 쓰이고 장기간에 걸쳐 고농도로 폭로되면 기질적 뇌손상, 말초신경병, 신경행동학적 이상, 시각, 청각장해 등이 발생하는 유기용제는?

① 벤젠
② 사염화탄소
③ 메타놀
④ 이황화탄소

해설 이황화탄소(CS_2)는 매우 강한 독성을 가진 화합물 중 하나이다. 주로 흡입을 통해서 몸속으로 흡수되는 일이 잦으나, 피부를 통해서도 흡수될 수 있고 이 경우 역시 중독을 일으킬 수 있다. 반복된 피부와 액체 이황화탄소의 접촉은 염증이나 피부의 부스러짐을 야기할 수 있다. 장시간 동안 접촉할 경우 물집이나 2도, 3도 화상이 발생할 수 있다. 영구적인 간과 신장의 손상, 생식 불능, 신경장애, 시각장애, 정신병, 심장혈관 이상 등이 일어날 수 있다. 다량의 이황화탄소 증기에 노출될 경우 두통, 어지러움, 구역질, 구토 등을 일으킬 수 있으며 목숨에 지장을 줄 수도 있다. 30분 동안 노출될 경우 1 150 ppm의 이황화탄소는 신체에 심각한 문제를 일으키며, 3 210 ppm에서는 목숨이 위험하며, 4 815 ppm에서는 치명적이다. 장시간, 또는 반복된 이황화탄소 증기에 대한 노출은 중추신경계와 말초신경계에 문제를 일으킬 수 있다.

34 ACGIH의 발암성 분류 및 유해물질을 올바르게 나열한 것은?

① A3 : Be, Pb
② A2 : As, Cr^{+6}
③ A1 : Benzidine, Asbestos
④ A4 : Cd, Carbon black

해설 ACGIH의 발암성 분류

구분	발암성 물질 분류기준	해당 유해물질 예
A1	사람에 대한 발암성 확인물질	석면(asbestos), 벤지딘, Cr^{+6}, 콜타르피치, β-나프틸아민, 니켈황화물 흄, 비닐클로라이드, 4-니트로비페닐, 4-아미노디페닐
A2	사람에 대한 발암성 의심물질	벤젠, 베릴륨, 클로로포름, 아크릴아미드, 사염화탄소, 폼알데하이드, 삼산화비소, 삼산화안티몬 등
A3	동물에 대한 발암성 물질	
A4	발암성 물질로 분류되지 않은 물질	
A5	사람에 대하여 발암성으로 의심되지 않은 물질	

35 피부의 색소변성과 관련 없는 물질은?

① 타르(tar)
② 피치(pitch)
③ 크로뮴(Cr)
④ 페놀(phenol)

해설 피부의 색소변성 물질
㉠ 색소증가 원인물질: 콜타르, 피치, 햇빛
㉡ 색소감소 원인물질: 하이드로퀴논, 모노벤질 에테르, 페놀

36 직업성 피부질환에 영향을 주는 간접적 요인으로 옳지 않은 것은?

① 아토피
② 마찰 및 진동
③ 인종
④ 개인위생

해설
• 직업성 피부질환에 영향을 주는 간접적 요인: 인종, 피부의 종류(지루성피부, 건조피부), 연령, 땀, 계절, 아토피성 피부염, 건선, 개인위생(청결)
• 직업성 피부질환에 영향을 주는 직접적 요인
  ㉠ 물리적 요인: 진동, 고온, 저온, 자외선, X-ray, 유리섬유
  ㉡ 생물학적 요인: 박테리아, 바이러스, 진균
  ㉢ 화학적 요인: 접촉피부염(원발성, 알레르기성), 광과민성, 모낭염, 여드름, 색소변성, 피부암 유발물질, 궤양

CHAPTER 3 출제 예상 문제

37 직업성 피부장해를 예방하기 위한 방법으로 옳지 않은 것은?

① 개인 방호 ② 원료, 재료의 검토
③ 공정의 검토와 개선 ④ 본인의 희망에 의한 배치

해설 직업성 피부장해를 예방하기 위한 방법
㉠ 원료, 재료의 검토 ㉡ 공정의 검토와 개선
㉢ 개인 방호(안전복, 장갑 등의 착용) ㉣ 작업 전환

38 단순 질식제가 아닌 것은?

① 수소가스 ② 헬륨가스
③ 질소가스 ④ 암모니아 가스

해설
- 단순질식제: 생리적으로는 아무런 작용을 하지 않지만, 공기 중에 많이 존재함으로써 상대적으로 산소분압이 저하되어 각 조직세포에 필요한 산소를 공급하지 못하여 산소부족 현상이 발생하는 물질(수소, 헬륨, 탄산가스, 질소, 에탄, 메탄, 아산화질소 등)
- 암모니아는 피부 점막에 작용하여 부식작용을 하거나 수포를 형성하는 자극제이다.

질식제(suffocant)
㉠ 단순 질식제: 수소, 헬륨, 탄산가스, 질소, 에탄, 메탄, 아산화질소
㉡ 화학적 질식제: 일산화탄소, 청산, 아닐린, 메틸아닐린, 디메틸아닐린, 황화수소

자극제(irritant)
㉠ 상기도 점막 자극제: 알데하이드, 암모니아, 염화소수, 불화수소, 아황산가스
㉡ 상기도 점막 및 폐조직 자극제: 염소, 취소, 불소, 옥소, 청화염소, 오존
㉢ 종말 기관지 및 폐포점막 자극제: 이산화질소, 염화비소, 포스겐($COCl_2$)

39 어느 사업장에서 톨루엔($C_6H_5CH_3$)의 농도가 0 ℃일 때 100 ppm이었다. 기압의 변화 없이 기온이 25 ℃로 올라갈 때 농도는 약 몇 mg/m³로 예측되는가?

① 325 mg/m³ ② 346 mg/m³
③ 365 mg/m³ ④ 376 mg/m³

해설 톨루엔 농도 $= 100\,\text{ppm} \times \dfrac{92}{22.4 \times \dfrac{273+25}{273}} = 376.26\,\text{mg/m}^3$

40 20 ℃, 1기압에서 MEK 50 ppm은 약 몇 mg/m³인가? (단, MEK의 그램 분자량 72.06이다.)

① 139.9 ② 149.9
③ 249.7 ④ 299.7

해설 MEK 농도 $= 50\,\text{ppm} \times \dfrac{72.06}{22.4 \times \dfrac{273+20}{273}} = 147.35\,\text{mg/m}^3$

메틸에틸케톤(MEK, Methyl Ethyl Ketone)
2-뷰탄온(2-Butanone), 뷰탄온(Butanone)으로 $CH_3C(O)CH_2CH_3$의 구조로 이루어진 유기화합물이다.

41 10 ℃, 1기압에서 벤젠(C_6H_6) 10 ppm을 mg/m^3으로 환산할 경우 약 얼마인가?

① 28.7 ② 30.6
③ 33.6 ④ 35.7

해설
$$\text{벤젠농도} = 10\,\text{ppm} \times \frac{78}{22.4 \times \frac{273+10}{273}} = 33.59\,\text{mg/m}^3$$

42 온도 25 ℃, 1기압 하에서 분당 200 mL씩 100분 동안 채취한 공기 중 톨루엔(분자량 92)이 5 mg 검출되었다. 이 톨루엔은 부피 단위로 몇 ppm인가?

① 27 ② 66
③ 272 ④ 666

해설
$$\text{농도}(\text{mg/m}^3) = \frac{5\,\text{mg}}{0.2\,\text{L/min} \times 100\,\text{min} \times \text{m}^3/1\,000\,\text{L}} = 250\,\text{mg/m}^3$$

$$\therefore \text{농도}(\text{ppm}) = 250\,\text{mg/m}^3 \times \frac{24.45}{92} = 66.4\,\text{ppm}$$

43 구리(Cu)의 독성에 관한 인체실험 결과 안전흡수량이 체중 1 kg당 0.1 mg이었다. 1일 8시간 작업 시 구리의 체내 흡수를 안전흡수량 이하로 유지하려면 공기 중 구리농도는 약 얼마 이하이어야 하는가? (단, 성인근로자의 평균체중은 75 kg, 작업 시 폐환기율은 1.2 m^3/h, 구리의 체내 잔류율은 1.0이다.)

① 0.61 mg/m^3 ② 0.73 mg/m^3
③ 0.78 mg/m^3 ④ 0.85 mg/m^3

해설
공기 중 안전농도와 안전용량 사이의 변환공식: $C = \dfrac{\text{SHD}}{\alpha \times \text{BR} \times t}$

여기서, SHD(Safe Human Dose): 사람에 대한 안전노출량(mg/day)으로 SHD = 체중 1 kg당 용량 × BW(체중, Body Weight), α: 폐에서 흡수되는 비율(%)로 보통 100 %를 사용함(체내 잔류율), BR(Breathing Rate): 개인의 호흡률(폐환기율)로 중노동인 경우 1.47 m^3/h, 보통작업인 경우 0.98 m^3/h, t: 노출시간(보통 8시간)

$$\therefore C = \frac{0.1\,\text{mg/kg} \times 75\,\text{kg}}{1.0 \times 1.2\,\text{m}^3/\text{h} \times 8\,\text{h}} = 0.78\,\text{mg/m}^3$$

정답 37 ④ 38 ④ 39 ④ 40 ② 41 ③ 42 ② 43 ③

CHAPTER 3 출제 예상 문제

44 아연에 대한 인체 실험결과 안전흡수량이 체중 kg당 0.12 mg이었다. 1일 8시간 작업에서의 노출 기준은 약 얼마인가? (단, 근로자의 평균 체중은 70 kg, 폐환기율은 1.2 m³/h으로 한다.)

① 1.8 mg/m³
② 1.5 mg/m³
③ 1.2 mg/m³
④ 0.9 mg/m³

해설 공기 중 안전농도와 안전용량 사이의 변환공식
$$C = \frac{\text{SHD}}{\alpha \times \text{BR} \times t} = \frac{0.12 \times 70}{1.0 \times 1.2 \times 8} = 0.875 \, \text{mg/m}^3$$

45 작업자가 유해물질에 어느 정도 노출되었는지를 파악하는 지표로서 작업자의 생체 시료에서 대사산물 등을 측정하여 유해물질의 노출량을 추정하는 데 사용되는 것은?

① BEI
② TLV-TWA
③ TLV-S
④ Excursion Limit

해설 생물학적 노출 기준은 미국의 생물학적 노출 기준(BEI, Biological exposure indices)과 독일의 생물학적 허용농도(BAT, Biologischer Arbeitsstoff Toleranz Wert; biological tolerance value for occupational exposure)와 국내의 연구결과를 참조하여 근로자건강진단 실무지침에 제시된 수치로, 일주일에 40시간 작업하는 근로자가 고용노동부고시에서 제시하는 작업환경 노출 기준 정도의 수준에 노출될 때 혈액 및 요 중에서 검출되는 생물학적 노출 지표의 농도이다.

> **생물학적 노출 지표 (biological exposure marker)**
> 유해물질 노출에 의한 체내 흡수 정도 또는 건강영향 가능성을 반영할 수 있는 혈액, 소변, 모발 등 생체 시료 중의 유해물질 그 자체, 또는 유해물질의 대사산물 또는 생화학적 변화 산물 등을 말한다.
>
> **생물학적 모니터링 (biological monitoring)**
> 혈액, 소변, 모발 등 생체 시료로부터 유해물질 그 자체, 또는 유해물질의 대사산물 또는 생화학적 변화산물 등 '생물학적 노출 지표'를 분석하여 유해물질 노출에 의한 체내 흡수 정도 또는 건강 영향 가능성 등을 평가하는 것을 말한다.

46 생물학적 측정(모니터링)의 필요성으로 옳지 않은 것은?

① 채용 전 스크리닝 검사
② 노출량에 따른 작업 조정
③ 중독에 의한 치료대책 수립
④ 작업장 내 유해물질의 공기 중 농도 측정

해설 생물학적 측정(모니터링)의 필요성
㉠ 근로자 채용 전 스크리닝 검사
㉡ 노출량에 따른 작업 조정
㉢ 중독에 의한 치료대책 수립

47 화학적 유해인자에 대한 노출을 평가하는 방법은 크게 개인 시료와 생물학적 모니터링(biological monitoring)이 있는데 다음 중 생물학적 모니터링에 이용되는 시료로 옳지 않은 것은?

① 소변
② 유해인자 노출량
③ 혈액
④ 인체조직이나 세포

해설 생물학적 모니터링에 이용되는 시료: 소변, 호기, 혈액, 인체조직이나 세포(머리카락, 손발톱, 타액 등)

48 물질에 관한 생물학적 노출지수(BEIs)를 측정하려 할 때 주말 작업종료 시에 시료 채취하는 것은?

① 트라이클로로에틸렌
② 이황화탄소
③ 일산화탄소
④ 자일렌(크실렌)

해설 트라이클로로에틸렌의 시료 채취 시기는 주말 작업종료 시에 해야 한다.

49 생물학적 모니터링의 대상 물질 및 대사산물의 연결이 옳지 않은 것은?

① benzene: s-phenylmercapturic acid in urine
② carbon disulfide: t,t-muconic acid in blood
③ mercury: total inorganic mercury in blood
④ xylenes: methylhippuric acid in urine

해설 carbon disulfide(CS_2)의 대사산물은 뇨 중 TTCA 및 뇨 중 이황화탄소이다.

> 대사산물(metabolite)
> 물질대사의 중간생성물 또는 생성물이다.

50 유해물질과 생물학적 노출 지표로 이용되는 대사산물의 연결로 옳지 않은 것은?

① 벤젠 - 소변 중의 페놀
② 톨루엔 - 소변 중의 만델린산
③ 자일렌 - 소변 중의 메틸마뇨산
④ 트라이클로로에틸렌 - 소변 중의 트리클로로아세트산

해설 톨루엔 - 소변 중의 마뇨산, 혈액, 호기 - 톨루엔

정답 44 ④ 45 ① 46 ④ 47 ② 48 ① 49 ② 50 ②

CHAPTER 3 출제 예상 문제

51 유기용제의 생물학적 모니터링에서 유기용제와 소변 중 대사산물의 짝이 옳지 않은 것은?

① 톨루엔: 마뇨산
② 자일렌: 메틸마뇨산
③ 스타이렌: 삼염화아세트산
④ 노말헥산: 2, 5-헥산디온

해설 스타이렌의 소변 중 대사산물은 만델린산이다.

52 자동차 배터리 공장에서 공기 중 납 분진과 황산 증기가 동시에 발생하여 근로자의 체내로 유입될 경우 어떠한 상호작용이 발생하는가?

① 상가작용
② 독립작용
③ 길항작용
④ 상승작용

해설 독립작용: 각각의 혼합물이 신체의 전혀 다른 부위에 독립적으로만 작용하며 중독 시 산소를 이용하여 일산화탄소의 독성을 감소시킴

53 외부환경의 변화에 신체 반응의 항상성이 작용하는 현상을 무엇이라 하는가?

① 신체의 변성현상
② 신체의 순응현상
③ 신체의 회복현상
④ 신체의 이상현상

해설 항상성(恒常性, homeostasis 또는 homoeostasis): 변수들을 조절하여 내부 환경을 안정적이고 상대적으로 일정하게 유지하려는 특성을 말한다. 이 항상성이 작용하는 예가 신체의 순응현상이다.

54 다음 설명은 어떠한 법칙에 대한 것인가?

> 어떤 유해물질에 단시간 노출되었을 때 유해물질의 지수는 유해물질의 농도와 노출시간의 곱으로 계산된다.

① Halden의 법칙
② Lambert의 법칙
③ Henry의 법칙
④ Haber의 법칙

해설 유해물질에 노출되는 시간이 길수록 인체에 대한 영향이 크다. 같은 농도에 같은 시간 동안 노출되는 경우, 총흡수량은 같을지라도 일정한 기간 동안 계속 노출되는 것보다 단속적으로 노출되는 경우 신체에 대한 유해도는 훨씬 낮아진다. Haber의 법칙에서는 이를 '유해물질의 농도(C)와 노출시간(t)의 적(積)은 일정(K)하다'는 등식으로 표현한다. 즉, K(유해지수) $= C$(농도) $\times t$(노출시간). 단, 이 법칙은 유해물질에 비교적 짧은 시간 동안 노출되어 중독을 일으키는 경우에 적용되는 것이고 대부분의 경우에는 비례적인 관계가 성립하지 않는다.

상가작용(synergism)
혼합물의 효과가 개별 화학물질의 독성에 근거한 부가성보다 더욱 크게 나타날 때의 상호작용이다.

상승작용(potentiation)
특정 표적기관에 독성을 지니지 않은 물질이 그 표적 장기에 두 번째 화학물질의 효과에 영향을 미칠 때의 상호작용이다.

길항작용(antagonism)
혼합물의 효과가 개별 화학물질의 부가적인 합보다 적게 평가할 때의 상호작용이다.

55 노출 기준 선정의 이론적인 배경으로 옳지 않은 것은?

① 동물실험 자료 ② 화학적 성질의 안정성
③ 인체실험 자료 ④ 산업장 역학자료 조사

해설 노출 기준 선정의 이론적인 배경
  ㉠ 화학 구조상의 유사성: 가장 기초적인 단계 이 방법은 동물실험, 인체실험 및 산업장 역학조사 자료가 부족할 때 이용된다.
  ㉡ 동물실험 자료: 이것은 인체실험이나 산업장 역학조사 자료가 부족할 때 적용된다.
  ㉢ 인체실험 자료
  ㉣ 산업장 역학조사 자료

56 노출 기준에 대한 설명으로 옳은 것은?

① 노출 기준은 독성의 강도를 비교할 수 있는 지표가 아니다.
② 노출 기준은 질병이나 육체적 조건을 판단하기 위한 척도로 사용될 수 있다.
③ 노출 기준 이하의 노출에서는 모든 근로자에게 건강상의 영향을 나타내지 않는다.
④ 작업장이 아닌 대기에서는 건강한 사람이 대상이 되기 때문에 동일한 노출 기준을 사용할 수 있다.

> 노출 기준이란 근로자가 유해인자에 노출되는 경우 노출 기준 이하 수준에서는 거의 모든 근로자에게 건강상 나쁜 영향을 미치지 아니하는 기준이다.

해설 노출 기준 적용상의 주의사항
  ㉠ 유해요인에 대한 감수성은 개인에 따라 차이가 있으며 노출 기준 이하의 작업환경에서도 직업성 질병이 발생하는 경우가 있다.
  ㉡ 노출 기준 이하의 작업환경이라는 이유만으로 직업성 질병의 이환을 부정하는 근거 또는 반증 자료로 이용할 수 없다.
  ㉢ 대기오염의 평가 또는 관리상의 지표로 사용할 수 없다.

57 ACGIH TLV의 적용상 주의사항으로 옳은 것은?

① 반드시 산업위생 전문가에 의하여 적용되어야 한다.
② TLV는 독성의 강도를 비교할 수 있는 지표가 된다.
③ TLV는 안전농도와 위험농도를 정확히 구분하는 경계선이 된다.
④ 기존의 질병이나 육체적 조건을 판단하기 위한 척도로 사용될 수 있다.

해설
  • TLV는 안전농도와 위험농도를 정확히 구분하는 경계선이 아니다.
  • TLV는 독성의 강도를 비교할 수 있는 지표가 아니다.
  • 기존의 질병이나 육체적 조건을 판단하기 위한 척도로 사용될 수 없다.

정답 51 ③ 52 ② 53 ② 54 ④ 55 ② 56 ① 57 ①

58 유해물질의 허용농도의 종류 중 근로자가 1일 작업시간 동안 잠시라도 노출되면 안 되는 기준을 나타내는 것은?

① PEL
② TLV-TWA
③ TLV-C
④ TLV-STEL

해설 TLV-C(ceiling): 최고노출 기준(C)로서 근로자가 1일 작업시간 동안 잠시라도 노출되어서는 아니 되는 기준을 말하며, 노출 기준 앞에 "C"를 붙여 표시한다.

59 메틸에틸케톤(MEK) 50 ppm(TLV = 200 ppm), 트리클로로에틸렌(TCE) 25 ppm(TLV = 50 ppm), 자일렌(Xylene) 30 ppm(TLV = 100 ppm)이 작업장 공기 중에 혼합물 형태로 존재할 경우, 노출지수와 노출 기준 초과 여부를 나타낸 것으로 옳은 것은? (단, 혼합물질은 상가작용을 한다.)

① 노출지수 0.95, 노출 기준 미만
② 노출지수 1.05, 노출 기준 초과
③ 노출지수 0.3, 노출 기준 미만
④ 노출지수 0.5, 노출 기준 미만

해설 노출지수(EI) = $\frac{50}{200} + \frac{25}{50} + \frac{30}{100} = 1.05$. 이 값이 1을 초과하므로 노출 기준 초과 평가

60 직업성 질환을 인정할 때 고려해야 할 사항으로 옳지 <u>않은</u> 것은?

① 업무상 재해라고 할 수 있는 사건의 유무
② 작업환경과 그 작업에 종사한 기간 또는 유해 작업의 정도
③ 같은 작업장에서 비슷한 증상을 나타내는 환자의 발생 유무
④ 의학상 특징적으로 나타나는 예상되는 임상검사 소견의 유무

해설 재해성 질병의 인정 기준
업무상 부상을 입은 근로자에게 발생한 질병이 다음의 요건 모두에 해당하면 업무상 질병(재해성 질병)으로 본다.
㉠ 업무상 부상과 질병 사이의 인과관계가 의학적으로 인정될 것
㉡ 기초질환 또는 기존 질병이 자연 발생적으로 나타난 증상이 아닐 것
단순히 업무상 재해라고 할 수 있는 사건의 유무만으로 직업성 질환을 인정하지는 않는다.

61 상용 근로자의 건강진단 목적으로 옳지 않은 것은?

① 근로자가 가진 질병의 조기발견
② 질병이환 근로자의 질병 치료 및 취업제한
③ 근로자가 일에 부적합한 인적 특성을 지니고 있는지의 여부 확인
④ 일이 근로자 자신과 직장동료의 건강에 불리한 영향을 미치고 있는지의 여부 발견

해설 근로자의 건강진단 목적
　㉠ 질병의 조기발견
　㉡ 일에 부적합한 인적 특성을 지니고 있는지의 여부 확인
　㉢ 일이 근로자 자신과 직장동료의 건강에 불리한 영향을 미치고 있는지의 여부 발견
　㉣ 근로자의 질병을 예방하고 건강을 유지함

62 근로자의 건강진단실시 결과 건강관리 구분에 따른 내용의 연결이 옳지 않은 것은?

① C_1 : 직업성 질병으로 진전될 우려가 있는 추적검사 등 관찰이 필요한 근로자
② D_1 : 직업성 질병의 소견을 보여 사후관리가 필요한 근로자
③ D_2 : 일반 질병의 소견을 보여 사후관리가 필요한 근로자
④ R : 건강관리상 사후관리가 필요 없는 근로자

해설 R : 건강진단 1차 검사결과 건강수준의 평가가 곤란하거나 질병이 의심되는 근로자(제2차 건강진단 대상자)

> 건강관리 구분은 '근로자 건강진단 실시기준(고용노동부 고시 제2022-97호) [별표 4] 건강관리 구분, 사후관리내용 및 업무수행 적합 여부 판정 (제13조 제1항 관련) 1. 건강관리 구분 판정'에 나타나 있다.

63 산업안전보건법 시행규칙에서 정의한 다음 설명에 해당하는 건강진단의 종류는?

> 특수건강진단 대상업무에 종사할 근로자에 대하여 배치 예정업무에 대한 적합성 평가를 위하여 사업주가 실시하는 건강진단

① 일반건강진단　　② 수시건강진단
③ 임시건강진단　　④ 배치 전 건강진단

해설 배치 전 건강진단의 정의 : 특수건강진단 대상업무에 종사할 근로자에 대하여 배치 예정업무에 대한 적합성 평가를 위하여 사업주가 실시하는 건강진단

CHAPTER 3 출제 예상 문제

64 산업안전보건법 시행규칙에서 정한 근로자 건강진단의 종류가 아닌 것은?

① 퇴직 후 건강진단
② 특수건강진단
③ 배치 전 건강진단
④ 임시건강진단

해설 산업안전보건법 시행규칙에 나타난 근로자의 건강진단의 종류
　㉠ 일반건강진단
　㉡ 특수건강진단
　㉢ 배치전건강진단
　㉣ 수시건강진단
　㉤ 임시건강진단

65 질병 발생의 요인을 제거하면 질병 발생이 얼마나 감소될 것인가를 말해주는 위험도를 나타내는 것은?

① 기여위험도
② 상대위험도
③ 절대위험도
④ 비교위험도

해설 질병 발생의 위험도
　㉠ 상대위험도(relative risk): 코호트연구설계에서 위험요인에 노출된 집단과 비노출된 집단을 추적하여 미래의 이상상태의 발병 정도를 측정하여 비교하는 것으로 의심되는 위험요인에 노출된 집단이 그렇지 않은 집단에 비해 얼마나 더 많이 결과(이상 상태)가 발생했는지를 상대적인 값으로 측정하는 것이다.
　㉡ 귀속위험도(attributable risk): 기여위험도라고도 하며 위험요인이 질병 발생에 얼마나 기여(감소 또는 증가)했는지를 나타내는 것을 말한다. 즉, 위험의 차이를 구하는 것으로 위험요인에 폭로된 집단에서의 질병발생률에서 비폭로된 집단에서의 질병발생률을 뺀 것이다.

66 직업병 예방대책으로 옳지 않은 것은?

① 개인보호구 지급
② 작업환경의 정리정돈
③ 근로자 후생 복지비 증액
④ 기업주에 대한 안전·보건교육실시

해설 직업병 예방대책
　㉠ 생산기술 및 작업환경을 개선
　㉡ 근로자 채용 시부터 의학적 관리
　㉢ 작업환경의 정리정돈
　㉣ 개인위생관리 및 안전·보건교육실시

67 직업병 예방을 위한 대책으로 가장 나중에 적용하여야 하는 방법은?
① 격리 및 밀폐
② 개인보호구의 지급
③ 환기시설 등의 설치
④ 공정 또는 물질의 변경, 대치

해설 개인보호구의 지급은 직업병 예방대책 중 가장 마지막에 행하는 방법이다.

68 산소결핍이 우려되고 증기가 발산되는 유기화합물을 넣었던 탱크 내부에서 세척 및 페인트 업무를 하고자 할 때 근로자가 착용하여야 하는 가장 적절한 보호구는?
① 위생 마스크
② 방독 마스크
③ 송기 마스크
④ 방진 마스크

▶ 산소결핍이란 공기 중의 산소 농도가 18퍼센트 미만인 상태를 말한다(산업안전보건기준에 관한 규칙).

해설 산소결핍이 우려되는 장소에는 공기를 불어 넣어 주는 송기 마스크가 적절한 보호구이다.

69 직업성 질환의 예방대책 중에서 근로자 대책으로 옳지 않은 것은?
① 적절한 보호의의 착용
② 정기적인 근로자 건강진단의 실시
③ 생산라인의 개조 또는 국소배기시설 설치
④ 보안경, 진동 장갑, 귀마개 등의 보호구 착용

해설 생산라인의 개조 또는 국소배기시설 설치는 발생원에 대한 공학적 대책이다.

70 직업병의 예방대책에 관한 설명으로 옳지 않은 것은?
① 유해요인을 적절하게 관리하여야 한다.
② 건강장해에 대한 보건교육을 해당 근로자에게만 실시한다.
③ 유해요인에 노출되고 있는 모든 근로자를 보호하여야 한다.
④ 근로자들이 업무를 수행하는 데 불편함이나 스트레스가 없도록 하여야 하며, 새로운 유해요인이 발생되지 않아야 한다.

해설 건강장해에 대한 보건교육은 사업주와 근로자 모두에게 필요하다.

정답 64 ① 65 ① 66 ③ 67 ② 68 ③ 69 ③ 70 ②

CHAPTER 3 출제 예상 문제

71 직업병의 예방대책으로 옳지 않은 것은?

① 유해요인에 노출되고 있는 모든 근로자를 보호하여야 한다.
② 주변의 지역사회를 제외한 작업장에서의 위험요인을 제거하여야 한다.
③ 유해요인이 발암성 물질인 경우 전혀 노출이 되지 않도록 완전하게 제거되어야 한다.
④ 근로자가 업무를 수행하는 데 불편함이나 스트레스가 없도록 하여야 하며 새로운 유해요인이 발생되지 않아야 한다.

해설 직업병의 예방대책으로 주변의 지역사회를 포함한 작업장에서의 위험요인을 제거하여야 한다.

CHAPTER 4 실내환경

출제 예상 문제

01 실내오염의 원인과 건강장해

학습 POINT
실내 환경과 관련된 질환의 종류에 대하여 파악하고 '실내공기질관리법'의 유지기준과 권고 기준에 해당하는 오염물질과 '사무실 공기관리지침' 중 관리대상 오염물질을 알아두도록 한다.

01 실내공기 오염의 주요 발생원인으로 옳지 않은 것은?
① 오염원
② 공조시스템
③ 이동경로
④ 체온

해설 실내공기 오염의 주요 발생 원인: 실내 오염원, 공조시스템, 오염물질 이동경로 등

02 실내환경의 빌딩 관련 질환에 관한 설명으로 옳지 않은 것은?
① 레지오넬라 질환(Legionnarie's didease)은 주요 호흡기 질병의 원인균 중 하나로 1년까지도 물속에서 생존하는 균으로 알려져 있다.
② 과민성 폐렴(Hypersensitivity pneumonitis)은 고농도의 알레르기 유발물질에 직접 노출되거나 저농도에 지속적으로 노출될 때 발생한다.
③ SBS(Sick Building Syndrome)는 점유자들이 건물에서 보내는 시간과 관계하여 특별한 증상이 없이 건강과 편안함에 영향을 받는 것을 말한다.
④ BRI(Building Related Illness)는 건물 공기에 대한 노출로 인해 야기된 질병을 지칭하는 것으로 증상의 진단이 가능하며 공기 중에 있는 물질에 직접적인 원인은 알 수 없는 질병을 뜻한다.

해설 BRI는 증상이 진단 가능하며, 공기 중에 부유하는 물질이 직접적인 원인이 되는 질병을 의미한다.

정답 71 ② 01 01 ④ 02 ④

CHAPTER 4 출제 예상 문제

03 실내 환경과 관련된 질환의 종류에 해당하지 <u>않는</u> 것은?
① 빌딩증후군(SBS) ② 새집증후군(SHS)
③ 시각표시단말증후군(VDTS) ④ 복합 화학물질 과민증(MCS)

해설 영상표시단말기 작업으로 인한 관련 증상(VDT 증후군)이란 영상 표시단말기를 취급하는 작업으로 인하여 발생되는 경견완증후군 및 기타 근골격계 증상·눈의 피로·피부증상·정신신경계증상 등을 말한다.

04 실내공기 오염물질의 지표물질로 가장 많이 이용되는 것은?
① 미세먼지 ② 이산화탄소
③ 일산화탄소 ④ 휘발성 유기화합물

해설 이산화탄소(탄산가스, CO_2): 실내의 이산화탄소는 주로 사람의 호흡 과정에서 나오거나 난방, 취사할 때 발생되며 실내 체적, 실내 인원, 난방 여부 및 환기장치 등에 의해 영향을 받으므로 실내오염의 주요지표로 사용된다.

05 자극취가 있는 무색의 수용성 가스로 건축물에 사용되는 단열재와 섬유 옷감에서 주로 발생되고, 눈과 코를 자극하며 동물실험결과 발암성이 있는 것으로 나타난 실내공기 오염물질은?
① 벤젠 ② 황산화물
③ 라돈 ④ 폼알데하이드

해설 폼알데하이드(HCHO): 폼알데하이드는 파티클보드, 합판, 레진, 접착제와 같은 건축자재에서 수년 동안 실내공기 중으로 방출되고 적은 농도에서도 눈, 코, 목의 자극 증상을 보이고 동물실험에서는 발암성이 있다.

06 무색, 무취의 기체로서 흙, 콘크리트, 시멘트나 벽돌 등의 건축자재에 존재하였다가 공기 중으로 방출되며 지하공간에서 더 높은 농도를 보이고, 폐암을 유발하는 실내공기 오염물질은?
① 라듐(Ra) ② 라돈(Rn)
③ 비스무트(Bi) ④ 우라늄(U)

해설 라돈(Rn): 자연 상태의 대기에 섞여 있는 방사능물질인 라돈은 1급 발암물질로 분류되어 있다. 라돈은 집 안에 쌓일 수 있는 먼지에 포함되거나 바닥의 틈새를 통해 실내로 유입될 수 있다.

07 실내공기 오염물질 중 이산화탄소(CO_2)에 대한 설명으로 옳지 않은 것은?

① 일반적으로 실내오염의 주요지표로 사용된다.
② 쾌적한 사무실 공기를 유지하기 위해 이산화탄소는 1,000 ppm 이하로 관리한다.
③ 물질의 연소과정에서 산소의 공급이 부족할 경우 불완전 연소에 의해 발생된다.
④ 이산화탄소의 증가는 산소의 부족을 초래하기 때문에 주요 실내오염물질의 하나로 다루어진다.

해설 물질의 연소과정에서 산소의 공급이 부족할 경우 불완전 연소에 의해 발생하는 물질은 일산화탄소(CO)이다.

08 새로운 건물이나 새로 지은 집에 입주하기 전에 실내를 모두 닫고 30 ℃ 이상으로 5 ~ 6시간 유지시킨 후 1시간 정도 환기를 하는 방식을 여러 번 반복하여 실내의 휘발성 유기화합물이나 폼알데하이드의 저감효과를 얻는 방법을 무엇이라고 하는가?

① heating up
② bake out
③ room heating
④ burning up

해설 베이크아웃(bake out): 실내공기의 온도를 높여주어 건축자재 등에서 방출되는 유해오염물질의 방출량을 일시적으로 증가시킨 후 환기를 하여 실내오염 물질을 제거하는 방법이다.

09 '실내공기질관리법'상 다중이용시설의 실내공기질 권고 기준 항목으로 옳지 않은 것은?

① 석면
② 총휘발성유기화합물
③ 라돈
④ 이산화질소

해설
- 실내공기질 권고 기준 항목: 이산화질소, 라돈, 총휘발성 유기화합물, 곰팡이
- 실내공기질 유지기준 항목: 미세먼지(PM-10, PM-2.5), 이산화탄소, 폼알데하이드, 총부유세균, 일산화탄소

▶ **권고기준**
다중이용시설의 특성에 따라 쾌적한 공기 질을 유지하기 위하여 시설을 관리하도록 다중이용시설의 소유자에게 권고할 수 있는 기준으로 강제성은 없는 권고 사항이다.

정답 03 ③ 04 ② 05 ④ 06 ② 07 ③ 08 ② 09 ①

CHAPTER 4 출제 예상 문제

참고

▼ 실내공기질 유지기준(실내공기질 관리법 시행규칙 [별표 2])

오염물질항목 다중이용시설	미세먼지 (PM-10) ($\mu g/m^3$)	미세먼지 (PM-2.5) ($\mu g/m^3$)	이산화탄소 (ppm)	폼알데하이드 ($\mu g/m^3$)	총부유세균 (CFU/m^3)	일산화탄소 (ppm)
가. 지하역사, 지하도상가, 철도역사의 대합실, 여객자동차 터미널의 대합실, 항만시설 중 대합실, 공항시설 중 여객터미널, 도서관·박물관 및 미술관, 대규모 점포, 장례식장, 영화상영관, 학원, 전시시설, 인터넷컴퓨터게임시설 제공업의 영업시설, 목욕장업의 영업시설	100 이하	50 이하	1,000 이하	100 이하	—	10 이하
나. 의료기관, 산후조리원, 노인요양시설, 어린이집, 실내 어린이놀이시설	75 이하	35 이하		80 이하	800 이하	
다. 실내주차장	200 이하	—		100 이하	—	25 이하
라. 실내 체육시설, 실내 공연장, 업무시설, 둘 이상의 용도에 사용되는 건축물	200 이하	—	—	—	—	—

▼ 실내공기질 권고 기준(실내공기질 관리법 시행규칙 [별표 3])

오염물질항목 다중이용시설	이산화질소 (ppm)	라돈 (Bq/m^3)	총휘발성유기화합물 ($\mu g/m^3$)	곰팡이 (CFU/m^3)
가. 지하역사, 지하도상가, 철도역사의 대합실, 여객자동차 터미널의 대합실, 항만시설 중 대합실, 공항시설 중 여객터미널, 도서관·박물관 및 미술관, 대규모 점포, 장례식장, 영화상영관, 학원, 전시시설, 인터넷컴퓨터게임시설 제공업의 영업시설, 목욕장업의 영업시설	0.1 이하	148 이하	500 이하	—
나. 의료기관, 산후조리원, 노인요양시설, 어린이집, 실내 어린이놀이시설	0.05 이하		400 이하	500 이하
다. 실내주차장	0.30 이하		1,000 이하	—

10 고용노동부 고시인 '사무실 공기관리지침'에서 관리대상 오염물질로 옳지 않은 것은?

① 일산화질소(NO)
② 미세먼지(PM 10)
③ 총부유세균
④ 폼알데하이드(HCHO)

해설 사무실 공기관리 지침, 제6조(시료 채취 및 분석 방법)
오염물질 항목: 미세먼지(PM₁₀), 초미세먼지(PM₂.₅), 이산화탄소(CO₂), 일산화탄소(CO), 이산화질소(NO₂), 폼알데하이드(HCHO), 총휘발성유기화합물(TVOC), 라돈(Rn, Radon), 총부유세균, 곰팡이

11 고용노동부 고시인 '사무실 공기관리지침'에서 각 오염물질에 대한 관리기준에 대한 설명으로 옳은 것은?

① 최고노출 기준을 기준으로 한다.
② 단시간 노출 기준을 기준으로 한다.
③ 작업장의 장소에 따라 다르게 적용한다.
④ 8시간 시간가중평균농도를 기준으로 한다.

해설 관리기준: 8시간 시간가중평균농도 기준

▼ 사무실 공기관리지침(고용노동부 고시) 제2조 '오염물질 관리기준'

오염물질	관리기준(8시간 시간가중평균농도 기준)
미세먼지(PM₁₀)	100 μg/m³
초미세먼지(PM₂.₅)	50 μg/m³
이산화탄소(CO₂)	1,000 ppm
일산화탄소(CO)	10 ppm
이산화질소(NO₂)	0.1 ppm
폼알데하이드(HCHO)	100 μg/m³
총휘발성유기화합물(TVOC)	500 μg/m³
라돈(Rn, Radon)	148 Bq/m³ (지상 1층을 포함한 지하에 위치한 사무실에만 적용)
총부유세균	800 CFU/m³
곰팡이	500 CFU/m³

정답 10 ① 11 ④

CHAPTER 4 출제 예상 문제

12 고용노동부 고시 '사무실 공기관리 지침'에서 지정하는 오염물질에 대한 시료 채취방법으로 옳지 않은 것은?

① 오존 – 멤브레인필터를 이용한 채취
② 일산화탄소 – 전기화학검출기에 의한 채취
③ 이산화탄소 – 비분산적외선검출기에 의한 채취
④ 총부유세균 – 충돌법을 이용한 부유세균채취기로 채취

해설 오존은 '사무실 공기관리 지침'에서 지정하는 오염물질이 아니다.

참고 사무실 공기관리 지침, 제6조(시료 채취 및 분석 방법)

오염물질	시료 채취방법	분석 방법
미세먼지(PM_{10})	PM_{10} 샘플러를 장착한 고용량 시료 채취기에 의한 채취	중량분석(천칭의 해독도: 10 μg 이상)
초미세먼지($PM_{2.5}$)	$PM_{2.5}$ 샘플러를 장착한 고용량 시료 채취기에 의한 채취	중량분석(천칭의 해독도: 10 μg 이상)
이산화탄소(CO_2)	비분산적외선 검출기에 의한 채취	검출기의 연속 측정에 의한 직독식 분석
일산화탄소(CO)	비분산적외선 검출기 또는 전기화학 검출기에 의한 채취	검출기의 연속 측정에 의한 직독식 분석
이산화질소(NO_2)	고체흡착관에 의한 시료 채취	분광광도계로 분석
폼알데하이드 (HCHO)	2,4-DNPH가 코팅된 실리카겔관이 장착된 시료 채취기에 의한 채취	2,4-DNPH-폼알데하이드 유도체를 HPLC-UVD 또는 GC-NPD로 분석
총휘발성유기화합물(TVOC)	고체흡착관 또는 캐니스터(canister)로 채취	1. 고체흡착열탈착법 또는 고체흡착용매 추출법을 이용한 GC로 분석 2. 캐니스터를 이용한 GC분석
라돈(Rn, Radon)	라돈연속검출기(자동형), 알파트랙(수동형), 충전막전리함(수동형) 측정 등	3일 이상 3개월 이내 연속측정 후 방사능감지를 통한 분석
총부유세균	충돌법을 이용한 부유세균채취(bioair sampler)로 채취	채취·배양된 균주를 세어 공기체적당 균주수로 산출
곰팡이	충돌법을 이용한 부유진균채취(bioair sampler)로 채취	채취·배양된 균주를 세어 공기체적당 균주수로 산출

13 다음의 설명에서 ( ) 안에 들어갈 용어로 옳은 것은?

> ( )는 대류현장에 의해 발생하는 공기의 흐름을 뜻한다. 따뜻한 공기가 건물의 상층에서 새어 나올 경우 실내공기는 하층에서 고층으로 이동하며 외부 공기는 건물 저층의 입구를 통해 안으로 들어오게 된다. 이 ( ) 공기의 흐름은 계단 같은 수직 공간, 엘리베이터의 통로, 기타 다른 구멍을 통해 층 사이에 오염물질을 이동시킬 수 있다.

① 연돌효과(stack effect)
② 균형효과(balance effect)
③ 호손효과(hawthorne effect)
④ 공기연령효과(air-age effect)

해설 화재 시 연기는 주위온도보다 높기 때문에 밀도차에 의해 부력(Buoyancy Force)이 발생하여 위로 상승한다. 특히, 고층건물의 기계실, 엘리베이터실과 같은 수직 공간 내의 온도와 밖의 온도가 서로 차이가 있을 경우 부력에 의한 압력차가 발생하여 연기가 수직공간을 상승하거나 하강하는 데 이와 같은 현상을 연돌효과 또는 굴뚝효과라고 한다.

14 공간의 효율적인 배치를 위해 적용되는 원리로 옳지 않은 것은?
① 기능성 원리
② 중요도의 원리
③ 사용빈도의 원리
④ 독립성의 원리

해설 공간의 효율적인 배치를 위해 적용되는 원리로는 기능성의 원리, 사용빈도의 원리, 중요도의 원리 등이 있다.

정답 12 ① 13 ① 14 ④

CHAPTER 5 산업재해

출제 예상 문제

01 산업재해 발생원인 및 분석과 대책

학습 POINT

산업재해의 지표로 이용되는 지수, 특히 도수율과 강도율의 이해와 계산식 풀이를 확인하고 산업재해 보상 및 대책에 대하여 학습한다.

01 산업재해의 기본원인인 4M에 해당하지 않는 것은?

① Man
② Management
③ Media
④ Method

해설 산업재해의 기본원인(4M)
  ㉠ Man(사람): 본인 이외의 사람으로 인간관계, 의사소통의 불량과 심리적인 무의식 행동, 억측판단, 착오, 생리적 원인인 피로, 수면 부족 등을 의미한다.
  ㉡ Machine(기계): 기계, 설비 자체의 결함을 의미한다.
  ㉢ Media(작업환경, 작업방법): 인간과 기계의 매개체를 말하며 작업 자세, 작업 동작의 결함을 의미한다.
  ㉣ Management(법규준수, 관리): 안전교육과 훈련의 부족, 부하에 대한 지도·감독 부족을 의미한다.

02 산업재해를 분류할 경우 '경미사고(minor accidents)' 또는 '경미한 재해'란 어떤 상태를 말하는가?

① 통원 치료할 정도의 상해가 일어난 경우
② 사망하지는 않았으나 입원할 정도의 상해가 일어난 경우
③ 상해는 없고 재산상의 피해만 일어난 경우
④ 재산상의 피해는 없고 시간손실만 일어난 경우

해설 상해(non-fetal injuries)의 종류
  ㉠ 중대사고(major accident): 사망까지는 초래하지 않으나 입원할 정도의 상해가 일어나는 주요재해
  ㉡ 경미사고(minor accident): 통원 치료할 정도의 상해가 일어난 경우
  ㉢ 무상해사고(near accident): 상해 없이 재산 피해만 일어나는 사고

03 하인리히가 제시한 산업재해의 구성비율을 나타낸 것으로 옳은 것은? (단, 순서는 '사망 또는 중상해 : 경상 : 무상해 사고'이다.)

① 1 : 29 : 300
② 1 : 30 : 330
③ 1 : 29 : 600
④ 1 : 30 : 600

해설
- 하인리히가 제시한 산업재해의 구성 비율(1920년대 분석)
  1 : 29 : 300의 법칙(사망 또는 중상해 : 경상 : 무상해 사고)
- 버드에 의한 재해사고 분석(1960년대 분석)
  1 : 10 : 30 : 600의 법칙(중대/사망사고 : 경미한 부상사고 : 물적 손해만의 사고 : 상해도 손해도 없는 사고(near miss))

04 Gordon은 재해원인 분석에 있어서의 역학적 기법의 유효성을 제창하였다. 재해와 상해 발생에 관여하는 3가지 요인으로 옳지 <u>않은</u> 것은?

① 화학요인
② 기계요인
③ 환경요인
④ 개체요인

해설 Gordon의 재해원인 분석에 있어서의 재해와 상해 발생에 관여하는 3가지 요인
㉠ 기계요인: 1차 요인. 재해 예방대책 수립 시 초점을 둠
㉡ 환경요인
  ⓐ 물리적 환경 : 작업장소, 작업밀도, 작업 속도 등
  ⓑ 사회적 환경 : 작업을 감독하는 감독자의 재해 예방에 관한 태도
㉢ 개체요인: 근로자의 불안전 행위가 관여됨

05 재해의 지표로 이용되는 지수의 계산식으로 옳지 <u>않은</u> 것은?

① 도수율(%) = $\dfrac{\text{재해 발생 건수}}{\text{연간 평균근로자 수}} \times 1{,}000$

② 강도율 = $\dfrac{\text{근로손실일 수}}{\text{연간 근로시간 수}} \times 1{,}000$

③ 연천인율 = $\dfrac{\text{연간 재해자 수}}{\text{연간 평균근로자 수}} \times 1{,}000$

④ 재해율 = $\dfrac{\text{재해자 수}}{\text{전 근로자 수}} \times 100$

해설 도수율(FR, frequency rate of injury) = $\dfrac{\text{재해 발생 건수}}{\text{연 근로시간수}} \times 1{,}000{,}000$

> 도수율(빈도율)이란 100만 근로시간당 재해 발생 건수로서 재해 발생 빈도수를 표시하는 척도이다. 이 식에서 연 근로시간수의 산정이 어려운 경우 1일 8시간, 1개월 25일, 연 300일을 시간으로 환산한 2,400시간으로 계산한다. 도수율은 1937년 OSHA에서 발표하여 현재 표준처럼 활용되고 있는데, 도수율은 재해의 기준이 나라마다 다르므로 미국은 2일 이상을 재해로 보고 있으나 우리나라와 일본의 경우는 4일 이상의 요양을 재해로 구분하고 있다.

정답 01 ④ 02 ① 03 ① 04 ① 05 ①

CHAPTER 5 출제 예상 문제

06 산업재해지표 사용 시 주의사항으로 옳지 않은 것은?

① 집계된 재해의 범주를 명시해야 한다.
② 연간근로시간 수는 실적에 따라 산출하고 추정은 금물이다.
③ 재해자 수는 재해 발생 양상의 추세로 재해에 대한 원인분석에 대치될 수 있다.
④ 재해지수는 연간 또는 월간으로 산출할 수 있으나 사업장 규모가 작고 재해 발생 수가 적을 때는 의미가 거의 없다.

해설 재해지 수는 재해 발생 양상의 추세로 재해에 대한 원인분석에 대치될 수 없다.

> 산업재해지표: 현재 우리나라 산업재해지표는 사전 예방적 관리라기보다는 사업장에서 이미 발생한 사고나 직업성 질병의 결과를 기반으로 산출하는 방식으로 주 5일제 시행과 인구 고령화 추세 등 근로 환경이 과거에 비해 크게 변하였으나 현재의 산업재해지표 산정에는 반영이 되지 않고 있다.

07 재해율의 종류 중 천인율에 관한 설명으로 옳지 않은 것은?

① 천인율 = $\dfrac{\text{재해자 수}}{\text{평균 근로자 수}} \times 1{,}000$
② 근무시간이 다른 타 업종간의 비교가 용이하다.
③ 각 사업장 간의 재해 상황을 비교하는 자료로 활용된다.
④ 1년 동안에 근로자 1,000명에 대하여 발생한 재해자 수는 연천인율이라 한다.

해설 연천인율: 재직근로자 1,000명당 1년간 발생한 재해자 수(사망자, 부상자, 직업병 환자수를 합한 것임), 즉 연천인율 50이란 뜻은 그 작업장의 수준으로 연간 1,000명이 작업한다면 50건의 재해가 발생된다는 뜻이다. 천인율은 근무시간이 같은 동종의 업체끼리만 비교가 가능하다.

08 도수율에 관한 설명으로 옳지 않은 것은?

① 산업재해의 발생빈도를 나타낸다.
② 재해의 경중, 즉 강도를 나타내는 척도이다.
③ 연근로시간 합계 100만 시간당의 발생건수를 나타낸다.
④ 연근로시간 수의 정확한 산출이 곤란한 경우 연간 2,400시간으로 산출한다.

해설
• 도수율: 산업재해의 발생빈도를 나타내는 단위로 현재 재해 발생의 정도를 나타내는 표준 척도이지만 재해의 강도가 고려되지 않아 좋은 재해지표가 될 수 없다.
• 공식: 도수율(FR, frequency rate of injury) = $\dfrac{\text{재해 발생 건수}}{\text{연 근로시간 수}} \times 1{,}000{,}000$

09 사망 또는 영구 전 노동 불능일 근로손실일 수는 며칠로 산정하는가? (단, 산정 기준은 국제노동기구의 기준을 따른다.)

① 3,000일　　② 4,000일
③ 5,000일　　④ 7,500일

해설
- 산업재해통계와 관련하여 ILO 기준 등 국제적으로 인정된 기준이 없으며 각 국마다 통계 산출방법, 적용 범위, 업무상 재해 인정 범위 등이 다르므로 국가 간에 재해율 등을 단순비교 하기는 곤란하다.
- 사망 또는 영구 전 노동 불능일(신체장해등급 1~3등급) 근로손실일 수는 7,500일이다.

10 도수율에 대한 설명으로 옳지 않은 것은?

① 근로손실일 수를 알아야 한다.
② 재해 발생 건수를 알아야 한다.
③ 연근로시간 수를 계산해야 한다.
④ 산업재해의 발생빈도를 나타내는 단위이다.

해설
도수율(FR, frequency rate of injury)의 공식은 $\dfrac{\text{재해 발생 건수}}{\text{연 근로시간 수}} \times 1,000,000$, 산업재해 발생빈도를 나타낸다.

11 200명의 근로자가 1주일에 40시간 연간 50주를 근무하는 사업장이 있다. 1년 동안 30건의 산업재해로 인하여 25명의 재해자가 발생하였다면 이 사업장의 도수율은?

① 15　　② 36　　③ 62.5　　④ 75

해설
도수율 = $\dfrac{\text{재해 발생 건수}}{\text{연 근로시간 수}} \times 10^6 = \dfrac{30}{(200 \times 40 \times 50)} \times 10^6 = 75$

12 상시근로자가 100명인 A 사업장의 지난 1년간 재해 통계를 조사한 결과 도수율이 4이고, 강도율이 1이었다. 이 사업장의 지난해 재해 발생 건수는 총 몇 건이었는가? (단, 근로자는 1일 10시간씩 연간 250일을 근무하였다.)

① 1　　② 4　　③ 10　　④ 250

해설
도수율 = $\dfrac{\text{재해 발생 건수}}{\text{연 근로시간 수}} \times 10^6$ 에서 $4 = \dfrac{\text{재해 발생 건수}}{(100 \times 250 \times 10)} \times 10^6$

∴ 재해 발생 건수 = 1

정답　06 ③　07 ②　08 ②　09 ④　10 ①　11 ④　12 ①

13 산업재해통계 중 강도율에 관한 설명으로 옳지 않은 것은?

① 사망 시 근로손실일 수는 7,500일이다.
② 재해의 경중, 즉 강도를 나타내는 척도이다.
③ 재해 발생 건수와 재해자 수는 동일 개념으로 적용한다.
④ 연근로시간 1,000시간당 재해로 인하여 손실된 근로일 수를 말한다.

해설 강도율은 재해의 경중을 나타내는 척도이기 때문에 재해 발생 건수와 재해자 수는 동일 개념으로 적용하지 않고 재해로 잃어버린 손실 일수를 계산하여 나타낸다.

> 강도율은 사상 건수와는 관계 없이 그 재해의 경중을 판단하는 척도로 활용된다. 즉 일정 기간 발생한 업무상의 사상으로 인해 발생한 근로손실일수를 그 기간의 연 근로시간의 수로 나누어 이것에 1,000배 한 것이다.

14 강도율 공식으로 옳은 것은?

① $\dfrac{\text{근로손실일수}}{\text{총근로시간 수}} \times 10^3$ ② $\dfrac{\text{재해건수}}{\text{평균 근로자 수}} \times 10^3$

③ $\dfrac{\text{재해건수}}{\text{총 근로시간 수}} \times 10^6$ ④ $\dfrac{\text{재해건수}}{\text{평균 근로자 수}} \times 10^6$

해설
- 강도율(SR, severity of injury): 재해의 경중(심각도), 즉 강도를 나타내는 척도이다.
- 공식: 강도율(SR) = $\dfrac{\text{일정 기간 중 근로손실일 수}}{\text{일정 기간 중 연근로시간 수}} \times 1{,}000$

15 300명의 근로자가 근무하는 A 사업장에서 지난 한 해 동안 신체장해 12등급 4명과, 3급 1명의 재해자가 발생하였다. 신체장해 등급별 근로손실 일 수가 다음 표와 같을 때 해당 사업장의 강도율은 약 얼마인가? (단, 연간 52주, 주당 5일, 1일 8시간을 근무하였다.)

신체장해 등급	근로손실 일 수	신체장해 등급	근로손실 일 수	신체장해 등급	근로손실 일 수	신체장해 등급	근로손실 일 수
1~3급	7,500	6등급	3,000	9등급	1,000	12등급	200
4등급	5,500	7등급	2,200	10등급	600	13등급	100
5등급	4,000	8등급	1,500	11등급	400	14등급	50

① 0.33   ② 13.30
③ 25.02   ④ 52.35

해설
근로손실일 수 = 200 × 4 + 7,500 = 8,300(일)

∴ 강도율 = $\dfrac{\text{근로손실일 수}}{\text{연 근로시간 수}} \times 10^3 = \dfrac{8{,}300}{52 \times 5 \times 8 \times 300} \times 1{,}000 = 13.30$

16 재해통계지수 중 종합재해지수를 나타낸 식으로 옳은 것은?

① $\sqrt{(도수율 \times 강도율)}$
② $\sqrt{(도수율 \times 연천인율)}$
③ $\sqrt{(강도율 \times 연천인율)}$
④ 연천인율 $\times \sqrt{(도수율 \times 강도율)}$

해설 종합재해지수(FSI): 인적사고 발생의 빈도 및 강도를 종합한 지표로
FSI = $\sqrt{(도수율 \times 강도율)}$

> 종합재해지수(F.S.I, Frequency-Severity Indicator) 일반적으로 재해통계에 사용되는 재해지수는 도수율, 강도율, 연천인율 등이 활용되고 있으나 기업 간의 재해지수의 종합적인 비교를 위해서는 재해 빈도와 상해의 정도를 종합해 나타내는 지수로 재해의 발생빈도와 근로손실일수를 종합하여 나타낸 것이다. 이 지수는 사업장의 위험도를 비교하는 수단과 안전에 대한 관심을 높이는 데 사용된다.

17 산업재해에 따른 보상에 있어 보험급여에 해당하지 않은 것은?

① 유족급여
② 대체인력훈련비
③ 직업재활급여
④ 상병(傷病)보상연금

해설 산업재해보상보험법, 제3장 보험급여, 제36조(보험급여의 종류)
① 보험급여의 종류는 다음 각 호와 같다.
1. 요양급여   2. 휴업급여
3. 장해급여   4. 간병급여
5. 유족급여   6. 상병(傷病)보상연금
7. 장례비   8. 직업재활급여

18 사고 예방대책의 기본 원리가 다음과 같을 때 각 단계를 순서대로 올바르게 나열한 것은?

| ㉠ 분석평가 | ㉡ 시정책의 적용 | ㉢ 안전관리조직 |
| ㉣ 시정책의 선정 | ㉤ 사실의 발견 | |

① ㉢ → ㉤ → ㉠ → ㉣ → ㉡
② ㉢ → ㉤ → ㉣ → ㉡ → ㉠
③ ㉤ → ㉢ → ㉣ → ㉡ → ㉠
④ ㉤ → ㉣ → ㉢ → ㉡ → ㉠

해설 하인리히의 사고 예방대책의 기본 원리 5단계
㉠ 1단계: 안전관리 조직구성
㉡ 2단계: 사실의 발견
㉢ 3단계: 분석평가
㉣ 4단계: 시정방법의 선정(대책의 선정)
㉤ 5단계: 시정책의 적용(대책 실시)

정답 13 ③ 14 ① 15 ② 16 ① 17 ② 18 ①

CHAPTER 5 출제 예상 문제

19 재해 예방의 4원칙에 대한 설명으로 옳지 않은 것은?

① 재해 발생에는 반드시 그 원인이 있다.
② 재해가 발생하면 반드시 손실도 발생한다.
③ 재해는 원칙적으로 원인만 제거되면 예방이 가능하다.
④ 재해 예방을 위한 가능한 안전대책은 반드시 존재한다.

해설 산업재해 예방 4원칙(하인리히의 산업안전 4원칙)
㉠ 손실우연의 법칙: 사고로 인한 손실(상해)의 종류 및 정도는 우연적이다. 사고가 발생하더라도 손실이 전혀 따르지 않는 경우도 있다. 이 경우를 준사고(near accident)라고 한다.
㉡ 원인계기의 원칙: 사고는 여러 가지 원인이 연속적으로 연계되어 일어난다.
㉢ 예방가능의 원칙: 사고는 예방이 가능하다.
㉣ 대책선정의 원칙: 사고 예방을 위한 안전대책이 선정되고 적용되어야 한다.

20 산업재해를 대비하여 작업근로자가 취해야 할 내용으로 옳지 않은 것은?

① 보호구의 착용
② 작업방법의 숙지
③ 사업장 내부의 정리정돈
④ 공정과 설비에 대한 검토

해설 공정과 설비에 대한 검토는 근로자가 아닌 사업주가 전문가를 통해 취해야 한다.

CHAPTER 6. 산업위생 관련 법규

출제 예상 문제

01 산업안전보건법

01 산업안전보건법에서 정의하는 용어에 대한 설명으로 옳지 않은 것은?

① "안전·보건진단"이란 산업재해를 예방하기 위하여 잠재적 위험성을 발견하고 그 개선대책을 수립할 목적으로 고용노동부 장관이 지정하는 자가 하는 조사·평가를 말한다.
② "산업재해"란 근로자가 업무에 관계되는 건설물·설비·원재료·가스·증기·분진 등에 의하거나 작업 또는 그 밖의 업무로 인하여 사망 또는 부상하거나 질병에 걸리는 것을 말한다.
③ "작업환경 측정"이란 작업환경 실태를 파악하기 위하여 해당 작업장에 대하여 근로자 또는 그 대행자가 측정계획을 수립한 후 시료(試料)를 채취하고 분석·평가하는 것을 말한다.
④ "근로자대표"란 근로자의 과반수로 조직된 노동조합이 있는 경우에는 그 노동조합을, 근로자의 과반수로 조직된 노동조합이 없는 경우에는 근로자의 과반수를 대표하는 자를 말한다.

해설 "작업환경 측정"이란 작업환경 실태를 파악하기 위하여 해당 근로자 또는 작업장에 대하여 사업주가 유해인자에 대한 측정계획을 수립한 후 시료(試料)를 채취하고 분석·평가하는 것을 말한다.

02 산업안전보건법상 보관해야 할 서류와 그 보존기간으로 옳지 않은 것은?

① 산업재해 발생기록 : 5년간
② 건강진단에 관한 서류 : 3년간
③ 작업환경 측정에 관한 서류 : 3년간
④ 석면 해체·제거업무에 관하여 고용노동부령으로 정하는 서류 : 30년간

해설 산업안전보건법, 제11장 보칙, 제164조(서류의 보존)
① 사업주는 다음 각 호의 서류를 3년 동안 보존하여야 한다.
4. 산업재해의 발생 원인 등 기록

정답 19 ② 20 ④ **01** `01` ③ 02 ①

CHAPTER 6 출제 예상 문제

03 산업안전보건법상 보건에 관한 기술적인 사항에 관하여 사업주를 보좌하고 관리감독자에게 조언·지도하는 업무를 수행할 수 있는 자는 누구인가?

① 보건관리자
② 관리책임자
③ 관리감독책임자
④ 명예산업안전보건감독관

해설 산업안전보건법, 제2장 안전보건관리체제 등, 제1절 안전보건관리체제, 제18조 (보건관리자)
① 사업주는 사업장에 보건에 관한 기술적인 사항에 관하여 사업주 또는 안전보건관리책임자를 보좌하고 관리감독자에게 지도·조언하는 업무를 수행하는 사람(보건관리자)을 두어야 한다.

04 산업안전보건법상 작업환경 측정기관이 지정이 취소된 경우 지정이 취소된 날로부터 몇 년 이내에 관련 기관으로 지정받을 수 없는가?

① 1년 ② 2년 ③ 3년 ④ 4년

해설 산업안전보건법, 제2장 안전보건관리체제 등, 제1절 안전보건관리체제, 제21조 (안전관리전문기관 등)
⑤ 제4항에 따라 지정이 취소된 자는 지정이 취소된 날부터 2년 이내에는 각각 해당 안전관리전문기관 또는 보건관리전문기관으로 지정받을 수 없다.

> 안전보건관리체계란 기업 스스로 사업장 내 위험요인을 발굴하여 제거·대체 및 통제 방안을 마련·이행하고, 이를 지속적으로 개선하는 체계를 뜻한다.

05 산업안전보건법상 신규화학물질의 유해성, 위험성 조사에서 제외되는 화학물질이 아닌 것은?

① 원소
② 방사성물질
③ 일반 소비자의 생활용이 아닌 인공적으로 합성된 화학물질
④ 고용노동부 장관이 환경부 장관과 협의하여 고시하는 화학물질 목록에 기록된 물질

해설 산업안전보건법 시행령, 제85조(유해성·위험성 조사 제외 화학물질)
1. 원소, 2. 천연으로 산출된 화학물질, 3. 건강기능식품, 4. 군수품, 5. 농약 및 원제, 6. 마약류, 7. 비료, 8. 사료, 9. 살생물물질 및 살생물제품, 10. 식품 및 식품첨가물, 11. 의약품 및 의약외품(醫藥外品), 12. 방사성물질, 13. 위생용품, 14. 의료기기, 15. 화약류, 16. 화장품과 화장품에 사용하는 원료, 17. 고용노동부장관이 명칭, 유해성·위험성, 근로자의 건강장해 예방을 위한 조치 사항 및 연간 제조량·수입량을 공표한 물질로서 공표된 연간 제조량·수입량 이하로 제조하거나 수입한 물질, 18. 고용노동부장관이 환경부장관과 협의하여 고시하는 화학물질 목록에 기록되어 있는 물질

> **유해성**
> 화학물질의 독성 등 인체에 영향을 미치는 화학물질의 고유한 성질을 말한다.
>
> **위험성**
> 근로자가 유해성이 있는 화학물질에 노출됨으로써 건강장해가 발생할 가능성과 건강에 영향을 주는 정도의 조합을 말한다.

06 산업안전보건법의 목적을 설명한 것으로 옳은 것은?

① 헌법에 의하여 근로조건의 기준을 정함으로써 근로자의 기본적 생활을 보장, 향상시키며 균형 있는 국가경제의 발전을 도모함
② 헌법의 평등이념에 따라 고용에서 남녀의 평등한 기회와 대우를 보장하고 모성보호와 작업 능력을 개발하여 근로여성의 지위향상과 복지증진에 기여함
③ 산업안전·보건에 관한 기준을 확립하고 그 책임의 소재를 명확하게 하여 산업재해를 예방하고 쾌적한 작업환경을 조성함으로써 근로자의 안전과 보건을 유지·증진함
④ 모든 근로자가 각자의 능력을 개발, 발휘할 수 있는 직업에 취직할 기회를 제공하고, 산업에 필요한 노동력의 충족을 지원함으로써 근로자의 직업안정을 도모하고 균형 있는 국민경제의 발전에 이바지함

해설 산업안전보건법, 제1장 총칙, 제1조(목적)
이 법은 산업 안전 및 보건에 관한 기준을 확립하고 그 책임의 소재를 명확하게 하여 산업재해를 예방하고 쾌적한 작업환경을 조성함으로써 노무를 제공하는 사람의 안전 및 보건을 유지·증진함을 목적으로 한다.

07 산업안전보건법상 '산업재해'의 정의로 옳은 것은?

① 예기치 않고 계획되지 않은 사고이며, 상해를 수반하는 경우를 말한다.
② 불특정 다수에게 의도하지 않은 사고가 발생하여 신체적, 재산상의 손실이 발생하는 것을 말한다.
③ 작업상의 재해 또는 작업환경으로부터 무리한 근로의 결과로 발생되는 절상, 골절, 염좌 등의 상해를 말한다.
④ 근로자가 업무에 관계되는 건설물·설비·원재료·가스·증기·분진 등에 의하거나 작업 또는 그 밖의 업무로 인하여 사망 또는 부상하거나 질병에 걸리는 것을 말한다.

해설 "산업재해"란 노무를 제공하는 사람이 업무에 관계되는 건설물·설비·원재료·가스·증기·분진 등에 의하거나 작업 또는 그 밖의 업무로 인하여 사망 또는 부상하거나 질병에 걸리는 것을 말한다.

정답 03 ① 04 ② 05 ③ 06 ③ 07 ④

CHAPTER 6. 출제 예상 문제

08 산업안전보건법상 '보건관리자'의 직무로 옳지 않은 것은?

① 작성된 물질안전보건자료의 게시 또는 비치에 관한 보좌 및 조언·지도
② 해당 사업장 안전교육계획의 수립 및 안전교육실시에 관한 보좌 및 지도·조언
③ 해당 사업장 보건교육계획의 수립 및 보건교육실시에 관한 보좌 및 조언·지도
④ 작업장 내에서 사용되는 전체환기장치 및 국소배기장치 등에 관한 설비의 점검과 작업방법의 공학적 개선에 관한 보좌 및 조언·지도

해설 해당 사업장 안전교육계획의 수립 및 안전교육실시에 관한 보좌 및 지도·조언은 안전관리자의 업무이다.

09 산업안전보건법 시행령에 따라 지정된 석면 해체·제거업자로 하여금 그 석면을 해체·제거하도록 하여야 하는 데 다음 중 석면 해체·제거 대상에 해당하는 것은?

① 석면이 0.1 %(무게 %)를 초과하여 함유된 분무재 또는 내화피복재를 사용한 경우
② 석면이 0.5 %(무게 %)를 초과하여 함유된 단열재, 보온재에 해당하는 자재의 면적의 합이 5 m^{2}인 경우
③ 파이프에 사용된 보온재에서 석면이 0.5%(무게 %)를 초과하여 함유되어 있고, 그 보온재 길이의 합이 50 m 이상인 경우
④ 철거·해체하려는 벽체 재료, 바닥재, 천장재 및 지붕재 등의 자재에 석면이 1 %(무게 %)를 초과하여 함유되어 있고 그 자재의 면적의 합이 50 m^2 이상인 경우

해설 산업안전보건법 시행령, 제7장 유해·위험물질에 대한 조치, 제94조(석면 해체·제거업자를 통한 석면 해체·제거 대상)
1. 철거·해체하려는 벽체 재료, 바닥재, 천장재 및 지붕재 등의 자재에 석면이 중량비율 1퍼센트가 넘게 포함되어 있고 그 자재의 면적의 합이 50제곱미터 이상인 경우
2. 석면이 중량비율 1퍼센트가 넘게 포함된 분무재 또는 내화피복재를 사용한 경우
3. 석면이 중량비율 1퍼센트가 넘게 포함된 자재의 면적의 합이 15제곱미터 이상 또는 그 부피의 합이 1세제곱미터 이상인 경우
4. 파이프에 사용된 보온재에서 석면이 중량비율 1퍼센트가 넘게 포함되어 있고 그 보온재 길이의 합이 80미터 이상인 경우

10 산업안전보건법 시행령에 따라 제조업인 경우 상시근로자가 몇 명 이상인 경우 보건관리자를 선임하여야 하는가?

① 5명 ② 50명
③ 100명 ④ 300명

해설 산업안전보건법 시행령, 제2장 안전보건관리체제 등, 제29조(산업보건의의 선임 등)
① 산업보건의를 두어야 하는 사업의 종류와 사업장은 보건관리자를 두어야 하는 사업으로서 상시근로자 수가 50명 이상인 사업장으로 한다.

산업안전보건법 제18조(보건관리자) 사업주는 사업장에 보건에 관한 기술적인 사항에 관하여 사업주 또는 안전보건관리책임자를 보좌하고 관리감독자에게 지도·조언하는 업무를 수행하는 사람을 두어야 한다.

11 상시근로자가 300명인 신발 제조업에서 산업안전보건법에 따라 선임하여야 하는 보건관리자에 관한 설명으로 옳은 것은?

① 선임하여야 하는 보건관리자의 수는 1명이다.
② 보건관련 전공자 2명을 보건관리자로 선임하여야 한다.
③ 보건관리자의 자격을 가진 2명의 보건관리자를 선임하여야 하며, 그중 1명은 의사나 간호사이어야 한다.
④ 보건관리자의 자격을 가진 3명의 보건관리자를 선임하여야 하며, 그중 1명은 의사나 간호사이어야 한다.

해설 산업안전보건법 시행령 [별표 5] 보건관리자를 두어야 하는 사업의 종류, 사업장의 상시근로자 수, 보건관리자의 수 및 선임방법
사업의 종류: 6. 신발 및 신발부분품 제조, 사업장의 상시근로자 수: 상시근로자 50명 이상 500명 미만, 보건관리자의 수: 1명 이상

12 산업안전보건법 시행령에서 규정한 보건관리자의 자격기준에 해당하지 않는 자는?

① '의료법'에 의한 의사
② '의료법'에 의한 간호사
③ '위생사에 관한 법률'에 의한 위생사
④ '고등교육법'에 따른 전문대학 이상의 학교에서 산업보건 또는 산업위생 분야의 학과를 졸업한 사람

해설 **보건관리자의 자격**: 산업보건지도사 자격을 가진 사람, 의사, 간호사, 산업위생관리산업기사 또는 대기환경산업기사 이상의 자격을 취득한 사람, 인간공학기사 이상의 자격을 취득한 사람, 전문대학 이상의 학교에서 산업보건 또는 산업위생 분야의 학위를 취득한 사람

정답 08 ② 09 ④ 10 ② 11 ① 12 ③

출제 예상 문제

13 산업안전보건법 시행령에서 규정한 보건관리자의 업무로 옳지 <u>않은</u> 것은? (단, 산업위생관리기사를 취득한 보건관리자에 한한다.)

① 산업재해에 관한 통계의 유지·관리·분석을 위한 보좌 및 조언·지도
② 물질안전보건자료의 게시 또는 비치에 관한 보좌 및 조언·지도
③ 근로자의 건강장해의 원인 조사와 재발 방지를 위한 의학적 조치
④ 사업장 순회점검·지도 및 조치의 건의

해설 근로자의 건강장해의 원인 조사와 재발 방지를 위한 의학적 조치는 산업보건의의 직무이다.

14 산업안전보건법 시행령에서 규정한 보건관리자의 업무로 옳지 <u>않은</u> 것은?

① 위험성 평가에 관한 보좌 및 조언·지도
② 사업장 순회 점검·지도 및 조치의 건의
③ 작업의 중지 및 재개에 관한 보좌 및 조언·지도
④ 물질안전보전자료의 게시 또는 비치에 관한 보좌 및 조언·지도

해설 작업의 중지 및 재개에 관한 보좌 및 조언·지도는 보건관리자의 업무에 해당하지 않는다.

15 산업안전보건법령상 제조·수입·양도·제공 또는 사용이 금지되는 유해물질에 해당하는 것은?

① 베릴륨
② 황린(黃燐)성냥
③ 염화비닐
④ 휘발성 콜타르피치

해설 제조 등이 금지되는 유해물질
1. 황린성냥
2. 백연을 함유한 페인트
3. 폴리클로리네이티드터페닐(PCT)
4. 4-니트로디페닐과 그 염
5. 악티노라이트석면, 안소필라이트석면 및 트레모라이트석면
6. 베타-나프틸아민과 그 염
7. 백석면, 청석면 및 갈석면
8. 벤젠을 함유하는 고무풀

16 산업안전보건법 시행규칙에 나타난 특수건강진단 대상 작업에 해당되지 않는 작업은?

① 소음·진동 작업
② 방사선 작업
③ 고온 및 저온 작업
④ 유해광선 작업

해설 산업안전보건법 시행규칙 [별표 22] 특수건강진단 대상 유해인자
1. 화학적 인자
   가. 유기화합물(109종)   나. 금속류(20종)
   다. 산 및 알카리류(8종)   라. 가스 상태 물질류(14종)
   마. 허가 대상 유해물질(12종)
2. 분진(7종)
3. 물리적 인자(8종)
   가. 소음작업, 강렬한 소음작업 및 충격소음작업에서 발생하는 소음
   나. 진동작업에서 발생하는 진동
   다. 방사선   라. 고기압
   마. 저기압   바. 유해광선(자외선, 적외선, 마이크로파 및 라디오파)
4. 야간작업(2종)

17 산업안전보건법 시행규칙에서 정한 '작업환경 측정'에 관련된 내용으로 옳지 않은 것은?

① 모든 측정은 개인 시료 채취방법으로만 실시하여야 한다.
② 작업환경 측정을 하기 전에 예비조사를 실시하여야 한다.
③ 작업환경 측정자는 그 사업장에 소속된 자로서 산업위생관리산업기사 이상의 자격을 가진 자를 말한다.
④ 작업이 정상적으로 이루어져 작업시간과 유해인자에 대한 근로자의 노출 정도를 정확히 평가할 수 있을 때 실시하여야 한다.

해설 모든 측정은 개인 시료 채취방법으로 하되, 개인 시료 채취방법이 곤란한 경우에는 지역 시료 채취방법으로 실시할 것

> 지역 시료 채취란 시료 채취기를 이용하여 가스·증기·분진·흄(fume)·미스트(mist) 등을 근로자의 작업 행동 범위에서 호흡기 높이에 고정하여 채취하는 것을 말한다.

18 산업안전보건법 시행규칙에서 정한 '중대재해'로 옳지 않은 것은?

① 사망자가 1인 이상 발생한 재해
② 부상자가 동시에 5명 이상 발생한 재해
③ 직업성 질병자가 동시에 12명 발생한 재해
④ 3개월 이상의 요양을 요하는 부상자가 동시에 3명 발생한 재해

해설 산업안전보건법 시행규칙, 제1장 총칙, 제3조(중대재해의 범위)
1. 사망자가 1명 이상 발생한 재해
2. 3개월 이상의 요양이 필요한 부상자가 동시에 2명 이상 발생한 재해
3. 부상자 또는 직업성 질병자가 동시에 10명 이상 발생한 재해

정답 13 ③ 14 ③ 15 ② 16 ③ 17 ① 18 ②

CHAPTER 6 출제 예상 문제

19 산업안전보건법 시행규칙에서 정한 '역학조사(疫學調査)'의 대상으로 옳지 <u>않은</u> 것은?

① 건강진단의 실시 결과 근로자 또는 근로자의 가족이 역학조사를 요청하는 경우
② 근로복지공단이 고용노동부 장관이 정하는 바에 따라 업무상 질병 여부의 결정을 위하여 역학조사를 요청하는 경우
③ 직업성 질환에 걸렸는지 여부로 사회적 물의를 일으킨 질병에 대하여 작업장 내 유해요인과의 연관성 규명이 필요한 경우 등으로서 지방고용노동관서의 장이 요청하는 경우
④ 건강진단의 실시 결과만으로 직업성 질환에 걸렸는지 여부의 판단이 곤란한 근로자의 질병에 대하여 사업주·근로자대표·보건관리자(보건관리전문기관을 포함한다) 또는 건강진단기관의 의사가 역학조사를 요청하는 경우

> **역학조사(epidemiologic survey)**
> 직업성 질환의 진단 및 예방, 발생원인의 규명을 위하여 필요하다고 인정할 때에 실시하는 근로자의 질병과 작업장의 유해요인의 상관관계에 관한 조사를 말한다.

해설 역학조사의 대상 및 절차 등
1. 작업환경 측정 또는 건강진단의 실시 결과만으로 직업성 질환에 걸렸는지를 판단하기 곤란한 근로자의 질병에 대하여 사업주·근로자대표·보건관리자 또는 건강진단기관의 의사가 역학조사를 요청하는 경우
2. 근로복지공단이 고용노동부 장관이 정하는 바에 따라 업무상 질병 여부의 결정을 위하여 역학조사를 요청하는 경우
3. 공단이 직업성 질환의 예방을 위하여 필요하다고 판단하여 역학조사평가위원회의 심의를 거친 경우
4. 그 밖에 직업성 질환에 걸렸는지 여부로 사회적 물의를 일으킨 질병에 대하여 작업장 내 유해요인과의 연관성 규명이 필요한 경우 등으로서 지방고용노동관서의 장이 요청하는 경우

20 산업안전보건법 시행규칙에서 건강진단기관이 건강진단을 실시하였을 때에는 그 결과를 고용노동부 장관이 정하는 건강진단개인표에 기록하고, 건강진단 실시일부터 며칠 이내에 근로자에게 송부하여야 하는가?

① 15일 ② 30일
③ 60일 ④ 90일

해설 산업안전보건법 시행규칙, 제8장 근로자 보건관리, 제2절 건강진단 및 건강관리, 제209조(건강진단 결과의 보고 등)
① 건강진단기관이 건강진단을 실시하였을 때에는 그 결과를 고용노동부 장관이 정하는 건강진단개인표에 기록하고, 건강진단을 실시한 날부터 30일 이내에 근로자에게 송부해야 한다.

21 산업안전보건법 시행규칙에서 사업주가 최근 1년간 작업공정에서 공정 설비의 변경, 작업방법의 변경, 설비의 이전, 사용 화학물질의 변경 등으로 작업환경 측정결과에 영향을 주는 변화가 없는 경우로서 해당 유해인자에 대한 작업환경 측정을 1년에 1회 이상 할 수 있는 경우는?

① 작업장 또는 작업공정이 신규로 가동되는 경우
② 작업공정 내 소음의 작업환경 측정결과가 최근 2회 연속 90데시벨(dB) 미만인 경우
③ 작업환경 측정대상 유해인자에 해당하는 화학적 인자의 측정치가 노출 기준을 초과하는 경우
④ 작업공정 내 소음 외의 다른 모든 인자의 작업환경 측정결과가 최근 2회 연속 노출 기준 미만인 경우

해설 작업환경 측정 주기 및 횟수
② 사업주는 최근 1년간 작업공정에서 공정 설비의 변경, 작업방법의 변경, 설비의 이전, 사용 화학물질의 변경 등으로 작업환경 측정결과에 영향을 주는 변화가 없는 경우로서 다음 각 호의 어느 하나에 해당하는 경우에는 해당 유해인자에 대한 작업환경 측정을 연(年) 1회 이상 할 수 있다.
1. 작업공정 내 소음의 작업환경 측정결과가 최근 2회 연속 85데시벨(dB) 미만인 경우
2. 작업공정 내 소음 외의 다른 모든 인자의 작업환경 측정결과가 최근 2회 연속 노출 기준 미만인 경우

22 산업안전보건법 시행규칙에서 석면분진에 대한 작업환경 측정결과 측정치가 노출 기준을 초과하는 경우 사업주는 그 측정일로부터 몇 개월에 몇 회 이상의 작업환경 측정을 하여야 하는가?

① 1개월에 1회 이상
② 3개월에 1회 이상
③ 6개월에 1회 이상
④ 9개월에 1회 이상

해설 작업환경 측정 주기 및 횟수
① 사업주는 작업장 또는 작업공정이 신규로 가동되거나 변경되는 등으로 작업환경 측정대상 작업장이 된 경우에는 그 날부터 30일 이내에 작업환경 측정을 하고, 그 후 반기(半期)에 1회 이상 정기적으로 작업환경을 측정해야 한다. 다만, 작업환경 측정결과가 다음 각 호의 어느 하나에 해당하는 작업장 또는 작업공정은 해당 유해인자에 대하여 그 측정일부터 3개월에 1회 이상 작업환경 측정을 해야 한다.
1. 화학적 인자의 측정치가 노출 기준을 초과하는 경우
2. 화학적 인자의 측정치가 노출 기준을 2배 이상 초과하는 경우

정답 19 ① 20 ② 21 ④ 22 ②

CHAPTER 6 출제 예상 문제

23 산업안전보건법 시행규칙에서 정한 '작업환경 측정'에 의하면 시료 채취는 무엇을 기본으로 하는가?

① 지역 시료 채취　　② 개인 시료 채취
③ 동일 시료 채취　　④ 고체흡착 시료 채취

해설 산업안전보건법 시행규칙, 제8장 근로자 보건관리, 제1절 근로환경의 개선 제189조(작업환경 측정방법)
3. 모든 측정은 개인 시료 채취방법으로 하되, 개인 시료 채취방법이 곤란한 경우에는 지역 시료 채취방법으로 실시할 것.

24 현재 산업안전보건법 시행규칙에서 작업환경 측정대상 유해인자는 약 몇 종인가?

① 120종　② 192종　③ 463종　④ 697종

해설 산업안전보건법 시행규칙 [별표 21] 작업환경 측정대상 유해인자
1. 화학적 인자(183종)
   가. 유기화합물(114종), 나. 금속류(24종), 다. 산 및 알칼리류(17종), 라. 가스 상태 물질류(15종), 마. 허가 대상 유해물질(12종), 바. 금속가공유[Metal working fluids(MWFs)], (1종)
2. 물리적 인자(2종)
3. 분진(7종)

25 산업안전보건법 시행규칙에서 정한 근로를 금지하여야 하는 질병자에 해당하지 <u>않는</u> 것은?

① 정신분열증, 마비성 치매에 걸린 사람
② 전염될 우려가 있는 질병에 걸린 사람
③ 근골격계질환으로 감염의 우려가 있는 질병을 가진 사람
④ 심장·신장·폐 등의 질환이 있는 사람으로서 근로에 의하여 병세가 악화될 우려가 있는 사람

해설 산업안전보건법 시행규칙, 제8장 근로자 보건관리, 제1절 근로환경의 개선, 제220조(질병자의 근로금지)
1. 전염될 우려가 있는 질병에 걸린 사람. 다만, 전염을 예방하기 위한 조치를 한 경우는 제외한다.
2. 조현병, 마비성 치매에 걸린 사람
3. 심장·신장·폐 등의 질환이 있는 사람으로서 근로에 의하여 병세가 악화될 우려가 있는 사람
4. 제1호부터 제3호까지의 규정에 준하는 질병으로서 고용노동부 장관이 정하는 질병에 걸린 사람

> **근골격계질환**
> 신경과 힘줄(건), 근육 또는 이들이 구성하거나 지지하는 구조에 이상이 생긴 질환을 말한다.

26 산업안전보건법 시행규칙에서 정한 특수 건강진단의 실시 주기로 잘못 연결된 것은?

① 벤젠 – 3개월
② 사염화탄소 – 6개월
③ 광물성 분진 – 24개월
④ N,N-디메틸포름아미드 – 6개월

해설 산업안전보건법 시행규칙 [별표 23] 특수건강진단의 시기 및 주기

구분	대상 유해인자	시기(배치 후 첫 번째 특수 건강진단)	주기
1	N,N-디메틸아세트아미드 디메틸포름아미드	1개월 이내	6개월
2	벤젠	2개월 이내	6개월
3	1,1,2,2-테트라클로로에탄, 사염화탄소 아크릴로니트릴, 염화비닐	3개월 이내	6개월
4	석면, 면 분진	12개월 이내	12개월
5	광물성 분진, 목재 분진, 소음 및 충격소음	12개월 이내	24개월
6	제1호부터 제5호까지의 대상 유해인자를 제외한 [별표 22]의 모든 대상 유해인자	6개월 이내	12개월

▶ **특수건강진단**
근로자들이 업무를 하는 수많은 작업환경에서 발생하는 건강상 유해인자에 대하여 직업성 질환을 예방하고 근로자의 건강을 보호, 유지하기 위하여 주기적으로 실시해야 하는 건강진단이다.

27 고용노동부령 '산업안전보건기준에 관한 규칙'에서 정의한 강렬한 소음작업에 해당하는 작업은?

① 90 dB 이상의 소음이 1일 4시간 이상 발생되는 작업
② 95 dB 이상의 소음이 1일 2시간 이상 발생되는 작업
③ 100 dB 이상의 소음이 1일 1시간 이상 발생되는 작업
④ 110 dB 이상의 소음이 1일 30분 이상 발생되는 작업

해설 산업안전보건기준에 관한 규칙, 제4장 소음 및 진동에 의한 건강장해의 예방, 제1절 통칙, 제512조(정의)
1. "소음작업"이란 1일 8시간 작업을 기준으로 85데시벨 이상의 소음이 발생하는 작업을 말한다.
2. "강렬한 소음작업"이란 다음 각목의 어느 하나에 해당하는 작업을 말한다.
   가. 90데시벨 이상의 소음이 1일 8시간 이상 발생하는 작업
   나. 95데시벨 이상의 소음이 1일 4시간 이상 발생하는 작업
   다. 100데시벨 이상의 소음이 1일 2시간 이상 발생하는 작업
   라. 105데시벨 이상의 소음이 1일 1시간 이상 발생하는 작업
   마. 110데시벨 이상의 소음이 1일 30분 이상 발생하는 작업
   바. 115데시벨 이상의 소음이 1일 15분 이상 발생하는 작업

정답 23 ② 24 ② 25 ③ 26 ① 27 ④

출제 예상 문제

28 고용노동부령 '산업안전보건기준에 관한 규칙'에서 근로자가 상시 작업하는 장소의 조도 기준은 어느 곳을 기준으로 하는가?

① 눈높이의 공간 ② 작업장 바닥면
③ 작업면 ④ 천장

해설 산업안전보건기준에 관한 규칙, 제1편 총칙, 제2장 작업장, 제8조(조도)
사업주는 근로자가 상시 작업하는 장소의 작업면 조도(照度)를 다음 각 호의 기준에 맞도록 하여야 한다.
1. 초정밀작업: 750럭스(lux) 이상
2. 정밀작업: 300럭스 이상
3. 보통작업: 150럭스 이상
4. 그 밖의 작업: 75럭스 이상

29 고용노동부령 '산업안전보건기준에 관한 규칙'에서 지정한 특별관리물질이 아닌 것은?

① 납 ② 톨루엔
③ 벤젠 ④ 1-브로모프로판

해설 톨루엔은 '산업안전보건기준에 관한 규칙'에서 지정한 특별관리물질이 아니다.

> **특별관리물질**
> 발암성 물질, 생식세포 변이원성 물질, 생식독성(生殖毒性) 물질 등 근로자에게 중대한 건강장해를 일으킬 우려가 있는 물질로서 「산업안전보건기준에 관한 규칙」[별표 12]에서 특별관리물질로 표기된 물질을 말한다.

30 산업안전보건법령상 사업주는 근골격계 부담작업에 근로자를 종사하도록 하는 경우에는 몇 년마다 유해요인조사를 실시하여야 하는가?

① 1년 ② 2년
③ 3년 ④ 5년

해설 산업안전보건기준에 관한 규칙, 제12장 근골격계부담작업으로 인한 건강장해의 예방, 제2절 유해요인 조사 및 개선 등, 제657조(유해요인 조사)① 사업주는 근로자가 근골격계부담작업을 하는 경우에 3년마다 유해요인조사를 하여야 한다.

> 유해요인 조사는 근골격계질환을 예방하기 위하여 근골격계 부담작업이 있는 공정, 부서, 라인, 팀 등 사업장 내 전체 작업을 대상으로 유해요인을 찾아 제거하거나 감소시키는 데 목적을 두고 있다.

02 산업위생 관련 고시에 관한 사항

학습 POINT

고용노동부 고시인 '화학물질 및 물리적 인자의 노출 기준'을 자신의 컴퓨터에 다운받아 과거 기출문제와 대조하여 확인해 보고 정리한다.

01 충격소음이라 함은 '최대음압 수준에 얼마 이상인 소음이 1초 이상의 간격으로 발생하는 것'을 말하는가?

① 90 dB(A) ② 100 dB(A)
③ 120 dB(A) ④ 140 dB(A)

해설 화학물질 및 물리적 인자의 노출 기준 [별표 2-2] 충격소음의 노출 기준

1일 노출횟수	충격소음의 강도 dB(A)
100	140
1,000	130
10,000	120

주 : 1. 최대음압 수준이 140 dB(A)를 초과하는 충격소음에 노출되어서는 안 됨
2. 충격소음이라 함은 최대음압 수준에 120 dB(A) 이상인 소음이 1초 이상의 간격으로 발생하는 것을 말함

02 노출 기준에 '피부(Skin)' 표시가 첨부되는 물질이 있다. 다음 중 'Skin' 표시를 첨부하는 경우로 옳지 않은 것은?

① 반복하여 피부에 도포했을 때 전신작용을 일으키는 물질의 경우
② 피부자극, 피부질환 및 감작(sensitization)을 일으키는 물질의 경우
③ 손이나 팔에 의한 흡수가 몸 전체 흡수에서 많은 부분을 차지하는 물질의 경우
④ 동물을 이용한 급성독성 실험결과 피부흡수에 의한 치사량(LD_{50})이 비교적 낮은 물질의 경우 R등급은 고려하지 아니한다.

감작(sensitization)과 내성(tolerance)
하나의 사건에 대한 정반대 작용으로 어떤 자극을 경험하고 난 후 그 자극에 대한 반응이 점차 감소하면 내성이라고 하고, 오히려 증가하면 감작이라고 한다.

해설 화학물질 및 물리적 인자의 노출 기준 [별표 1] 화학물질의 노출 기준
주: 1. Skin 표시 물질은 점막과 눈 그리고 경피로 흡수되어 전신 영향을 일으킬 수 있는 물질을 말함(피부자극성을 뜻하는 것이 아님)

03 충격소음의 강도가 130 dB(A)일 때 1일 노출횟수의 기준으로 옳은 것은?

① 50 ② 100
③ 500 ④ 1,000

해설 충격소음의 강도가 130 dB(A)일 때 1일 노출횟수는 1,000회이다.

정답 28 ③ 29 ② 30 ③ **02** 01 ③ 02 ② 03 ④

04 고용노동부 고시인 '화학물질 및 물리적 인자의 노출 기준'의 화학물질의 노출 기준에서 노출 기준(TWA, ppm)이 가장 낮은 물질은?

① 오존(O_3)
② 암모니아(NH_3)
③ 일산화탄소(CO)
④ 이산화탄소(CO_2)

해설 화학물질 및 물리적 인자의 노출 기준 [별표 1] 화학물질의 노출 기준
오존(O_3) TWA 0.08 ppm, 암모니아(NH_3) TWA 25 ppm, 일산화탄소(CO) 30 ppm, 이산화탄소(CO_2) TWA 5,000 ppm

05 TLV-TWA가 설정된 유해물질 중에는 독성자료가 부족하여 TLV-STEL이 설정되어 있지 않은 물질이 많다. 이러한 물질에 대해서는 적절한 상한치(excursion limits)를 설정하여야 하는 데 다음 중 근로자 노출의 상한치와 노출시간의 연결이 옳은 것은? (단, ACGIH의 권고 기준을 적용한다.)

① TLV-TWA의 3배: 30분 이하
② TLV-TWA의 3배: 60분 이하
③ TLV-TWA의 5배: 5분 이하
④ TLV-TWA의 5배: 15분 이하

해설 ACGIH에서 권고하는 근로자 노출의 상한치와 노출시간
㉠ TLV-TWA의 3배: 30분 이하
㉡ TLV-TWA의 5배: 잠시도 노출되어서는 안 된다.

06 고용노동부 고시인 '화학물질 및 물리적 인자의 노출 기준'에서 발암성 정보물질 중 '사람에게 충분한 발암성 증거가 있는 물질'에 대한 표기방법으로 옳은 것은?

① 1
② 1A
③ 2A
④ 2B

해설 화학물질 및 물리적 인자의 노출 기준 [별표 1] 화학물질의 노출 기준
2. 발암성 정보물질의 표기는 「화학물질의 분류·표시 및 물질안전보건자료에 관한 기준」에 따라 다음과 같이 표기함
가. 1A: 사람에게 충분한 발암성 증거가 있는 물질
나. 1B: 시험동물에서 발암성 증거가 충분히 있거나, 시험동물과 사람 모두에서 제한된 발암성 증거가 있는 물질
다. 2: 사람이나 동물에서 제한된 증거가 있지만, 구분1로 분류하기에는 증거가 충분하지 않은 물질

07 화학물질 노출 기준에 대한 설명으로 옳은 것은?

① 발암성 정보물질 표기로 '2A'는 사람에게 충분한 발암성 증거가 있는 물질을 말한다.
② 발암성 정보물질 표기로 '2B'는 시험 동물에서 발암성 증거가 충분히 있는 물질을 말한다.
③ 'Skin' 표시 물질은 점막과 눈 그리고 경피로 흡수되어 전신 영향을 일으킬 수 있는 물질을 말한다.
④ 발암성 정보물질 표기로 '1'은 사람이나 동물에서 제한된 증거가 있지만, 구분 '2'로 분류하기에는 증거가 충분하지 않은 물질을 말한다.

해설 화학물질 및 물리적 인자의 노출 기준 [별표 1] 화학물질의 노출 기준
주: 1. Skin 표시 물질은 점막과 눈 그리고 경피로 흡수되어 전신 영향을 일으킬 수 있는 물질을 말함(피부자극성을 뜻하는 것이 아님)
2. 발암성 정보물질의 표기는 「화학물질의 분류·표시 및 물질안전보건자료에 관한 기준」에 따라 다음과 같이 표기함

08 노출 기준에 피부(skin) 표시를 첨부하는 물질이 아닌 것은?

① 옥탄올 – 물 분배계수가 높은 물질
② 반복하여 피부에 도포했을 때 전신작용을 일으키는 물질
③ 손이나 팔에 의한 흡수가 몸 전체에서 많은 부분을 차지하는 물질
④ 동물을 이용한 급성중독 실험결과 피부흡수에 의한 치사량이 비교적 높은 물질

해설 노출 기준에 피부(skin) 표시를 첨부하는 물질은 동물을 이용한 급성중독 실험결과 피부흡수에 의한 치사량이 비교적 낮은 물질이다. 이외 노출 기준에 피부(skin) 표시를 하여야 하는 물질은 '피부 흡수가 전신작용에 중요한 역할'을 하는 물질이다.

09 크레졸의 노출 기준에는 시간가중평균노출 기준(TWA) 외에 '피부(Skin)' 표시가 되어 있다. 이 표시에 대한 설명으로 옳지 않은 것은?

① 피부자극, 피부질환 및 감작 등과 관련이 깊다.
② 피부의 상처는 이러한 물질의 흡수에 큰 영향을 미친다.
③ 점막과 눈 그리고 경피로 흡수되어 전신 영향을 일으킬 수 있는 물질을 뜻한다.
④ 공기 중 노출 농도의 측정과 함께 생물학적 지표가 되는 물질도 병행하여 측정한다.

해설 Skin 표시는 피부자극성을 뜻하는 것은 아니다.

정답 04 ① 05 ① 06 ② 07 ③ 08 ④ 09 ①

10 고용노동부 고시인 '화학물질 및 물리적 인자의 노출 기준'에 있어 2종 이상의 화학물질이 공기 중에 혼재하는 경우, 유해성이 인체의 서로 다른 조직에 영향을 미치는 근거가 없는 한 유해물질들 간의 상호작용은 어떤 것으로 간주하는가?

① 상승작용
② 독립작용
③ 상가작용
④ 길항작용

해설 화학물질 및 물리적 인자의 노출 기준, 제3조(노출 기준 사용상의 유의사항)
① 각 유해인자의 노출 기준은 해당 유해인자가 단독으로 존재하는 경우의 노출 기준을 말하며, 2종 또는 그 이상의 유해인자가 혼재하는 경우에는 각 유해인자의 상가작용으로 유해성이 증가할 수 있으므로 제6조에 따라 산출하는 노출 기준을 사용하여야 한다.

11 '작업환경 측정 및 정도관리 등에 관한 고시'에서 1일 작업시간이 8시간을 초과하는 경우 노출 기준을 비교, 평가할 수 있는 보정노출 기준을 정하는 공식으로 옳은 것은? (단, h는 노출시간/일, H는 작업시간/주를 말한다.)

① 급성 중독물질인 경우

   보정 노출 기준(1일 기준) = 8시간 노출 기준 $\times \dfrac{8}{h}$

② 급성 중독물질인 경우

   보정 노출 기준(1일 기준) = 8시간 노출 기준 $\times \dfrac{h}{8}$

③ 만성 노출 기준인 경우

   보정 노출 기준(1주간 기준) = 8시간 노출 기준 $\times \dfrac{40}{H}$

④ 만성 노출 기준인 경우

   보정 노출 기준(1주간 기준) = 8시간 노출 기준 $\times \dfrac{H}{40}$

해설 작업환경 측정 및 정도관리 등에 관한 고시, 제4장 작업환경 측정방법, 제6절 평가 및 작업환경 측정결과보고, 제34조(입자상 물질의 농도 평가)
③ 1일 작업시간이 8시간을 초과하는 경우에는 다음 계산식에 따라 보정노출 기준을 산출한 후 측정농도와 비교하여 평가하여야 한다.
보정 노출 기준(1일 기준) = 8시간 노출 기준 $\times \dfrac{8}{h}$. 여기서, h: 노출 시간/일

12 소음의 노출 기준에 대한 설명으로 옳지 않은 것은?
① 1일 8시간 작업에 대한 소음의 노출 기준은 90 dB(A)이다.
② 최대음압 수준이 150 dB(A)을 넘는 충격소음에 노출되어서는 안 된다.
③ 충격소음을 제외한 작업장에서의 소음은 115 dB(A)을 초과해서는 안 된다.
④ 충격소음이란 최대음압 수준이 120 dB(A) 이상인 소음이 1초 이상의 간격으로 발생하는 것을 말한다.

해설 최대음압 수준이 140 dB(A)를 초과하는 충격소음에 노출되어서는 안 됨

13 '작업환경 측정 및 정도관리 등에 관한 고시'에서 작업장에서 소음 수준의 측정방법으로 옳지 않은 것은?
① 소음계의 청감보정회로는 'A 특성'으로 한다.
② 소음계 지시침의 동작은 '빠름(fast)' 상태로 한다.
③ 소음계의 지시치가 변동하지 않는 경우에는 해당 지시치를 그 측정점에서의 소음 수준으로 한다.
④ 소음이 1초 이상의 간격을 유지하면서 최대음압 수준이 120 dB(A) 이상의 소음인 경우에는 소음 수준에 따른 1분 동안 발생 횟수를 측정한다.

해설 작업환경 측정 및 정도관리 등에 관한 고시, 제4장 작업환경 측정방법, 제4절 소음, 제26조(측정방법)
1. 소음측정에 사용되는 기기(소음계)는 누적소음 노출량측정기, 적분형소음계 또는 이와 동등 이상의 성능이 있는 것으로 하되 개인 시료 채취방법이 불가능한 경우에는 지시소음계를 사용할 수 있으며, 발생시간을 고려한 등가소음레벨 방법으로 측정할 것. 다만, 소음 발생 간격이 1초 미만을 유지하면서 계속적으로 발생되는 소음(연속음)을 지시소음계 또는 이와 동등 이상의 성능이 있는 기기로 측정할 경우에는 그러하지 아니할 수 있다.
2. 소음계의 청감보정회로는 A 특성으로 할 것
3. 소음측정은 다음과 같이 할 것
 가. 소음계 지시침의 동작은 느린(slow) 상태로 한다.
 나. 소음계의 지시치가 변동하지 않는 경우에는 해당 지시치를 그 측정점에서의 소음 수준으로 한다.

정답 10 ③ 11 ① 12 ② 13 ②

CHAPTER 6 출제 예상 문제

14 '작업환경 측정 및 정도관리 등에 관한 고시'에서 소음 수준의 측정단위는?

① dB(A) ② dB(B)
③ dB(C) ④ dB(V)

해설 작업환경 측정 및 정도관리 등에 관한 고시, 제4장 작업환경 측정방법, 제1절 측정방법 및 단위, 제20조(단위)
① 화학적 인자의 가스, 증기, 분진, 흄(fume), 미스트(mist) 등의 농도는 피피엠(ppm) 또는 세제곱미터당 밀리그램(mg/m³)으로 표시한다. 다만, 석면의 농도 표시는 세제곱센티미터당 섬유 개수(개/cm³)로 표시한다.
② 피피엠(ppm)과 세제곱미터당 밀리그램(mg/m³) 간의 상호 농도변환은 다음 계산식과 같다.

$$노출\ 기준(mg/m^3) = \frac{노출\ 기준(ppm) \times 그램\ 분자량}{24.45(25℃, 1기압)}$$

④ 소음 수준의 측정단위는 데시벨[dB(A)]로 표시한다.
⑤ 고열(복사열 포함)의 측정단위는 습구·흑구온도지수(WBGT)를 구하여 섭씨온도(℃)로 표시한다.

15 '작업환경 측정 및 정도관리 등에 관한 고시'에서 입자상 물질의 농도 평가 시 2회 이상 측정한 단시간 노출농도값이 단시간노출 기준(STEL)과 시간가중평균기준(TWA) 값 사이의 경우 노출 기준 초과로 평가하여야 하는 조건으로 옳은 것은?

① 1일 2회를 초과하는 경우
② 15분 미만으로 노출되는 경우
③ 발생원에서의 발생시간이 간헐적인 경우
④ 노출과 노출 사이의 간격이 1시간 미만인 경우

해설 작업환경 측정 및 정도관리 등에 관한 고시, 제4장 작업환경 측정방법, 제6절 평가 및 작업환경 측정결과보고, 제34조(입자상 물질의 농도 평가)
④ 측정을 한 경우에는 측정시간 동안의 농도를 해당 노출 기준과 직접 비교하여 평가하여야 한다. 다만 2회 이상 측정한 단시간 노출농도값이 단시간노출 기준과 시간가중평균기준값 사이의 경우로서 다음 각호의 어느 하나에 해당하는 경우에는 노출 기준 초과로 평가하여야 한다.
1. 15분 이상 연속 노출되는 경우
2. 노출과 노출 사이의 간격이 1시간 미만인 경우
3. 1일 4회를 초과하는 경우

16 '작업환경 측정 및 정도관리 등에 관한 고시'에서 시료 채취 근로자 수는 단위작업장소에서 최고 노출 근로자 몇 명 이상에 대하여 동시에 측정하도록 되어 있는가?

① 2명　　　　　　　② 3명
③ 5명　　　　　　　④ 10명

> 단위작업 장소란 작업환경 측정대상이 되는 작업장 또는 공정에서 정상적인 작업을 수행하는 동일노출 집단의 근로자가 작업하는 장소를 말한다.

해설 작업환경 측정 및 정도관리 등에 관한 고시, 제4장 작업환경 측정방법, 제1절 측정방법 및 단위, 제19조(시료 채취 근로자 수)
① 단위작업 장소에서 최고노출 근로자 2명 이상에 대하여 동시에 개인 시료 채취 방법으로 측정하되, 단위작업 장소에 근로자가 1명인 경우에는 그러하지 아니하며, 동일 작업 근로자 수가 10명을 초과하는 경우에는 매 5명당 1명 이상 추가하여 측정하여야 한다. 다만, 동일 작업 근로자 수가 100명을 초과하는 경우에는 최대 시료 채취 근로자 수를 20명으로 조정할 수 있다.

17 산업위생통계에 있어 대푯값에 해당하지 <u>않는</u> 것은?

① 중앙값　　　　　　② 표준편차값
③ 최빈값　　　　　　④ 산술평균값

해설 산업위생통계에 있어 대푯값
㉠ 평균치: 산술평균, 가중평균, 기하평균
㉡ 중앙치
㉢ 최빈치

> **최빈값(mode)**
> 통계학 용어로 가장 많이 관측되는 수, 즉 주어진 값 중에서 가장 자주 나오는 값이다. 예를 들어, (1, 3, 6, 6, 6, 7, 7, 12, 12, 17)의 최빈값은 6이다.
>
> **중앙값(median)**
> 중위수(中位數)라고도 하며 어떤 주어진 값들을 크기의 순서대로 정렬했을 때 가장 중앙에 위치하는 값을 의미한다. 예를 들어 1, 2, 100의 세 값이 있을 때, 2가 가장 중앙에 있기 때문에 중앙값은 2이다.

18 '작업환경 측정 및 정도관리 등에 관한 고시'에서 입자상 물질의 농도 평가에 있어 1일 작업시간이 8시간을 초과하는 경우 노출 기준을 비교, 평가할 수 있는 보정 노출 기준을 정하는 공식으로 옳은 것은? (단, T는 노출시간/일, H는 작업시간/주를 말한다.)

① 8시간 노출 기준 $\times \dfrac{T}{8}$　　② 8시간 노출 기준 $\times \dfrac{45}{T}$

③ 8시간 노출 기준 $\times \dfrac{8}{T}$　　④ 8시간 노출 기준 $\times \dfrac{T}{45}$

해설 작업환경 측정 및 정도관리 등에 관한 고시, 제34조(입자상 물질의 농도 평가)
③ 1일 작업시간이 8시간을 초과하는 경우에는 다음 계산식에 따라 보정노출 기준을 산출한 후 측정농도와 비교하여 평가하여야 한다.

보정 노출 기준 = 8시간 노출 기준 $\times \dfrac{8}{T}$

정답 14 ① 15 ④ 16 ① 17 ② 18 ③

CHAPTER 6 출제 예상 문제

19 '작업환경 측정 및 정도관리 등에 관한 고시'에서 농도를 mg/m³으로 표시할 수 없는 것은?

① 가스
② 분진
③ 흄(fume)
④ 석면

해설 작업환경 측정 및 정도관리 등에 관한 고시, 제4장 작업환경 측정방법, 제1절 측정방법 및 단위, 제20조(단위)
① 화학적 인자의 가스, 증기, 분진, 흄(fume), 미스트(mist) 등의 농도는 피피엠(ppm) 또는 세제곱미터당 밀리그램(mg/m³)으로 표시한다. 다만, 석면의 농도 표시는 세제곱센티미터당 섬유 개수(개/cm³)로 표시한다.

20 분진 발생 공정에서 측정한 호흡성 분진의 농도가 다음과 같을 때 기하평균농도는 약 몇 mg/m³인가?

측정농도(단위: mg/m³) : 2.5, 2.8, 3.1, 2.6, 2.9

① 2.62
② 2.77
③ 2.92
④ 3.03

해설 기하평균농도(GM) = $(2.5 \times 2.8 \times 3.1 \times 2.6 \times 2.9)^{\left(\frac{1}{5}\right)}$ = 2.77 mg/m³

기하평균(GM, Geometric Mean)은 n개의 양수 값을 모두 곱한 것의 n제곱근이다. 예를 들어 2, 5, 7, 8처럼 양수 값들이 n개가 있을 경우 이 값들의 n제곱근을 말한다.
GM = $\sqrt[4]{2 \times 5 \times 7 \times 8}$
    = 4.86

21 고용노동부 고시 '화학물질의 분류·표시 및 물질안전보건자료에 관한 기준'에서 정하는 '경고표지의 색상'으로 옳은 것은?

① 경고표지 전체의 바탕은 흰색으로, 글씨와 테두리는 검정색으로 하여야 한다.
② 경고표지 전체의 바탕은 흰색으로, 글씨와 테두리는 붉은색으로 하여야 한다.
③ 경고표지 전체의 바탕은 노란색으로, 글씨와 테두리는 검정색으로 하여야 한다.
④ 경고표지 전체의 바탕은 노란색으로, 글씨와 테두리는 붉은색으로 하여야 한다.

해설 화학물질의 분류·표시 및 물질안전보건자료에 관한 기준, 제3장 경고표지의 부착 및 작성 등, 제8조(경고표지의 색상 및 위치)
① 경고표지 전체의 바탕은 흰색으로, 글씨와 테두리는 검정색으로 하여야 한다.

22 정도관리(quality control)에 대한 설명으로 옳지 않은 것은?

① 계통적 오차는 원인을 찾아낼 수 있으며 크기가 계량화되면 보정이 가능하다.
② 정확도란 측정치와 기준값(참값) 간의 일치하는 정도라고 할 수 있으며, 정밀도는 여러 번 측정했을 때의 변이의 크기를 의미한다.
③ 정도관리에는 외부정도관리와 내부정도관리가 있으며, 우리나라의 정도관리는 작업환경 측정기관을 상대로 실시하고 있는 내부 정도관리에 속한다.
④ 미국 산업위생학회에 따르면 정도관리란 '정확도와 정밀도의 크기를 알고 그것이 수용할만한 분석 결과를 확보할 수 있는 작동적 절차를 포함하는 것'이라고 정의하였다.

> 정도관리란 검사의 모든 과정에 관여하는 요소들을 잘 관리하여 오차의 원인을 조기 감지, 예방하고 오차가 측정결과에 미치는 영향의 최소화로 신뢰성 있는 정확하고 정밀한 결과를 만들고자 하는 모든 노력을 말한다.

해설 정도관리에는 외부정도관리와 내부정도관리가 있으며, 우리나라의 정도관리는 작업환경 측정기관을 상대로 실시하고 있는 외부정도관리에 속한다.
  ㉠ 내부정도관리의 목적은 검사 중에 발생할 수 있는 분석오차(analytical error)를 사전에 발견위한 것으로 분석오차에는 무작위오차(random error)와 계통오차(systematic error)가 있다.
  ㉡ 외부정도관리는 동일한 검체를 다수의 검사기관에서 측정하여 검사 장비 또는 측정 방법에 따라 발생하는 측정값의 차이(bias)를 최소화하여 검사의 정확도를 유지하기 위하여 실시된다.

23 고용노동부 고시 '화학물질의 분류·표시 및 물질안전보건자료에 관한 기준'에서 대상 화학물질에 대한 물질 안전보건자료(MSDS)로부터 알 수 있는 정보로 옳지 않은 것은?

① 응급조치 요령
② 법적 규제 현황
③ 주요 성분 검사 방법
④ 노출방지 및 개인보호구

해설 주요 성분 검사 방법은 물질 안전보건자료(MSDS)로부터 알 수 있는 작성항목의 정보가 아니다.

정답 19 ④ 20 ② 21 ① 22 ③ 23 ③

24 고용노동부 고시 '화학물질의 분류·표시 및 물질안전보건자료에 관한 기준'에서 대상 화학물질에 대한 물질 안전보건자료(MSDS)에 포함되어야 하는 항목이 아닌 것은? (단, 그 밖의 참고사항은 예외로 한다.)

① 응급조치 요령
② 물리·화학적 특성
③ 운송에 필요한 정보
④ 최초 작성일자

해설 화학물질의 분류·표시 및 물질안전보건자료에 관한 기준, 제4장 물질안전보건자료의 작성 등, 제10조(작성항목)
최초 작성일자는 포함되지 않는 항목이다.

25 고용노동부 고시 '화학물질의 분류·표시 및 물질안전보건자료에 관한 기준' [별표 1]인 화학물질 등의 분류에서 건강유해성 중 발암성이 있는 단일물질의 분류의 구분 기준으로 '사람에게 충분한 발암성 증거가 있는 물질'을 나타내는 구분 기호는?

① 1B
② A1
③ 1A
④ B1

해설 발암성(carcinogenicity)
가. 정의: 암을 일으키거나 그 발생을 증가시키는 성질을 말한다.
나. 단일물질의 분류: 발암성의 구분은 구분 1A, 1B, 2를 원칙으로 하되, 구분 1A와 1B의 소구분이 어려운 경우에만 구분 1, 2로 통합 적용할 수 있다.

구분	구분 기준
1A	사람에게 충분한 발암성 증거가 있는 물질
1B	시험동물에서 발암성 증거가 충분히 있거나, 시험동물과 사람 모두에서 제한된 발암성 증거가 있는 물질
2	사람이나 동물에서 제한된 증거가 있지만, 구분 1로 분류하기에는 증거가 충분하지 않는 물질

주: 발암성 구분 1의 분류기준은 구분 1A 또는 1B에 속하는 것으로 인적 경험에 의해 발암성이 있다고 인정되거나 동물시험을 통해 인체에 대해 발암성이 있다고 추정되는 물질을 말한다.

정답 24 ④ 25 ③

PART II

작업환경 측정 및 평가

출제 예상 문제

CHAPTER 1 작업환경 측정원리

CHAPTER 2 분진 측정

CHAPTER 3 유해인자 측정

CHAPTER 4 산업위생 통계처리 및 해석

CHAPTER 1 작업환경 측정원리

출제 예상 문제

01 시료 채취(Sampling)

학습 POINT

고용노동부의 '작업환경 측정 및 정도관리 등에 관한 고시'에 입각한 측정목적과 방법 및 표준기구에 대하여 학습한다.

01 유해인자로부터 근로자의 건강을 보호하고 쾌적한 작업환경을 조성하기 위하여 인체에 해로운 작업을 하는 작업장에 대하여 고용노동부령으로 정하는 자격을 가진 자로 하여금 작업환경 측정을 하도록 하여야 하는 주체는 누구인가?

① 고용노동부 장관
② 근로자 대표
③ 사업주
④ 보건관리자

해설 작업환경 측정을 행하여야 하는 주체는 사업주이다.

02 일반적인 작업환경 측정의 목적으로 옳지 않은 것은?

① 과거의 노출농도가 타당한가를 확인한다.
② 최소의 오차범위에서 최소의 시료 수를 가지고 최대의 근로자를 보호한다.
③ 역학조사 시 근로자의 노출량을 파악하여 노출량과 반응과의 관계를 평가한다.
④ 근로자의 노출 정도를 알아내어 질병에 대한 원인을 규명하며 근로자의 노출수준을 직접적으로 파악하는 것이다.

해설 근로자의 노출 정도를 알아내는 것으로, 질병에 대한 원인을 규명하는 것은 아니며 근로자의 노출수준을 간접적으로 파악하는 것이다.

03 작업환경 측정의 목표에 관한 설명으로 옳지 않은 것은?

① 환기시설 성능 평가
② 정보 노출 기준과 비교
③ 호흡용 보호구 지급 결정
④ 근로자의 유해인자 노출 파악

해설 작업환경 측정의 목표
㉠ 유해인자에 대한 근로자 노출 정도 파악

ⓒ 작업환경의 정기적인 측정 및 평가
ⓒ 신규설비, 원재료 및 작업방법 평가
ⓔ 측정결괏값과 노출 기준의 초과 여부를 판단
ⓜ 작업환경개선(환기시설 등) 효과 판정

04 시료 채취방법 중에서 개인 시료 채취 시의 채취지점으로 옳은 것은? (단, 개인 시료 채취기를 이용)

① 근로자의 호흡 위치(측정하고자 하는 고정된 위치)
② 근로자의 호흡 위치(호흡기 중심 반경 30 cm인 반구)
③ 근로자의 호흡 위치(호흡기 중심 반경 60 cm인 반구)
④ 근로자의 호흡 위치(1.2 ~ 1.5 m 높이의 고정된 위치)

해설 개인 시료 채취: 개인 시료 채취기를 이용하여 가스·증기·분진·흄(fume)·미스트(mist) 등을 근로자의 호흡 위치(호흡기를 중심으로 반경 30 cm인 반구)에서 채취하는 것을 말한다.

05 지역 시료 채취방법과 비교한 개인 시료 채취방법의 장점으로 옳은 것은?

① 오염물질의 배출원을 찾아내기 쉽다.
② 작업자에게 노출되는 정도를 알 수 있다.
③ 어떤 장소의 고정된 위치에서 시료를 채취하기 때문에 경제적이다.
④ 특정 공정의 계절별 농도 변화, 농도분포의 변화, 공정의 주기별 농도 변화를 알 수 있다.

해설 보기 항의 ①, ③, ④는 지역 시료 채취방법의 장점에 대한 설명이다.

06 작업환경 측정의 종류 중 지역 시료 채취방법으로 옳은 것은?

① 노출 기준 평가 시 이용된다.
② 작업환경 측정의 원칙으로 하는 시료 채취법이다.
③ 근로자의 호흡기를 중심으로 반경 30 cm인 반구에서 채취하는 것이다.
④ 근로자에게 노출되는 유해인자의 배경농도와 시간별 변화를 평가하기 위해 사용된다.

해설 보기 항의 ①~③은 개인 시료 채취방법에 대한 설명이다.

정답 01 ③ 02 ④ 03 ③ 04 ② 05 ② 06 ④

CHAPTER 1 출제 예상 문제

07 시료 채취방법에서 지역 시료(area monitoring) 채취의 장점으로 옳지 않은 것은?

① 근로자 개인 시료의 채취를 대신할 수 있다.
② 특정 공정의 농도 분포의 변화 및 환기장치의 효율성 변화 등을 알 수 있다.
③ 특정 공정의 계절별 농도 변화 및 공정의 주기별 농도 변화 등의 분석이 가능하다.
④ 측정결과를 통해서 근로자에게 노출되는 유해인자의 배경농도와 시간별 변화 등을 평가할 수 있다.

해설 지역 시료(area monitoring) 채취는 개인 시료 채취가 곤란한 경우 보조적으로 사용하는 시료 채취방법으로 근로자 개인 시료 채취를 대신할 수 없다.

08 지역 시료 채취의 용어 정의로 옳은 것은? (단, 작업환경 측정 및 정도 관리 등에 관한 고시 기준)

① 시료 채취기를 이용하여 가스, 증기, 분진, 흄, 미스트 등을 근로자의 작업 위치에서 호흡기 높이로 이동하여 채취하는 것을 말한다.
② 시료 채취기를 이용하여 가스, 증기, 분진, 흄, 미스트 등을 근로자의 작업 위치에서 호흡기 높이에 고정하여 채취하는 것을 말한다.
③ 시료 채취기를 이용하여 가스, 증기, 분진, 흄, 미스트 등을 근로자의 작업행동 범위에서 호흡기 높이에 고정하여 채취하는 것을 말한다.
④ 시료 채취기를 이용하여 가스, 증기, 분진, 흄, 미스트 등을 근로자의 작업행동 범위에서 호흡기 높이로 이동하여 채취하는 것을 말한다.

해설 지역 시료 채취 : 시료 채취기를 이용하여 가스·증기·분진·흄(fume)·미스트(mist) 등을 근로자의 작업행동 범위에서 호흡기 높이에 고정하여 채취하는 것을 말한다.

09 시료 채취전략을 수립하기 위해 조사하여야 할 항목으로 옳지 않은 것은?

① 유해인자의 특성
② 근로자들의 작업특성
③ 국소배기장치의 특성
④ 작업장과 공정의 특성

> 시료 채취전략을 수립할 때 측정하고자 하는 해당 물질에 대해 이용 가능한 시료 채취 및 분석 방법을 검토해야 한다.

해설 시료 채취전략 수립 시 조사 항목
  ㉠ 근로자의 작업특성
  ㉡ 작업장과 공정특성
  ㉢ 작업장의 유해인자 특성

10 작업환경 측정의 흐름도의 내용을 적어 놓았다. 흐름의 진행 순서로 옳은 것은?

> ㉠ 측정전략의 수립   ㉡ 예비조사
> ㉢ 노출 평가   ㉣ 시료의 운반
> ㉤ 시료의 분석   ㉥ 측정기구의 보정

① ㉠ → ㉡ → ㉣ → ㉥ → ㉤ → ㉢
② ㉡ → ㉠ → ㉥ → ㉣ → ㉤ → ㉢
③ ㉠ → ㉣ → ㉡ → ㉥ → ㉤ → ㉢
④ ㉡ → ㉠ → ㉣ → ㉥ → ㉤ → ㉢

해설 작업환경 측정의 흐름도는 예비조사 → 측정전략의 수립 → 측정기구의 보정 → 시료의 운반 → 시료의 분석 → 노출 평가순으로 진행된다.

11 작업환경 측정방법 중 시료 채취 근로자 수에 관한 기준으로 옳지 않은 것은? (단, 작업환경 측정 및 정도관리 등에 관한 고시 기준)

① 단위작업장소에서 최고노출 근로자 2명 이상에 대하여 동시에 측정한다.
② 동일 작업 근로자 수가 100명을 초과하는 경우에는 최대 시료 채취 근로자 수를 10명으로 조정할 수 있다.
③ 동일 작업 근로자 수가 10명을 초과하는 경우에는 매 5명당 1인(1개 지점) 이상 추가하여 측정하여야 한다.
④ 지역 시료 채취를 시행할 경우 단위작업장소의 넓이가 50평방미터 이상인 경우에는 매 30평방미터 마다 1개 지점 이상을 추가로 측정하여야 한다.

해설 작업환경 측정 및 정도관리 등에 관한 고시, 제19조(시료 채취 근로자 수)
① 단위작업장소에서 최고노출 근로자 2명 이상에 대하여 동시에 개인 시료 채취 방법으로 측정하되, 단위작업장소에 근로자가 1명인 경우에는 그러하지 아니하며, 동일 작업 근로자 수가 10명을 초과하는 경우에는 매 5명당 1명 이상 추가하여 측정하여야 한다. 다만, 동일 작업 근로자 수가 100명을 초과하는 경우에는 최대 시료 채취 근로자 수를 20명으로 조정할 수 있다.
② 지역 시료 채취방법으로 측정을 하는 경우 단위작업장소 내에서 2개 이상의 지점에 대하여 동시에 측정하여야 한다. 다만, 단위작업장소의 넓이가 50평방미터 이상인 경우에는 매 30평방미터마다 1개 지점 이상을 추가로 측정하여야 한다.

출제 예상 문제

12 작업환경 측정 시 시료 채취 시간에 따른 구분에서 유해물질 농도의 오차가 가장 낮아 시료 채취방법으로 가장 좋은 방법은?

① 순간 시료 채취
② 전 작업시간 동안의 연속시료 채취
③ 부분 작업시간 동안의 연속시료 채취
④ 전 작업시간 동안의 단일시료 채취

해설 전 작업시간 동안의 연속시료 채취(full-period consecutive sample)
㉠ 작업장에서 시료 채취 시 가장 좋은 방법이다. (오차가 가장 낮은 방법)
㉡ 여러 개의 시료를 나누어서 채취한 경우 위험을 방지할 수 있다.
㉢ 여러 개의 측정결과로부터 작업시간 동안 노출농도의 변화와 영향을 알 수 있다.
㉣ 유해물질의 농도가 시간에 따라 변할 때, 농도가 낮을 때, 시간가중평균치를 구할 때 사용한다.

13 유사노출그룹(SEG, Similar Exposure Group)을 설정하는 목적으로 옳지 않은 것은?

① 시료 채취 수를 경제적으로 결정하는 데 있다.
② 시료 채취시간을 최대한 정확히 산출하는 데 있다.
③ 모든 근로자의 노출 정도를 추정하고자 하는 데 있다.
④ 역학조사를 수행할 때 사건이 발생된 근로자가 속한 유사노출그룹의 노출농도를 근거로 노출원인을 추정할 수 있다.

> 유사노출 그룹은 노출되는 유해인자의 농도와 특성이 유사하거나 동일한 근로자 그룹을 말하며, 유해인자의 특성이 동일하다는 것은 노출되는 유해인자가 동일하고 농도가 일정한 변이 내에서 통계적으로 유사하다는 의미이다.

해설 유사노출그룹(SEG, Similar Exposure Group)의 설정 목적
㉠ 모든 근로자의 노출을 경제적으로 평가(시료 채취 수를 줄일 수 있음)하는 데 있다.
㉡ 직업 역학조사를 수행할 때 SEG별 건강상의 위험 발생률을 구할 수 있다.

14 작업환경 측정대상이 되는 작업장 또는 공정에서 정상적인 작업을 수행하는 동일노출집단의 근로자가 작업을 하는 장소를 무엇이라고 하는가?

① 지정작업장소
② 동일작업장소
③ 단위작업장소
④ 대상작업장소

해설 작업환경 측정 및 정도관리 등에 관한 고시, 제2조(정의)
10. "단위작업장소"란 작업환경 측정대상이 되는 작업장 또는 공정에서 정상적인 작업을 수행하는 동일노출 집단의 근로자가 작업을 하는 장소를 말한다.

15 표준기구에 관한 내용이다. (   ) 안에 옳은 내용은?

> 유량 및 용량 보정을 하는 데 있어서 1차 표준기구란 물리적 차원인 공간의 부피를 직접 측정할 수 있는 표준기구를 의미하는 데 정확도가 (   )% 이내이다.

① ± 1 %
② ± 3 %
③ ± 5 %
④ ± 10 %

해설 1차 표준 보정기구: 기구 자체가 정확한 값(정확도 ± 1 % 이내)를 제시하는 기구

16 측정기구의 보정을 위한 비누거품미터(soap bubble meter)의 활용 시 두 눈금 통과 측정시간의 정확성 범위와 눈금도달 시간 측정 시 초시계의 측정 한계범위로 옳은 것은?

① 측정시간의 정확성 ± 1초 이내, 초시계로 0.1초까지 측정한다.
② 측정시간의 정확성 ± 1초 이내, 초시계로 1초까지 측정한다.
③ 측정시간의 정확성 ± 2초 이내, 초시계로 0.1초까지 측정한다.
④ 측정시간의 정확성 ± 2초 이내, 초시계로 1초까지 측정한다.

해설 비누거품미터 측정시간의 정확도는 ± 1초 이내, 초시계로 1초까지 측정한다.

17 1차 표준기구에 관한 설명으로 옳지 않은 것은?

① 로터미터는 유량을 측정하는 1차 표준기구이다.
② Pitot 튜브는 기류를 측정하는 1차 표준기구이다.
③ 물리적 크기에 의해서 공간의 부피를 직접 측정할 수 있는 기구이다.
④ 펌프의 유량을 보정하는 데 1차 표준으로 비누거품미터를 사용할 수 있다.

해설
- 1차 표준 보정기구: 기구 자체가 정확한 값(정확도 ± 1 % 이내)을 제시하는 기구
  - ㉠ 폐활량계(spirometer)
  - ㉡ 무마찰 거품관 또는 비누거품미터(frictionless piston meter)
  - ㉢ 피토우관(pitot tube)
  - ㉣ 가스치환병(주로 실험실에서 사용함)
  - ㉤ 유리 또는 흑연피스톤미터
- 로터미터는 유량을 측정하는 2차 표준기구이다.

정답 12 ② 13 ② 14 ③ 15 ① 16 ② 17 ①

18 비누거품방법(Bubble Meter Method)을 이용해 유량을 보정할 때의 주의사항으로 옳지 <u>않은</u> 것은?

① 측정시간의 정확성은 ± 5초 이내이어야 한다.
② 측정장비 및 유량보정계는 Tygon Tube로 연결한다.
③ 보정을 시작하기 전에 충분히 충전된 펌프를 5분간 작동한다.
④ 표준뷰렛 내부면을 세척제 용액으로 씻어서 비누거품이 쉽게 상승하도록 한다.

해설 비누거품미터 측정시간의 정확도는 ± 1초 이내이어야 한다.

> tygon tube(타이곤 튜브)
> 액체나 가스이송용으로 가장 적합한 실험용 튜브는 실험실에서 쓰이는 모든 무기화학 약품에 사용 가능하다.

19 "1차 표준"에 관한 설명으로 옳지 <u>않은</u> 것은?

① 펌프의 유량을 보정하는 데 1차 표준으로 비누거품 미터가 널리 사용된다.
② 물리적 크기에 의해서 공간의 부피를 직접 측정할 수 있는 기구를 말한다.
③ wet-test meter(용량측정용)는 용량측정을 위한 1차 표준용량 보정에 사용된다.
④ 폐활량계는 과거에 폐활량을 측정하는 데 사용되었으나 오늘날 1차 용량표준으로 자주 사용된다.

해설 wet-test meter(용량측정용)는 용량측정을 위한 2차 표준용량 보정에 사용된다.

20 2차 표준기구 중 주로 실험실에서 사용하는 것은?

① 로타미터
② 습식테스트 미터
③ 건식가스미터
④ 열선기류계

해설 2차 표준 보정기구(1차 표준기구로 보정하여 사용할 수 있는 기구로 정확도는 ± 5 % 이내)
㉠ 습식테스트 미터(실험실에 주로 사용)
㉡ 건식가스미터(현장에서 사용)
㉢ 로타미터(가장 많이 사용하는 기구)
㉣ 기타 오리피스 미터, 벤츄리 미터, Laminar flow meter, Bypass flow meter, Vane anemometer, 열선기류계 등

21 1차 표준장비에 포함되지 않는 것은?

① 폐활량계(Spirometer)
② 가스치환병(Mariotte Bottle)
③ 비누거품메타(Soap bubble meter)
④ 열선기류계(Thermo anemometer)

해설 열선기류계는 2차 표준 보정기구이다.

22 다음은 표준기구에 관한 설명이다. ( ) 안에 가장 적합한 것은?

( )은/는 과거에 폐활량을 측정하는 데 사용되었으나 오늘날 "1차 용량표준"으로 자주 사용된다. 이것을 실린더 형태의 종(bell)으로서 개구부는 아래로 향하고 있으며 액체에 잠기어져 있다.

① Rotameter ② Wet-test meter
③ Pitot tube ④ Spirometer

해설 1차 표준기구인 폐활량계(spirometer)에 대한 설명이다.

23 고유량 공기 채취 펌프를 수동 무마찰 거품관으로 보정하였다. 비누방울이 300 cm³의 부피까지 통과하는 데 12.5초가 걸렸다면 유량(L/min)은?

① 1.4 ② 2.4
③ 2.8 ④ 3.8

 1 mL = 1 cm³ = 1 cc(cubic centimeter)이므로 300 cm³ = 300 mL

$$\therefore \text{채취 유량(L/min)} = \frac{\text{비누거품이 통과한 용량(L)}}{\text{비누거품이 통과한 시간(min)}}$$

$$= \frac{300\,\text{mL} \times 10^{-3}\,\text{L/mL}}{12.5\,s \times \left(\frac{\min}{60\,s}\right)} = 1.44\,\text{L/min}$$

24 일정한 물질에 대해 분석치가 참값에 얼마나 접근하였는가 하는 수치상의 표현은?

① 정확도 ② 분석도
③ 정밀도 ④ 대표도

해설 정확도란 분석치가 참값에 얼마나 접근하였는가 하는 수치상의 표현을 말한다.

CHAPTER 1 출제 예상 문제

25 500 mL 용량의 뷰렛을 이용한 비누거품미터의 거품 통과시간을 3번 측정한 결과, 각각 10.5초, 10초, 9.5초 일 때, 이 개인 시료 채취기의 채취 유량은 약 몇 L/분인가? (단, 기타 조건은 고려하지 않는다.)

① 0.3 ② 3 ③ 0.5 ④ 5

해설

비누거품미터의 평균 거품 통과시간 $= \dfrac{10.5 + 10 + 9.5}{3} = 10$초

$\therefore$ 채취 유량(L/min) $= \dfrac{\text{비누거품이 통과한 용량(L)}}{\text{비누거품이 통과한 시간(min)}}$

$= \dfrac{500\,\text{mL} \times 10^{-3}\,\text{L/mL}}{10\,\text{s} \times \left(\dfrac{\text{min}}{60\,\text{s}}\right)} = 3\,\text{L/min}$

26 일정한 물질에 대해 반복측정 및 분석을 했을 때 나타나는 자료 분석치의 변동 크기가 얼마나 작은가 하는 수치상의 표현은?

① 정밀도 ② 정확도 ③ 정성도 ④ 정량도

해설 정밀도란 일정한 물질에 대해 반복측정·분석을 했을 때 나타나는 자료 분석치의 변동 크기가 얼마나 작은가 하는 수치상의 표현을 말한다. (작업환경 측정 및 정도관리 등에 관한 고시. 제2조(정의))

27 정량한계에 관한 내용으로 옳은 것은?

① 분석기기가 정량할 수 있는 가장 작은 양을 말한다.
② 분석기기가 정량할 수 있는 가장 작은 편차를 말한다.
③ 분석기기가 정량할 수 있는 가장 작은 오차를 말한다.
④ 분석기기가 정량할 수 있는 가장 작은 정밀도를 말한다.

해설 정량한계는 어느 주어진 분석 절차에 따라서 합리적인 신뢰성을 가지고 정량분석할 수 있는 가장 작은 양의 농도나 양이다.

28 검출한계와 정량한계에 관한 내용으로 옳지 않은 것은?

① 검출한계는 표준편차의 10배에 해당
② 정량한계는 검출한계의 3배 또는 3.3배로 정의
③ 검출한계는 분석기기가 검출할 수 있는 가장 낮은 양
④ 정량한계는 분석기기가 검출할 수 있는 신뢰성을 가질 수 있는 양

해설 검출한계는 표준편차의 3배에 해당한다.

29 검출한계(LOD)에 관한 내용으로 옳은 것은?

① 표준편차의 3배에 해당
② 표준편차의 5배에 해당
③ 표준편차의 10배에 해당
④ 표준편차의 20배에 해당

해설 검출한계는 표준편차의 3배에 해당한다.

30 정량한계(LOQ)에 관한 내용으로 옳은 것은?

① 표준편차의 3배
② 표준편차의 10배
③ 검출한계의 5개
④ 검출한계의 10배

해설 정량한계(LOQ, Limit Of Quantization): 분석 결과가 어느 주어진 분석 절차에 따라서 합리적인 신뢰성을 가지고 정량 분석할 수 있는 가장 작은 양이나 농도이며 일반적으로 표준편차의 10배 또는 검출한계(LOD)의 3배 또는 3.3배로 정의한다.

31 분석기기가 검출할 수 있는 가장 낮은 농도인 검출한계(LOD)와 바탕선량과 구별하여 분석될 수 있는 최소량인 정량한계(LOQ)의 관계로 옳은 것은?

① $LOQ = 3.3 \times LOD$
② $LOD = 3.3 \times LOQ$
③ $LOQ = 10 \times LOD$
④ $LOD = 10 \times LOQ$

해설 정량한계(LOQ) = 검출한계(LOD) × 3(또는 3.3)

32 다른 물질의 존재와 관계없이 분석하고자 하는 대상 물질을 정확히 분석할 수 있는 능력을 무엇이라고 하는가?

① 검출한계특성
② 정량한계특성
③ 특이성(specificity)
④ 재현성(reproducibility)

해설 특이성(specificity): 불순물, 분해생성물, 첨가물 등이 혼재된 상태에서 분석 대상 물질을 선택적으로 정확하게 측정할 수 있는 능력을 말한다. 사용된 시험방법이 특이성이 있다는 것은 검출된 시그널이 분석대상 성분에서만 유래한 것이며 다른 공존 성분의 시그널에 의해 방해를 받지 않는다는 것을 의미한다.

정답 25 ② 26 ① 27 ① 28 ① 29 ① 30 ② 31 ① 32 ③

CHAPTER 1 출제 예상 문제

33 어떤 분석 방법의 검출한계가 0.2 mg일 때 정량한계로 옳은 값은?

① 0.11 mg ② 0.33 mg
③ 0.66 mg ④ 0.99 mg

해설 LOQ = 3.3×LOD = 3.3×0.2 = 0.66

34 회수율 실험은 여과지를 이용하여 채취한 금속을 분석하는 데 보정하는 실험이다. 다음 중 회수율을 구하는 식은?

① 회수율(%) = $\dfrac{분석량}{첨가량} \times 100$

② 회수율(%) = $\dfrac{첨가량}{분석량} \times 100$

③ 회수율(%) = $\dfrac{분석량}{1 - 첨가량} \times 100$

④ 회수율(%) = $\dfrac{첨가량}{1 - 분석량} \times 100$

해설 회수율 실험: 시료 채취에 사용하지 않은 동일한 여과지에 첨가된 양과 분석량의 비로 나타내며, 여과지를 이용하여 금속성분을 분석하는 데 보정하기 위해 행하는 실험이다.

35 '우발오차'에 관한 설명으로 옳지 <u>않은</u> 것은?

① 우발오차가 작을 때는 정밀하다고 말한다.
② 실험자가 주의하면 오차의 제거 또는 보정이 용이하다.
③ 한 가지 실험측정을 반복할 때 측정값들이 변동으로 발생되는 오차이다.
④ 측정횟수를 될 수 있는 대로 많이 하여 오차의 분포를 살펴 가장 확실한 값을 추정할 수 있다.

해설 우발오차(random error): 한 가지 실험측정을 반복할 때 측정값들의 변동으로 인한 오차를 말하며 계통오차와 달리 제거할 수 없고 보정할 수도 없는 것이지만 측정의 횟수를 될 수 있는 대로 많이 하여 오차의 분포를 살펴 가장 확실성 있는 값, 즉 최확치를 추정할 수 있는 것이다. 일반적으로 계통오차가 없을 때는 측정결과가 정확하다고 말하고, 우발오차가 작을 때는 정밀하다고 말한다.

> 우발오차(우연오차, 통계오차): 원인 규명이 불가능한 오차(실험측정을 반복할 때 측정값들의 변동성으로 인한 불가피한 오차)로 줄이기 위해서는 통계적 접근이 필요함

36 분석에서의 계통오차(systematic error)로 옳지 않은 것은?

① 외계오차   ② 개인오차
③ 기계오차   ④ 우발오차

해설 계통오차(systematic error): 측정계기의 미비한 점에 기인되는 오차로서 그 크기와 부호를 추정할 수 있고 보정할 수 있는 오차이다.
㉠ 외계오차(external error): 측정 시 온도나 습도와 같은 알려진 외계의 영향으로 생기는 오차
㉡ 기기(기계)오차(instrumental error): 사용된 기기의 부정확성으로 인한 오차
㉢ 개인오차(personal error): 측정하는 개인의 선입관으로 인한 오차
위와 같은 계통오차는 측정 시 실험자가 주의를 하면 제거할 수 있고 보정이 가능한 오차이다.

37 측정기 또는 분석기기의 미비로 기인되는 것으로 실험자가 주의하면 제거 또는 보정이 가능한 오차는?

① 우발적 오차   ② 무작위 오차
③ 계통적 오차   ④ 시간적 오차

해설 계통오차는 측정계기의 미비한 점에 기인되는 오차로서 그 크기와 부호를 추정할 수 있고 실험자가 주의하면 오차의 제거 또는 보정할 수 있는 오차이다.

38 유량, 측정시간, 회수율 및 분석에 의한 오차가 각각 18 %, 3 %, 9 %, 5 %일 때, 누적오차는 약 몇 %인가?

① 18   ② 21
③ 24   ④ 29

해설 누적오차(E_c, cumulative statistical error) $E_c = \sqrt{(E_1^2 + E_2^2 + \cdots E_n^2)}$
여기서, E_n : 시료 채취분석오차(SAE, sampling and analytical error)를 발생시키는 각 출처에서의 오차($n = 1, 2, 3, \cdots$)
∴ $E_c = \sqrt{(18^2 + 3^2 + 9^2 + 5^2)} = 21\%$

> 누적오차
> 관측 수효가 늘어나도 그 크기가 0에 가까워지지 않는 오차를 말한다. 동일한 측정에 있어서 일정한 조건 하에서는 항상 같은 크기로 생기는 오차로서 측정을 반복함에 따라 오차의 크기가 측정횟수에 비례하여 누적된다.

39 작업환경 측정 분석 시 발생하는 계통오차의 원인으로 옳지 않은 것은?

① 불안정한 기기반응   ② 부적절한 표준액의 제조
③ 시약의 오염   ④ 분석물질의 낮은 회수율

해설 불안정한 기기반응은 오차의 제거 또는 보정이 가능한 계통오차가 아닌, 제거할 수 없고 보정할 수도 없는 우연오차의 원인이다.

정답 33 ③ 34 ① 35 ② 36 ④ 37 ③ 38 ② 39 ①

CHAPTER 1 출제 예상 문제

02 시료 분석

> **학습 POINT**
> 화학분석의 일반사항과 기기분석법의 종류 및 특징에 대하여 완전히 파악하고 학습한다.

01 작업환경 측정법 중 직독식 측정방법(direct reading measurement)으로 옳지 않은 분석기기는?

① 압전천칭식 분진계
② 검지관
③ 원자흡수분광광도계
④ 적외선 흡광분광기

해설 직독식 측정방법(direct reading measurement)에 의한 분석기기
㉠ 상대농도 지시계: 산란광식, 흡수광식, 압전천칭식 분진계
㉡ 검지관
㉢ 적외선 흡광분광기

02 원자흡수분광광도계에 관한 설명으로 옳지 않은 것은?

① 원자흡수분광광도계는 광원, 원자화장치, 단색화장치, 검출부의 주요 요소로 구성되어 있어야 한다.
② 광원은 분석하고자 하는 금속의 흡수 파장의 복사선을 흡수하여야 하며, 주로 속빈양극램프가 사용된다.
③ 작업환경분야에서 가장 널리 사용되는 연료가스와 조연가스의 조합으로는 아세틸렌-공기와 아세틸렌-아산화질소로서 분석대상 금속에 따라 적절히 선택해서 사용한다.
④ 검출부는 단색화 장치에서 나오는 빛의 세기를 측정 가능한 전기적 신호로 증폭시킨 후 이 전기적 신호를 판독장치를 통해 흡광도나 흡광률 또는 투과율 등으로 표시한다.

해설 원자흡수분광광도계의 광원은 분석하고자 하는 금속의 흡수파장 복사선을 방출하여야 하며, 주로 속빈음극램프(중공음극램프)가 사용된다.

- 아세틸렌(C_2H_2)은 탄화칼슘($CaCO_3$)을 물과 반응시켜 생성되거나 가연성 가스로, 에틸렌(C_2H_4) 생산의 2차 생산물이다.
- 아산화질소(N_2O)는 감미로운 향기와 단맛을 지닌 기체로 흡입하면 얼굴 근육에 경련이 일어나 마치 웃는 것처럼 보여, 웃음 가스(laughing gas)라고도 한다.

03 기체크로마토그래피에서 분리관의 분해능을 높이기 위한 방법으로 옳지 않은 것은?

① 온도를 낮춘다.
② 분리관의 길이를 길게 한다.
③ 시료와 고정상의 양을 많게 한다.
④ 고체 지지체의 입자 크기를 작게 한다.

해설 분리관의 분해능을 높이기 위해서는 시료와 고정상의 양을 적게 하는 것이 좋다.

04 검지관법의 특성으로 옳지 않은 것은?

① 색 변화가 시간에 따라 변하므로 제조자가 정한 시간에 읽어야 한다.
② 밀폐공간 등에서 안전상의 문제 시 유용하게 사용 가능하다.
③ 반응시간이 빠른 편이다.
④ 특이도가 높다.

해설 검지관법의 단점으로 특이도가 낮아 다른 방해물질의 영향을 받기 쉽고 오차가 크다.

> 검지관법(detecter tube method, Indicator tube method)
> 가스검지관을 사용하여 행하는 미량 가스의 정성·정량분석방법을 말한다. 가스검지관은 특정한 가스의 분석에 사용되는 시약이 들어있는 가는 관으로 다시 말해 황화수소용 검지관은 40~60 메시(mesh)의 실리카겔에 아세트산납을 흡착시킨 후 건조한 것을 내경이 2~4 mm 정도의 유리관 속에 묻어놓은 것이다.

05 작업환경 측정기관의 유형별 장비 기준에서 유리규산(SiO_2) 유해인자를 측정하려는 때에 해당 설비로 옳은 것은?

① 자외선 분광분석기
② X-ray 회절기
③ 유도결합플라즈마(ICP)
④ 원자흡수분광광도계(AAS)

해설 유리규산(SiO_2) 유해인자를 측정하려는 때에 해당 설비로 X-ray 회절분석기 또는 적외선분광분석기가 있다.

06 작업장 내 유해물질 측정에 대한 기초적인 이론을 설명한 것으로 옳지 않은 것은?

① 작업장 내 유해 화학물질의 농도는 일반적으로 25 ℃, 760 mmHg의 조건하에서 기준농도로써 나타낸다.
② 가스 또는 증기의 ppm과 mg/m^3 간의 상호농도 변환은 $mg/m^3 = ppm \times \frac{24.46}{M}$ (M : 분자량)으로 계산한다.
③ 가스란 상온 상압 하에서 기체상으로 존재하는 것을 말하며 증기란 상온 상압 하에서 액체 또는 고체인 물질이 증기압에 따라 휘발 또는 승화하여 기체로 된 것을 말한다.
④ 유해물질의 측정에는 공기 중에 존재하는 유해물질의 농도를 그대로 측정하는 방법과 공기로부터 분리 농축하는 방법이 있다.

해설 가스 또는 증기의 ppm과 mg/m^3간의 상호농도 변환은 $mg/m^3 = ppm \times \frac{M}{24.46}$ (M : 분자량)으로 계산한다.

정답 01 ③ 02 ② 03 ③ 04 ④ 05 ② 06 ②

CHAPTER 1 출제 예상 문제

07 부피비로 0.01 %는 몇 ppm인가?

① 10 ppm
② 100 ppm
③ 1,000 ppm
④ 10,000 ppm

해설 1 % = 10,000 ppm이므로 0.01 % = 0.01 × 10,000 = 100 ppm

08 온도 표시에 대한 내용으로 옳지 않은 것은?

① 미온은 20 ~ 30 ℃를 말한다.
② 냉수(冷水)는 15 ℃ 이하를 말한다.
③ 온수(溫水)는 60 ~ 70 ℃를 말한다.
④ 상온은 15 ~ 25 ℃, 실온은 1 ~ 35 ℃을 말한다.

해설 미온은 30 ~ 40 ℃를 말한다.

09 노출 기준 대상 유해인자의 노출농도 측정 및 분석을 위한 화학시험의 일반사항 중 용어에 대한 내용으로 옳지 않은 것은?

① "진공"이란 따로 규정이 없는 한 15 mmHg 이하를 뜻한다.
② 시험조작 중 "즉시"란 30초 이내에 표시된 조작을 하는 것을 말한다.
③ "약"이란 그 무게 또는 부피에 대하여 ±10 % 이상의 차이가 있지 아니한 것을 말한다.
④ "회수율"이란 흡착제에 흡착된 성분을 추출과정을 거쳐 분석 시 실제 검출되는 비율을 말한다.

해설 "회수율"이란 여과지에 채취된 성분을 추출과정을 거쳐 분석 시 실제 검출되는 비율을 말한다.

10 물질을 취급 또는 보관하는 동안에 이물(異物)이 들어가거나 내용물이 손실되지 않도록 보호하는 용기는?

① 밀봉용기
② 밀폐용기
③ 기밀용기
④ 폐쇄용기

해설 밀폐용기: 물질을 취급 또는 보관하는 동안에 이물이 들어가거나 내용물이 손실되지 않도록 보호하는 용기

11 물질을 취급 또는 보관하는 동안에 기체 또는 미생물이 침입하지 않도록 내용물을 보호하는 용기는?

① 밀폐용기 ② 밀봉용기
③ 기밀용기 ④ 차광용기

해설
- **밀폐용기**: 물질을 취급 또는 보관하는 동안에 이물이 들어가거나 내용물이 손실되지 않도록 보호하는 용기를 뜻한다.
- **기밀용기**: 물질을 취급 또는 보관하는 동안에 외부로부터의 공기 또는 다른 가스가 침입하지 않도록 내용물을 보호하는 용기를 뜻한다.
- **차광용기**: 광선을 투과하지 않은 용기 또는 투과하지 않게 포장한 용기로서 취급 또는 보관하는 동안에 내용물의 광화학적 변화를 방지할 수 있는 용기를 뜻한다.

12 산과 염기에 관한 내용으로 옳지 않은 것은?

① 산: 양이온을 줄 수 있는 물질
② 염기: 수소이온을 줄 수 있는 물질
③ 강산: 수용액에서 거의 다(100 %) 이온화하여 수소이온을 내는 물질
④ 강염기: 수용액에서 거의 다(100 %) 이온화하여 수산화이온을 내는 물질

해설
염기: 수산화이온(OH^-)을 줄 수 있는 물질

13 시료 공기를 흡수, 흡착 등의 과정을 거치지 않고 진공채취병 등의 채취용기에 물질을 채취하는 방법은?

① 직접채취방법 ② 여과채취방법
③ 고체채취방법 ④ 액체채취방법

해설 가스상 물질의 시료 채취방법
㉠ **액체채취방법**: 시료 공기를 액체 중에 통과시키거나 액체의 표면과 접촉시켜 용해·반응·흡수·충돌 등을 일으키게 하여 해당 액체에 작업환경 측정을 하려는 물질을 채취하는 방법
㉡ **고체채취방법**: 시료 공기를 고체의 입자층을 통해 흡입, 흡착하여 해당 고체입자에 측정하려는 물질을 채취하는 방법
㉢ **직접채취방법**: 시료 공기를 흡수, 흡착 등의 과정을 거치지 아니하고 직접채취대 또는 진공채취병 등의 채취용기에 물질을 채취하는 방법
㉣ **냉각응축채취방법**: 시료 공기를 냉각된 관 등에 접촉 응축시켜 측정하려는 물질을 채취하는 방법
㉤ **여과채취방법**: 시료 공기를 여과재를 통하여 흡입함으로써 해당 여과재에 측정하려는 물질을 채취하는 방법

정답 07 ② 08 ① 09 ④ 10 ② 11 ② 12 ② 13 ①

14 공기 10 L 로부터 벤젠(분자량 = 78.1)을 고체흡착관에 채취하였다. 시료를 분석한 결과 벤젠의 양은 4 mg이고, 탈착 효율은 95 %였다. 공기 중 벤젠농도는? (단, 25 ℃, 1기압 기준)

① 약 87 ppm ② 약 96 ppm
③ 약 113 ppm ④ 약 132 ppm

해설

$$벤젠농도(mg/m^3) = \frac{질량}{공기\ 채취량 \times 탈착\ 효율}$$

$$= \frac{4\ mg}{10\ L \times 0.95 \times \left(\frac{m^3}{1,000\ L}\right)} = 421\ mg/m^3$$

$$\therefore 벤젠농도(ppm) = 421 \times \frac{24.45}{78.1} = 131.8\ ppm$$

15 흡착제에 관한 설명으로 옳지 <u>않은</u> 것은?

① 다공성 중합체는 활성탄보다 비표면적이 작다.
② 다공성 중합체는 특별한 물질에 대한 선택성이 좋은 경우가 있다.
③ 탄소분자체는 수분의 영향이 적어 대기 중 휘발성이 적은 극성 화합물 채취에 사용된다.
④ 탄소분자체는 합성다중체나 석유타르 전구체의 무산소 열분해로 만들어지는 구형의 다공성 구조를 가진다.

해설 탄소분자체는 사용 시 가장 큰 제한요인이 습도이기 때문에 휘발성이 큰 비극성 유기화합물의 채취에 흑연체를 많이 사용한다.

> **탄소분자체(CMS, Carbon Molecular Sieve)**
> 기체분자와 유사한 크기의 기공이 표면에 균일하게 분포하고 있어 흡착 및 탈착 속도가 빨라 기체 분리 공정에 널리 사용되고 있는 소재이다.

16 오염물질이 흡착관의 앞층에 포함된 다음 뒷층에 흡착되기 시작되어 기류를 따라 흡착관을 빠져나가는 현상은?

① 파과 ② 흡착
③ 흡수 ④ 탈착

해설 일반적으로 활성탄관 시료 채취에 문제가 되는 것은 파과 현상(breakthrough)인데 이는 시료가 앞 층을 흡착하지 못하고 뒷층으로 넘어가는 것을 말한다. 보통 앞층의 10 %가 뒷층에서 검출되면 시료는 파과 현상이 일어났다고 판단하고 재측정하는 것을 NIOSH 방법에서는 원칙으로 하고 있다.

17 흡착제로 가장 많이 사용하는 것은?

① 활성탄 ② 실리카겔
③ 알루미나 ④ 마그네시아

해설 가장 많이 사용되는 흡착제는 활성탄으로 주로 야자열매를 태워서 만든 숯으로 보통의 숯보다 표면에 미세한 구멍이 아주 많아 흡착제 역할을 잘 수행한다.

18 흡착제인 활성탄의 제한점에 관한 설명으로 옳지 않은 것은?

① 비교적 높은 습도는 활성탄의 흡착용량을 저하시킨다.
② 암모니아, 에틸렌, 염화수소와 같은 저비점 화합물에 효과가 적다.
③ 표면에 산화력이 없어 반응성이 작은 알데하이드 채취에 부적합하다.
④ 휘발성이 매우 큰 저분자량의 탄화수소 화합물의 채취효율이 떨어진다.

해설 활성탄의 제한점
㉠ 비교적 높은 습도는 활성탄의 흡착용량을 저하시킴
㉡ 휘발성이 매우 큰 저분자량의 탄화수소 화합물의 채취효율이 떨어짐
㉢ 암모니아, 에틸렌, 염화수소와 같은 저비점 화합물에 비효과적임
㉣ 표면의 산화력이 작기 때문에 반응성이 큰 알데하이드의 채취에 비효과적임

19 작업환경 측정 시 활성탄관에 흡착된 유기용제 물질(할로겐화탄화수소류) 탈착에 일반적으로 사용되는 탈착 용매는?

① CS_2 ② C_6H_6
③ H_2O ④ CH_2OH

해설 활성탄관으로 채취하였을 때 할로겐화탄화수소류의 탈착 용매는 이황화탄소(CS_2)가 사용된다.

20 가장 많이 사용되는 표준형의 활성탄관의 경우, 앞층과 뒷층에 들어 있는 활성탄의 양은 얼마인가? (단, 앞층: 공기 입구 쪽)

① 앞층: 50 mg, 뒷층: 100 mg ② 앞층: 100 mg, 뒷층: 50 mg
③ 앞층: 200 mg, 뒷층: 300 mg ④ 앞층: 300 mg, 뒷층: 200 mg

해설 작업환경 측정 시 많이 사용하는 흡착관은 앞층이 100 mg, 뒷층이 50 mg으로 되어 있는데 오염물질에 따라 다른 크기의 흡착제를 사용하기도 한다.

활성탄관법은 펌프와 튜브를 연결해 일정한 유량으로 공기를 빨아들여 활성탄을 이용한 흡착관에 유기용제가 흡착되는 원리를 이용한 것이다.

정답 14 ④ 15 ③ 16 ① 17 ① 18 ③ 19 ① 20 ②

21 탈착 용매로 사용되는 이황화탄소에 대한 설명으로 옳지 <u>않은</u> 것은?

① 이황화탄소는 유해성이 강하다.
② 상온에서 휘발성이 약하여 분석에 영향이 적은 장점이 있다.
③ 주로 활성탄관으로 비극성 유기용제를 채취하였을 때 탈착 용매로 사용한다.
④ 탈착 효율이 좋은 용매이며 기체크로마토그래피(FID)에서 피크가 작게 나온다.

해설 상온에서 휘발성이 강하여 장시간 보관하면 휘발로 인해 분석농도가 정확하지 않다.

22 작업환경 측정 시 사용되는 흡착제에 관한 설명으로 옳지 <u>않은</u> 것은?

① 채취효율을 높이기 위하여 흡착제에 시약을 처리하여 사용하기도 한다.
② 활성탄은 불포화 탄소결합을 가진 분자를 선택적으로 흡착하는 능력이 있다.
③ 대게 극성오염물질에는 극성 흡착제를, 비극성오염 물질에는 비극성 흡착제를 사용한다.
④ 일반적으로 흡착관의 앞층은 100 mg, 뒷층은 50 mg으로 되어있으나 오염물질에 따라 다른 크기의 것을 사용한다.

해설 활성탄은 포화 탄소결합(극성)을 가진 분자를 선택적으로 흡착하는 능력이 있다.

23 공기 중 시료 채취원리에서 반데르발스 힘과 관련 있는 것은?

① 미젯임핀저
② PVC filter
③ 활성탄관
④ 유리섬유 여과지

해설 활성탄관을 사용하는 흡착은 분자층으로 구성된 고체의 미세공 표면에서 화학적 결합. 또는 미세공에 물리적 충진현상으로 인하여 기체의 분자 및 원자에 대한 강한 흡착력을 이용하여 오염된 기체를 제거하는 방법이다. 이때 작용하는 반데르발스 힘으로 물리흡착. 이온결합. 공유결합력으로 화학흡착이 일어난다.

> **반데르발스 힘**
> (van der waals force)
> 물리화학에서 공유결합이나 이온의 전기적 상호작용이 아닌 분자 간 혹은 한 분자 내의 부분 간의 인력이나 척력을 말한다.

24 매체 중 흡착의 원리를 이용하여 시료를 채취하는 방법으로 옳지 않은 것은?

① 활성탄관 ② 실리카젤관
③ Molecular seive ④ PVC 여과지

해설 흡착의 원리를 이용하여 시료를 채취하는 흡착제의 종류: 활성탄(activated carbon), 알루미나(alumina), 실리카젤(silica gel), SOx, NOx, Hg의 오염물질을 흡착할 수 있는 분자체(molecular sieve), 기체의 정제, 공기분리, 탄화수소의 분리 및 회수에 이용되는 제올라이트(zeolite) 등이 있다.
• PVC 여과지는 분진의 채취에 사용되는 여과재이다.

25 유기용제 중 활성탄관을 사용하여 효과적으로 채취하기에 어려운 시료는?

① 방향족 아민류 ② 할로겐화 탄화수소류
③ 에스테르류 ④ 케톤류

해설 활성탄관을 사용하여 채취하기 용이한 시료
㉠ 비극성(포화결합)의 유기용제
㉡ 각종 방향족 유기용제(방향족 탄화수소류)
㉢ 할로겐화 지방족 유기용제(할로겐화 탄화수소류)
㉣ 에스테르류, 에테르류, 케톤류
방향족 아민류는 실리카젤관을 사용하여 흡착한다.

▶ 방향족 아민
살충제, 의약품 및 염료의 전구체로 널리 사용하는 아민에 연결된 방향족 고리로 구성된 유기화합물이다. 대표적인 방향족 아민류는 다음과 같다.

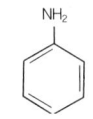

아닐린

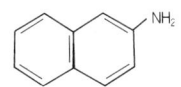

2-나프틸아민

벤지딘(benzidine) 또는 바이페닐다이아민

26 고체 흡착제를 이용하여 시료 채취를 할 때 영향을 주는 인자에 관한 설명으로 옳지 않은 것은?

① 온도: 고온일수록 흡착 성질이 감소하며 파과가 일어나기 쉽다.
② 오염물질농도: 공기 중 오염물질의 농도가 높을수록 파과공기량이 증가한다.
③ 흡착제의 크기: 입자의 크기가 작을수록 채취효율이 증가하나 압력강하가 심하다.
④ 시료 채취 유량: 시료 채취 유량이 높으면 파과가 일어나기 쉬우며 코팅된 흡착제일수록 그 경향이 강하다.

해설 공기 중 오염물질의 농도가 높을수록 파과 현상이 비례적으로 증가한다. 즉 파과용량(흡착제에 흡착된 오염물질량)이 증가하지만 파과공기량은 감소한다.

정답 21 ② 22 ② 23 ③ 24 ④ 25 ① 26 ②

CHAPTER 1 출제 예상 문제

27 유기용제 중 활성탄관을 사용하여 효과적으로 채취할 수 없는 시료는?

① 할로겐화탄화수소류   ② 나이트로벤젠류
③ 케톤류   ④ 알코올류

해설 나이트로벤젠류는 실리카젤관을 사용하여 흡착한다.

> 나이트로벤젠(Nitrobenzene)은 벤젠을 혼합산으로 나이트로화하면 얻어지는 방향족 나이트로 화합물이다. 분자식은 $C_6H_5NO_2$이며, 무색의 액체이다.

28 흡착관을 이용하여 시료를 채취할 때 고려해야 할 사항으로 옳지 <u>않은</u> 것은?

① 파과 현상이 발생할 경우 오염물질의 농도를 과소평가할 수 있으므로 주의해야 한다.
② 활성탄 흡착제는 탄소의 불포화결합을 가진 분자를 선택적으로 흡착하며 큰 비표면적을 가진다.
③ 시료 저장 시 흡착물질의 이동현상(migration)이 일어날 수 있으며 파과현상과 구별하기 힘들다.
④ 작업환경 측정 시 많이 사용하는 흡착관은 앞층이 100 mg, 뒤층이 50 mg으로 되어 있는데 오염물질에 따라 다른 크기의 흡착제를 사용하기도 한다.

해설 각종 흡착제의 선택성

구분		비극성(포화결합) : 유기질	극성(불포화결합) : 무기질
大 (분자의 크기)		탄소질 흡착제(활성탄 등)	실리카, 알루미나계 흡착제(실리카젤, 알루미나겔)
小		분자체 탄소 (molecular sieving carbon)	활성 제오라이트 (molecular sievie zeolite)

활성탄 흡착제는 탄소의 포화결합을 가진 분자를 선택적으로 흡착하며 큰 비표면적을 가진다.

29 실리카젤관을 이용하여 채취한 물질을 분석할 때 보정해야 하는 실험은?

① 특이성 실험   ② 산화율 실험
③ 탈착효율 실험   ④ 물질의 농도범위 실험

해설 흡착제를 이용하여 채취한 물질을 분석할 때 보정해야 하는 실험이 탈착효율 실험으로 탈착효율이란 흡착제에 흡착된 성분을 추출과정을 거쳐 분석 시 실제 검출되는 비율을 말한다. 따라서 실리카젤관을 이용하여 채취한 물질을 분석할 때 보정해야 하는 실험은 탈착효율 실험이다.

탈착효율(DE, desorption efficiency) = 검출량/주입량

30 유기용제 중 실리카젤에 대한 친화력이 가장 강한 것은?

① 방향족 탄화수소류 ② 알코올류
③ 케톤류 ④ 에스테르류

해설 실리카젤의 친화력(극성이 강한 순서)
물 > 알코올류 > 알데하이드류 > 케톤류 > 에스테르류 > 방향족 탄화수소류 > 올레핀류 > 파라핀류

31 실리카젤이 활성탄에 비해 갖는 특징으로 옳지 않은 것은?

① 유독한 이황화탄소를 탈착 용매로 사용하지 않는다.
② 활성탄에 비해 수분을 잘 흡수하여 습도에 민감하다.
③ 활성탄으로 채취가 쉬운 아닐린, 오르쏘-톨루이딘 등의 아민류는 실리카젤 채취가 어렵다.
④ 극성물질을 채취한 경우 물, 메탄올 등 다양한 용매로 쉽게 탈착되고, 추출액이 화학분석이나 기기분석에 방해물질로 작용하는 경우가 많지 않다.

해설 실리카젤관을 사용하여 채취하기 용이한 시료
㉠ 극성류의 유기용제, 무기산
㉡ 방향족 아민류, 지방족 아민류
㉢ 니트로벤젠, 페놀
활성탄으로 채취가 어려운 아닐린, 오르쏘-톨루이딘 등의 아민류는 실리카젤 채취가 쉽다.

실리카젤은 부정형의 sodium silicate와 황산 용액을 건조하여 제조된 silicate라고 할 수 있다. 주성분은 95% 이상이 silicon이며, 기타 산소와 수소가 존재할 수 있다. 실리카젤의 표면은 silanols(Si-O-H)이라는 구조를 가지며, 이러한 구조로 인해 실리카젤이 극성을 갖도록 한다. 실리카젤은 활성탄에 비해 반응성이 적고 열에 의해 쉽게 탈착되는 장점을 갖고 있는 반면, 습도에 민감하여 주의해야 하는 단점이 있다.

32 실리카젤관이 활성탄관에 비해 갖는 장점으로 옳지 않은 것은?

① 활성탄관에 비해서 수분을 잘 흡수한다.
② 유독한 이황화탄소를 탈착 용매로 사용하지 않는다.
③ 극성물질을 채취한 경우 물, 메탄올 등 다양한 용매로 쉽게 탈착된다.
④ 추출액이 화학분석이나 기기분석에 방해물질로 작용하는 경우가 많지 않다.

해설 실리카젤관은 활성탄에 비해 수분을 잘 흡수하여 습도에 민감하기 때문에 주의해야 하는 단점이 있다.

정답 27 ② 28 ② 29 ③ 30 ② 31 ③ 32 ①

33 실리카젤 흡착관에 대한 설명으로 옳지 않은 것은?

① 유독한 이황화탄소를 탈착 용매로 사용하지 않는다.
② 추출용액이 화학분석이나 기기분석에 방해물질로 작용하는 경우가 많지 않다.
③ 활성탄으로 채취가 어려운 아닐린, 오르쏘-톨루이딘 등의 아민류 채취가 가능하다.
④ 실리카젤은 극성이 강하여 극성물질을 채취한 경우 물과 같은 일반 용매로는 탈착되기 어렵다.

해설 실리카젤은 극성이 강하여 극성물질을 채취한 경우 물, 메탄올 등 다양한 용매로 쉽게 탈착된다.

34 흡착제 중 다공성 중합체에 관한 설명으로 옳지 않은 것은?

① 활성탄보다 비표면적이 작다.
② 특별한 물질에 대한 선택성이 좋다.
③ 활성탄보다 흡착용량이 크며 반응성도 높다.
④ 테낙스 GC(Tenax GC)는 열안정성이 높아 열탈착에 의한 분석이 가능하다.

해설
- 다공성 중합체의 장단점
  ㉠ 아주 적은 양도 효율적으로 탈착이 가능하다.
  ㉡ 고온에서 열안정성이 뛰어나 열탈착이 가능하다.
  ㉢ 저농도 오염물질의 측정이 가능하다.
  ㉣ 비휘발성 물질(예, 이산화탄소)에 의해 치환반응 나타나 분석에 영향을 준다.
  ㉤ 시료에 대한 산화·가수·결합 반응이 일어날 수 있다.
  ㉥ 아민류, 글리콜류는 비가역적 흡착 발생하여 흡착관을 교체해야 한다.
  ㉦ 반응성 강한 기체(무기산, 이산화황) 존재 시 시료의 화학적 변화가 일어나 분석에 영향을 준다.
- 다공성 중합체(porous polymer)는 활성탄보다 흡착용량이 적으며 반응성도 적다.

35 시료 채취방법에 따라 분류할 때, 활성탄관의 사용이 속하는 방법은?

① 직접채취방법
② 액체채취방법
③ 여과채취방법
④ 고체채취방법

해설 고체채취방법: 시료 공기를 활성탄관의 고체의 입자층을 통해 흡입, 흡착하여 해당 고체입자에 측정하려는 물질을 채취하는 방법

36 고체채취방법에 관한 설명으로 옳지 않은 것은?
① 시료 공기를 흡착력이 강한 고체의 작은 입자층을 통과시켜 채취하는 방법이다.
② 채취된 유기물은 일반적으로 이황화탄소(CS_2)로 탈착하여 분석용 시료로 사용된다.
③ 시료의 채취는 사용하는 고체입자층의 채취효율을 고려하여 일정한 흡입유량으로 한다.
④ 실리카젤은 산과 같은 극성물질의 채취에 사용되며 수분의 영향을 거의 받지 않으므로 널리 사용된다.

해설 실리카젤은 산과 같은 극성물질의 채취에 사용되며 수분의 영향을 받으므로 사용에 주의한다.

37 시료 공기를 액체 중에 통과시키거나 액체의 표면과 접촉시켜 일어나는 현상을 이용하여 해당 액체에 측정하려는 물질을 채취하는 방법인 액체채취방법에서 발생하는 현상으로 옳지 않은 것은?
① 용해 ② 흡수
③ 충돌 ④ 응축

해설 액체채취방법: 시료 공기를 액체 중에 통과시키거나 액체의 표면과 접촉시켜 용해·반응·흡수·충돌 등을 일으키게 하여 해당 액체에 측정을 하려는 물질을 채취하는 방법을 말한다.

38 직접채취방법에 사용되는 시료 채취백에 대한 설명으로 옳은 것은?
① 누출검사가 필요 없다.
② 정확성과 정밀성이 매우 높은 방법이다.
③ 시료 채취백의 재질은 투과성이 커야 한다.
④ 이전 시료 채취로 인한 잔류효과가 적어야 한다.

해설 직접채취방법에 사용되는 시료 채취백에 사용에 따른 사항
㉠ 정확성과 정밀성이 낮은 방법이다.
㉡ 사용 전에 누출검사를 반드시 해야 한다.
㉢ 시료 채취백의 재질은 투과성이 적어야 한다.
㉣ 이전 시료 채취로 인한 잔류효과가 적어야 한다.

정답 33 ④ 34 ③ 35 ④ 36 ④ 37 ④ 38 ④

CHAPTER 1 출제 예상 문제

39 직접채취방법에 사용되는 시료 채취백의 특징으로 옳지 않은 것은?

① 연속 시료 채취가 가능하다.
② 개인 시료 채취도 가능하다.
③ 시료 채취 후 장시간 보관이 가능하다.
④ 가볍고 가격이 저렴할 뿐 아니라 깨질 염려가 없다.

해설 직접채취방법에 사용되는 시료 채취백에 채취된 시료는 장기간 보관이 어려우므로 짧은 시간 내에 분석을 행하여야 한다.

40 순간 시료 채취에서 가스나 증기상 물질을 직접채취방법으로 옳지 않은 것은?

① 주사기에 의한 채취
② 흡착제에 의한 채취
③ 진공 플라스크에 의한 채취
④ 시료 채취 백에 의한 채취

해설 흡착제에 의한 채취는 고체채취방법으로 행한다.

41 일반적으로 사용하는 순간 시료 채취기(grab sampler)로 옳지 않은 것은?

① 버블러
② 진공 플라스크
③ 시료 채취백
④ 스테인레스스틸 캐니스터

해설
• 순간 시료 채취기
  ㉠ 진공 플라스크
  ㉡ 검지관
  ㉢ 직독식 기기
  ㉣ 스테인레스스틸 캐니스터
  ㉤ 시료 채취백(플라스틱백)
• 버블러(흡수병)는 액체 시료 채취방법에 사용하는 시료 채취기이다.

42 알고 있는 공기 중 농도를 만드는 방법인 Dynamic Method의 장점으로 옳지 않은 것은?

① 만들기가 간단하고 가격이 저렴하다.
② 가스, 증기, 에어로졸 실험도 가능하다.
③ 다양한 농도 범위에서 제조가 가능하다.
④ 소량의 누출이나 벽면에 의한 손실은 무시한다.

해설 측정기기 교정용 기체상 표준가스 제조방법으로 동적 방법(dynamic method)은 표준물질을 구성하는 성분 물질을 연속적으로 주입하여 혼합, 원하는 조성과 농도의 표준물질을 제조하는 방법이다. 이 방법은 제조가 어렵고 비용이 많이 드는 단점이 있다.

43 가스상 물질의 분석 및 평가를 위해 '알고 있는 공기 중 농도'를 만드는 방법인 Dynamic Method에 관한 설명으로 옳지 <u>않은</u> 것은?

① 지속적인 모니터링이 필요하다.
② 만들기가 복잡하고 가격이 고가이다.
③ 매우 일정한 농도를 유지하기 용이하다.
④ 소량의 누출이나 벽면에 의한 손실은 무시할 수 있다.

해설 측정기기 교정용 기체상 표준가스 제조방법 중 동적 방법(dynamic method)은 매우 일정한 농도를 유지하기가 곤란하다.

44 작업장 환경 중 입자상 물질을 채취하는 기기로 옳지 <u>않은</u> 것은?

① Cascade Impactor
② Detector tube method
③ 10 mm Nylon cyclone
④ Condensation nucleus counters

해설 Detector tube method는 검지관법으로 가스상 물질을 채취하는 기기이다. Condensation nucleus counters는 응축입자 계수기(CPC) 혹은 Aitken 핵 계수기(ANC)라고도 하며, 검출 가능한 크기 이상의 모든 입자의 수를 측정하는 기기이다.

45 바이오에어로졸을 시료 채취하여 2개의 배양접시에 배지를 사용하여 세균을 배양하였다. 시료 채취 전의 유량은 24.6 L/min 였으며, 시료 채취 후의 유량은 27.6 L/min였다. 시료 채취가 11분(T, min)동안 시행 되었다면 시료 채취에 사용된 공기의 부피는?

① 276 L
② 287 L
③ 293 L
④ 298 L

해설 시료 채취 전의 유량과 시료 채취 후의 유량의 평균, $\frac{24.6 + 27.6}{2} = 26.1\,\text{L/min}$

∴ $26.1\,\text{L/min} \times 11\,\text{min} = 287\,\text{L}$

다단포집기(CCI, Compact Cascade Impactor)
관성력의 원리를 이용하여 공기역학적 직경에 따라 공기 중 입자를 크기별로 채취하는 장치이다.

10 mm nylon cyclone
37 mm 필터 카세트와 함께 사용되어 먼지 입자를 크기별로 분리하여 호흡할 수 있는 입자는 필터에 수집되고 더 큰 입자는 제거되어 공기 중의 입자를 채취하는 장치이다.

CNC(Condensation Nuclei Counter, 응축핵계수기)
반도체, 연구소 등에서 더욱 미세한 입자를 정확하게 측정하기 위하여 광산란식 측정법으로 측정할 수 없는 입자의 범위를 측정하도록 만들어진 장치이다.

정답 39 ③ 40 ② 41 ① 42 ① 43 ③ 44 ② 45 ②

CHAPTER 1 출제 예상 문제

46 작업장에 존재하는 유해물질의 독성에 따른 적정한 시료 채취시간을 선정할 경우 급성독성물질의 시료 채취 시간은?

① 15분
② 30분
③ 1시간
④ 1시간 30분

해설 급성독성물질의 시료 채취시간은 단시간인 15분이다.

47 측정에서 사용되는 용어에 대한 설명으로 옳지 않은 것은?

① "검출한계"란 분석기기가 검출할 수 있는 가장 작은 양을 말한다.
② "정량한계"란 분석기기가 정성적으로 측정할 수 있는 가장 작은 양을 말한다.
③ "회수율"이란 여과지에 채취된 성분을 추출과정을 거쳐 분석 시 실제 검출되는 비율을 말한다.
④ "탈착효율"이란 흡착제에 흡착된 성분을 추출과정을 거쳐 분석 시 실제 검출되는 비율을 말한다.

해설 정량한계(LOQ, limit of quantization): 분석기기가 정량적으로 측정할 수 있는 가장 작은 양을 말한다. 즉, 분석기마다 바탕선량과 구별하여 분석될 수 있는 최소의 양. 즉 분석 결과가 어느 주어진 분석 절차에 따라서 합리적인 신뢰성을 가지고 정량 분석할 수 있는 가장 작은 양이나 농도이며 일반적으로 표준편차의 10배 또는 검출한계(LOD)의 3배 또는 3.3배로 정의한다.

48 분석과 관련된 용어에 대한 설명 또는 계산방법으로 옳지 않은 것은?

① 회수율(%) = (분석량/첨가량) ×100
② 탈착효율(%) = (첨가량/분석량) ×100
③ 검출한계는 어느 정해진 분석 절차로 신뢰성 있게 분석할 수 있는 분석물질의 가장 낮은 농도나 양이다.
④ 정량한계는 어느 주어진 분석 절차에 따라서 합리적인 신뢰성을 가지고 정량·분석할 수 있는 가장 작은 양의 농도나 양이다.

해설 탈착효율: 채취한 유기화합물 등의 분석값을 보정하는 데 필요한 것으로 시료 채취 매체와 동일한 흡착관 등에 주입량과 검출량의 비로 표현된 것을 말한다. 즉, 탈착효율(%) = (검출량/주입량) ×100

49 작업장 공기 중 벤젠(분자량: 78, TLV: 10 ppm)을 개인 시료 채취기를 이용하여 0.05 L/min 유량으로 채취하여 검출한계(LOD)가 0.01 mg인 기체크로마토그래피로 분석할 경우 채취해야 할 최소유량(L)은?

① 1.563
② 3.125
③ 6.250
④ 12.50

해설 노출 기준의 단위를 ppm에서 mg/m^3으로 바꾼다.

$$mg/m^3 = 10 \times \frac{78}{24.45} = 32\,mg/m^3$$

∴ 채취해야 할 최소 공기량(L) = $\dfrac{\text{분석기기의 감도(LOD)}}{\left(\dfrac{1}{10}\right) \times \text{측정대상 물질의 노출 기준}}$

$$= \frac{0.01\,mg}{0.1 \times 32\,mg/m^3} \times 1,000\,L/m^3 = 3.125\,L$$

50 어떤 유해물질을 분석하는 데 사용할 분석법의 검출한계는 5 μg이다. 이 물질의 노출 기준($0.5\,mg/m^3$)의 1/10에 해당하는 농도를 검출하기 위해서는 0.2 L/분의 유량으로 몇 분을 채취해야 하는가?

① 5분
② 50분
③ 500분
④ 5,000분

해설 채취해야 할 최소유량(L) = $\dfrac{\text{분석기기의 감도(LOD)}}{\dfrac{1}{10} \times \text{노출 기준(TLV)}}$

$$= \frac{5\,\mu g \times \dfrac{mg}{10^3\,\mu g}}{\dfrac{1}{10} \times 0.5\,mg/m^3} = 0.1\,m^3 = 100\,L$$

∴ 시료 채취시간 = $\dfrac{\text{공기 채취량}}{\text{유량}} = \dfrac{100\,L}{0.2\,L/min} = 500\,min$

51 공기 중 납의 과거 농도가 $0.01\,mg/m^3$으로 알려진 축전지 제조공장의 근로자 노출농도를 측정하고자 한다. 정량한계(LOQ)가 5 μg인 기기를 이용하여 분석하고자 할 때 채취하여야 할 최소의 공기량은?

① 5 L
② 50 L
③ 500 L
④ 5 m^3

해설 최소 공기량 = $\dfrac{\text{LOQ}}{\text{과거 농도}} = \dfrac{5\,\mu g \times \dfrac{mg}{10^3\,\mu g}}{0.01\,mg/m^3} = 0.5\,m^3 = 500\,L$

정답 46 ① 47 ② 48 ② 49 ② 50 ③ 51 ③

CHAPTER 1 출제 예상 문제

52 일정한 압력조건에서 부피와 온도가 비례한다는 표준가스 법칙은?

① 보일의 법칙
② 샤를의 법칙
③ 게이-뤼삭의 법칙
④ 라울트의 법칙

해설 샤를의 법칙(Charles's law): 압력이 일정할 때 기체의 온도가 높아지면 기체의 부피가 증가하고, 온도가 낮아지면 부피가 감소하는 법칙으로 게이-뤼삭의 법칙과 같다.

53 TCE(분자량 = 131.39)에 노출되는 근로자의 노출농도를 측정하고자 한다. 추정되는 농도는 25 ppm이고, 분석 방법의 정량한계가 시료당 0.5 mg일 때, 정량한계 이상의 시료량을 얻기 위해 채취하여야 하는 최소공기량은? (단, 25 ℃, 1기압 기준)

① 약 2.4 L
② 약 3.7 L
③ 약 4.2 L
④ 약 5.3 L

해설 먼저 노출 기준 ppm을 mg/m³으로 환산한다. $25 \times \dfrac{131.39}{24.45} = 134.4 \, mg/m^3$

최소 공기량 = $\dfrac{LOQ}{추정농도} = \dfrac{0.5 \, mg}{134 \, mg/m^3} = 0.0037 \, m^3 = 3.7 \, L$

54 기체에 관한 법칙 중 일정한 온도조건에서 부피와 압력은 반비례한다는 표준가스 법칙은?

① 보일의 법칙
② 샤를의 법칙
③ 게이-뤼삭의 법칙
④ 라울트의 법칙

해설 보일의 법칙(Boyle's law): 용기의 부피가 감소할 때 용기 내 기체의 압력이 증가하는, 즉 일정한 온도조건에서 가스의 부피와 압력이 반비례하는 법칙을 나타낸 법칙이다.

55 온도 27 ℃인 때의 체적이 1 m³인 기체를 온도 127 ℃까지 상승시켰을 때의 변화된 최종체적은 얼마인가? (단, 기타 조건은 변화 없음)

① 1.13 m³
② 1.33 m³
③ 1.47 m³
④ 1.73 m³

해설 샤를의 법칙에서 $V_2 = V_1 \times \dfrac{T_2}{T_1} = 1 \, m^3 \times \dfrac{(273+127)K}{(273+27)K} = 1.33 \, m^3$

보일의 법칙(Boyle's law)
용기의 부피가 감소할 때 용기 내 기체의 압력이 증가하는, 즉 일정한 온도조건에서 가스의 부피와 압력이 반비례하는 법칙을 나타낸 법칙이다.

게이-뤼삭의 법칙 (Gay-Lussac's law)
기체의 온도와 부피의 관계를 나타내는 제1법칙과 제2법칙이 있다.
㉠ 제1법칙: 기체의 부피는 일정한 압력하에서는 기체의 종류에 관계없이 절대온도에 정비례하여 증가한다. 이 법칙은 1801년 게이-뤼삭에 의해 확립되었으나 이보다 앞서 1787년에 샤를이 같은 내용을 발표하고 있어, 샤를 법칙이라고도 한다.
㉡ 제2법칙: 기체 반응의 법칙이라고도 하며 두 기체가 서로 과부족 없이 반응할 때 이들 기체와 생성된 기체의 부피 사이에는 간단한 정수비(整數比)의 관계가 성립된다.

라울트의 법칙(Raoult's law)
비휘발성, 비전해질인 용질이 녹아 있는 용액의 증기압 내림은 용질의 몰분율에 비례하며 또한 비휘발성 용액 속 용매의 증기압은 용매의 몰분율에 비례한다는 법칙이다.

56 다음 내용은 무슨 법칙에 해당하는가?

> 일정한 부피 조건에서 압력과 온도는 비례함

① 라울트의 법칙 ② 샤를의 법칙
③ 게이-뤼삭의 법칙 ④ 보일의 법칙

 게이 뤼삭의 법칙(Gay-Lussac's law): 일정 부피 조건에서 압력과 온도 사이의 비례 관계를 말함

$$\frac{P}{T} = 일정 \text{ 또는 } \frac{P_1}{T_1} = \frac{P_2}{T_2}$$

57 3,000 mL의 0.002 M의 황산용액을 만들려고 한다. 5 M 황산을 이용할 경우 몇 mL가 필요한가?

① 0.6 mL ② 1.2 mL
③ 1.8 mL ④ 2.4 mL

 묽힘의 법칙 $NV = N'V'$에서 $5\,\text{M} \times V\,\text{mL} = 0.002\,\text{M} \times 3,000\,\text{mL}$
∴ $V = 1.2\,\text{mL}$

58 브로민화바이닐(vinyl bromide)을 사용하는 작업장의 예상농도가 0.44 mg/m³이다. 채취하여야 할 최소한의 시간은? (단, 정량한계(LOQ)의 하한치가 7.8 μg이고 시료 채취 펌프의 유량은 0.2 L/min이다.)

① 66 min ② 89 min
③ 124 min ④ 163 min

 정량한계를 기준으로 최소한으로 채취하여야 하는 공기량이 결정되므로

$$\frac{\text{LOQ}}{\text{예상농도}} = \frac{7.8\,\mu\text{g}}{0.44\,\text{mg/m}^3 \times \left(\frac{1,000\,\mu\text{g}}{\text{mg}}\right)} = 0.0177\,\text{m}^3 = 17.7\,\text{L}$$

채취 최소시간 $= \dfrac{17.7\,\text{L}}{0.2\,\text{L/min}} = 88.5\,\text{min}$

CHAPTER 1 출제 예상 문제

59 0.01 N – NaOH 수용액 중의 [H$^+$]는 몇 mole/L인가?

① 1×10^{-2}
② 1×10^{-13}
③ 1×10^{-12}
④ 1×10^{-11}

해설 NaOH ↔ Na$^+$ + OH$^-$ 에서 0.01 N NaOH 수용액 중 [OH$^-$] = 0.01 M(mol/L)이므로
pOH = $-\log$[OH$^-$] = $-\log(0.01)$ = 2, pH + pOH = 14에서 pH = 12.
12 = $-\log$[H$^+$]에서 [H$^+$] = 10^{-12} (mole/L)

60 표준상태(25 ℃, 1기압)의 작업장에서 Toluene(MW: 92)을 활성탄관을 이용하여 유량 0.25 L/분으로 200분간 채취하여 GC로 분석을 하였다. 분석 결과 활성탄관 100 mg층에서 3.3 mg이 검출되었고, 50 mg 층에는 0.1 mg이 검출되었다. 탈착효율이 95 %일 때 공기 중 Toluene의 농도는? (단, 공시료는 고려하지 않음)

① 59.0 mg/m^3
② 62.0 mg/m^3
③ 71.6 mg/m^3
④ 83.6 mg/m^3

해설 톨루엔 농도(mg/m^3) = $\dfrac{\text{질량}}{\text{공기 채취량} \times \text{탈착 효율}}$

$= \dfrac{(3.3+0.1)\,\text{mg}}{0.25\,\text{L/min} \times 200\,\text{min} \times \left(\dfrac{\text{m}^3}{1{,}000\,\text{L}}\right) \times 0.95}$

$= 71.58\,\text{mg/m}^3$

CHAPTER 2 분진 측정

출제 예상 문제

01 분진 농도

01 입자상 물질의 종류 중 연마, 분쇄, 절삭 등의 작업공정에서 고형물질이 파쇄되어 발생되는 미세한 고체입자를 무엇이라 하는가?
① 흄(fume)
② 먼지(dust)
③ 미스트(mist)
④ 연기(smoke)

해설 입자상 물질이란 물질이 파쇄·선별·퇴적·이적(移積)될 때, 그 밖에 기계적으로 처리되거나 연소·합성·분해될 때에 발생하는 고체상 또는 액체상의 미세한 물질을 말한다.
㉠ 먼지: 대기 중에 떠다니거나 흩날려 내려오는 입자상 물질을 말한다.
㉡ 매연: 연소할 때에 생기는 유리(遊離) 탄소가 주가 되는 미세한 입자상 물질을 말한다.
㉢ 검댕: 연소할 때에 생기는 유리(遊離) 탄소가 응결하여 입자의 지름이 1미크론 이상이 되는 입자상 물질을 말한다.

02 공기 중 오염물질을 분류함에 있어 상온, 상압에서 액체 또는 고체(임계온도가 25 ℃ 이상)물질이 증기압에 따라 휘발 또는 승화하여 기체 상태로 된 것을 무엇이라고 하는가?
① 흄
② 증기
③ 미스트
④ 더스트

해설
• 증기(蒸氣)는 물질이 액체에서 증발하고, 혹은 고체에서 승화하여 기체가 된 상태를 말한다.
• vapor와 gas의 구분

구분	증기(vapor)	기체(가스, gas)
공통점	기체상 물질(가스상 물질)	
차이점	• 가압 시 액체로 응축이 가능함 • 임계점보다 낮은 온도	• 가압 시 액체로 응축이 불가함 • 임계점보다 높은 온도

정답 57 ② 58 ② 59 ③ 60 ③ **01** 01 ② 02 ②

CHAPTER 2 출제 예상 문제

03 먼지와 흄의 차이를 정확히 설명한 것으로 옳은 것은?

① 먼지의 직경이 흄의 직경보다 크다.
② 먼지는 공기 중에서 쉽게 산화된다.
③ 일반적으로 먼지의 독성이 흄의 독성보다 강하다.
④ 먼지와 흄은 모두 고체물질의 충격이나 파쇄에 의하여 발생한다.

해설
- 일반적으로 흄(fume)의 독성이 먼지(dust)의 독성보다 강하다.
- 먼지는 충격이나 파쇄에 의하여 발생하고 흄은 금속의 연소과정(주로 용접 흄)에서 발생한다.
- 흄은 공기 중에서 쉽게 산화된다.
- 흄의 직경은 입자의 지름이 1미크론 미만이 되는 입자상 물질을 말한다.

04 상온 및 상압에서 흄(fume)의 상태로 옳은 것은?

① 고체상태
② 기체상태
③ 액체상태
④ 기체와 액체의 공존상태

해설 흄은 상온에서 고체상태의 물질이 고온으로 액체화된 다음 증기화되고, 증기물의 응축 및 산화로 생기는 고체상의 미립자이다.

05 입자상 물질인 흄(fume)에 관한 설명으로 옳지 않은 것은?

① 용접공정에서 흄이 발생한다.
② 용접 흄은 용접공폐의 원인이 된다.
③ 흄의 입자 크기는 먼지보다 매우 커 폐포에 쉽게 도달되지 않는다.
④ 흄은 상온에서 고체상태의 물질이 고온으로 액체화된 다음 증기화되고, 증기물의 응축 및 산화로 생기는 고체상의 미립자이다.

해설 흄(fume)의 입경: $0.01 \sim 1.0\ \mu m$로 먼지의 입경 $0.1 \sim 30.0\ \mu m$보다 적어 폐포에 쉽게 도달한다.

06 입자상 물질의 하나인 흄(fume)의 발생기전 3단계에 해당하지 않는 것은?

① 입자화
② 증기화
③ 산화
④ 응축

해설 흄(fume)의 발생기전: 금속이 용해되어 액상 물질로 되고 이것이 가스상 물질로 기화된 후 다시 응축되어 발생하는 고체입자를 말하며 흔히 산화(oxidation) 등의 화학반응을 수반한다.

07 압전결정판이 일정한 주파수로 진동할 때 먼지로 인하여 결정판의 질량이 달라지면 그 변화량에 비례하여 진동주파수가 달라지게 되는데, 이러한 현상을 이용한 직독식 먼지 측정기는?
① 전기장을 이용한 계측기
② β-선 흡수를 이용한 계측기
③ 틴들(Tyndall) 보정식 측정기
④ piezo-electric 저울식 측정기

해설 piezo-electric 저울식 측정기(피조발란스 측정기): 압전 결정판이 일정한 주파수로 진동할 때 먼지로 인하여 결정판의 질량이 달라지면 그 변화량에 비례하여 진동주파수가 달라지는 현상을 이용하여 먼지를 측정하는 직독식 먼지 측정기이다.

08 입자상 물질의 측정 방법 중 용접 흄 측정에 관한 설명으로 옳은 것은? (단, 고용노동부 고시를 기준으로 한다.)
① 용접 흄은 여과채취방법으로 하되 용접보안면을 착용한 경우에는 그 내부에서 채취한다.
② 용접 흄은 여과채취방법으로 하되 용접보안면을 착용한 경우는 용접 보안면 외부의 호흡기 위치에서 채취한다.
③ 용접 흄은 여과채취방법으로 하되 용접보안면을 착용한 경우에는 보안면 반경 30 cm 이하의 거리에서 채취한다.
④ 용접 흄은 여과채취방법으로 하되 용접보안면을 착용한 경우에는 보안면 반경 15 cm 이하의 거리에서 채취한다.

해설 용접 흄은 여과채취방법으로 측정하되 용접보안면을 착용한 경우에는 그 내부에서 시료를 채취하고, 중량분석 방법과 원자흡수분광광도계 또는 유도결합프라스마를 이용한 방법으로 분석할 것(작업환경 측정 및 정도관리 등에 관한 고시 제21조(측정 및 분석 방법))

전기장을 이용한 계측기
전기역학 측정기(EDB, ElectroDynamic Balance)를 이용하면 군집에서 입자별로 채취하고 이를 공중에 부유한 상태에서 분석할 수 있다.

β-선 흡수를 이용한 계측기
베타선 흡수법은 대기 중에 부유하고 있는 10 μm 이하의 미세먼지를 일정 시간 동안 여과지 위에 채취하여 베타선(β-ray)을 투과시켜 베타선 세기가 감쇄되는 정도를 측정하여 Beer-Lambert 관계식으로부터 미세먼지의 질량농도를 연속적으로 측정하는 방법이다.

틴들(tyndall) 보정식 측정기
광산란 방법(light scattering method)은 빛의 산란을 이용하여 고분자 혹은 콜로이드 입자의 분자량, 크기, 모양 등을 분석하는 방법이다. 용액 중에는 용질 브라운 운동에 의하여 굴절률의 변화가 발생하며, 입사광은 산란된다. 보통의 현미경으로는 관찰할 수 없는 미립자라도 틴들(tyndall) 현상을 이용하여 빛의 통로 옆 방향에서 관찰하면 반짝이는 점으로서 미립자의 위치가 확인될 수 있다. 빛이 산란되는 정도가 입자가 클수록 심해지는 것을 이용하여 미립자의 크기는 구해질 수 있다.

정답 03 ① 04 ① 05 ③ 06 ① 07 ④ 08 ①

CHAPTER 2 출제 예상 문제

09 공기 중에 부유하고 있는 분진을 충돌의 원리에 의해 입자 크기별로 분리하여 측정할 수 있는 기기는?

① Low volume Sampler ② High volume Sampler
③ Personal Distribution ④ Cascade Impactor

해설 cascade Impactor(다단 임팩터): andersem air sampler라고도 하며 전통적으로 입경별로 분리 채취하는 장치로써 노즐을 통해 가속시켜 기류와 함께 이동하는 분진을 충돌판에 충돌시켜 관성이 작은 입자는 유선을 따라 이동되지만 관성이 큰 입자는 충돌판에 채취되는 장치로서 입자의 크기는 공기역학적 직경(aerodynamic diameter)에 의해 입경별로 분리 채취되는 관성 임팩터이다. 관성 임팩터는 입자의 크기가 작아지면 입자의 관성력이 낮아져 분리효율이 급격히 떨어지게 되므로 대기압 조건에서는 입경 약 0.3 μm까지 분급 채취가 가능하다.

10 분진에 대한 측정 방법으로 옳지 않은 것은?

① 직독식(Digital) 분진계법 ② 중량분석법
③ 차콜(charcoal) 튜브(활성탄)법 ④ 임핀저(impinger)법

해설
- 직독식(digital) 분진계법: 현장에서 바로 농도를 알 수 있는 입자상 물질 측정기기를 이용한 측정방법
- 임핀저(impinger)법: 세정법이라고도 하며 일정량의 공기를 흡입하여 장비에 연결된 완충액이 들어있는 장치를 통과시켜 주로 공기 중의 바이오 에어로졸을 채취하는 방식이다.
- 차콜(charcoal) 튜브(활성탄)법: 유리관 안에 활성탄 100 mg과 50 mg을 두 개 층으로 충전하여 양 끝을 봉한 활성탄관으로 공기 중 가스상 물질을 채취하는 고체채취방법이다.

11 직경분립충돌기 장치가 사이클론 분립장치보다 유리한 장점으로 옳지 않은 것은?

① 입자의 질량 크기 분포를 얻을 수 있다.
② 채취시간이 짧고 시료의 되튐현상이 없다.
③ 호흡기 부분별로 침착된 입자 크기의 자료를 추정할 수 있다.
④ 흡입성, 흉곽성, 호흡성 입자의 크기별로 분포와 농도를 계산할 수 있다.

해설
- 직립분립충돌기의 장단점
  ㉠ 입자의 질량 크기 분포를 얻을 수 있다.
  ㉡ 호흡기 부분별로 침착된 입자 크기를 추정하는 것이 가능하다.
  ㉢ 시료 채취가 까다롭고 비용이 많이 든다.
  ㉣ 되튐으로 인한 시료 손실이 발생한다.

12 입자채취를 위한 사이클론과 충돌기를 비교한 내용으로 옳지 않은 것은?

① 사이클론이 충돌기에 비하여 사용이 간편하고 경제적이다.
② 사이클론의 경우 채취효율을 높이기 위한 매체의 코팅이 필요하다.
③ 충돌기에 비하여 사이클론은 시료의 되튐으로 인한 손실염려가 없다.
④ 충돌기에 비하여 사이클론이 호흡성 먼지에 대한 자료를 쉽게 얻을 수 있다.

해설 사이클론의 경우 매체의 코팅과 같은 별도의 특별한 처리가 필요 없다.

13 사이클론 분립장치가 관성충돌형 분립장치보다 유리한 장점으로 옳지 않은 것은?

① 매체의 코팅과 같은 별도의 특별한 처리가 필요 없다.
② 호흡성 먼지에 대한 자료를 쉽게 얻을 수 있다.
③ 시료의 되튐 현상으로 인한 손실염려가 없다.
④ 입자의 질량 크기별 분포를 얻을 수 있다.

해설 사이클론 분립장치로는 입자의 질량 크기별 분포를 얻을 수 없다.

14 공기 중 석면 농도를 허용기준과 비교할 때 가장 일반적으로 사용되는 석면 측정방법은?

① 광학 현미경법
② 전자 현미경법
③ 위상차 현미경법
④ 편광 현미경법

해설 위상차 현미경법: 입자를 투과한 빛과 투과하지 않은 빛 사이에서 발생하는 미세한 위상 차이를 진폭의 차이로 바꾸어 높은 명암비로 입자를 뚜렷하게 관찰하여 미세한 석면을 정량분석하는 방법

참고

석면(石綿, asbestos)은 돌솜이라고도 불렸으며, 그리스어로 '불멸'을 의미하는 광택이 나는 섬유 모양 광물질로 형태에 따라 청석면, 갈석면, 백석면 등으로 분류된다. 장점이 많은 물질로 내화성, 내구성, 단열성, 절연성, 유연성 등이 우수해 꿈의 광물로 불리어 산업용, 가정용 자재에 다양한 용도로 쓰여 건축자재, 보온재, 단열재, 내화재, 방화재, 절연제, 자동차 부품, 섬유제품 등 우리 생활과 밀접한 곳에 사용되었다. 우리나라는 인체에 대한 발암물질인 석면에 대해 1997년부터 독성이 높은 청석면과 갈석면의 사용을 금지하였고, 2009년을 기점으로 모든 석면 및 석면함유 제품의 제조와 수입, 사용을 금지하고 있다.

정답 09 ④ 10 ③ 11 ② 12 ② 13 ④ 14 ③

15 작업환경 측정에 사용되는 사이클론에 관한 내용으로 옳지 않은 것은?

① 사이클론은 사용할 때마다 그 내부를 청소하고 검사해야 한다.
② 공기 중에 부유되어 있는 먼지 중에서 호흡성 입자상 물질을 채취하고자 고안되었다.
③ PVC 여과지가 있는 카세트 아래에 사이클론을 연결하고 펌프를 가동하여 시료를 채취한다.
④ 사이클론과 여과지 사이에 설치된 단계적 분리판으로 입자의 질량 크기 분포를 얻을 수 있다.

해설 여과지 사이에 설치된 단계적 분리판으로 입자의 질량 크기 분포를 얻을 수 있는 것은 직경분립충돌기이다.

16 석면측정방법에 관한 설명으로 옳지 않은 것은?

① X선 회절법: 값이 비싸고 조작이 복잡하다.
② 편광현미경법: 액상 시료의 편광을 이용하여 석면을 분석한다.
③ 위상차 현미경법: 다른 방법에 비해 간편하나 석면의 감별이 어렵다.
④ 전자 현미경법: 공기 중 석면 시료 분석에 가장 정확한 방법으로 석면의 감별분석이 가능하다.

해설 편광현미경법: 고체 시료 중 편광을 이용하여 석면의 특성을 관찰하여 정성과 정량분석을 하기 위한 방법으로 고형 폐기물을 포함한 건축자재의 분석에 사용되며 유기 및 무기성분의 조합으로 된 모든 석면함유 물질에서 석면 유무를 판단할 수 있다.

17 공기 중의 석면 시료 분석방법 중 가장 정확한 방법으로 석면의 감별분석이 가능하며 위상차 현미경으로 볼 수 없는 매우 가는 섬유도 관찰이 가능하나 값이 비싸고 분석시간이 많이 소요되는 석면 측정방법은?

① 편광현미경법
② X선 회절법
③ 직독식 현미경법
④ 전자현미경법

해설 전자현미경법
㉠ 투과전자현미경법(TEM, Transmission Electron Microscopy): 공기 중 석면분석에 있어서 석면의 물리·화학적인 특성을 이용하여 분석하기 때문에 현재까지 개발된 분석 방법 중 가장 정확하고 신뢰할 수 있는 방법이다.
㉡ 주사전자현미경법(SEM, Scanning Electron Microscopy): 주사현미경에 EDS를 장착하여 섬유상 물질의 형태와 화학조성 만으로 석면 여부를 확인하는 방법이다. 필터에 채취된 공기 중 석면의 계수분석과 고형시료의 석면 함유율 분석 모두 적용 가능하다.

> 편광(偏光, polarization of light)은 전자기파가 진행할 때 파를 구성하는 전기장이나 자기장이 특정한 방향으로 진동하는 현상을 가리킨다. 일반적인 의미의 전자기파는 모든 방향으로 진동하는 빛이 혼합된 상태를 말하지만, 특정한 광물질이나 광학필터를 사용해 편광된 상태의 빛을 얻을 수 있다.

18 석면의 측정방법 중 X선 회절법에 관한 설명으로 옳지 않은 것은?

① 값이 비싸고 조작이 복잡하다.
② 고형시료 중 크리소타일 분석에 사용한다.
③ 1차 분석에 사용하며, 2차 분석에는 적용하기 어렵다.
④ 석면 포함 물질을 은 막여과지에 놓고 X선을 조사한다.

해설 석면의 1차 분석은 시료에서의 정성분석 방법. 석면 함유의 유무의 판정방법이고, 2차 분석은 석면의 정량분석으로 X선 회절법은 1차, 2차 분석 모두가 가능하다.

19 토석, 암석 및 광물성 분진(석면분진 제외) 중의 유리규산(SiO_2) 함유율을 분석하는 방법?

① 불꽃광전자 검출기(FPD)법
② 계수법
③ X-선 회절 분석법
④ 위상차 현미경법

해설 유리규산을 분석하는 방법
㉠ 현미경법(microscopy method)
㉡ 원자흡수분광광도법(atomic absorption method)
㉢ X-선 회절 분석법(XRD, X-ray diffraction method)
㉣ 퓨리에 변환 적외선분광분석법(FTIR, Fourier transform infrared spectroscopy method)
㉤ 비색법(colorimetry method)
㉥ 열분석법(thermal analysis method)
㉦ 핵자기공명법(nuclear magnetic resonance method)
이 중 가장 널리 사용되고 있는 방법은 XRD법이며, 그 다음으로 FTIR법이 사용되고 있다.

참고 유리규산

기관	분류
IARC	Group 1(인체 발암성 물질)
ACGIH	A2(인체 발암성 추정물질)
NPT	K(인체 발암성 물질)
고용노동부	1A(사람에게 충분한 발암성 증거가 있는 물질)

* NTP(미국 독성관리체계, National Toxicology Program)

유리규산
이산화규소라고도 하며, 형태학적으로 결정형과 무정형이 있다. 결정형 유리규산은 국제암연구소(IARC)에서 지정한 제1군 발암물질로 규정하고 있고, 폐암 등 호흡기 질환을 포함한 다양한 질환을 유발한다.

정답 15 ④ 16 ② 17 ④ 18 ③ 19 ③

CHAPTER 2 출제 예상 문제

20 총 먼지 채취 전 여과지의 질량은 15.51 mg이고 2.0 L/분으로 7시간 시료 채취 후 여과지의 질량은 19.95 mg이었다. 이때 공기 중 총 먼지농도(mg/m³)는? (단, 기타 조건은 고려하지 않음)

① 5.17 ② 5.29
③ 5.62 ④ 5.93

해설 공기 중 총 먼지농도(mg/m³)

$$= \frac{\text{채취 후 여과지의 질량} - \text{채취 전 여과지의 질량}}{\text{채취공기량}}$$

$$= \frac{(19.95 - 15.51)\,\text{mg}}{2.0\,\text{L/min} \times 7\,\text{h} \times 60\,\text{min/h} \times \frac{\text{m}^3}{10^3\,\text{L}}} = 5.29\,\text{mg/m}^3$$

21 공기 중 납을 막여과지로 시료 채취한 후 분석한 결과 시료 여과지에서는 4 μg, 공시료 여과지에서는 0.005 μg이 검출되었다. 회수율은 95%이고 공기 시료 채취량은 100 L이었다면 공기 중 납의 농도(mg/m³)는? (단, 표준상태 기준)

① 0.02 mg/m³ ② 0.04 mg/m³
③ 0.08 mg/m³ ④ 0.16 mg/m³

해설 공기 중 납 농도(mg/m³) = $\dfrac{(4 - 0.005)\,\mu\text{g} \times \dfrac{\text{mg}}{10^3\,\mu\text{g}}}{100\,\text{L} \times 0.95 \times \dfrac{\text{m}^3}{10^3\,\text{L}}} = 0.04\,\text{mg/m}^3$

22 개인 시료 채취기(personal air sampler)로 분당 1 L로 6시간 측정한 후 여지를 산 처리하여 시험용액 100 mL로 만든 후 시료액 50 mL를 취해 정량 분석하니 Pb이 2.5 μg/50 mL이었다면 작업환경 중 Pb의 농도(mg/m³)는?

① 0.034 ② 0.064
③ 0.0102 ④ 0.0139

해설 작업환경 중 Pb 농도(mg/m³) = $\dfrac{2.5\,\mu\text{g}/50\,\text{mL} \times 100\,\text{mL} \times \dfrac{\text{mg}}{10^3\,\mu\text{g}}}{1\,L/\text{min} \times 6\,\text{h} \times 60\,\text{min/h} \times \dfrac{\text{m}^3}{10^3\,\text{L}}}$

$= 0.0139\,\text{mg/m}^3$

입자 크기

01 가스교환 부위에 침착할 때 독성을 일으킬 수 있는 물질로서 평균 입경이 4 μm인 입자상 물질을 무엇이라 하는가? (단, ACGIH 기준)
① 흡입성 입자상 물질
② 흉곽성 입자상 물질
③ 복합성 입자상 물질
④ 호흡성 입자상 물질

학습 POINT

흡입성, 흉곽성, 호흡성 분진의 특징과 입자의 물리학적 직경에 대하여 종류별로 파악하고 완전히 암기한다.

해설 입자상 물질의 구분(ACGIH/ISO/CEN 통합기준)
㉠ **흡입성 먼지**(IPM, Inspirable Particulate Matters): 호흡기의 어느 부위에 침착하더라도 독성을 나타내는 물질. 즉, 코와 입으로 들어갈 수 있는 모든 입자로 평균입경은 100 μm 이하이다.
㉡ **흉곽성 먼지**(TPM, Thoracic Particulate Matters): 기도나 폐포(하기도)에 침착하여 독성을 나타내는 물질. 후두를 통과하여 기관지로 들어가는 입자로 50 % 침착되는 평균 입자의 크기는 10 μm이다.
㉢ **호흡성 먼지**(RPM, Respirable Particulate Matters): 가스교환 부위인 폐포에 침착하여 독성을 나타내는 물질. 평균입경이 4 μm이고, 3.5 μm인 입자가 폐포로 들어올 확률은 50 %이다.

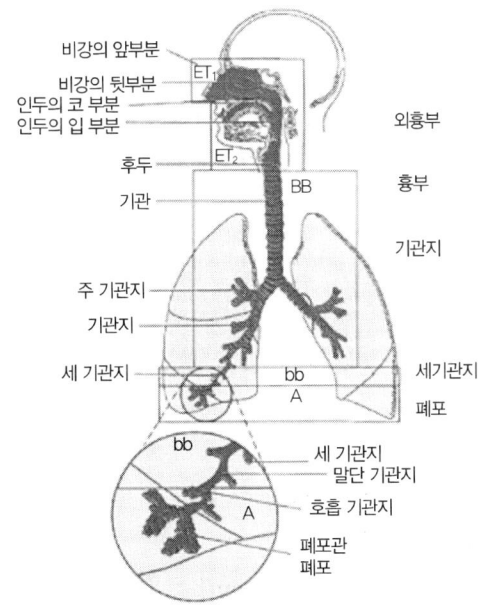

CHAPTER 2 출제 예상 문제

02 미국산업위생전문가협의회(ACGIH)의 먼지 입경 분류에 대한 설명으로 옳지 않은 것은?

① 호흡성 먼지의 평균 입자 크기는 10 μm이다
② 흡입성 먼지의 평균 입자 크기는 100 μm 이하이다.
③ 흡입성 먼지는 호흡기계의 어느 부위에 침착하더라도 독성을 나타내는 입자상 물질이다.
④ 흉곽성 먼지는 가스교환 지역인 폐포나 폐기도에 침착되었을 때 독성을 나타내는 입자상 물질의 크기이다.

해설 호흡성 먼지: 가스교환 부위에 침착할 때 독성을 일으킬 수 있는 물질로서 평균 입경이 4 μm인 입자상 물질

> **가스교환 부위**
> 폐의 호흡세기관지(respiratory bronchioles)와 연결된 작은 주머니 모양으로 많은 수의 모세혈관과 접하여 산소와 이산화탄소의 가스교환을 하는 부분은 폐포(alveolus)이다.

03 가스교환지역인 폐포나 폐기도에 침착되었을 때 독성을 나타내는 흉곽성 입자상 물질(TPM)이 50 % 침착되는 평균 입자의 크기는? (단, 미국 ACGIH 정의 기준)

① 10 μm ② 5 μm ③ 4 μm ④ 2.5 μm

해설 흉곽성 먼지(TPM, thoracic particulate matters): 기도나 가스교환 지역인 폐포(하기도)에 침착하여 독성을 나타내는 물질로 후두를 통과하여 기관지로 들어가 50 % 침착되는 평균 입자의 크기는 10 μm이다.

04 미국 ACGIH 정의에서 가스교환 부위, 즉 폐포에 침착하는 호흡성 먼지(Respirable Particulate Mass, RPM)의 평균입경(50 % 침착되는 평균 입자 크기)은?

① 10 μm ② 4 μm ③ 2 μm ④ 1 μm

해설 호흡성 먼지(RPM, respirable particulate matters): 가스교환 부위인 폐포에 침착하여 독성을 나타내는 물질로 폐포로 들어와 침착될 확률이 50 %인 평균입경은 4 μm이다.

05 1952년 영국 BMRC(British Medical Research Council)에서는 호흡성 먼지란 입경이 몇 μm 미만으로 정의하였는가?

① 4.0 μm ② 5.5 μm ③ 7.1 μm ④ 10.5 μm

해설 BMRC의 호흡성 먼지: 폐에 도달하는 먼지, 즉 입경이 7.1 μm 미만인 먼지로 정의하였다. 입경별 폐포 침착률은 7.1 μm에서 0 %, 5 μm에서 50 %, 2.2 μm에서 90 %이다.

06 공기역학적 직경(aerodynamic diameter)에 대한 설명으로 옳지 않은 것은?

① 역학적 특성, 즉 침강속도 또는 종단속도에 의해 측정되는 먼지 크기이다.
② 직경분립충돌기(cascade impactor)를 이용해 입자의 크기, 형태 등을 분리한다.
③ 대상 입자와 같은 침강속도를 가지며 밀도가 1인 가상적인 구형의 직경으로 환산한 것이다.
④ 마틴 직경, 페렛 직경, 등면적 직경(projected area diameter)의 세 가지로 나누어진다.

해설 공기역학적 직경(aerodynamic diameter): 입자상 물질의 역학적 특성, 즉 침강속도에 의하여 측정되는 입경으로 대상 입자상 물질과 침강속도가 같고 밀도가 1이며, 구형인 입자상 물질의 직경이다. 산업보건 분야에서는 이 직경을 사용한다.

07 ACGIH에 의한 입자상 물질의 분진의 이름과 호흡기계 부위별 누적빈도 50 %에 해당하는 크기가 연결된 것으로 옳지 않은 것은?

① 폐포성 분진 - 1 μm
② 호흡성 분진 - 4 μm
③ 흉곽성 분진 - 10 μm
④ 흡입성 분진 - 100 μm

해설 폐포성 분진이라는 이름은 존재하지 않는다.

08 대상 먼지와 같은 침강속도를 가지며 밀도가 1인 가상적인 구형 입자상 물질의 직경은?

① 마틴 직경
② 등면적 직경
③ 공기역학적 직경
④ 공기기하학적 직경

해설 공기역학적 직경(유체역학적 직경, aerodynamic(equivalent) diameter): 먼지의 역학적 특성, 즉 침강속도 또는 종단속도에 의하여 측정되는 먼지의 크기를 말한다. 먼지의 침강속도는 먼지의 밀도, 형태 및 크기에 의해 결정되며, 특별히 '공기역학적 직경'이란 대상 먼지와 침강속도가 같고, 밀도가 1 g/cm³이며, 구형(球形)인 먼지의 직경으로 환산한다. 산업위생 분야에서는 이 공기역학적 직경을 사용한다.

▶ 물리적(기하학적) 직경 (physical(geometric) diameter)
현미경을 이용하여 측정한다.

㉠ 마틴 직경(Martin's diameter): 입자상 물질의 면적을 2등분하는 선의 길이로 과소평가할 수 있는 단점이 있다.

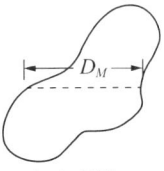

Martin 직경

㉡ 페렛 직경(Feret's diameter): 입자상 물질의 한쪽 끝 가장자리와 다른 쪽 끝 가장자리 사이의 거리로 과대평가할 가능성이 있다.

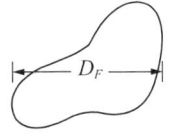

Feret 직경

㉢ 등면적 직경(projected area diameter): 입자상 물질의 면적과 동일한 면적을 가진 원의 직경으로서 가장 정확한 직경으로 인정된다.

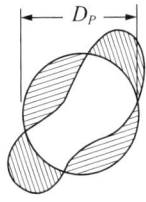

등면적 직경

정답 02 ① 03 ① 04 ② 05 ③ 06 ④ 07 ① 08 ③

CHAPTER 2 출제 예상 문제

09 먼지의 한쪽 끝 가장자리와 다른 쪽 끝 가장자리 사이의 거리를 측정함으로써 입자상 물질의 크기를 과대평가할 가능성이 있는 직경은?

① Martin 직경
② Feret 직경
③ 등면적 직경
④ 공기역학적 직경

해설 페렛 직경(Feret's diameter): 입자상 물질의 한쪽 끝 가장자리와 다른 쪽 끝 가장자리 사이의 거리로 과대평가할 가능성이 있다.

10 입자상 물질의 크기 표시 중 실제크기 직경을 나타내며 입자의 면적을 이등분하는 직경으로 과소평가의 위험성이 있는 것은?

① 페렛 직경
② 스톡크 직경
③ 마틴 직경
④ 등면적 직경

해설 마틴 직경(Martin's diameter): 입자상 물질의 면적을 2등분하는 선의 길이로 과소평가할 수 있는 단점이 있다.

11 물리적 직경 중 등면적 직경에 관한 설명으로 옳은 것은?

① 과대평가할 가능성이 있다.
② 가장 정확한 직경이라 인정받고 있다.
③ 먼지의 면적을 2등분하는 선의 길이이다.
④ 먼지의 한쪽 끝 가장자리와 다른 쪽 끝 가장자리 사이의 거리이다.

해설 등면적 직경은 입자상 물질의 면적과 동일한 면적을 가진 원의 직경으로서 가장 정확한 직경으로 인정된다.

12 입자상 물질의 크기를 표시하는 방법 중 어떤 입자가 동일한 종단 침강속도를 가지며 밀도가 1 g/cm³인 가상적인 구형직경을 무엇이라고 하는가?

① 페렛 직경
② 마틴 직경
③ 질량중위 직경
④ 공기역학적 직경

해설 공기역학적 직경: 대상 먼지와 종단 침강속도가 같고, 밀도가 1 g/cm³이며, 구형(球形)인 먼지의 직경으로 환산한다. 산업위생 분야에서는 이 공기역학적 직경을 사용한다.

13 공기 중에 발산된 분진입자는 중력에 의하여 침강하는 데 Stokes 식이 많이 사용되고 있다. Stokes 종말침전속도 식으로 옳은 것은? (단, ρ_1: 먼지밀도, ρ: 공기밀도, μ: 공기의 동점성계수, γ: 먼지직경, g: 중력가속도)

① $V = \dfrac{(\rho - \rho_1)\mu\gamma^2}{18g}$ ② $V = \dfrac{(\rho_1 - \rho)\mu\gamma}{18g}$

③ $V = \dfrac{(\rho_1 - \rho)g\gamma^2}{18\mu}$ ④ $V = \dfrac{(\rho - \rho_1)g\gamma}{18\mu}$

 입자의 침강속도는 입자의 크기와 밀도에 의하여 결정되며 Stokes 법칙에 의해 계산된다.

$V = \dfrac{(\rho_1 - \rho)g\gamma^2}{18\mu}$, 여기서 V: 침강속도(cm/s), ρ_1: 먼지밀도(g/cm³), ρ: 공기밀도(0.012 g/cm³), μ: 공기의 동점성계수(1.846 × 10⁻⁴ g/cm·s (25℃, 1기압)), γ: 먼지직경(cm), g: 중력가속도(980 cm/s²)

14 비중이 5인 입자의 직경이 3 μm인 미세먼지가 다른 방해기류 없이 층류이동을 할 경우, 50 cm의 침강챔버에 가라앉는 시간을 이론적으로 계산하면 얼마가 되는가?

① 약 3분 ② 약 6분
③ 약 12분 ④ 약 24분

 입경이 1 ~ 50 μm인 먼지의 침강속도는 Lippmann의 식
$V(\text{cm/s}) = 0.003 \times \rho \times r^2$을 주로 사용한다.
여기서, ρ: 입자의 비중, r: 입자의 직경(μm)이다.
∴ $V = 0.003 \times 5 \times 3^2 = 0.135$ cm/s

침강시간 = $\dfrac{\text{침강챔버의 높이}}{\text{침강속도}} = \dfrac{50\ \text{cm}}{0.135\ \text{cm/s}} = 370.37\ \text{s} = 6.17\ \text{min}$

15 입경이 14 μm이고, 밀도가 1.5 g/cm³인 입자의 침강속도(cm/s)는?

① 0.55 ② 0.68
③ 0.72 ④ 0.88

 Lippmann의 식
$V(\text{cm/s}) = 0.003 \times SG \times d^2 = 0.003 \times 1.5 \times 14^2 = 0.88\ \text{cm/s}$

CHAPTER 2 출제 예상 문제

16 크기가 1~50 μm인 입자 침강속도의 간편식과 단위로 옳은 것은? (단, V: 종단속도, SG: 입자의 밀도 또는 비중, d: 입자의 직경)

① $V = 0.003 \times SG \times d^2$, 여기서 V의 단위는 cm/s, d의 단위는 μm이다.
② $V = 0.003 \times SG \times d^2$, 여기서 V의 단위는 $\mu m/s$, d의 단위는 μm이다.
③ $V = 0.03 \times SG \times d^2$, 여기서 V의 단위는 cm/s, d의 단위는 μm이다.
④ $V = 0.03 \times SG \times d^2$, 여기서 V의 단위는 $\mu m/s$, d의 단위는 μm이다.

해설 입경이 1~50 μm인 먼지의 침강속도는 Lippmann의 식
$V(cm/s) = 0.003 \times SG \times d^2$을 주로 사용한다.
여기서, ρ: 입자의 비중, d: 입자의 직경(μm)이다.

17 작업환경에서 공기 중 오염물질 농도 표시인 mppcf에 대한 설명으로 옳지 **않은** 것은?

① million particle per cubic feet를 의미한다.
② OSHA PEL 중 mica와 graphite는 mppcf로 표시한다.
③ 1 mppcf는 대략 35.31개/cm^3이다.
④ ACGIH TLVs의 mg/m^3과 mppcf 전환에서 14 mppcf는 1 mg/m^3이다.

해설
- mica(운모)와 graphite(카본 가루)는 mppcf로 표시한다.
- 먼지갯수 농도: mppcf(million particles per cubic foot) = 백만 개/ft^3에서
  $1 mppcf = \dfrac{백만 개}{ft^3} \times \dfrac{ft^3}{28316.8 mL} ≒ 35개/mL = 35개/cm^3$
- mg/m^3는 질량농도이고 mppcf는 개수농도이므로 이 두 단위는 전환이 되지 않는다.

18 석면의 공기 중 농도를 표현하는 표준단위로 사용하는 것은?

① ppm
② $\mu m/m^3$
③ 개/cm^3
④ mg/m^3

> **해설** 석면의 공기 중 농도를 나타내는 단위는 개/cc로 채취한 공기 1 cc 내에 존재하는 석면의 개수를 의미한다. 공기 부피 1 cc(cm^3)는 1 mL와 같다. 석면의 농도 표시는 세제곱센티미터당 섬유 개수(개/cm^3)로 표시한다(작업환경 측정 및 정도관리 등에 관한 고시 제20조(단위)).

19 산업안전보건법에서 정하는 "기타분진"의 산화규소 결정체 함유율과 노출 기준으로 옳은 것은?

① 함유율: 0.1 % 이하, 노출 기준: 10 mg/m^3
② 함유율: 0.1 % 이상, 노출 기준: 5 mg/m^3
③ 함유율: 1 % 이하, 노출 기준: 10 mg/m^3
④ 함유율: 1 % 이상, 노출 기준: 5 mg/m^3

> **해설** 화학물질 및 물리적 인자의 노출 기준 [별표 1] 화학물질의 노출 기준
> 기타 분진: 함유율 - 산화규소(SiO_2) 결정체 1 % 이하, 노출 기준 - TWA(10 mg/m^3), 발암성 1A(산화규소 결정체 0.1% 이상에 한함)

> **참고** 입자상 물질의 노출 기준
>
> 건강한 근로자가 30년 ~ 40년간 매일 반복하여 분진을 마시면서 일하는 경우 근로자의 1 % 정도가 진폐에 걸리는 농도를 기준으로 함

분류		SiO_2(%)	PPCC	mppcf	mg/m^3
ACGIH		• 석면(5 μm 길이 이상) • 5섬유/mL	$\dfrac{300}{\% SiO_2 + 10} \times 353$	$\dfrac{300}{\% SiO_2 + 10}$	$\dfrac{10}{\% 흡인성 SiO_2 + 2}$ $\dfrac{30}{\% 총 SiO_2 + 3}$
일본	제1종 먼지		SiO_2 30 % 이상의 먼지, 활석, 납석, Al, 알루미나, 규조토, 황화광		2
	제2종 먼지		SiO_2 30 % 미만의 먼지, 산화철, 흑연, 탄소, 석탄		5
	• 제3종 먼지 • 석면(길이 5 μm 이상) • 면분진		• 그 밖의 먼지 • 2섬유/mL(시간가중평균) • 10섬유/mL(15분의 평균농도)		10 0.12 1
한국	제1종 분진		SiO_2 30 % 이상의 분진, 활석, 납석, Al, 알루미나, 규조토, 유황광		2
	제2종 분진		SiO_2 30 % 미만의 광물성 분진, 산화철, 흑연, 카본블랙, 활성탄, 석탄		5
	제3종 분진		• 기타분진(유리규산 1 % 이하) • 면분진 • 석면		10 5 0.1개/cm^3

정답 16 ① 17 ④ 18 ③ 19 ③

20 석면 작업의 주의사항으로 옳지 않은 것은?

① 석면 등을 사용하는 작업은 가능한 한 습식으로 하도록 한다.
② 석면을 사용하는 작업장이나 공정 등은 격리시켜 근로자의 노출을 막는다.
③ 공정상 밀폐가 곤란한 경우, 적절한 형식과 기능을 갖춘 국소배기장치를 설치한다.
④ 근로자가 상시 접근할 필요가 없는 석면취급 설비는 밀폐실에 넣어 양압을 유지한다.

해설 근로자가 상시 접근할 필요가 없는 석면취급 설비는 밀폐실에 넣어 음압을 유지한다. 음압을 유지해야만 밀폐실의 공기가 외부로 빠져 나가지 못한다.

> **음압 유지의 목적**
> 외부 및 주변 구조물보다 상대적으로 낮은 압력을 걸어주어 석면 해체 작업 시 발생하는 석면분진이 해체작업장 외부로 누출되어 주변 공기를 오염시키는 것(내부작업자의 보행 및 기물 이동에 의한 공기의 소용돌이 현상으로 훅 있을 수 있는 미세한 틈바구니 사이로 석면분진의 누출)을 방지하기 위함이다.

21 유해물질과 농도 단위의 연결로 옳지 않은 것은?

① 흄: ppm 또는 mg/m^3
② 석면: ppm 또는 mg/m^3
③ 증기: ppm 또는 mg/m^3
④ 습구흑구온도지수(WBGT): ℃

해설 작업환경 측정 및 정도관리 등에 관한 고시, 제20조(단위)
① 화학적 인자의 가스, 증기, 분진, 흄(fume), 미스트(mist) 등의 농도는 피피엠(ppm) 또는 세제곱미터당 밀리그램(mg/m^3)으로 표시한다. 다만, 석면의 농도 표시는 세제곱센티미터당 섬유 개수(개/cm^3)로 표시한다.
④ 소음 수준의 측정단위는 데시벨 [dB(A)]로 표시한다.
⑤ 고열(복사열 포함)의 측정 단위는 습구·흑구온도지수(WBGT)를 구하여 섭씨온도(℃)로 표시한다.

CHAPTER 3. 유해인자 측정

출제 예상 문제

01 화학적 유해인자

01 노출 기준을 설정하기 위한 이론적 배경을 설명한 것으로 옳지 않은 것은?

① 물리적 안정성을 평가하여 설정한다.
② 동물 실험을 한 결과를 근거로 설정한다.
③ 화학 구조상의 유사성과 연계하여 설정한다.
④ 사업장 역학조사 등으로 얻은 자료를 근거로 설정한다.

해설 노출 기준 설정의 이론적 배경
 ㉠ 화학구조 상의 유사성
 ㉡ 동물실험 자료
 ㉢ 인체실험 자료
 ㉣ 산업장 역학조사 자료
물리적 안정성을 평가하는 것은 노출 기준을 설정하기 위한 이론적 배경이 되지 못한다.

> **학습 POINT**
> 노출 기준의 종류 및 적용에 대하여 정확하게 인지하고 아울러 ppm과 mg/m^3의 상호 변환식에 대한 계산문제를 완벽하게 풀이할 수 있어야 한다. 또한, 입자상 및 가스상 물질의 시료 채취에 사용하는 여과지 및 채취기기에 대하여 파악하고, 일반적인 화학물질의 농도식에 대한 계산식을 풀이할 수 있어야 한다.

02 8시간 작업하는 근로자가 200 ppm 농도에 1시간, 100 ppm 농도에 2시간, 50 ppm의 3시간 동안 TCE에 노출되었다. 이 근로자의 8시간 TWA 농도는?

① 35.7 ppm ② 68.7 ppm
③ 91.7 ppm ④ 116.7 ppm

해설
$$\text{TWA 환산값} = \frac{C_1 T_1 + C_2 T_2 + \cdots + C_n T_n}{8}$$
$$= \frac{200 \times 1 + 100 \times 2 + 50 \times 3}{8} = 68.75 \text{ ppm}$$

> 트라이클로로에틸렌 (trichloroethylene, IUPAC의 이름: trichloroethene, 화학식: C_2HCl_3)은 유기화합물의 일종으로 산업 용매로 흔히 사용되는 할로겐화탄소이다.

정답 20 ④ 21 ② **01** 01 ① 02 ②

CHAPTER 3 출제 예상 문제

03 노출 기준 사용상의 유의사항으로 옳지 <u>않은</u> 것은?

① 노출 기준은 1일 8시간 작업을 기준으로 하여 제정된 것이다.
② 각 유해인자의 노출 기준은 해당 유해인자가 단독으로 존재하는 경우의 노출 기준을 말한다.
③ 2종 또는 그 이상의 유해인자가 혼재하는 경우에는 각 유해인자의 독립작용으로 유해성이 증가할 수 있다.
④ 노출 기준 이하의 작업환경이라는 이유만으로 직업성 질병의 이환을 부정하는 근거로 사용하여서는 아니 된다.

해설 화학물질 및 물리적 인자의 노출 기준, 제2장 노출 기준, 제3조(노출 기준 사용상의 유의사항)
① 각 유해인자의 노출 기준은 해당 유해인자가 단독으로 존재하는 경우의 노출 기준을 말하며, 2종 또는 그 이상의 유해인자가 혼재하는 경우에는 각 유해인자의 상가작용으로 유해성이 증가할 수 있다.
② 노출 기준은 1일 8시간 작업을 기준으로 하여 제정된 것이므로 이를 이용할 경우에는 근로시간, 작업의 강도, 온열조건, 이상기압 등이 노출 기준 적용에 영향을 미칠 수 있으므로 이와 같은 제반요인을 특별히 고려하여야 한다.
③ 유해인자에 대한 감수성은 개인에 따라 차이가 있고, 노출 기준 이하의 작업환경에서도 직업성 질병에 이환되는 경우가 있으므로 노출 기준은 직업병진단에 사용하거나 노출 기준 이하의 작업환경이라는 이유만으로 직업성 질병의 이환을 부정하는 근거 또는 반증자료로 사용하여서는 아니 된다.
④ 노출 기준은 대기오염의 평가 또는 관리상의 지표로 사용하여서는 아니 된다.

04 50 % 헵테인, 30 % 메틸렌클로라이드, 20 % 퍼클로로에틸렌의 중량비로 조성된 용제가 증발되어 작업환경을 오염시키고 있다. 순서에 따라 각각의 TLV는 1,600 mg/m³(1 mg/m³ = 0.25 ppm), 720 mg/m³(1 mg/m³ = 0.28 ppm), 670 mg/m³(1 mg/m³ = 0.15 ppm)이다. 이 작업장의 혼합물의 허용농도는(ppm)는? (단, 상가작용 기준)

① 약 213
② 약 233
③ 약 253
④ 약 263

해설 혼합물의 허용농도(TLV, mg/m³) = $\dfrac{1}{\dfrac{f_a}{TLV_a} + \dfrac{f_b}{TLV_b} + \cdots + \dfrac{f_n}{TLV_n}}$ 에서 f_a, f_b 등은 물질 a, b 등의 중량구성비이고, TLV_a, TLV_b는 해당물질의 TLV이다.

∴ 혼합물의 $TLV(mg/m^3) = \dfrac{1}{\dfrac{0.5}{1,600} + \dfrac{0.3}{720} + \dfrac{0.2}{670}} = 973 \text{ mg/m}^3$

이것을 각 구성물질별로 구분한다.
- 헵테인: 973 × 0.5 = 486.5 mg/m³
- 메틸클로라이드: 973 × 0.3 = 291.9 mg/m³
- 퍼클로로에틸렌: 973 × 0.2 = 194.6 mg/m³

각각을 ppm 단위로 환산하면
- 헵테인: 486.5 × 0.25 = 121.6 ppm
- 메틸클로라이드: 291.9 × 0.28 = 81.7 ppm
- 퍼클로로에틸렌: 194.6 × 0.15 = 29.2 ppm

∴ 혼합물의 TLV(ppm)는 상가작용 기준이므로 각각의 ppm을 더하면 된다.
121.6 + 81.7 + 29.2 = 233 ppm

05 작업장의 작업환경 측정결과가 보기와 같았다면 이 작업장에 대한 평가로 옳은 것은? (단, 측정농도는 시간가중평균농도를 의미한다.)

- 아세톤: 400 ppm(TLV: 750 ppm)
- 뷰틸아세테이트: 150 ppm(TLV: 200 ppm)
- 메틸에틸케톤(MEK): 100 ppm(TLV: 200 ppm)

① 각각의 측정결과가 TLV를 초과하지 않으므로 노출 기준 농도를 초과하지 않는다.
② 각각의 측정결과가 노출 기준 농도를 초과하지는 않지만 여러 가지 유해물질이 공존하고 있으므로 노출 기준을 초과한다고 보아야 한다.
③ 평가는 $\dfrac{C_1}{T_1} + \dfrac{C_2}{T_2} + \cdots + \dfrac{C_n}{T_n}$ 으로 계산하여 계산치로 볼 때 노출 기준 농도를 초과하고 있다. (C : 측정농도, T : TLV)
④ 혼합물의 측정결과는 $\dfrac{C_1 T_1 + C_2 T_2 + \cdots + C_n T_n}{8}$ 으로 평가하여 계산치를 볼 때 노출 기준 농도를 초과하고 있다. (C : 측정농도, T : 측정시간)

[해설] 노출지수, $\text{EI} = \dfrac{C_1}{\text{TLV}_1} + \dfrac{C_2}{\text{TLV}_2} + \cdots + \dfrac{C_n}{\text{TLV}_n} = \dfrac{400}{750} + \dfrac{150}{200} + \dfrac{100}{200} = 1.8$로 1을 초과하여 노출 기준을 초과하였다.

CHAPTER 3 출제 예상 문제

06 노출 기준에서 유해물질의 이름 앞에 C 표시가 있는데 이것의 의미는?

① 1일 15분 평균농도

② 1일 8시간 평균농도

③ 피부로 흡수되어 정신적 영향을 줄 수 있는 농도

④ 어떤 시점에서도 동 수치를 넘어서는 안 된다는 상한치

> TLV-C(Threshold Limit Value Ceiling)
> 항상 짧은 시간이라도 초과해서는 안 되는 최고노출한계 또는 농도이다.

해설 최고노출 기준(TLV-C): 근로자가 1일 작업시간 동안 잠시라도 노출되어서는 아니 되는 기준을 말하며, 노출 기준 앞에 "C"를 붙여 표시한다.

07 작업환경공기 중 A 물질(TLV: 10 ppm) 5 ppm, B 물질(TLV: 100 ppm)이 50 ppm, C 물질(TLV: 100 ppm)이 60 ppm 있을 때, 혼합물의 허용농도는 약 몇 ppm인가? (단, 상가작용 기준)

① 78 ② 72

③ 68 ④ 64

해설 먼저 오염물질이 혼합물로 존재할 경우 노출지수(EI, exposure index)의 계산한다.

$$EI = \frac{C_1}{TLV_1} + \frac{C_2}{TLV_2} + \cdots + \frac{C_n}{TLV_n} = \frac{5}{10} + \frac{50}{100} + \frac{60}{100} = 1.6$$

노출지수로 보정된 허용농도 $= \dfrac{\text{혼합물의 공기 중 농도의 합}}{\text{노출지수}}$

$$= \frac{(5+50+60)}{1.6} = 72 \text{ ppm}$$

08 화학물질의 노출 기준에서 발암성 정보물질의 표기 중 "2"가 나타내는 것으로 옳은 것은?

① 사람에게 충분한 발암성 증거가 있는 물질

② 시험동물에서 발암성 증거가 충분히 있는 물질

③ 시험동물과 사람 모두에서 제한된 발암성 증거가 있는 물질

④ 사람이나 동물에서 제한된 증거가 있지만, 증거가 충분하지 않은 물질

해설 화학물질 및 물리적 인자의 노출 기준 [별표 1] 화학물질의 노출 기준
주: 2. 발암성 정보물질의 표기는 「화학물질의 분류·표시 및 물질안전보건자료에 관한 기준」에 따라 다음과 같이 표기함
　가. 1A: 사람에게 충분한 발암성 증거가 있는 물질
　나. 1B: 시험동물에서 발암성 증거가 충분히 있거나, 시험동물과 사람 모두에서 제한된 발암성 증거가 있는 물질
　다. 2: 사람이나 동물에서 제한된 증거가 있지만, 구분1로 분류하기에는 증거가 충분하지 않은 물질

09 라돈(Rn)의 작업장 노출 기준(Bq/m³)으로 옳은 것은?

① 200 ② 300
③ 400 ④ 600

해설 화학물질 및 물리적 인자의 노출 기준, [별표 4] 라돈의 노출 기준

작업장 농도(Bq/m³)
600

주: 1. 단위환산(농도): 600 Bq/m³ = 16p Ci/L (※ 1 pCi/L = 37.46 Bq/m³)
　　2. 단위환산(노출량): 600 Bq/m³인 작업장에서 연 2,000시간 근무하고, 방사평형인자(F_{eq}) 값을 0.4로 할 경우 9.2 mSv/y 또는 0.77 WLM/y에 해당(※ 800 Bq/m³(2,000시간 근무, F_{eq} = 0.4) = 1 WLM = 12 mSv)
1 WLM(working level month)란 1 WL의 농도에서 170시간 노출된 경우를 말한다. 즉, 1 WLM는 1 워킹레벨(WL) 농도의 공기를 월 170 근무하는 시간 동안 호흡함으로써 누적되는 피폭으로 정의된다. 1 WLM는 SI 단위로는 3.54×10^{-3} Jh/m³에 해당한다.

10 노출 기준 표시단위로 세제곱센티미터당 개수(개/cm³)를 사용하는 물질로 옳은 것은?

① 가스 ② 증기
③ 에어로졸 ④ 내화성 세라믹 섬유

해설 화학물질 및 물리적 인자의 노출 기준, 제2장 노출 기준, 제11조(표시단위)
① 가스 및 증기의 노출 기준 표시단위는 피피엠(ppm)을 사용한다.
② 분진 및 미스트 등 에어로졸(Aerosol)의 노출 기준 표시단위는 세제곱미터당 밀리그램(mg/m³)을 사용한다. 다만, 석면 및 내화성 세라믹 섬유의 노출 기준 표시단위는 세제곱센티미터당 개수(개/cm³)를 사용한다.

11 여과채취에 적합한 여과재의 조건으로 옳지 않은 것은?

① 될 수 있는 대로 흡습률이 높을 것
② 채취 시의 흡입 저항은 될 수 있는 대로 낮을 것
③ 접거나 구부리더라도 파손되지 않고 찢어지지 않을 것
④ 채취대상 입자의 입도분포에 대하여 채취효율이 높을 것

해설 될 수 있는 대로 흡습률이 낮을 것

정답 06 ④ 07 ② 08 ④ 09 ④ 10 ④ 11 ①

12 입자상 물질이 호흡기 내로 침착하는 작용기전으로 옳지 <u>않은</u> 것은?

① 중력침강   ② 회피
③ 확산   ④ 간섭

해설 입자상 물질의 호흡기 내 침착 메커니즘
ⓐ 충돌(impaction)
ⓑ 중력 침강(gravitational deposition)
ⓒ 확산(diffusion)
ⓓ 간섭(차단, interception)
ⓔ 정전기 침강(electrostatic deposition)

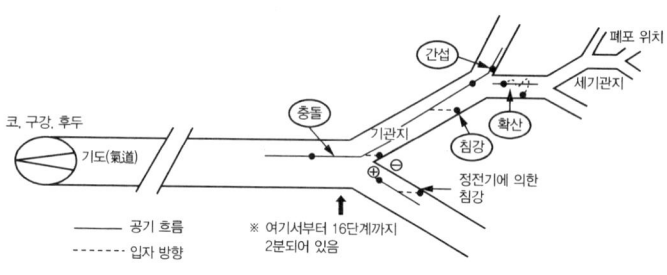

13 입자상 물질의 호흡기 내 침착기전에서 먼지의 운동속도가 낮은 미세 기관지나 폐포에서는 어떠한 기전이 중요한 역할을 하는가?

① 충돌   ② 중력 침강
③ 확산   ④ 간섭

해설 먼지의 운동속도가 낮은 미세기관지나 폐포에서는 중력 침강이 매우 중요한 역할을 하며, 침강속도가 0.001 cm/s 이하일 때는 중력 침강보다 확산이 더 중요한 역할을 한다.

14 폐의 미세기관지나 폐포에서는 분진의 운동속도가 낮아 기관지 침착 기전 중 중력침강이나 확산이 중요한 역할을 한다. 침강속도가 얼마 이하인 경우 중력침강보다 확산에 의한 침착이 더 중요한 역할을 하는가?

① 1 cm/s   ② 0.1 cm/s
③ 0.01 cm/s ④ 0.001 cm/s

해설 먼지의 운동속도가 낮은 미세기관지나 폐포에서는 중력 침강이 매우 중요한 역할을 하며, 침강속도가 0.001 cm/s 이하일 때는 중력 침강보다 확산이 더 중요한 역할을 한다.

15 입경 범위가 0.1 ~ 0.5 μm인 입자상 물질이 여과지에 채취될 경우에 관여하는 주된 메커니즘은?

① 충돌과 간섭
② 확산과 간섭
③ 확산과 충돌
④ 충돌

해설 입경범위가 0.1 ~ 0.5 μm인 입자상 물질이 여과지에 채취될 경우에 관여하는 주된 메커니즘은 확산과 간섭이다.

16 입자상 물질의 호흡기계 침착기전 중 길이가 긴 입자가 호흡기계로 들어오면 그 입자의 가장자리가 기도의 표면을 스치게 됨으로써 침착하는 현상은?

① 충돌
② 침전
③ 차단
④ 확산

해설 섬유상 먼지는 주로 간섭(차단)에 의하여 침착되며 섬유 먼지가 호흡기 표면에 가까워지면 섬유의 한쪽 끝이 표면에 접촉하여 차단하게 된다. 그러므로 섬유의 길이가 매우 중요하다.

17 공기 중 입자상 물질은 여러 기전에 의해 여과지에 채취된다. 차단, 간섭 기전에 영향을 미치는 요소로 옳지 않은 것은?

① 입자 크기
② 입자 밀도
③ 여과지의 공경(막여과지)
④ 여과지의 고형분(solidity)

해설 여과의 메커니즘과 각각에 영향을 미치는 요소
㉠ 차단, 간섭: 입자 크기, 여과지의 공경(막여과지), 섬유 직경, 여과지의 고형분
㉡ 관성 충돌: 입자 크기, 입자 밀도, 면속도, 여과지의 공경(막여과지), 섬유 직경
㉢ 확산: 입자 크기, 입자 농도, 면속도, 여과지의 공경(막여과지), 섬유 직경

18 여과에 의한 입자의 채취기전 중 공기의 흐름 방향이 바뀔 때 입자상 물질은 계속 같은 방향으로 유지하려는 원리는 무엇인가?

① 관성 충돌
② 확산
③ 중력 침강
④ 차단

해설 관성 충돌: 분진의 입경(질량)이 커서 충분한 관성력이 있을 경우, 공기의 흐름 방향이 바뀔 때 입자상 물질은 계속 같은 방향으로 유지하려는 관성에 의해 분진은 필터에 충돌 부착된다.

정답 12 ② 13 ② 14 ④ 15 ② 16 ③ 17 ② 18 ①

19. 여과지의 공극보다 작은 입자가 여과지에 채취되는 기전은 여과 이론으로 설명할 수 있다. 다음 중 펌프를 이용하여 공기를 흡입하여 채취할 때 크게 작용하는 기전으로 옳지 않은 것은?

① 간섭
② 중력 침강
③ 관성 충돌
④ 확산

해설 공기를 흡입하여 입자상 물질을 채취할 때 공기가 필터(여과섬유)를 통과할 때 분진은 여재를 구성하는 섬유와 관성 충돌, 간섭(직접 차단), 확산, 그리고 크게 작용하지는 않지만, 중력 및 정전기력에 의해서 필터에 부착되어 가교를 형성하거나 초층(1차 층)을 형성하여 집진한다.

20. 여과지 표면과 채취공기 사이의 농도 구배(기울기) 차이에 의해 오염물질이 채취되는 여과채취의 원리는?

① 차단
② 확산
③ 관성 충돌
④ 체 거름

해설 분진 입경이 0.1 μm 이하인 아주 작은 입자는 유선을 따라 운동하지 않고 여과지 표면과 채취공기 사이의 농도 구배(기울기) 차이에 의해 브라운 운동, 즉 무작위 운동을 통한 확산에 의하여 채취된다.

21. 다음의 ( ) 안에 알맞은 내용은?

> 섬유상 여과지는 막여과지에 비해 (A), 물리적인 강도가(는) (B).

① 비싸고, 강하다
② 싸고, 강하다
③ 비싸고, 약하다
④ 싸고, 약하다

해설
- 막(membrane)여과지(MCE, PVC, PTFE, 은)의 특징
  ㉠ 섬유상 여과지에 비해 공기 저항이 심하다.
  ㉡ 섬유상 여과지에 비해 공기 저항이 채취되는 입자상 물질의 크기가 작다.
  ㉢ 여과지 표면에서 채취된 입자상 물질이 이탈되는 경향이 있다.
  ㉣ 공기 중에 부유하고 있는 입자상 물질을 채취하기 위하여 사용되는 여과지이다.
- 섬유상(유리섬유, 셀룰로오스 섬유) 여과지의 특징
  ㉠ 막여과지에 비해 가격이 비싸고, 물리적 강도가 약하다.
  ㉡ 흡수성이 적다.
  ㉢ 열에 강하고 과부하에도 채취효율이 높은 편이다.

22 산에 쉽게 용해되므로 입자상 물질 중의 금속을 채취하여 원자흡수분광광도법으로 분석하는 데 적당하며, 석면의 현미경분석을 위한 시료 채취에도 이용되는 막여과지는?

① MCE 여과지 ② PVC 여과지
③ 섬유상 여과지 ④ PTFE 여과지

해설 MCE(Mixed Celluose Ester Membrane Filter) 막여과지의 특징
㉠ 작은 입자상 물질 중 금속과 흄 채취가 가능(평균 기공 크기: 0.45 ~ 0.8 μm)하다.
㉡ 산에 쉽게 용해, 가수분해되고 습식회화가 가능하다.
㉢ 공기 중 입자상 물질 중 금속성분을 원자흡수분광광도법으로 분석하는 데 적당하다.
㉣ 흡습성이 높아 오차를 유발할 수 있으므로 중량분석에는 부적합하다.
㉤ 석면의 위상차 현미경 분석을 위한 시료 채취에도 이용된다.

23 먼지 시료 채취에 사용되는 여과지에 대한 설명으로 옳지 <u>않은</u> 것은?

① MCE 막여과지는 산에 쉽게 용해된다.
② PTFE 막여과지는 농약이나 알칼리성 먼지 채취에 적합하다.
③ PVC 막여과지는 수분에 대한 영향이 크므로 용해성 시료 채취에 사용한다.
④ 은 막여과지는 코크스 제조공정에서 발생되는 코크스 오븐 배출물질 채취에 사용한다.

해설
• PVC 막여과지의 특징
  ㉠ 수분의 영향이 크지 않아 대기 중 먼지, 작업장 총분진 등의 중량분석에 적당하다.
  ㉡ 유리규산을 채취하여 X-선 회절법으로 분석하는 데 적절하다.
• PTFE(테프론) 막여과지의 특징
  열, 화학물질, 압력 조건에 강한 특성을 가져 특히, 농약, 알칼리성 먼지 채취에 적합하다.
• 은 막여과지의 특징
  ㉠ 열적, 화학적 안정성이 있다.
  ㉡ 코크스 제조공정에서 발생하는 분진의 채취에 사용한다.
  ㉢ 특히 압력에 강하여 석탄건류나 증류 등의 공정에서 발생하는 PAHs 채취에 이용된다.
• PVC 막여과지는 수분에 대한 영향이 적어 용해성 시료 채취에 사용한다.

정답 19 ② 20 ② 21 ③ 22 ① 23 ③

CHAPTER 3 출제 예상 문제

24 PVC 막여과지를 사용하여 채취하는 물질에 관한 내용으로 옳지 <u>않은</u> 것은?

① 6가 크로뮴 그리고 아연산화물의 채취에 이용된다.
② 유리규산을 채취하여 X-선 회절법으로 분석하는 데 적절하다.
③ 압력에 강하여 석탄건류나 증류 등의 공정에서 발생하는 PAHs 채취에 이용된다.
④ 수분에 대한 영향이 크지 않기 때문에 공해성 먼지 등의 중량분석을 위한 측정에 이용된다.

해설 압력에 강하여 석탄건류나 증류 등의 공정에서 발생하는 PAHs 채취에 이용되는 여과지는 은 막여과지이다.

25 입자상 물질의 채취에 사용되는 막여과지 중 화학물질과 열에 저항이 강한 특성이 있고 코크스 제조공정에서 발생하는 코크스 오븐 배출물질 채취에 사용되는 것은?

① 섬유상 여과지(fiber filter)
② 은 막여과지(silver membrane filter)
③ PTFE 여과지(polytetrafluroethylene filter)
④ MCE 여과지(mixed cellulose ester membrane filter)

해설 코크스 제조공정에서 발생하는 분진의 채취에 사용하는 것은 은 막여과지이다.

26 Nuclepore(뉴클레포어) 여과지에 관한 설명으로 옳지 <u>않은</u> 것은?

① 플리카보네이트로 만들어진다.
② TEM 분석을 위한 석면의 채취에 이용된다.
③ 강도는 우수하나 화학물질과 열에는 불안정하다.
④ 구조가 막여과지처럼 여과지 구멍이 겹치는 것이 아니고 체(sieve)처럼 구멍이 일직선으로 되어 있다.

해설 뉴클레포어(Nuclepore) 필터: 평균 기공 크기 0.8 μm이며 주사전자현미경 또는 TEM 분석을 위한 석면의 채취에 이용되는 멤브레인필터로 강도는 약하나 열안정성이 좋다.

27 수분에 대한 영향이 크지 않으므로 먼지의 중량분석에 적절하고, 특히 유리규산을 채취하여 X선 회절법으로 분석하는 데 적합한 여과지는?

① MCE 막여과지 ② 유리섬유 여과지
③ PVC 막여과지 ④ 은 막여과지

해설 유리규산을 채취하여 X-선 회절법으로 분석하는 데 적절한 것은 PVC 막여과지이다.

28 가스의 정의와 주요 특성에 관한 설명으로 옳지 않은 것은?

① 가스는 농도가 높으면 응축됨
② 공간을 완전하게 다 채울 수 있는 물질
③ 상온, 상압(보통 25 ℃, 1기압)에서 기체 형태로 존재하는 것
④ 공기의 구성성분인 질소, 산소, 아르곤, 이산화탄소, 헬륨, 수소는 모두 가스임

해설 농도가 높으면 응축되는 성질이 있는 가스상 물질은 증기(vapor)이다.

29 가스상 물질을 순간시료 채취방법으로 사용할 수 없는 경우는?

① 시간가중평균치를 구하고자 할 때
② 공기 중 오염물질의 농도가 높을 때
③ 오염물질농도가 시간에 따라 변화되지 않을 때
④ 검출기의 검출한계보다 공기 중 농도가 높을 때

해설
- 가스상 물질의 연속시료 채취방법 조건
  ㉠ 공기 중 오염물질의 농도가 낮을 때
  ㉡ 시간가중평균치를 구하고자 할 때
  ㉢ 검출기의 검출한계보다 공기 중 농도가 낮을 때
  ㉣ 순간시료 채취방법을 적용할 수 없는 경우
- 가스상 물질의 순간시료 채취방법 조건
  ㉠ 미지 가스상 물질의 동정을 알려고 할 때
  ㉡ 간헐적 공정에서의 순간 농도 변화를 알고자 할 때
  ㉢ 오염발생원 확인을 요할 때

정답 24 ③ 25 ② 26 ③ 27 ③ 28 ① 29 ①

CHAPTER 3 출제 예상 문제

30 가스상 물질의 순간시료 채취에 사용되는 기구로 옳지 <u>않은</u> 것은?

① 진공플라스크
② 미젯 임핀저
③ 플라스틱 백
④ 검지관

해설 가스상 물질의 연속채취에는 펌프를 이용하는 능동식 시료 채취기와 농도구배에 따라 펌프를 이용하지 않고 유해물질이 확산과 투과에 의해 채취되는 수동식 시료 채취기가 있으며, 순간채취에 사용되는 기구에는 검지관-직독식 기구, 진공 용기 및 플라스틱 백, 주사기 등이 사용된다. 미젯 임핀저는 액체채취방법에 사용되는 연속시료 채취 기구이다.

31 가스상 물질의 시료 채취 시 사용하는 액체채취방법의 흡수효율을 높이기 위한 방법으로 옳지 <u>않은</u> 것은?

① 시료 채취속도를 높여 채취 유량을 줄이는 방법
② 채취효율이 좋은 피리티드 버블러 등의 기구를 사용하는 방법
③ 흡수용액의 온도를 낮추어 오염물질의 휘발성을 제한하는 방법
④ 두 개 이상의 버블러를 연속적으로 연결하여 채취효율을 높이는 방법

해설 액체포집방법의 흡수효율을 높이기 위한 방법으로 시료 채취속도를 줄여 채취 유량을 늘여야 한다.

> **프리티드 버블러 (Fritted bubbler)**
> 그림과 같이 액체채취방법에서 흡수병 안에 들어있는 가는 구멍이 많아 가스 방울을 되도록 작게 발생시켜 흡수액과 채취 가스상 물질의 접촉을 좋게 만드는 기구

32 수동식 채취기에 적용되는 이론으로 옳은 것은?

① 침강원리, 분산원리
② 확산원리, 투과원리
③ 침투원리, 흡착원리
④ 충돌원리, 전달원리

해설 수동식 시료 채취기(passive sampler): 공기 채취용 펌프를 이용하지 않고 작업장에 존재하는 자연적인 기류를 이용하여 확산과 투과라는 물리적인 과정에 의해 공기 중 가스상 물질을 채취기까지 이동시켜 흡착제에 시료를 채취하는 장치이다.
 ㉠ 장점: 배지 타입(badge type)으로 시료 채취방법과 취급이 쉽고 간편하게 착용하여 시료를 채취할 수 있다.
 ㉡ 단점: 오염물질 농도는 실험실에서 분석해야 하며, 대상 오염물질을 일정한 확산계수로 확산시키는 물질이 개발되어야 하고, 시료 채취기의 접촉면에 있는 공기가 정체되어 있으면 안 된다.

33 가스 및 증기 시료 채취방법 중 실리카겔에 의한 흡착방법에 관한 설명으로 옳지 않은 것은?

① 물을 잘 흡수하는 단점이 있다.
② 일반적으로 탈착 용매로 CS_2를 사용하지 않는다.
③ 추출액이 화학분석이나 기기분석에 방해물질로 작용하는 경우가 많다.
④ 활성탄으로 채취가 어려운 아닐린, 오르쏘-톨루이딘 등의 아민류나 몇몇 무기물질의 채취가 가능하다.

해설 추출용액이 화학분석이나 기기분석에 방해물질로 작용하는 경우가 많지 않다.

34 인쇄 또는 도장 작업에서 사용하는 페인트, 신나 또는 유성 도료 등에 의해 발생되는 유해인자 중 유기용제를 포집하는 방법은?

① 활성탄법
② 여과 포집법
③ 직독식 분진측적계법
④ 증류수 흡수액 임핀저법

해설 유기용제는 흡착제 표면에 오염물질을 흡착시키는 고체채취방법(흡착관법-활성탑관법)를 가장 널리 사용한다.

35 활성탄관으로 유기용제 시료를 채취할 때 바탕시료의 처리 방법으로 옳은 것은?

① 관 끝을 깨지 않은 상태로 실험실의 냉장고에 그대로 보관한다.
② 관 끝을 깨지 않은 상태로 현장시료와 동일한 방법으로 운반, 보관한다.
③ 현장에서 관 끝을 깨고 관 끝을 폴리에틸렌 마개로 막고 현장시료와 동일한 방법으로 운반, 보관한다.
④ 현장에서 관 끝을 깨고 관 끝을 폴리에틸렌 마개로 막지 않고 현장시료와 동일한 방법으로 운반, 보관한다.

해설 현장 바탕시료는 현장시료와 동일한 방법으로 현장에서 관 끝을 깨고 관 끝을 폴리에틸렌 마개로 막고 운반, 보관한다.

36 검지관의 장단점에 대한 설명으로 옳지 않은 것은?

① 민감도가 낮아 비교적 고농도에서 적용한다.
② 다른 방해물질의 영향을 받기 쉬워 오차가 크다.
③ 사전에 측정대상 물질의 동정이 불가능한 경우에 사용한다.
④ 다른 측정방법이 복잡하거나 빠른 측정이 요구될 때 사용할 수 있다.

> 동정(identification)
> 시료 중 포함되는 화학종이 알려진 화학종과 완전히 동일하다는 것을 확인하는 것

해설 검지관의 장단점
㉠ 장점
- 사용이 간편(비전문가도 사용이 가능하지만 산업위생 전문가의 지도가 필요함.)
- 반응시간이 빠름
- 맨홀, 밀폐공간의 산소 부족, 폭발성 가스로 인한 안전문제에 유용함
- 다른 측정방법이 복잡하거나 빠른 측정이 요구될 때 유용

㉡ 단점
- 민감도가 낮음(고농도에만 반응)
- 특이도가 낮음(방해물질이 많아 오차가 큼)
- 단시간 측정 위주
- 단일물질만 측정 가능(각 물질에 맞는 검지관을 선정함이 어려움)
- 색변화에 따라 주관적임(판독자에 따른 편차가 있음)
- 색이 시간에 따라 변함(제조자가 정한 시간에 읽어야만 함)
- 미리 측정대상 물질이 동정되어 있어야만 측정 가능

37 가스상 물질의 채취를 위한 기체 혹은 액체 치환병을 시료 채취 전에 전동펌프 등을 이용한 채취대상 공기로 치환 시 채취효율에 대한 오차율이 0.03 %일 때 가스시료 채취병의 공기 치환 횟수는?

① 18회   ② 12회   ③ 8회   ④ 5회

해설 가스시료 채취병의 공기 치환 횟수 $N = \ln\left(\dfrac{100}{E}\right) = \ln\left(\dfrac{100}{0.03}\right) = 8$회

여기서 E : 채취효율에 대한 오차율(%)

38 A 물건을 제작하는 공정에서 100 % TCE를 사용하고 있다. 작업자의 잘못으로 TCE가 휘발되었다면 공기 중 TCE 포화농도는? (단, 0℃, 1기압에서 환기가 되지 않고, TCE의 증기압은 19 mmHg이다.)

① 19,000 ppm   ② 22,000 ppm
③ 25,000 ppm   ④ 28,000 ppm

해설

$$\text{포화농도(ppm)} = \frac{\text{TCE의 증기압(mmHg)}}{760\ \text{mmHg}} \times 10^6 = \frac{19}{760} \times 10^6 = 25{,}000\ \text{ppm}$$

39 20 ℃, 1기압에서 에틸렌글리콜의 증기압이 0.05 mmHg이라면 포화농도(ppm)는?

① 44
② 55
③ 66
④ 77

해설

$$\text{포화농도(ppm)} = \frac{0.05}{760} \times 10^6 = 66\ \text{ppm}$$

40 TCE(분자량 = 131.39)에 노출되는 근로자의 노출 농도를 측정하고자 한다. 추정되는 농도는 25 ppm이고, 분석 방법의 정량한계가 시료당 0.5 mg 일 때, 정량한계 이상의 시료량을 얻기 위해 채취하여야 하는 공기최소량은? (단, 25℃, 1기압 기준)

① 2.4 L
② 3.7 L
③ 4.2 L
④ 5.3 L

해설

25 ppm을 mg/m³으로 환산한다. $\text{mg/m}^3 = 25 \times \frac{131.39}{24.45} = 134.35\ \text{mg/m}^3$

정량한계를 기준으로 최소한으로 채취해야 하는 양이 결정되므로

$$\text{채취해야 할 공기량(L)} = \frac{\text{정량한계(LOQ)}}{\text{추정농도}}$$

$$= \frac{0.5\ \text{mg}}{134.35\ \text{mg/m}^3} \times \frac{1{,}000\ \text{L}}{\text{m}^3} = 3.72\ \text{L}$$

41 수동식 시료 채취기 사용 시 결핍(starvation) 현상을 방지하면서 시료를 채취하기 위한 작업장 내의 최소한의 기류속도는? (단, 면적 대 길이의 비가 큰 배지형(badge type) 수동식 시료 채취기 기준)

① 최소한 0.001 ~ 0.005 m/s
② 최소한 0.05 ~ 0.1 m/s
③ 최소한 1.0 ~ 5.0 m/s
④ 최소한 5.0 ~ 10.0 m/s

해설

수동식 시료 채취기를 사용할 경우 작업장 내 최소한의 기류가 있어야 한다. 만약 기류가 없으면 채취기 표면에서 일단 확산에 의해 오염물질이 제거되면 농도가 없어지거나 감소되는 결핍 현상이 일어나기 때문이다. 따라서 기류가 최소한 0.05 ~ 0.1 m/s 정도가 되어야 한다.

정답 36 ③ 37 ③ 38 ③ 39 ③ 40 ② 41 ②

CHAPTER 3 출제 예상 문제

42 폐 자극 가스로 옳지 않은 것은?
① 염소
② 포스겐
③ NOx
④ 이산화탄소

해설 폐자극가스: 염소가스, 포스겐, 질소산화물, 암모니아, 황산화물 등

43 어느 실험실의 크기가 15 m × 10 m × 3 m이며 실험 중 2 kg의 염소(Cl₂, 분자량 = 70.9)를 부주의로 떨어뜨렸다. 이때 실험실에서의 이론적 염소농도(ppm)는? (단, 기압은 760 mmHg, 온도 0℃ 기준, 염소는 모두 기화되고 실험실에는 환기장치가 없다.)
① 약 800 ppm
② 약 1,000 ppm
③ 약 1 200 ppm
④ 약 1 400 ppm

해설 염소농도(ppm) = $\dfrac{질량}{공기부피}$ = $\dfrac{2\,\text{kg} \times 10^6\,\text{mg/kg}}{15\,\text{m} \times 10\,\text{m} \times 3\,\text{m}} \times \dfrac{22.4}{70.9}$ = 1,404.2 ppm

44 가스상 물질 측정을 위한 흡착제인 다공성 중합체에 관한 설명으로 옳지 않은 것은?
① 활성탄보다 비표면적이 크다.
② 특별한 물질에 대한 선택성이 좋은 경우가 있다.
③ 상품명으로는 tenax tube, XAD tube 등이 있다.
④ 대부분의 다공성 중합체는 스타이렌, 에틸바이닐벤젠 혹은 다이바이닐벤젠 중 하나와 극성을 띤 바이닐화합물과의 공중 중합체이다.

해설 다공성 중합체(porous polymer)는 활성탄에 비해 비표면적, 흡착용량, 반응성이 적지만 특수한 물질의 채취에 유용하다.

45 유해화학물질 분석 시 침전법을 이용한 적정으로 옳지 않은 것은?
① Volhard법
② Mohr법
③ Fajans법
④ Stiehler법

> Stiehler(슈틸러)법
> 기기의 분석감도를 구하는 법이다.

해설 침전적정법: 시료액 중의 이온성분을 침전제의 표준액으로 적정하고 침전생성을 볼 수 없게 되는 당량점을 구하는 것으로 Mohr법, Volhard법, Fajans법 등이 있다.

46 흡착제인 활성탄의 제한점에 관한 설명으로 옳지 않은 것은?

① 비교적 높은 습도는 활성탄의 흡착용량을 저하시킴
② 암모니아, 에틸렌, 염화수소와 같은 고비점 화합물에 비효과적임
③ 휘발성이 매우 큰 저분자량의 탄화수소 화합물의 채취효율이 떨어짐
④ 케톤의 경우 활성탄 표면에서 물을 포함하는 반응에 의해서 파괴되어 탈착률과 안전성에서 부적절함

해설 끓는점이 낮은 저비점 화합물인 암모니아, 에틸렌, 염화수소, 폼알데하이드 증기는 흡착속도가 낮아 비효과적이다.

47 20 ℃, 1기압에서 100 L의 공기 중에 벤젠 1 mg을 혼합시켰다. 이때의 작업환경 중 벤젠농도(V/V)는?

① 약 1.2 ppm
② 약 3.1 ppm
③ 약 5.2 ppm
④ 약 6.7 ppm

해설 $\text{ppm} = \text{mg/m}^3 \times \dfrac{24.45}{M}$ 의 환산식에서

$\text{ppm} = 10 \, \text{mg/m}^3 \times \dfrac{24.45}{78} = 3.1 \, \text{ppm}$

48 pH 2, pH 5인 두 수용액을 수산화소듐으로 각각 중화시킬 때 중화제 NaOH의 투입량은 어떻게 되는가?

① pH 5인 경우보다 pH 2가 3배 더 소모된다.
② pH 5인 경우보다 pH 2가 9배 더 소모된다.
③ pH 5인 경우보다 pH 2가 30배 더 소모된다.
④ pH 5인 경우보다 pH 2가 1,000배 더 소모된다.

해설
- pH 2인 수용액의 수소이온농도 $[H^+] = 10^{-pH} = 10^{-2} = 0.01 \, M$
- pH 5인 수용액의 수소이온농도 $[H^+] = 10^{-pH} = 10^{-5} = 0.00001 \, M$, pH 2 수용액이 pH 5 수용액보다 수소이온농도가 1,000배 많으므로 중화제 NaOH의 투입량은 $\dfrac{0.01}{0.00001} = 1,000$배로 pH 5인 경우보다 pH 2가 1,000배 더 소모된다.

CHAPTER 3 출제 예상 문제

49 아세톤 2,000 ppb은 몇 mg/m³인가? (단, 아세톤 분자량 = 58, 작업장 25 ℃, 1기압)

① 3.7 　② 4.7 　③ 5.7 　④ 6.7

해설 아세톤(CH_3COCH_3)의 $mg/m^3 = ppm \times \dfrac{M}{24.45}$ 의 환산식에서

$mg/m^3 = 2\,ppm \times \dfrac{58}{24.45} = 4.7\,mg/m^3$

50 공기(10 L)로부터 벤젠(분자량 = 78)을 고체흡착관에 채취하였다. 시료를 분석한 결과 벤젠의 양은 5 mg이고 탈착효율은 95 %였다. 공기 중 벤젠농도는? (단, 25 ℃, 1기압 기준)

① 약 105 ppm　② 약 125 ppm
③ 약 145 ppm　④ 약 165 ppm

해설 공기 중 벤젠농도, $ppm = \dfrac{5\,mg}{0.95} \times \dfrac{1,000\,L}{10\,L \times m^3} \times \dfrac{24.45}{78} = 165\,ppm$

51 에틸렌 아민(비중 0.832) 1 mL를 메스플라스크(100 mL)에 가하고 증류수로 혼합하여 100 mL 되게 한 후 5 mL를 취하여 메스플라스크(100 mL)에 넣고 증류수로 100 mL 되게 했을 때 이 용액의 농도(mg/mL)는?

① 0.416　② 0.832
③ 4.16　④ 8.32

해설 에틸렌 아민(비중 0.832) 1 mL의 질량은 0.832 g/cm³이므로 0.832 g/mL × 1 mL = 0.832 g = 832 mg이다.

∴ 에틸렌 아민 용액의 농도 $= 832\,mg/mL \times \dfrac{1\,mL}{100\,mL} \times \dfrac{5\,mL}{100\,mL}$
$= 0.416\,mg/mL$

52 실내공간이 100 m³인 빈 실험실에 MEK(methyl ethyl ketone) 2 mL가 기화되어 완전히 혼합되었다고 가정하면 이때 실내의 MEK 농도는 몇 ppm인가? (단, MEK 비중 = 0.805, 분자량 = 72.1, 25 ℃, 1기압 기준)

① 약 2.3　② 약 3.7
③ 약 4.2　④ 약 5.5

해설 MEK(methyl ethyl ketone) 2 mL의 질량은 0.805 g/cm³ = 0.805 g/mL에서
0.805 g/mL × 2 mL = 1.61 g = 1,610 mg

$$\therefore \text{MEK 농도(ppm)} = \frac{1,610 \text{ mg}}{100 \text{ m}^3} \times \frac{24.45}{72.1} = 5.46 \text{ ppm}$$

53 일산화탄소 1 m³가 100,000 m³의 밀폐된 차고에 방출되었다면 이때 차고 내 공기 중 일산화탄소의 농도(ppm)는? (단, 방출 전 차고 내 일산화탄소 농도는 무시함)

① 0.1
② 1.0
③ 10
④ 100

해설
$$\text{일산화탄소의 농도(ppm)} = \frac{1}{100,000} \times 10^6 = 10 \text{ ppm}, \ 1 \text{ ppm} = 1 \text{ mL/m}^3$$

54 어떤 유해 작업장에 일산화탄소(CO)가 0 ℃, 1기압 상태에서 100 ppm이라면 이 공기 1 m³ 중에 CO는 몇 mg 포함되어 있는가?

① 108 mg
② 125 mg
③ 153 mg
④ 186 mg

해설
$$\text{CO(mg/m}^3\text{)} = 100 \text{ ppm} \times \frac{28}{22.4} = 125 \text{ mg/m}^3$$

∴ 공기 1 m³ 중에 CO는 125 mg이 포함되어 있다.

55 톨루엔을 활성탄관을 이용하여 0.2 L/분으로 30분 동안 시료를 포집하여 분석한 결과 활성탄관의 앞 층에서 1.2 mg, 뒷 층에서 0.1 mg씩 검출되었을 때, 공기 중 톨루엔의 농도는 약 몇 mg/m³인가? (단, 파과, 바탕시료는 고려하지 않고, 탈착효율은 100 %이다.)

① 113
② 138
③ 183
④ 217

해설
$$\text{공기 중 톨루엔의 농도(mg/m}^3\text{)} = \frac{(1.2 + 0.1) \text{ mg}}{0.2 \text{ L/min} \times 30 \text{ min} \times 10^{-3} \text{ m}^3/\text{L}}$$
$$= 217 \text{ mg/m}^3$$

CHAPTER 3 출제 예상 문제

56 각각의 채취효율이 80 %인 임핀저 2개를 직렬 연결하여 시료를 채취하는 경우 최종 얻어지는 채취효율은?

① 90.0 %
② 92.0 %
③ 94.0 %
④ 96.0 %

해설 전체 포집 효율(%) $= 1-(1-E_1)\times(1-E_2) = 1-(1-0.8)\times(1-0.8)$
$= 0.96 = 96\%$

57 작업장 내 공기 중 아황산가스(SO_2)의 농도가 40 ppm일 경우 이 물질의 농도는? (단, SO_2 분자량 = 64, 용적 백분율(%)로 표시)

① 4 %
② 0.4 %
③ 0.04 %
④ 0.004 %

해설 1 % = 10,000 ppm이므로 $40\,\text{ppm} \times \dfrac{1\,\%}{10,000\,\text{ppm}} = 0.004\,\%$

58 20 mL의 1 % sodium bisulfite를 담은 임핀저를 이용하여 폼알데히이드가 함유된 공기 0.480 m³를 채취, 비색법으로 분석하였다. 검량선과 비교한 결과 시료용액 중 폼알데하이드 농도는 50 $\mu g/mL$이었다. 공기 중 폼알데하이드 농도는 몇 ppm인가? (25 ℃, 1기압, 폼알데하이드의 분자량은 30)

① 약 80 ppm
② 약 1.7 ppm
③ 약 3.5 ppm
④ 약 5.4 ppm

해설 공기 중 폼알데하이드 농도(ppm) $= \dfrac{50\,\mu g/mL \times 20\,mL \times 10^{-3}\,mg/\mu g}{0.480\,m^3} \times \dfrac{24.45}{30}$
$= 1.7\,\text{ppm}$

59 0.5 N–H_2SO_4(분자량 98) 1,000 mL를 만들 때 H_2SO_4의 필요량(g)은?

① 12.3 g
② 16.5 g
③ 20.3 g
④ 24.5 g

해설 H_2SO_4의 필요량(g) $= 0.5\,eq/L \times 1\,L \times \dfrac{49\,g}{eq} = 24.5\,g$

60 0.05 N 수산화나트륨 용액 2,000 mL를 만들기 위하여 필요한 NaOH의 그램(g) 수는? (단, Na: 23)

① 2.0 g ② 4.0 g
③ 6.0 g ④ 8.0 g

해설 NaOH의 그램(g) 수 $= 0.05\,\text{eq/L} \times 2\,\text{L} \times \dfrac{40\,\text{g}}{\text{eq}} = 4.0\,\text{g}$

61 0.3 N-$K_2Cr_2O_7$(분자량 294.18) 500 mL을 만들 때 $K_2Cr_2O_7$의 필요량은?

① 2.1 g ② 4.9 g
③ 6.3 g ④ 7.4 g

해설 $K_2Cr_2O_7$의 원자가 수는 6이므로 $1\,eq = \dfrac{294.18\,g}{6} = 49\,g$

∴ $K_2Cr_2O_7$의 필요량(g) $= 0.3\,\text{eq/L} \times 0.5\,\text{L} \times \dfrac{49\,\text{g}}{\text{eq}} = 7.4\,g$

62 40 %(질량분율) NaOH 용액의 농도는 몇 N인가? (단, Na 원자량은 23)

① 5.0 N ② 10.0 N
③ 15.0 N ④ 20.0 N

해설 40 %(W/V %) NaOH 용액은 정제수 100 mL 중에 40 g의 NaOH가 녹아 있다는 것이므로 1 L 중에는 400 g의 NaOH가 녹아 있다.

∴ 40 %(W/V %) NaOH 용액의 농도(N) $= \dfrac{400\,\text{g}}{40\,\text{g}} \times 1\,\text{eq/L} = 10\,\text{eq/L} = 10\,\text{N}$

63 H_2SO_4(MW = 98) 4.9 g이 100 L의 수용액 속에 용해되어 있을 때 이 용액의 pH는? (단, 황산은 100 % 전리한다.)

① 4.3 ② 3.3
③ 2.3 ④ 1.3

해설 H_2SO_4 4.9 g/100 L = 0.049 g/L, H_2SO_4의 몰수 $= \dfrac{0.049\,\text{g/L}}{98\,\text{g/mole}} = 2 \times 10^{-4}\,\text{M}$

∴ $\text{pH} = -\log[H^+] = -\log(5 \times 10^{-4}) = 3.3$

정답 56 ④ 57 ④ 58 ② 59 ④ 60 ② 61 ④ 62 ② 63 ②

CHAPTER 3 출제 예상 문제

64 수산화소듐 4.0 g을 0.5 L의 물에 녹인 후 2 N-HCl 용액으로 중화시 킨다면 소요되는 2 N-HCl 용액의 부피는? (단, Na 원자량은 23)

① 5 mL   ② 15 mL
③ 25 mL ④ 50 mL

해설 중화적정식 $NV = N'V'$에서 수산화소듐의 규정농도(N)는
$$\frac{4.0\,g/0.5\,L}{40\,g/L} = 0.2\,N$$
$\therefore 0.2 \times 500 = 2 \times x\,mL,\ x = 50\,mL$

65 2 N-HCl 용액 100 mL를 이용하여 0.5 N 용액을 조제하려 할 때 희석에 필요한 정제수의 양은?

① 100 mL ② 200 mL
③ 300 mL ④ 400 mL

해설 2 N을 0.5 N으로 희석해야 하므로 2 N을 4배 희석하면 된다. 즉 2 N-HCl용액 100 mL를 400 mL로 희석해야 하는 데 필요한 정제수는 300 mL이다.

66 폼알데하이드(CH_2O) 15 g은 몇 mmole인가?

① 0.5   ② 15
③ 200   ④ 500

해설 폼알데하이드(HCHO)의 분자량 = 30이므로 15 g은 0.5 mole = 0.5 × 1,000 = 500 mmol

67 뷰테인올 용액(흡수액)을 이용하여 시료를 채취한 후 분석된 시료량이 75 μg이며, 바탕시료에서 분석된 평균 시료량이 0.5 μg, 공기 채취량은 10 L, 탈착 효율이 92.5 %일 때 이 가스상 물질의 농도는?

① 8.1 mg/m³   ② 10.4 mg/m³
③ 12.2 mg/m³   ④ 14.8 mg/m³

해설 뷰테인의 농도(mg/m³) = $\dfrac{\dfrac{(75-0.5)\,\mu g}{0.925} \times 10^{-3}\,mg/\mu g}{10\,L \times 10^{-3}\,m^3/L}$ = 8.1 mg/m³

68 500 mL 수용액 속에 4 g의 NaOH가 함유된 용액의 pH는? (단, 완전해리 기준, Na 원자량 23)

① 13.0
② 13.3
③ 13.6
④ 13.8

해설 수산화소듐의 몰수(M)는 $\dfrac{4.0\,\text{g}/0.5\,\text{L}}{40\,\text{g/L}} = 0.2\,\text{M}$

∴ $\text{pOH} = -\log[\text{OH}^-] = -\log 0.2 = 0.7$, $\text{pH} + \text{pOH} = 14$에서
$\text{pH} = 14 - \text{pOH} = 14 - 0.7 = 13.3$

69 0.01 N – NaOH 수용액 중의 [H$^+$]는 몇 mole/L인가?

① 1×10^{-2}
② 1×10^{-13}
③ 1×10^{-12}
④ 1×10^{-11}

해설 0.01N 수산화소듐의 $[\text{OH}^-] = 0.01\,\text{M}$, $\text{pOH} = -\log[\text{OH}^-] = -\log 0.01 = 2$,
$\text{pH} + \text{pOH} = 14$에서 $\text{pH} = 14 - \text{pOH} = 14 - 2 = 12$
∴ $[\text{H}^+] = 10^{-\text{pH}} = 10^{-12}\,\text{M}$

70 100 g의 물에 40 g의 NaCl을 가하여 용해시키면 몇 %(질량분율)의 NaCl 용액이 만들어지는가?

① 28.6%
② 32.7%
③ 34.5%
④ 38.2%

해설 $\%\,\text{NaCl} = \dfrac{40}{(100+40)} \times 100 = 28.6\,\%$

71 가스상 물질의 측정을 위한 능동식 시료 채취 시 흡착관을 이용할 경우, 일반적 시료 채취 유량으로 옳은 것은? (단, 연속시료 채취 기준)

① 0.2 L/min 이하
② 1.0 L/min 이하
③ 1.7 L/min 이하
④ 2.5 L/min 이하

해설 능동식 시료 채취 흡착관을 이용한 가스상 물질의 시료 채취 유량은 0.01 L/min ~ 0.2 L/min이다.

> 능동식 시료 채취: 오염물질을 채취하기 위해 펌프를 이용하여 공기를 강제적으로 포집하는 일이다. 공기량을 정확하게 측정하기 위한 장비가 필요하며 실험실로 운반한 후에는 정량 분석이 요구된다.

CHAPTER 3 출제 예상 문제

72 톨루엔(Toluene, MW = 92.14) 농도가 50 ppm로 추정되는 사업장에서 근로자 노출농도를 측정하고자 한다. 시료 채취 유량이 0.2 L/min, 기체크로마토그래프의 정량한계가 0.2 mg이라면 채취할 최소시간은? (단, 1기압, 25 ℃ 기준)

① 3.2분　　② 4.1분　　③ 5.3분　　④ 7.5분

해설 먼저 톨루엔 50 ppm을 mg/m³으로 변환한다.

$$mg/m^3 = 50\,ppm \times \frac{92.14}{24.45} = 188.4\,mg/m^3$$

정량한계를 기준으로 최소한으로 채취하여야 하는 공기량이 결정되므로

$$\frac{LOQ}{예상농도} = \frac{0.2\,mg}{188.4\,mg/m^3} = 0.00106\,m^3 = 1.06\,L$$

$$채취\ 최소시간 = \frac{1.06\,L}{0.2\,L/min} = 5.3\,min$$

73 순수한 물 1.0 L의 mole수는?

① 35.6 moles　　② 45.6 moles
③ 55.6 moles　　④ 65.6 moles

해설 순수한 물 1.0 L = 1,000 g이고 H₂O 1mole = 18 g이므로

$$\frac{1,000\,g}{18\,g/mole} = 55.6\,moles$$

74 2 N–H₂SO₄ 용액 800 mL 중에 H₂SO₄는 몇 g 용해되어 있는가? (단, S 원자량은 32)

① 78.4 g　　② 96.5 g
③ 139.2 g　　④ 156.3 g

해설 2 N–H₂SO₄ 용액에는 49×2 = 98 g의 황산이 용해되어 있으므로 800 mL에는 98×0.8 = 78.4 g이 용해되어 있다.

75 500 mL 중에 CuSO₄·5H₂O(분자량: 250) 31.2 g을 포함한 용액은 몇 M인가?

① 0.12 M–CuSO₄·5H₂O　　② 0.25 M–CuSO₄·5H₂O
③ 0.55 M–CuSO₄·5H₂O　　④ 0.75 M–CuSO₄·5H₂O

해설 CuSO₄·5H₂O　1 M = 250 g, $\frac{31.2 \times 2}{250} = 0.25\,M$

02 물리적 유해인자

01 일반적으로 소음계는 A, B, C 세 가지 특성에서 측정할 수 있도록 보정되어 있다. 그 중 A 특성치는 몇 phon의 등감곡선에 기준한 것인가?

① 20 phon ② 40 phon
③ 70 phon ④ 100 phon

해설 소음계는 주파수에 따라 사람의 청각을 감안하여 네 가지 특성인 A, B, C, D로 나누는데 A 특성치는 40 phon, B 특성치는 70 phon, C 특성치는 100 phon(85 phon으로도 함)의 등청감곡선과 비슷하게 주파수의 반응을 보정하여 측정한 음압 수준을 의미한다. 이 중 A 특성치는 인간의 감각과 가장 비슷한 반응치로 노출 기준도 이것을 사용한다.

학습 POINT

이 분야는 기출문제의 출제 비중이 많은 분야로 소음·진동, 고온과 한랭, 이상기압, 조도 및 방사선에 대한 문제가 비교적 자세하게 출제되므로 자세한 내용까지 꼼꼼히 살펴보는 것이 중요하다.

02 1,000 Hz 순음의 음의 세기 레벨 40 dB의 음의 크기로 정의되는 것은?

① 1 SIL ② 1 NRN
③ 1 phon ④ 1 sone

해설 sone은 음의 크기(loudness)의 단위로서, 1 kHz, 40 dB 음압레벨에 의한 음의 크기가 1 sone으로 정의되며 청취자에게 1 sone의 n배의 크기로 느껴지는 소리를 n sone이라 한다. 또 다른 음의 크기(loudness) 단위로는 phon이 있다.

- phon: 1,000 Hz에서의 순음의 음압레벨을 나타낸다. 1,000 Hz, 40 dB인 음은 40 phon이다.
- sone: 1 sone = 40 phon, $\text{sone} = 2^{\frac{(\text{phon}-40)}{10}}$
- NRM: 소음평가지수(nosing rating number)로 외부에서 발생하는 소음을 시간, 지역, 소음의 강도, 특성들을 고려하여 만든 단위이다.

03 충격소음 측정방법에 관한 내용이다. ( ) 안에 맞는 내용은? (단, 고시 기준)

> 소음이 1초 이상의 간격을 유지하면서 최대음압 수준이 (　) 이상의 소음인 경우에는 소음 수준에 따른 1분 동안의 발생 횟수를 측정할 것

① 110 dB(A) ② 120 dB(A)
③ 130 dB(A) ④ 140 dB(A)

해설 작업환경 측정 및 정도관리 등에 관한 고시, 제4장 작업환경 측정방법, 제4절 소음, 제26조(측정방법) 충격소음

5. 소음이 1초 이상의 간격을 유지하면서 최대음압 수준이 120 dB(A) 이상의 소음인 경우에는 소음 수준에 따른 1분 동안의 발생횟수를 측정할 것

CHAPTER 3 출제 예상 문제

> **참고** 충격소음의 노출 기준
>
> | 1일 노출횟수 | 충격소음의 강도, dB(A) |
> |---|---|
> | 100 | 140 |
> | 1,000 | 130 |
> | 10,000 | 120 |
>
> [비고] 충격소음은 최대음압 수준에 120 dB(A) 이상인 소음이 1초 이상의 간격으로 발생하는 것을 말하고, 최대음압 수준이 140 dB(A)를 초과하는 충격소음에 노출되어서는 안 된다.

04 누적소음노출량(D: %)을 적용하여 시간가중평균 소음 수준(TWA: dB(A))을 산출하는 공식으로 옳은 것은?

① $\text{TWA} = 16.61 \log\left(\dfrac{D}{100}\right) + 80$

② $\text{TWA} = 19.81 \log\left(\dfrac{D}{100}\right) + 80$

③ $\text{TWA} = 16.61 \log\left(\dfrac{D}{100}\right) + 90$

④ $\text{TWA} = 19.81 \log\left(\dfrac{D}{100}\right) + 90$

> 누적소음노출량은 적분형 소음계(누적소음노출량 측정기)로 등가소음레벨(L_{eq})을 측정하여 나타내지만 적분소음계가 없어 보통소음계로 측정한 경우에 나타내는 식이 해당 문제의 정답식이다.

해설 작업환경 측정 및 정도관리 등에 관한 고시, 제4장 작업환경 측정방법, 제6절 평가 및 작업환경 측정결과보고, 제36조(소음 수준의 평가)
④ 단위작업 장소에서 소음의 강도가 불규칙적으로 변동하는 소음 등을 누적소음노출량측정기로 측정하여 노출량으로 산출되었을 경우에는 시간가중평균 소음 수준으로 환산하여야 한다. 다만, 누적소음 노출량측정기에 따른 노출량 산출치가 표에 주어진 소음 노출량(%)과 TWA 사이의 변화한 환산값보다 작거나 크면 시간가중평균소음은 다음 계산식에 따라 산출한 값을 기준으로 평가할 수 있다.
$\text{TWA} = 16.61 \log\left(\dfrac{D}{100}\right) + 90$, 여기서 TWA: 시간가중평균 소음 수준(dB(A)), D: 누적소음노출량(%)이다.

05 금속가공 작업장에서 펀칭기의 소음이 88 dB(A), 프레스기의 소음이 93 dB(A)이 발생할 때 두 소음의 합성음은?

① 93.6 dB(A)   ② 94.2 dB(A)
③ 95.6 dB(A)   ④ 96.2 dB(A)

해설 소음의 합성 $\text{SPL} = 10 \log\left(10^{0.1 \times L_1} + 10^{0.1 \times L_2}\right)$
$= 10 \log\left(10^{8.8} + 10^{9.3}\right) = 94.2 \text{ dB(A)}$

06 다음 소음의 측정시간에 관련한 내용에서 ( )에 들어갈 수치로 옳은 것은? (단, 고용노동부 고시를 기준으로 한다.)

> 단위작업장소에서의 소음발생시간이 6시간 이내인 경우나 소음발생원에서의 발생시간이 간헐적인 경우에는 발생 시간 동안 연속 측정하거나 등간격으로 나누어 ( )회 이상 측정하여야 한다.

① 2 ② 4 ③ 6 ④ 8

해설 작업환경 측정 및 정도관리 등에 관한 고시, 제4장 작업환경 측정방법, 제4절 소음, 제28조(측정시간 등)
① 단위작업 장소에서 소음 수준은 규정된 측정 위치 및 지점에서 1일 작업시간 동안 6시간 이상 연속 측정하거나 작업시간을 1시간 간격으로 나누어 6회 이상 측정하여야 한다. 다만, 소음의 발생특성이 연속음으로서 측정치가 변동이 없다고 자격자 또는 지정측정기관이 판단한 경우에는 1시간 동안을 등간격으로 나누어 3회 이상 측정할 수 있다.
② 단위작업 장소에서의 소음발생시간이 6시간 이내인 경우나 소음발생원에서의 발생시간이 간헐적인 경우에는 발생 시간 동안 연속 측정하거나 등간격으로 나누어 4회 이상 측정하여야 한다.

07 소음측정 방법에 관한 설명으로 옳지 않은 것은? (단, 고용노동부 고시 기준)
① 소음계의 청감보정회로는 A 특성으로 행하여야 한다.
② 연속음 측정 시 소음계의 지시침의 동작은 빠른(Fast) 상태로 한다.
③ 소음 수준을 측정할 때는 측정대상이 되는 근로자의 근접된 위치의 귀 높이에서 실시하여야 한다.
④ 측정시간은 1일 작업시간 동안 6시간 이상 연속측정 하거나 작업시간을 1시간 간격으로 나누어 6회 이상 측정한다.

해설 작업환경 측정 및 정도관리 등에 관한 고시, 제4장 작업환경 측정방법, 제4절 소음, 제26조(측정방법)
3. 소음측정은 다음과 같이 할 것
 가. 소음계 지시침의 동작은 느린(Slow) 상태로 한다.
 나. 소음계의 지시치가 변동하지 않는 경우에는 해당 지시치를 그 측정점에서의 소음 수준으로 한다.
4. 누적소음노출량 측정기로 소음을 측정하는 경우에는 Criteria는 90 dB, Exchange Rate는 5 dB, Threshold는 80 dB로 기기를 설정할 것
5. 소음이 1초 이상의 간격을 유지하면서 최대음압 수준이 120 dB(A) 이상의 소음인 경우에는 소음 수준에 따른 1분 동안의 발생 횟수를 측정할 것

정답 04 ③ 05 ② 06 ② 07 ②

CHAPTER 3 출제 예상 문제

08 1/1 옥타브밴드 중심주파수가 31.5 Hz일 때 하한주파수는?

① 20.3
② 22.3
③ 24.3
④ 26.3

[해설]
- 하한주파수 $f_1 = \dfrac{중심주파수}{\sqrt{2}} = \dfrac{f_o}{\sqrt{2}} = \dfrac{31.5}{\sqrt{2}} = 22.3\,\text{Hz}$
- 상한주파수 $f_2 = f_o \times \sqrt{2} = 31.5 \times \sqrt{2} = 44.6\,\text{Hz}$

> 상한주파수와 하한주파수의 차이를 대역폭(BW, Bandwidth)이라고 하는 데, 이는 신호를 전송할 수 있는 주파수 범위 또는 폭을 뜻한다. 즉, 신호가 차지하는 연속된 주파수 범위에서 기준값을 넘는 가장 큰 주파수(상한주파수)와 가장 작은 주파수(하한주파수)의 차이를 말한다. 대역폭의 단위는 헤르츠(Hz)를 사용한다.

09 소음 단위인 데시벨(dB)을 계산하기 위한 최소음압실효치가 $P_o = 0.00002\,\text{N/m}^2$이고, 대상음 음압실효치가 $10\,\text{N/m}^2$라면 이 음압 수준은?

① 94 dB
② 104 dB
③ 114 dB
④ 124 dB

[해설]
음압 수준 $\text{SPL} = 20\log\left(\dfrac{P}{2\times 10^{-5}}\right) = 20\log\left(\dfrac{10}{2\times 10^{-5}}\right) = 114\,\text{dB}$

10 음원이 아무런 방해물이 없는 작업장 중앙 바닥에 설치되어 있다면 음의 지향계수(Q)는?

① 1
② 2
③ 3
④ 4

[해설] 공간에 따른 지향계수(Q)와 지향지수(DI)의 관계

 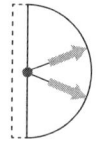

자유공간   반자유공간(바닥, 벽)

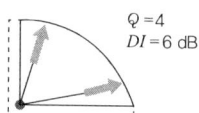 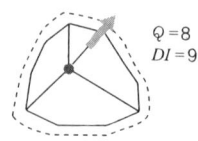

두 면이 접하는 구석 공간   세 면이 접하는 구석공간

> 지향계수는 파원의 지향성을 나타내는 수치이며, 지향지수는 지향계수를 레벨 표시한 지표이다. 지향지수는 지향계수 값의 상용로그를 10배 한 값이다.

11 음압도 측정 시 정상청력을 가진 사람이 1,000 Hz에서 가청할 수 있는 최소 음압 실효치는?

① 0.002 N/m² ② 0.0002 N/m²
③ 0.00002 N/m² ④ 0.000002 N/m²

해설 정상청력을 가진 사람이 1,000 Hz에서 가청할 수 있는 최소 음압 실효치: 2×10^{-5} N/m²

12 0.1 watt의 소리에너지를 발생시키고 있는 자동차정비공장 리프트테이블 전동기의 음향 파워 레벨은? (단, 기준음향파워는 10^{-12} watt)

① 105 dB ② 110 dB
③ 115 dB ④ 120 dB

해설 음향 파워 레벨(파워 레벨) $PWL = 10\log\dfrac{W}{10^{-12}} = 10\log\dfrac{0.1}{10^{-12}} = 110 \text{ dB}$

13 공장 내 지면에 설치된 한 기계에서 10 m 떨어진 지점에서 소음이 70 dB(A)이었다. 기계의 소음이 50 dB(A)로 들리는 지점은 기계에서 몇 m 떨어진 곳인가? (단, 점음원 기준이며 기타 조건은 고려하지 않음)

① 200 m ② 100 m
③ 50 m ④ 20 m

해설 점음원의 거리 감쇠

$SPL_{r_1} - SPL_{r_2} = 20\log\dfrac{r_2}{r_1}$ 에서 $70 - 50 = 20\log\left(\dfrac{r_2}{10}\right)$

$\therefore r_2 = 10^1 \times 10 = 100 \text{ m}$

14 한 소음원에서 발생되는 음에너지의 크기가 1 watt인 경우 음향 파워 레벨(PWL, sound power level)은?

① 60 dB ② 80 dB
③ 100 dB ④ 120 dB

해설 음향 파워 레벨(파워 레벨)

$PWL = 10\log\dfrac{W}{10^{-12}} = 10\log\dfrac{1}{10^{-12}} = 120 \text{ dB}$

정답 08 ② 09 ③ 10 ② 11 ③ 12 ② 13 ② 14 ④

CHAPTER 3 출제 예상 문제

15 음향 출력 5.0 watt인 소음원으로부터 3 m되는 지점에서의 음압 수준은? (단, 무지향성 점음원, 자유 공간 기준)

① 102 dB ② 106 dB
③ 112 dB ④ 116 dB

해설 무지향성 점음원, 자유 공간에서 음원의 음향 파워 레벨(PWL)과 음원에서 거리 r만큼 떨어진 지점의 음압레벨(SPL)은
$SPL = PWL - 20 \log r - 11$ 에서
$PWL = 10 \log \dfrac{W}{10^{-12}} = 10 \log \dfrac{5}{10^{-12}} = 127 \, dB$
∴ $SPL = 127 - 20 \log 3 - 11 = 106 \, dB$

16 소음과 관련된 용어 중 둘 또는 그 이상의 음파의 구조적 간섭에 의해 시간적으로 일정하게 음압의 최고와 최저가 반복되는 패턴의 파를 의미하는 것은?

① 정재파 ② 맥놀이파
③ 발산파 ④ 평면파

해설 **정재파**: 정지한 채 진동만 하는 파로 둘 또는 그 이상의 음파의 구조적 간섭에 의해 시간적으로 일정하게 음압의 최고와 최저가 반복되는 패턴의 파(튜브, 악기, 파이프오르간에서 나는 음)

17 소음의 측정시간 및 횟수에 관한 기준으로 옳지 않은 것은?

① 단위 작업장소에서 소음 수준은 규정된 측정 위치 및 지점에서 1일 작업시간 동안 6시간 이상 연속측정한다.
② 단위 작업장소에서 소음 수준은 규정된 측정 위치 및 지점에서 1일 작업시간을 1시간 간격으로 나누어 6회 이상 측정한다.
③ 소음 발생특성이 연속음으로서 측정치가 변동이 없다고 자격자 또는 지정측정기관이 판단한 경우에는 1시간 동안을 등간격으로 나누어 3회 이상 측정할 수 있다.
④ 단위 작업장소에서의 소음발생시간이 6시간 이내인 경우나 소음발생원에서의 발생시간이 간헐적인 경우에는 등간격으로 나누어 3회 이상 측정하여야 한다.

해설 작업환경 측정 및 정도관리 등에 관한 고시, 제4장 작업환경 측정방법, 제4절 소음, 제28조(측정시간 등)

> **맥놀이 현상(beat)**
> 주파수가 약간 다른 두 개의 음원으로부터 나오는 음은 보강간섭과 소멸간섭이 교대로 이루어져 어느 순간에 큰 소리가 들리면 다음 순간에는 조용한 소리로 들리는 현상
>
> **발산파(diverging wave)**
> 음원으로부터 거리가 멀어질수록 더욱 넓은 면적으로 퍼져가는 파로 음의 세기가 음원으로부터 거리에 따라 감소하는 파
>
> **평면파(plane wave)**
> 음파의 파면들이 서로 평행한 파(긴 실린더의 피스톤 운동에 의해 발생하는 파)

② 단위작업 장소에서의 소음발생시간이 6시간 이내인 경우나 소음발생원에서의 발생시간이 간헐적인 경우에는 발생시간 동안 연속 측정하거나 등간격으로 나누어 4회 이상 측정하여야 한다.

18 작업장에서 현재 총 흡음량은 1,500 sabins이다. 이 작업장을 천장과 벽 부분에 흡음재를 이용하여 3,300 sabins를 추가하였을 때 흡음 대책에 따른 실내소음의 저감량은?

① 약 15 dB
② 약 8 dB
③ 약 5 dB
④ 약 1 dB

> **Sabine(새빈)**
> 실내 흡음 수준을 나타내는 척도(단위)로, 실내 흡음 정도를 음이 완전히 흡수되는 등가면적으로 나타낼 수 있는데, 이러한 등가면적을 새빈(sabine)이라고 한다.

해설 실내소음 저감량

$$\Delta L = 10 \log \left(\frac{A_2}{A_1}\right) = 10 \log \left(\frac{1,500 + 3,300}{1,500}\right) = 5 \text{ dB}$$

19 소음의 특성을 정확히 평가하기 위하여 주파수 분석을 실시해야 한다. 1/1 옥타브밴드로 분석 시 중심주파수(f_c)가 2,000 Hz일 때 1/1 옥타브밴드 주파수 범위(하한주파수(f_1) ~ 상한주파수(f_2))로 가장 적합한 것은? (단, $f_2 = 2 \times f_1$, $f_c = (f_1 \times f_2)^{\frac{1}{2}}$)

① 1,014.4 ~ 2,028.8 Hz
② 1,214.4 ~ 2,428.8 Hz
③ 1,414.2 ~ 2,828.4 Hz
④ 1,614.2 ~ 3,228.4 Hz

해설
- 하한주파수 $f_1 = \dfrac{중심주파수}{\sqrt{2}} = \dfrac{f_o}{\sqrt{2}} = \dfrac{2,000}{\sqrt{2}} = 1,414.2 \text{ Hz}$
- 상한주파수 $f_2 = f_o \times \sqrt{2} = 2,000 \times \sqrt{2} = 2,828.4 \text{ Hz}$

20 음력이 1.0 W인 작은 점음원으로부터 500 m 떨어진 곳의 음압레벨(SPL: dB)은? (단, $\text{SPL} = \text{PWL} - 20\log r - 11$)

① 약 50
② 약 55
③ 약 60
④ 약 65

해설 무지향성 점음원, 자유공간에서 음원의 파워 레벨(PWL)과 음원에서 거리 r만큼 떨어진 지점의 음압레벨(SPL)은
$\text{SPL} = \text{PWL} - 20 \log r - 11$에서
$\text{PWL} = 10 \log \dfrac{W}{10^{-12}} = 10 \log \dfrac{1}{10^{-12}} = 120 \text{ dB}$
∴ $\text{SPL} = 120 - 20 \log 500 - 11 = 55 \text{ dB}$

정답 15 ② 16 ① 17 ④ 18 ③ 19 ③ 20 ②

CHAPTER 3 출제 예상 문제

21 누적소음노출량 측정기를 사용하여 소음을 측정코자 할 때 우리나라 기준에 맞는 Criteria 및 Exchange rate는? (단, A 특성 보정)

① 80 dB, 5 dB ② 80 dB, 10 dB
③ 90 dB, 5 dB ④ 90 dB, 10 dB

해설 작업환경 측정 및 정도관리 등에 관한 고시, 제4장 작업환경 측정방법, 제4절 소음, 제26조(측정방법)
4. 누적소음노출량 측정기로 소음을 측정하는 경우에는 Criteria는 90 dB, Exchange Rate는 5 dB, Threshold는 80 dB로 기기를 설정할 것

22 소음의 음압도(SPL)의 산정식으로 옳은 것은? (단, P = 대상음의 음압 실효치, P_o = 최소 음압 실효치)

① $10 \log \dfrac{P}{P_o}$ ② $20 \log \dfrac{P}{P_o}$
③ $30 \log \dfrac{P}{P_o}$ ④ $40 \log \dfrac{P}{P_o}$

> 음압도의 산정식에서 음압 실효치의 단위는 N/m²이다.

해설 음압 수준(음압도, SPL): $\text{SPL} = 20 \log \dfrac{P}{P_o} = 20 \log \left(\dfrac{P}{2 \times 10^{-5}} \right) \text{dB}$

23 사람들이 일반적으로 들을 수 있는 최대가청주파수 범위로 옳은 것은?

① 2 ~ 2,000 Hz ② 20 ~ 20,000 Hz
③ 200 ~ 200,000 Hz ④ 2,000 ~ 2,000,000 Hz

해설 건강한 사람의 가청 주파수는 20 ~ 20,000 Hz이다.

24 작업장 내 소음을 측정 시 소음계의 청감보정회로는 어떤 특성에 맞추어 작업자의 노출수준을 평가하는가? (단, 고시 기준)

① A ② B
③ C ④ D

해설 작업환경 측정 및 정도관리 등에 관한 고시, 제4장 작업환경 측정방법, 제4절 소음, 제26조(측정방법)
2. 소음계의 청감보정회로는 A특성으로 할 것

> **참고** 소음의 노출 기준

1일 노출시간(h)	소음강도, dB(A)
8	90
4	95
2	100
1	105
1/2	110
1/4	115

[비고] 충격소음은 제외하고, 115 dB(A)를 초과하는 소음 수준에 노출되어서는 안 된다.

25 작업환경 내의 소음을 측정하였더니 105 dB(A)의 소음(허용노출시간 60분)이 20분, 110 dB(A)의 소음(허용노출시간 30분)이 20분, 115 dB(A)의 소음(허용노출시간 15분)이 10분 발생되었다. 이때 소음 노출량은 약 몇 % 인가?

① 137
② 147
③ 167
④ 177

해설 노출지수(EI, exposure index), $EI = \dfrac{C_1}{T_1} + \dfrac{C_2}{T_2} + \cdots + \dfrac{C_n}{T_n}$. 여기서, C_n: 특정 소음에 노출된 총 노출시간, T_n: 그 소음에 노출될 수 있는 허용 노출시간

∴ $EI = \dfrac{20}{60} + \dfrac{20}{30} + \dfrac{10}{15} = 1.67$, 이때 소음노출량 $= 1.67 \times 100 = 167\%$

26 배경소음(Background Noise)의 설명으로 옳은 것은?
① 관측하는 장소에 이어서의 종합된 소음을 말한다.
② 레벨변화가 적고 거의 일정하다고 볼 수 있는 소음을 말한다.
③ 소음원을 특정시킨 경우 그 음원에 의하여 발생한 소음을 말한다.
④ 환경 소음 중 어느 특정 소음을 대상으로 할 경우 그 이외의 소음을 말한다.

해설 배경소음: 한 장소에 있어서의 특정의 음을 대상으로 생각할 경우 대상소음이 없을 때 그 장소의 소음을 대상소음에 대한 배경소음이라 한다.

정답 21 ③ 22 ② 23 ② 24 ① 25 ③ 26 ④

CHAPTER 3 출제 예상 문제

27 측정소음도가 68 dB(A)이고 배경소음이 50 dB(A)이었다면, 이때의 대상소음도는?

① 50 dB(A) ② 59 dB(A)
③ 68 dB(A) ④ 74 dB(A)

해설 두 소음의 차이가 10 dB(A) 이상이면 작은 소음은 큰 소음에 영향을 미치지 못한다.

28 어느 가구공장의 소음을 측정한 결과 측정치가 다음과 같았다면 이 공장 소음의 중앙값(median)은?

> 82 dB(A), 90 dB(A), 69 dB(A), 84 dB(A), 91 dB(A), 85 dB(A), 93 dB(A), 89 dB(A), 95 dB(A)

① 91 dB(A) ② 90 dB(A)
③ 89 dB(A) ④ 88 dB(A)

해설 중앙값(중위수, median): N개의 측정치를 크기 순서로 배열 시 중앙에 오는 값을 말한다. 측정치가 짝수일 때는 두 개의 중앙값이 되는데 이 경우 두 값의 평균을 취한다. 즉 주어진 측정치(9개)를 크기 순서대로 배열하면 69, 82, 84, 85, 89, 90, 91, 93, 95에서 중앙값은 89이다.
∴ Median = 89 dB

29 작업장에 98 dB의 소음을 발생시키는 기계 한 대가 있다. 여기서 98 dB의 소음을 발생한 다른 기계 한 대를 더할 경우 소음 수준은? (단, 기타 조건은 같다고 가정함)

① 99 dB   ② 101 dB
③ 103 dB ④ 105 dB

해설
- 음압레벨의 합산
  $$SPL = 10 \log \left(10^{0.1 \times L_1} + 10^{0.1 \times L_2}\right) = 10 \log \left(10^{9.8} + 10^{9.8}\right) = 101 \, dB$$
- 소음의 dB 계산법칙
  ㉠ 동일한 소음이 동시에 발생하면 한 소음레벨이 날 때보다 3 dB이 증가된 값으로 나타난다.
  ㉡ 두 소음레벨의 차가 10 dB 이상 차이가 나면 적은 소음레벨은 영향을 미치지 못한다.

30 소음의 예방관리 대책으로 음의 반향 시간(Reverberation time method)을 이용하는 방법으로 총 흡음량은 120 dB이며, 작업공간의 부피는 80 m³일 때 이 작업공간에서 음의 반향 시간(T)은?

① 0.24초   ② 0.67초
③ 1.5초   ④ 0.1초

 반향 시간은 잔향 시간(RT₆₀)으로 실내에서 발생된 음원이 꺼진 후 측정된 음압레벨이 60 dB만큼 감소하는 데 걸리는 시간으로 정의된다. 잔향 시간은 실내공간의 크기에 비례하며 실내 흡음량을 증가시키면 잔향 시간은 감소된다.
$T(s) = 0.161 \dfrac{V}{A}$, 여기서 V: 작업공간 부피(m³), A : 총흡음량
$\therefore T = 0.161 \times \dfrac{80}{120} = 0.1\,s$

31 자유 공간(free-field)에서 거리가 5배 멀어지면 소음 수준은 초기보다 몇 dB 감소하는가? (단, 점음원 기준)

① 11 dB   ② 14 dB   ③ 17 dB   ④ 19 dB

 거리 감쇠에 따른 음압 수준, $20\log r = 20\log 5 = 14\,dB$
∴ 원래의 소음 수준보다 14 dB 감소되어 들린다.

32 음의 실효치가 7.0 dynes/cm²일 때 음압 수준(SPL)은?

① 87 dB   ② 91 dB   ③ 94 dB   ④ 96 dB

해설 정상인이 들을 수 있는 가장 낮은 음압: 0.0002 dynes/cm²
$\therefore SPL = 20\log\left(\dfrac{7.0}{2\times 10^{-4}}\right) = 90.9\,dB$

33 중심주파수가 500 Hz일 때, 1/1 옥타브밴드의 하한과 상한주파수로 옳은 것은? (단, 정비형 필터 기준의 하한주파수 – 상한주파수)

① 353 Hz, 707 Hz   ② 362 Hz, 724 Hz
③ 373 Hz, 746 Hz   ④ 382 Hz, 764 Hz

해설
- 하한주파수$(f_L) = \dfrac{중심주파수(f_c)}{\sqrt{2}} = \dfrac{500}{\sqrt{2}} = 353.6\,Hz$
- 상한주파수$(f_U) = \dfrac{f_c^2}{f_L} = \dfrac{500^2}{353.6} = 707.0\,Hz$

정답 27 ③ 28 ③ 29 ② 30 ④ 31 ② 32 ② 33 ①

34 작업장 소음 측정시간 및 횟수 기준에 관한 내용이다. ( ) 안에 내용으로 옳은 것은? (단, 고시 기준)

> 단위작업 장소에서 소음 수준은 규정된 측정 위치 및 지점에서 1일 작업시간 동안 6시간 이상 연속 측정하거나 작업시간을 1시간 간격으로 나누어 6회 이상 측정하여야 한다. 다만, 소음의 발생특성이 연속음으로서 측정치가 변동이 없다고 자격자 또는 지정측정기관이 판단한 경우에는 1시간 동안을 등간격으로 나누어 ( ) 측정할 수 있다.

① 2회 이상　　② 3회 이상
③ 4회 이상　　④ 5회 이상

해설 작업환경 측정 및 정도관리 등에 관한 고시, 제4장 작업환경 측정방법, 제4절 소음, 제28조(측정시간 등)
① 단위작업 장소에서 소음 수준은 규정된 측정 위치 및 지점에서 1일 작업시간 동안 6시간 이상 연속 측정하거나 작업시간을 1시간 간격으로 나누어 6회 이상 측정하여야 한다. 다만, 소음의 발생특성이 연속음으로서 측정치가 변동이 없다고 자격자 또는 지정측정기관이 판단한 경우에는 1시간 동안을 등간격으로 나누어 3회 이상 측정할 수 있다.

35 어떤 공장의 진동을 측정한 결과 측정대상 진동의 가속도 실효치가 0.03198 m/s²이었다. 이때 진동가속도 레벨(VAL)은? (단, 주파수 : 18 Hz, 정현진동 기준)

① 65 dB　　② 70 dB
③ 75 dB　　④ 80 dB

해설 진동가속도레벨
$$\text{VAL} = 20\log\left(\frac{A_{rms}}{A_r}\right) = 20\log\left(\frac{0.03198}{10^{-5}}\right) = 70.1 \text{ dB}$$

가속도란 속도벡터가 단위시간 동안 얼마나 변했는지를 나타내는 벡터량으로 단위는 m/s²이다. 진동가속도 레벨의 나타내는 식에서 A_{rms}는 측정대상의 가속도 실효치이고, A_r은 기준진동의 가속도 실효치(10^{-5} m/s² 또는 1 gal)이며 $A_{rms} = \frac{A_m}{\sqrt{2}}$이다. 여기서, A_m은 측정대상의 진동가속도이다.

36 주로 문제가 되는 전신진동의 주파수 범위로 옳은 것은?

① 1 ~ 20 Hz　　② 2 ~ 80 Hz
③ 100 ~ 300 Hz　　④ 500 ~ 1,000 Hz

해설 전신 진동인 경우에는 2 ~ 100 Hz, 국소 진동의 경우에는 8 ~ 1,500 Hz의 것이 주로 문제가 된다.

37 일반적인 사람이 느끼는 최소 진동역치는?
① (55 ±5) dB
② (70 ±5) dB
③ (90 ±5) dB
④ (105 ±5) dB

해설 인간이 느끼는 최소 진동역치: (55 ±5) dB

38 우리나라 화학물질 및 물리적 인자의 노출 기준이 없는 유해인자는? (단, 고용노동부 고시를 기준으로 한다.)
① 석면
② 소음
③ 진동
④ 고온

해설 우리나라의 '화학물질 및 물리적 인자의 노출 기준'에는 화학물질(석면 포함), 소음, 충격소음, 고온, 라돈 노출 기준이 있다.

39 아스만통풍건습계의 습구온도 측정시간 기준으로 옳은 것은? (단, 고용노동부 고시를 기준으로 한다.)
① 5분 이상
② 10분 이상
③ 15분 이상
④ 25분 이상

해설 습구온도의 측정기기와 측정시간 기준
0.5도 간격의 눈금이 있는 아스만통풍건습계, 자연습구온도를 측정할 수 있는 기기 또는 이와 동등 이상의 성능이 있는 측정기기
ⓐ **아스만통풍건습계**: 25분 이상
ⓑ **자연습구온도계**: 5분 이상

40 복사열 측정 시 사용하는 기기명은?
① Kata온도계
② 열선풍속계
③ 수은온도계
④ 흑구온도계

해설 복사열 측정은 흑구온도계를 사용하여 측정하며 측정방법은 다음과 같다.
① 직경이 5센티미터 이상되는 흑구온도계 또는 습구흑구온도(WBGT)를 동시에 측정할 수 있는 기기
② 직경이 15센티미터일 경우 25분 이상, 직경이 7.5센티미터 또는 5센티미터일 경우 5분 이상

정답 34 ② 35 ② 36 ② 37 ① 38 ③ 39 ④ 40 ④

CHAPTER 3 출제 예상 문제

41 기류측정기기로 옳지 않은 것은?

① 아스만통풍건습계　　② Kata온도계
③ 풍차충속계　　　　　④ 열선풍속계

해설 아스만통풍건습계는 작업환경의 습구온도를 측정하는 기기이다.

> **카타온도계**
> 체감을 바탕으로 하여 더위나 추위를 측정하는 온도계로 주로 갱내 기상이 노동에 미치는 영향력이나 약한 풍속을 측정하는 데 사용하며 영국의 생리학자 힐(Hill)이 발명하였다.

42 고열 측정 구분이 습구온도이고, 측정기기가 자연습구온도계인 경우 측정시간 기준은? (단, 고시 기준)

① 5분 이상　　　　② 10분 이상
③ 15분 이상　　　 ④ 25분 이상

해설 자연습구온도계를 사용하여 습구온도를 측정할 경우 측정시간은 5분 이상이다.

43 고열 측정을 위한 습구온도 측정시간기준으로 옳은 것은? (단, 고용노동부 고시를 기준으로 한다.)

① 자연습구온도계 25분 이상
② 아스만통풍건습계 25분 이상
③ 직경이 15센티미터일 경우 10분 이상
④ 직경이 7.5센티미터 또는 5센티미터일 경우 3분 이상

해설
- 자연습구온도계 5분 이상
- 직경이 15센티미터인 흑구온도계일 경우 25분 이상
- 직경이 7.5센티미터 또는 5센티미터인 흑구온도계일 경우 5분 이상

44 78 ℃와 동등한 온도는?

① 351 K　　　　② 189 °F
③ 26 °F　　　　 ④ 195 K

해설
- 캘빈절대온도(섭씨온도의 절대온도): $K = ℃ + 273 = 78 + 273 = 351\ K$
- 랭킨온도(화씨온도의 절대온도): $R = °F + 460$
- 화씨온도와 섭씨온도의 단위변환식: $°F = \dfrac{9}{5}℃ + 32$
$$= \dfrac{9}{5} \times 78 + 32 = 172.4\,(°F)$$

45 0.2~0.5 m/s 이하의 실내기류를 측정하는 데 사용할 수 있는 온도계는?

① 금속온도계　　② 건구온도계
③ 카타온도계　　④ 습구온도계

해설 카타(Kata)온도계: 알코올의 강하시간을 측정하여 실내기류를 파악하고 온열환경 영향 평가를 하는 온도계로 0.2 m/s 이상의 실내기류를 측정할 경우 Kata 냉각력과 온도차를 기류산출 공식에 대입하여 풍속을 측정한다. 카타온도계는 주로 1 m/s 미만인 실내 공간의 풍속을 측정하는 데 사용된다.

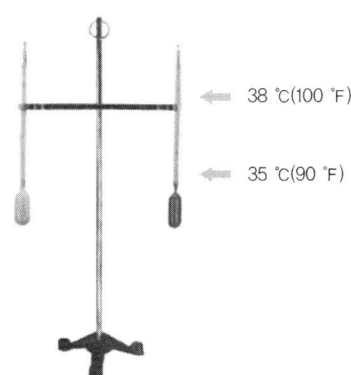

46 고열측정에 관한 내용이다. ( ) 안에 알맞은 것은?

> 측정은 단위작업장소에서 측정대상이 되는 근로자의 작업행동 범위에서 주 작업 위치의 (　　)의 위치에서 할 것(단, 고용노동부 고시 기준)

① 바닥 면으로부터 50 cm 이상, 150 cm 이하
② 바닥 면으로부터 80 cm 이상, 120 cm 이하
③ 바닥 면으로부터 100 cm 이상, 120 cm 이하
④ 바닥 면으로부터 120 cm 이상, 150 cm 이하

해설 작업환경 측정 및 정도관리 등에 관한 고시, 제4장 작업환경 측정방법, 제5절 고열, 제31조(측정방법 등)
1. 측정은 단위작업 장소에서 측정대상이 되는 근로자의 주 작업 위치에서 측정한다.
2. 측정기의 위치는 바닥 면으로부터 50센티미터 이상, 150센티미터 이하의 위치에서 측정한다.
3. 측정기를 설치한 후 충분히 안정화 시킨 상태에서 1일 작업시간 중 가장 높은 고열에 노출되는 1시간을 10분 간격으로 연속하여 측정한다.

정답　41 ①　42 ①　43 ②　44 ①　45 ③　46 ①

CHAPTER 3 출제 예상 문제

47 옥외(태양광선이 내리쬐는 장소)의 습구흑구온도지수(WBGT) 산출식은?

① (0.7 × 자연습구온도) + (0.2 × 건구온도) + (0.1 × 흑구온도)
② (0.7 × 자연습구온도) + (0.2 × 흑구온도) + (0.1 × 건구온도)
③ (0.5 × 자연습구온도) + (0.3 × 건구온도) + (0.2 × 흑구온도)
④ (0.5 × 자연습구온도) + (0.3 × 흑구온도) + (0.2 × 건구온도)

해설 화학물질 및 물리적 인자의 노출 기준, 제2장 노출 기준, 제11조(표시단위)
③ 고온의 노출 기준 표시단위는 습구흑구온도지수(WBGT)를 사용하며 다음 각 호의 식에 따라 산출한다.
㉠ 옥외(태양광선이 내리쬐는 장소)
   WBGT(℃) = 0.7 × 자연습구온도 + 0.2 × 흑구온도 + 0.1 × 건구온도
㉡ 옥내 또는 태양광선이 내리쬐지 않는 옥외
   WBGT(℃) = 0.7 × 자연습구온도 + 0.3 × 흑구온도

> **습구흑구온도지수(WBGT)**
> 인간의 열 균형에 영향이 큰 3가지(기온, 습도, 복사열)를 도입한 온도 지표이다. 즉, 이 지표는 열중증의 위험도를 판단하는 수치로 기온 효과를 1, 습도 효과를 7, 복사열 효과를 3의 비율로 산출한다. 습도 효과를 70 %로 한 것은 습도가 높아질수록 열중증이 발생하는 사람이 많아지기 때문이다.

48 고온작업장의 고온허용기준인 습구흑구온도지수(WBGT)의 옥내 허용기준 산출식은?

① WBGT(℃) = (0.7 × 흑구온도) + (0.3 × 자연습구온도)
② WBGT(℃) = (0.3 × 흑구온도) + (0.7 × 자연습구온도)
③ WBGT(℃) = (0.7 × 흑구온도) + (0.3 × 건구온도)
④ WBGT(℃) = (0.3 × 흑구온도) + (0.7 × 건구온도)

해설 태양광선이 내리쬐지 않는 옥내 또는 옥외 장소
WBGT(℃) = 0.7 × 자연습구온도 + 0.3 × 흑구온도

49 옥내 작업환경의 자연습구온도가 30 ℃, 흑구온도가 20 ℃, 건구온도가 19 ℃일 때, 습구흑구온도지수(WBGT)? (단, 고용노동부 고시를 기준으로 한다.)

① 23 ℃   ② 25 ℃
③ 27 ℃   ④ 29 ℃

해설 옥내 작업장소: WBGT(℃) = 0.7 × 자연습구온도 + 0.3 × 흑구온도 = 0.7 × 30 + 0.3 × 20 = 27 (℃)

50 고열 측정구분에 의한 측정기기와 측정시간에 관한 내용이다. ( ) 안에 옳은 내용은?

> 습구온도: ( ) 간격의 눈금이 있는 아스만통풍 건습계, 자연습구온도를 측정할 수 있는 기기 또는 이와 동등 이상의 성능이 있는 측정기기

① 0.1도 ② 0.2도
③ 0.5도 ④ 1.0도

해설 습구온도의 측정기기와 측정시간 기준
0.5도 간격의 눈금이 있는 아스만통풍건습계, 자연습구온도를 측정할 수 있는 기기 또는 이와 동등 이상의 성능이 있는 측정기기

51 옥외 작업장(태양광선이 내리쬐는 장소)의 자연습구온도 = 29 ℃, 건구온도 = 33 ℃, 흑구온도 = 36 ℃, 기류속도 = 1 m/s 일 때 WBGT 지수 값은?

① 약 31℃ ② 약 32℃
③ 약 33℃ ④ 약 34℃

흑구온도는 복사열이 체감에 미치는 영향을 평가하기 위해 흑구온도계를 사용하여 측정한 온도를 말한다.

해설 옥외(태양광선이 내리쬐는 장소)
WBGT(℃) = 0.7 × 자연습구온도 + 0.2 × 흑구온도 + 0.1 × 건구온도
= 0.7 × 29 + 0.2 × 36 + 0.1 × 33 = 30.8(℃)

52 작업환경 측정 단위에 대한 설명으로 옳은 것은?

① 분진은 mL/m³으로 표시한다.
② 석면의 표시단위는 ppm/m³으로 표시한다.
③ 가스 및 증기의 노출 기준 표시단위는 MPa/L로 표시한다.
④ 고열(복사열 포함)의 측정 단위는 습구흑구온도지수(WBGT)를 구하여 섭씨온도(℃)로 표시한다.

해설
• 분진은 mg/m³으로 표시한다.
• 석면의 표시단위는 개/cm³으로 표시한다.
• 가스 및 증기의 노출 기준 표시단위는 ppm으로 표시한다.

CHAPTER 3 출제 예상 문제

53 산업환경에서 고열의 노출을 제한하는 데 가장 일반적으로 사용되는 지표는? (단, 고용노동부 고시를 기준으로 한다.)

① 수정감각온도
② 습구흑구온도지수
③ 8시간 발한 예측치
④ 건구온도, 흑구온도

해설 고열의 측정은 기온, 기습 및 흑구온도 인자들을 고려한 습구흑구온도지수(WBGT)로 한다.

참고 고온의 노출 기준

작업휴식시간비 \ 작업 강도	경작업(단위: ℃, WBGT)	중등작업(단위: ℃, WBGT)	중작업(단위: ℃, WBGT)
계속작업	30.0	26.7	25.0
매시간 75 % 작업, 25 % 휴식	30.6	28.0	25.9
매시간 50 % 작업, 50 % 휴식	31.4	29.4	27.9
매시간 25 % 작업, 75 % 휴식	32.2	31.1	30.0

[비고]
① 경작업: 200 kcal까지의 열량이 소요되는 작업을 말하며, 앉아서 또는 서서 기계의 조정을 하기 위하여 손 또는 팔을 가볍게 쓰는 일 등을 뜻함
② 중등작업시간당 200 ~ 350 kcal의 열량이 소요되는 작업을 말하며, 물체를 들거나 밀면서 걸어다니는 일 등을 뜻함
③ 중(重)작업: 시간당 350 ~ 500 kcal의 열량이 소요되는 작업을 말하며, 곡괭이질 또는 삽질하는 일 등을 뜻함

54 절대습도와 상대습도에 관한 설명으로 옳지 않은 것은?

① 온도변화에 따라 상대습도는 변한다.
② 온도가 증감되더라도 가습되지 않는 이상 절대습도는 일정하다.
③ 공기 1 m³ 중에 포함된 수증기의 양을 그램(g)으로 나타낸 것을 절대습도라고 한다.
④ 포화수증기량과 비교해서 현재 들어 있는 수증기의 양을 ppm으로 나타낸 것을 상대습도라고 한다.

해설
• 절대습도(AH, Absolute Humidity, 단위 kg/kg′ 또는 g/m³): 절대습도는 단위 부피당 포함된 수증기 양을 뜻한다.
  제일 낮은 수치는 수증기가 전혀 없을 때의 0 g/m³이고 기온이 높아짐에 따라 공기 중에 포함될 수 있는 수증기 양이 늘어나기 때문에 제일 높은 수치는 정해져 있지 않다.

$$절대습도(AH) = \frac{수증기\ 질량(kg\ 또는\ g)}{건조공기\ 질량(kg')\ 또는\ 대기의\ 체적(m^3)}$$

$$= \frac{x}{V}\ (kg/kg'\ 또는\ g/m^3)$$

$$AH = \frac{RH \times SMC}{100} \ (g/m^3)$$

여기서 SMC(Saturated Moisture Content): 포화수증기량(포화수분함량) (g)

- 상대습도(RH, relative humidity): 특정한 온도의 대기 중에 포함된 수증기의 압력을 그 온도의 포화수증기 압력으로 나눈 것이다. 다시 말해, 특정한 온도의 대기 중에 포함된 수증기의 양(중량 절대습도)을 그 온도의 포화수증기량(중량 절대습도)으로 나눈 것이다.

$$\% RH = \frac{\text{현재 수증기량}}{\text{포화수증기량}} \times 100 = \frac{\text{이슬점에서의 포화수증기량}}{\text{현재 기온에서의 포화수증기량}} \times 100$$

55 작업장 공기 중 포함된 수증기량이 10 g/m³ 경우, 작업자 내 기온별 포화수증기량과 포화수증기압을 측정하였더니 다음 표와 같았다. 기온 30 ℃에서 상대습도(%)는 얼마인가?

기온(℃)	포화수증기량(g/m³)	포화수증기압(hPa)
0	4.9	6.11
10	9.4	12.28
20	17.3	23.39
30	30.4	42.44

① 70　　　　　　　　② 57.8
③ 32.9　　　　　　　④ 12.7

해설 30 ℃일 때의 포화수증기량은 30.4 g/m³이므로 상대습도

$$\% RH = \frac{10}{30.4} \times 100 = 32.9 \%$$

56 특정 상황에서는 측정기구 없이 수학적인 모델링 또는 공식을 이용하여 공기 중 해당 물질의 농도를 추정할 수 있다. 온도가 25 ℃(1기압)인 밀폐된 공간에서 수은 증기가 포화상태에 도달했을 때의 공기 중 수은의 농도는? (단, 수은(원자량 201)의 증기압은 25 ℃, 1기압에서 0.002 mmHg이다.)

① 26.3 ppm　　　　② 26.3 mg/m³
③ 21.6 ppm　　　　④ 21.6 mg/m³

해설 최고농도(포화농도) $C_{max} = \frac{0.002}{760} \times 10^6 = 2.63 \, ppm$. 단위 변환하면

$$mg/m^3 = 2.63 \, ppm \times \frac{201}{24.45} = 21.63 \, mg/m^3$$

정답　53 ② 54 ④ 55 ③ 56 ④

CHAPTER 3 출제 예상 문제

57 에틸렌글리콜이 20 ℃, 1기압에서 증기압이 0.05 mmHg라면 공기 중 포화농도(ppm)는?

① 29　　② 47　　③ 66　　④ 83

해설 최고농도(포화농도) $C_{max} = \dfrac{0.05}{760} \times 10^6 = 66 \text{ ppm}$

58 기압계(barometer)로 기온이 0 ℃일 때, 해수면 높이에서 측정한 기압의 수치는 평균적으로 얼마인가?

① 1,013.25 hPa　　② 17.4 psi
③ 76 mmHg　　④ 1.03 kg/m^2

해설 기압계(barometer)는 대기의 압력을 측정하는 기기이다. 오늘날의 기압계는 수은 주밀리미터(mmHg) 또는 헥토파스칼(hPa)의 단위로 기압을 측정한다. 기온이 0 ℃일 때, 해수면 높이에서 측정한 기압은 평균적으로 1,013 hPa이며 760 mmHg 와 같다.

59 '산업안전보건기준에 관한 규칙'에서 제시된 근로자가 상시 작업하는 장소의 작업면 조도(照度) 기준으로 옳은 것은?

① 초정밀작업: 550럭스(lux) 이상
② 정밀작업: 300럭스 이상
③ 보통작업: 100럭스 이상
④ 그 밖의 작업: 50럭스 이상

해설 산업안전보건기준에 관한 규칙, 제8조(조도)
사업주는 근로자가 상시 작업하는 장소의 작업면 조도(照度)를 다음 각 호의 기준에 맞도록 하여야 한다.
1. 초정밀작업: 750럭스(lux) 이상
2. 정밀작업: 300럭스 이상
3. 보통작업: 150럭스 이상
4. 그 밖의 작업: 75럭스 이상

60 ACGIH 및 NIOSH에서 사용되는 자외선의 노출 기준 단위는?

① J/nm　　② mJ/cm^2
③ V/m^2　　④ W/Å

해설 미국 ACGIH의 특정 파장의 자외선에 대한 8시간 권고량에서 TLV의 단위는 mJ/cm^{2}이고, 노출시간별 유효조사량(E_{eff})의 단위는 μW/cm^{2}이다.

61 작업장 내의 조명상태를 조사하고자 할 때 측정해야 되는 기본 항목에 포함되지 않는 것은?

① 조명도
② 흡광도
③ 휘도
④ 반사율

해설 작업장 내의 조명상태를 조사하고자 할 때 측정해야 되는 기본 항목으로는 조명도(조도), 광도, 휘도, 반사율 등이 있다.

62 1촉광의 광원으로부터 한 단위 입체각으로 나가는 광속의 단위는?

① Lumen
② Foot Candle
③ Lambert
④ Candle

해설 루멘(lumen) : 1 촉광의 광원으로부터 한 단위 입체각으로 나가는 광속의 단위(1루멘 = 1 cd/입체각). 광속의 국제 단위로 기호는 lm이다.

63 자외선에 관한 내용으로 옳지 않은 것은?

① 비전리방사선이다.
② 인체와 관련된 Dorno선을 포함한다.
③ UV-B는 약 280 ~ 315 nm의 파장의 자외선이다.
④ 100 ~ 1,000 nm사이의 파장을 갖는 전자파를 총칭하는 것으로 열선이라고도 한다.

해설 태양에서 지구상에 도달하는 자외선(UV, ultraviolet)은 비전리방사선으로 파장은 290 ~ 400 nm 범위이다.
　㉠ UV-A(근자외선) : 파장이 315 ~ 400 nm로 각막과 수정체를 통과하며 망막에 이르러 장시간 노출 시 설맹, 백내장이 생길 수 있으며 공기, 석영, 물을 통과하고 일부는 유리도 통과한다.
　㉡ UV-B(중자외선) : 파장이 280 ~ 315 nm로 생물학적 작용(소독, 비타민D 형성, 피부의 색소침착)이 강하여 생명선(vital ray) 또는 도노선(Dorno ray)이라고 한다. 공기 및 석영을 투과하나 유리에는 흡수된다.
　㉢ UV-C(원자외선) : 파장이 100 ~ 280 nm로 오존층에 흡수되어 지구상에는 도달하지 않으나 작업장 전기용접 시 발생하며 단시간 노출 시 실명의 위험이 있을 수 있으므로 극히 조심해야 한다.

푸트캔들
(ft-cd, footcandle)
1루멘의 빛이 1 ft²의 평면상에 수직 방향으로 비칠 때 그 평면의 빛의 양(lumen/ft₂)

램버트(lambert, L)
빛을 완전히 확산시키는 평면 1 cm²에서 1루멘의 빛을 발하거나 반사시킬 때의 밝기를 나타내는 단위

촉광(cancle)
광도를 나타내는 단위

정답 57 ③ 58 ① 59 ② 60 ② 61 ② 62 ① 63 ④

CHAPTER 3 출제 예상 문제

64 방사선 작업 시 작업자의 실질적인 방사선 노출량을 평가하기 위해 사용되는 것은?

① 필름 배지(film badge)
② Lux meter
③ 개인 시료 포집장치
④ 상대농도 측정계

해설 필름 배지(film badge): 소형의 사진필름을 내장한 케이스를 일정 기간 착용한 후 현상과정을 거친 다음 흑화도를 비교하여 방사선 노출량 평가를 위해 개인의 피폭 선량을 측정하는 개인피폭 관리용 선량계

참고 방사선 측정 단위(조사, 흡수, 선량)

구분		새로운 단위	종전 단위	환산식
방사선 단위		베크렐	큐리	$1\ Ci = 3.7 \times 10^{10}\ Bq$
		Bq	Ci	$1\ Bq = 2.7 \times 10^{-11}\ Ci$
방사선 단위	조사(照査) 선량	쿨롱/킬로그램	렌트겐	$1\ R = 2.58 \times 10^{-4}\ C/kg$
		C/kg	R	$1\ C/kg = 3.88 \times 10^{3}\ R$
	흡수선량	그레이	라드	$1\ rad = 0.01\ Gy$
		Gy	rad	$1\ Gy = 100\ rad$
	선량당량	시버트	렘	$1\ rem = 0.01\ Sv$
		Sv	rem	$1\ Sv = 100\ rem$

65 산소농도 측정방법으로 옳지 <u>않은</u> 것은?

① 사용하기 전 측정기를 보정하고 성능을 확인한다.
② 작업시간 동안 측정하여 시간가중평균치를 산출한다.
③ 자동측정기 또는 검지기에 의한 검지관 측정법 중 한 가지를 선택하여 측정한다.
④ 측정은 공기를 채취관으로 측정기까지 흡입하여 측정기 내에 부착된 센서로 산소농도를 검출하는 채취식과 센서를 측정지점에 투입하여 검출하는 확산식이 있다.

해설 산소농도 측정법: 자동측정기 또는 검지기에 의한 검지 관측 정법 중 한 가지 방법을 선택하여 작업 시 직전에 측정하고 부적합한 작업환경인 경우 환기를 실시하여 산소농도가 18 % 이상이 되도록 한다.

03 측정기기 및 기구

학습 POINT

자외선/가시선분광광도법, 원자흡수분광광도법, 기체크로마토그래피, 고성능액체크로마토그래피 및 이온크로마토그래피 등 측정기기의 구성과 기본적인 원리에 대하여 학습한다.

01 분광광도계에서 빛의 강도가 I_o인 단색광이 어떤 시료용액을 통과할 때 그 빛의 30 %가 흡수될 경우, 흡광도는?

① 약 0.30
② 약 0.24
③ 약 0.16
④ 약 0.12

해설 흡광도, $A = \log \dfrac{1}{\tau}$ 에서 τ. 투과율로 $\tau = \dfrac{I_t}{I_o} = \dfrac{100-30}{100} = 0.7$

$\therefore A = \log \dfrac{1}{0.7} = 0.16$

02 크로뮴에 대한 자외선/가시선분광법(UV/VIS Spectrometry)에 사용되는 발색액은?

① 디티존
② 알리자린콤플렉손
③ 다이페닐카바자이드
④ 다이에틸다이티오카바민산소듐

해설 시료용액 중의 크로뮴을 과망간산포타슘에 의하여 6가로 산화하고, 요소를 가한 다음, 아질산소듐으로 과량의 과망가니즈산염을 분해한 후 다이페닐카바자이드를 가하여 발색시키고, 파장 540 nm 부근에서 흡수도를 측정하여 정량하는 방법이다.

03 1 L에 5 mg을 함유하는 카드뮴 용액이 최초광의 30 %가 흡수되었다면, 투과도가 60 %일 때 카드뮴 용액의 농도는 약 몇 mg/L인가?

① 2.121
② 5.000
③ 7.161
④ 10.000

램버트비어의 법칙은 Beer(베르)의 법칙, Beer Lambert 법칙, 베르 람베르트 법칙이라고 하며 광 흡수량(흡광도)이 시료 용액의 농도에 비례한다는 법칙을 말한다.

해설 흡광도, $A = \log \dfrac{1}{t}$ 이고, 농도가 진할수록 직선적으로 비례하여 커지기 때문에 비례식으로 풀이할 수 있다.

$5 \text{ mg/L} : \log\left(\dfrac{1}{0.7}\right) = x \text{ mg/L} : \log\left(\dfrac{1}{0.6}\right)$ 에서 $x = 7.161 \text{ mg/L}$, 즉 투과도가 60 %일 때 카드뮴 용액의 농도는 7.161 mg/L이다.

정답 64 ① 65 ② **03** 01 ③ 02 ③ 03 ③

CHAPTER 3 출제 예상 문제

04 자외선/가시선분광광도법으로 시료용액의 흡광도를 측정한 결과 흡광도가 검량선의 영역 밖이었다. 시료용액을 2배로 희석하여 흡광도를 측정한 결과 흡광도가 0.4였다. 이 시료용액의 농도는?

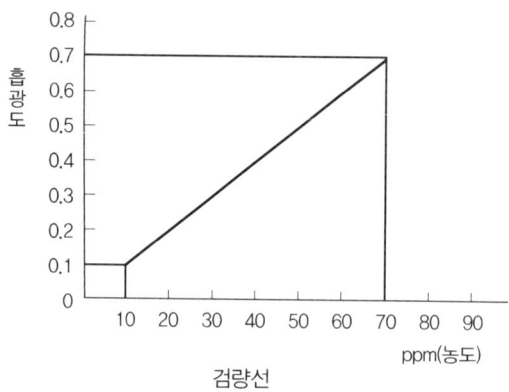

① 30 ppm ② 50 ppm
③ 80 ppm ④ 100 ppm

해설 검량선에서 흡광도가 0.4일 때 시료용액의 농도는 40 ppm이다. 따라서 시료용액을 2배로 희석하였으므로 실질적인 농도는 2×40 = 80 ppm

05 세기 I_o의 단색광이 발색액을 통과하여 그 광의 70 %가 흡수되었을 때의 흡광도는?

① 0.72 ② 0.62
③ 0.52 ④ 0.42

해설 흡광도, $A = \log \dfrac{1}{t}$ 에서 t: 투과율로 $\tau = \dfrac{I_t}{I_o} = \dfrac{100-70}{100} = 0.3$

∴ $A = \log \dfrac{1}{0.3} = 0.52$

06 투과 퍼센트가 50 %인 경우 흡광도는?

① 0.65 ② 0.52
③ 0.43 ④ 0.30

해설 흡광도, $A = \log \dfrac{1}{t}$ 에서 $A = \log \dfrac{1}{0.5} = 0.30$

07 채취한 금속 분석에서 오차를 최소화하기 위해 여과지에 금속을 10 μg을 첨가하고 원자흡수분광도계로 분석하였더니 9.5 μg이 검출되었다. 실험에 보정하기 위한 회수율은 몇 %인가?

① 80
② 85
③ 90
④ 95

해설 회수율(%) = $\dfrac{\text{분석량}}{\text{첨가량}} \times 100 = \dfrac{9.5}{10} \times 100 = 95\%$

08 중금속을 신속하고 정확하게 측정할 수 있는 측정기기는?

① 광학현미경
② 원자흡수분광광도계
③ 기체크로마토그래피
④ 비분산적외선 가스분석계

해설 원자흡수분광광도계 : 작업장 공기 중의 구리, 납, 니켈, 아연, 철, 카드뮴, 크로뮴 등의 중금속을 신속하고 정확하게 측정할 수 있는 측정기기로 시료 용액을 직접 공기-아세틸렌 불꽃에 도입하여 원자화 시킨 후, 각 금속 성분의 특성 파장에서 흡광 세기를 측정하여 각 금속 성분의 농도를 구하는 장치이다.

09 원자흡수분광광도 분석장치의 구성순서로 옳은 것은?

① 시료원자화부 → 단색화부 → 광원부 → 측광부
② 단색화부 → 측광부 → 시료원자화부 → 광원부
③ 광원부 → 시료원자화부 → 단색화부 → 측광부
④ 측광부 → 단색화부 → 광원부 → 시료원자화부

해설 원자흡수분광광도계의 장치구성은 장치 구성은 광원부(중공음극램프) → 시료원자화부 → 단색화부 → 측광부 순이다.

10 불꽃방식의 원자흡수분광광도계의 일반적인 장단점으로 옳지 않은 것은?

① 시료량이 많이 소요되며 감도가 낮다.
② 가격이 흑연로장치에 비하여 저렴하다.
③ 분석시간이 흑연로장치에 비하여 길게 소요된다.
④ 고체시료의 경우 전처리에 의하여 매트릭스를 제거하여야 한다.

해설 분석시간이 흑연로장치에 비하여 짧게 소요되고 정밀도가 높다.

정답 04 ③ 05 ③ 06 ④ 07 ④ 08 ② 09 ③ 10 ③

CHAPTER 3 출제 예상 문제

11 원자흡수분광광도계는 어떤 종류의 물질 분석에 널리 적용되는가?
① 금속
② 용매
③ 방향족 탄화수소
④ 지방족 탄화수소

해설 원자흡수분광광도계는 시료를 적당한 방법으로 해리시켜 중성원자로 증기화하여 생긴 기저상태의 원자가 이 원자 증기층을 투과하는 특유 파장의 빛을 흡수하는 현상을 이용하여 광전 측광과 같은 개개의 특유 파장에 대한 흡광도를 측정하여 시료 중의 원소농도를 정량하는 방법으로 대기 또는 배출가스, 작업장 공기 중의 유해중금속, 기타 원소의 분석에 적용된다.

12 불꽃방식의 원자흡수분광광도계(AAS)의 장단점에 관한 설명으로 옳지 <u>않은</u> 것은?
① 분석시간이 흑연로장치에 비하여 적게 소요된다.
② 고체시료의 경우 전처리에 의하여 매트릭스를 제거해야 한다.
③ 적은 양의 시료를 가지고 동시에 많은 금속을 분석할 수 있다.
④ 가격이 유도결합 플라스마 원자발광분석기(ICP)보다 저렴하다.

해설 적은 양의 시료를 가지고 한 번에 많은 금속을 분석할 수 있는 것이 가장 큰 장점인 기기는 유도결합 플라스마 원자발광분석기(ICP)이다.

13 원자흡수분광광도계에서 어떤 시료를 통과하여 나온 빛의 세기가 시료를 주입하지 않고 측정한 빛의 세기의 50 %일 때 흡광도는 약 얼마인가?
① 0.1
② 0.3
③ 0.5
④ 0.7

해설 흡광도, $A = \log \dfrac{1}{투과도} = \log\left(\dfrac{1}{0.5}\right) = 0.3$

14 원자흡수분광광도계의 장치 구성 중 광원으로 사용하는 것은?
① 속빈음극램프
② 텅스텐 램프
③ 중수소방전관
④ 플라스마 토치

해설 원자흡수분광광도계의 광원은 분석하고자 하는 원소가 잘 흡수할 수 있는 특정 파장의 빛을 방출하는 역할을 하는 속빈음극램프(중공음극램프)가 가장 널리 쓰인다.

15 고유량 펌프를 이용하여 0.489 m³의 공기를 채취하고, 실험실에서 여과지를 10 % 질산 11 mL로 용해하였다. 원자흡수분광광도계로 농도를 분석하고 검량선으로 비교 분석한 결과 농도는 65 µg Pb/mL였다. 채취 기간 중 납 먼지의 농도(mg/m³)는?

① 0.88
② 1.46
③ 2.34
④ 3.58

해설

$$납\ 먼지의\ 농도(mg/m^3) = \frac{65\ \mu g\ Pb/mL \times 11\ mL \times 10^{-3}\ mg/\mu g}{0.489\ m^3}$$

$$= 1.46\ mg/m^3$$

16 유도결합 플라즈마-원자발광분석기를 이용하여 금속을 분석할 때 장단점으로 옳지 않은 것은?

① 화학물질에 의한 방해의 영향을 거의 받지 않는다.
② 원자흡수분광광도계보다 더 좋거나 적어도 같은 정밀도를 갖는다.
③ 검량선의 직선성 범위가 좁아 동시에 많은 금속을 분석할 수 있다.
④ 원자들은 높은 온도에서 많은 복사선을 방출하므로 분광학적 방해 영향이 있을 수 있다.

해설 유도결합 플라즈마-원자발광분석기의 장점은 검량선의 직선성 범위가 넓어 직선성 확보가 유리하고, 한 번에 시료를 주입하여 10 ~ 20초 이내에 30개 이상의 원소를 동시에 분석할 수 있다.

17 유도결합플라즈마 원자발광분석기에 관한 설명으로 옳지 않은 것은?

① 검량선의 직선성 범위가 넓다.
② 동시에 많은 금속을 분석할 수 있다.
③ 이온화 에너지가 낮은 원소들은 검출한계가 낮다.
④ 원자들은 높은 온도에서 많은 복사선을 방출하므로 분광학적 방해 영향이 있을 수 있다.

해설 이온화 에너지가 낮은 원소들은 검출한계가 높고, 다른 금속의 이온화에 방해를 주는 단점이 있다.

CHAPTER 3 출제 예상 문제

18 금속 분석과 관련된 설명으로 옳지 <u>않은</u> 것은?

① ICP는 한 번에 여러 가지 금속을 동시에 분석할 수 있다.
② 금속 추출용액을 일정 기간 보관해야 될 경우 적절한 용기는 유리병이다.
③ 일반적으로 금속 분석에 이용되는 분석기기는 유도결합플라스마 원자발광분석기와 원자흡수분광광도계이다.
④ 시료가 검량선의 범위를 벗어나는 경우 외삽하여 추정하지 말고 시료를 희석하여 범위 내로 들어오게 한다.

해설 금속 추출용액을 일정 기간 보관해야 될 경우 적절한 용기는 강산이 포함되어 있으므로 유리병보다는 폴리플로필렌(PP) 재질이 좋다.

19 기체크로마토그래피와 고성능 액체크로마토그래피의 비교로 옳지 <u>않은</u> 것은?

① 기체크로마토그래피는 분석시료의 휘발성을 이용한다.
② 고성능 액체크로마토그래피는 분석시료의 용해성을 이용한다.
③ 기체크로마토그래피의 분리 기전은 이온배제, 이온교환, 이온분배이다.
④ 기체크로마토그래피의 이동상은 기체(가스)이고 고성능액체크로마토그래피는 액체이다.

해설 크로마토그래피의 원리

분류	액체크로마토그래피 (LC, Liquid Chromatography)		기체크로마토그래피 (GC, Gas Chromatography)	
	이온크로마토그래피(IC)	고성능 액체크로마토그래피 (HPLC)	GS	GC-MS
분리기전	이온교환	흡착(극성), 분배(비극성)	흡착(극성), 분배(비극성) 분석 시료의 휘발성을 이용함	
이동상	액체		기체(H_2, N_2, Air)	기체(He, Air)
분석활용	이온농도 정량분석	유기물의 정성/정량분석	단일/혼합물의 정성/정량분석	
검출기	전도도검출기	굴절률검출기, 자외선검출기	불꽃이온화검출기 (FID)	질량검출기 (MS)

20 기체크로마토그래피에서 이황화탄소와 메르캅탄 등 악취물질 분석에 많이 사용하는 검출기는?

① 광이온화 검출기(PID)
② 열전도도 검출기(TCD)
③ 불꽃광도 검출기(FPD)
④ 전자포획형 검출기(ECD)

> **해설** 불꽃광도 검출기(FPD)는 악취물질의 분석(이황화탄소, 메르캅탄 등)이나 잔류 농약(유기인, 유기황화합물 등)의 분석에 많이 사용한다.

> 메르캅탄류의 대표적인 물질은 메탄티올(methanethiol) 또는 메틸 메르캅탄(methyl mercaptan)으로 화학식이 CH_3SH으로 독특한 부패한 냄새가 나는 무색 가스이다. 즉, 메르캅탄류는 –SH기가 있는 유기 황 화합물이다.

21 기체크로마토그래피의 분리관의 성능은 분해능과 효율로 표시할 수 있다. 분해능을 높이려는 조작으로 옳지 않은 것은?

① 고정상의 양을 크게 한다.
② 분리관의 길이를 길게 한다.
③ 고체 지지체의 입자 크기를 작게 한다.
④ 일반적으로 저온에서 좋은 분해능을 보이므로 온도를 낮춘다.

> **해설** 분리관의 분해능을 높이기 위한 방법
> ㉠ 시료와 고정상의 양을 적게 함
> ㉡ 고체 지지체의 입자 크기를 작게 함
> ㉢ 온도를 낮춤
> ㉣ 분리관의 길이를 길게 함(분해능은 길이의 제곱근에 비례)

22 기체크로마토그래피에서 인접한 두 피크를 다르다고 인식하는 능력을 의미하는 것은?

① 분해능
② 분배계수
③ 분리관의 효율
④ 상대머무름시간

> **해설** 분리관의 성능은 분해능과 효율로 표시할 수 있으며 분해능은 인접한 두 피크를 다르다고 인식하는 능력이다.

23 가스상 또는 증기상 물질의 채취에 이용되는 흡착제 중의 하나인 다공성 중합체에 포함되지 않는 것은?

① Tenax GC
② XAD 관
③ Chromosorb
④ Zeolite

> **해설** 다공성 중합체(porous polymer)는 활성탄에 비해 비표면적, 흡착용량, 반응성이 적지만 특수한 물질의 채취에 유용하며 Tenax GC, XAD 관, Chromosorb 등이 있다.

정답 18 ② 19 ③ 20 ③ 21 ① 22 ① 23 ④

출제 예상 문제

24 기체크로마토그래피를 구성하는 주요 요소로 옳지 않은 것은?

① 단색화부 ② 검출기
③ 컬럼오븐 ④ 주입부

해설 단색화부는 원자흡수분광광도법에서 광원램프에서 발산되는 휘선스펙트럼 중에서 분석에 필요한 파장 또는 주파수의 스펙트럼 대역만을 선택하여 통과시키는 장치이다.

25 기체크로마토그래프(GC)를 이용하여 유기용제를 분석할 때 가장 많이 사용하는 검출기는?

① 불꽃이온화검출기 ② 전자포획검출기
③ 불꽃광도검출기 ④ 열전도도검출기

해설 불꽃이온화 검출기(FID)는 분석물질을 운반기체와 함께 수소와 공기의 불꽃 속에 도입함으로써 생기는 이온의 증가를 이용하는 원리로 유기용제 분석 시 가장 많이 사용하는 검출기(운반기체: 질소, 헬륨)이다.

26 기체크로마토그래피에서 이동상으로 사용되는 운반기체의 설명으로 옳지 않은 것은?

① 운반기체는 주로 질소와 헬륨이 사용된다.
② 운반기체를 기기에 연결시킬 때 누출 부위가 없어야 하고 불순물을 제거할 수 있는 트랩을 장치한다.
③ 운반기체의 선택은 분석기기 지침서나 NIOSH공정시험기준에서 추천하는 가스를 사용하는 것이 바람직하다.
④ 운반기체는 검출기, 분리관 및 시료에 영향을 주지 않도록 불활성이고 수분이 5 % 미만으로 함유되어 있어야 한다.

해설 충전물이나 시료에 대하여 불활성이고 불순물 또는 수분이 없어야 하고 사용하는 검출기의 작동에 적합하며 순도는 99.99 % 이상이어야 한다. (단, ECD의 경우 99.999 % 이상)

> **운반기체(carrier gas)**
> GC에서 기체 시료를 밀어내어 운반하는 역할을 하는 기체로 시료 또는 분리관(column)의 충전물과 반응을 하지 않아야 하므로 질소, 헬륨, 아르곤, 수소, 이산화탄소 등 비활성 기체를 사용한다.

27 기체크로마토그래피에서 컬럼의 역할은?

① 전개가스의 예열 ② 가스 전개와 시료의 혼합
③ 용매 탈착과 시료의 혼합 ④ 시료 성분의 분배와 분리

해설 분리관(column)은 주입된 시료가 각 성분에 따라 분리(분배)가 일어나는 부분으로 GC에서 분석하고자 하는 물질을 지체시키는 역할을 한다.

28 도장 작업장에서 작업 시 발생되는 유기용제를 측정하여 정량, 정성 분석을 하고자 한다. 이때 가장 적합한 분석기기는?

① 적외선 분광광도계
② 자외선/가식선분광계
③ 기체크로마토그래프
④ 원자흡수분광광도계

해설 기체크로마토그래피(GC, Gas Chromatograph)는 휘발성 유기화합물(유기용제)에 대한 정성 및 정량 분석에 가장 적합하다.

29 기체크로마토그래피-질량분석기를 이용하여 물질 분석을 할 때 사용하는 일반적인 이동상 가스는?

① 헬륨
② 질소
③ 수소
④ 아르곤

해설 기체크로마토그래피-질량분석기(GC-MS, gas chromatography-mass spectrometry)에서 사용하는 운반 가스는 헬륨(He)이다.

30 유기화합물을 운반기체와 함께 수소와 공기의 불꽃 속에 도입함으로써 생기는 이온의 증가를 이용한 검출기는?

① 전자포획형 검출기(ECD)
② 열전도도형 검출기(TCD)
③ 불꽃이온화형 검출기(FID)
④ 불꽃광전자형 검출기(FPD)

해설 불꽃이온화 검출기(FID)는 분석물질을 운반기체와 함께 수소와 공기의 불꽃 속에 도입함으로써 생기는 이온의 증가를 이용하는 원리로 유기화합물을 정량한다.

31 황(S)과 인(P)을 포함한 화합물을 분석하는 데 일반적으로 사용되는 기체크로마토그래피 검출기는?

① 불꽃이온화검출기(FID)
② 열전도도검출기(TCD)
③ 불꽃광도검출기(FPD)
④ 전자포획검출기(ECD)

해설 불꽃광도검출기(FPD)를 이용한 정량
  ㉠ 악취관계 물질 분석에 많이 사용(이황화탄소, 메르캅탄)
  ㉡ 잔류 농약의 분석(유기인, 유기황화합물)에 대하여 특히 감도가 좋음

32 벤젠(C_6H_6)을 0.2 L/min 유량으로 2시간 동안 채취하여 GC로 분석한 결과 10 mg이었다. 공기 중 농도(ppm)는? (단, 25℃, 1기압 기준)

① 약 75
② 약 96
③ 약 118
④ 약 130

해설

벤젠(C_6H_6)의 농도(mg/m³) = $\dfrac{10\,\text{mg}}{0.2\,\text{L/min} \times 120\,\text{min} \times 10^{-3}\,\text{m}^3/\text{L}}$

$= 416.7\,\text{mg/m}^3$

mg/m³과 ppm의 환산식을 이용 $416.7\,\text{mg/m}^3 \times \dfrac{24.45}{78} = 130\,\text{ppm}$

33 이온크로마토그래피(IC)로 분석하기에 적합한 물질은?

① 무기수은
② 크로뮴산
③ 사염화탄소
④ 에탄올

해설 이온크로마토그래피(IC, Ion Chromatography)는 이동상 액체 시료를 고정상의 이온교환수지가 충전된 분리관 내로 통과시켜 시료 성분의 용출상태를 전기전도도 검출기로 검출하여 그 농도를 정량하는 분석법으로 음이온(황산, 질산, 인산, 염소) 및 무기산류(염산, 플루오르화수소, 황산, 크로뮴산), 에탄올아민류, 알칼리, 황화수소 특성 분석에 이용된다.

> 고성능 이온크로마토그래피 저용량의 이온교환체가 충전되어있는 분리관 중에서 강전해질의 용리액을 이용하여 용리액과 함께 목적 이온 성분을 순차적으로 이동시켜 분리 용출한 다음 써프레서(suppressor)에 통과시켜 용리액에 포함된 강전해질을 제거시킨다. 이어서 강전해질이 제거된 용리액과 함께 목적이온 성분을 전기 전도도셀에 도입하여 각각의 머무름시간에 해당하는 전기 전도도를 검출함으로써 각각의 이온 성분의 농도를 측정한다.

CHAPTER 4 산업위생 통계처리 및 해석

출제 예상 문제

01 산업위생 통계처리 및 해석

학습 POINT
정도관리를 위한 통계집단의 측정값에 대한 이해와 계산문제를 풀이할 수 있어야 한다.

01 산업위생 통계의 필요성에 대한 설명으로 옳지 않은 것은?
① 계획의 수립과 방침 결정에 큰 도움을 준다.
② 산업위생관리에 어떤 문제점을 제시하여 준다.
③ 원인 규명의 자료가 되므로 다음 행동에 참고가 된다.
④ 산업위생 개선 효과의 판정에는 큰 도움이 되지 않는다.

해설 개선 효과의 판정에 큰 도움이 된다.

02 우리나라 작업장 내 공기 중의 석면섬유, 먼지, 입자상 물질, 벤젠 그리고 방사성물질 등의 농도와 대기 중 이산화황 농도의 측정결과를 분포화시킬 때 볼 수 있는 산업위생통계의 일반적인 분포는?
① 정규분포
② 대수 정규분포
③ t-분포
④ f-분포

해설 작업장 내 유해물질의 농도를 여러 번 측정할 경우 대체로 대수정규분포를 이루고 있다. 대수로 자료를 변화하는 가장 큰 이유는 원자료가 정규분포를 하지 않으므로 대수를 적용하여 자료 간의 변이를 줄여서 정규분포하도록 하기 위한 것이다.

- 정규분포: 평균과 표준편차가 주어져 있을 때 엔트로피를 최대화하는 분포이다.
- t-분포: 모집단의 분산(혹은 표준편차)이 알려져 있지 않은 경우에 정규분포 대신 이용하는 확률분포이다.
- f-분포: 정규분포를 이루는 모집단에서 독립적으로 추출한 표본들의 분산비율이 나타내는 연속 확률분포이다.

03 어떤 작업장에서 생화학적 측정치나 유해물질농도의 결과가 대수정규분포를 하는 경우 대푯값은 어떤 통계용어를 사용하는가?
① 중앙치
② 산술평균치
③ 기하평균치
④ 가중평균치

해설 산업위생 분야에서 작업환경 측정결과가 대수정규분포를 하는 경우 대푯값은 기하평균치를, 산포도로 기하표준편차를 사용한다.

정답 32 ④ 33 ② **01** 01 ④ 02 ② 03 ③

CHAPTER 4 출제 예상 문제

04 화학공장의 작업장 내에 먼지 농도를 측정하였더니 (5, 6, 5, 6, 6, 6, 4, 8, 9, 8) ppm일 때, 측정치의 기하평균은 약 몇 ppm인가?

① 5.13   ② 5.83   ③ 6.13   ④ 6.83

[해설] 측정치의 기하평균(geometric mean, G)

$$G = \sqrt[n]{X_1 \times X_2 \times \cdots \times X_n}$$

$$= (5 \times 6 \times 5 \times 6 \times 6 \times 6 \times 4 \times 8 \times 9 \times 8)^{\frac{1}{10}} = 6.13 \, \text{ppm}$$

05 유기용제 작업장에서 측정한 톨루엔 농도는 (65, 150, 175, 63, 83, 112, 58, 49, 205, 178) ppm일 때, 산술평균과 기하평균값은 약 몇 ppm인가?

① 산술평균 108.4, 기하평균 100.4
② 산술평균 108.4, 기하평균 117.6
③ 산술평균 113.8, 기하평균 100.4
④ 산술평균 113.8, 기하평균 117.6

[해설]
- 산술평균: $\overline{X} = \dfrac{x_1 + x_2 + \cdots + x_n}{N}$

$$= \frac{65+150+175+63+83+112+58+49+205+178}{10}$$

$$= 113.8 \, \text{ppm}$$

- 기하평균: $G = \sqrt[n]{x_1 \times x_2 \times \cdots \times x_n}$

$$= (65 \times 150 \times 175 \times 63 \times 83 \times 112 \times 58 \times 49 \times 205 \times 178)^{\frac{1}{10}}$$

$$= 100.4 \, \text{ppm}$$

06 어느 작업장에서 A 물질의 농도를 측정한 결과가 각각 23.9 ppm, 21.6 ppm, 22.4 ppm, 24.1 ppm, 22.7 ppm, 25.4 ppm을 얻었다. 측정결과에서 중앙값(median)은 몇 ppm인가?

① 23.0   ② 23.1
③ 23.3   ④ 23.5

[해설] 중앙값(median): 중위수(中位數)라고도 하며 이는 어떤 주어진 값들을 크기의 순서대로 정렬했을 때 가장 중앙에 위치하는 값이다. 여기서 주어진 결괏값의 갯수 n이 홀수일 때 중앙값은 $(n+1)/2$번째에 있는 값, n이 짝수일 때는 중앙값이 2개가 나오는데 이들의 평균값을 중앙값이라고 한다.
즉, 21.6, 22.4, 22.7, 23.9, 24.1, 25.4에서 중앙값

$$\text{Median} = \frac{22.7 + 23.9}{2} = 23.3 \, \text{ppm}$$

> **기하평균**
> 연속적인 변화율 데이터를 기반으로 어느 구간에서의 평균 변화율을 구할 때 사용하는 것이다.

07 작업환경 측정결과 측정치가 다음과 같을 때, 평균편차가 얼마인가?

> 7, 5, 15, 20, 8

① 2.8　　　　　　　　　② 5.2
③ 11　　　　　　　　　　④ 17

해설
- 평균편차(AD, averge deviation): 산술평균($\bar{x}$)이라고 하는 수치상 평균과 각 관찰값 사이의 차이

  $AD = \dfrac{\sum(x_i - \bar{x})}{n}$ 이므로 먼저 산술평균($\bar{x}$) = $\dfrac{7+5+15+20+8}{5} = 11$

  $\therefore AD = \dfrac{\sum|x_i - \bar{x}|}{n}$

  $= \dfrac{|11-7|+|11-5|+|11-15|+|11-20|+|11-8|}{5} = 5.2$

- 분산(variation): 측정값들이 퍼져있는 정도로 편차 제곱의 평균값

  $V = \dfrac{\sum(x_i - \bar{x})^2}{n}$

- 표준편차(standard devoation): 분산 값의 제곱근으로, 분산 값이 너무 커서 제곱근으로 줄인 값. $\sigma = \sqrt{V}$

08 통계집단의 측정값들에 대한 균일성, 정밀성 정도를 표현하는 변이계수(%)의 산출식으로 옳은 것은?

① (표준편차/산술평균) × 100
② (표준편차/기하평균) × 100
③ (표준오차/산술평균) × 100
④ (표준오차/기하평균) × 100

해설
변이계수(CV, Coefficient of Variation): 정밀도를 나타낼 때 사용하며 어떤 표본의 표준편차를 평균값으로 나누어서 백분율로 나타낸 수치이다.

$CV = \dfrac{표준편차}{평균값} \times 100 = \dfrac{\sigma}{X} \times 100\%$, 즉 이 값이 적을수록 분포가 고르다는 것이며 변이계수는 상대적 산포도로 이 값을 이용하면 평균치가 다른 집단이나 단위가 다른 집단의 산포도(散布度)를 비교할 수 있다.

정답　04 ③　05 ③　06 ③　07 ②　08 ①

CHAPTER 4 출제 예상 문제

09 다음 ( ) 안에 들어갈 말로 옳은 것은?

> 산업위생통계에서 측정방법의 정밀도는 동일집단에 속한 여러 개의 시료를 분석하여 평균치와 표준편차를 계산하고 표준편차를 평균치로 나눈 값 즉 ( )로 평가한다.

① 신뢰한계도
② 표준분산도
③ 변이계수
④ 편차분산율

해설 변이계수(CV, Coefficient of Variation): 표준편차를 산술평균으로 나눈 것이다. 상대 표준편차(RSD, relative standard deviation)라고도 한다. 측정단위가 서로 다른 자료를 비교하고자 할 때 쓰인다. 즉, 범위나 분산과 같은 산포도를 계산하는 것만으로는 충분하지 않아 상대적인 산포도를 비교해야 한다. 변이계수의 값이 클수록 상대적인 차이가 크다는 것을 의미하고 작을수록 자료가 평균 주위에 가깝게 분포한다. $CV(\%) = \dfrac{SD}{M} \times 100$

10 변이계수에 관한 설명으로 옳지 않은 것은?

① 변이계수(%)=(표준편차/산술평균)×100으로 계산된다.
② 평균값의 크기가 0에 가까울수록 변이계수의 의의는 커진다.
③ 통계집단의 측정값들에 대한 균일성, 정밀성 정도를 표현한다.
④ 단위가 서로 다른 집단이나 특성값의 상호산포도를 비교하는 데 이용될 수 있다.

해설 변이계수는 평균값의 크기가 0에 가까울수록 변이계수의 의의는 작아진다.

11 측정치 1, 3, 5, 7, 9의 변이계수는?

① 약 0.13
② 약 0.63
③ 약 1.33
④ 약 1.83

해설
평균 $M = \dfrac{1+3+5+7+9}{5} = 5$.

표준편차 $SD = \left[\dfrac{(1-5)^2 + (3-5)^2 + (5-5)^2 + (7-5)^2 + (9-5)^2}{5-1} \right]^{0.5}$
$= 3.16$

$\therefore CV = \dfrac{SD}{M} = \dfrac{3.16}{5} = 0.63$

12 측정결과의 통계처리에서 산포도 측정방법에는 변량 상호 간의 차이에 의하여 측정하는 방법과 평균값에 대한 변량의 편차에 의한 측정방법도 있다. 다음 중 변량 상호 간의 차이에 의하여 산포도를 측정하는 방법으로 가장 옳은 것은?

① 변이계수 ② 분산
③ 범위 ④ 표준편차

> 산포도
> (Measure of Dispersion) 대푯값을 중심으로 자료들이 흩어져 있는 정도를 의미한다. 보통 하나의 수치로 표현되며 작을수록 자료들이 대푯값에 밀집되어 있고, 클수록 자료들이 대푯값을 중심으로 멀리 흩어져 있다.

 범위(range): 변량의 최대치와 최소치의 차이를 말하며 표본수가 적을 때 사용하면 좋다. 범위의 결점을 제거하기 위하여 도수분포 중 양 끝의 10 %씩을 제외한 중앙의 80 %를 갖는 범위를 제 10 ~ 90 백분율 범위(10 ~ 90 percentile range)라고 한다. 이것은 도로교통소음지수를 계산할 경우 많이 사용한다.

13 측정결과를 평가하기 위하여 "표준화 값"을 산정할 때 필요한 것은? (단, 고용노동부고시를 기준으로 한다.)

① 평균농도와 표준편차
② 측정농도과 시료 채취분석오차
③ 시간가중평균값(단시간 노출값)과 허용기준
④ 시간가중평균값(단시간 노출값)과 평균농도

 $Y(표준화\ 값) = \dfrac{X_1\ (또는\ X_2)}{허용기준}$, 여기서, X_1: 시간가중평균값, X_2: 단시간 노출값

14 methyl chloroform(TLV = 350 ppm)을 1일 12시간 작업할 때 노출기준을 Brife & Scala 방법으로 보정하면 몇 ppm으로 하여야 하는가?

① 150 ② 175
③ 200 ④ 250

Brief와 Scala의 보정식에 의한 보정된 노출 기준 = TLV × RF에서
$RF = \left(\dfrac{8}{H}\right) \times \dfrac{24-H}{16} = \left(\dfrac{8}{12}\right) \times \dfrac{24-12}{16} = 0.5$
∴ $350 \times 0.5 = 175\ ppm$

CHAPTER 4 출제 예상 문제

15 TLV가 20 ppm인 스타이렌(styrene)을 사용하는 작업장의 근로자가 1일 11시간 작업했을 때, OSHA 보정 방법으로 보정한 노출 기준은 약 얼마인가?

① 11.8 ppm
② 13.8 ppm
③ 14.6 ppm
④ 16.6 ppm

해설 미국 OSHA의 노출 기준 보정방법

급성 독성물질인 경우: 8시간 노출 기준 × $\dfrac{8시간}{일일\ 노출시간}$

$= 20 \times \dfrac{8}{11} = 14.55\,\text{ppm}$

16 톨루엔(TLV = 50 ppm)을 사용하는 작업장의 작업시간이 10시간일 때, 노출 기준을 보정하여야 한다. 보정 시 OSHA 보정방법과 Brief와 Scala 보정방법을 적용하였을 경우 두 방법으로 보정된 노출 기준 간의 차이는 얼마인가?

① 1 ppm
② 2.5 ppm
③ 5 ppm
④ 10 ppm

해설
1) OSHA 보정방법: 8시간 노출 기준 × $\dfrac{8시간}{일일\ 노출시간} = 50 \times \dfrac{8}{10} = 40\,\text{ppm}$

2) Brief와 Scala의 보정식에 의한 보정된 노출 기준 = TLV × RF 에서

$\text{RF} = \left(\dfrac{8}{H}\right) \times \dfrac{24 - H}{16} = \left(\dfrac{8}{10}\right) \times \dfrac{24 - 10}{16} = 0.7$

∴ $50 \times 0.7 = 35\,\text{ppm}$

그러므로 두 방법 간 노출 기준의 차이 = 40 − 35 = 5 (ppm)

17 정도관리의 목적은 오차를 찾아내고 그것을 제거 또는 예방하여 분석 능력을 향상시키는 데 있다. 여기서 오차(error)에 대한 설명으로 옳지 않은 것은?

① 오차란 참값과 측정치 간의 불일치 정도로 정의된다.
② 확률오차(random error)는 측정치의 정밀도로 정의된다.
③ 확률오차는 측정치의 변이가 불규칙적이어서 변이값을 예측할 수 없다.
④ 계통오차(systematic error)는 bias라고도 하며, 기준치와 측정치 간에 일정한 차이가 있음을 나타내며 대부분의 경우 원인을 찾아낼 수 없다.

해설 계통오차(systematic error)는 참값과 측정치 간에 일정한 차이가 있음을 나타내고 대부분의 경우 변이의 원인을 찾아낼 수 있으며 크기와 부호를 추정할 수 있고 보정할 수 있다.

> **참고** 오차
>
> 지정한 값과 측정값의 차를 말하며, 오차 = 측정값 - 참값으로 나타낸다. 현실에서는 아무리 정밀하게 측정해도 참값을 구하는 것은 어렵기 때문에 측정값에 어떠한 불확실함(애매함)이 포함되는 것은 피할 수 없다. 오차는 불확실함을 발생시키는 조건에 따라 크게 3종류로 분류된다.
> ㉠ 계통 오차: 특정 원인에 의해 측정값이 치우치는 오차로 예를 들면 측정기의 개체 차에 의한 오차(기기 오차), 온도, 측정 시의 습관 등이 있다.
> ㉡ 우연 오차: 측정 시의 우연이 일으키는 오차로 측정기에 부착된 먼지가 일으키는 오차 등이 있다.
> ㉢ 과실 오차: 측정자의 경험 부족이나 조작 오류에 의한 오차이다.

18 생물학적 노출지수에서 통계적으로 상관계수가 높게 나타날 수 있는 항목은?

① 공기 중 분진 농도와 난청도
② 공기 중 일산화탄소 농도와 혈중 무기수은의 양
③ 공기 중 이산화탄소 농도와 혈중 이황화탄소의 양
④ 공기 중 벤젠농도와 요중 S-phenylmercapturic acid

> 생물학적 노출지수(BEI)
> 혈액, 소변, 호기, 모발 등 생체 시료로부터 유해물질 그 자체나 유해물질 대사산물 및 생화학적 변화를 반영하는 지표물질로 나타낸다.

해설 공기 중 벤젠에 노출되었을 때 소변 중 S-phenylmercapturic acid(S-PMA)의 평가는 노출에 대한 벤젠의 상관계수가 높게 나타날 수 있는 노출 평가를 위한 BEI의 근거이다.

19 작업환경 측정결과의 평가에서 작업시간 전체를 1개의 시료로 측정할 경우의 노출결과 구분으로 옳은 것은?

① 하한치(LCL) > 1일 때 노출 기준 초과
② 하한치(LCL) > 1일 때 노출 기준 미만
③ 상한치(UCL) ≤ 1일 때 노출 기준 초과
④ 하한치(LCL) ≤ 1, 상한치(UCL) < 1일 때, 노출 기준 초과 가능

해설
- 하한치(LCL) > 1일 때 노출 기준 초과
- 상한치(UCL) ≤ 1일 때 노출 기준 이하
- 하한치(LCL) ≤ 1, 상한치(UCL) > 1일 때, 노출 기준 초과 가능

정답 15 ③ 16 ③ 17 ④ 18 ④ 19 ①

CHAPTER 4 출제 예상 문제

20 노출 기준이나 위험문구, 유해·위험문구 등에 따라 등급을 분류하는 것으로 인체에 영향을 미치는 화학물질의 고유한 성질을 무엇이라 하는가?

① 유해성 ② 위험성
③ 손상성 ④ 독성

해설 "유해성"이란 노출 기준이나 위험문구, 유해·위험문구 등에 따라 등급을 분류하는 것으로 인체에 영향을 미치는 화학물질의 고유한 성질을 말한다.

> **유해성**
> 화학물질의 독성 등 인체에 영향을 미치는 화학물질의 고유한 성질을 말한다.
>
> **위험성**
> 근로자가 유해성이 있는 화학물질에 노출됨으로써 건강장해가 발생할 가능성과 건강에 영향을 주는 정도의 조합을 말한다(화학물질의 유해성·위험성 평가에 관한 규정, 고용노동부 예규).

21 근로자의 납 노출을 측정한 결과 8시간 TWA가 0.065 mg/m³이었다. 미국 OSHA의 평가방법을 기준으로 신뢰하한값(LCL)과 그에 따른 판정으로 옳은 것은? (단, 시료 채취 분석오차는 0.132이고 허용기준은 0.05 mg/m³이다.)

① LCL = 1.168, 허용기준 초과
② LCL = 0.911, 허용기준 미만
③ LCL = 0.983, 허용기준 초과 가능
④ LCL = 0.584, 허용기준 미만

해설 측정치를 허용농도(노출 기준, PEL)로 나누어 표준화값(Y)을 산출한다.
$$Y = \frac{X}{PEL} = \frac{0.065}{0.05} = 1.3$$
∴ LCL = Y − SAE = 1.3 − 0.132 = 1.168, LCL값이 1을 초과하였으므로 허용기준을 초과하였다.

22 화학물질 위해성 평가(risk assessment)의 절차 순서 중 두 번째에 해당하는 사항은?

① 위해성 결정
② 위해성 확인
③ 노출량−반응 평가/종민감도분포 평가
④ 노출 평가

해설 화학물질 위해성 평가의 구체적 방법 등에 관한 규정, 제4조(위해성 평가 절차)
① 위해성 평가는 다음의 각 호에 정한 사항과 순서를 고려하여 수행한다.
1. 유해성 확인
2. 노출량−반응 평가/종민감도분포 평가
3. 노출 평가
4. 위해도 결정

> • 화학물질 위해성 평가의 구체적 방법 등에 관한 규정 [국립환경과학원고시 제 2021−13호]
> • 화학물질의 유해성·위험성 평가에 관한 규정 [고용노동부 예규 제166호]

23 근로자가 화학물질에 노출됨으로써 건강장해가 발생할 가능성(노출수준)과 건강에 영향을 주는 정도의 조합을 말하는 것은?

① 유해성 ② 위험성
③ 손상성 ④ 독성

해설 "위험성"이란 근로자가 화학물질에 노출됨으로써 건강장해가 발생할 가능성(노출수준)과 건강에 영향을 주는 정도(유해성)의 조합을 말한다.

24 4M 위험성 평가기법의 유해·위험도출 방법으로 옳지 않은 것은?

① Machine(기계적)
② Man(인적)
③ Media(물질·환경적)
④ Method(동작 분석적)

해설 위험성 평가기법에서 4M
  ㉠ Machine(위험기계): 생산설비의 불안전 상태를 유발시키는 물적 위험
     기계·설비의 결함, 위험방호 장치의 불량, 본질 안전의 결여, 사용 유틸리티의 결함 등
  ㉡ Media(작업환경): 소음, 분진, 유해물질 등 작업환경 평가
     작업공간의 불량, 가스·증기·분진·흄 발생, 산소결핍, 유해광선, 소음·진동, MSDS자료 미비 등
  ㉢ Man(작업자 행동): 작업자의 불안전 행동을 유발시키는 인적 위험
     근로자 특성의 불안전 행동(여성, 고령자, 외국인, 비정규직 등), 작업 자세, 동작의 결함, 작업정보의 부적절 등
  ㉣ Management(관리): 사고를 유발시키는 관리적인 결함사항
     관리감독 및 지도 결여, 교육·훈련의 미흡, 규정·지침·매뉴얼 등 미작성, 수칙 및 각종 표지판 미게시 등

25 4M 위험성 평가 서류의 구성종류로 옳지 않은 것은?

① 사업장 안전보건 위험정보
② 개선실행계획서
③ 공정별 체크리스트
④ 위험성 평가표

해설 위험성 평가 서류의 구성 종류에 공정별 체크리스트는 포함되지 않는다.

CHAPTER 4 출제 예상 문제

26 4M 위험성 평가표의 항목으로 옳지 않은 것은?

① 개선 후 위험도
② 교대작업 유무
③ 개선대책
④ 평균 위험도

해설 '4M 위험성 평가표(4M–Risk Assessment)'의 항목에는 평균 위험도, 개선대책, 유해·위험요인 및 재해형태, 현재 안전조치, 현재 위험도, 개선 후 위험도 항목이 있다. 교대작업 유무는 '안전보건 위험정보'의 항목이다.

27 위험성 평가팀의 구성원으로 옳지 않은 것은?

① 정비작업자
② 안전·보건관리자
③ 대상공정 작업책임자
④ 타 공정에 근무하는 근로자

해설 위험성 평가팀 구성원
㉠ 팀 리더(평가대상 공정 또는 작업의 책임자)
㉡ 작업책임자(반장 또는 특별한 경우 작업자)
㉢ 정비작업자
㉣ 안전·보건관리자

28 개선실행 계획서 작성 시 올바른 방법으로 옳지 않은 것은?

① 개선대상 공정명 및 단위작업 내용 기재
② 현재 위험도 점수가 높은 순으로 개선대책 작성
③ 개선대책은 사업주 보고용이므로 간략하게 작성
④ 개선대책 조치 결과, 실시 일정 및 담당자를 지정하여 작성

해설 개선실행 계획서(구성내용)
㉠ 개선대상 공정(작업)명 및 개선대상 단위 작업내용을 기재
㉡ 작성 일시
㉢ 현재 위험도 점수가 높은 순 및 코드 번호순으로 개선대책 제시
㉣ 개선대책은 해당 공정(작업)의 근로자가 쉽게 이해할 수 있도록 위험성 평가서 대책보다 구체적으로 제시
㉤ 개선대책 조치결과, 실시 일정 및 담당자 지정
㉥ 개선대책에 대한 확인
㉦ 실행 및 확인부서 결재

29 위험성 평가 절차로 옳지 않은 것은?

① 평가대상 공정 선정
② 위험요인의 도출
③ 현재 위험도 평가
④ 각종 교육자료 제공

해설 4M 위험성평가 추진절차
㉠ 평가절차

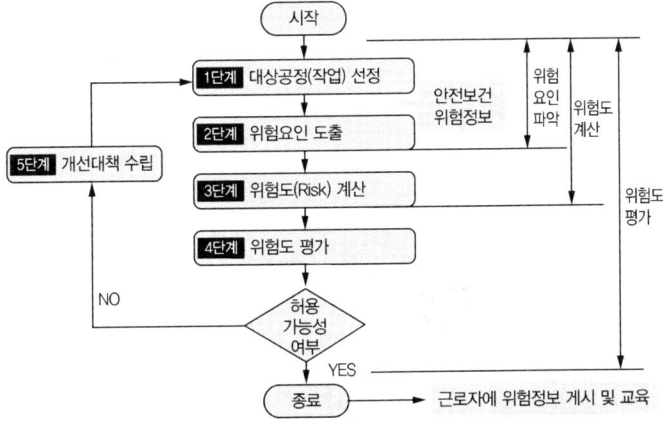

㉡ 단계별 수행 방법
  ⓐ 1단계: 평가대상 공정(작업) 선정
  ⓑ 2단계: 유해·위험요인의 도출
  ⓒ 3단계: 위험도(risk) 계산
  ⓓ 4단계: 현재 위험도평가
  ⓔ 5단계: 개선대책 수립

PART III 작업환경관리

출제 예상 문제

CHAPTER 1 입자상 물질

CHAPTER 2 물리적 유해인자 관리

CHAPTER 3 보호구

CHAPTER 4 작업공정 관리

CHAPTER 1 작업환경관리

출제 예상 문제

01 입자상 물질의 종류, 발생 및 성질

학습 POINT
입자상 물질의 종류별 특징과 호흡기 내로 침착하는 작용기전을 파악하고 스토크스의 법칙에 대하여 학습한다.

01 먼지와 흄의 차이를 정확히 설명한 것으로 옳은 것은?

① 먼지는 공기 중에서 쉽게 산화된다.
② 먼지의 직경이 흄의 직경보다 크다.
③ 일반적으로 먼지의 독성이 흄의 독성보다 강하다.
④ 먼지와 흄은 모두 고체물질의 충격이나 파쇄에 의하여 발생한다.

해설
- 일반적으로 흄(fume)의 독성이 먼지(dust)의 독성보다 강하다.
- 먼지는 충격이나 파쇄에 의하여 발생하고 흄은 금속의 연소과정(주로 용접흄)에서 발생한다.
- 흄은 공기 중에서 쉽게 산화된다.
- 흄의 입경은 0.03 ~ 0.3 μm, 먼지의 입경은 1 ~ 100 μm로 범위가 넓다.

02 흄(fume)에 대한 설명으로 옳은 것은?

① 금속이 용해되어 공기에 의하여 산화되어 미립자가 되어 분산하는 것이다.
② 자연오염이나 인공오염에 의하여 발생한 대기오염물질인 에어로졸에 대하여 광범위하게 적용된다.
③ 대부분 콜로이드(colloid)보다는 크고 공기나 다른 가스에 단시간 동안 부유할 수 있는 고체입자를 말한다.
④ 불완전 연소에 의하여 발생하는 에어로졸로서, 주로 고체상태이고, 탄소와 기타 가연성 물질로 구성되어 있다.

해설
흄(fume)의 발생기전: 금속이 용해되어 액상 물질로 되고 이것이 가스상 물질로 기화된 후 다시 응축되어 발생하는 고체입자를 말하며 흔히 산화(oxidation) 등의 화학반응을 수반한다.

03 입자상 물질의 종류 중 액체나 고체의 2가지 상태로 존재할 수 있는 것은?

① 흄(fume) ② 미스트(mist)
③ 증기(vapor) ④ 스모그(smog)

해설 smog는 smoke(연기, 고체)와 fog(안개, 액체)에서 온 용어이다.

04 상온 및 상압에서 흄(fume)의 상태로 옳은 것은?

① 고체상태 ② 기체상태
③ 액체상태 ④ 기체와 액체의 공존상태

해설 흄은 상온에서 고체상태의 물질이 고온으로 액체화된 다음 증기화되고, 증기물의 응축 및 산화로 생기는 고체상의 미립자이다.

05 입자상 물질의 종류 중 연마, 분쇄, 절삭 등의 작업공정에서 고형물질이 파쇄되어 발생되는 미세한 고체입자는?

① 흄(fume) ② 먼지(dust)
③ 미스트(mist) ④ 연기(smoke)

해설 입자의 크기가 비교적 큰 고체 입자로서 석탄, 재, 시멘트와 같이 물질의 운송처리 과정에서 방출되며, 톱밥, 모래흙과 같이 기계적 작동 및 분쇄, 연마, 절삭에 의하여 방출되기도 한다. 입자의 크기는 1~100 μm 정도이다.

06 공기역학적 직경(aerodynamic diameter)에 대한 설명으로 옳지 않은 것은?

① 역학적 특성, 즉 침강속도 또는 종단속도에 의해 측정되는 먼지 크기이다.
② 직경분립충돌기(cascade impactor)를 이용해 입자의 크기, 형태 등을 분리한다.
③ 마틴 직경, 페렛 직경, 등면적 직경(projected area diameter)의 세 가지로 나누어진다.
④ 대상 입자와 같은 침강속도를 가지며 밀도가 1인 가상적인 구형의 직경으로 환산한 것이다.

해설 마틴 직경, 페렛 직경, 등면적 직경(projected area diameter)의 세 가지는 현미경을 이용하여 측정하는 물리적(기하학적) 직경이다.

정답 01 ② 02 ① 03 ④ 04 ① 05 ② 06 ③

CHAPTER 1 출제 예상 문제

07 입자상 물질의 하나인 흄(fume)의 발생기전 3단계에 해당하지 <u>않는</u> 것은?

① 입자화
② 증기화
③ 산화
④ 응축

해설 흄(fume)의 발생기전: 금속이 용해되어 액상물질로 되고 이것이 가스상 물질로 기화된 후 다시 응축되어 발생하는 고체입자를 말하며 흔히 산화(oxidation) 등의 화학반응을 수반한다.

08 대상 먼지와 같은 침강속도를 가지며 밀도가 1인 가상적인 구형 입자상 물질의 직경은?

① 마틴 직경
② 등면적 직경
③ 공기역학적 직경
④ 공기기하학적 직경

해설 공기역학적 직경(유체역학적 직경, aerodynamic (equivalent) diameter): 먼지의 역학적 특성, 즉 침강속도 또는 종단속도에 의하여 측정되는 먼지의 크기를 말한다. 먼지의 침강속도는 먼지의 밀도, 형태 및 크기에 의해 결정되며, 특별히 '공기역학적 직경'이란 대상 먼지와 침강속도가 같고, 밀도가 1 g/cm^{3}이며, 구형(球形)인 먼지의 직경으로 환산한다. 산업위생 분야에서는 이 공기역학적 직경을 사용한다.

09 먼지의 한쪽 끝 가장자리와 다른 쪽 끝 가장자리 사이의 거리를 측정함으로써 입자상 물질의 크기를 과대평가할 가능성이 있는 직경은?

① Martin 직경
② Feret 직경
③ 등면적 직경
④ 공기역학적 직경

해설 페렛 직경(Feret's diameter): 입자상 물질의 한쪽 끝 가장자리와 다른 쪽 끝 가장자리 사이의 거리로 과대평가할 가능성이 있다.

10 입자상 물질의 크기 표시 중 실제 크기 직경을 나타내며 입자의 면적을 이등분하는 직경으로 과소평가의 위험성이 있는 것은?

① 페렛 직경
② 스톡크 직경
③ 마틴 직경
④ 등면적 직경

해설 마틴 직경(Martin's diameter): 입자상 물질의 면적을 2등분하는 선의 길이로 과소평가할 수 있는 단점이 있다.

11 비중이 5인 입자의 직경이 3 μm인 미세먼지가 다른 방해기류 없이 층류 이동을 할 경우, 50 cm의 침강챔버에 가라앉는 시간을 이론적으로 계산하면 얼마가 되는가?

① 약 3분　② 약 6분　③ 약 12분　④ 약 24분

> **해설** 입경이 1~50 μm인 먼지의 침강속도는 Lippmann의 식
> $V(\text{cm/s}) = 0.003 \times \rho \times r^2$을 주로 사용한다.
> 여기서, ρ: 입자의 비중, r: 입자의 직경(μm)이다.
> ∴ $V = 0.003 \times 5 \times 3^2 = 0.135 \,\text{cm/s}$
> 침강시간 = $\dfrac{\text{침강챔버의 높이}}{\text{침강속도}} = \dfrac{50\,\text{cm}}{0.135\,\text{cm/s}} = 370.37\,\text{s} = 6.17\,\text{min}$

12 산업보건 분야에서 스토크스의 법칙에 따른 침강속도를 구하는 식을 대신하여 간편하게 계산하는 식으로 옳은 것은? (단, V: 종단속도(cm/s), SG: 입자의 비중, d: 입자의 직경(μm), 입자 크기는 1~50 μm)

① $V = 0.001 \times SG \times d^2$　　② $V = 0.003 \times SG \times d^2$
③ $V = 0.005 \times SG \times d^2$　　④ $V = 0.009 \times SG \times d^2$

> **해설** Lippmann의 식: $V = 0.003 \times SG \times d^2 \,[\text{cm/s}]$

13 입경이 10 μm이고 비중 1.2인 입자의 침강속도는 약 몇 cm/s인가?

① 0.28　　② 0.32
③ 0.36　　④ 0.40

> **해설** 입경이 1~50 μm인 먼지의 침강속도는 Lippmann의 식
> $V(\text{cm/s}) = 0.003 \times \rho \times r^2 = 0.003 \times 1.2 \times 10^2 = 0.36\,\text{cm/s}$

14 공기 중 입자상 물질은 여러 기전에 의해 여과지에 채취된다. 차단, 간섭 기전에 영향을 미치는 요소로 옳지 않은 것은?

① 입자 크기　　② 입자 밀도
③ 여과지의 공경(막여과지)　　④ 여과지의 고형분(solidity)

> **해설** 여과의 메커니즘과 각각에 영향을 미치는 요소
> ㉠ 차단, 간섭: 입자 크기, 여과지의 공경(막여과지), 섬유 직경, 여과지의 고형분
> ㉡ 관성 충돌: 입자 크기, 입자 밀도, 면속도, 여과지의 공경(막여과지), 섬유 직경
> ㉢ 확산: 입자 크기, 입자 농도, 면속도, 여과지의 공경(막여과지), 섬유 직경

정답　07 ①　08 ③　09 ②　10 ③　11 ②　12 ②　13 ③　14 ②

15 분진의 입경을 측정하기 위하여 현미경 접안경에 Porton reticle을 삽입하여 분진을 측정한 결과 입자의 크기가 8로 적혀 있는 원의 크기와 비슷하였을 때, 분진의 입경은 약 몇 μm인가?

① 2
② 4
③ 8
④ 16

해설 현미경 접안경에 Porton reticle을 삽입하여 먼지의 물리적 직경 중 가장 정확한 직경으로 인정받는 등면적 직경은 다음식으로 계산한다. $D(\mu m) = \sqrt{2^n}$, 여기서 n: Porton reticle에서 원의 번호. ∴ $D = \sqrt{2^8} = 16 \mu m$

16 유리규산(석영) 분진에 의한 규폐성 결정과 폐포벽 파괴 등 망상 내피계 반응은 분진 입자의 크기가 얼마일 때 자주 일어나는가?

① $0.1 \sim 0.5 \mu m$
② $2 \sim 5 \mu m$
③ $10 \sim 15 \mu m$
④ $15 \sim 20 \mu m$

해설 유리규산(석영) 분진에 의한 규폐성 결정과 폐포벽 파괴 등 망상내피계 반응은 분진입자의 크기가 $2 \sim 5 \mu m$일 때 자주 일어난다.

17 미국 ACGIH에 의하면 호흡성 먼지는 가스교환 부위, 즉 폐포에 침착할 때 유해한 물질이다. 평균입경을 얼마로 정하고 있는가?

① $1.5 \mu m$
② $2.5 \mu m$
③ $4.0 \mu m$
④ $5.0 \mu m$

해설 미국 ACGIH의 정의에서 호흡성 먼지(RPM, respirable particulate mass): 가스교환 부위, 즉 폐포에 침착할 때 유해한 물질로서 평균 입경이 $4 \mu m$이다.

18 미국 ACGIH에서 정의한 (A) 흉곽성 먼지(Thoracic particulate mass, TPM)와 (B) 호흡성 먼지(Respirable particulate mass, RPM)의 평균 입자 크기로 옳은 것은?

① (A) $5 \mu m$ (B) $15 \mu m$
② (A) $15 \mu m$ (B) $5 \mu m$
③ (A) $4 \mu m$ (B) $10 \mu m$
④ (A) $10 \mu m$ (B) $4 \mu m$

해설
- 흉곽성 먼지(Thoracic particulate mass, TPM)의 평균 입자 크기: $10 \mu m$
- 호흡성 먼지(Respirable particulate mass, RPM)의 평균 입자 크기: $4 \mu m$

19 호흡기계의 어느 부위에 침착하더라도 독성을 나타내는 입자상 물질(비암이나 비중격천공을 일으키는 입자상 물질이 여기에 속하며, 보통 입경 범위가 0 ~ 100 μm 이다.)로 옳은 것은? (단, 미국 ACGIH 기준)

① SPM ② IPM
③ TPM ④ RPM

> 비중격천공증
> 코 내부의 물렁뼈에 구멍이 생기는 병으로 크로뮴 도금작업장의 근로자에게 주로 발생하는 만성직업병이다.

[해설] 흡입성 입자상 물질(IPM, Inhalable Particulate Mass): 호흡기의 어느 부위에 침착하더라도 독성을 나타내는 물질로서, 비암이나 비중격 천공을 일으킨다. 입경 범위는 0 ~ 100 μm 이다.

20 기관지와 폐포 등 폐 내부의 공기 통로와 가스 교환 부위에 침착되는 먼지로서 공기역학적 지름이 30 μm 이하의 크기를 가지는 것은?

① 흉곽성 먼지 ② 호흡성 먼지
③ 흡입성 먼지 ④ 침착성 먼지

[해설]
- 흡입성 먼지의 공기역학적 직경 범위: 0 ~ 185 μm(50 %가 침착되는 평균 입자 크기: 100 μm)
- 흉곽성 먼지의 공기역학적 직경 범위: 0 ~ 30 μm(50 %가 침착되는 평균 입자 크기: 10 μm)
- 호흡성 먼지의 공기역학적 직경 범위: 0 ~ 10 μm(50 %가 침착되는 평균 입자 크기: 4 μm)

21 호흡성 먼지(Respirable dust)에 대한 미국 ACGIH의 정의로 옳은 것은?

① 폐포에 도달하는 먼지로, 입경이 7.1 μm 미만인 먼지를 말한다.
② 평균입경이 10 μm 인 먼지로 흉곽성(thoracic) 먼지라고도 말한다.
③ 평균 입경이 4 μm 이고, 공기역학적 직경이 10 μm 미만인 먼지를 말한다.
④ 크기가 10 ~ 100 μm 로 코와 인·후두를 통하여 기관지나 폐에 침착한다.

[해설]
- 폐포에 도달하는 먼지로, 입경이 7.1 μm 미만인 먼지를 말한다. → 호흡성 먼지 (영국 BMRC)
- 크기가 10 ~ 100 μm 로 코와 인·후두를 통하여 기관지나 폐에 침착한다. → 흡입성 먼지

정답 5 ④ 16 ② 17 ③ 18 ④ 19 ② 20 ① 21 ③

22 주로 비강, 인후두, 기관 등 호흡기의 기도 부위에 축적됨으로써 호흡기계 독성을 유발하는 분진은?

① 호흡성 분진
② 흡입성 분진
③ 흉곽성 분진
④ 총부유 분진

해설 흡입성 입자상 물질(IPM, Inhalable Particulate Mass): 호흡기의 어느 부위에 침착하더라도 독성을 나타내는 물질로서, 비암이나 비중격 천공을 일으킨다.

02 입자상 물질이 인체에 미치는 영향

학습 POINT
입자상 물질의 노출 기준과 진폐증 및 석면에 의한 건강장해를 파악하고 철저히 암기해 둔다.

01 규폐증에 관한 설명으로 옳지 않은 것은?

① 결정형 유리규산 입자의 흡입이 원인이 된다.
② 폐결핵을 합병증으로 하여 폐하엽 부위에 많이 생긴다.
③ 초기에는 천식 발작 증상을 보이며 폐암 발생률을 높인다.
④ 주로 석재 가공, 내화벽돌 제조, 도자기 제조공정에서 환자가 발생한다.

해설 초기에는 천식발작 증상을 보이며 폐암 발생률을 높이는 것은 석면폐증이다.

02 직업성 폐암을 일으키는 물질로 옳지 않은 것은?

① 니켈
② 결정형 실리카
③ 석면
④ β-나프틸아민

해설 β-나프틸아민은 산업안전보건법에서 '제조 등이 금지되는 유해물질' 중 하나로 화학식 $C_{10}H_7NH_2$의 화합물이다. 무색의 고체이지만 산화로 인해 샘플이 공기에서 붉은 색을 나타내며 이전에는 아조염료를 만드는 데 사용되었지만 발암물질로 알려져 있지만 직업성 폐암을 일으키지는 않는다.

직업성 폐암을 일으키는 물질 중 석면이 가장 많은 비율을 차지하였고, 다핵방향족탄화수소(polycyclic aromatic hydrocarbons, PAH), 6가 크로뮴, 결정형 유리규산(실리카), 니켈화합물이 발암물질이었으며, 그 외 라돈 자핵종(radon daughters), 비소에 의한 노출 순이었다.

03 채석장 및 모래 분사 작업장(sand blasting) 작업자들이 석영을 과도하게 흡입하여 발생하는 질병은?

① 규폐증
② 석면폐증
③ 탄폐증
④ 면폐증

> **해설** 규폐증(silicosis): 채석장 및 모래 분사 작업장(sand blasting)에서 발생하는 유리규산의 미립자가 함유된 공기를 장기간 흡입함으로써 증세가 발생하는 만성질환으로 진폐증(pneumoconiosis)의 일종이다.

04 산화규소는 폐암 등의 발암성이 확인된 유해인자이다. 종류에 따른 호흡성 분진의 노출 기준을 연결한 것으로 옳은 것은?

① 결정체 석영 – $0.1\ mg/m^3$
② 비결정체 규소 – $0.01\ mg/m^3$
③ 결정체 트리폴리(tripoli) – $0.1\ mg/m^3$
④ 결정체 트리디마이트(tridymite) – $0.5\ mg/m^3$

> **해설** 화학물질 및 물리적 인자의 노출 기준 [별표 1] 화학물질의 노출 기준
> ㉠ 결정체 석영 – $0.05\ mg/m^3$
> ㉡ 비결정체 규소(용융된) – $0.1\ mg/m^3$
> ㉢ 결정체 트리디마이트(tridymite) – $0.05\ mg/m^3$

▶ **결정체 트리폴리(crystalline tripoli)**
산화규소가 주성분으로 냄새가 없는 흰색의 고체 가루이다. 유리, 도자기 제조사업장, 주물제조 사업장에서 쓰이는 물질이다.

05 건강 영향에 따른 분진의 분류와 유발물질의 종류를 잘못 짝지은 것은?

① 유기성 분진 – 목분진, 면, 밀가루
② 알레르기성 분진 – 크로뮴산, 망간, 황
③ 진폐성 분진 – 규산, 석면, 활석, 흑연
④ 발암성 분진 – 석면, 니켈카보닐, 아민계 색소

> **해설** 알레르기성 분진: 꽃가루, 털, 나무가루 등의 유기성 분진으로 알레르기성 천식, 피부병, 눈병 등을 일으킨다.

▶ **아민(amine)**
암모니아의 유도체로서, 수소 원자가 들어갈 자리가 알킬기나 아릴기 같은 치환기로 대체된 형태이다. 중요한 아민에는 아미노산, 생체아민, 트리메틸아민, 아닐린 등이 있다.

06 다음 중 흡입된 분진이 폐 조직에 축적되어 병적인 변화를 일으키는 질환을 총괄적으로 말해주는 용어는?

① 중독증　　　　② 진폐증
③ 천식　　　　　④ 질식

> **해설** 진폐의 예방과 진폐근로자의 보호 등에 관한 법률, 제2조(정의), 산업재해보상보험법, 제5조(정의)
> 1. "진폐"란 분진을 흡입하여 폐에 생기는 섬유증식성(纖維增殖性) 변화를 주된 증상으로 하는 질병을 말한다.

정답 22 ② **02** 01 ③ 02 ④ 03 ① 04 ③ 05 ② 06 ②

CHAPTER 1 출제 예상 문제

07 중금속에 의한 폐기능의 손상에 관한 설명으로 옳지 <u>않은</u> 것은?

① 6가 크로뮴은 폐암과 비강암 유발인자로 작용한다.
② 철폐증(siderosis)은 철분진 흡입에 의한 암 발생(A1)이며, 중피종과 관련이 없다.
③ 금속열은 금속이 용융점 이상으로 가열될 때 형성되는 산화 금속을 흄 형태로 흡입할 때 발생한다.
④ 화학적 폐렴은 베릴륨, 산화카드뮴 에어로졸 노출에 의하여 발생하며 발열, 기침, 폐기종이 동반된다.

해설 철폐증(pulmonary siderosis): 장기간 동안 고농도의 산화철 분진을 흡입하면 철이 폐 내에 축적되어 호흡기 증상과 함께 방사선 변화를 보이는 데 폐 조직에 철이 축적된다고 하더라도 폐 섬유화를 일으키지 않아 양성 진폐로 분류된다.

08 진폐증과 진폐증을 일으키는 원인이 되는 분진에 관한 설명으로 옳지 <u>않은</u> 것은?

① 진폐증 발생에 관여하는 호흡성 분진의 직경은 $0.5 \sim 5\ \mu m$ 정도이다.
② 비교원성 진폐증은 폐조직이 정상이고 망상 섬유로 구성되어 있다.
③ 진폐증의 유병률과 노출시간은 비례하는 것으로 알려져 있다.
④ 주로 납, 수은 등 금속성 분진 흡입으로 진폐증이 발생한다.

해설 진폐증은 호흡을 통하여 폐에 들어온 광물성의 미세한 먼지가 쌓이게 된 결과 그로 인해 폐에 조직반응이 일어나 폐가 굳어져서 제 역할을 하지 못하게 되는 질병을 말한다.

09 비교원성 진폐증의 종류로 옳은 것은?

① 규폐증
② 주석폐증
③ 석면폐증
④ 탄광부 진폐증

해설
- 비교원성 진폐증: 폐 조직이 정상이며 망상섬유로 구성되어 있으며 간질반응이 경미하게 나타난다.
- 비교원성 진폐증의 종류: 용접공폐증, 주석폐증, 바륨폐증, 포타슘폐증
- 교원성(膠原性) 진폐증: 폐포 결합 조직에 변성이 일어나 교원섬유(아교섬유, 지지 조직의 세포간질(細胞間質)에 존재하는 섬유)가 증가하는 성질이 교원성으로 교원성 진폐증은 비가역적 변화나 파괴가 있고 세포간질의 반응이 명백하고 정도가 심하며 종류로는 규폐증, 석면폐증, 탄광부 진폐증이 있다.

10 진폐증의 독성병리기전을 설명한 것으로 옳지 않은 것은?

① 진폐증의 대표적인 병리소견은 섬유증(fibrosis)이다.
② 섬유증이 동반되는 진폐증의 원인물질로는 석면, 알루미늄, 베릴륨, 석탄분진, 실리카 등이 있다.
③ 폐포 탐식세포는 분진 탐식 과정에서 활성산소 유리기에 의한 폐포 상피세포의 증식을 유도한다.
④ 콜라겐 섬유가 증식하면 폐의 탄력성이 떨어져 호흡곤란, 지속적인 기침, 폐기능 저하를 가져온다.

해설 기도를 통하여 폐포에 도달한 호흡성 유리규산 먼지는 폐포 탐식세포(대식세포)에 의하여 탐식되고 이 과정에서 분비되는 섬유모세포 자극물질이 폐조직의 섬유화를 촉진시킨다. 즉 폐포 상피세포의 섬유화를 유도한다.

11 석탄 공장, 벽돌 제조, 도자기 제조 등과 관련해서 발생하고, 폐결핵과 같은 질환에 이환될 가능성이 높은 진폐증으로 옳은 것은?

① 석면폐증 ② 규폐증
③ 면폐증   ④ 용접폐증

해설 규폐증(silicosis): 석탄 공장, 벽돌 제조, 도자기 제조, 암석 채취하는 근로자들이 결정형 규소(유리규산)에 직업적으로 노출되어 발생하며 증상으로는 발열, 호흡부전 등이 관찰되며 폐암, 폐하엽 부위에 폐결핵과 같은 질환에 이환될 가능성과 같은 질환에 이환될 가능성이 높은 진폐증이다.

12 진폐증의 대표적인 병리소견인 섬유증에 관한 설명이다. ( ) 안에 알맞은 것은?

> 섬유증이란 폐포, 폐포관, 모세기관지 등을 이루고 있는 세포들 사이에 (   )가 증식하는 병리적 현상이다.

① 실리카 섬유   ② 유리 섬유
③ 콜라겐 섬유   ④ 에멀션 섬유

해설 섬유증(fibrosis): 폐포, 폐포관, 모세기관지 등을 이루고 있는 세포들 사이(세포간질, 細胞間質)에 콜라겐 섬유가 증식하는 병리적 현상이다. 콜라겐 섬유가 증식하면 폐의 탄력성이 떨어져 호흡곤란, 지속적인 기침, 폐기능 저하를 유발한다.

정답 07 ② 08 ④ 09 ② 10 ③ 11 ② 12 ③

CHAPTER 1 출제 예상 문제

13 규폐증(silicosis)을 잘 일으키는 먼지의 종류와 크기로 옳은 것은?

① SiO_2 함유먼지 0.1 μm의 크기
② SiO_2 함유먼지 0.5 ~ 5 μm의 크기
③ 석면 함유먼지 0.1 μm의 크기
④ 석면 함유먼지 0.5 ~ 5 μm의 크기

해설 규폐증은 유리규산(SiO_2) 함유먼지 0.5 ~ 5 μm의 크기에서 잘 유발한다.

14 규폐증에 관한 설명으로 옳지 않은 것은?

① 규폐증의 원인 분진은 이산화규소 또는 유리규산이다.
② 폐결핵을 합병증으로 하여 폐하엽 부위에 많이 생긴다.
③ 자각증상은 호흡곤란, 지속적인 기침, 다량의 담액 등이다.
④ 규소분진과 호열성 방선균류의 과민증상으로 고열이 발생한다.

해설 호열성 방선균류의 과민증상으로 고열이 발생하는 것은 유기성 분진이 원인이 되는 농부폐증이다.

15 유기성 분진에 의한 것으로 체내 반응보다는 직접적인 알레르기 반응을 일으키며 특히 호열성 방선균류의 과민증상이 많은 진폐증은?

① 농부폐증 ② 규폐증
③ 석면폐증 ④ 면폐증

해설 유기성 분진에 의한 것으로 체내 반응보다는 직접적인 알레르기 반응을 일으키며 특히 호열성 방선균류의 과민증상으로 고열이 발생하는 진폐증은 농부폐증이다.

> **농부 폐증**
> 호열성 방선균류의 포자가 함유된 건초의 먼지를 흡입함으로써 발생하며, 고열과 호흡 곤란 증상이 특징인 과민성 폐렴이다.

16 진폐증의 종류 중 무기성 분진에 의한 것은?

① 면폐증 ② 석면폐증
③ 농부폐증 ④ 목재분진폐증

해설 무기성(광물성) 분진에 의한 진폐증: 규폐증, 탄소폐증, 활석폐증, 탄광부폐증, 철폐증, 베릴륨폐증, 흑연폐증, 규조토폐증, 주석폐증, 칼륨폐증, 바륨폐증, 용접공폐증, 석면폐증

17 분진흡입에 따른 진폐증 분류 중 유기성 분진에 의한 진폐증은?

① 규폐증 ② 용접공폐증
③ 탄소폐증 ④ 농부폐증

해설 유기성 분진에 의한 진폐증: 농부폐증, 면폐증, 연초폐증, 설탕폐증, 목재분진폐증, 모발분진폐증

18 진폐증을 일으키는 분진 중에서 폐암을 유발시키는 분진은?

① 규산분진 ② 석면분진
③ 활석분진 ④ 규조토분진

해설 석면분진은 석면폐증, 폐암, 악성중피종, 늑막암 등을 일으켜 1급 발암물질군에 포함되어 있다.

19 진폐증 발생에 관여하는 인자로 옳지 않은 것은?

① 분진의 노출기간 ② 분진의 분자량
③ 분진의 농도 ④ 분진의 크기

해설 진폐증 발생에 기여하는 요인
㉠ 분진의 종류, 농도 및 크기
㉡ 노출시간 및 작업 강도
㉢ 보호시설이나 장비 착용 유무
㉣ 개인차

20 다음 중 진폐증을 가장 잘 일으키는 섬유성 분진의 크기는?

① 길이가 5 ~ 8 μm 보다 길고, 두께가 0.25 ~ 1.5 μm 보다 얇은 것
② 길이가 5 ~ 8 μm 보다 짧고, 두께가 0.25 ~ 1.5 μm 보다 얇은 것
③ 길이가 5 ~ 8 μm 보다 길고, 두께가 0.25 ~ 1.5 μm 보다 두꺼운 것
④ 길이가 5 ~ 8 μm 보다 짧고, 두께가 0.25 ~ 1.5 μm 보다 두꺼운 것

해설 진폐증(pneumoconiosis)을 가장 잘 일으키는 섬유성 분진은 입자형 분진과는 달리 두께가 얇고, 길이가 길수록 독성이 강한 것으로 알려져 있다. 즉 길이가 5 ~ 8 μm보다 길고, 두께가 0.25 ~ 1.5 μm보다 얇아서 길이와 두께의 비가 4 ~ 5 : 1보다 큰 분진이 중피종, 폐암, 석면폐증을 잘 일으킨다.

정답 13 ② 14 ④ 15 ① 16 ② 17 ④ 18 ② 19 ② 20 ①

CHAPTER 1 출제 예상 문제

21 20년간 석면을 사용하여 브레이크 라이닝과 패드를 만들었던 근로자가 걸릴 수 있는 질병으로 옳지 않은 것은?

① 폐암
② 급성골수성 백혈병
③ 석면폐증
④ 악성 중피종

해설 장기간 석면 노출로 발생할 수 있는 질병은 석면폐증, 폐암, 악성중피종이다.

▶ **급성골수성 백혈병**
골수에서 암세포가 자라면 정상 조혈 세포를 억제하여 조혈을 방해함에 따라 빈혈, 백혈구 감소, 혈소판 감소, 백혈구 증가증이 발생하고, 이로 인한 증상이 급성으로 나타나는 것을 급성골수성백혈병이라고 한다. 원인으로는 전리방사선 조사, 벤젠, 살충제가 신체에 축적될 경우 발생할 가능성이 있다.

22 석면 발생 예방대책으로 옳지 않은 것은?

① 석면 등을 사용하는 작업은 가능한 한 습식으로 하도록 한다.
② 석면을 사용하는 작업장이나 공정 등은 격리시켜 근로자의 노출을 막는다.
③ 근로자가 상시 접근할 필요가 없는 석면취급설비는 밀폐식에 넣어 양압을 유지한다.
④ 공정상 기기의 밀폐가 곤란한 경우, 적절한 형식과 기능을 갖춘 국소배기장치를 설치한다.

해설 근로자가 상시 접근할 필요가 없는 석면취급 설비는 밀폐식에 넣어 음압을 유지한다. 음압을 유지하면 실내에서 외부로 석면이 빠져나가지 못한다.

23 인체에 미치는 영향에 있어서 석면(asbestos)은 유리규산(free silica)과 거의 비슷하지만 구별되는 특징이 있다. 석면에 의한 특징적 질병 혹은 증상은?

① 폐기종
② 악성중피종
③ 호흡곤란
④ 가슴의 통증

해설 장기간 석면 노출로 발생할 수 있는 질병은 석면폐증, 폐암, 악성중피종이다.

▶ **악성중피종(malignant pleural mesothelioma)**
흉부 외벽에 붙어 있는 흉막이나 복부를 둘러싼 복막, 심장을 싸고 있는 심막 표면을 덮는 중피에 발생하는 악성 종양을 의미한다.

24 주성분으로 규산과 산화마그네슘 등을 함유하고 있으며 중피종, 폐암 등을 유발하는 물질은?

① 석면
② 석탄
③ 흑연
④ 운모

해설 석면은 주성분으로 규산과 산화마그네슘 등을 함유하며 광물의 색상에 따라 백석면(크리소타일), 청석면(크로시돌라이트), 갈석면(아모사이트), 안토필라이트, 트레모라이트, 엑티노라이트 등 여러 가지 종류가 있다.

▶ 석면의 종류에 따른 신체 영향 강도는 청석면 > 갈석면 > 백석면 순으로 청석면에 대한 유해성이 크다.

25 폐에 깊숙이 들어갈 수 있는 호흡성 섬유라고 한다. 이 섬유의 길이와 길이 대 너비의 비로 옳은 것은?

① 길이 1 μm 이상, 길이 대 너비의 비 5 : 1
② 길이 3 μm 이상, 길이 대 너비의 비 2 : 1
③ 길이 3 μm 이상, 길이 대 너비의 비 5 : 1
④ 길이 5 μm 이상, 길이 대 너비의 비 3 : 1

해설 호흡성 섬유는 길이 5 μm 이상, 길이 대 너비의 비 3 : 1의 물리적 특성을 가진 섬유이다.

26 호흡기계로 들어온 입자상 물질에 대한 제거 기전의 조합으로 옳은 것은?

① 면역작용과 대식세포의 작용
② 점액 섬모운동과 대식세포에 의한 정화
③ 점액 섬모운동과 면역작용에 의한 정화
④ 폐포의 활발한 가스교환과 대식세포의 작용

해설 입자상 물질의 인체 방어기전
 ㉠ **점액 섬모운동**: 입자상 물질이 폐포로 이동하는 과정에서 이물질을 제거하는 역할은 한다. 이때 정화작용을 방해하는 물질은 카드뮴, 니켈, 황화합물이다.
 ㉡ **대식세포(탐식세포)에 의한 정화작용**: 대식세포가 방출하는 효소에 의해 입자상 물질이 용해되어 제거된다. 이때 용해되지 않는 대표적인 독성물질은 유리규산, 석면이다.

27 분진으로 인한 진폐증을 예방하기 위한 대책으로서 옳지 않은 것은?

① 2차 비산분진이 발생하지 않도록 작업장 바닥을 청결히 한다.
② 분진 발생원과 근로자를 분리하는 방법으로 원격조정장치 등을 사용할 수 있다.
③ 연마, 분쇄, 주물작업 시에는 습식으로 작업하여 부유분진을 감소시키도록 해야 한다.
④ 분진 발생원이 비교적 많고 분진 농도가 높은 경우에는 국소배기장치의 설치보다 우선적으로 방진 마스크 작용을 고려한다.

해설 분진 발생원이 비교적 많고 분진농도가 높은 경우에는 국소배기장치를 우선적으로 설치한다.

정답 21 ② 22 ③ 23 ② 24 ① 25 ④ 26 ② 27 ④

CHAPTER 1 출제 예상 문제

28 폐에 침착된 먼지의 정화과정에 대한 설명으로 옳지 않은 것은?

① 어떤 먼지는 폐포벽을 뚫고 림프계나 다른 부위로 들어가기도 한다.
② 먼지는 세포가 방출하는 효소에 의해 용해되지 않으므로 점액층에 의한 방출 이외에는 체내에 축적된다.
③ 폐에서 먼지를 포위하는 식세포는 수명이 다한 후 사멸하고 다시 새로운 식세포가 먼지를 포위하는 과정이 계속적으로 일어난다.
④ 폐에 침착된 먼지는 식세포에 의하여 포위되어, 포위된 먼지의 일부는 미세기관지로 운반되고 점액 섬모운동에 의하여 정화된다.

해설 폐에 침착한 먼지의 역할
㉠ 1차 방어작용(정화작용): 점액 섬모운동에 의하여 상승되어 상기도로 이동됨(점액 섬모 에스컬레이터)
㉡ 폐에 침착된 먼지의 반감기는 수개월에 달하는 데 이 먼지는 식세포에 의하여 포위되어 제거되는데 먼지의 독성이 높을수록 식세포의 수명은 짧아진다.
㉢ 어떤 먼지는 폐포벽을 뚫고 림프계나 다른 부위로 들어가기도 한다.
㉣ 식세포가 사멸되면서 생성된 단백질 분해효소와 기타 독성물질은 얇은 폐포막을 파괴하며 계속적으로 먼지가 존재하면 진폐증으로 진전된다.
㉤ 어떤 먼지는 서서히 용해되어 제거된다.

29 기도와 기관지에 침착된 먼지는 점막 섬모운동과 같은 방어작용에 의해 정화되는데 다음 중 정화작용을 방해하는 물질로 옳지 않은 것은?

① 카드뮴(Cd)
② 니켈(Ni)
③ 황화합물(SO_X)
④ 이산화탄소(CO_2)

해설 점액 섬모운동: 입자상 물질이 폐포로 이동하는 과정에서 이물질을 제거하는 역할을 한다. 이때 정화작용을 방해하는 물질은 카드뮴, 니켈, 황화합물이다.

30 다음 중 작업자의 호흡작용에 있어서 호흡공기와 혈액 사이에 기체교환이 가장 비활성적인 곳은?

① 기도(trachea)
② 폐포낭(alveolar sac)
③ 폐포(alveoli)
④ 폐포관(alveolar duct)

해설 작업자의 호흡작용에 있어서 호흡공기와 혈액사이에 기체교환(산소와 이산화탄소의 교환)이 가장 활성적인 곳은 폐포이고, 가장 비활성적인 곳은 기도이다.

31 작업장에서 발생된 분진에 대한 작업환경관리 대책으로 옳지 않은 것은?

① 국소배기장치의 설치
② 발생원의 밀폐
③ 방독 마스크의 지급 및 착용
④ 전체환기

해설 분진작업 시에는 방독 마스크가 아닌 방진 마스크의 지급 및 착용을 권한다.

32 분진작업장의 관리방법을 설명한 것으로 옳지 않은 것은?

① 습식으로 작업한다.
② 작업장의 바닥에 적절히 수분을 공급한다.
③ 유리규산 함량이 높은 모래를 사용하여 마모를 최소화한다.
④ 샌드블래스팅(sand blasting) 작업 시에는 모래 대신 철을 사용한다.

해설 분진작업 시 유리규산 함량이 낮은 모래를 사용한다.

33 분진 작업장의 작업환경 관리대책 중, 분진 발생 방지나 분진 비산 억제대책으로 가장 좋은 방법은?

① 작업의 강도를 경감시켜 작업자의 호흡량을 감소
② 작업자가 착용하는 방진 마스크를 송기 마스크로 교체
③ 광석 분쇄·연마 작업 시 물을 분사하면서 하는 방법으로 변경
④ 분진 발생 공정과 타공정을 교대로 근무하게 하여 노출시간 감소

해설 분진 발생 억제대책으로 작업의 습식화가 가장 좋은 방법이다.

34 분진이 발생되는 사업장의 작업공정개선 대책으로 옳지 않은 것은?

① 생산 공정을 자동화 또는 무인화
② 비산 방지를 위하여 공정을 습식화
③ 작업장 바닥은 물세척이 가능하게 처리
④ 분진에 의한 폭발은 없으므로 근로자들의 보건분야만 관리

해설 분진폭발(粉塵爆發)은 아주 미세한 가연성의 입자가 공기 중에 적당한 농도로 퍼져 있을 때, 약간의 불꽃, 혹은 열만으로 돌발적인 연쇄 산화-연소를 일으켜 폭발하는 현상을 말한다. 미국의 화재보험협회(NFPA)에서는 입경 420 μm보다 작은 입자를 분진이라고 정의하고 이를 폭발할 수 있는 입경이라고 한다.

35 작업환경관리의 유해요인 중에서 물리학적 요인으로 옳지 않은 것은?

① 분진
② 전리방사선
③ 기온
④ 조명

해설 분진은 작업환경관리 유해요인 중 화학적 요인에 속한다.

36 분진 발생 공정에 대한 대책의 일환으로 국소배기장치를 들 수 있다. 연마작업, 블라스트 작업과 같이 대단히 빠른 기동이 있는 작업장소에서 분진이 초고속으로 비산하는 경우 제어풍속의 범위는?

① 0.25 ~ 0.5 m/s
② 0.5 ~ 1.0 m/s
③ 1.0 ~ 2.5 m/s
④ 2.5 ~ 10.0 m/s

해설 초고속 기류가 있는 작업장소에 초고속으로 비산하는 경우(회전연삭, 연마, 블라스트 작업) 제어풍속: 2.5 ~ 10.0 m/s

> **블라스트**
> 모래 등의 연마재(abrasive)를 피가공면에 강하게 분사시켜, 그 충돌에 의하여 금속표면을 연삭하거나 청정화하는 것을 말하며 블라스팅(blasting)이라고도 한다.

37 유해물질과 농도단위의 연결로 옳지 않은 것은?

① 흄: ppm 또는 mg/m^3
② 석면: ppm 또는 mg/m^3
③ 증기: ppm 또는 mg/m^3
④ 습구흑구온도지수(WBGT): ℃

해설 작업환경 측정 및 정도관리 등에 관한 고시, 제20조(단위)
① 화학적 인자의 가스, 증기, 분진, 흄(fume), 미스트(mist) 등의 농도는 피피엠(ppm) 또는 세제곱미터당 밀리그램(mg/m^3)으로 표시한다. 다만, 석면의 농도 표시는 세제곱센티미터당 섬유 개수(개/cm^3)로 표시한다.
④ 소음 수준의 측정단위는 데시벨 [dB(A)]로 표시한다.
⑤ 고열(복사열 포함)의 측정단위는 습구·흑구온도지수(WBGT)를 구하여 섭씨온도(℃)로 표시한다.

38 용접 작업자의 노출 수준을 침착되는 부위에 따라 호흡성, 흉곽성, 흡입성 분진으로 구분하여 측정하고자 한다면 준비해야 할 측정기기로 옳은 것은?

① 임핀저
② Cyclone
③ Cascade Impactor
④ 여과집진기

해설 호흡성, 흉곽성, 흡입성 분진으로 구분하여 측정할 경우 측정기기는 입경분립충돌기(직경분립충돌기, Cascade impactor) 또는 엔더슨샘플러(Anderson impactor)를 사용한다. 호흡성 분진 측정에는 10 mm nylon cyclone을 사용하기도 한다.

CHAPTER 2 물리적 유해인자 관리

출제 예상 문제

01 소음

학습 POINT
소음성 난청 및 SIL, SPL, PWL 등 소음 관련 기본 공식에 대하여 이해하고 계산문제를 완벽하게 풀이할 수 있어야 한다.

01 사람들이 일반적으로 들을 수 있는 최대가청주파수 범위로 옳은 것은?
① 2 ~ 2,000 Hz
② 20 ~ 20,000 Hz
③ 200 ~ 200,000 Hz
④ 2,000 ~ 2,000,000 Hz

해설 사람들이 일반적으로 들을 수 있는 최대가청주파수 범위: 20 ~ 20,000 Hz

02 소음성 난청의 초기 단계에서 청력손실이 현저하게 나타나는 주파수(Hz)는?
① 1,000 Hz
② 2,000 Hz
③ 4,000 Hz
④ 8,000 Hz

해설 소음성 난청(NIHL, Noise Induced Hearing Loss): 청력손실은 처음에 4,000 Hz에서 가장 현저하고 점차 4,000 Hz 이상의 고주파 음역과 마침내 4,000 Hz 이하의 저주파 음역으로 퍼진다.

03 소음성 난청에 영향을 미치는 요소에 대한 설명으로 옳지 않은 것은?
① 음압 수준이 높을수록 유해하다.
② 저주파 음이 고주파 음보다 더 유해하다.
③ 개인의 감수성에 따라 소음반응이 다양하다.
④ 지속적 노출이 간헐적 노출보다 더 유해하다.

해설 소음성 난청에 영향을 미치는 요소
㉠ 음압 수준: 높을수록 유해하다.
㉡ 소음의 특성: 고주파 음이 저주파 음보다 더욱 유해하다.
㉢ 노출시간: 간헐적 노출이 계속적 노출보다 덜 유해하다.
㉣ 개인의 감수성: 소음에 노출된 모든 사람이 똑같이 반응하지 않고 감수성이 높은 사람이 극소수 존재한다.

04 소음성 난청에 대한 설명으로 옳지 않은 것은?

① 손상된 섬모세포는 수일 내에 회복이 된다.
② 강렬한 소음에 노출되면 일시적으로 난청이 발생될 수 있다.
③ 일주일 정도가 지나도록 회복되지 않는 청력치의 감소 부분은 영구적 난청에 해당된다.
④ 강한 소음은 달팽이관 주변의 모세혈관 수축을 일으켜 이 부근에 저산소증을 유발한다.

해설 소음성 난청으로 손상된 섬모 세포(코르티 기관의 손상)은 회복이 불가능하다.

05 난청에 관한 설명으로 옳지 않은 것은?

① 노인성 난청에서는 고음역에 대한 청력손실이 현저하게 나타난다.
② 전음계 장해의 경우 고음역에서의 청력손실이 현저하게 나타난다.
③ 소음성 난청에서는 4,000 Hz에 대한 청력손실이 특징적으로 나타난다.
④ 진행된 소음성 난청에서는 고주파 음역(4,000 ~ 6,000 Hz)에서의 손실이 크다.

해설 전음계 장해(conduction hearing loss): 전음성 난청이라고 하며 외이, 중이의 전음계 장해로 생기는 난청으로 저음역에서 청력손실이 현저하게 나타난다.

06 소음에 관한 설명으로 옳은 것은?

① 소음의 정의는 매우 크고 자극적인 음을 일컫는다.
② 소음과 소음이 아닌 것은 소음계를 사용하면 구분할 수 있다.
③ 소음으로 인한 피해는 정신적, 심리적인 것이며 신체에 직접적인 피해를 주는 것은 아니다.
④ 작업환경에서 노출되는 소음은 크게 연속음, 단속음, 충격음 및 폭발음으로 구분할 수 있다.

해설
- 소음의 정의는 원하지 않은 소리이다.
- 소음과 소음이 아닌 것은 소음계를 사용해도 구분할 수 없다.
- 소음으로 인한 피해는 정신적, 심리적인 것뿐만 아니라 신체에 직접적인 피해를 주기도 한다.

07 소음에 의한 인체의 장해 정도(소음성 난청)에 영향을 미치는 요인으로 옳지 않은 것은?

① 소음의 크기
② 개인의 감수성
③ 소음 발생 장소
④ 소음의 주파수 구성

> **해설** 소음에 의한 인체의 장해 정도(소음성 난청)에 영향을 미치는 요인은 음압 수준(소음의 크기), 소음의 특성(주파수 구성), 노출시간 분포, 개인의 감수성 등이다.

08 소음성 난청(NIHL, Noise Induced Hearing Loss)에 관한 설명으로 옳지 않은 것은?

① 소음성 난청은 4,000 Hz 정도에서 가장 많이 발생한다.
② 일시적 청력 변화 때의 각 주파수에 대한 청력손실의 양상은 같은 소리에 의하여 생긴 영구적 청력 변화 때의 청력손실 양상과는 다르다.
③ 심한 소음에 노출되면 처음에는 일시적 청력 변화(TTS, Temporary Threshold Shift)를 초래하는 데, 이것은 소음 노출을 그치면 다시 노출 전의 상태로 회복되는 변화이다.
④ 심한 소음에 반복하여 노출되면 일시적 청력 변화는 영구적 청력 변화(PTS, Permanent Threshold Shift)로 변하며 코르티 기관에 손상이 온 것이므로 회복이 불가능하다.

> **해설** 일시적 청력 변화와 영구적 청력 변화 사이에는 직접적인 관계가 있어서, 일시적 청력 변화 때의 각 주파수에 대한 청력손실의 양상은 같은 소리에 의하여 생긴 영구적 청력 변화 때의 청력손실 양상과 같다고 한다.

09 소음의 생리적 영향으로 옳지 않은 것은?

① 혈압 감소
② 맥박수 증가
③ 위 분비액 감소
④ 집중력 감소

> **해설** 소리의 생리적 영향
> ㉠ **순환계**: 혈압 상승, 맥박 증가, 말초혈관 수축
> ㉡ **호흡계**: 호흡횟수 증가, 호흡 깊이 감소
> ㉢ **소화계**: 타액분비량 증가, 위액산도 저하, 위 수축운동의 감퇴
> ㉣ 혈당도 상승, 백혈구 수 증가, 아드레날린 증가 등

정답 04 ① 05 ② 06 ④ 07 ③ 08 ② 09 ①

CHAPTER 2 출제 예상 문제

10 소음성 난청에 관한 설명으로 옳지 않은 것은?

① 소음성 난청의 초기 증상을 C_5-dip 현상이라 한다.
② 소음성 난청은 대체로 노인성 난청과 연령별 청력 변화가 같다.
③ 소음성 난청은 대부분 양측성이며, 감각 신경성 난청에 속한다.
④ 소음성 난청은 주로 주파수 4,000 Hz 영역에서 시작하여 전 영역으로 파급된다.

> **해설**
> - 소음성 난청은 연령에 관계없이 심한 소음에 지속적으로 노출되어 발생한다.
> - 노인성 난청(presbycusis)은 소음 노출과 관계없이 연령에 따라 발생하는 청력 장해이다. 30세까지는 별로 많지 않으나 그 후에는 연령에 따라 급격히 증가하며 저주파 음역에서는 비교적 영향이 적으나 고주파 음역으로 갈수록 청력장해가 심해진다.

> **C_5-dip 현상**
> 소음성 난청은 청력손실 주파수 대역인 3,000 Hz ~ 6,000 Hz에 걸쳐 계곡형의 청력의 저하가 일어나는 현상

11 소음의 물리적 특성으로 옳지 않은 것은?

① 음의 높낮이는 음의 강도로 결정된다.
② 회화음역은 250 ~ 3,000 Hz 정도이다.
③ 건강한 사람의 가청 주파수는 20 ~ 20,000 Hz이다.
④ 같은 크기의 에너지를 가진 소리라도 주파수에 따라 크기를 다르게 느낀다.

> **해설**
> 음의 높낮이(고저)는 음의 주파수로 결정된다.

12 음의 세기(강도, Sound Intensity, I)와 음압(Sound Pressure, P) 사이의 관계는 어떠한 비례관계가 있는가?

① 음의 세기는 음압에 정비례
② 음의 세기는 음압에 반비례
③ 음의 세기는 음압의 제곱에 비례
④ 음의 세기는 음압의 역수에 반비례

> **해설**
> 음의 세기(I, sound intensity): 단위시간에 단위면적을 통과하는 음에너지로 다음 식으로 표현한다.
> $I\,[\text{watt/m}^2] = \dfrac{P^2}{\rho\,c}$, 여기서, P: 음압(N/m²), ρ: 공기밀도(1.18 kg/m³), c: 공기에서의 음속(344.4 m/s)

> **고유음향 임피던스**
> $\rho c \fallingdotseq 400\,[\text{kg/m}^2 \cdot \text{s}] = 400\,\text{rayls}$

13 소음과 관련된 내용으로 옳지 않은 것은?

① 음압 수준은 음압과 기준 음압의 비를 대수 값으로 변환하고 제곱하여 산출한다.
② 사람의 귀는 자극의 절대 물리량에 1차식으로 비례하여 반응한다.
③ 음의 강도는 단위시간당 단위면적을 통과하는 음에너지이다.
④ 음원에서 발생하는 에너지는 음력이다.

> **해설** Weber-Fechner(웨버-페히너) 법칙: 사람의 귀에 대한 음의 감각량은 자극의 대수에 비례한다.

14 소음에 대한 설명으로 옳지 않은 것은?

① 소음성 난청은 특히 4,000 Hz에서 가장 현저한 청력손실이 일어난다.
② A 특성치와 C 특성치 간의 차이가 크면 저주파 음이고, 차이가 작으면 고주파 음이다.
③ 1 kHz의 순음과 같은 크기로 느끼는 각 주파수별 음압레벨을 연결한 선을 등청감곡선이라고 한다.
④ 청감보정회로는 A, B, C 특성으로 구분하고, A 특성은 30폰, B 특성은 70폰, C 특성은 100폰의 음의 크기에 상응하도록 주파수에 따른 반응을 보정하여 각각 측정한 음압 수준이다.

> **해설** 청감보정회로는 A, B, C 특성으로 구분하고, A 특성은 40폰, B 특성은 70폰, C 특성은 100폰의 음의 크기에 상응하도록 주파수에 따른 반응을 보정하여 각각 측정한 음압 수준이다.

15 음의 세기가 10배로 되면 음의 세기 수준은?

① 2 dB 증가
② 3 dB 증가
③ 6 dB 증가
④ 10 dB 증가

> **해설** 음의 세기 수준, $SIL = 10 \log \dfrac{I}{I_o} = 10 \log \dfrac{I}{10^{-12}}$ dB이므로
> $SIL = 10 \log 10 = 10$ dB
> ∴ 10 dB 증가한다.

2 출제 예상 문제

16 음압이 2 N/m²일 때 음압 수준은 몇 dB인가?
① 90　　② 95
③ 100　　④ 105

 음압 수준(음압레벨)
$$SPL = 20\log\frac{P}{2\times 10^{-5}} = 20\log\frac{2}{2\times 10^{-5}} = 100\,dB$$

17 출력이 0.001 W인 기계에서 나오는 파워 레벨(PWL)은 몇 dB인가?
① 80 dB　　② 90 dB
③ 100 dB　　④ 110 dB

 파워 레벨, $PWL = 10\log\dfrac{W}{10^{-12}} = 10\log\dfrac{0.001}{10^{-12}} = 90\,dB$

18 정상인이 들을 수 있는 가장 낮은 이론적 음압은 몇 dB인가?
① 0　　② 5
③ 10　　④ 20

해설 정상인이 들을 수 있는 가장 낮은 이론적인 음압은 0.00002 N/m²이므로
음압 수준(SPL) $= 20\log\dfrac{P}{P_o} = 20\log\left(\dfrac{2\times 10^{-5}}{2\times 10^{-5}}\right) = 0\,dB$

19 음압도(SPL, Sound Pressure Level)가 80 dB인 소음과 음압도가 40 dB인 소음과의 음압(sound pressure)차이는 몇 배인가?
① 2배　　② 20배
③ 40배　　④ 100배

해설 $SPL = 20\log\dfrac{P}{P_o}$ 에서 1) $80 = 20\log\dfrac{P}{2\times 10^{-5}}$ 에서 $P = 0.2\,N/m^2$
$40 = 20\log\dfrac{P'}{2\times 10^{-5}}$ 에서 $P' = 0.002\,N/m^2$

따라서 80 dB인 소음과 40 dB인 소음의 차이는 $\dfrac{0.2}{0.002} = 100$배

20 작업기계에서 음향 파워 레벨(PWL)이 110 dB 소음이 발생되고 있다. 이 기계의 음향 파워는 몇 W(watt)인가?

① 0.05
② 0.1
③ 1
④ 10

해설
$$PWL = 10 \log \frac{W}{10^{-12}}$$
$$110\,dB = 10 \log \frac{W}{10^{-12}} \text{에서 } W = 10^{11} \times 10^{-12} = 0.1\,watt$$

21 출력 0.01 watt의 점음원으로부터 100 m 떨어진 곳의 SPL은? (단, 무지향성 음원, 자유공간의 경우)

① 49 dB
② 53 dB
③ 59 dB
④ 63 dB

해설
$$SPL = PWL - 20 \log r - 11 = 10 \log \left(\frac{0.01}{10^{-12}} \right) - 20 \log 100 - 11 = 49\,dB$$

22 음원에서 10 m 떨어진 곳에서 음압 수준이 89 dB(A)일 때, 음원에서 20 m 떨어진 곳에서의 음압 수준은 약 몇 dB(A)인가? (단, 점음원이고 장해물이 없는 자유공간에서 구면상으로 전파한다고 가정한다.)

① 77
② 80
③ 83
④ 86

해설
$$SPL_1 - SPL_2 = 20 \log \left(\frac{r_2}{r_1} \right)$$
$$\therefore SPL_2 = 89 - 20 \log \left(\frac{20}{10} \right) = 82.98\,dB$$

23 B 공장 집진기용 송풍기의 소음을 측정한 결과, 가동 시는 90 dB(A)이었으나, 가동 중지 상태에서는 85 dB(A)이었다. 이 송풍기의 실제 소음도는?

① 86.2 dB(A)
② 87.1 dB(A)
③ 88.3 dB(A)
④ 89.4 dB(A)

해설 송풍기의 실제 소음 수준 $= 10 \log (10^9 - 10^{8.5}) = 88.35\,dB$

정답 16 ③ 17 ② 18 ① 19 ④ 20 ② 21 ① 22 ③ 23 ③

CHAPTER 2 출제 예상 문제

24 소음원이 큰 작업장의 중앙 바닥에 놓여 있을 때 소음의 방향성(directivity)은?

① 1 ② 2 ③ 3 ④ 4

해설 음원이 반자유공간(바닥 위)에 있을 때, 지향계수(소음의 방향성(directivity))
$Q = 2$

25 소음의 방향성은 소음원과 작업장 공간의 특성에 따라 결정된다. 다음 중 소음의 방향성(Q: 지향계수) 4를 옳게 설명한 것은?

① 소음원이 작업장 한가운데 바닥에 놓여 있을 때
② 소음원이 작업장 두 면이 접하는 구석에 놓여 있을 때
③ 소음원이 작업장 세 면이 접하는 구석에 놓여 있을 때
④ 소음원이 작업장 네 면이 접하는 구석에 놓여 있을 때

해설 음원의 위치에 따른 지향성
㉠ 음원이 자유공간(공중)에 있을 때, 지향계수 $Q = 1$, 지향지수 $DI = 10\log 1 = 0\,dB$
㉡ 음원이 반자유공간(바닥 위)에 있을 때, $Q = 2$, $DI = 10\log 2 = 3\,dB$
㉢ 음원이 두 면이 접하는 구석에 있을 때, $Q = 4$, $DI = 10\log 4 = 6\,dB$
㉣ 음원이 세 면이 접하는 구석에 있을 때, $Q = 8$, $DI = 10\log 8 = 9\,dB$

26 다음의 음원 위치별 지향성에 관한 그림에서 지향계수는?

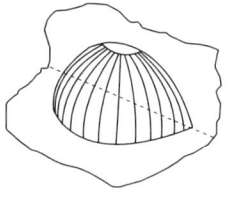

① 1 ② 2 ③ 3 ④ 4

해설 음원이 두 면이 접하는 구석에 있을 때, 음원의 위치에 따른 지향성 $Q = 4$

27 [(㉠)Hz 순음의 음의 세기 레벨 (㉡)dB의 음의 크기를 1 sone이라 한다.] ( ) 안에 옳은 것은?

① ㉠ 4,000, ㉡ 20
② ㉠ 4,000, ㉡ 40
③ ㉠ 1,000, ㉡ 20
④ ㉠ 1,000, ㉡ 40

지향계수(소음 방향성, Q, directivity)의 결정

구형($Q = 1$)

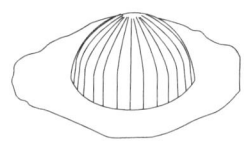
반구($Q = 2$)

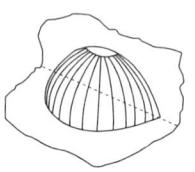
1/4 구형($Q = 4$)

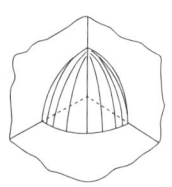
1/8 구형($Q = 8$)

1 sone = 40 phon,
$\text{sone} = 2^{\frac{(\text{phon} - 40)}{10}}$

해설 Sone은 음의 크기(loudness)의 단위로서, 1 kHz, 40 dB 음압레벨에 의한 음의 크기가 1 Sone으로 정의되며 청취자에게 1 Sone의 n배의 크기로 느껴지는 소리를 n Sone이라 한다.

28 소음을 측정한 결과 dB(A)의 값과 dB(C)의 값이 서로 별 차이가 없을 때 이 소음의 특성은?

① 100 Hz 이하의 저주파이다.
② 500 Hz 정도의 중·저주파이다.
③ 1,000 Hz 이상의 고주파이다.
④ 100 ~ 500 Hz 범위의 저주파이다.

해설 dB(A) ≪ dB(C) : 저주파 성분, dB(A) ≈ dB(C) : 고주파 성분

29 소음계(Sound Level Meter)로 소음측정 시 A 및 C 특성으로 측정하였다. 만약 C 특성으로 측정한 값이 A 특성으로 측정한 값보다 훨씬 크다면 소음의 주파수 영역은 어떻게 추정이 되겠는가?

① 저주파수가 주성분이다.　② 중주파수가 주성분이다.
③ 고주파수가 주성분이다.　④ 중 및 고주파수가 주성분이다.

해설 A 특성치와 C 특성치 간의 차이가 크면 저주파 음이고, 차이가 작으면 고주파 음이다. 즉, dB(A) ≪ dB(C)이면 저주파 성분이 많고, dB(A) ≈ dB(C)이면 고주파가 주성분이다.

30 소음의 특성을 평가하는 데 주파수분석이 이용된다. 1/1 옥타브밴드의 중심주파수가 500 Hz일 때 하한과 상한주파수로 옳은 것은? (단, 정비형 필터 기준)

① 354 Hz, 708 Hz　② 362 Hz, 724 Hz
③ 373 Hz, 746 Hz　④ 382 Hz, 764 Hz

해설 1/1 Octave band 분석기(정비형 필터)의 중심주파수(f_o), 하한주파수(f_1), 상한주파수(f_2)일 때

$$f_1 = \frac{f_o}{\sqrt{2}} = \frac{500}{\sqrt{2}} = 354 \text{ Hz}, \ f_2 = 2 \times f_1 \ \text{또는} \ f_2 = f_o \times \sqrt{2}$$

$$\therefore f_2 = 2 \times f_1 = 2 \times 354 = 708 \text{ Hz}$$

정답　24 ②　25 ②　26 ④　27 ④　28 ③　29 ①　30 ①

CHAPTER 2 출제 예상 문제

31 날개 수 10개의 송풍기가 1,500 rpm으로 운전되고 있다. 기본음 주파수는 얼마인가?

① 125 Hz
② 250 Hz
③ 500 Hz
④ 1,000 Hz

해설
송풍기의 기본음 주파수(Hz) $= \dfrac{1,500\,\text{rpm}}{60} \times 10 = 250\,\text{Hz}$

32 음의 크기 sone과 음의 크기 레벨 phon과의 관계로 옳은 것은? (단, sone은 S, phon은 L로 표현한다.)

① $S = 2^{\frac{(L-40)}{10}}$
② $S = 3^{\frac{(L-40)}{10}}$
③ $S = 4^{\frac{(L-40)}{10}}$
④ $S = 5^{\frac{(L-40)}{10}}$

해설
음의 크기, $S = 2^{\frac{(L-40)}{10}}$ (sone)

33 200 sones인 음은 몇 phons인가?

① 103.3
② 108.3
③ 112.3
④ 116.6

해설
$S = 2^{\frac{(\text{phon} - 40)}{10}}$ 에서
phon $= 33.3 \log S + 40 = 33.3 \log 200 + 40 = 116.6$ phon

34 소음 평가치의 단위로 옳은 것은?

① phon
② NRN
③ NRR
④ Hz

해설
NRN(Noise Rating Number): 소음평가지수로 NR 값에 음의 스펙트라, 피크펙터, 반복성, 습관성, 계절, 시간대, 지역별 등에 따른 보정치를 보정한 후의 값이다.

참고 NRN수(Noise Rating Number)

소음 평가방법의 일종으로 NC 곡선 방법을 발전시킨 것으로 주파수 분석을 행하여 소음의 지속시간, 1일 발생 횟수 등을 고려하여 평가한다.)

35 현재 총흡음량이 2,000 sabins인 작업상 벽면에 흡음재를 강화하여 총흡음량이 4,000 sabins이 되었다. 이때 소음감소(noise reduction)량은?

① 3 dB
② 6 dB
③ 9 dB
④ 12 dB

> **해설**
> 소음감소량(NR) = $10 \log\left(\dfrac{4,000}{2,000}\right)$ = 3 dB

36 잔향 시간(reverberation time)에 관한 설명으로 옳은 것은?

① 잔향 시간과 작업장의 공간부피만 알면 흡음량을 추정할 수 있다.
② 소음원에서 소음 발생이 중지한 후 소음의 감소는 시간의 제곱에 반비례하여 감소한다.
③ 잔향 시간은 소음이 닿는 면적을 계산하기 어려운 실외에서의 흡음량을 추정하기 위하여 주로 사용한다.
④ 소음원에서 발생하는 소음과 배경소음 간의 차이가 40 dB인 경우에는 60 dB 만큼 소음이 감소하지 않기 때문에 잔향 시간을 측정할 수 없다.

> **해설**
> 잔향 시간(s) = $0.161 \dfrac{V}{A}$, 여기서 A: 흡음력, V: 작업장의 공간부피

37 가로 15 m, 세로 25 m, 높이 3 m인 어느 작업장의 음의 잔향 시간을 측정해보니 0.238 s였다. 이 작업장의 총흡음력(sound absorption)을 51.6 % 증가시키면 잔향 시간은 몇 초가 되겠는가?

① 0.157
② 0.183
③ 0.196
④ 0.217

> **해설**
> 잔향 시간(s) = $0.161 \dfrac{V}{A}$
> 여기서 흡음력 $A = 0.161 \times \left(\dfrac{15 \times 25 \times 3}{0.238}\right)$ = 761 m²
> ∴ 잔향 시간 = $0.161 \times \left(\dfrac{15 \times 25 \times 3}{761 \times 1.516}\right)$ = 0.157 s

정답 31 ② 32 ① 33 ④ 34 ② 35 ① 36 ① 37 ①

CHAPTER 2 출제 예상 문제

38 소음의 흡음재 특성으로 옳지 않은 것은?
① 차음 재료로도 널리 사용된다.
③ 잔향음의 에너지를 저감시킨다.
② 음에너지를 소량의 열에너지로 변환시킨다.
④ 공기에 의하여 전파되는 음을 저감시킨다.

해설
- 흡음재: 공기 중을 전파하여 입사한 음파가 반사되는 양이 적은 재료로서 주로 천장, 벽 등 내장 재료로 사용됨
- 차음재: 공기 중을 전파하여 입사한 음파가 투과(입사면에 대한 반대 측 면에서의 방사)되지 않는 재료로서 주로 외벽구조, 공간을 구획하는 벽 등에 이용됨.

39 차음재의 특성으로 옳지 않은 것은?
① 상대적으로 고밀도이다.
② 음에너지를 감쇠시킨다.
③ 음의 투과를 저감하여 음을 억제시킨다.
④ 기공이 많고 흡음재료로도 사용할 수 있다.

해설 음을 차단하는 차음재와 음을 흡입하는 흡음재는 전혀 다른 원리로 음에너지를 감쇠시키므로 차음재를 기공이 많은 흡음재료로는 사용할 수 없다.

40 작업장 소음에 대한 차음 효과는 벽체의 단위 표면적에 대하여 벽체의 무게를 2배로 할 때마다 몇 dB씩 증가하는가?
① 3
② 6
③ 9
④ 12

해설 차음 효과는 투과손실(TL)로 나타내며 이는 벽체의 면밀도와 주파수 곱의 대수값에 비례하는 데 이것을 차음의 질량법칙(mass law)이라고 한다.
$TL = 20 \log(m \times f) - 43$ dB이므로 면밀도(중량)가 2배로 되거나 주파수가 2배로 되면 TL은 약 6 dB 증가한다.

41 충격소음의 노출 기준에서 충격소음의 강도와 1일 노출횟수로 옳지 않은 것은?
① 120 dB(A): 10,000회
② 130 dB(A): 1,000회
③ 140 dB(A): 100회
④ 150 dB(A): 10회

해설 충격소음 노출 기준에서 충격소음의 강도 150 dB(A)는 없다.

42 작업장 소음에 대한 1일 8시간 노출 시 허용기준은 몇 dB(A)인가? (단, 우리나라 고용 노동부 고시를 기준으로 한다.)

① 45
② 60
③ 75
④ 90

해설 소음의 노출 기준(충격소음 제외) (90/5 dB rule)

1일 노출시간(hr)	소음강도 dB(A)
8	90
4	95
2	100
1	105
1/2	110
1/4	115

주 : 115 dB(A)를 초과하는 소음 수준에 노출되어서는 안 됨

43 어떤 환경에서 8시간 작업 중 95 dB(A)인 단속음의 소음이 3시간, 90 dB(A)의 소음이 3시간 발생하고 그 외 2시간은 기준 이하의 소음이 발생되었을 경우에 이 환경에서의 노출 기준에 관한 설명으로 옳은 것은?

① 1.125로 노출 기준을 초과하였다.
② 1.50으로 노출 기준을 초과하였다.
③ 0.76로 노출 기준 이하였다.
④ 0.50으로 노출 기준 이하였다.

해설 소음 수준: 90데시벨 이상의 소음이 1일 8시간 이상 발생하는 작업, 95데시벨 이상의 소음이 1일 4시간 이상 발생하는 작업이므로

∴ 노출 기준 초과 여부 $= \dfrac{3}{4} + \dfrac{3}{8} = 1.125$

∴ 노출 기준 초과

44 충격소음을 제외한 연속소음에 대한 국내의 노출 기준에 있어서 몇 dB(A)를 초과하는 소음 수준에 노출되어서는 안 되는가?

① 85
② 90
③ 100
④ 115

해설 115 dB(A)를 초과하는 소음 수준에 노출되어서는 안됨

CHAPTER 2 출제 예상 문제

45 소음 작업장에서 소음 예방을 위한 전파경로 대책으로 옳지 않은 것은?

① 공장 건물 내벽의 흡음처리 ② 지향성 변화
③ 소음기(消音器) 설치 ④ 방음벽 설치

해설 소음기 설치는 발생원(음원) 대책이다.

> **소음기(silencer)**
> 소음을 줄여주는 장치로 소음 발생원과 연결된 덕트에 설치한다. 예를 들어 오토바이의 배기관에 부착하여 배기소음을 줄인다. 종류로는 흡음형, 간섭형, 팽창형, 공명형, 고역여파기형 등 다양하다.

46 소음에 대한 대책으로 적절하지 않은 것은?

① 차음 효과는 밀도가 큰 재질일수록 좋다.
② 흡음 효과에 방해를 주지 않기 위해서 다공질 재료 표면에 종이를 입혀서는 안 된다.
③ 흡음 효과를 높이기 위해서는 흡음재를 실내의 등이나 가장자리에 부착시키는 것이 좋다.
④ 저주파 성분이 큰 공장이나 기계실 내에서는 다공질 재료에 의한 흡음처리가 효과적이다.

해설 다공질 재료에 의한 흡음처리는 고주파 성분에 효과적이다.

47 고소음으로 인한 소음성 난청 질환자를 예방하기 위한 작업환경관리 방법 중 공학적 개선으로 옳지 않은 것은?

① 소음원의 밀폐
② 보호구의 지급
③ 소음원을 벽으로 격리
④ 작업장 흡음시설의 설치

해설 보호구의 지급은 수동적 대책으로 공학적 개선이 아닌 2차적인 대책이다.

> 소음성 난청은 현재 우리 나라에서 특수건강진단 결과 유소견자(D₁ 판정) 중 가장 많으며, 또한 소음 특수건강진단 피검사자의 10 % 이상이 소음성 난청 요관찰자(C)로 판정을 받고 있다.

48 소음 대책에 있어 전파경로에 대한 대책으로 옳지 않은 것은?

① 거리 감쇠: 배치의 변경
② 차폐효과: 방음벽 설치
③ 지향성: 음원방향 유지
④ 흡음건물: 내부 소음처리

해설 지향성 : 음원방향 변경

49 작업장에서 방음 대책을 음원 대책과 전파경로 대책으로 분류할 때 다음 중 음원 대책으로 옳지 않은 것은?

① 지향성 변환
② 소음기 설치
③ 발생원의 마찰력 감소
④ 벽체로 음원 밀폐

해설 지향성 변환은 전파경로 대책이다.

50 소음방지 대책으로 가장 효과적인 것은?

① 보호구의 사용
② 소음관리규정 정비
③ 소음원의 제거
④ 내벽에 흡음재료 부착

해설 소음원 제거는 소음방지 대책 중 가장 효과적인 대책이다.

51 소음 대책에 대한 공학적 원리에 대한 설명으로 옳지 않은 것은?

① 덕트 내에 이음부를 많이 부착하면 흡음 효과로 소음을 줄일 수 있다.
② 고주파 음은 저주파 음보다 격리 및 차폐로써의 소음감소 효과가 크다.
③ 원형 톱날에는 고무 코팅재를 톱날 측면에 부착시키면 소음의 공명 현상을 줄일 수 있다.
④ 넓은 드라이브 벨트는 가는 드라이브 벨트로 대치하여 벨트 사이에 공간을 두는 것이 소음 발생을 줄일 수 있다.

해설 덕트 내에 이음부를 많이 부착하면 오히려 마찰저항력에 의한 소음이 발생한다.

52 소음을 감소시키기 위한 대책으로 옳지 않은 것은?

① 압축공기 구동기기를 전동기기로 대체한다.
② 소음을 줄이기 위하여 병타법을 용접법으로 바꾼다.
③ 소음을 줄이기 위하여 프레스법을 단조법으로 바꾼다.
④ 기계의 부분적 개량을 위하여 노즐, 버너 등을 개량하거나 공명부분을 차단한다.

해설 소음을 줄이기 위하여 소음 발생이 심한 단조법을 프레스법으로 바꾼다.

> **단조(forging)**
> 금속을 일정한 온도로 가열한 다음 두드리는 힘을 가하여 어떠한 형체를 만드는 가장 오래된 성형방법 중의 하나로 소음이 심한 단점이 있다.

정답 45 ③ 46 ④ 47 ② 48 ③ 49 ① 50 ③ 51 ① 52 ③

CHAPTER 2 출제 예상 문제

53 소음방지를 위한 흡음재료의 선택 및 사용상 주의사항으로 옳지 <u>않은</u> 것은?

① 막진동형이나 판진동형의 것은 도장 여부에 따라 흡음률의 차이가 크다.
② 실의 모서리나 가장자리 부분에 흡음제를 부착시키면 흡음 효과가 좋아진다.
③ 다공질 재료는 산란되기 쉬우므로 표면을 얇은 직물로 피복하는 것이 바람직하다.
④ 흡음재료를 벽면에 부착할 때 한곳에 집중하는 것보다 전체 내벽에 분산하여 부착하는 것이 흡음력을 증가시킨다.

해설 막진동이나 판진동형 흡음재는 도장을 해도 흡음에 차이가 없다.

54 청력보호구인 귀마개의 장점으로 옳지 <u>않은</u> 것은?

① 작아서 휴대하기가 편리하다.
② 고개를 움직이는 데 불편함이 없다.
③ 고온에서 착용하여도 불편함이 없다.
④ 짧은 시간 내에 제대로 착용할 수 있다.

해설 일정한 크기의 귀마개나 주형으로 만든 귀마개는 사람의 귀에 맞도록 조절하는 데 많은 시간과 노력이 요구된다.

참고 청력보호구의 종류

종류	등급	기호	성능	비고
귀마개	1종	EP-1	저음부터 고음까지 차음하는 것	귀마개의 경우 재사용 여부를 제조 특성으로 표기
	2종	EP-2	주로 고음을 차음하고 저음(회화음 영역)은 차음하지 않는 것	
귀덮개	–	EM	–	–

55 청력보호구인 귀마개에 관한 내용으로 옳지 <u>않은</u> 것은? (단, 귀덮개 비교 기준)

① 착용 시간이 짧고 쉽다.
② 다른 보호구와 동시에 사용할 수 있다.

③ 고온작업장에서 불편 없이 사용할 수 있다.
④ 더러운 손으로 만짐으로써 외청도를 오염시킬 수 있다.

해설 귀마개는 사람의 귀에 맞도록 조절하는 데 많은 시간과 노력이 요구된다.

56 청력 보호를 위한 귀마개의 감음 효과는 주로 어느 주파수 영역에서 가장 크게 나타나는가?

① 회화 음역 주파수(125 ~ 250 Hz)
② 가청주파수 영역(500 ~ 2,000 Hz)
③ 저주파수 영역(100 Hz 이하)
④ 고주파수 영역(4,000 Hz)

해설 귀마개의 감음 효과는 주로 고주파 영역(4,000 Hz)에서 크게 나타난다.

57 귀마개와 비교 시 귀덮개의 단점으로 옳지 않은 것은?

① 값이 비교적 비싸다.
② 착용 여부의 확인이 어렵다.
③ 보호구 접촉면에서 땀이 난다.
④ 보안경과 함께 사용하는 경우 다소 불편함을 느낀다.

해설 귀덮개(earmuff)는 착용 여부 확인이 용이하다.

참고 청력 보호구의 사용 환경과 장단점

종류	귀마개	귀덮개
사용 환경	• 덥고 습한 환경에 좋음 • 장시간 사용할 때 • 다른 보호구와 동시에 사용할 때	• 간헐적 소음 노출 시 • 귀마개를 쓸 수 없을 때
장점	• 작아서 휴대에 간편 • 안경이나 머리카락 등에 방해받지 않음 • 저렴함	• 착용 여부의 확인이 용이 • 귀에 이상이 있어도 착용 가능
단점	• 착용 여부 파악 곤란 • 착용 시 주의할 점이 많음 • 많은 시간과 노력이 필요 • 귀마개 오염 시 감염될 가능성이 있음	• 장시간 사용 시 내부가 덥고, 무겁고, 둔탁함 • 보안경사용 시 차음 효과 감소 • 값이 비쌈

정답 53 ① 54 ④ 55 ① 56 ④ 57 ②

58 귀덮개에 비하여 귀마개 사용상의 단점으로 옳지 않은 것은?

① 제대로 착용하는 데 시간이 걸리고 요령을 습득하여야 한다.
② 외청도에 이상이 없을 때만 사용이 가능하다.
③ 귀마개 오염 시 감염될 가능성이 있다.
④ 보안경 사용 시 차음 효과가 감소한다.

해설 귀마개는 보안경 사용과는 관련이 없다.

59 귀덮개의 장점으로 옳지 않은 것은?

① 귀에 이상이 있을 때에도 착용할 수 있다.
② 크기를 다양화하여 차음 효과를 높일 수 있다.
③ 근로자들이 착용하고 있는지를 쉽게 확인할 수 있다.
④ 귀마개보다 차음 효과가 일반적으로 크며 개인차가 작다.

해설 귀덮개는 종류가 한 가지(EM)이다.

60 귀덮개의 장단점으로 옳지 않은 것은?

① 귀마개보다 차음 효과가 일반적으로 크다.
② 귀덮개의 크기를 여러 가지로 할 필요가 없다.
③ 잘못 착용하여 차음 효과의 개인차가 크게 되는 경우가 많다.
④ 오래 사용하여 귀걸이의 탄력성이 줄었을 때나 귀걸이가 휘었을 때는 차음 효과가 떨어진다.

해설 귀덮개는 착용법이 틀리는 일이 적다.

61 귀덮개에 대한 설명으로 옳지 않은 것은?

① 귀마개보다 쉽게 착용할 수 있고 착용법이 틀리거나 잃어버리는 일이 적다.
② 고음영역보다 저음영역에서 차음 효과가 탁월하다.
③ 귀에 질병이 있을 때도 사용이 가능하다.
④ 크기를 여러 가지로 할 필요가 없다.

해설 귀덮개는 저음일 경우 20 dB, 고음일 경우 45 dB의 차음력이 있어 고음 영역에서 차음 효과가 탁월하다.

62 개인의 평균 청력손실을 평가하는 6분법이다. 500 Hz에서 6 dB, 1,000 Hz에서 10 dB, 2,000 Hz에서 10 dB, 4,000 Hz에서 20 dB일 때 청력손실은 얼마인가?

① 10 dB
② 11 dB
③ 12 dB
④ 13 dB

해설

6분법에 의한 청력손실 계산식 = $\dfrac{a+2b+2c+d}{6}$ 에서

$$\dfrac{500\,\text{Hz에서의 청력손실} + 2\times 1{,}000\,\text{Hz에서의 청력손실} + 2\times 2{,}000\,\text{Hz에서의 청력손실} + 4{,}000\,\text{Hz에서의 청력손실}}{6}$$

$= \dfrac{6+(2\times 10)+(2\times 10)+20}{6} = 11\,\text{dB}$

63 OSHA에서는 2,000 Hz, 3,000 Hz, 4,000 Hz에서 몇 dB 이상의 차이가 있을 때 유의한 청력 변화가 발생했다고 규정하는가?

① 5 dB
② 10 dB
③ 15 dB
④ 20 dB

해설

미국 산업안전보건청(OSHA, Occupational Safety and Health Administration)의 2,000 Hz, 3,000 Hz, 4,000 Hz에서 10 dB 이상의 차이가 있을 때 유의한 청력변화가 발생했다고 규정하고 있다.

64 청력보호구의 차음 효과를 높이기 위한 내용으로 옳지 <u>않은</u> 것은?

① 청력보호구는 머리의 모양이나 귓구멍에 잘 맞는 것을 사용한다.
② 청력보호구를 잘 고정시켜서 보호구 자체의 진동을 최소한으로 한다.
③ 청력보호구는 다기공의 재료로 만들어 흡음 효과를 최대한 높이도록 한다.
④ 귀덮개 형식의 보호구는 머리카락이 길 때와 안경테가 굵거나 잘 부착되지 않을 때에는 사용하지 않는다.

해설

청력 보호구의 재료는 강도, 경도, 탄성 등이 각 부위별 용도에 적합해야 하는 데 다기공의 재료로는 차음 효과를 높일 수 없다.

출제 예상 문제

65 차음평가지수를 나타내는 것은?
① sone   ② NRN
③ phon   ④ NRR

해설 차음평가지수란 한 마디로 귀마개나 귀덮개의 효과로써 정확하게는 청력보호구의 차음 효과를 말하는 지수로서 차음평가수(NRR, Noise Reduction Rating)라고도 한다. 실제 차음 효과 = (NRR − 7) × 50 %

66 작업장이 음압 수준이 86 dB(A)이고, 근로자는 귀덮개(차음평가지수 = 19)를 착용하고 있을 때 근로자에게 노출되는 음압 수준은 약 몇 dB(A)인가?
① 74   ② 76
③ 78   ④ 80

해설 미국 OSHA의 보호구 차음 효과 예측방법은 소음 측정치의 정확성을 고려하여 NRR값에서 7 dB을 빼고 다시 안전계수 50 %를 적용하여 차음 효과를 예측한다.
∴ 차음 효과 = (NRR − 7) × 50 % = (19 − 7) × 0.5 = 6 dB
6 dB만큼 차음 효과가 있으므로 근로자에게 노출되는 음압 수준은
86 − 6 = 80 dB

02 진동

01 전신진동에 관한 설명으로 옳지 않은 것은?
① 말초혈관이 수축되고, 혈압 상승과 맥박 증가를 보인다.
② 산소소비량은 전신진동으로 증가되고, 폐환기도 촉진된다.
③ 전신진동의 영향이나 장해는 자율신경 특히 순환기에 크게 나타난다.
④ 두부와 견부는 50 ~ 60 Hz 진동에 공명하고, 안구는 10 ~ 20 Hz 진동에 공명한다.

해설 공명(공진) 진동수
㉠ 20 ~ 30 Hz: 머리(두개골)와 어깨에 공명을 일으킴
㉡ 60 ~ 90 Hz: 안구에 공명을 일으켜 시력장해가 나타남

학습 POINT
국소진동과 전신진동에 대한 차이와 특징을 철저하게 파악하고 방진재의 종류별 특징을 이해하고 구별할 수 있어야 한다.

02 전신진동에서 공명현상이 나타날 수 있는 고유진동수(Hz)가 가장 낮은 인체 부위는?

① 안구
② 흉강
③ 골반
④ 두개골

해설 인체의 각 부위별 공진주파수(Sanders, 1994)

공진주파수(Hz)	인체의 공명 부위
3 ~ 4	경추골(목)
4	요추골(골반, 상체)
5	견대
20 ~ 30	머리와 어깨 사이(두개골)
60 ~ 90	안구

03 전신진동이 인체에 미치는 영향이 가장 큰 진동의 주파수 범위는?

① 2 ~ 100 Hz
② 140 ~ 250 Hz
③ 275 ~ 500 Hz
④ 4,000 Hz 이상

해설 진동수(주파수)에 따른 구분
전신진동의 진동수: 보통 1 ~ 90 Hz(2 ~ 100 Hz를 범위로 보기도 함)

04 진동은 수직진동, 수평진동으로 나누어지는데 인간에게 민감하게 반응을 보이며 영향이 큰 진동수는 수직진동과 수평진동에서 각각 몇 Hz인가?

① 수직진동 : 4.0 ~ 8.0, 수평진동 : 2.0 이하
② 수직진동 : 2.0 이하, 수평진동 : 4.0 ~ 8.0
③ 수직진동 : 8.0 ~ 10.0, 수평진동 : 4.0 이하
④ 수직진동 : 4.0 이하, 수평진동 : 8.0 ~ 10.0

해설 진동수에 따른 등감각 곡선은 수직진동은 4 ~ 8 Hz 범위, 수평진동은 1 ~ 2 Hz 범위에서 가장 민감하다.

> **등감각곡선**
> 소음계에서 등청감곡선에 기초하여 정해진 청감보정회로를 통한 값을 소음 레벨이라 하듯이 진동계에서도 등감각곡선에 기초하여 정해진 보정 회로를 통한 레벨을 진동레벨이라 한다. 일반적으로 수직보정된 레벨을 많이 사용하는 데 이를 수직진동레벨이라 하고 dB(V)로 그 단위를 표시한다.

05 국소진동의 경우에 주로 문제가 되는 주파수 범위로 옳은 것은?

① 1 ~ 8 Hz
② 8 ~ 1,500 Hz
③ 1,500 ~ 4,000 Hz
④ 4,000 ~ 6,000 Hz

해설 진동수(주파수)에 따른 구분(국소진동의 진동수): 8 ~ 1,500 Hz

정답 65 ④ 66 ④ **02** 01 ④ 02 ③ 03 ① 04 ① 05 ②

CHAPTER 2 출제 예상 문제

06 국소진동에 의하여 손가락의 창백, 청색증, 저림, 냉감, 동통이 나타나는 장해를 무엇이라 하는가?
① 레이노드 증후군
② 수근관통증 증후군
③ 브라운세커드 증후군
④ 스티브블래스 증후군

해설 레이노드 증후군: 국소진동에 의하여 손가락의 창백, 청색증, 저림, 냉감, 동통이 나타나는 장해

07 국소진동에 의해 발생되는 레이노 씨 현상(Raynaud's phenomenon)에 관한 설명으로 옳지 않은 것은?
① 압축공기를 이용한 진동 공구를 사용하는 근로자들의 손가락에서 주로 발생한다.
② 손가락에 있는 말초혈관운동의 장해로 초래된다.
③ 수근골에서의 탈석회화 작용을 유발한다.
④ 추위에 노출되면 현상이 악화된다.

해설 수근골에서의 탈석회화 작용을 유발하는 것은 비타민 D부족으로 인한 골연화증과 관련이 있다.

08 무거운 저속연장 사용으로 발생하는 진동에 의한 손의 장해에 관한 내용으로 옳지 않은 것은? (단, 가벼운 고속연장과 비교 기준)
① 동통은 통상적으로 주증상이 아니다.
② 뼈와 퇴행성 변화는 없다.
③ 손가락의 창백 현상이 특징적이다.
④ 부종이 때때로 발생할 수 있다.

해설 무거운 저속연장 사용으로 발생하는 진동에 의한 손의 장해는 뼈 및 관절의 장해를 유발한다.

09 전신진동 장해의 원인으로 옳은 것은?
① 중장비 차량의 운전
② 전기톱 작업
③ 착암기 작업
④ 해머 작업

해설 전신진동은 교통기관, 중장비 차량 등의 진동이 생체에 전파하여 일어나는 건강장해를 말한다.

> **브라운 세커드 증후군**
> 희소한 척수 질환으로 완전하게 단절(severed)되지는 않은 척수의 한 면이 손상됨으로써 발생한다.
>
> **수근관 증후군(CTS, Carpal Tunnel Syndrome)**
> 손의 수근관을 관통하는 건막의 염증과 섬유화로 손목에 있는 정중 신경(median nerve)에 부종과 압박을 가하여 손에 통증과 감각마비를 초래하는 질환이다.
>
> **스티브블래스 증후군(steve blass syndrome)**
> 야구 선수가 갑자기 스트라이크를 던지지 못하는 등 특별한 이유 없이 제구력 난조를 겪는 증후군

10 전신진동 장해에 관한 설명으로 옳지 않은 것은?

① 전신진동 노출 진동원은 교통기관, 중장비 차량, 큰 기계 등이다.
② 60 ~ 90 Hz에서 안구가 함께 공명현상이 일어나 시력 장해가 온다.
③ 3 ~ 6 Hz에서 흉강, 4 ~ 5 Hz에서 두개골이 공명현상을 유발하여 장해를 일으킨다.
④ 전신진동 노출 시 산소소비량과 폐환기량이 증가하며 내분비계, 심장, 평형감각 등에 영향을 미친다.

> **해설** 전신진동은 3 Hz 이하에서 멀미(motion sickness) 느낌과 6 Hz 정도에서 가슴, 등에 심한 통증을 느낀다.

11 진동에 관한 설명으로 옳지 않은 것은?

① 진동의 크기를 나타내는 데는 변위, 속도, 가속도가 사용된다.
② 진동의 주파수는 그 주기 현상을 가리키는 것으로 단위는 Hz이다.
③ 전신진동 노출 진동원은 주로 교통기관, 중장비 차량, 큰 기계 등이다.
④ 전신진동인 경우에는 8 ~ 1,500 Hz, 국소진동의 경우에는 2 ~ 100 Hz의 것이 주로 문제가 된다.

> **해설** 전신진동인 경우에는 2 ~ 100 Hz, 국소진동의 경우에는 8 ~ 1,500 Hz의 것이 주로 문제가 된다.

12 우리나라 한국산업안전보건공단에서 권고하는 국소진동에 대한 1일 노출량 권고 기준으로 옳은 것은?

① 8시간을 기준으로 한 일일 진동 노출량은 $3.0\ m/s^2$를 초과하지 않도록 한다.
② 8시간을 기준으로 한 일일 진동 노출량은 $5.0\ m/s^2$를 초과하지 않도록 한다.
③ 8시간을 기준으로 한 일일 진동 노출량은 $7.0\ m/s^2$를 초과하지 않도록 한다.
④ 8시간을 기준으로 한 일일 진동 노출량은 $10.0\ m/s^2$를 초과하지 않도록 한다.

> **해설** 국소진동에 대한 1일 노출량 권고 기준: 8시간을 기준으로 한 일일 진동 노출량은 $5.0\ m/s^2$를 초과하지 않도록 한다. (국소진동 측정 및 평가지침, 한국산업안전보건공단)

정답 06 ① 07 ③ 08 ② 09 ① 10 ③ 11 ④ 12 ②

13 전신진동에 관한 설명으로 옳지 않은 것은?

① 전신진동으로 산소소비량 증가
② 전신진동에 의해 안구, 내장 등이 공명됨
③ 혈압 및 맥박 상승으로 피부 전기 저항 증가
④ 전신진동은 2 ~ 100 Hz 까지가 주로 문제가 됨

해설 전신진동은 자율신경 특히 순환기에 크게 나타나 말초혈관이 수축되고 혈압 상승, 맥박 증가를 보이며 발한, 피부에 대한 전기 저항의 저하도 나타난다.

14 국소진동의 측정·평가값에 영향을 주는 인자로 옳지 않은 것은?

① 진동의 주파수 스펙트럼
② 진동의 크기
③ 작업일 당 노출시간
④ 진동을 받는 부위의 면적

해설 국소진동의 측정·평가값에 영향을 주는 인자
㉠ 진동의 주파수 스펙트럼
㉡ 진동의 크기
㉢ 작업일당 노출 시간
㉣ 작업일의 누적노출량

> **국소진동**
> 작업자의 손이나 팔로 전달되는 진동을 말한다.

15 방진 대책 중 발생원 대책으로 옳지 않은 것은?

① 가진력 증가
② 기초 중량의 부가 및 경감
③ 탄성지지
④ 동적흡진

해설 가진력(외력) 감쇠

16 진동방지 대책 중 발생원 대책으로 가장 옳은 것은?

① 수진점 근방의 방진구
② 수진 측의 탄성지지
③ 기초 중량의 부가 및 경감
④ 거리 감쇠

해설 발생원 방진 대책
㉠ 가진력 감쇠
㉡ 불평형력의 균형
㉢ 기초 중량의 부가 및 경감
㉣ 탄성지지
㉤ 동적 흡진

17 방진 대책 중 전파경로 대책으로 옳은 것은?

① 수진 측의 탄성지지
② 수진 측의 강성변경
③ 수진점 근방의 방진구
④ 수진점의 기초 중량의 부가 및 경감

> **해설** 전파경로 대책
> ㉠ 진동의 전파경로 차단(방진구 설치 – 효과가 미미하다.)
> ㉡ 거리 감쇠

18 방진 대책 중 발생원 대책으로 옳지 않은 것은?

① 동적 흡진
② 기초 중량의 부가 및 경감
③ 수진점 근방 방진구 설치
④ 탄성지지

> **해설** 수진점 근방 방진구 설치는 전파경로 대책이다.

▶ 진동방지 대책 중 전파경로 대책
㉠ 진동의 전파경로 차단(방진구 설치 – 효과가 미미하다.)
㉡ 거리 감쇠

19 진동방지 대책으로 옳지 않은 것은?

① 완충물의 사용
② 공진 진동수의 일치
③ 진동원의 제거
④ 진동의 전파경로 차단

> **해설** 공진 진동수를 일치시키면 공진이 발생하여 더 큰 진동을 야기시킨다.

20 진동 작업장의 환경관리 대책이나 근로자의 건강 보호를 위한 조치로 옳지 않은 것은?

① 발진원과 작업자의 거리를 가능한 한 멀리한다.
② 작업자의 체온을 낮게 유지시키는 것이 바람직하다.
③ 절연패드의 재질로는 코르크, 펠트(felt), 유리섬유 등이 많이 쓰인다.
④ 진동 공구의 무게는 10 kg을 넘지 않게 하며 장갑(glove) 사용을 권장한다.

> **해설** 진동 작업 시에는 체온을 따뜻하게 유지해 준다.

정답 13 ③ 14 ④ 15 ① 16 ③ 17 ③ 18 ③ 19 ② 20 ②

CHAPTER 2 출제 예상 문제

21 진동이 발생되는 작업장에서 근로자에게 노출되는 양을 줄이기 위한 관리대책으로 옳지 <u>않은</u> 것은?

① 진동원과 경로를 차단한다.
② 완충물 등 방진 재료를 사용한다.
③ 공진을 확대시켜 진동을 최소화한다.
④ 작업시간의 단축 및 교대제를 실시한다.

해설 공진을 감소시켜 진동을 최소화한다.

22 재질이 일정하지 않고 균일하지 않아 정확한 설계가 곤란하며 처짐을 크게 할 수 없어 진동방지라기 보다는 고체음의 전파방지에 유익한 방진 재료는?

① 방진 고무
② 공기용수철
③ 코르크
④ 금속코일용수철

해설 코르크(cork)는 재질이 일정하지 않고 균일하지 않아 정확한 설계가 곤란하며 처짐을 크게 할 수 없어 고체음의 전파방지에 유익하게 사용된다.

23 방진재인 공기스프링에 관한 설명으로 옳지 <u>않은</u> 것은?

① 자동제어가 가능하다.
② 구조가 복잡하고 시설비가 많다.
③ 하중의 변화에 따라 고유진동수를 일정하게 유지할 수 있다.
④ 사용진폭이 큰 것이 많아 별도의 댐퍼가 불필요한 경우가 많다.

해설 공기스프링은 사용진폭이 적은 것이 많아 별도의 댐퍼가 필요한 경우가 많다.

24 방진재인 공기스프링에 관한 설명으로 옳지 <u>않은</u> 것은?

① 부하능력이 광범위하다.
② 구조가 복잡하고 시설비가 많다.
③ 압축기 등의 부대시설이 필요하지 않다.
④ 사용진폭이 적은 것이 많아 별도의 댐퍼가 필요한 경우가 많다.

해설 공기스프링은 공기압축기 등 부대시설이 필요한 단점이 있다.

25 일반적으로 저주파 차진에 좋고 환경요소에 저항이 크나 감쇠가 거의 없고 공진 시에 전달률이 매우 큰 방진 재료는?

① 금속스프링 ② 방진 고무
③ 공기스프링 ④ 전단 고무

해설 금속스프링의 장단점
㉠ 장점
ⓐ 저주파 차진에 좋다.
ⓑ 환경요소에 대한 저항성이 크다.
ⓒ 최대변위가 허용된다.
㉡ 단점
ⓐ 감쇠가 거의 없다.
ⓑ 공진 시에 전달률이 매우 크다.
ⓒ 로킹(rocking)이 일어난다.

26 다음 설명에 해당하는 진동 방진 재료는?

> 설계 자료가 잘 되어 있어서 용수철 정수를 광범위하게 선택할 수 있고, 여러 가지 형태로 된 철물에 견고하게 부착할 수 있는 반면, 내후성, 내열성에 약하고 공기 중 오존에 의해 산화되는 단점을 가지고 있다.

① 금속스프링 ② 코르크
③ 방진 고무 ④ 공기스프링

해설 방진 고무의 장단점
㉠ 장점
ⓐ 고무 자체의 내부 마찰로 적당한 저항을 얻을 수 있다.
ⓑ 공진 시 진폭도 지나치게 크지 않다.
ⓒ 설계 자료가 잘 되어 있고 동적 배율이 다른 방진 재료보다 높아 스프링 정수를 광범위하게 선택할 수 있다.
ⓓ 형상의 선택이 자유로워 여러 가지 형태의 철물에 견고하게 부착할 수 있다.
ⓔ 고주파 진동의 차진에 양호하다.
㉡ 단점
ⓐ 내후성, 내유성, 내약품성이 약하다.
ⓑ 공기 중 오존에 의해 산화되어 스프링의 역할을 잃어버린다.
ⓒ 내부 마찰에 의한 발열 때문에 열화되어 딱딱하게 굳어져 스프링의 역할을 잃어버린다.

정답 21 ③ 22 ③ 23 ④ 24 ③ 25 ① 26 ③

CHAPTER 2 출제 예상 문제

27 방진 고무에 관한 설명으로 옳지 <u>않은</u> 것은?

① 내유 및 내열성이 약하다.
② 고주파 진동의 차진에 양호하다.
③ 공기 중의 오존에 의해 산화되기도 한다.
④ 고무 자체의 내부 마찰로 저항이 감소된다.

해설 방진 고무는 고무의 내부 마찰로 적당한 저항을 지닌다.

28 진동에 의한 국소장해인 레이노씨 현상에 관한 설명으로 옳지 <u>않은</u> 것은?

① 압축공기를 이용한 진동 공구를 사용하는 근로자들의 손가락에서 발생한다.
② 추위에 폭로되면 증상이 악화되며 dead finger 또는 white finger 라고 부른다.
③ 손가락에 있는 말초혈관운동의 장해로 인해 손가락이 창백해지고 동통을 느낀다.
④ 진동 공구의 진동수가 4 ~ 12 Hz 범위에서 발생되며 심한 경우 오한과 혈당치 변화가 초래된다.

해설 진동 공구의 진동수가 4 ~ 12 Hz 범위에서 압박감과 동통감을 받게 되며, 심할 경우 공포감과 오한을 느끼는 진동은 전신진동 장해이다.

참고 진동증후군(HAVS)에 대한 스톡홀름 워크숍의 분류

단계	증상의 정도	증상
0	없음	아무런 증상도 없음
1	가벼움(mild)	하나 또는 그 이상의 손가락 끝 부분이 하얗게 변함
2	중등도(moderate)	하나 또는 그 이상의 손가락 가운뎃마디 부분까지 하얗게 변하는 증상이 나타남
3	심각함(severe)	대부분의 손가락이 하얗게 변하는 증상이 나타남
4	매우 심각함(very severe)	대부분의 손가락이 하얗게 변하는 증상과 함께 손끝에서 땀의 분비가 제대로 일어나지 않는 등의 변화가 나타남

29 산업안전보건기준에 관한 규칙에 의한 대표적인 진동 보호구로 옳은 것은?

① 방진의복　　② 방진장갑
③ 방진패드　　④ 방진신발

해설 산업안전보건기준에 관한 규칙, 제518조(진동 보호구의 지급 등)
① 사업주는 진동 작업에 근로자를 종사하도록 하는 경우에 방진장갑 등 진동보호구를 지급하여 착용하도록 하여야 한다.

30 진동 대책에 관한 설명으로 옳지 않은 것은?
① 진동 공구는 가능한 한 공구를 기계적으로 지지하여 주어야 한다.
② 진동 공구의 손잡이를 너무 세게 잡지 말도록 작업자에게 주의시킨다.
③ 공구로부터 나오는 바람이 손에 접촉하도록 하여 보온을 유지하도록 한다.
④ 체인톱과 같이 발동기가 부착된 것을 전동기로 바꿈으로써 진동을 줄일 수 있다.

해설 공구로부터 나오는 바람이 손에 접촉하지 않도록 방진장갑을 착용하여 보온을 유지하도록 한다.

03 기압

학습 POINT
고기압 환경, 저기압 환경 및 감압 환경에 대한 명확한 구분을 알아야 하고 각 환경 하에서 인체에 미치는 영향을 구별하여 이해하도록 한다.

01 1기압(atm)에 관한 설명으로 옳지 않은 것은?
① 약 1 kg_f/cm^2과 동일하다.
② Torr로는 0.76에 해당한다.
③ 수은주로 760 mmHg와 동일하다.
④ 수주(水柱)로 10,332 mmH_2O에 해당한다.

해설 1기압을 각종 단위로 환산한 값
1기압 = 1 atm = 760 mmHg = 760 Torr = 10,332 mmH_2O = 10,332 mmAq
= 10.332 mH_2O = 29.92 inHg = 33.96 ftH_2O = 1.0332 kg_f/cm^2
= 10,332 kg/m^2 = 14.7 psi(pound per square inch, lb_f/in^2) = 1,013.25 mb
= 1,013.25 hPa = 1.013 × 10^5 Pa = 10.113 × 10^5 $dyne/cm^2$

정답 27 ④　28 ④　29 ②　30 ③　**03** 01 ②

CHAPTER 2 출제 예상 문제

02 산업안전보건법령상 이상기압에 의한 건강장해의 예방에 있어 사용되는 용어의 정의로 옳지 않은 것은?

① 압력이란 절대압과 게이지압의 합을 말한다.
② 고기압이란 압력이 제곱센티미터당 1킬로그램 이상인 기압을 말한다.
③ 고압 작업이란 고기압에서 잠함공법이나 그 외의 압기공법으로 하는 작업을 말한다.
④ 잠수작업이란 물속에서 공기압축기나 호흡용 공기통을 이용하여 하는 작업을 말한다.

해설 산업안전보건기준에 관한 규칙, 제522조(정의)
압력이란 게이지 압력을 말한다.

03 잠수부가 해저 30 m에서 작업을 할 때 인체가 받는 절대압은?

① 3기압 ② 4기압
③ 5기압 ④ 6기압

해설 절대압 = 대기압(1기압) + $\left(\dfrac{1기압}{10\ \text{m}}\right) \times 30\ \text{m}$ = 4기압

04 수심 30 m에서 작용압은?

① 3기압 ② 4기압
③ 5기압 ④ 6기압

해설 작용압은 게이지압(계기압)으로 대기압을 기준으로 측정한 압력, 즉 압력계에 나타난 압력이다. 따라서 물의 깊이 10 m당 1기압이므로 30 m는 3기압이다.

05 수심 50 m에서의 압력은 수면보다 얼마가 높겠는가?

① 약 1 kg/cm^2 ② 약 5 kg/cm^2
③ 약 10 kg/cm^2 ④ 약 50 kg/cm^2

해설 수심 50 m에서의 압력은 6기압이므로 수면보다 약 5 kg/cm^2 높다.

06 심해 잠수부가 해저 45 m에서 작업을 할 때 인체가 받는 작용압과 절대압은 얼마인가?

① 작용압: 5.5기압, 절대압: 5.5기압
② 작용압: 5.5기압, 절대압: 4.5기압
③ 작용압: 4.5기압, 절대압: 5.5기압
④ 작용압: 4.5기압, 절대압: 4.5기압

해설
작용압 $= 45\,\text{m} \times \dfrac{1\,\text{atm}}{10\,\text{m}} = 4.5\,\text{atm}$
절대압 = 작용압 + 1 atm = 4.5 + 1 = 5.5 atm

07 고기압 환경에 관한 설명으로 옳지 않은 것은?

① 수심 20 m에서의 절대압은 2기압이다.
② 잠함작업이나 해저터널 굴진 작업은 고압환경에 해당된다.
③ 수면 하에서의 압력은 수심이 10 m 깊어질 때마다 1기압씩 증가한다.
④ 지구표면에서의 공기의 압력은 평균 $1\,\text{kg/cm}^2$이며 이를 1기압이라고 한다.

해설 수심 20 m에서의 절대압은 3기압이다.

08 고압 환경에서 작업하는 사람에게 마취작용(다행증)을 일으키는 가스는?

① 이산화탄소　　　② 수소
③ 질소　　　　　　④ 헬륨

해설 질소가스의 마취작용은 고압 하의 대기 가스의 독성 때문에 나타나는 2차적 가압 현상으로 공기 중의 질소가스는 정상기압에서는 비활성 기체이지만 잠수작업과 같은 4기압 이상의 환경에서는 마취작용을 일으키며 이를 다행증이라고 한다.

09 고압환경에서의 2차성 압력 현상에 의한 생체 변환으로 옳지 않은 것은?

① 질소 마취　　　　② 산소중독
③ 질소 기포의 형성　④ 이산화탄소의 영향

해설 질소 기포의 형성은 감압환경에서의 생체 변환이다.

정답 02 ① 03 ② 04 ① 05 ② 06 ③ 07 ① 08 ③ 09 ③

CHAPTER 2 출제 예상 문제

10 고기압 환경에서 발생할 수 있는 장해에 영향을 주는 화학물질로 옳지 <u>않은</u> 것은?

① 산소
② 질소
③ 아르곤
④ 이산화탄소

해설 고기압 환경에서 발생할 수 있는 인체장해에 영향을 주는 화학물질
㉠ 질소가스의 마취작용(4기압 이상에서 발생)
㉡ 산소중독 증상(산소의 분압이 2기압을 넘으면 발생)
㉢ 이산화탄소중독(0.2 %를 초과해서는 안 됨)
아르곤은 비활성기체이므로 인체에 영향이 없다.

▶ 아르곤(Ar)은 헬륨(He)과 네온(Ne)보다 많은 양이 존재하는 무색무취의 비활성기체로 대기 중에는 세 번째로 많다. 비활성기체이므로 고기압 환경에서도 인체 영향이 전혀 없다.

11 이상기압에 관한 설명으로 옳지 <u>않은</u> 것은?

① 고공성 폐수종은 어른보다 어린이에게 많이 일어난다.
② 수면하에서 대기압을 포함한 압력을 절대압이라 한다.
③ 공기 중의 질소가스는 2기압 이상에서 마취 증세가 나타난다.
④ 고공성 폐수종은 고공 순화된 사람이 해면에 돌아올 때 흔히 일어난다.

해설 질소가스의 마취작용은 4기압 이상에서 발생한다.

▶ 고공성 폐수종은 순화적응속도가 느린 어린아이에게 많이 일어나는 증상으로 저기압 상태일 때 인체에 미치는 영향이다.

12 고압환경의 영향 중 2차적인 가압현상으로 옳지 <u>않은</u> 것은?

① 질소마취
② 산소중독
③ 폐내 가스 팽창
④ 이산화탄소 중독

해설 감압환경의 인체작용
㉠ 폐 내의 가스팽창 효과(뇌공기전색증 유발)
㉡ 용해 질소의 기포 형성 효과(체액 및 지방조직의 질소 기포 증가)
㉢ 기침에 의한 쇼크 증후군(호흡곤란)

13 고압환경에서 발생할 수 있는 화학적인 인체작용으로 옳지 <u>않은</u> 것은?

① 일산화탄소중독에 의한 호흡곤란
② 질소마취 작용에 의한 작업력 저하
③ 산소중독 증상으로 간질 모양의 경련
④ 이산화탄소 분압 증가에 의한 동통성 관절장해

해설 고압환경에서 발생할 수 있는 화학적인 인체작용
　㉠ 질소가스의 마취작용(4기압 이상에서 발생)
　㉡ 산소중독 증상(산소의 분압이 2기압을 넘으면 발생)
　㉢ 이산화탄소중독(0.2 %를 초과해서는 안 됨)

14 고압환경에서 인체작용인 2차적인 가압현상에 관한 설명으로 옳지 않은 것은?

① 산소의 분압이 2기압을 넘으면 산소중독증세가 나타난다.
② 이산화탄소는 산소의 독성과 질소의 마취작용을 증가시킨다.
③ 질소의 분압이 2기압을 넘으면 근육경련, 정신 혼란과 같은 현상이 발생한다.
④ 4기압 이상에서 공기 중의 질소가스는 마취작용을 나타내며 작업력의 저하, 기분의 변환, 다행증을 일으킨다.

해설 질소의 분압이 4기압을 넘으면 근육경련, 정신 혼란과 같은 현상이 발생한다.

15 고압환경에서의 2차적인 가압현상(화학적 장해)에 관한 내용으로 옳지 않은 것은?

① 산소의 분압이 2기압이 넘으면 산소중독증세가 나타난다.
② 공기 중의 질소가스는 4기압 이상에서 마취작용을 나타낸다.
③ 산소중독 증상은 폭로가 중지된 후에도 상당 기간 지속되어 비가역적인 증세를 유발한다.
④ 이산화탄소농도의 증가는 산소의 독성과 질소의 마취작용 그리고 감압증의 발생을 촉진시킨다.

해설 산소중독 증상은 폭로가 중지가 되면 원래대로 회복되는 가역적인 증세이다.

16 고압 작업장에서 감압병을 예방하기 위해서 질소 대신에 무엇으로 대체된 가스를 흡입하도록 해야 하는가?

① 헬륨
② 메탄
③ 아산화질소
④ 일산화질소

해설 고압 작업장에서 감압병을 예방하기 위해서 작업을 할 때 마취작용을 일으킬 수 있는 질소를 헬륨으로 대치하여 공기 호흡을 원활하게 하는 데 사용한다.

정답 10 ③ 11 ③ 12 ③ 13 ① 14 ③ 15 ③ 16 ①

CHAPTER 2 출제 예상 문제

17 고기압 환경에서 화학적 장해에 관한 내용으로 옳지 않은 것은?

① 질소는 물보다 지방에 5배 더 많이 용해된다.
② 4기압 이상에서 질소가스에 의한 마취작용이 나타난다.
③ 산소중독을 예방하기 위해 산소와의 가스를 수소 및 헬륨 같은 불활성 기체로 대치한다.
④ 수중의 잠수자는 폐압착증을 예방하기 위하여 수압과 같은 압력의 압축기체를 호흡하여야 하며 이로 인한 산소분압 증가로 산소중독이 일어난다.

해설 고압에 의한 장해를 방지하기 위하여 인공적으로 만든 호흡용 혼합가스인 헬륨–산소 혼합가스는 고압환경에서 작업을 할 때 마취작용을 일으킬 수 있는 질소를 헬륨으로 대치하여 공기 호흡을 원활하게 하는 데 사용한다.

18 고압에 의한 장해를 방지하기 위하여 인공적으로 만든 호흡용 혼합가스인 헬륨–산소 혼합가스에 관한 설명으로 옳지 않은 것은?

① 호흡 저항이 적다.
② 헬륨은 질소보다 확산속도가 크다.
③ 고압에서 마취작용이 강하여 심해 잠수에는 사용하기 어렵다.
④ 헬륨은 체외로 배출되는 시간이 질소에 비하여 50 % 정도 밖에 걸리지 않는다.

해설 헬륨–산소 혼합가스는 고압환경에서 작업을 할 때 마취작용을 일으킬 수 있는 질소를 헬륨으로 대치하여 공기 호흡을 원활하게 하는 데 사용한다.

19 질소의 마취작용에 관한 설명으로 옳지 않은 것은?

① 대기압 조건으로 복귀 후에도 대뇌 장해 등 후유증이 발생된다.
② 수심 90 ~ 120 m에서 환청, 환시, 조울증, 기억력 감퇴 등이 나타난다.
③ 질소가스는 정상기압에서는 비활성이지만 4기압 이상에서는 마취작용을 나타낸다.
④ 예방으로는 질소 대신 마취현상이 적은 수소 또는 헬륨 같은 불활성 기체들로 대치한다.

해설 대기압 조건으로 복귀 후에는 대뇌장해 등 후유증이 감소한다.

20 만성장해로서 고압환경에 반복 노출될 때에 가장 일어나기 쉬운 속발증이며 질소 기포가 뼈의 소동맥을 막아서 일어나고 해당 부위에 경색이 일어나는 것은?

① 골응축
② 비감염성 골괴사
③ 종격기종
④ 혈관전색

해설 질소 기포가 뼈의 소동맥을 막아서 비감염성 골괴사(혈액응고로 인한 뼈력괴사)를 일으키기도 하며 고압환경에 반복 노출 시 가장 일어나기 쉬운 속발증이다.

> **속발증(續發症, secondary disease)**
> 하나의 질환에 걸려 있고 더욱 다른 질환이 생겨 2가지 질환의 발생에 인과관계가 인정되는 경우 뒤에 생긴 질환을 말한다.

21 깊은 물에서 올라오거나 감압실 내에서 감압을 하는 도중에 발생하는 기포 형성으로 인해 건강상 문제를 유발하는 가스의 종류는?

① 질소
② 수소
③ 산소
④ 이산화탄소

해설 깊은 물에서 올라오거나 감압실 내에서 감압을 하는 도중에는 폐속의 공기가 팽창한다. 이때에 감압에 의한 가스 팽창과 감압에 따른 용해 질소의 기포 형성으로 인한 두 가지 건강상의 문제가 야기된다.

22 감압환경에서 감압에 따른 질소 기포 형성량에 영향을 주는 요인으로 옳지 않은 것은?

① 감압속도
② 조직에 용해된 가스량
③ 혈류 내 변화시키는 상태
④ 폐 내 가스팽창

해설 감압에 따른 질소 기포 형성량에 영향을 주는 세 가지 요인
 ㉠ 조직에 용해된 가스량(고압 노출 정도와 체내 지방량으로 결정됨)
 ㉡ 혈류를 변화시키는 상태(연령, 기온, 운동, 공포감, 음주 등)
 ㉢ 감압 속도

23 감압에 따른 기포 형성량을 좌우하는 '조직에 용해된 가스량'을 결정하는 요인으로 옳지 않은 것은?

① 고기압의 노출 정도
② 고기압의 노출 시간
③ 체내 지방량
④ 감압 속도

해설 조직에 용해된 가스량은 감압 속도와는 관련성이 없다.

정답 17 ③ 18 ③ 19 ① 20 ② 21 ① 22 ④ 23 ④

CHAPTER 2 출제 예상 문제

24 감압병의 예방과 치료에 관한 설명으로 옳지 않은 것은?

① 특별히 잠수에 익숙한 사람을 제외하고는 1분에 10 m 정도씩 잠수하는 것이 안전하다.
② 감압이 끝날 무렵 순수한 산소를 흡입시키면 예방적 효과가 있을 뿐 아니라 감압시간을 25 % 가량 단축시킨다.
③ 헬륨은 질소보다 확산속도가 적고 체외로 배출되는 시간이 질소에 비하여 2배 가량이 길어 고압환경에서 작업할 때는 질소를 헬륨으로 대치한 공기를 호흡시킨다.
④ 감압병 증상이 발생하였을 때는 환자를 바로 원래 고압환경에 복귀시키거나 기압 조절실에 넣어 혈관 및 조직 속에 발생한 질소의 기포를 다시 용해시킨 다음 천천히 감압한다.

해설 헬륨은 질소보다 확산속도가 크며, 체외로 배출되는 시간이 질소에 비하여 50 % 정도밖에 걸리지 않는다.

25 감압병(decompression sickness) 예방을 위한 환경관리 및 보건관리 대책으로 옳지 않은 것은?

① 비만자의 작업을 금지시킨다.
② 감압이 완료되면 산소를 흡입시킨다.
③ 감압을 가능한 짧은 시간에 시행한다.
④ 질소가스 대신 헬륨가스를 흡입시켜 작업하게 한다.

해설
- 감압 시 신중하게 천천히 단계적으로 행한다.
- 고압실 내 작업의 감압속도: 기압조절실에서 고압실 내 작업자에게 감압할 때는 감압의 속도로 매분 매제곱센티미터당 0.8킬로그램 이하로 해야 한다.

26 잠함병(감압병)의 직접적인 원인으로 옳은 것은?

① 혈중의 CO_2 농도 증가
② 체액 및 지방조직에 O_3 농도 증가
③ 체액 및 지방조직에 CO 농도 증가
④ 체액 및 지방조직에 질소 기포 증가

해설 잠함병(감압병)의 직접적인 원인은 혈액과 조직에 질소 기포의 증가이다.

27 저기압 상태의 작업환경에서 나타날 수 있는 증상으로 옳지 않은 것은?

① 고산병(mountain sickness)   ② 잠함병(Caisson disease)
③ 폐수종(Pulmonary edema)   ④ 저산소증(Hypoxia)

해설
- 잠함병은 고압환경에서 감압환경(저압환경)으로 바뀔 때 나타날 수 있는 증상이다.
- 저기압 상태의 작업환경에서 나타날 수 있는 증상
  ⊙ 항공치통, 항공이염, 항공부비강염
  ⓒ 고공성 폐수종
  ⓒ 급성 고산병
  ⓔ 저산소증

28 저기압 환경이 인체에 미치는 영향에 관한 설명으로 옳지 않은 것은?

① 고공성 폐수종으로 폐동맥 혈압이 저하되며 해면에 복귀 후 급격한 탈수 증세를 유발한다.
② 저산소증은 잠수부가 급속하게 감압할 때와 같은 증상을 나타낸다.
③ 고공성 폐수종은 어른보다 아이들에게서 많이 일어난다.
④ 고공성 폐수종은 진해성 기침과 호흡곤란이 나타난다.

해설 고공성 폐수종은 어린이에게 많이 일어나며 진행성 기침과 호흡곤란이 나타나고, 폐동맥이 혈압이 상승한다.

04 산소결핍

학습 POINT
산소결핍장소와 밀폐공간에 대하여 해당 조건을 암기하고 산소결핍이 인체에 미치는 영향에 대하여 학습하도록 한다.

01 산소결핍에 관한 내용으로 옳지 않은 것은?

① 산소결핍이란 공기 중 산소농도가 20 % 미만을 말한다.
② 맨홀, 피트 및 물탱크 작업이 산소결핍 작업환경에 해당된다.
③ 생체 중에서 산소결핍에 대하여 가장 민감한 조직은 대뇌피질이다.
④ 일반적으로 공기의 산소분압의 저하는 바로 동맥혈의 산소분압 저하와 연결되어 뇌에 대한 산소 공급량의 감소를 초래한다.

해설 산소결핍이란 공기 중 산소농도가 18 % 미만을 말한다.

정답 24 ③ 25 ③ 26 ④ 27 ② 28 ① **04** 01 ①

CHAPTER 2 출제 예상 문제

02 다음의 산소결핍에 관한 내용으로 옳지 <u>않은</u> 것은?
① 산소결핍장소에서 작업 시 방독 마스크를 착용한다.
② 공기 중의 산소결핍은 무경고적이고 급성적, 치명적이다.
③ 정상공기 중의 산소분압은 해면에 있어서 159 mmHg 정도이다.
④ 생체 중에서 산소결핍에 대하여 가장 민감한 조직은 대뇌 피질이다.

> **해설** 산소결핍장소에서 작업 시 송기 마스크를 착용한다. 방독 마스크를 착용하면 질식사의 위험이 있다.

> 해면 고도에서의 산소농도는 20.9 %이므로 산소분압은 760 × 0.209 = 159 (mmHg) = 212 hPa

03 산소결핍에 의해 가장 민감한 영향을 받는 신체 부위는?
① 간장　　　② 대뇌
③ 심장　　　④ 폐

> **해설** 산소결핍에 대하여 가장 민감한 신체 조직은 대뇌 피질이다.

04 산소농도가 9 ~ 14 %일 때 증상으로 옳지 <u>않은</u> 것은? (단, 산소분압 60 ~ 105 mmHg, 동맥혈 산소분압 40 ~ 55 mmHg, 동맥혈 산소포화도 74 ~ 87 %)
① 경련　　　② 체온상승
③ 청색증　　④ 판단력 둔화

> **해설** 경련 증상은 산소농도가 6 ~ 10 % 범위일 때 나타난다.

05 저산소증에 관한 설명으로 옳지 <u>않은</u> 것은?
① 저기압으로 인하여 발생하는 신체장해이다.
② 산소결핍에 가장 민감한 조직은 뇌 특히 대뇌 피질이다.
③ 작업장 내 산소농도가 5 %라면 혼수, 호흡감소 및 정지, 6분 ~ 8분 후 심장이 정지한다.
④ 정상공기의 산소함유량은 21 % 정도이며 질소가 78 %, 탄산가스가 1 % 정도를 차지하고 있다.

> **해설** 정상공기의 산소함유량은 21 % 정도이며 질소가 78 %, 아르곤이 1 % 정도를 차지하고 있다. 탄산가스는 약 350 ppm 정도이다.

06 산소농도가 6 ~ 10 %인 산소결핍 작업장에서의 증상 기준으로 가장 옳은 것은?

① 계산 착오, 두통, 매스꺼움
② 귀울림, 맥박수 증가, 호흡수 증가
③ 의식상실, 안면 창백, 전신 근육경련
④ 정신집중력 저하, 체온상승, 판단력 저하

해설 산소농도(%)별 결핍 증상
㉠ 6% 이하: 중추신경장해, Cheyne–stoke 호흡
㉡ 6 ~ 10 %: 의식상실, 근육경련
㉢ 12 ~ 14 %: 판단력 저하와 기억상실, 메스꺼움, 귀울림, 전신탈진, 체온상승
㉣ 14 ~ 16 %: 맥박과 호흡수 증가

> **체인–스토크스호흡**
> (Cheyne–Stokes breathing)
> 호흡과 무호흡의 시기가 주기적으로 되풀이되는 호흡 이상의 하나로 스코틀랜드의 J. 체인과 아일랜드의 W. 스토크스에 의해 기재된 주기성 호흡의 일종이다.

07 판단력 저하, 두통, 귀울림, 매스꺼움, 기억상실, 전신탈진, 체온상승, 안면 창백 등의 증상이 주로 발생하는 산소결핍 작업장 산소농도로 옳은 것은?

① 공기 중 산소농도가 16 %인 작업장
② 공기 중 산소농도가 12 %인 작업장
③ 공기 중 산소농도가 8 %인 작업장
④ 공기 중 산소농도가 6 %인 작업장

해설 판단력 저하, 두통, 귀울림, 매스꺼움, 기억상실, 전신탈진, 체온상승, 안면 창백 등의 증상이 주로 발생하는 산소결핍 작업장 산소농도는 약 12 % 정도이다.

08 시력장해, 환청, 근육경련 등의 산소중독 증세가 나타나는 산소분압은 몇 기압 이상인가?

① 1기압   ② 2기압
③ 3기압   ④ 4기압

해설 산소중독: 산소분압이 2기압을 넘으면 산소중독 증세가 나타난다. 수지와 족지의 작열통, 시력장해, 현청, 정신 혼란, 근육경련, 오심, 현훈 등의 증상을 보이게 된다. 다만 이들 증상은 고압산소에 대한 노출이 중지되면 즉시 회복된다. 산소의 중독 작용은 운동량이나 탄산가스의 존재 여부에 따라 악화된다.

정답 02 ① 03 ② 04 ① 05 ④ 06 ③ 07 ② 08 ②

CHAPTER 2 출제 예상 문제

09 저산소 상태에서 발생할 수 있는 질병으로 옳은 것은?
① Hypoxia
② Crowd poison
③ Oxygen poison
④ Caisson disease

[해설] 저산소 상태에서 산소분압의 저하, 즉 저기압에 의하여 발생되는 질환은 저산소증(hypoxia)이다.

oxygen poison
산소중독(oxygen toxicity)은 고도의 분압에서 분자 산소(O_2)를 장기간 들이킬 때 악영향을 미치는 증상이다.

crowd poison
군집 독으로 여름철에 많은 사람이 밀폐된 공간에 있을 때, 오염된 공기로 인하여 겪는 이상 증상으로 신체에 두통, 불쾌감, 구토 따위가 나타난다.

10 생체 내에서 산소공급정지가 몇 분 이상이 되면 활동성이 회복되지 않을 뿐만 아니라 비가역적인 파괴가 일어나는가?
① 1분
② 1.5분
③ 2분
④ 3분

[해설] 산소공급 정지가 2분 이상일 경우 뇌의 활동성이 회복되지 않고 비가역적 파괴가 일어난다.

11 산소결핍이 진행되면서 생체에 나타나는 영향으로 옳은 것은?

① 가벼운 어지러움   ② 사망
③ 대뇌피질의 기능 저하   ④ 중추성 기능장해

① ① → ③ → ④ → ②
② ① → ④ → ③ → ②
③ ③ → ① → ④ → ②
④ ③ → ④ → ① → ②

[해설] 산소결핍이 진행되면 가벼운 어지러움 → 대뇌피질의 기능 저하 → 중추성 기능장해 → 사망 순으로 생체에 나타난다.

12 다음 중 ( ) 안에 들어갈 가장 적당한 값은?

정상적인 공기 중 산소함유량은 21 vol%이며 그 절대량, 즉 산소분압은 해면에 있어서는 약 ( ) mmHg이다.

① 160
② 210
③ 230
④ 380

[해설] 산소분압(mmHg)
$$= 760 \text{ mmHg} \times \frac{\text{산소농도}(\%)}{100} = 760 \times \frac{21}{100} = 159.6 \text{ mmHg}$$

13 산업안전보건법령상 적정공기의 범위에 해당하는 것은?

① 산소농도 18 % 미만
② 이황화탄소 10 % 미만
③ 탄산가스 농도 10 % 미만
④ 황화수소의 농도 10 ppm 미만

해설 적정공기란 산소농도의 범위가 18퍼센트 이상 23.5퍼센트 미만, 탄산가스의 농도가 1.5퍼센트 미만, 일산화탄소의 농도가 30피피엠 미만, 황화수소의 농도가 10피피엠 미만인 수준의 공기를 말한다.

14 밀폐공간에서는 산소결핍이 발생할 수 있다. 산소결핍의 원인 중 소모(consumption)에 해당하지 않는 것은?

① 용접, 절단, 불 등에 의한 연소
② 금속의 산화, 녹 등의 화학반응
③ 제한된 공간 내에서 사람의 호흡
④ 질소, 아르곤, 헬륨 등의 불활성 가스의 사용

해설 질소, 아르곤, 헬륨 등의 불활성 가스의 사용은 밀폐공간에서의 산소 소모원인이 되지 않는다.

> 밀폐공간
> 근로자가 작업을 수행할 수 있는 공간으로 환기가 불충분한 상태에서 산소 결핍, 유해가스로 인한 건강장해와 인화성 물질에 의한 화재·폭발 등의 위험이 있는 장소(우물, 수직갱, 터널, 잠함, 핏트, 암거, 맨홀, 탱크, 반응탑, 정화조, 침전조, 집수조 등)를 말한다.

15 산소결핍 가능 작업장에 대한 보건 및 작업관리대책으로 옳지 않은 것은?

① 작업자의 건강진단
② 환기
③ 작업 전 산소농도 측정
④ 보호구 착용(공기호흡기, 호스 마스크)

해설 산소결핍 가능 작업장에 대한 보건 및 작업관리대책
　㉠ 환기
　㉡ 보호구 착용(공기호흡기, 호스 마스크, 송기 마스크)
　㉢ 작업 전 산소농도 측정
　㉣ 안전대, 구명밧줄 착용
　㉤ 감시인의 배치 및 응급처치
　㉥ 대피용 기구의 비치
　㉦ 작업 인원의 점검

정답 09 ① 10 ③ 11 ① 12 ① 13 ④ 14 ④ 15 ①

CHAPTER 2 출제 예상 문제

16 밀폐공간 작업 시 작업의 부하인자에 대한 설명으로 옳지 <u>않은</u> 것은?
① 탱크 바닥에 있는 슬러지 등으로부터 황화수소가 발생한다.
② 모든 옥외작업의 경우와 거의 같은 양상의 근력 부하를 갖는다.
③ 산소농도가 30 % 이하(산업안전보건법 규정)가 되면 산소결핍증이 되기 쉽다.
④ 철의 녹 사이에 황화물이 혼합되어 있으면 황산화물이 공기 중에서 산화되어 발열하면서 아황산가스가 발생할 수 있다.

[해설] 산소농도가 18 % 미만(산업안전보건법 규정)이 되면 산소결핍증이 되기 쉽다.

17 밀폐공간에 근로자를 종사하도록 할 때, 사업주는 건강장해 예방을 위해 조치를 취해야 한다. 이때의 조치사항으로 옳지 <u>않은</u> 것은?
① 작업 시작 전 적정한 공기 상태 여부의 확인을 위한 측정·평가
② 응급조치 등 안전보건 교육 및 훈련
③ 공기 호흡기 또는 송기 마스크 등의 착용 및 관리
④ 청력보호구의 착용 및 관리

[해설] 밀폐공간에서 소음방지를 위한 청력보호구의 착용 및 관리는 조치사항이 아니다.

05 극한 온도

> **학습 POINT**
> 고열장해의 종류와 치료법 및 습구흑구온도지수(WBGT)의 산출에 따른 계산문제를 중점적으로 해결하는 방법을 학습하고, 저온 환경 시 발생할 수 있는 인체 증상에 대해서도 알아본다.

01 다음 보기 중 온열요소를 결정하는 주요 인자들로만 나열된 것은?

| ㉠ 기온 | ㉡ 기습 | ㉢ 지형 |
| ㉣ 위도 | ㉤ 기류 | |

① ㉠, ㉡, ㉢
② ㉡, ㉢, ㉣
③ ㉢, ㉣, ㉤
④ ㉠, ㉡, ㉤

[해설] 온열요소를 결정하는 주요 인자는 기온, 기습, 기류, 복사열이다.

02 인체와 환경 간의 열교환에 관여하는 온열조건 인자로 옳지 않은 것은?

① 대류
② 증발
③ 복사
④ 기압

해설 인체와 환경 간의 열교환식(열수지 방정식): 생체의 열교환에 미치는 환경 요인은 기온, 기습, 기류, 복사열이며 이것을 온열 인자라고 한다. $\Delta S = M - E \pm R \pm C$
여기서, ΔS: 생체 내 열용량의 변화($\Delta S = 0$인 상태가 가장 쾌적한 상태임)
M: 대사(metabolism)에 의한 열생산, E: 수분 증발(evporation)에 의한 열방산,
R: 복사(radiation)에 의한 열득실, C: 대류(convection) 및 전도(conduction)에 의한 열득실

03 기후요소 중 감각온도(등감온도)와 직접적으로 관계가 없는 것은?

① 기온
② 기습
③ 기류
④ 기압

해설 기후요소 중 감각온도(등감온도)와 직접적으로 관계가 있는 것은 온열요소로 기온, 기류, 기습 및 복사열이다.

04 환경온도를 감각온도로 표시한 것을 지적온도라 하는 데 다음 중 3가지 관점에 따른 지적온도로 옳지 않은 것은?

① 주관적 지적온도
② 생리적 지적온도
③ 생산적 지적온도
④ 개별적 지적온도

해설 지적온도는 주관적, 생리적, 생산적 지적온도의 3가지 관점에서 볼 수 있다.

- 주관적 지적온도(쾌적 감각온도): 감각적으로 가장 쾌적하게 느끼는 온도
- 생산적 지적온도(최고 생산온도): 생산능률을 많이 올릴 수 있는 온도
- 생리적 지적온도(기능적 지적온도): 최소의 에너지 소모로 최대의 생리적 기능을 발휘할 수 있는 온도

05 지적온도에 미치는 인자에 관한 설명으로 옳지 않은 것은?

① 여름철이 겨울철보다 높다.
② 젊은 사람보다 노인들에게 지적온도가 높다.
③ 더운 음식, 알코올 섭취 시 지적온도는 낮아진다.
④ 작업량이 클수록 체열 생산량이 많아 지적온도가 높아진다.

해설
- 지적온도(적정온도, optimum temperature): 인간이 활동하기에 가장 좋은 상태인 온열조건으로 환경온도를 감각온도로 나타낸 것
- 작업량이 클수록 체열 생산량이 많아 지적온도는 낮아진다.

CHAPTER 2 출제 예상 문제

06 고온의 영향으로 나타나는 일차적 생리적 영향은?
① 수분과 염분 부족
② 신경계 장해
③ 피부 기능 변화
④ 발한

해설
- 고온의 영향으로 나타나는 일차적 생리적 영향: 발한, 피부혈관의 확장, 호흡 증가, 체표면 증가 등이 있다.
- 고온의 영향으로 나타나는 이차적 생리적 영향: 혈중 염분량 감소 및 수분 부족, 심혈관, 위장, 신경계, 신장장해

07 고온순화 기전으로 옳지 않은 것은?
① 열생산 감소
② 열방산 능력 감소
③ 체온조절 기전의 항진
④ 더위에 대한 내성 증가

해설 고온에 순화되는 과정에서는 열방산 능력이 증가한다.

08 고온다습한 환경에 노출될 때 체온조절중추 특히 발한중추의 장해로 발생하며 가장 특이적인 소견은 땀을 흘리지 못하여 체열 발산을 하지 못하는 고열장해는?
① 열사병
② 열피비
③ 열경련
④ 열실신

해설 열사병은 체열방산을 하지 못하여 체온이 41 ℃에서 43 ℃까지 상승할 수 있으며 사망에까지 이를 수 있다.

09 고열로 인하여 발생하는 건강장해 중 가장 위험성이 큰 중추신경 계통의 장해로 신체 내부의 체온조절 계통이 기능을 잃어 발생하며, 1차적으로 정신착란, 의식결여 등의 증상이 발생하는 고열장해는?
① 열사병(heat stroke)
② 열소진(heat exhaustion)
③ 열경련(heat cramps)
④ 열발진(heat rashes)

해설 열사병(heat stroke)은 고열로 인해 발생하는 장해 중 가장 위험성이 크다.

10 열사병(heat stroke)에 관한 설명으로 옳지 않은 것은?

① 신체 내부의 체온조절계통이 기능을 잃어 발생한다.
② 일차적인 증상은 많은 땀의 발생으로 인한 탈수, 습하고 높은 피부 온도 등이다.
③ 체열방산을 하지 못하여 체온이 41 ℃에서 43 ℃까지 상승할 수 있으며 사망에까지 이를 수 있다.
④ 대사열의 증가는 작업부하와 작업환경에서 발생하는 열부하가 원인이 되어 발생하며 열사병을 일으키는 데 크게 관여하고 있다.

해설 열사병의 일차적인 증상은 정신착란, 의식결여, 경련, 혼수상태, 건조하고 높은 피부 온도, 체온상승 등이다.

11 열사병(heat stroke)이 발생했을 때 가장 적절한 응급처치 방법은?

① 스포츠 음료나 설탕물을 마시게 한다.
② 통풍이 잘 되는 서늘한 곳에 눕히고 포도당 주사를 준다.
③ 얼음물에 물을 담가서 체온을 39 ℃ 이하로 유지시켜 준다.
④ 생리식염수를 정맥주사하거나 0.1% 식염수를 마시게 한다.

해설 열사병의 응급처치는 냉수마찰이나 얼음물에 물을 담가서 가능한 한 체온을 급속히 낮춰줘야 한다.

12 열피로(heat fatigue)에 관한 설명으로 옳지 않은 것은?

① 탈수로 인하여 혈장량이 감소할 때 발생한다.
② 신체 내부에 체온조절계통이 기능을 잃어 발생하며, 수분 및 염분을 보충해주어야 한다.
③ 말초혈관 확정에 따른 요구 증대만큼의 혈관운동 조절이나 심박출력의 증대가 없을 때 발생한다.
④ 권태감, 졸도, 과다발한, 냉습한 피부 등의 증상을 보이며 직장(直腸) 온도가 경미하게 상승할 수도 있다.

해설 신체 내부에 체온조절계통이 기능을 잃어 발생하는 열중증은 열사병이고, 수분 및 염분을 보충해주어야 하는 열중증은 열경련이다.

정답 06 ④ 07 ② 08 ① 09 ① 10 ② 11 ③ 12 ②

CHAPTER 2 출제 예상 문제

13 열중증 질환 중 열피로에 대한 설명으로 옳지 않은 것은?

① 혈중 염소농도는 정상이다.
② 체온은 정상범위를 유지한다.
③ 탈수로 인하여 혈장량이 급격히 증가할 때 발생한다.
④ 말초혈관 확장에 따른 요구 증대만큼의 혈관운동 조절이나 심박출력의 증대가 없을 때 발생한다.

해설 열피로는 탈수로 인하여 혈장량이 감소할 때 발생한다.

14 고온환경에서 육체노동에 종사할 때 일어나기 쉬우며 말초혈관 확장에 따른 요구 증대만큼의 혈관운동 조절이나 심박출력의 증대가 없을 때 또는 탈수로 말미암아 혈장량이 감소할 때 발생하는 고열장해의 종류로 옳은 것은?

① 열피로
② 열경련
③ 열사병
④ 열성발진

해설 열피로(heat exhaustion) 또는 열탈진(열소모)은 고온환경에서 육체노동에 종사할 때 고열에 순화되지 않은 미숙련공에게 많이 일어나기 쉬우며 말초혈관 확장에 따른 요구 증대만큼의 혈관운동 조절이나 심박출력의 증대가 없을 때 또는 탈수로 말미암아 혈장량이 감소할 때 발생한다.

15 열경련(Heat cramps)에 관한 설명으로 옳은 것은?

① 열경련 환자는 혈중 염분의 농도가 높기 때문에 염분 관리가 중요하다.
② 열경련 환자에게 염분을 공급할 때 식염 정제가 사용되어서는 안 된다.
④ 통증을 수반하는 경련은 주로 작업 시 사용하지 않는 근육을 갑자기 사용했을 때 발생한다.
③ 더운 환경에서 고된 육체적 작업으로 인한 수분의 고갈로 신체의 염분 농도가 상승하여 발생하는 고열장해이다.

해설 열경련 환자에게 염분을 공급할 때는 수분이 부족한 상태이기 때문에 식염 정제가 사용되어서는 안 되고 생리식염수를 정맥주사하거나 0.1 % 식염수를 복용하게 한다.

16 고열작업환경에서 발생되는 열경련의 주요 원인은?

① 고온 순환 미흡에 따른 혈액순환 저하
② 고열에 의한 순환기 부조화
③ 뇌온도 및 체온상승
④ 신체의 염분 손실

해설 열경련은 가장 전형적인 열중증의 형태로 고온환경에서 심한 육체적인 노동을 할 경우 나타나는데, 이때 지나친 발한에 의한 수분 및 혈중 염분 손실이 가장 큰 원인이다.

17 고열장해 중 신체의 염분 손실을 충당하지 못할 때 발생하며, 이 질환을 가진 사람은 혈중 염분의 농도가 매우 낮기 때문에 염분관리가 중요한 것은?

① 열발진　　　　② 열경련
③ 열허탈　　　　④ 열사병

해설 지나친 발한에 의한 탈수와 혈중 염분소실이 발생하는 증상을 보이는 고열장해는 열경련(heat cramp)이다. 치료는 수분 및 NaCl(생리식염수 0.1 % 공급) 보충이다.

18 고열장해에 대한 설명으로 옳지 않은 것은?

① 열사병은 신체 내부의 체온조절계통이 기능을 잃어 발생한다.
② 일시적인 열 피로는 고열에 순화되지 않은 작업자가 장시간 고열환경에서 정적인 작업을 할 경우 흔히 발생한다.
③ 열경련은 땀으로 인한 염분 손실을 충당하지 못할 때 발생하며 장해가 발생하면 염분의 공급을 위해 식염정제를 사용한다.
④ 열허탈은 고열작업장에 순화되지 못한 근로자가 고열작업을 수행할 경우 신체 말단부에 혈액이 과다하게 저류되어 뇌에 혈액 흐름이 좋지 못하게 됨에 따라 뇌에 산소가 부족하여 발생한다.

해설 열경련 환자에게 염분을 공급할 때는 수분이 부족한 상태이기 때문에 식염 정제가 사용되어서는 안 된다.

정답　13 ③　14 ①　15 ②　16 ④　17 ②　18 ③

CHAPTER 2 출제 예상 문제

19 열실신(heat syncope)에 대한 설명으로 옳지 않은 것은?

① 열허탈증 또는 운동에 의한 열피비라고도 한다.
② 중근작업을 적어도 2시간 이상하였을 때 발생한다.
③ 심한 경우 중추신경장해로 혼수상태에 이르게 된다.
④ 시원한 그늘에서 휴식시키고 염분과 수분을 경구로 보충한다.

해설 심한 경우 중추신경장해로 혼수상태에 이르게 되는 열중증은 열사병이다.

20 고열장해에 관한 설명이다. ( ) 안에 들어갈 내용으로 옳은 것은?

( )은/는 고열작업장에 순화되지 못한 근로자가 고열작업을 수행할 경우 신체 말단부에 혈액이 과다하게 저류되어 뇌의 혈액 흐름이 좋지 못하게 됨에 따라 뇌에 산소부족이 발생한다.

① 열허탈   ② 열경련
③ 열소모   ④ 열소진

해설 열허탈(heat collapse)은 열실신(heat syncope) 또는 열피비라고도 하며 고열작업장에 순화되지 못한 근로자가 고열작업을 수행할 경우 신체 말단부에 혈액이 과다하게 저류되어 뇌의 혈액 흐름이 좋지 못하게 됨에 따라 뇌에 산소부족이 발생하는 열중증으로 염분과 수분의 부족현상과는 관계가 없다.

21 고열로 인한 인체 영향에 대한 설명으로 옳지 않은 것은?

① 열경련은 땀을 많이 흘려 신체의 염분손실을 충당하지 못할 때 발생한다.
② 열경련 근로자에게 염분을 공급할 때에는 식염 정제가 사용되어서는 안 된다.
③ 열발진이 일어난 경우 벗긴 다음 피부를 물수건으로 적셔 피부가 건조하게 되는 것을 방지한다.
④ 열사병은 고열로 인하여 발생하는 건강장해 중 가장 위험성이 큰 것으로 체온조절계통이 기능을 잃어 발생한다.

해설 열발진(heat rashes)은 땀띠라고도 하며 환부를 벗기지 말고 시원하고 건조하게 유지한다. 그 후에 발진용 분말가루 및 연고 등을 사용한다.

22 기류의 측정에 쓰이는 기기에 대한 설명으로 옳지 않은 것은?

① 옥내 기류 측정에는 Kata온도계가 쓰인다.
② 풍차풍속계는 1 m/s 이하의 풍속을 측정하는 데 쓰이는 것으로, 옥외용이다.
③ 열선풍속계는 기온과 정압을 동시에 구할 수 있어 환기시설의 점검에 유용하게 쓰인다.
④ Kata온도계의 표면에는 눈금이 아래위로 두 개 있는데 일반용은 아래가 95 °F(35 ℃)이고 위가 100 °F(37.8 ℃)이다.

해설 풍차풍속계: 이상적인 측정범위는 5 ~ 60 m/s

23 작업장의 습도를 측정한 결과 절대습도는 4.57 mmHg, 포화습도 18.25 mmHg이었다. 이때 이 작업장의 습도 상태로 가장 적절한 것은?

① 적당하다.
② 너무 건조하다.
③ 습도가 높은 편이다.
④ 습도가 포화상태이다.

해설 비교습도, 즉 상대습도 = $\dfrac{절대습도}{포화습도} \times 100 = \dfrac{4.57}{18.25} \times 100 = 25.04\,\%$, 즉 건조한 상태이다.

24 습구흑구온도지수(WBGT)에 대한 설명으로 옳지 않은 것은?

① 표시단위는 절대온도(K)로 표시한다.
② 습구흑구온도지수는 옥외 및 옥내로 구분되며, 고온에서의 작업휴식 시간비를 결정하는 지표로 활용된다.
③ 습구흑구온도는 과거에 쓰이던 감각온도와 근사한 값인데 감각온도와 다른 점은 기류를 전혀 고려하지 않았다는 점이다.
④ 미국국립산업안전보건연구원(NIOSH)뿐만 아니라 국내에서도 습구흑구온도를 측정하고 지수를 산출하여 평가에 사용한다.

해설 습구흑구온도지수(WBGT)의 표시단위는 ℃이다.

CHAPTER 2 출제 예상 문제

25 주물사업장 내 용해공정에서 습구흑구온도를 측정한 결과 자연습구온도 40 ℃, 흑구온도 42 ℃, 건구온도 41 ℃로 확인되었다면 습구흑구온도지수(WBGT)는?

① 41.5 ℃   ② 40.6 ℃
③ 40.0 ℃   ④ 39.6 ℃

해설 습구흑구온도지수(WBGT)의 산출
옥내 또는 옥외(태양광선이 내리쬐지 않는 장소): WBGT(℃) = 0.7 × 자연습구온도 + 0.3 × 흑구온도이므로
WBGT = 0.7×40+0.3×42 = 40.6 ℃

26 작업장 내 고열부하에 대한 관리대책으로 옳은 것은?

① 습도와 기류의 속도를 높인다.
② 일반 작업복보다는 증발방지복(vapor barrier)이 적합하다.
③ 기온이 35 ℃ 이상이면 피부에 닿는 기류를 줄이고 옷을 입어야 한다.
④ 노출시간을 짧게 자주 하는 것보다 한 번에 길게 하고 휴식하는 것이 바람직하다.

해설 고열작업장의 작업환경 관리대책
㉠ 국소적인 송풍기 설치
㉡ 작업장 내 낮은 습도 유지
㉢ 증발방지복(vapor barrier) 보다는 일반 작업복이 적합하다.
㉣ 노출시간을 한 번에 길게 하는 것보다 짧게 자주 하고 휴식을 취하는 것이 바람직하다.
㉤ 복사열은 가능한 몸의 노출 부분을 덮어 관리한다.
㉥ 작업대사량을 줄이고 격심 작업은 기계의 도움을 받는다.
㉦ 알루미늄으로 된 열 차단판의 청결을 유지한다.

27 저온에 의한 1차 생리적 영향으로 옳은 것은?

① 말초혈관의 수축   ② 근육긴장의 증가와 전율
③ 혈압의 일시적 상승   ④ 조직대사의 증진과 식욕항진

해설
• 저온에 의한 1차 생리적 영향: 피부혈관의 수축, 근육 긴장의 증가와 떨림, 화학적 대사작용의 증가, 체표면적의 감소
• 저온에 의한 2차 생리적 영향: 말초혈관의 수축, 근육 활동 및 조직 대사가 증진되어 식욕이 항진, 혈압의 일시적 상승

28 고열작업장의 작업환경 관리대책으로 옳지 않은 것은?

① 작업장 내 낮은 습도를 유지한다.
② 작업자에게 개인별로 국소적인 송풍기를 지급한다.
③ 방수복(water-barrier)을 증발 방지복(vapor-barrier)으로 바꾼다.
④ 열차단판인 알루미늄 박판에 기름먼지가 묻지 않도록 청결을 유지한다.

해설 고열작업장의 작업환경 관리대책으로 증발방지복(vapor barrier) 보다는 일반 작업복이 적합하다.

29 고열 대책으로 옳지 않은 것은?

① 방열 실시
② 전체환기 실시
③ 복사열 차단
④ 대류의 감소

해설 고열 대책
㉠ 방열재를 이용하여 발원의 표면을 덮음
㉡ 전체환기 및 국소배기
㉢ 복사열 차단(알루미늄 재질을 이용)
㉣ 냉방장치 설치 및 냉방복 착용
㉤ 대류(공기 흐름)의 증가
㉥ 작업의 자동화 및 기계화

30 저온환경이 인체에 미치는 영향으로 옳지 않은 것은?

① 식욕감소
② 혈압 변화
③ 피부혈관의 수축
④ 근육 긴장

해설 고온환경에서 위액분비가 줄고 산도가 감소하여 식욕부진, 소화불량을 유발한다.

31 저온에서 발생될 수 있는 장해로 옳지 않은 것은?

① 상기도 손상
② 폐수종
③ 알러지 반응
④ 참호족

해설 폐수종은 저기압 환경에서 발생한다.

> 한랭환경에 의한 건강장해
> 전신체온강하, 동상, 참호족, 침수족, Raynaud 증상, 선단자람증, 폐색성 혈전장애, 알러지 반응, 상기도 손상, 피로 증상 등

정답 25 ② 26 ③ 27 ② 28 ③ 29 ④ 30 ① 31 ②

CHAPTER 2 출제 예상 문제

32 저온에 의한 생리반응으로 옳지 않은 것은?
① 말초혈관의 수축으로 표면조직의 냉각이 온다.
② 저온환경에서는 근육활동이 감소하여 식욕이 떨어진다.
③ 피부혈관 수축으로 순환능력이 감소되어 상대적으로 혈류량이 증가함으로 혈압이 일시적으로 상승된다.
④ 피부나 피하조직을 냉각시키는 환경온도 이하에서는 감염에 대한 저항력이 떨어지며 회복과정의 장해가 온다.

해설 고온환경에서는 근육활동이 감소하여 식욕이 떨어진다.

33 저온에 의한 장해에 관한 내용으로 옳지 않은 것은?
① 근육 긴장의 증가와 떨림이 발생한다.
② 혈압은 변화되지 않고 일정하게 유지된다.
③ 피부표면의 혈관들과 피하조직이 수축된다.
④ 부종, 저림, 가려움, 심한 통증 등이 생긴다.

해설 저온에서는 피부혈관의 수축으로 피부온도가 감소되고 순환능력이 감소되어 혈압은 일시적으로 상승된다.

34 한랭노출 시 발생하는 신체적 장해에 대한 설명으로 옳지 않은 것은?
① 동상은 조직의 동결을 말하며, 피부의 이론상 동결온도는 약 -1 ℃ 정도이다.
② 전신 체온강하는 장시간의 한랭노출과 체열상실에 따라 발생하는 급성 중증장해이다.
③ 참호족은 동결온도 이하의 찬 공기에 단기간 접촉으로 급격한 동결이 발생하는 장해이다.
④ 침수족은 부종, 저림, 작열감, 소양감 및 심한 동통을 수반하며, 수포, 궤양이 형성되기도 한다.

해설
- **참호족**: 저온작업에서 손가락, 발가락의 말초 부위에서 피부온도 저하가 가장 심하다.
- 동결 온도 이하의 냉수에 오랫동안 노출 시 발생하는 장해는 침수족이다.

35 동상(Frostbite)에 관한 설명으로 옳지 않은 것은?

① 피부의 동결은 -2 ~ 0 ℃에서 발생한다.
② 제2도 동상은 수포를 가진 광범위한 삼출성 염증을 유발시킨다.
③ 동상에 대한 저항은 개인차가 있으며 일반적으로 발가락은 6 ℃ 정도에 도달하면 아픔을 느낀다.
④ 직접적인 동결 이외에 한랭과 습기 또는 물에 지속적으로 접촉함으로 발생하며 국소산소결핍이 원인이다.

해설 동상은 강렬한 한랭으로 조직 장해가 오거나 심부혈관에 변화를 초래하는 장해이다.

36 한랭환경에서 발생하는 제2도 동상의 증상은?

① 따갑고 가려운 감각이 생긴다.
② 혈관이 확장하여 발적이 생긴다.
③ 수포를 가진 광범위한 삼출성 염증이 일어난다.
④ 심부조직까지 동결하며 조직의 괴사로 괴저가 일어난다.

해설 동상(frostbite)
㉠ 제1도 동상: 발적(홍반성) 동상이라고도 한다.
㉡ 제2도 동상: 수포 형성과 염증이 발생하여 수포성 동상이라고도 한다.
㉢ 제3도 동상: 조직괴사로 괴저가 발생하여 괴사성 동상이라고도 한다.

37 저온환경에서 발생할 수 있는 건강장해에 관한 설명으로 옳지 않은 것은?

① 제3도 동상은 수포와 함께 광범위한 삼출성 염증이 일어나는 경우를 말한다.
② 피로가 극에 다하면 체열의 손실이 급속히 이루어져 전신의 냉각상태가 수반되게 된다.
③ 참호족은 지속적인 국소의 산소결핍 때문이며 저온으로 모세혈관벽이 손상되는 것이다.
④ 전신체온강하는 장시간의 한랭 노출 시 체열의 손실로 말미암아 발생하는 급성 중증장해이다.

> **삼출성 염증**
> 고름, 콧물 등이 나는 염증 반응을 말한다.

해설 3도 동상은 괴사성 동상으로 한랭작업이 장시간 지속되었을 때 생기며 혈행은 완전히 정지되고 동시에 조직성분도 붕괴된다. 수포와 함께 광범위한 삼출성 염증이 일어나는 경우는 제2도 동상의 증상이다.

정답 32 ② 33 ② 34 ③ 35 ④ 36 ③ 37 ①

38 한랭장해 예방에 관한 설명으로 옳지 않은 것은?

① 금속의자 사용을 금지한다.
② 체온을 유지하기 위해 앉아서 장시간 작업한다.
③ 외부액체가 스며들지 않도록 방수 처리된 의복을 입는다.
④ 고혈압, 심혈관 질환 및 간장 장해가 있는 사람은 한랭작업을 피하도록 한다.

해설 체온을 유지하기 위해 앉아서 장시간 작업을 금하고 더운 물을 비치한다.

39 한랭장해 예방에 관한 설명으로 옳지 않은 것은?

① 방한복 등을 이용하여 신체를 보온하도록 한다.
② 구두는 약간 작은 것을 착용하고, 일부의 습기를 유지하도록 한다.
③ 고혈압자, 심장혈관장해 질환자와 간장 및 신장 질환자는 한랭작업을 피하도록 한다.
④ 작업환경 기온은 10 ℃ 이상으로 유지시키고, 바람이 있는 작업장은 방풍시설을 하여야 한다.

해설 방한화 및 장갑은 약간 큰 것을 착용하고 습기를 제거해야 한다.

06 전리 및 비전리방사선

학습 POINT
전리방사선과 비전리방사선의 종류와 특징을 파악하고 그 방사선이 인체에 미치는 영향에 대하여 학습한다.

01 전리방사선과 비전리방사선의 경계가 되는 광자에너지의 강도로 옳은 것은?

① 12 eV
② 120 eV
③ 1 200 eV
④ 12,000 eV

해설 전리방사선과 비전리방사선의 경계가 되는 광자에너지의 강도는 12 eV이다.

02 전리방사선으로 옳지 않은 것은?

① 알파선
② 베타선
③ 중성자
④ UV-선

[해설] 방사선의 종류
  ㉠ 이온화 방사선(전리방사선)
    ⓐ 전자기 방사선: X선, γ(감마)선
    ⓑ 입자방사선: α 입자, β 입자, 중성자
  ㉡ 비전리방사선(비이온화 방사선): 자외선(紫外線, UV, ultraviolet), 가시광선, 적외선(赤外線, IR, infrared radiation), 마이크로파(MW, microwave), 저주파(LF, low frequency), 극저주파(ELF, extremely low frequency), 레이저 (LASER, light amplification by stimulated emission of radiation)

[참고] 전리방사선의 종류와 물리적 특성

종류	형태	선원	RBE	피해 부위
α선	고속도의 He핵(입자)	방사선 원자핵	10	내부폭로
β선	고속도의 전자(입자)	방사선 원자핵	1	내부폭로
γ선	전자파(광자선)	방사선 원자핵	1	외부폭로
X선	전자파(광자선)	X선관	1	외부폭로
중성자	중성입자(입자)	핵분열 및 핵변환반응	10	외부폭로

① RBE(relative biological effectiveness): 상대적 생물학적 효과
② rem = rad × RBE, 진동수 = 3.0×10^{11} Hz 이하
③ 파장 = 1.0×10^{-7} m 이상(즉, 100 nm)
   광자당 에너지 = 1.2×10^1 eV 이하

03 전리방사선인 전자기 방사선(electromagnetic radiation)에 속하는 것은?

① β(베타)선
② γ(감마)선
③ 중성자
④ IR선

IR선(적외선, Infrared Radiation)
파장이 780 nm ~ 1 mm 정도인 전자기파로 가시광선보다 파장이 길다.

[해설]
• 전자기 방사선: X선, γ(감마)선
• 입자상방사선: α(알파)선, β(베타)선, 중성자

04 전리방사선에 속하는 것은?

① 가시광선
② X선
③ 적외선
④ 라디오파

[해설] 이온화 방사선(전리방사선)에는 X선, γ(감마)선, α 입자, β 입자, 중성자가 있다.

CHAPTER 2 출제 예상 문제

05 전리방사선인 β 입자에 관한 설명으로 옳지 않은 것은?
① 외부조사도 잠재적 위험이 되나 내부 조사가 더욱 큰 건강상의 문제를 일으킨다.
② 선원은 방사선 원자핵이며 형태는 고속의 전자(입자)이다.
③ α(알파) 입자에 비해서 무겁고 속도가 느리다.
④ RBE는 1이다.

해설 β선은 원자핵에서 방출되는 전자의 흐름으로 α 입자보다 가볍고, 10배 빠르므로 충돌할 때마다 튕겨져 방향을 바꾼다. 전리방사선의 종류에 따라 조직에 전달되는 선량이 같더라도 생물학적 효과는 다른데 이를 구별하기 위하여 생물학적 효과비(RBE, Relative Biologic Effect)라는 개념이 사용된다.

06 전리방사선의 특성을 설명한 것으로 옳지 않은 것은?
① α-입자는 투과력은 약하나, 전리작용은 강하다.
② 중성자는 α-입자, β-입자보다 투과력이 강하다.
③ β-입자는 α-입자에 비하여 무거워 충돌에 따른 영향이 크다.
④ X-선은 전자를 가속하는 장치로부터 얻어지는 인공적인 전자파이다.

해설 β선은 원자핵에서 방출되는 전자의 흐름으로 α 입자보다 가볍고, 10배 빠르므로 충돌할 때마다 튕겨져 방향을 바꾼다.

07 전리방사선은 생체에 대하여 파괴적으로 작용하므로 엄격한 허용기준이 제정되어 있다. 전리방사선으로만 짝지어진 것은?
① α선, 중성자, X-선
② β선, 레이저, 자외선
③ α선, 라디오파, X-선
④ β선, 중성자, 극저주파

해설 자외선, 라디오파, 극저주파는 비전리방사선이다.

08 투과력이 가장 약한 전리방사선은?
① α선
② β선
③ γ선
④ X선

해설 전리방사선의 인체 투과력 순서: 중성자 > X선 또는 γ선 > β선 > α선

09 렌트겐(R) 단위 (1 R)의 정의로 옳은 것은?

① 2.58×10^{-4} 쿨롬kg
② 4.58×10^{-4} 쿨롬kg
③ 2.58×10^{4} 쿨롬/kg
④ 4.58×10^{4} 쿨롬/kg

해설 R(렌트겐, Röntgen): 공기 1 kg 중에 2.58×10^{-4} C(쿨롬)의 에너지를 생성하는 선량

10 X선을 공기 1 cm³에 조사해서 발생한 ion에 의하여 1정전 단위의 전기량이 운반되는 전량을 1로 나타내는 단위는? (단, 0℃ 1기압 기준)

① 퀴리(Ci)
② 렘(Rem)
③ RBE
④ 렌트겐(R)

해설 R(렌트겐, Röntgen): 공기 1 cm³(0 ℃, 1기압)에 X선 또는 γ선을 조사하여 발생한 이온에 의해 1정전단위의 전기량이 운반되는 조사선량. 또한 공기 1 kg 중에 2.58×10^{-4} C(쿨롬)의 에너지를 생성하는 선량

11 방사선 단위 중에서 1초 동안 3.7×10^{10}개의 원자붕괴가 일어나는 방사선 물질량을 1로 나타내는 것은?

① R
② Ci
③ rad
④ rem

해설 Ci(퀴리): 1초에 3.7×10^{10}개의 원자붕괴가 일어나는 방사성 물질의 양으로 1 Ci는 ^{226}Ra 1 g의 방사능과 같다. 큐리는 단위시간에 일어나는 방사선의 붕괴율을 의미한다.

12 방사선량인 흡수선량에 관한 내용으로 옳지 않은 것은?

① 조직(또는 물질)의 단위 질량당 흡수된 에너지의 개념이다.
② 관용단위는 rem으로 상대적 생물학적 효과를 고려한 것이다.
③ 모든 종류의 이온화 방사선에 의한 외부노출, 내부노출 등 모든 경우에 적용된다.
④ 방사선이 물질과 상호작용한 결과, 그 물질의 단위 질량에 흡수된 에너지를 의미한다.

해설 흡수선량의 관용단위는 rad이다.

13 일반적으로 전리방사선에 대한 감수성이 가장 둔감한 것은?

① 형태와 기능이 미완성된 조직
② 세포핵 분열이 계속적인 조직
③ 신경조직, 근육 등 조밀한 조직
④ 증식력과 재생 기전이 왕성한 조직

해설 전리방사선에 대한 감수성의 순서
골수, 흉선 및 림프조직(조혈기관), 임파선, 눈의 수정체, 생식선 〉 상피세포, 내피세포 〉 근육세포 〉 신경조직

14 전리방사선의 단위 중 생체실효선량으로 옳은 것은?

① rad
② R
③ RBE
④ rem

해설 rem(렘, röentgen equivalent man): 생체실효선량으로 방사선이 생물체에 미치는 작용을 결정하는 흡수선량의 단위로 X선의 조사선량이 1 R일 때 이것을 피폭한 사람의 선량당량은 약 1 rem이다. X선이나 γ선을 기준으로 하는 각종 방사선의 생체에 대한 작용을 생물학적 효과비율(RBE, relative biological effectiveness) 또는 방사선 가중치라고도 하며, 이것을 고려해서 나타내는 단위를 rem이라 한다.
rem = rad × RBE

참고 전리방사선의 단위

구분	일반단위	국제표준 단위 (SI 단위)	환산식	비고
방사능	Ci (큐리)	Bq (베크렐)	1 Ci = 3.7 × 10^{10} Bq 1 pCi = 0.037 Bq	방사성 물질이 방사선을 내는 강도
조사선량 (노출선량)	C(쿨롬)/ kg	R (렌트겐)	1 R = 2.58 × 10^{-4} C/kg	X선, γ선만 해당됨
흡수선량 (흡수당량)	rad (라드)	Gy (그레이)	1 rad = 0.01 Gy 1 Gy = 100 rad	방사선 전부
등가선량 (선량당량)	rem (렘)	Sv (시버트)	1 rem = 0.01 Sv 1 Sv = 100 rem	RBE(가중치): X선, γ선, β입자: 1 열중성자: 2.5 저속 중성자: 5 양자, 고속 중성자: 10

15 전리방사선의 단위 중 흡수선량의 단위는?

① rad
② rem
③ curie
④ roentgen

해설 라드(rad)는 조직 또는 물질의 단위 질량당 흡수된 에너지를 표시한다.
1 rad = 0.01 Gy = 0.01 J/kg

16 전리방사선의 단위 중 조직(또는 물질)의 단위질량당 흡수된 에너지를 나타내는 것은?

① Gy(Gray)
② R(Röntgen)
③ Sv(Sivert)
④ Bq(Becpuerel)

해설 Gy(그레이, gray): 흡수선량의 단위로 1 kg의 물질에 1 J(줄)의 방사선 에너지가 흡수되는 것. 1 Gy = 1 J/kg

17 방사선의 외부 노출에 대한 방어 3원칙으로 옳지 않은 것은?

① 대치
② 차폐
③ 거리
④ 시간

해설 방사선의 외부노출에 대한 방어 3원칙
㉠ 시간: 노출시간을 최대로 단축한다.
㉡ 거리: 방사능은 거리의 제곱에 비례하여 감소한다.
㉢ 차폐: 큰 투과력을 갖는 방사선 차폐물은 원자번호가 크고 밀도가 큰 물질이 효과적이다.

18 파장으로서 방사선의 특징으로 옳지 않은 것은?

① 간섭을 일으킨다.
② 빛의 속도로 이동한다.
③ 자장이나 전장의 영향이 크다.
④ 물질과 만나면 흡수 또는 산란된다.

해설 파장으로서 방사선의 특징은 빛과 거의 성질(직선성, 속도, 반사, 산란, 굴절, 간섭)이 같고, 자장이나 전장의 영향을 받지 않는다.

정답 13 ③ 14 ④ 15 ① 16 ① 17 ① 18 ③

CHAPTER 2 출제 예상 문제

19 방사선에 감수성이 가장 큰 신체 부위는?
① 위장 ② 조혈기관
③ 뇌 ④ 근육

해설 전리방사선에 대한 감수성의 순서
골수, 흉선 및 림프조직(조혈기관), 임파선, 눈의 수정체, 생식선 > 상피세포, 내피세포 > 근육세포 > 신경조직

20 비전리방사선에 속하는 방사선은?
① X선 ② β선
③ 중성자 ④ 마이크로파

해설 비전리방사선(비이온화 방사선): 자외선(紫外線, UV, ultraviolet), 가시광선, 적외선(赤外線, IR, infrared radiation), 마이크로파(MW, microwave), 저주파(LF, low frequency), 극저주파(ELF, extremely low frequency), 레이저(LASER, light amplification by stimulated emission of radiation)

21 자외선에 대한 설명 중 옳지 않은 것은?
① 인체에 유익한 건강선은 290 ~ 315 nm이다.
② 400 ~ 500 nm의 파장은 주로 피부암을 유발한다.
③ 구름이나 눈에 반사되며, 대기오염의 지표로도 사용된다.
④ 일명 화학선이라고 하며 광화학반응으로 단백질과 핵산분자의 파괴, 변성작용을 한다.

해설 자외선은 콜타르의 유도체, 벤조피렌, 안트라센 화합물과 상호작용하여 피부암을 유발하며 관여하는 파장은 280 ~ 320 nm이다.

22 자외선에 관한 설명으로 옳지 않은 것은?
① 일명 화학선이라고 한다.
② UV-B의 영향으로 피부암이 유발될 수 있다.
③ 성층권 오존층은 200 nm 이하의 자외선만 지구에 도달하게 한다.
④ 약 100 ~ 400 nm 파장의 범위의 전자파로 UV-A, UV-B, UV-C로 구분한다.

해설 성층권 오존층은 200 nm 이하의 자외선을 흡수하여 지구에 도달하지 못하게 한다.

23 자외선에 관한 설명으로 옳지 않은 것은?

① 피부암을 유발한다.
② 눈에 대한 영향은 270 nm에서 가장 크다.
③ 구름이나 눈에 반사되며 대기오염의 지표이다.
④ 일명 열선이라 하며 화학적 작용은 크지 않다.

해설 일명 열선이라 하며 화학적 작용은 크지 않는 비전리방사선은 적외선이다.

24 비타민 D를 형성하며 건강선이라 하는 광선(자외선)의 파장 범위로 옳은 것은?

① 200 ~ 250 nm
② 280 ~ 320 nm
③ 360 ~ 450 nm
④ 480 ~ 520 nm

해설 자외선B(UV-B): 280 ~ 315 nm(2 800 ~ 3 150 Å)의 파장을 지녔고 Dorno선(인체에 유익한 건강선)이라 불리며 비타민 D 형성, 살균작용, 각막염, 피부암과 밀접한 관계가 있는 파장 영역이다.

25 자외선이 피부에 미치는 영향에 대한 설명으로 옳지 않은 것은?

① 대부분의 피부암은 상피세포 부위에서 발생한다.
② 백인과 흑인의 피부암 발생률의 차이는 크지 않다.
③ 자외선 노출에 의한 가장 심각한 만성 영향은 피부암이다.
④ 피부암의 90 % 이상은 햇볕에 노출된 신체 부위에서 발생한다.

해설 흑인의 피부암 발생률은 더 낮아서 백인의 4 %이다.

26 반복하여 쬐일 경우 피부가 건조해지고 갈색을 띠게 하며 주름살이 많이 생기도록 작용하며, 눈의 각막과 결막에 흡수되어 안질환을 일으키기도 하는 것은?

① 자외선
② 적외선
③ 가시광선
④ 레이저(laser)

해설 자외선은 대부분은 신체 표면에 흡수되기 때문에 주로 피부, 눈에 직접적인 영향을 초래한다.

정답 19 ② 20 ④ 21 ② 22 ③ 23 ④ 24 ② 25 ② 26 ①

출제 예상 문제

27 피부 노화에 주로 영향을 주는 비전리방사선은?
① UV-A ② UV-B
③ UV-C ④ UV-D

해설 피부 노화를 촉진시키는 자외선은 UV-A(315 ~ 400 nm)이다.

28 작업환경의 유해인자와 건강장해의 연결이 틀린 것은?
① 자외선 – 혈소판 수 감소
② 고온 – 열사병
③ 기압 – 잠함병
④ 적외선 – 백내장

해설 자외선은 비타민 D를 형성하여 혈소판 수를 증가시킨다.

29 전자기 복사선의 파장범위 중에서 자외선-A의 파장 영역으로 옳은 것은?
① 100 ~ 280 nm ② 280 ~ 315 nm
③ 315 ~ 400 nm ④ 400 ~ 760 nm

해설 자외선의 분류
㉠ UV-A: 315 ~ 400 nm의 파장을 지녔고 지속적으로 노출되면 발진, 홍반, 백내장, 피부 노화 촉진을 나타낸다.
㉡ UV-B: 280 ~ 315 nm(도노선)의 파장을 지녔고 지속적으로 노출되면 발진, 피부암, 광결막염을 나타낸다.
㉢ UV-C: 100 ~ 280 nm의 파장을 지녔고 지속적으로 노출되면 발진, 경미한 홍반을 나타낸다.

30 자외선 중 일명 화학적인 자외선이라 불리며, 안전과 보건 측면에 관심이 되는 자외선의 파장 범위로 옳은 것은?
① 400 ~ 515 nm ② 300 ~ 415 nm
③ 200 ~ 315 nm ④ 100 ~ 215 nm

해설 파장이 200 ~ 315 nm인 자외선을 화학적인 자외선이라 불리며 광화학 반응으로 단백질과 핵산 분자의 파괴, 변성작용을 한다.

31 전기성 안염(전광선 안염)과 가장 관련이 깊은 비전리방사선은?
① 마이크로파 ② 자외선
③ 가시광선 ④ 적외선

해설) 전기용접, 자외선 살균취급자에서 발생되는 자외선은 전광성 안염인 급성 각막염을 유발시킬 수 있다.

32 파장이 400 ~ 760 nm이면 어떤 종류의 비전리방사선인가?
① 적외선 ② 라디오파
③ 마이크로파 ④ 가시광선

해설) 가시광선은 380 ~ 770 nm(보통은 400 ~ 700 nm)의 파장 범위이며, 480 nm 부근에서 최대강도를 나타낸다.

33 적외선 관한 설명으로 옳지 않은 것은?
① 일명 열선이라고 하며 온도에 비례하여 적외선을 복사한다.
② 적외선은 대부분 화학작용을 수반하며 가시광선과 자외선 사이에 있다.
③ 적외선은 가시광선보다 긴 파장으로 가시광선과 가까운 쪽을 근적외선이라 한다.
④ 적외선에 강하게 노출되면 안검록염, 각막염, 홍채위축, 백내장 등 장애를 일으킬 수 있다.

해설) 적외선은 열선이라고 하며 화학작용을 수반하지 않으며 가시광선보다 파장이 길다.

34 적외선에 가장 많이 노출될 수 있는 작업으로 옳은 것은?
① 보석 세공 작업 ② 유리 가공 작업
③ 전기 용접 ④ X선 촬영 작업

해설) 적외선의 인공적 발생원은 제철, 제강업, 주물업, 용융 유리가공업, 가열로, 용접작업, 노작업, 가열램프, 레이저 등이다.

정답 27 ① 28 ① 29 ③ 30 ③ 31 ② 32 ④ 33 ② 34 ②

CHAPTER 2 출제 예상 문제

35 적외선에 관한 설명으로 옳지 않은 것은?
① 대부분 생체의 화학작용을 수반한다.
② 온도에 비례하여 적외선을 복사한다.
③ 태양에너지의 52 % 정도를 차지한다.
④ 파장 범위는 780 ~ 1 mm로 가시광선과 마이크로파 사이에 있다.

해설 대부분 화학작용을 수반하는 비전리방사선은 자외선이다.

36 적외선에 관한 설명으로 옳지 않은 것은?
① 적외선은 대부분 화학작용을 수반하지 않는다.
② 적외선은 지속적 적외선, 맥동적 적외선으로 구분된다.
③ 적외선 백내장은 초자공 백내장 등으로 불리며 수정체의 뒷부분에서 시작된다.
④ 가시광선보다 긴 파장으로 가시광선에 가까운 쪽을 근적외선, 먼 쪽을 원적외선이라고 부른다.

해설 지속파 및 맥동파로 분류되는 것은 비전리방사선은 레이저이다.

37 태양으로부터 방출되는 복사 에너지의 52 % 정도를 차지하고 피부조직 온도를 상승시켜 충혈, 혈관확장, 각막손상, 두부장해를 일으키는 유해광선은?
① 자외선
② 가시광선
③ 적외선
④ 마이크로파

해설 태양복사 에너지 중 적외선(52 %), 가시광선(34 %), 자외선(5 %)를 차지한다. 적외선은 물질에 흡수되어 열작용을 일으키므로 열선 또는 열복사선이라고 부른다. 생물학적 작용으로 안장해, 피부장해, 두부 장해를 일으킨다.

38 레이저가 다른 광원과 구별되는 특징으로 옳지 않은 것은?
① 집광성과 방향조정이 용이하다.
② 단일파장으로 단색성이 뛰어나다.
③ 위상이 고르고 간섭현상이 일어나지 않는다.
④ 단위 면적당 빛에너지가 크게 설계되어 있다.

해설 레이저는 위상이 고르고 간섭현상이 일어나기 쉽다.

39 비전리방사선에 대한 설명으로 옳지 않은 것은?

① 적외선(IR)은 700 ~ 1 mm의 파장을 갖는 전자파로서 열선이라고 부른다.
② 자외선(UV)은 X-선과 가시광선 사이의 파장(100 ~ 400 nm)을 갖는 전자파이다.
③ 가시광선은 400 ~ 700 nm의 파장을 갖는 전자파이며 망막을 자극해서 광각을 일으킨다.
④ 레이저는 극히 좁은 파장 범위이기 때문에 쉽게 산란되며 강력하고 예리한 지향성을 지닌 특징이 있다.

> **해설** 레이저는 보통 광선과는 달리 단일파장으로 강력하고 예리한 지향성을 지녔고, 극히 좁은 파장범위이기 때문에 쉽게 산란되지 않는 특성이 있다.

40 마이크로파와 라디오파에 관한 설명으로 옳지 않은 것은?

① 라디오파의 파장은 1 MHz와 자외선 사이의 범위를 말한다.
② 마이크로파와 라디오파의 생체작용 중 대표적인 것은 온감을 느끼는 열작용이다.
③ 마이크로파의 생물학적 작용은 파장뿐만 아니라 출력, 노출시간, 노출된 조직에 따라 다르다.
④ 마이크로파의 주파수는 10 ~ 10,000 MHz 정도이며, 지역에 따라 범위의 규정이 각각 다르다.

> **해설** 라디오파의 파장은 1 m ~ 100 km이고, 주파수는 약 3 k~ 300 GHz 정도를 말한다.

41 마이크로파가 건강에 미치는 영향에 관한 설명으로 옳지 않은 것은?

① 마이크로파는 백내장을 유발한다.
② 마이크로파는 혈압을 상승시켜 결국 고혈압을 초래한다.
③ 생화학적 변화로는 콜린에스테라제의 활성치가 감소한다.
④ 마이크로파의 생물학적 작용은 파장뿐만 아니라 출력, 노출시간, 노출된 조직에 따라서 다르다.

> **해설** 혈압은 노출 초기에는 상승하다가 곧 억제 효과를 내어 저혈압을 초래한다.

CHAPTER 2 출제 예상 문제

42 레이저광선에 의해 주로 장애를 받는 신체부위는?
① 생식기관
② 조혈기관
③ 중추신경계
④ 피부 및 눈

해설 레이저의 피부에 대한 작용은 가역적이며 피부 손상, 화상, 수포 형성, 색소침착 등이 생길 수 있고 눈에 대한 작용은 각막염, 백내장, 망막염이다.

43 비전리방사선 중 보통광선과는 달리 단일파장이고 강력하고 예리한 지향성을 지닌 광선은?
① 적외선
② 마이크로파
③ 가시광선
④ 레이저광선

해설 레이저는 보통 광선과는 달리 단일파장으로 강력하고 예리한 지향성을 지녔고, 단위면적당 빛에너지가 대단히 큰, 즉 에너지 밀도가 크다.

44 마이크로파와 라디오와 방사선이 건강에 미치는 영향에 관한 설명으로 옳지 않은 것은?
① 마이크로파의 열작용에 가장 영향을 많이 받는 기관은 생식기와 눈이다.
② 일반적으로 150 MHz 이하의 마이크로파와 라디오파는 신체를 완전히 투과하며 흡수되어도 감지되지 않는다.
③ 500 ~ 1,000 MHz의 마이크로파에 노출된 경우 눈 수정체의 아스코르브산액 함량 급증으로 백내장이 유발된다.
④ 마이크로파와 라디오파는 하전을 시키지는 못하지만 생체 분자의 진동과 회전을 시킬 수 있어 조직의 온도를 상승 시키는 열작용에 의한 영향을 준다.

해설 1,000 ~ 10,000 MHz에서 백내장이 생기고, 아스코르브산(ascorbic acid)의 감소 증상이 나타난다.

45 방사선의 외부 노출에 대한 방어대책을 세울 경우에 착안하는 원칙으로 옳지 않은 것은?
① 차폐
② 개선
③ 거리
④ 시간

> **해설** 방사선의 외부노출에 대한 방어대책
> ⊙ 노출시간 단축   ⓒ 거리를 멀리한다.   © 차폐

46 비전리방사선인 극저주파 전자장에 관한 내용으로 옳지 않은 것은?
① 장기 노출 시 피부장해와 안장해가 발생되는 것으로 알려져 있다.
② 통상 1 ~ 300 Hz의 주파수 범위를 극저주파 전자장이라 한다.
③ 직업적으로 지하철 운전기사, 발전소 기사 등 고압전선 가까이서 근무하는 근로자들의 노출이 크다.
④ 노출 범위와 생물학적 영향면에서 가장 관심을 갖는 주파수 영역은 전력 공급계통의 교류와 관련되는 50 ~ 60 Hz 범위이다.

> **해설** 극저주파 방사선에 장기적으로 노출 시 대표적인 증상은 두통, 불면증 등의 생리적인 신경장해와 각종 순환기에 영향을 미친다. 장기 노출 시 피부장해와 안장해가 발생되는 것은 적외선이다.

47 전리방사선의 장해와 예방에 관한 설명으로 옳지 않은 것은?
① 기준 초과의 가능성이 있는 경우에는 경보 장치를 설치한다.
② 방사선의 측정은 Geiger Muller counter 등을 사용하여 측정한다.
③ 개인 근로자의 피폭량은 pocket dosimeter, film badge 등을 이용하여 측정한다.
④ 방사선 노출 수준은 거리에 반비례하여 증가하므로 발생원과의 거리를 관리하여야 한다.

> **해설** 전리방사선의 노출량은 거리의 제곱에 반비례한다.

> 가이거-뮐러 계수기: 이온화 방사선을 측정하는 장치로 손으로 들고 다닐 수 있어 널리 사용되는 방사능 측정장비이다. 불활성 기체를 담은 가이거-뮐러 계수관을 이용하여 알파 입자, 베타 입자, 감마선과 같은 방사능에 의해 불활성 기체가 이온화되는 정도를 표시하여 방사능을 측정한다.

48 전리방사선 방어의 궁극적 목적은 가능한 한 방사선에 불필요하게 노출되는 것을 최소화하는 데 있다. 국제방사선방호위원회(ICRP)가 노출을 최소화하기 위해 정한 원칙 3가지에 해당하지 않는 것은?
① 작업의 최적화   ② 작업의 다양성
③ 작업의 정당성   ④ 개개인의 노출량의 한계

> **해설** 방사선방호위원회(ICRP)의 노출을 최소화 원칙
> ⊙ 작업의 최적화를 통해 노출을 최소화한다.
> ⓒ 작업의 정당성을 통해 노출을 최소화한다.
> © 개개인의 노출량의 한계를 정하여 노출을 최소화한다.

정답 42 ④ 43 ④ 44 ③ 45 ② 46 ① 47 ④ 48 ②

07 채광 및 조명

01 직접조명의 단점으로 옳지 않은 것은?

① 휘도가 크다.
② 조명효율이 낮다.
③ 눈의 피로도가 크다.
④ 강한 음영으로 불쾌감이 있다.

해설 직접조명의 단점은 눈부심, 균일한 조도를 얻기 힘들며, 강한 음영(그림자)을 만드는 것이다. 이에 비해 장점은 조명효율이 좋고, 천장면의 색조에 영향을 받지 않고, 설치비용이 저렴하다.

학습 POINT

빛의 밝기 단위와 단위 간의 상호관계 및 조명의 종류에 대하여 암기하고 기출문제를 통한 자주 출제되는 내용을 확인한다.

02 자연조명에 관한 설명으로 옳지 않은 것은?

① 지상에서의 태양 조도는 약 100,000 Lux 정도이다.
② 창의 면적은 바닥면적의 15 ~ 20 %가 이상적이다.
③ 천공광이란 태양광선의 직사광을 말하며 1년을 통해 주광량의 50 % 정도의 비율이다.
④ 실내의 일정 지침의 조도와 옥외의 조도와의 비율을 %로 표시한 것을 주광률이라고 한다.

해설 주광(daylight)에는 태양으로부터 바로 지면으로 떨어지는 강한 빛인 직사광(direct light)와 대기 중에서 산란한 빛이 대지를 뒤덮는 은은한 빛인 천공광(sky light)의 두 종류가 있다.

▶ 천공광(天空光): 푸른 하늘의 반사광이나 구름으로부터의 반사광, 투과광 따위가 섞여 있는 상태의 빛을 말한다.

03 채광에 관한 설명으로 옳지 않은 것은?

① 균일한 조명을 요하는 작업실은 동북 또는 북창이 좋다.
② 창의 면적은 바닥면적의 15 ~ 20 %가 이상적이다.
③ 실내 각점의 개각은 4 ~ 5°가 좋다.
④ 입사각은 28° 이하가 좋다.

해설 입사각은 28° 이상이 좋다.

▶ 입사각은 각도가 커야 채광에 유리하다.

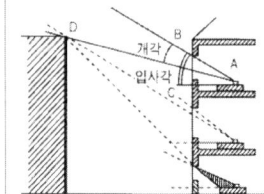

04 채광에 관한 내용으로 옳지 않은 것은?

① 창의 실내 각 점의 개각은 15° 이상이어야 한다.
② 창의 면적은 바닥면적의 15 ~ 20 %가 이상적이다.
③ 균일한 조명을 요하는 작업실은 동북 또는 북창이 좋다.
④ 실내 일정 지점의 조도와 옥외 조도와의 비율을 %로 표시한 것을 주광률이라고 한다.

해설 실내 각점의 개각은 4 ~ 5°가 좋다.

05 ( ) 안에 옳은 내용은?

> 광원에서 빛을 이용할 때에는 어느 방향으로 얼마만큼의 광속이 발산되고 있는지를 알 필요가 있다. 바로 이때 광원으로부터 나오는 빛의 세기를 (   )(이)라 한다.

① 조도
② 광도
③ 광량
④ 휘도

해설 광도는 광원에서 어느 방향으로 나오는 빛의 세기를 나타내는 양으로 SI 단위는 칸델라(국제촉광, cd)이다. 일반적으로 광원에서 빛이 나올 때 모든 방향으로 균일하게 빛을 방사하는 것이 아니라 방향에 따라 빛의 세기가 달라진다. 이것은 각 방향으로 나오는 광속의 양이 다르기 때문이다.

06 광원으로부터 나오는 빛의 세기인 광도의 단위는?

① 촉광
② 루멘
③ 럭스
④ 폰

해설 광도는 광원에서 어느 방향으로 나오는 빛의 세기를 나타내는 양으로 SI 단위는 칸델라(국제촉광, cd)이다.

07 1촉광의 광원으로부터 단위 입체각으로 나가는 광속의 단위는?

① 루멘(Lumen)
② 후트캔들(Foot-candle)
③ 룩스(Lux)
④ 람버트(Lambert)

해설 루멘(lumen) : 1 촉광의 광원으로부터 한 단위 입체각으로 나가는 광속의 단위(1루멘 = 1 cd/입체각), 광속의 국제 단위로 기호는 lm

정답 01 ② 02 ③ 03 ④ 04 ① 05 ② 06 ① 07 ①

08 촉광에 대한 설명으로 옳지 않은 것은?

① 단위는 럭스(Lux)를 사용한다.
④ 1촉광 = 4π 루멘의 관계가 성립한다.
③ 빛의 광도를 나타내는 단위로 국제촉광을 사용한다.
② 지름이 1인치되는 촛불이 수평 방향으로 비칠 때 대략 1촉광의 빛을 낸다.

해설 촉광은 촉을 단위로 하여 측정한 광도이고, 단위는 캔들(cd)이다

참고 빛과 밝기의 단위

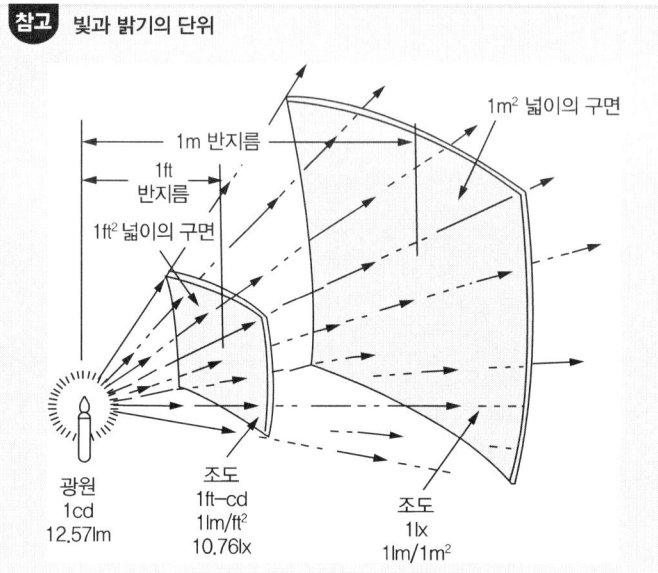

09 빛과 밝기의 단위로 사용되는 측정량과 단위로 옳지 않은 것은?

① 조도: 룩스(Lux)
② 광도: 칸델라(cd)
③ 휘도: 와트(W)
④ 광속: 루멘(lm)

해설
- 휘도(luminance): 눈부심의 정도로 대상 면에서 반사되는 빛의 양. 즉 특정 방향의 빛을 받은 표면의 단위면적당 방출되는 광도의 양을 나타내며 단위는 cd/m^2 = nit이다.
- W는 방사속의 단위이다.

10 빛과 밝기의 단위에 관한 설명으로 옳지 않은 것은?

① 광도의 단위는 칸델라(cd)를 사용한다.
② 광원으로부터 나오는 빛의 양을 광속이라 한다.
③ 광원으로부터 나오는 빛의 세기를 광도라고 한다.
④ 룩스는 광원으로부터 단위 입체각으로 나가는 광속의 단위이다.

해설 광원으로부터 단위 입체각으로 나가는 광속의 단위는 루멘이다.

11 조도에 관한 설명으로 옳지 않은 것은?

① 1 Foot candle은 10.8 Lux이다.
② 단위로는 럭스(Lux)를 사용한다.
③ 광원의 밝기는 거리의 2승에 역비례한다.
④ 단위 평면적에서 발산 또는 반사되는 광량, 즉 눈으로 느끼는 광원 또는 반사체의 밝기를 말한다.

해설 단위 평면적에서 발산 또는 반사되는 광량, 즉 눈으로 느끼는 광원 또는 반사체의 밝기는 휘도이다. 단위는 nit 또는 nt로 나타내고 1 nt = 1 cd/m².

> 조도(illumination)는 빛 밝기의 정도로 대상 면에 입사하는 빛의 양을 나타내며 단위는 lx 또는 lux로 표기하며 '럭스' 또는 '룩스'로 읽고 이는 바닥면이나 작업면 또는 벽면 등에 입사하는 빛의 양을 나타낸다.

12 빛 또는 밝기와 관련된 단위로 옳지 않은 것은?

① Wb
② lx
③ lm
④ cd

해설 웨버(weber, 기호 Wb)는 자기 선속의 국제 단위이며, 테슬라 제곱미터 (T · m²)와 같다. SI 기본 단위는 kg·m²·s^{-2}·A^{-1}

13 인공조명의 조명방법에 관한 설명으로 옳지 않은 것은?

① 간접조명은 설비비가 많이 소요된다.
② 간접조명은 강한 음영으로 분위기를 온화하게 만든다.
③ 직접조명은 작업면에 빛의 대부분이 광원 및 반사용 삿갓에서 직접 온다.
④ 일반적으로 분류하는 인공적인 조명방법은 직접조명과 간접조명, 반간접조명 등으로 구분할 수 있다.

해설 간접조명은 균일한 조도를 얻을 수 있으며 그림자(음영)가 없다.

정답 08 ① 09 ③ 10 ④ 11 ④ 12 ① 13 ②

14 1 fc(foot candle)은 약 몇 럭스(lux)인가?

① 3.9
② 8.9
③ 10.8
④ 13.4

해설 푸트캔들(ft-cd, footcandle): 1루멘의 빛이 1 ft²의 평면상에 수직 방향으로 비칠 때 그 평면의 빛의 양(lumen/ft²)
1 ft-cd = 10.8 lx

15 인공조명 시 고려해야 할 사항으로 옳지 않은 것은?

① 광원은 간접조명과 우상방에 설치
② 발화성, 폭발성이 없을 것
③ 경제성, 취급이 간편
④ 균등한 조도 유지

해설 광원은 간접조명과 좌상방에 설치한다.

16 일반적인 작업장의 인공조명 시 고려사항으로 옳지 않은 것은?

① 조명도를 균등히 유지할 것
② 경제적이며 취급이 용이할 것
③ 가급적 직접조명이 되도록 설치할 것
④ 폭발성 또는 발화성이 없으며 유해가스를 발생하지 않을 것

해설 인공조명은 가급적 간접조명이 되도록 설치할 것

17 다음 중 ( ) 안에 내용으로 옳은 것은?

> 국부조명에만 의존할 경우에는 작업장의 조도가 균등하지 못해서 눈의 피로를 가져올 수 있으므로 전체조명과 병용하는 것이 보통이다. 이와 같은 경우 전체조명의 조도는 국부조명에 의한 조도의 (   ) 정도가 되도록 조절한다.

① 1/10 ~ 1/5
② 1/20 ~ 1/10
③ 1/30 ~ 1/20
④ 1/50 ~ 1/30

해설 전체조명의 조도는 국부조명에 의한 조도의 1/5 ~ 1/10 정도가 되도록 조절한다.

18 산업안전보건법상 상시작업을 실시하는 장소에 대한 작업면의 조도 기준으로 옳은 것은?

① 초정밀작업: 1,000럭스 이상
② 정밀작업: 500럭스 이상
③ 보통작업: 150럭스 이상
④ 그 밖의 작업: 50럭스 이상

> **해설** 근로자가 상시작업하는 장소의 작업면 조도(照度)
> ㉠ 초정밀작업: 750럭스(lux) 이상
> ㉡ 정밀작업: 300럭스 이상
> ㉢ 보통작업: 150럭스 이상
> ㉣ 그 밖의 작업: 75럭스 이상

19 작업장의 조명관리에 관한 설명으로 옳지 않은 것은?

① 반간접조명은 간접과 직접조명을 절충한 방법이다.
② 직접조명은 작업면의 빛의 대부분이 광원 및 반사용 삿갓에서 직접 온다.
③ 간접조명은 음영과 현휘로 인한 입체감과 조명효율이 높은 것이 장점이다.
④ 직접조명은 가구의 구조에 따라 눈을 부시게 하거나 균일한 조도를 얻기 힘들다.

> **해설** 음영과 현휘로 인한 입체감과 조명효율이 높은 것이 장점인 조명방법은 직접조명이고, 간접조명은 균일한 조도를 얻을 수 있으며 그림자(음영)가 없는 장점이 있다.

20 조명 시의 고려사항으로 광원으로부터의 직접적인 눈부심을 없애기 위한 방법으로 옳지 않은 것은?

① 광원 또는 전등의 휘도를 줄인다.
② 광원을 시선에서 멀리 위치시킨다.
③ 광원 주위를 어둡게 하여 광도비를 높인다.
④ 눈이 부신 물체와 시선과의 각을 크게 한다.

> **해설** 광원으로부터의 직접적인 눈부심을 없애기 위한 방법은 광원 주위를 적정 조도비에 맞게 밝게 하는 것이다.

CHAPTER 2 출제 예상 문제

21 조명 부족과 관련한 질환으로 옳은 것은?
① 백내장　　　　　② 망막변성
③ 녹내장　　　　　④ 안구진탕증

해설 부적당한 조명, 즉 조명 부족이나 조명 과잉으로 인한 피해증상은 근시 유발, 시력 협착, 안정피로, 안구진탕증, 전광성 안염 등이 있다.

22 조명에 대한 설명으로 옳지 <u>않은</u> 것은?
① 갱(坑) 내부에서의 안구진탕증은 조명 부족으로 발생할 수 있다.
② 망막변성 등 기질적 안질환은 조명 부족에 의한 영향이 큰 안질환이다.
③ 조명 부족하에서 작은 대상물을 장시간 직시하면 근시를 유발할 수 있다.
④ 조명 과잉은 망막을 자극해서 잔상을 동반한 시력장해 또는 시력협착을 일으킨다.

해설 망막변성은 포도막염이라고도 하며 시력저하, 날파리증, 통증, 충혈, 눈물 흘림, 눈부심 등이 나타난다. 이러한 증상들은 눈의 염증의 양상이나 침범된 부위의 해부학적 위치에 따라 다양하게 나타날 수 있다.

▶ 안구진탕증(眼球震盪症, nystagmus) 혹은 눈동자떨림은 무의식적으로 눈이 움직이는 증상을 말한다. 안구진탕이라고도 한다. 안구진탕은 한 방향으로는 부드럽게, 다른 방향으로는 경련을 일으키면서 번갈아 움직이는 것이 특징이다.

CHAPTER 3. 보호구

출제 예상 문제

01 각종 보호구

> **학습 POINT**
> 호흡용 보호구와 방독 마스크에 대하여 확인하고 눈 및 피부 보호구에 대한 내용을 학습한다.

01 유해화학물질이 발산되는 사업장에서 근로자에게 가장 많이 침투되는 인체 침입 경로는?

① 호흡기
② 소화기
③ 피부
④ 점막

해설 유해물질의 인체침입 경로: 호흡기(95 %) 〉 피부(3 %) 〉 소화기(2 %)

02 호흡용 보호구에 관한 설명으로 옳지 않은 것은?

① 분진제거용 필터는 일반적으로 압축된 섬유상 물질을 사용한다.
② 흡기 저항이 큰 호흡용 보호구는 분진 제거율이 높아 안전성이 확보된다.
③ 오염물질을 정화하는 방법에 따라 공기정화식과 공기공급식으로 구분된다.
④ 산소농도가 정상적이고 먼지만 존재하는 작업장에서는 방진 마스크를 사용한다.

해설 흡기 저항이 낮은 호흡용 보호구는 분진 제거율이 높아 안전성이 확보된다.

03 방진 마스크에 관한 설명으로 옳지 않은 것은?

① 흡기 저항 상승률은 낮은 것이 좋다.
② 필터 재질로는 활성탄과 실리카젤이 주로 사용된다.
③ 방진 마스크의 종류는 격리식과 직결식, 면체여과식이 있다.
④ 비휘발성 입자에 대한 보호만 가능하며 가스 및 증기의 보호는 안 된다.

해설 활성탄과 실리카젤은 방독 마스크의 카트리지에 사용하는 재질이다.

정답 21 ④ 22 ② **01** 01 ① 02 ② 03 ②

CHAPTER 3 출제 예상 문제

04 방진 마스크에 관한 설명으로 옳지 <u>않은</u> 것은?

① 방진 마스크의 종류에는 격리식과 직결식, 면체여과식이 있으며 형태별로는 전면, 반면 마스크가 있다.
② 흡기, 배기 저항은 낮은 것이 좋으며 흡기 저항 상승률도 낮은 것이 좋다.
③ 대상 입자에 맞는 필터 재질(비휘발성용, 휘발성용)을 사용한다.
④ 여과제의 탈착이 가능하여야 한다.

해설 방진 마스크는 비휘발성 입자에 대한 보호만 가능하다.

참고 방진 마스크 형태 및 구조에 따른 분류(보호구 안전인증 고시 [별표 4] 방진 마스크의 성능 기준)

종류	분리식		안면부 여과식
	격리식	직결식	
형태	전면형 / 반면형	전면형 / 반면형	반면형
사용 조건	산소농도 18 % 이상인 장소에서 사용하여야 한다.		

05 방진 마스크의 필터에 사용되는 재질로 옳지 <u>않은</u> 것은?

① 활성탄
② 합성섬유
③ 면
④ 유리섬유

해설 활성탄은 방독 마스크의 카트리지에 사용하는 재질이다.

06 다음의 조건 중 방진 마스크의 선정 기준으로 옳지 않은 것은?

① 무게가 가벼울 것
② 시야가 넓을 것
③ 흡기 저항이 클 것
④ 포집 효율이 높을 것

해설 방진 마스크의 선정 기준으로 흡기 저항이 적어야 한다.

07 방진 마스크의 밀착성 시험 중 정량적인 방법에 관한 설명으로 옳은 것은?

① 간단하게 실험할 수 있다.
② 누설의 판정 기준이 지극히 개인적이다.
③ 시험장치가 비교적 저가이며 측정조작이 쉽다.
④ 일반적으로 보호구의 안과 밖에서 농도의 차이나 압력의 차이로 밀착 정도를 수적인 방법으로 나타낸다.

해설
- 방진 마스크의 밀착성 시험 중 정량적인 방법은 보호계수로 나타낸다.
- 보호계수(PF, Protection Factor): 호흡보호구의 바깥쪽에서의 공기 중 오염물질 농도와 안쪽에서의 오염물질 농도비로 착용자 보호의 정도를 나타내는 척도.

$$PF = \frac{\text{보호구 밖의 농도}}{\text{보호구 안의 농도}}$$

08 보호구 밖의 농도가 300 ppm이고 보호구 안의 농도가 12 ppm이었을 때 보호계수(PF, Protection Factor) 값은?

① 200   ② 100   ③ 50   ④ 25

해설
- 방진 마스크의 밀착성 시험 중 정량적인 방법은 보호계수로 나타낸다.
- 보호계수, $PF = \dfrac{\text{보호구 밖의 농도}}{\text{보호구 안의 농도}} = \dfrac{300}{12} = 25$

09 적절히 밀착이 이루어진 호흡기 보호구를 훈련된 일련의 착용자들이 작업장에서 착용하였을 때 기대되는 최소 보호 정도치를 무엇이라 하는가?

① 정도보호계수
② 할당보호계수
③ 밀착보호계수
④ 작업보호계수

해설 할당보호계수(APF, Assigned Protection Factor): 잘 훈련된 착용자가 보호구를 착용했을 때 각 호흡보호구가 제공할 수 있는 보호계수의 기대치. 할당보호계수

$$(APF) \geq \frac{\text{유해물질의 공기 중 농도}}{\text{노출 기준}}$$

정답 04 ③ 05 ① 06 ③ 07 ④ 08 ④ 09 ②

CHAPTER 3 출제 예상 문제

10 어떤 유해물질에 대한 기대되는 공기 중의 농도가 30 ppm이고 그 물질의 노출 기준이 2 ppm이면 적어도 호흡기 보호구의 할당보호계수(APF)는 최소 얼마 이상인 것을 선택해야 하는가?

① 0.07　　② 2.5
③ 15　　　④ 60

해설
할당보호계수(APF) $\geq \dfrac{\text{유해물질의 공기 중 농도}}{\text{노출 기준}}$

$\therefore \text{APF} \geq \dfrac{30}{2} = 15$

11 할당보호계수(APF)가 25인 반면형 호흡기보호구를 구리 흄(노출 기준(허용농도) 0.3 mg/m³)이 존재하는 작업장에서 사용한다면 최대사용농도(MUC: mg/m³)는?

① 3.5　　② 5.5
③ 7.5　　④ 9.5

해설
최대사용농도(MUC, mg/m³) = 노출 기준 × 할당보호계수
= 0.3 × 25 = 7.5 mg/m³

12 방진 마스크의 올바른 사용법으로 옳지 <u>않은</u> 것은?
① 필터에 부착된 분진은 세게 털지 말고 가볍게 털어 준다.
② 보관은 전용의 보관상자에 넣거나 깨끗한 비닐봉지에 넣는다.
③ 면체의 손질은 중성세제로 닦아 말리고 고무 부분은 햇빛에 잘 말려 사용한다.
④ 필터의 수명은 환경상태나 보관 정도에 따라 달라지나 통상 1개월 이내에 바꾸어 착용한다.

해설
면체의 손질은 중성세제로 닦아 말리고 고무 부분은 자외선에 약하므로 그늘에서 말려야 하며 시너 등은 사용하지 말아야 한다.

13 방진 마스크의 여과효율을 검정할 때 일반적으로 사용하는 먼지는 약 몇 μm인가?

① 0.03　　② 0.3
③ 3　　　 ④ 30

해설 | 섬유 필터에 의한 입자포집의 작동기전에서 입자가 크고 무거우면(0.5 μm 이상) 차단 및 충돌에 의한 포집 효율이 커지고 입자가 작고 가벼우면 확산(0.1 μm 이하)에 의한 포집 효율이 증가한다. 그렇지만 이 중간인 0.1~0.4 μm 사이의 입자는 포집이 잘 되지 않기 때문에 미국에서는 포집이 가장 안 되는(채취효율이 가장 낮은) 즉, 투과가 가장 잘 되는 크기인 0.3 μm를 검·인증 실험에 사용한다.

14 방진 마스크의 종류로 옳지 않은 것은?

① 특급
② 0급
③ 1급
④ 2급

해설 | 방진 마스크의 등급은 사용장소에 따라 다음 표와 같이 한다.

등급	특급	1급	2급
사용 장소	• 베릴륨 등과 같이 독성이 강한 물질들을 함유한 분진 등 발생장소 • 석면 취급장소	• 특급 마스크 착용 장소를 제외한 분진 등 발생 장소 • 금속 흄 등과 같이 열적으로 생기는 분진 등 발생장소 • 기계적으로 생기는 분진 등 발생 장소(규소 등과 같이 2급 방진 마스크를 착용하여도 무방한 경우는 제외한다.)	특급 및 1급 마스크 착용 장소를 제외한 분진 등 발생 장소

배기밸브가 없는 안면부 여과식 마스크는 특급 및 1급 장소에 사용해서는 안 된다.

15 장기간 사용하지 않은 오래된 우물에 들어가서 작업하는 경우 작업자가 반드시 착용해야 할 개인보호구는?

① 입자용 방진 마스크
② 유기가스용 방독 마스크
③ 일산화탄소용 방독 마스크
④ 송기형 호스 마스크

해설 | 장기간 사용하지 않은 오래된 우물에 들어가서 작업하는 경우에는 공기 공급이 잘되는 송기형 호스 마스크를 사용하여야 한다.

16 산소결핍 장소의 출입 시 착용하여야 할 보호구로 옳지 않은 것은?

① 공기호흡기
② 송기 마스크
③ 방독 마스크
④ 에어라인 마스크

해설 | 방독 마스크는 고농도 작업장(IDLH, 순간적으로 건강이나 생명에 위험을 줄 수 있는 유해물질의 고농도 상태)이나 산소결핍의 위험이 있는 작업장(산소농도 18% 미만)에서는 절대 사용해서는 안 되며 대상 가스에 맞는 정화통을 사용하여야 한다.

정답 | 10 ③ 11 ③ 12 ③ 13 ② 14 ② 15 ④ 16 ③

CHAPTER 3 출제 예상 문제

17 공기공급식 호흡기보호구 중 자가공기공급장치에 관한 설명으로 옳지 <u>않은</u> 것은?

① 개방식: 호기에서 나온 공기는 장치 밖으로 배출되며 사용시간은 30분에서 60분 정도이다.
② 폐쇄식: 개방식보다 가벼운 것이 장점이며 사용시간은 30분에서 4시간 정도이다.
③ 개방식: 소방관이 주로 사용하며 호흡용 공기는 압축공기를 사용한다.
④ 폐쇄식: 산소발생장치에는 주로 H_2O_2를 사용한다.

[해설] 폐쇄식 자가공기공급장치의 산소발생장치는 KO_2를 사용한다.

18 방독 마스크 사용 시 유의사항으로 옳지 <u>않은</u> 것은?

① 대상가스에 맞는 정화통을 사용할 것
② 유효시간이 불분명한 경우는 송기 마스크나 자급식 호흡기를 사용할 것
③ 산소결핍 위험이 있는 경우는 송기 마스크나 자급식 호흡기를 사용할 것
④ 사용 중에 조금이라도 가스 냄새가 나는 경우는 송기 마스크나 자급식 호흡기를 사용할 것

[해설] 사용 중에 조금이라도 가스 냄새가 나는 경우 새로운 정화통으로 교환할 것

19 방독 마스크 카트리지에 포함된 흡착제의 수명은 여러 환경 요인에 영향을 받는다. 흡착제의 수명에 영향을 주는 환경요인으로 옳지 <u>않은</u> 것은?

① 작업장의 온도   ② 작업장의 습도
③ 작업장의 유해물질 농도   ④ 작업장의 체적

[해설] 방독마스크 정화통(카트리지, cartridge) 수명에 영향을 주는 인자
  ㉠ 작업장의 습도 및 온도
  ㉡ 착용자의 호흡률(노출조건)
  ㉢ 작업장 오염물질 농도
  ㉣ 흡착제의 질과 양
  ㉤ 포장의 균일성과 밀도
  ㉥ 다른 가스 및 증기의 혼합 유무

20 방독 마스크의 흡착제의 재질로 옳지 않은 것은?

① fiber glass
② silica gel
③ activated carbon
④ sodalime

 방독 마스크 정화통의 흡착제: 활성탄(activated carbon, 비극성 유기용제에 사용), 실리카젤(silicagel, 극성 유기용제에 사용), 제올라이트, soda lime 등

21 방독 마스크의 유해인자와 카트리지 색깔의 연결로 옳지 않은 것은?

① 유기용제 – 흑색
② 암모니아 – 녹색
③ 일산화탄소 – 청색
④ 아황산가스 – 황적색

 방독 마스크의 유해인자와 카트리지(정화통) 색깔
일산화탄소 – 적색, 황화수소 – 황색, 할로겐가스 – 회색이나 흑색, 산성가스 – 회색

22 다음 [조건]에서 방독 마스크의 사용가능시간은?

- 공기 중 사염화탄소 농도: 0.2 %
- 사용 정화통의 정화능력이 사염화탄소 0.7 %에서 50분간 사용 가능함

① 110분
② 152분
③ 145분
④ 175분

해설 방독 마스크 사용가능시간 = $\dfrac{\text{표준유효시간} \times \text{시험가스 농도}}{\text{공기 중 유해가스 농도}}$

$= \dfrac{50 \times 0.7}{0.2} = 175$ 분

23 방독 마스크의 정화통의 성능을 시험할 때 사용하는 물질로 옳은 것은?

① 사염화탄소
② 부탄올
③ 메탄올
④ 이산화탄소

해설 방독 마스크의 정화통 검정 시 사용하는 물질은 사염화탄소(CCl_4)이다.

정답 17 ④ 18 ④ 19 ④ 20 ① 21 ③ 22 ④ 23 ①

CHAPTER 3 출제 예상 문제

24 방독 마스크의 사용 가능 여부를 가장 정확히 확인할 수 있는 것은?

① 파과 곡선 ② 냄새 유무
③ 자극 유무 ④ 용해 곡선

해설 파과 곡선(破過曲線): 활성탄과 같은 흡착재의 흡착 능력이 파과점을 지나면 떨어지는 것을 나타낸 곡선. 처리 가스량이 많아져서 일정한 기간이 경과한 뒤 흡착재의 흡착 능력과 재생 능력이 떨어지므로 방독 마스크의 정화통 사용 및 교체 여부를 정확히 확인할 수 있다.

25 레이저용 보안경을 착용하였을 때 4,000 mW/cm²의 레이저가 0.4 mW/cm²의 강도로 낮아진다면 이 보안경의 흡광도(Optical Density, OD)는 얼마인가?

① 2 ② 3
③ 4 ④ 8

해설 보안경의 흡광도 $= \log\left(\dfrac{4,000}{0.4}\right) = 4$

26 자외선으로부터 눈을 보호하기 위한 차광보호구를 선정하고자 하는데 차광도가 큰 것이 없어 두 개를 겹쳐서 사용하였다. 각각의 차광도가 6과 3이었다면 두 개를 겹쳐서 사용한 경우의 차광도는 얼마인가?

① 6 ② 8
③ 9 ④ 18

해설 차광도 = (6 + 3) − 1 = 8

27 작업과 보호구의 연결로 옳은 것은?

① 전기용접 − 차광안경
② 노면토석 굴착 − 방독 마스크
③ 도금공장 − 내열복
④ tank 내 분무도장 − 방진 마스크

해설
- 노면토석 굴착 − 방진 마스크
- 도금공장 − 방진 및 방독 마스크
- tank 내 분무도장 − 송기 마스크

28 적용 화학물질은 밀랍, 탈수라노린, 파라핀, 유동파라핀, 탄산마그네슘 등이며, 광산류, 유기산, 염류 및 무기염류 취급작업에 주로 사용하는 보호크림은?

① 친수성 크림 ② 소수성 크림
③ 차광 크림 ④ 피막형 크림

해설 산업용 피부보호제로서 소수성 크림은 내수성 피막을 만들고 소수성으로 산화 중화시킨다. 적용 화학물질은 밀랍, 탈수라노린, 파라핀, 유동파라핀, 탄산마그네슘 등이며, 광산류, 유기산, 염류 및 무기염류 취급 작업에 주로 사용한다.

29 다음은 소수성 보호크림의 작용 기능에 대한 내용이다. ( ) 안에 옳은 내용은?

( )을 만들고 소수성으로 산을 중화한다.

① 내염성 피막 ② 탈수 피막
③ 내수성 피막 ④ 내유성 피막

해설 산업용 피부보호제로서 소수성 크림은 내수성 피막을 만들고 소수성으로 산화 중화시킨다.

30 다음의 성분과 용도를 가진 보호크림은?

- 성분: 정제 벤드나이드젤, 염화바이닐수지
- 용도: 분진, 전해약품 제조, 원료 취급 작업

① 피막형 크림
② 차광 크림
③ 소수성 크림
④ 친수성 크림

해설 **피막형 크림**: 분진, 유리섬유에 대한 장해 예방용으로 적용화학물질은 정제 벤드나이젤, 염화바이닐수지이며 작업 완료 후 즉시 닦아 내야 한다.

정답 24 ① 25 ③ 26 ② 27 ① 28 ② 29 ③ 30 ①

CHAPTER 3 출제 예상 문제

31 피부에 직접 유해물질이 닿지 않도록 피부 보호용 크림이 사용되는데 사용물질에 따라 분류된다. 다음 피부보호제로 옳지 않은 것은?

① 지용성 물질에 대한 피부보호제
② 수용성 피부보호제
③ 광과민성 물질에 대한 피부보호제
④ 수막형성형 피부보호제

해설 산업용 피부보호제로서 수막형성형 피부보호제는 존재하지 않는다.

32 알데하이드(지방족)를 다루는 작업장에서 사용하는 장갑의 재질로 옳은 것은?

① 네오프렌
② PVC
③ 니트릴
④ 뷰틸

해설 극성용제인 알데하이드(지방족)를 다루는 작업장에서 사용하는 보호장갑 재질은 뷰틸고무이다.

참고 보호장갑 재질에 따른 방어가능 화학물질

재질	효과적인 물질	비효과적인 물질	비고
Butyl 고무	극성 용제*	비극성 용제*	–
면	고체상 물질	용제에는 사용 못함	약한 찰과상 예방
Ethylene, Vinyl Alcohol	대부분의 화학물질	–	쉽게 파손됨, 다른 강한 물질과 함께 사용해야 함
가죽	–	용제에는 사용 못함	기본적인 찰과상 예방
천연고무(latex)	수용성 용액, 극성용액	비극성 용제	절단 및 찰과상 예방에 좋음
Neoprene 고무	비극성 용제, 산, 부식성 물질	–	구조가 상대적으로 약함
Nitrile 고무	비극성 용제	일부 극성용제	절단 및 찰과상 예방에 좋음
Poly Vinyl Alcohol	비극성 용제 및 많은 극성 용제	물, 알코올	절단 및 찰과상 예방에 좋음
Poly Vinyl Chloride	수용성 용액, 산, 부식성 물질, 일부 극성 용제*	제조업체 추천서 참조	찰과상 예방에 좋음
Vitron	비극성 용제, 제조업체 추천서 참조	극성용제, 제조업체 추천서 참조	구조적으로 약함

* 비극성 용제에는 탄화수소와 염화계탄화수소를 포함한다. 극성용재에는 알코올, 물, 케톤류를 포함한다. 일부 극성용제란 고분자량 알코올, 에스터, 알데하이드를 말한다.

33 보호장구의 재질별 효과적인 적용 물질로 옳은 것은?

① 면 – 비극성 용제
② butyl 고무 – 비극성 용제
③ 천연고무(latex) – 극성 용제
④ vitron – 극성 용제

> **해설**
> - 면 – 고체상 물질에만 사용하고 용제에는 사용 못함
> - butyl 고무 – 극성 용제
> - vitron – 비극성 용제

34 피부를 통하여 인체로 침입하는 대표적인 유해물질은?

① 라듐
② 카드뮴
③ 무기수은
④ 사염화탄소

> **해설**
> 사염화탄소(CCl_4)는 인화성은 없지만, 독성이 아주 강하기 때문에 취급에 주의를 요한다. 간과 신장에 손상을 줄 수 있으며, 암의 발생확률을 증가시킬 수 있다. 또한, 피부와 접촉할 경우 피부에 약간의 자극이 있을 수 있다. 오랜 시간 동안 접촉할 경우 피부의 지방질이 제거되어 피부염이 발생할 수 있다.

35 개인보호구에 관한 설명으로 옳은 것은?

① 귀덮개는 기본형, 준맞춤형, 맞춤형으로 구분된다.
② 천연고무는 극성과 비극성 화합물에 모두 효과적이다.
③ 눈 보호구의 차광도 번호가 크면 빛의 차광효과가 크다.
④ 미국 EPA에서 정한 차진평가수 NRR은 실제 작업현장에서의 차진 효과(dB)를 그대로 나타내 준다.

> **해설**
> - 귀덮개(ear muff)는 EM 한 종류뿐이다.
> - 천연고무는 극성 화합물에만 효과적이다.
> - 미국 OSHA에서 정한 차진 평가수 NRR은 실제 작업현장에서의 차진 효과(dB)를 그대로 나타내 준다.

정답 31 ④ 32 ④ 33 ③ 34 ④ 35 ③

CHAPTER 4 작업공정 관리

출제 예상 문제

01 작업공정 개선대책 및 방법

학습 POINT
분진 및 유해물질 취급공정 관리에 대하여 확인하고 그에 따른 개선대책을 확인한다.

01 유해물질을 발산하는 공정에서 작업자가 수동작업을 하는 경우 해당 공정에 가장 현실적인 작업환경관리 대책은?

① 밀폐   ② 격리   ③ 환기   ④ 교육

해설 환기는 유해물질 취급공정에서 가장 현실적으로 널리 사용되며 효과도 좋다.

참고 작업환경의 관리원칙

관리원칙	관리방법	예
대치	공정	1. 페인트 분무를 담그거나 전기 흡착식 방법으로 한다(페인트 성분 비산방지). 2. 납을 저속 Oscillating type sander로 깎아낸다(납 성분 비산방지). 3. 금속을 톱으로 자른다(소음 감소).
	시설	1. 가연성 물질을 철제통에 저장한다(화재방지). 2. 흄 배출 후드에 안전 유리창을 만든다(누출방지). 3. 염화탄화수소 취급장에서 폴리비닐 알코올 장갑을 사용한다(용해나 파손방지).
	물질	1. 성냥제조 시 황인을 적인으로 대치한다. 2. 세탁소에서 석유납사를 퍼클로로에틸렌으로 한다. 3. 야광시계 자판에 라듐을 인으로 대치한다. 4. 벤젠을 자일렌으로 한다.
격리	저장물질	1. 인화성 물질을 탱크 사이로 도랑을 파고 제방을 만든다(폭발, 인화방지). 2. 독성이 강할 때는 환기장치를 만든다.
	시설	1. 고압이나 고속회전 기계, 방사능물질은 원격조정이나 자동화 감시체제를 설치한다.
	공정	1. 방사선, 정유공장, 화학공장에서 채집, 분석, 전산처리를 중앙집중식으로 처리한다. 2. 자동차 색칠, 전기도금 공정에서도 사용한다.
	작업자	1. 위생보호구의 사용(일시적으로 접촉되는 피해를 줄임)한다.
환기	국소환기	1. 후드의 모양과 크기, 성능, 위치가 효율을 높인다. 예 납 농도를 0.15 mg/m³로 하려면 부스형의 후드가 적당하다. 2. 배기관의 성능이 확실해야 한다. 3. 공기 속도를 조절하고 개구부에 난류가 생기지 않아야 한다. 4. 유해물질의 성질, 발생 양상에 따라 설계되어야 한다.
	전체환기	1. 유독 물질에는 큰 효과가 없으므로 주로 고온 다습을 조절하거나 분진, 냄새, 가스를 희석 하는 데 사용한다. 2. 배기와 급기의 조절에 필요하며 실내외의 기류에 큰 영향을 받는다.

02 유해한 작업환경에 대한 개선대책인 대치(substitution)의 내용으로 옳지 않은 것은?
① 공정의 변경
② 시설의 변경
③ 작업자의 변경
④ 유해물질의 변경

해설 대치로는 유해물질, 시설, 공정의 대치(변경)가 있다.

03 작업환경 개선을 위한 공학적인 대책으로 옳지 않은 것은?
① 환기
② 평가
③ 격리
④ 대치

해설 공학적 작업환경 관리대책: 물질 대치, 장치 대치, 환기, 격리 등이 있다.

04 작업환경관리를 위한 공학적 대책 중 공정 대치의 설명으로 옳지 않은 것은?
① 볼트, 너트 작업을 줄이고 리벳팅 작업으로 대치한다.
② 압축공기식 임팩트 렌치 작업을 저소음 유압식 렌치로 대치한다.
③ 유기용제 세척공정을 스팀세척이나 비눗물 사용공정으로 대치한다.
④ 도가니 제조공정에서 건조 후 실시하던 점토 배합을 건조 전에 실시한다.

해설 소음저감을 위해 리벳팅 작업을 볼트, 너트 작업으로 대치한다.

05 작업환경에서 발생되는 유해요인을 감소시키기 위한 공학적 대책으로 옳지 않은 것은?
① 개인 보호 장구의 착용
② 유해성이 적은 물질로 대치
③ 국소 및 전체환기 시설 설치
④ 유해물질과 근로자 사이에 장벽 설치

해설
- 공학적 작업환경 관리대책: 물질 대치(유해성이 적은 물질로 대치), 장치 대치, 환기(국소 및 전체환기 시설 설치), 격리(유해물질과 근로자 사이에 장벽 설치) 등이 있다.
- 개인 보호 장구의 착용은 근로자 보호를 위한 대책이다.

정답 01 ③ 02 ③ 03 ② 04 ① 05 ①

CHAPTER 4 출제 예상 문제

06 인체에 대한 유해물질의 유해성을 좌우하는 인자로 옳지 <u>않은</u> 것은?

① 노출 농도 ② 작업 강도
③ 노출 시간 ④ 조명의 강도

해설 유해물질이 인체에 미치는 건강 영향을 결정하는 인자: 공기 중 농도, 노출시간, 노출횟수, 작업 강도, 호흡률, 기상조건, 개인 감수성 등

07 가동 중인 시설에 대한 작업환경대책 중 성격으로 옳지 <u>않은</u> 것은?

① 작업시간 변경 ② 작업량 조절
③ 순환 배치   ④ 공정 변경

해설 가동 중인 시설에 대한 작업환경대책 중 공정 변경은 대응할 시설과 안전관계시설 등을 철저히 준비한 후 시행한다. 작업시간 변경, 작업량 조절, 순환 배치는 근로자 보호를 위한 작업환경 대책이다.

08 공학적 작업환경 대책인 대치(substitution) 중 물질의 대체에 관한 내용으로 옳지 <u>않은</u> 것은?

① 성냥 제조 시 황린 대신 적린을 사용하였다.
② 보온재로 석면을 대신하여 유리섬유나 암면을 사용하였다.
③ 소음을 줄이기 위해 리벳팅 작업을 너트와 볼트 작업으로 전환하였다.
④ 금속 표면을 블라스팅할 때 사용재료로 모래 대신 철가루를 사용하였다.

해설 소음을 줄이기 위해 리벳팅 작업을 너트와 볼트 작업으로 전환하는 대책은 대치 중 공정의 변경이다.

09 용접작업 시 발생하는 가스에 관한 설명으로 옳지 <u>않은</u> 것은?

① 포스겐은 TCE로 세정된 철강재 용접 시에 발생한다.
② 강한 자외선에 의해 산소가 분해되면서 오존이 형성된다.
③ 이산화탄소 용접에서 이산화탄소가 일산화탄소로 환원된다.
④ 아크 전압이 낮은 경우 불완전 연소로 이황화탄소가 발생한다.

해설 아크 전압이 높은 경우 불완전 연소로 흄 및 가스 발생이 증가한다.

10 공학적 작업환경대책의 대체 중 물질의 대치에 관한 내용으로 옳지 않은 것은?

① 성냥 제조 시 황린 대신 적린을 사용하였다.
② 야광시계의 자판에서 라듐을 대신하여 인을 사용하였다.
③ 보온재로 석면을 대신하여 유리섬유나 암면을 사용하였다.
④ 유기용제 사용하는 세척공정을 스팀 세척이나, 비눗물을 사용하는 공정으로 대치하였다.

해설 유기용제 사용하는 세척공정을 스팀 세척이나, 비눗물을 사용하는 공정으로 대치하는 것은 물질의 대치가 아니라 공정의 대치이다.

11 유해성이 적은 재료의 대치에 관한 설명으로 옳지 않은 것은?

① 분체의 원료는 입자가 큰 것으로 대치한다.
② 야광시계의 자판을 라듐 대신 인을 사용한다.
③ 아조염료 합성원료를 벤젠 대신 벤지딘으로 대치한다.
④ 금속제품의 탈지(脫脂)에 트리클로로에틸렌을 사용하던 것을 계면활성제로 대치한다.

해설 아조염료 합성원료인 벤지딘을 디클로로벤지딘(dichlorobenzidine)으로 전환한다.

12 작업장에서 사용물질의 독성이나 위험성을 줄이기 위하여 사용물질을 변경하는 경우로 옳은 것은?

① 유기합성 용매로 지방족 화합물을 사용하던 것을 방향족화합물의 휘발유계 용매로 전환한다.
② 금속제품의 탈지에 계면활성제를 사용하던 것을 트리클로로에틸렌으로 전환한다.
③ 금속제품 도장용으로 수용성 도료를 유기용제로 전환한다.
④ 분체의 원료는 입자가 큰 것으로 전환한다.

해설
- 유기합성 용매로 방향족화합물(벤젠)을 사용하던 것을 지방족 화합물의 휘발유계 용매로 전환한다.
- 금속제품의 탈지(脫脂)에 트리클로로에틸렌을 사용하던 것을 계면활성제로 대치한다.
- 금속제품 도장용으로 유기용제를 수용성 도료로 전환한다.

> **벤지딘**
> 화학식 $C_{12}H_{12}N_2$을 갖는 유기화합물이다. 방향족성 아민으로 방광암, 췌장암과 관련이 되고 있다.
>
> **디클로로벤지딘**
> 염료의 중간체이며 무채색, 자주색 또는 회색 빛깔을 띠고 냄새도 없다. 디클로로벤지딘을 취급하는 근로자는 방진 마스크, 보호 안경, 보호 장갑, 보호 장화, 보호의 등의 보호구 착용은 필수이다. 제조업체에서 디클로로벤지딘 베이스(분말)를 이용한 작업을 수행할 때는 비산분말에 의한 피해가 우려되므로 제조설비는 밀폐식으로 하며 국소배기장치도 설치해야 한다.

정답 06 ④ 07 ④ 08 ③ 09 ④ 10 ④ 11 ③ 12 ④

CHAPTER 4 출제 예상 문제

13 사업장의 유해물질을 물리적, 화학적 성질과 사용 목적을 조사하여 유해성이 보다 적은 물질로 대치한 경우로 옳지 않은 것은?

① 분체의 입자를 작은 입자로 전환한 경우
② 단열재로서 사용하는 석면을 유리섬유로 전환한 경우
③ 금속 세척작업에 사용되는 트리클로로에틸렌을 계면활성제로 전환한 경우
④ 아조염료의 합성원료인 벤지딘을 대신하여 디클로로벤지딘으로 전환한 경우

해설 분체 원료를 입자가 작은 것에서 큰 것으로 전환한다.

14 공학적 작업환경관리 대책 중 격리에 해당하지 않는 것은?

① 저장 탱크들 사이에 도랑 설치
② 소음 발생 작업장에 근로자용 부스 설치
③ 페인트 분사공정을 함침 작업으로 실시
④ 유해한 작업을 별도로 모아 일정한 시간에 처리

해설 페인트 분사공정을 함침 작업으로 실시하는 것은 대치 중 공정의 변경에 해당한다.

15 유해성이 적은 재료의 대치에 관한 설명으로 옳지 않은 것은?

① 분체의 원료는 입자가 큰 것으로 대치한다.
② 야광시계의 자판을 라듐 대신 인을 사용한다.
③ 세척작업에서 트리클로로에틸렌을 사염화탄소로 대치한다.
④ 금속제품의 탈지(脫脂)에 트리클로로에틸렌을 사용하던 것을 계면활성제로 대치한다.

해설 세척작업에서 사염화탄소를 트리클로로에틸렌으로 대치한다.

16 작업환경관리대책 중 대치의 내용으로 옳지 않은 것은?

① TCE 대신 계면활성제를 사용하여 금속세척한다.
② 샌드블라스트 적용 시 모래를 대신하여 철가루를 사용한다.
③ 작은 날개로 고속 회전시키는 것을 큰 날개로 저속 회전시킨다.
④ 세탁 시에 화재 예방을 위하여 벤젠 대신 1,1,1-클로로에틸렌 사용한다.

해설 세탁 시에 화재 예방을 위하여 석유나프타 대신 퍼클로로에틸렌을 사용한다.

17 유해화학물질에 대한 발생원 대책으로 원재료의 대치방법을 열거한 예이다. 옳은 것만으로 짝지어진 것은?

> ㉠ 아조염료 합성: 벤지딘 → 디클로로벤지딘
> ㉡ 금속세척작업: 트리클로로에틸렌 → 계면활성제
> ㉢ 샌드블라스팅: 모래 → 철가루
> ㉣ 야광시계의 자판: 인 → 라듐

① ㉠, ㉡, ㉢
② ㉠, ㉢, ㉣
③ ㉡, ㉢, ㉣
④ 모두

해설 야광시계의 자판: 라듐 → 인

18 산업위생의 관리적 측면에서 대치 방법인 공정 또는 시설의 변경 내용으로 옳지 않은 것은?
① 페인트 도장 시 분사 대신 담금 도장으로 변경
② 가연성 물질을 저장할 경우 유리병보다는 철제 통을 사용
③ 금속제품 이송 시 롤러의 재질을 철제에서 고무나 플라스틱을 사용
④ 큰 날개 저속의 송풍기 대신 작은 날개 고속 회전하는 송풍기 사용

해설 송풍기의 작은 날개로 고속회전 시키던 것을 큰 날개로 저속회전시킨다.

19 유기용제를 사용하는 도장 작업의 관리방법에 대한 내용으로 옳지 않은 것은?
① 흡연 및 화기사용을 절대 금지시킨다.
② MSDS의 비치와 안전보건교육을 실시한다.
③ 옥외에서 스프레이 도장 작업 시 유해가스용 방독 마스크를 착용한다.
④ 보호 장갑은 유기용제 등의 오염물질에 대한 흡수성이 우수한 것을 사용한다.

해설 보호 장갑은 유기용제 등의 오염물질에 대한 비흡수성인 것을 사용한다.

정답 13 ① 14 ③ 15 ③ 16 ④ 17 ① 18 ④ 19 ④

CHAPTER 4 출제 예상 문제

20 생산 공정 변경 개선의 예로 옳지 않은 것은?

① 페인트 도장 시 분사를 대신하여 담금 도장으로 변경한다.
② 금속을 두들겨 자르는 것을 톱으로 자르는 것으로 변경한다.
③ 도자기 제조공정에서 건조 전 실시하던 점토 배합을 건조 후에 실시한다.
④ 송풍기는 작은 날개로 고속회전 시키던 것을 큰 날개로 저속회전시킨다.

해설 도자기 제조공정에서 건조 후 실시하던 점토배합을 건조 전에 실시한다.

21 작업환경의 관리원칙 중 '대치'에 관한 내용으로 옳지 않은 것은?

① 세척작업에서 사염화탄소 대신 트리클로로에틸렌으로 전환
② 소음이 많이 발생하는 리벳팅 작업 대신 너트와 볼트 작업으로 전환
③ 제품의 표면 마감에 사용되는 저속, 왕복형 절삭기 대신 소형, 고속 회전식 그라인더로 대치
④ 조립공정에서 많이 사용하는 소음 발생이 큰 압축공기식 임팩트 렌치를 저소음 유압식 렌치로 대치

해설 제품의 표면 마감에 사용되는 소형, 고속 회전식 그라인더 대신 저속, 왕복형 절삭기로 대치

22 아크 용접작업을 하는 용접작업자의 근로자 건강 보호를 위한 작업환경관리 방안으로 옳지 않은 것은?

① 용접 흄 노출농도가 적절한지 살펴보고 특히 망간 등 중금속의 노출 정도를 파악하는 것이 중요하다.
② 자외선의 노출 여부 및 노출 강도를 파악하고 적절한 보안경 착용여부를 점검한다.
③ 용접작업 주변에 TCE 세척작업 등 TCE의 노출이 있는지 확인한다.
④ 전기용접기로 발생하는 전자파에 노출될 우려가 있으므로 전자파 노출 정도를 측정하고 이를 관리한다.

해설 전기용접기에 의한 전자파 발생은 미미하다.

23 가동 중인 시설에 대한 작업환경관리를 위하여 공정을 대치하는 경우, 유의할 사항으로 가장 옳은 것은?

① 2-브로모프로판에 의한 생식독성 사례를 고찰한다.
② 일반적으로 유지 및 보수에 대한 많은 관심을 가진다.
③ 대응할 시설과 안전관계 시설에 대한 지식이 필요하다.
④ 일반적으로 가장 비용이 많이 드는 대책이라는 것을 유의한다.

> **해설** 가동 중인 시설에 대한 작업환경대책 중 공정 변경은 대용할 시설과 안전관계시설 등을 철저히 준비한 후 시행한다.

24 작업환경 개선대책 중 격리(isolation)에 대한 설명으로 옳지 않은 것은?

① 작업자와 유해요인 사이에 물체에 의한 장벽 이용
② 작업자와 유해요인 사이에 거리에 의한 장벽 이용
③ 작업자와 유해요인 사이에 시간에 의한 장벽 이용
④ 작업자와 유해요인 사이에 관리에 의한 장벽 이용

> **해설** 격리(isolation)에는 물체의 격리, 시간의 격리, 거리의 격리가 있다.

25 작업환경의 관리원칙 중 격리에 대한 설명으로 옳지 않은 것은?

① 고열, 소음작업 근로자용 부스 설치
② 방사성 동위원소 취급 시 원격장치를 이용
③ 블라스팅 재료를 모래에서 철 구슬로 전환
④ 인화물질 저장 탱크와 탱크 사이에 도랑, 제방 설치

> **해설** 블라스팅 재료를 모래에서 철 구슬로 전환하는 것은 대치(유해물질의 변경)이다.

26 상대적 독성(수치는 독성의 크기)이 2 + 2 → 4와 같은 결과를 나타내는 화학적인 상호작용은?

① 상승작용 ② 상가작용
③ 길항작용 ④ 동일작용

> **해설** 독성물질 간 상호작용
> **상가작용**(addition): 동일한 작업장 내에서 두 물질을 동시에 투여한 경우 각각의 유해물질의 독성이 합한 것으로 영향을 미치는 경우 (예, 2 + 3 → 5)

정답 20 ③ 21 ③ 22 ④ 23 ③ 24 ④ 25 ③ 26 ②

CHAPTER 4 출제 예상 문제

27 작업환경관리의 관리원칙 중 격리에 대한 내용으로 옳지 않은 것은?

① 도금조, 세척조, 분쇄기 등을 밀폐한다.
② 페인트 분무를 담그거나 전기 흡착식 방법으로 한다.
③ 소음이 발생하는 경우 방음과 흡음재를 보강한 상자로 밀폐한다.
④ 고압이나 고속회전이 필요한 기계인 경우 강력한 콘크리트 시설에 방호벽을 쌓고 원격조정한다.

해설 페인트 분무를 전기 흡착식(분사공정)에서 담그는 방법(함침공정)으로 하는 것은 공정의 대치에 해당한다.

28 작업환경 중에서 발생되는 분진에 대한 방진대책을 수립하고자 한다. 다음 중 분진 발생 방지대책으로 가장 옳은 방법은?

① 밀폐나 격리
② 국소배기장치 설치
③ 물 등에 의한 취급물질의 습식화
④ 방진 마스크나 송기 마스크에 의한 흡입 방지

해설 분진 발생 억제대책으로 작업공정의 습식화가 가장 효과적인 대책임

29 공기 중 입자상 물질은 여러 기전에 의해 여과지에 채취된다. 차단, 간섭 기전에 영향을 미치는 요소 옳지 않은 것은?

① 입자 크기
② 입자 밀도
③ 여과지의 공경(막여과지)
④ 여과지의 고형분(solidity)

해설 입자상 물질을 여과지로 채취할 경우 차단, 간섭 기전에 영향을 미치는 요소는 입경, 여과지의 공경과 고형분 등이고 입자의 밀도와는 관계가 없다.

30 작업장에서 발생된 분진에 대한 작업환경관리대책으로 옳지 않은 것은?

① 국소배기 장치의 설치
② 발생원의 밀폐
③ 방독 마스크의 지급 및 착용
④ 전체환기

해설 작업장에서 발생된 분진에 대한 작업환경관리대책 중 개인 보호구 지급은 최후의 수단으로 방진 마스크를 착용하게 한다.

31 수은 작업장의 작업환경관리대책으로 옳지 않은 것은?

① 수은 주입과정을 자동화시킨다.
② 독성이 적은 대체품을 연구한다.
③ 수거한 수은은 물과 함께 통에 보관한다.
④ 수은은 쉽게 증발하기 때문에 작업장의 온도를 80 ℃로 유지한다.

해설 수은이 쉽게 증발하면 인체의 호흡기로 침입하기 쉽기 때문에 작업장의 온도를 낮게 유지한다.

32 ACGIH에 의한 발암물질의 구분기준으로 Group A3에 해당하는 것은?

① 인체 발암성 확인물질
② 인체 발암성 미분류 물질
③ 인체 발암성 미의심 물질
④ 동물 발암성 확인물질, 인체 발암성 모름

해설 ACGIH의 발암물질 구분

Group	정의	해석
A1	인체 발암성 확인 물질 (cofirmed human carcinogen)	역학적으로 인체에 대한 충분한 발암성 근거 있음
A2	인체 발암성 의심물질 (suspected human carcinogen)	실험동물에 대한 발암성 근거는 충분하지만, 사람에 대한 근거는 제한적임
A3	인체 발암성 모름 (confirmed animal carcinogen with unknown relevance to humans)	근로자들의 노출과는 별로 연관성이 없는 정도로 고농도 노출이거나, 노출경로가 다르거나, 병리조직학적 소견이 상이한 실험 동물연구에서 발암성이 입증된 경우, 사람에 대한 역학적 연구도 발암성을 입증하지 못함
A4	인체 발암성 미분류 물질 (Not classifiable as a human carcinogen)	비록 인체 발암성은 의심되지만 확실한 연구 결과가 없음 실험동물 또는 시험관연구 결과가 해당 물질이 Group A1, A2, A3, A5 중 하나에 속한다는 근거를 제시하지 못함
A5	인체 발암성 미의심 물질 (not suspected as a human carcinogen)	충분한 인체연구결과 인체발암 물질이 아니라는 결론에 도달한 경우

33 유해가스 중 단순 질식성 가스는?

① 메테인
② 아황산가스
③ 시안화수소
④ 황화수소

해설 단순질식제: 이산화탄소, 메탄가스, 질소가스, 수소가스 등

정답 27 ② 28 ③ 29 ② 30 ③ 31 ④ 32 ④ 33 ①

34 자극성이며 물에 대한 용해도가 가장 높은 물질은?

① 암모니아 ② 염소
③ 포스겐 ④ 이산화탄소

해설 암모니아(NH₃): 자극적인 냄새가 강한 무색의 기체. 수용성이 강함. 폭발성(16 ~ 25 %)이 있음. 고농도 흡입 시 폐수종을 일으키고, 중추작용에 의해 호흡 정지를 초래함. 암모니아 중독 시 비타민 C가 해독에 효과적임. TLV-TWA는 25 ppm, TLV-STEL은 35 ppm임.

35 유해화학물질이 체내로 침투되어 해독되는 경우 해독반응에 가장 중요한 작용을 하는 것은?

① 적혈구 ② 효소
③ 림프 ④ 백혈구

해설 효소(酵素, enzyme)는 기질과 결합해서 효소-기질 복합체를 형성하여 화학반응의 활성화 에너지를 낮춤으로써 물질대사의 속도를 증가시키는 생체 촉매로 유해 화학물질이 체내로 침투될 경우 해독반응에 가장 중요한 작용을 한다.

36 비교적 높은 증기압(vapor pressure)과 낮은 허용기준치를 갖는 유기용제를 사용하는 작업장을 관리할 때 가장 효과적인 방법은?

① 전체환기를 실시한다. ② 국소배기를 실시한다.
③ Fan을 설치한다. ④ 칸막이를 설치한다.

해설 국소배기는 유해 화학물질이 인체 호흡기로 침입하는 것은 차단하는 가장 효과적인 작업환경관리 대책이다.

37 물질안전보건자료(MSDS)를 작성해야 하는 건강장해 물질로 옳지 않은 것은?

① 금수성 물질 ② 부식성 물질
③ 과민성 물질 ④ 변이원성 물질

해설
- MSDS를 작성해야 할 건강장해 물질: 고독성 물질, 독성물질, 유해 물질, 부식성 물질, 자극성 물질, 과민성 물질, 발암성 물질, 변이원성 물질
- 금수성 물질: 공기 중의 수분이나 물과 접촉 시 발화하거나 가연성 가스의 발생 위험성이 있는 물질을 말한다. 금수성 물질은 MSDS를 작성해야 할 물리적 위험 물질이다.

38 연료, 합성고무 등의 원료로 사용되며 저농도로 장기간 폭로 시 혈액장해, 간장장해를 일으키고 재생불량성 빈혈, 백혈병을 일으키는 유해 화학물질은?

① 노르말헥산
② 벤젠
③ 사염화탄소
④ 알킬수은

해설 벤젠에 장기가 노출될 때 가장 영향을 받는 곳은 혈액으로 골수에 유해한 영향을 미치며 적혈구 감소를 유발하여 빈혈을 초래한다. 또한, 과다 출혈을 유발하고 면역계에 영향을 미쳐 면역력을 저하시킬 수 있으며 공기 중에 있는 높은 농도의 벤젠에 장기간 노출될 경우 백혈병(특히 급성 골수성 백혈병(AML))에 걸릴 수 있는 데 이는 혈액 형성 장기의 암이다.

39 금속에 장기간 노출되었을 때 발생할 수 있는 건강장해로 옳지 않은 것은?

① 납 – 빈혈
② 크로뮴 – 운동장해
③ 망간 – 보행장해
④ 수은 – 뇌신경세포 손상

해설 크로뮴 – 비중격천공(코 사이 벽에 구멍이 뚫리는 질환)

40 수은의 중독에 따른 대책으로 옳지 않은 것은?

① BAL를 투여한다.
② EDTA를 투여한다.
③ 우유와 계란의 흰자를 먹는다.
④ 만성 중독의 경우 수은 취급을 즉시 중지한다.

해설 수은의 중독 시 치료방법으로 Ca–EDTA의 투여는 금기 사항이다.

41 중금속 중 미나마타병과 관계가 깊은 것은?

① 납(Pb)
② 아연(ZN)
③ 수은(Hg)
④ 카드뮴(Cd)

해설 유기수은(알킬수은) 중 메틸수은은 미나마타병을 발생시킨다.

정답 34 ① 35 ② 36 ② 37 ① 38 ② 39 ② 40 ② 41 ③

42 납중독이 조혈 기능에 미치는 영향으로 옳은 것은?

① 혈색소량 증가
② 적혈구 수 증가
③ 혈청 내 철 감소
④ 적혈구 내 프로토폴피린 증가

해설 납중독이 조혈 기능에 미치는 영향
㉠ 혈색소량 저하
㉡ 적혈구 수 감소 및 수명 단축
㉢ 혈청 내 철 증가
㉣ 요 중 코프로폴피린 검출

> 적혈구 내 프로토포르피린은 헴의 합성에 영향을 주는 중간 산물로 납중독이 발생하였을 경우 전구물질인 코프로포르피린과 함께 체액과 조직에 축적되어 소변과 대변으로 배출된다.

43 용접방법과 조건은 흄과 가스 발생에 영향을 준다. 아크 용접에서 용접흄 발생량을 증가시키는 원인으로 옳지 <u>않은</u> 것은?

① 토치의 경사 각도가 큰 경우
② 봉 극성이 (-) 극성인 경우
③ 아크 전압이 낮은 경우
④ 아크 길이가 긴 경우

해설 아크 전압이 높은 경우 용접 흄 발생량을 증가시킨다.

44 실내 오염원인 라돈(radon)에 대한 설명으로 옳지 <u>않은</u> 것은?

① 라돈가스는 호흡하기 쉬운 방사선 물질이다.
② 라돈은 폐암의 발생률을 높이고 있는 것으로 보고되었다.
③ 라돈가스는 공기보다 9배가 무거워 지표에 가깝게 존재한다.
④ 핵 폐기물장 주변 또는 핵발전소 부근에서 주로 방출되고 있다.

해설 가스상 물질인 라돈(Rn)의 실내 유입경로 대부분은 지각(80 ~ 90 %)이고 그 외 건축자재(2 ~ 5 %), 지하수(1 %) 등에서 유입된다.

정답 42 ④ 43 ③ 44 ④

PART IV 산업환기

출제 예상 문제

CHAPTER 1 환기원리

CHAPTER 2 전체환기

CHAPTER 3 국소환기

CHAPTER 4 환기 시스템

CHAPTER 1 환기원리

출제 예상 문제

01 유체 흐름의 기초 및 환기인자

학습 POINT

산업환기 과목은 계산문제가 많이 출제되고 실기시험에 차지하는 비율이 높은 과목이다. 객관식 문제라도 실기시험 형태의 주관식화가 가능하여 자세히 풀이하고 익히도록 한다. 공기가 덕트 내를 흐르는 형태가 주된 내용이므로 유체 흐름의 기초사항을 충분히 익혀 두도록 한다.

01 산업환기에 대한 설명으로 옳지 않은 것은?
① 작업장 실내·외 공기를 교환하여 주는 것이다.
② 작업장에서 기계의 힘을 이용한 환기를 자연환기라 한다.
③ 작업환경상의 유해요인인 먼지, 화학물질, 고열 등을 관리한다.
④ 작업자의 건강 보호를 위해 작업장 공기를 쾌적하게 하는 것이다.

해설 작업장에서 기계의 힘을 이용한 환기는 기계환기(강제환기)라고 한다. 강제환기는 기계적인 힘, 즉 송풍기를 사용하여 강제적으로 환기하는 방식이다.

02 강제환기를 실시할 때 환기효과를 제고하기 위해 따르는 원칙으로 옳지 않은 것은?
① 배출 공기를 보충하기 위하여 청정공기를 공급한다.
② 공기배출구와 근로자의 작업 위치 사이에 오염원이 위치하여야 한다.
③ 오염물질 배출구는 가능한 한 오염원으로부터 가까운 곳에 설치하여 '점환기' 현상을 방지한다.
④ 오염원 주위에 다른 작업공정이 있으면 공기배출량을 공급량보다 약간 크게 하여 음압을 형성하여 주위 근로자에게 오염물질이 확산되지 않도록 한다.

해설 강제환기 시설 설치의 기본원칙으로 오염물질 배출구는 가능한 한 오염원으로부터 가까운 곳에 설치하여 '점환기' 효과를 얻는다.

03 환기시설 내 기류의 기본적인 유체역학적 원리인 질량보존법칙과 에너지보존법칙의 전제조건으로 옳지 않은 것은?
① 대부분의 환기시설에서는 공기 중에 포함된 유해물질의 무게와 용량을 무시한다.

② 환기시설 내·외의 열교환을 고려한다.
③ 공기의 압축이나 팽창을 무시한다.
④ 공기는 건조하다고 가정한다.

해설 유체역학의 질량보존법칙 원리를 환기시설에 적용함에 있어 필요한 전제조건으로 환기시설 내·외(덕트의 내부와 외부)의 열전달(열교환) 효과는 무시된다.

04 환기시설 내 기류가 기본적인 유체역학적 원리에 따르기 위한 전제조건으로 옳지 않은 것은?

① 공기는 절대습도를 기준으로 한다.
② 공기의 압축이나 팽창은 무시한다.
③ 환기시설 내·외의 열교환은 무시한다.
④ 공기 중에 포함된 유해물질의 무게와 용량을 무시한다.

해설 환기시설 내 기류가 기본적인 유체역학적 원리에 따르기 위한 전제조건
㉠ 공기는 건조하다고 가정한다.
㉡ 공기의 압축과 팽창은 무시한다.
㉢ 환기시설 내외의 열교환은 무시한다.
㉣ 대부분 환기시설에서는 공기 중에 포함된 유해물질의 질량(무게)과 부피(용량)을 고려하지 않는다.

05 강제환기를 실시할 때 환기효과를 제고할 수 있는 필요 원칙을 모두 고른 것은?

㉠ 배출구가 창문이나 문 근처에 위치하지 않도록 한다.
㉡ 배출 공기를 보충하기 위하여 청정공기를 공급한다.
㉢ 공기 배출구와 근로자의 작업 위치 사이에 오염원이 위치하여야 한다.
㉣ 오염물질 배출구는 오염원으로부터 가까운 곳에 설치하여 점환기 현상을 방지한다.

① ㉠, ㉡
② ㉠, ㉡, ㉢
③ ㉠, ㉡, ㉣
④ ㉠, ㉡, ㉢, ㉣

해설 오염물질 배출구는 가능한 한 오염원으로부터 가까운 곳에 설치하여 '점환기' 효과를 얻는다.

정답 01 ② 02 ③ 03 ② 04 ① 05 ②

06 산업환기에 관한 일반적인 설명으로 옳지 않은 것은?

① 일정량의 공기 부피는 절대온도에 반비례하여 증가한다.
② 산업환기에서 표준공기의 밀도는 1.203 kg/m³ 정도이다.
③ 산업환기에서의 표준상태란 21 ℃, 760 mmHg를 말한다.
④ 산업환기장치 내의 유체는 별도의 언급이 없는 한 표준공기로 취급한다.

해설 일정량의 공기 부피는 절대온도에 비례하여 증가한다.

07 레이놀즈(Reynolds)수를 구할 때 고려되어야 할 요소로 옳지 않은 것은?

① 공기속도　　② 덕트의 직경
③ 공기밀도　　④ 유입계수

해설 레이놀즈수 공식: $R_e = \dfrac{\rho v d}{\mu} = \dfrac{v d}{\nu}$ 에서 ρ: 공기밀도(kg/m³), v: 공기속도(m/s), d: 덕트의 직경(m), μ: 공기 점성계수(1.85 × 10⁻⁵ kg/s·m (1 poise = 1 g/cm·s)), ν: 공기의 동점성계수(동점도) (1.5 × 10⁻⁵ m²/s)

> 유입계수는 후드의 압력손실을 계산할 경우에 사용한다.

08 1기압에서 직경 20 cm인 덕트에 동점성계수 2×10^{-4} m²/s인 기체가 10 m/s로 흐를 때 레이놀즈수는?

① 1,000　　② 2,000
③ 4,000　　④ 10,000

해설 레이놀즈수 공식: $R_e = \dfrac{\rho v d}{\mu} = \dfrac{v d}{\nu} = \dfrac{10 \times 0.2}{2 \times 10^{-4}} = 10,000$

09 일반적인 산업환기 배관 내 기류 흐름의 Reynolds수 범위로 옳은 것은?

① $10^{-3} \sim 10^{-7}$　　② $10^{-7} \sim 10^{-11}$
③ $10^{2} \sim 10^{3}$　　④ $10^{5} \sim 10^{6}$

해설 일반적으로 산업환기의 덕트 내 기류 흐름의 레이놀즈수는 $10^5 \sim 10^6$로 흐름의 형태는 난류이다.

10 덕트 직경이 30 cm이고 공기유속이 5 m/s일 때 레이놀즈수(Re)는? (단, 공기의 점성계수는 20 ℃, 1.85×10^{-5} kg/s·m, 공기밀도는 20 ℃일 때 1.2 kg/m³)

① 97,300
② 117,500
③ 124,400
④ 135,200

해설 레이놀즈수: $R_e = \dfrac{\rho v d}{\mu} = \dfrac{1.2 \times 5 \times 0.3}{1.85 \times 10^{-5}} = 97,297$

11 폭 320 mm, 높이 760 mm의 곧은 각관 내를 $Q = 280$ m³/분의 표준 공기가 흐르고 있을 때 레이놀즈수(R_e) 값은? (단, 동점성계수는 1.5×10^{-5} m²/s이다.)

① 5.76×10^5
② 5.76×10^6
③ 8.76×10^5
④ 8.76×10^6

해설 레이놀즈수 $R_e = \dfrac{v \times d}{\nu}$ 에서

$V = \dfrac{Q}{A} = \dfrac{280}{(0.32 \times 0.76) \times 60} = 19.19$ m/s

상당직경 $D_e = \dfrac{2ab}{a+b} = \dfrac{2 \times (0.32 \times 0.76)}{0.32 + 0.76} = 0.45$ m

∴ $R_e = \dfrac{19.19 \times 0.45}{1.5 \times 10^{-5}} = 5.76 \times 10^5$

> **상당직경**
> 관의 모양이 원형이 아닌 사각인 경우, 이와 동일한 유체역학적인 특성을 갖는 원형 관의 지름에 해당하는 직경을 말한다.

12 공기밀도에 대한 설명으로 옳지 않은 것은?

① 공기 1 m³와 물 1 m³의 무게는 다르다.
② 온도가 상승하면 공기가 팽창하여 밀도가 적어진다.
③ 고공으로 올라갈수록 압력이 낮아져 공기는 팽창하고 밀도는 적어진다.
④ 다른 모든 조건이 일정할 경우 공기밀도는 절대온도에 비례하고 압력에 반비례한다.

해설 다른 모든 조건이 일정할 경우 공기밀도는 절대온도에 반비례하고 압력에 비례한다.

> 공기 1 m³의 무게
> = 1.3 kg/Sm³,
> 물 1 m³의 무게
> = 1,000 kg/m³

정답 06 ① 07 ④ 08 ④ 09 ④ 10 ① 11 ① 12 ④

CHAPTER 1 출제 예상 문제

13 25 ℃에서 공기의 점성계수 $\mu = 1.607 \times 10^{-4}$ poise, 밀도 $\rho = 1.203$ kg/m³이다. 이때 동점성계수(m²/s)는?

① 1.336×10^{-5}
② 1.736×10^{-5}
③ 1.336×10^{-6}
④ 1.736×10^{-6}

해설
동점성계수: $\nu = \dfrac{\mu}{\rho} = \dfrac{1.607 \times 10^{-4} \text{ g/cm·s} \times 100 \text{ cm/m}}{1.203 \text{ kg/m}^3 \times 1,000 \text{ g/kg}}$
$= 1.336 \times 10^{-5}$ m²/s

> poise(푸아즈): 점도(粘度)의 CGS 단위로 1 g의 기체를 1초 사이에 1 cm 이동하는 상태를 1푸아즈라 한다.
> ∴ 1 poise = 1 g/cm·s이다.

14 연속방정식 $Q = AV$의 적용조건은? (단, Q = 유량, A = 단면적, V = 평균속도이다.)

① 압축성 정상 유동
② 압축성 비정상 유동
③ 비압축성 정상 유동
④ 비압축성 비정상 유동

해설 유체역학적 원리에서 연속방정식이 성립되기 위한 전제조건으로 덕트 내를 흐르는 유체가 비압축성 정상 유체흐름이라고 가정할 경우이다.

15 정상류가 흐르고 있는 유체 유동에 관한 연속방정식을 설명하는 데 적용된 법칙은?

① 관성의 법칙
② 운동량의 법칙
③ 질량보존의 법칙
④ 점성의 법칙

해설 정상류가 흐르고 있는 유체 유동에 관한 연속방정식에 적용된 법칙은 질량보존의 법칙이다. 즉 정상류로 흐르고 있는 공기가 임의의 한 단면을 통과하는 질량은 다른 임의의 한 단면을 통과하는 단위시간당 질량과 같아야 한다.

16 사염화에틸렌 20,000 ppm이 공기 중에 존재한다면 공기와 사염화에틸렌 혼합물의 유효비중은? (단, 사염화에틸렌의 증기 비중은 5.7로 한다.)

① 1.107
② 1.094
③ 1.075
④ 1.047

해설 사염화에틸렌 20,000 ppm = 2 %, 즉 사염화에틸렌 2 : 공기 98이므로 혼합물의 유효비중(effective specific gravity)은 $0.02 \times 5.7 + 0.98 \times 1.0 = 1.094$

> 유효비중(relative density)
> = (air(%) × air 밀도) + (vapor(%) × vapor 밀도)

17 온도 5 ℃, 압력 700 mmHg인 공기의 밀도보정계수는?

① 0.988　　　　　② 0.974
③ 0.961　　　　　④ 0.954

해설　밀도보정계수, $d = \dfrac{(273+21)(P)}{(C+273)(760)}$ 에서 P : 압력(mmHg), C : 온도(℃)이므로

$d = \dfrac{294 \times 700}{278 \times 760} = 0.974$

18 기압의 변화가 없는 상태에서 고열 작업장의 건구온도가 40 ℃라면 이때 그 작업장 내의 공기밀도(kg/m³)는 약 얼마인가? (단, 0℃, 1기압 공기 밀도는 1.293 kg/m³이다.)

① 1.05　　　　　② 1.13
③ 1.16　　　　　④ 1.20

해설　다른 모든 조건이 일정할 경우 공기밀도는 절대온도에 반비례하고 압력에 비례한다. 즉, 공기의 밀도 $\rho = 1.293 \times \dfrac{273}{273+40} = 1.13\, \text{kg/m}^3$

19 해발고도가 1,220 m인 곳에서 대기압이 656 mmHg이다. 이때 작업장에서 배출되는 공기의 온도가 200 ℃라면 이 공기의 밀도는 약 얼마인가? (단, 표준상태의 공기의 밀도는 1.293 kg/m³이다.)

① 0.25 kg/m³　　　② 0.45 kg/m³
③ 0.65 kg/m³　　　④ 0.85 kg/m³

해설　공기의 밀도 $\rho = 1.293 \times \dfrac{273}{273+200} \times \dfrac{656}{760} = 0.65\, \text{kg/m}^3$

20 1기압, 0 ℃에서 공기의 비중량을 1.293 kg/m³라고 할 때 동일 기압에서 20 ℃일 때 공기의 비중량은?

① 0.84 kg/m³　　　② 1.10 kg/m³
③ 1.205 kg/m³　　　④ 1.387 kg/m³

해설　공기의 비중량, $\gamma = 1.293 \times \dfrac{273}{273+20} = 1.205\, \text{kg/m}^3$

정답　13 ①　14 ③　15 ③　16 ②　17 ②　18 ②　19 ③　20 ③

CHAPTER 1 출제 예상 문제

21 기체의 비중은 공기 무게에 대한 같은 부피의 기체 무게비이다. 이산화탄소의 기체 비중은 약 얼마인가? (단, 1몰의 공기 질량은 28.97 g으로 한다.)

① 1.52
② 1.62
③ 1.72
④ 1.82

해설 이산화탄소(CO_2)의 분자량은 $12 + 2 \times 16 = 44$, 1몰의 이산화탄소 질량은 44 g이다. 따라서 이산화탄소의 비중은

$$\frac{44}{28.97} = 1.52 \text{이다.}$$

22 입자의 직경이 1 μm이고, 비중이 2.0인 입자의 침강속도는?

① 0.003 cm/s
② 0.006 cm/s
③ 0.01 cm/s
④ 0.03 cm/s

해설 입경이 $1 \sim 50\ \mu m$인 먼지의 침강속도는 Lippmann의 식을 적용한다.
$$\therefore V(\text{cm/s}) = 0.003 \times \rho \times r^2 = 0.003 \times 2.0 \times 1^2 = 0.006\ \text{cm/s}$$

> 이 식은 Stokes의 종말침강속도(분리속도)식인
> $$v_g = \frac{d_p^2 \rho_p g}{18\mu}$$
> 에서 유도된 식임
> ※ 리프먼식은 입경을 μm로, 비중을 단위 없이 대입하였고, 단위를 cm/s로 하였으므로
> $$v = \frac{(d \times 10^{-6})^2 m^2 \times (\rho \times 1{,}000 kg/m^3) \times 9.8 m/s^2}{18 \times 1.85}$$
> $= \times 10^{-5} kg/s \cdot m \times 10^2 cm/m$
> $= 0.003 \times \rho \times d^2\ \text{cm/s}$

23 공장의 높이가 3 m인 작업장에서 입자의 비중이 1.0이고, 직경이 1.0 μm인 구형인 먼지가 바닥으로 모두 가라앉는데 걸리는 시간은 이론적으로 얼마가 되는가?

① 약 0.8시간
② 약 8시간
③ 약 18시간
④ 약 28시간

해설 입자의 침강속도: $V = 0.003 \times \rho \times d^2 = 0.003 \times 1.0 \times 1.0^2 = 0.003\ \text{cm/s}$
$$\therefore \text{시간}\ t = \frac{\text{작업장 높이}}{\text{침강속도}} = \frac{300}{0.003 \times 3{,}600} = 27.78\ h$$

24 분압이 1.5 mmHg인 물질이 표준상태의 공기 중에서 도달할 수 있는 최고농도(%)는 약 얼마인가?

① 0.2 %
② 1.1 %
③ 2.0 %
④ 11.0 %

해설 표준상태의 공기 중에서 도달할 수 있는 최고농도(%)는 포화증기농도이므로
$$\% = \frac{1.5}{760} \times 100 = 0.2\ \%$$

25 톨루엔은 0 ℃일 때, 증기압이 6.8 mmHg이고, 25 ℃일 때는 증기압이 7.4 mmHg이다. 기온이 0 ℃일 때와 25 ℃일 때의 포화농도 차이는 약 몇 ppm인가?

① 790
② 810
③ 830
④ 850

해설

- 기온이 0 ℃일 때 포화증기농도 $SVC = \dfrac{6.8}{760} \times 10^6 = 8,947\,ppm$
- 기온이 25 ℃일 때 포화증기농도 $SVC = \dfrac{7.4}{760} \times 10^6 = 9,737\,ppm$
- ∴ 포화농도 차이는 $9,737 - 8,947 = 790\,ppm$

26 1기압(atm)과 동일한 값은?

① 101.325 kPa
② 760 mmH₂O
③ 1.013 kg/m²
④ 10,332.27 bar

해설 압력의 단위

$1기압 = 1\,atm = 760\,mmHg = 10,332\,mmH_2O = 1.0332\,kg/cm^2$
$= 10,332\,kg/m^2 = 14.7\,psi = 760\,Torr = 1,013\,hPa = 1,013.25\,mb$
$= 10,113 \times 10^5\,dyne/cm^2 = 101.325\,kPa$

참고 절대압력, 게이지압력, 대기압의 관계

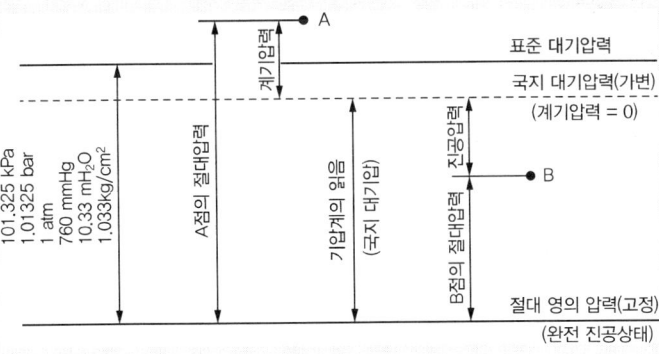

27 오염이 높은 작업장의 실내압으로 옳은 것은?

① 양압(+) 유지
② 음압(−) 유지
③ 정압 유지
④ 동압 유지

해설 오염이 높은 작업장은 음압을 유지하여 실내에서 외부로 오염물질이 주변 지역으로 확산되는 것을 방지해야 한다.

정답 21 ① 22 ② 23 ④ 24 ① 25 ① 26 ① 27 ②

CHAPTER 1 출제 예상 문제

28 1 mmH₂O를 환산한 값으로 옳지 <u>않은</u> 것은?

① $1 \text{ kg}_f/\text{m}^2$
② 0.98 N/m^2
③ 9.8 Pa
④ 0.0735 mmHg

해설 $1 \text{ N/m}^2 = 1 \text{ Pa}$이다.

$1 \text{ mmH}_2\text{O} = 1 \text{ kg}_f/\text{m}^2$, $1 \text{ mmH}_2\text{O} = \dfrac{101,300}{10,332} = 9.8 \text{ Pa}$

$1 \text{ mmH}_2\text{O} = \dfrac{760}{10,332} = 0.0736 \text{ mmHg}$

29 공기압력에 관한 설명으로 옳지 <u>않은</u> 것은?

① 압력은 정압, 동압 및 전압 3가지로 구분된다.
② 전압은 단위 유체에 작용하는 정압과 동압의 총합이다.
③ 동압을 때로는 저항 압력 또는 마찰압력이라고도 한다.
④ 동압은 정지상태의 공기를 일정한 속도로 흐르도록 가속화시키는 데 필요한 압력을 말한다.

해설 정압을 때로는 저항 압력 또는 마찰압력이라고도 한다.

30 압력에 관한 설명으로 옳지 <u>않은</u> 것은?

① 정압이 대기압보다 크면 (+) 압력이다.
② 정압이 대기압보다 작은 경우도 있다.
③ 정압은 속도압과 관계없이 독립적으로 발생한다.
④ 속도압은 공기 흐름으로 인하여 (−) 압력이 발생한다.

해설 속도압은 공기 흐름으로 인하여 항상 (+) 압력이 발생한다.

31 정압에 관한 설명으로 옳지 <u>않은</u> 것은?

① 정압은 위치에너지에 속한다.
② 정압은 속도압에서 전압을 뺀 값이다.
③ 송풍기가 덕트 내의 공기를 흡입하는 경우 정압은 음압이다.
④ 밀폐공간에서 전압이 50 mmHg이면 정압은 50 mmHg이다.

해설 정압은 전압에서 속도압을 뺀 값이다. $SP = TP - VP$

32 전압, 정압, 속도압에 관한 설명으로 옳지 않은 것은?

① 속도압과 정압을 합한 값을 전압이라 한다.
② 속도압은 공기가 정지할 때 항상 발생한다.
③ 속도압이란 정지상태의 공기를 일정한 속도로 흐르도록 가속화시키는 데 필요한 압력을 말하며, 공기의 운동에너지에 비례한다.
④ 정압은 사방으로 동일하게 미치는 압력으로 공기를 압축 또는 팽창시키며, 공기 흐름에 대한 저항을 나타내는 압력으로 이용된다.

해설 공기가 정지할 때 발생하는 압력은 정압이다.

33 속도압에 대한 설명으로 옳지 않은 것은?

① 속도압은 속도에 비례한다.
② 속도압은 항상 양압 상태이다.
③ 속도압은 중력가속도에 반비례한다.
④ 속도압은 정지상태에 있는 공기에 작용하여 속도 또는 가속을 일으키게 함으로써 공기를 이동하게 하는 압력이다.

해설 속도압은 속도의 제곱에 비례한다. 속도압은 베르누이 정리에 의해 $VP = \dfrac{\gamma V^2}{2g}$

34 환기와 관련한 식으로 옳지 않은 것은? (단, 관련 기호는 표를 참고하시오.)

기호	설명	기호	설명
Q	유량	SP_h	후드 정압
A	단면적	TP	전압
V	유속	VP	속도압
D	직경	SP	정압
C_e	유입계수		

① $Q = AV$
② $A = \dfrac{\pi D^2}{4}$
③ $C_e = \sqrt{\dfrac{VP}{SP_h}}$
④ $VP = TP + SP$

해설 속도압: $VP = TP - SP$

CHAPTER 1 출제 예상 문제

35 덕트 내 단위체적인 유체에 모든 방향으로 동일하게 영향을 주는 압력으로 공기 흐름에 대한 저항을 나타내는 압력은?

① 전압 ② 속도압
③ 정압 ④ 분압

해설 정압은 사방으로 동일하게 영향을 미치는 압력으로 공기를 압축 또는 팽창시키며, 공기 흐름에 대한 저항을 나타내는 압력으로 이용된다.

36 덕트계에서 공기의 압력에 대한 설명으로 옳지 <u>않은</u> 것은?

① 속도압은 공기가 이동하는 힘으로 항상 양(+)이다.
② 공기의 흐름은 압력차에 의해 이동하므로 송풍기 앞은 항상 음(−)의 값을 갖는다.
③ 정압은 잠재적인 에너지로 공기의 이동에 소요되어 유용한 일을 하므로 항상 양(+)의 값을 갖는다.
④ 국소배기장치의 배출구 압력은 항상 대기압보다 높아야 한다.

해설 정압은 잠재적인 에너지로 공기의 이동에 소요되어 유용한 일을 하므로 양(+) 및 음(−)의 값을 갖는다.

37 속도압은 VP, 비중량은 γ, 수두는 h, 중력가속도를 g라 할 때 유체의 관내 속도를 구하는 식으로 옳은 것은?

① $\sqrt{\dfrac{2gVP}{\gamma}}$ ② $\dfrac{\sqrt{4gh}}{\gamma}$
③ $\dfrac{\gamma VP^2}{2g}$ ④ $\dfrac{\gamma h^2}{2g}$

해설 속도압(동압)은 베르누이 정리에 의해 $VP = \dfrac{\gamma V^2}{2g}$에서 $V = \sqrt{\dfrac{2g \times VP}{\gamma}}$, 속도압과 속도수두(head)는 같은 값이다.

38 어느 유체관을 흐르는 유체의 양은 220 m³/min이고 단면적이 0.5 m²일 때 속도압(mmH$_2$O)은? (단, 유체의 밀도 1.21 kg/m³)

① 약 5.9 ② 약 4.6
③ 약 3.3 ④ 약 2.1

해설

$$V = \frac{Q}{A} = \frac{220}{0.5 \times 60} = 7.33 \, \text{m/s}$$

$$VP = \frac{\gamma V^2}{2g} = \frac{1.21 \times 7.33^2}{2 \times 9.8} = 3.32 \, \text{mmH}_2\text{O}$$

39 공기가 20 °C의 송풍관 내에서 20 m/s의 유속으로 흐를 때, 공기의 속도압은 약 몇 mmH₂O인가? (단, 공기밀도는 1.2 kg/m³)

① 15.5 ② 24.5
③ 33.5 ④ 40.2

해설

덕트(송풍관) 내의 속도압: $VP = \left(\dfrac{V}{4.043}\right)^2 = \left(\dfrac{20}{4.043}\right)^2 = 24.47 \, \text{mmH}_2\text{O}$

40 유체관을 흐르는 유체의 총압(전압)이 −75 mmH₂O이고, 정압이 −100 mmH₂O이면 유체의 유속(m/min)은? (단, 20 °C, 1기압 상태의 공기임)

① 약 860 m/min   ② 약 1,050 m/min
③ 약 1,210 m/min ④ 약 1,520 m/min

해설

전압: $TP = SP + VP$에서 $-75 = -100 + VP$

∴ $VP = 25 \, \text{mmH}_2\text{O}$

∴ $25 = \dfrac{1.21 \times V^2}{2 \times 9.8}$

∴ $V = 20.12 \, \text{m/s} = 1{,}207 \, \text{m/min}$

41 push-pull 방식에서 분사구의 등속점에서 거리가 멀어질수록 기류 속도가 작아져 분출기류의 속도가 50 %로 줄어드는 부위를 무엇이라 하는가?

① 잠재중심부   ② 천이부
③ 완전개방부   ④ 흡입부

해설

push-pull 방식에서 분사구의 등속점에서 거리가 멀어질수록 기류속도가 작아져 분출기류의 속도가 50 %로 줄어드는 부위는 분사구 직경의 30배가 되는 천이부이다.

푸시 풀(push-pull) 후드 시스템은 도금조와 같은 개방조 후드에서 발생하는 각종 유해물질을 효율적으로 제어하기 위해 적용되고 있는 환기 방법으로, 일반 측방형 후드에 비해 필요 환기량을 약 50 % 정도 줄일 수 있다.

정답 35 ③ 36 ③ 37 ① 38 ③ 39 ② 40 ③ 41 ②

42 에어커튼을 이용한 push-pull 방식에서 직경이 d인 노즐의 분사구 속도는 분사구로부터 분출 거리에 따라 그 속도가 떨어지는데 분출되는 관의 중심에서 속도가 거의 떨어지지 않는 거리로 옳은 것은?

① 5 D까지
② 10 D까지
③ 15 D까지
④ 20 D까지

해설 에어커튼을 이용한 푸시-풀 방식에서의 누출방식
  ㉠ 잠재중심부: 5D까지는 중심속도의 변화가 없다.
  ㉡ 천이부: 30D에서는 분사구 입구속도의 50 %가 줄어든다.

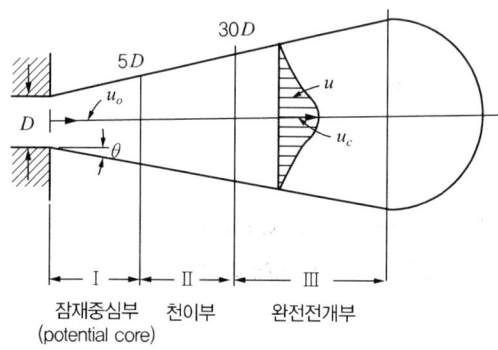

43 그림과 같이 노즐(Nozzle) 분사구 개구면의 유속을 100 %라 하고 분사구 내경을 D라고 할 때 분사구 개구면의 유속이 50 %로 감소되는 지점의 거리는?

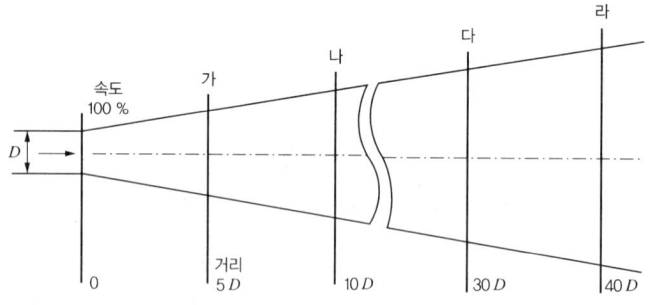

① 5 D
② 10 D
③ 30 D
④ 40 D

해설 천이부인 30D에서 분사구 입구속도의 50 %가 줄어든다.

44 점흡입의 경우, push-pull 후드의 흡입에 있어 개구부로부터 거리가 멀어짐에 따라 속도는 급격히 감소하는 데, 이때 개구면의 직경만큼 떨어질 경우 후드 흡입기류의 속도는 약 어느 정도로 감소하겠는가?

① 1/10
② 1/5
③ 1/4
④ 1/2

해설 흡입할 때는 기류의 방향과 관계없이 흡입구 덕트 직경과 같은 거리에서 1/10로 감소한다.

45 송풍기의 토출기류에 대한 설명 중 ( ) 안에 알맞은 값은?

> 공기의 토출속도는 덕트 직경의 30배 거리에서 약 ( ) % 정도 감소한다.

① 5
② 10
③ 80
④ 90

해설 송풍기의 토출속도는 30 D 떨어진 거리에서 약 10 % 정도 줄어든다.

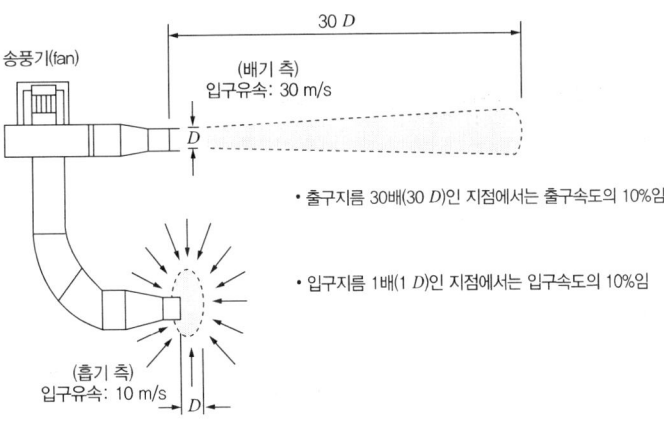

- 출구지름 30배(30 D)인 지점에서는 출구속도의 10%임
- 입구지름 1배(1 D)인 지점에서는 입구속도의 10%임

46 층류에 대한 설명으로 옳지 않은 것은?

① 평균유속은 최대 유속의 약 1/2 정도이다.
② 레이놀즈수가 4,000 이상인 유체의 흐름이다.
③ 관내에서의 속도분포가 정상 포물선을 그린다.
④ 유체입자가 관 벽에 평행한 직선으로 흐르는 흐름이다.

해설 층류(laminar flow)는 레이놀즈수가 1,160 이하(보통 2,100)인 유체의 흐름이다.

정답 42 ① 43 ③ 44 ① 45 ② 46 ②

CHAPTER 1 출제 예상 문제

47 다음은 기류의 본질에 대한 내용이다. ㉠과 ㉡에 들어갈 내용으로 옳은 것은?

> 유체가 관내를 아주 느린 속도로 흐를 때는 소용돌이나 선회운동을 일으키지 않고 관 벽에 평행으로 유동한다. 이와 같은 흐름을 (㉠)(이)라 하며 속도가 빨라지면 관내 흐름은 크고 작은 소용돌이가 혼합된 형태로 변하여 혼합상태로 흐른다. 이런 모양의 흐름을 (㉡)(이)라 한다.

① ㉠: 층류 ㉡: 난류
② ㉠: 난류 ㉡: 층류
③ ㉠: 유선운동 ㉡: 층류
④ ㉠: 난류 ㉡: 유선운동

해설
- 층류(laminar flow): 유체가 덕트 내를 아주 느린 속도로 흐를 때는 소용돌이나 선회운동을 일으키지 않고 관 벽에 평행으로 유동하는 흐름으로 레이놀즈수가 1,160 이하(보통 2,100)인 유체의 흐름이다.
- 난류(turbulent flow): 덕트 내에 흐르는 유체가 속도가 빨라지면 덕트 내 흐름은 크고 작은 소용돌이가 혼합된 형태로 변하여 혼합상태인 모양의 흐름으로 레이놀즈수가 4,000 이상인 유체의 흐름이다.
- 천이류: 층류와 난류가 혼합된 흐름으로 레이놀즈수가 1,160과 4,000 사이의 흐름이다.

48 수평의 원형직관 단면에서 층류의 유체가 흐를 때 유속이 가장 빠른 부분은?

① 관 벽
② 관 중심부
③ 관 중심에서 외측으로 1/2 지점
④ 관 중심에서 외측으로 1/3 지점

해설 관로 단면에서 볼 때 모든 부분에서 흐르는 유속은 각각 다른데 중심부가 가장 빠르고, 관 벽에 가까울수록 늦어진다.

49 실내공기의 풍속을 측정하는 데 사용하는 기구는?

① 카타온도계
② 유량계
③ 복사온도계
④ 회전계

해설 공기의 흐름이 거의 없는 0.5 m/s 이하의 실내공기의 풍속을 측정에는 카타온도계를 사용한다.

50 신체의 열 생산과 주변 환경 사이의 열교환식(heat balance equation)과 관련이 없는 것은?

① 대류
② 증발
③ 복사
④ 전도

해설
- 열평형 방정식 $\Delta S = M \pm C \pm R - E$에서 작업대사량($M$, metabolism), 대류($C$, convection), 복사($R$, radiation), 증발($E$, evaporation)이 관여함
- 전도(傳導, conduction)는 열에너지가 높은 곳에서 낮은 곳으로 이동하는 것으로 물질을 통하여 접촉하고 있는 두 물체 사이에 열이 이동하는 것이다.

51 일반적으로 자연환기의 가장 큰 원동력이 될 수 있는 것은 실내·외 공기의 무엇에 기인하는가?

① 기압
② 온도
③ 조도
④ 기류

해설 자연환기는 실내·외 온도차와 풍력차에 의한 자연적 공기 흐름에 의한 환기이다.

52 피토튜브와 마노미터를 이용하여 측정된 덕트 내 속도압이 20 mmH₂O일 때, 공기의 속도는 약 몇 m/s인가? (단, 덕트 내의 공기는 21 ℃, 1기압으로 가정한다.)

① 14
② 18
③ 22
④ 24

해설
유속: $V = \sqrt{\dfrac{VP \times 2g}{\gamma}} = \sqrt{\dfrac{20 \times 2 \times 9.8}{1.21}} = 18\,\text{m/s}$

53 직경 150 mm인 덕트 내 정압은 −64.5 mmH₂O이고, 전압은 −31.5 mmH₂O 이다. 이때 덕트 내의 공기속도(m/s)는 약 얼마인가?

① 23.23
② 32.09
③ 32.47
④ 39.61

해설
속도압: $VP = TP - SP = (-31.5) - (-64.5) = 33\,\text{mmH}_2\text{O}$

유속: $V = \sqrt{\dfrac{VP \times 2g}{\gamma}} = \sqrt{\dfrac{33 \times 2 \times 9.8}{1.21}} = 23.12\,\text{m/s}$

정답 47 ① 48 ② 49 ① 50 ④ 51 ② 52 ② 53 ①

CHAPTER 1 출제 예상 문제

54 관경이 200 mm인 직관 속을 공기가 흐르고 있다. 공기의 동점성계수가 1.5×10^{-5} m²/s이고, 레이놀즈수가 20,000이라면 직관의 풍량(m³/h)은?

① 약 130　　② 약 150
③ 약 170　　④ 약 190

해설 풍량 $Q = A \times V$에서

단면적 $A = \dfrac{3.14 \times 0.2^2}{4} = 0.0314 \, \text{m}^2$

레이놀즈수를 구하는 공식에서 유속

$V = \dfrac{R_e \times \nu}{d} = \dfrac{20,000 \times 1.5 \times 10^{-5}}{0.2} = 1.5 \, \text{m/s}$

∴ $Q = 0.0314 \times 1.5 \times 3,600 = 169.56 \, \text{m}^3/\text{h}$

55 관 내경이 150 mm인 직관을 통하여 50 m³/min 의 공기를 송풍할 때 관 내의 풍속은 약 몇 m/s인가?

① 47　　② 53
③ 68　　④ 83

해설 유속 $V = \dfrac{Q}{A} = \dfrac{Q}{\dfrac{\pi}{4} d^2} = \dfrac{4\,Q}{\pi\, d^2} = \dfrac{4 \times 50}{3.14 \times 0.15^2 \times 60} = 47.2 \, \text{m/s}$

56 공기 온도가 50 ℃인 덕트의 유속이 4 m/s일 때, 이를 표준공기로 보정한 유속(V_c)은? (단, 밀도 1.2 kg/m³)

① 3.19 m/s　　② 4.19 m/s
③ 5.19 m/s　　④ 6.19 m/s

해설 유속은 절대온도의 제곱근에 비례하므로 $4 \times \dfrac{\sqrt{(273+50)}}{\sqrt{(273+21)}} = 4.19 \, \text{m/s}$

57 건조 공기가 원형식 관내를 흐르고 있다. 속도압이 6 mmH₂O이면 풍속은 얼마인가? (단, 건조공기의 비중량 1.2 kg$_f$/m³이며, 표준상태이다.)

① 5 m/s　　② 10 m/s
③ 15 m/s　　④ 20 m/s

해설 유속 $V = \sqrt{\dfrac{VP \times 2g}{\gamma}} = \sqrt{\dfrac{6 \times 2 \times 9.8}{1.2}} = 10 \, \text{m/s}$

58 원형덕트의 송풍량이 20 m³/min이고, 반송속도가 15 m/s일 때 필요한 덕트의 내경은 약 몇 m 인가?

① 0.17
② 0.24
③ 0.50
④ 0.75

해설

송풍량 $Q = A \times V$ 에서 $A = \dfrac{Q}{V} = \dfrac{20}{15 \times 60} = 0.022 \, \text{m}^2$

$\therefore D = \sqrt{\dfrac{4 \times 0.022}{3.14}} = 0.17 \, \text{m}$

59 온도 50 ℃인 관 내부를 15 m³/min의 기체가 흐르고 있을 때 0 ℃에서의 유량은 약 얼마인가? (단, 기압은 760 mmHg로 일정하다.)

① 12.68 m³/min
② 14.74 m³/min
③ 15.05 m³/min
④ 17.29 m³/min

해설

환산 유량 $Q_2 = 15 \times \dfrac{273}{273 + 50} = 12.68 \, \text{m}^3/\text{min}$

60 용융로 상부의 공기 용량은 200 m³/min, 온도는 400 ℃, 1기압이다. 이것은 21 ℃, 1기압의 상태로 환산하면 공기의 용량은 약 몇 m³/min가 되겠는가?

① 82.6
② 87.4
③ 93.4
④ 116.6

해설

환산된 공기의 용량 $Q_2 = 200 \times \dfrac{273 + 21}{273 + 400} = 87.37 \, \text{m}^3/\text{min}$

61 온도 120 ℃, 기압 650 mmHg 상태에서 47 m³/min의 기체가 관내를 흐르고 있다. 이 기체가 21 ℃, 1기압일 때 유량(m³/min)은?

① 15.1
② 28.4
③ 30.1
④ 52.5

해설

변화된 상태의 공기용량

$V_2 = V_1 \times \dfrac{P_1}{P_2} \times \dfrac{T_2}{T_1} = 47 \times \dfrac{650}{760} \times \dfrac{273 + 21}{273 + 120} = 30.07 \, \text{m}^3/\text{min}$

정답 54 ③ 55 ① 56 ② 57 ② 58 ① 59 ① 60 ② 61 ③

CHAPTER 1 출제 예상 문제

62 어느 유체관의 속도압(velocity pressure)이 20 mmH₂O이고 관의 직경이 25 cm일 때 유량(m³/h)은? (단, 21 ℃, 1기압 기준)

① 약 3,000　　② 약 3,200
③ 약 3,500　　④ 약 3,800

[해설] 유량 $Q = A \times V$에서

단면적: $A = \dfrac{3.14 \times 0.25^2}{4} = 0.049 \, \text{m}^2$

유속: $V = 4.043 \sqrt{VP} = 4.043 \times \sqrt{20} = 18.08 \, \text{m/s}$

∴ $Q = 0.049 \times 18.08 \times 3{,}600 = 3{,}189.46 \, \text{m}^3/\text{h}$

63 보일-샤를의 법칙으로 옳은 것은? (단, T는 절대온도, P는 압력, V는 공기의 부피이다.)

① $\dfrac{T_1 P_1}{V_1} = \dfrac{T_2 P_2}{V_2}$　　② $\dfrac{V_1 P_1}{T_1} = \dfrac{V_2 P_2}{T_2}$

③ $\dfrac{T_1}{V_1 P_1} = \dfrac{V_2 P_2}{T_2}$　　④ $\dfrac{T_1 P_1}{V_1} = \dfrac{V_2 P_2}{T_2}$

[해설] 보일-샤를의 법칙: 기체의 압력과 온도가 동시에 변할 때, 일정량의 기체의 부피는 절대온도에 비례하고, 압력에 반비례한다. 변화된 상태의 기체용량

$V_2 = V_1 \times \dfrac{T_2}{T_1} \times \dfrac{P_1}{P_2}$

64 일정한 압력조건에서 부피와 온도는 비례한다는 산업환기의 기본법칙은?

① 돌턴의 법칙　　② 라울트의 법칙
③ 보일의 법칙　　④ 샤를의 법칙

[해설] 샤를의 법칙(Charles's law): 압력이 일정할 때 기체의 온도가 높아지면 기체의 부피가 증가하고, 온도가 낮아지면 부피가 감소하는 법칙으로 게이-뤼삭의 법칙과 같다.

65 1기압 상태에서 1몰(mole)의 공기 부피가 24.1 L이었다면 이때의 기온은 약 몇 ℃인가?

① 0 ℃　　② 18 ℃
③ 21 ℃　　④ 25 ℃

해설 보일–샤를의 법칙에서 $V_2 = V_1 \times \dfrac{P_1}{P_2} \times \dfrac{T_2}{T_1}$ 에서 $24.1 = 22.4 \times \dfrac{273+t}{273}$

∴ $t = 20.7\ ℃$

66 용융로 상부의 공기 용량은 200 m³/min, 온도는 400 ℃, 1기압이다. 이것을 21 ℃, 1기압의 상태로 환산하면 공기의 용량은 약 몇 m³/min가 되겠는가?

① 82.6 ② 87.4
③ 93.4 ④ 116.6

해설 환산된 공기의 용량: $Q_2 = 200 \times \dfrac{273+21}{273+400} = 87.37\ \text{m}^3/\text{min}$

67 21 ℃, 1기압에서 벤젠 1.36 L가 증발할 때 발생하는 증기의 용량은 약 몇 L 정도가 되겠는가?(단, 벤젠의 분자량은 78.11, 비중은 0.879이다.)

① 327.5 ② 342.7
③ 368.8 ④ 371.6

해설 벤젠 사용량 $G = 1.36\ \text{L/h} \times 0.879\ \text{g/mL} \times 1{,}000\ \text{mL/L} = 1{,}195.44\ \text{g}$

∴ 벤젠 발생 부피 $= \dfrac{24.1 \times 1{,}195.44}{78.11} = 368.8\ \text{L}$

68 다음 그림에서 $SP_1 = -30\ \text{mmH}_2\text{O}$, $VP_2 = 20\ \text{mmH}_2\text{O}$, $SP_2 = -35\ \text{mmH}_2\text{O}$일 때, 압력손실은 얼마인가?

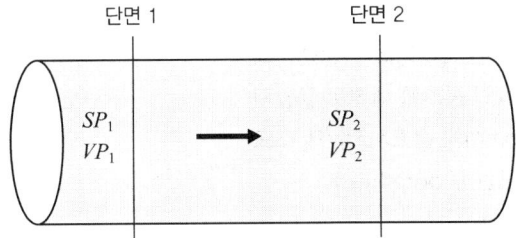

① 65 mmH₂O ② 45 mmH₂O
③ 15 mmH₂O ④ 5 mmH₂O

해설 원형 직선 덕트에서 $VP_1 = VP_2$이므로 원형 덕트의 압력손실
$\Delta P = (SP_2 - SP_1) = (-35 - (-30)) = 5\ \text{mmH}_2\text{O}$

CHAPTER 1 출제 예상 문제

69 작업장 내의 실내 환기량을 평가하는 방법으로 옳지 않은 것은?

① 시간당 공기교환 횟수
② Tracer가스를 이용하는 방법
③ 이산화탄소농도를 이용하는 방법
④ 배기 중 내부공기의 수분함량 측정

해설 배기 중 내부공기의 수분함량 측정으로는 작업장 내의 실내 환기량을 평가할 수 없다.

70 공기가 직경 30 cm, 길이 1 m의 원형 덕트를 통과할 때 발생되는 압력손실의 종류로 가장 올바르게 나열한 것은? (단, 21 ℃, 1기압으로 가정한다.)

① 마찰, 압축
② 마찰, 난류
③ 압축, 팽창
④ 난류, 팽창

해설 덕트의 압력손실은 내면 거칠기(조도)에 따른 마찰압력손실과 공기 흐름으로 발생하는 난류압력손실의 합이다.

71 0 ℃, 760 mmHg인 작업장에서 메탄올(CH_3OH)이 260 mg/m³있다면, 이는 몇 ppm인가?

① 2.9 ppm   ② 11.6 ppm   ③ 182 ppm   ④ 260 ppm

해설 메탄올(CH_3OH)의 분자량(M) = 32, mg/m³과 ppm의 환산식

$$\text{ppm} = \text{mg/m}^3 \times \frac{22.4}{M} = 260 \times \frac{22.4}{32} = 182 \, \text{ppm}$$

72 작업장의 체적이 2,000 m³이고 공기 공급 전 작업장의 에틸벤젠의 농도는 300 ppm이었다. 70 m³/min의 작업장 밖의 공기를 내부로 유입시켜 작업장의 에틸벤젠농도를 노출 기준인 100 ppm까지 감소시키는데 소요되는 시간은? (단, 유입공기 중 에틸벤젠의 농도는 0 ppm이다.)

① 약 27.3분
② 약 29.7분
③ 약 31.4분
④ 약 33.8분

해설 초기농도 t_1 = 0에서의 농도 C_1으로부터 C_2까지 감소하는 데 걸린 시간

$$t = -\frac{V}{Q}\ln\left(\frac{C_2}{C_1}\right) = -\left(\frac{2,000 \, \text{m}^3}{70 \, \text{m}^3/\text{min}}\right) \times \ln\left(\frac{100}{300}\right) = 31.39 \, \text{min}$$

CHAPTER 2 전체환기

출제 예상 문제

01 전체환기량과 환기 방법

학습 POINT
자연환기와 강제환기에 대한 정확한 정의와 이해 및 오염물질 사용량에 따른 필요 환기량을 구하는 공식과 계산문제에 중점을 두고 학습한다.

01 자연환기의 장단점으로 옳지 않은 것은?
① 운전에 따른 에너지 비용이 없는 장점이 있다.
② 환기량 예측자료를 구하기 쉬운 장점이 있다.
③ 효율적인 자연환기는 냉방비 절감의 장점이 있다.
④ 외부 기상조건과 내부 작업조건에 따라 환기량 변화가 심한 단점이 있다.

해설 자연환기는 환기량 예측자료를 구하기가 어려운 단점이 있다.

참고 자연환기와 기계환기의 장단점

구분	장점	단점
강제환기 (기계환기)	• 필요환기량을 송풍기 용량으로 조정할 수 있다. • 작업환경을 일정하게 유지한다.	• 송풍기 가동에 따른 소음, 진동뿐 아니라 막대한 에너지 비용이 발생한다.
자연환기 (희석환기)	• 소음 및 운전비가 필요 없다. • 적당한 온도차와 바람이 있다면 기계환기보다 효과적이다. • 효율적인 자연환기는 냉방비 절감의 효과가 있다.	• 외부 기상조건과 내부 작업조건 간에 따라 환기량의 변화가 심하다. • 환기량의 예측자료가 없다. • 벤틸레이터 형태에 따른 효율 평가 자료가 없다.

02 작업장에서 전체환기 장치를 설치하고자 한다. 전체환기의 목적으로 옳지 않은 것은?
① 온도와 습도를 조절한다.
② 화재나 폭발을 예방한다.
③ 유해물질의 농도를 감소시켜 건강을 유지시킨다.
④ 유해물질을 발생원에서 직접 제거시켜 근로자의 노출농도를 감소시킨다.

정답 69 ④ 70 ② 71 ③ 72 ③ **01.** 01 ② 02 ④

해설 전체환기는 유해물질을 희석하여 농도를 낮추는 것이므로 완전히 제거하지는 못한다. 이외에도 작업능률을 향상시키는 목적이 있다. 유해물질을 발생원에서 직접 제거시켜 근로자의 노출농도를 감소시키는 것은 국소배기의 목적이다.

03 자연환기 방식에 의한 전체환기의 효율을 결정하는 것으로 옳은 것은?

① 대기압과 오염물질의 농도
② 풍압과 실내·외 온도 차이
③ 오염물질의 농도와 실내·외 습도 차이
④ 작업자 수와 작업장 내부 시설의 위치

해설 자연환기는 실내·외 온도차와 풍력차에 의한 자연적 공기 흐름에 의한 환기이므로 풍압과 실내·외 온도 차이로 효율이 결정된다.

04 전체환기시설을 설치하기에 가장 적절한 곳은?

① 오염물질의 독성이 높은 경우
② 근로자가 오염원에서 가까운 경우
③ 오염물질이 한 곳에 모여 있는 경우
④ 오염물질이 시간에 따라 균일하게 발생하는 경우

해설
- 유해물질 독성이 비교적 낮은 경우, 즉 노출 기준(TLV)이 높은 유해물질인 경우
- 오염원이 근로자가 근무하는 장소로부터 멀리 떨어져 있는 경우
- 배출원이 이동성일 경우

05 전체환기 방식에 대한 설명으로 옳지 <u>않은</u> 것은?

① 자연환기는 기계환기보다 보수가 용이하다.
② 효율적인 자연환기는 냉방비 절감효과가 있다.
③ 청정공기가 필요한 작업장은 실내압을 양압(+)으로 유지한다.
④ 오염이 높은 작업장은 실내압을 매우 높은 양압(+)으로 유지하여야 한다.

해설 오염이 높은 작업장은 실내압을 음압(-)으로 유지하여 실내의 오염물질이 주변 지역으로 확산되는 것을 방지하며, 반대로 청정공기가 필요한 작업장은 실내압을 양압(+)으로 유지하여 외부의 오염물질이 실내로 유입되는 것을 방지한다.

06 전체환기를 설치하고자 할 때 적용되는 기본 원칙으로 옳지 않은 것은?

① 오염물질 사용량을 조사하여 필요환기량을 계산한다.
② 배출 공기를 보충하기 위하여 실내공기와 동질의 공기를 공급한다.
③ 공기배출구와 근로자의 작업 위치 사이에 오염원이 위치해야 한다.
④ 공기가 배출되면서 오염장소를 통과하도록 공기 배기구와 유입구의 위치를 선정한다.

해설 배출 공기를 보충하기 위하여 실내공기와 동질의 공기가 아닌 청정공기를 공급한다.

07 자연환기에 관한 설명으로 옳지 않은 것은?

① 기계환기에 비해 소음이 적다.
② 건물이 높을수록 환기 효율이 증가한다.
③ 실내외 온도차가 높을수록 환기 효율은 증가한다.
④ 외부의 대기 조건에 상관없이 일정 수준의 환기효과를 유지할 수 있다.

해설 자연환기는 외·내부 조건에 따라 환기량이 일정하지 않아 작업환경 개선용으로 이용하기에는 제한적이다.

08 전체환기법을 적용하고자 할 때 갖추어야 할 조건으로 옳지 않은 것은?

① 배출원이 이동성일 경우
② 유해물질의 배출량의 변화가 클 경우
③ 배출원에서 유해물질 발생량이 적을 경우
④ 동일 작업장에 배출원 다수가 분산된 경우

해설 유해물질의 배출량의 변화가 적을 경우 전체환기를 적용한다.

09 산업환기에 대한 설명으로 옳지 않은 것은?

① 작업장 실내·외 공기를 교환하여 주는 것이다.
② 작업장에서 기계의 힘을 이용한 환기를 자연환기라 한다.
③ 작업환경 상의 유해요인인 먼지, 화학물질, 고열 등을 관리한다.
④ 작업자의 건강 보호를 위해 작업장 공기를 쾌적하게 하는 것이다.

해설 작업장에서 기계의 힘을 이용한 환기를 기계환기(강제환기)라 한다.

정답 03 ② 04 ④ 05 ④ 06 ② 07 ④ 08 ② 09 ②

10 자연환기와 강제환기에 관한 설명으로 옳지 않은 것은?

① 자연환기는 환기량 예측자료를 구하기가 용이하다.
② 강제환기는 외부조건에 관계없이 작업환경을 일정하게 유지시킬 수 있다.
③ 자연환기는 외부 기상조건과 내부 작업조건에 따라 환기량 변화가 심하다.
④ 자연환기는 적당한 온도차와 바람이 있다면 상당히 비용면에서 효과적이다.

해설 자연환기는 환기량 예측자료를 구하기가 어렵다.

11 희석환기를 적용하여서는 안 되는 경우는?

① 오염물질의 발산이 비교적 균일한 경우
② 오염물질의 허용기준치가 매우 낮은 경우
③ 가연성 가스의 농축으로 폭발의 위험이 있는 경우
④ 오염물질의 양이 비교적 적고, 희석공기량이 많지 않아도 될 경우

해설 희석환기는 오염된 실내공기에 신선한 공기를 유입시켜 오염원 농도를 희석시키는 방법이기 때문에 오염물질의 허용기준치가 매우 낮은 경우는 독성이 강한 물질로 희석환기로는 제거가 어렵고, 이 경우에는 국소배기장치를 이용하여 제거한다.

12 자연환기에 대한 설명으로 옳지 않은 것은?

① 운전비용이 거의 들지 않는다.
② 에너지 비용을 최소화할 수 있다.
③ 계절 변화에 관계없이 안정적으로 사용할 수 있다.
④ 지붕 벤틸레이타, 창문, 출입문 등을 통한 환기 방식이다.

해설 자연환기는 온도에 의한 중력환기와 풍압차에 의한 풍력환기가 있는데 이는 계절 변화에 따라 환기 효율이 변하는 불안정적인 환기 방식이다.

13 유해 작업장의 분진이 바닥이나 천장에 쌓여서 2차 발진된다. 이것을 방지하기 위한 공학적 대책으로 오염농도를 희석시키는데, 이때 사용되는 주요 대책방법으로 옳은 것은?

① 개인보호구 착용
② 칸막이 설치
③ 전체환기 시설 가동
④ 소음기 설치

해설 바닥이나 천장에 쌓였다가 2차적으로 날아오르는 분진의 오염농도를 줄이는 방법은 전체환기 시설을 가동하면 효과적이다.

14 전체환기에서 오염물질 사용량(L)에 대한 필요환기량(m^3/L)을 산출하는 공식은? (단, SG: 비중, K: 안전계수, MW: 분자량, TLV: 노출 기준이다.)

① $\dfrac{24.1 \times K \times 1{,}000{,}000}{MW \times TLV}$

② $\dfrac{387 \times K \times 1{,}000{,}000}{MW \times TLV}$

③ $\dfrac{24.1 \times SG \times K \times 1{,}000{,}000}{MW \times TLV}$

④ $\dfrac{403 \times SG \times K \times 1{,}000{,}000}{MW \times TLV}$

해설 필요환기량

$$Q = \frac{24.1\,\text{L} \times SG\,\text{g/mL} \times 1{,}000\,\text{mL/L} \times K}{MW\,\text{g} \times TLV\,\text{mL/m}^3 \times 10^{-3}\,\text{L/mL}}$$

$$= \frac{24.1 \times SG \times K \times 1{,}000{,}000}{MW \times TLV}$$

참고 유해물질 발생에 따른 전체환기 필요환기량

구분	필요환기량 계산식	비고
희석	$Q = \dfrac{24.1 \times S \times G \times K \times 10^6}{M \times TLV}$	Q: 필요환기량(m^3/h) S: 유해물질의 비중 G: 유해물질의 시간당 사용량(L/h) K: 안전계수(혼합계수로써)
화재·폭발 방지	$Q = \dfrac{24.1 \times S \times G \times S_f \times 100}{M \times LEL \times B}$	$K=1$: 작업장 내 공기혼합이 원활한 경우 $K=2$: 작업장 내 공기혼합이 보통인 경우 $K=3$: 작업장 내 공기혼합이 불완전한 경우 M: 유해물질의 분자량(g) TLV: 유해물질의 노출기준(ppm) LEL: 폭발하한치(%) B: 온도에 따른 상수(121℃ 이하: 1, 121℃ 초과: 0.7)
수증기 제거	$Q = \dfrac{W}{1.2 \times \Delta G}$	W: 수증기 부하량(kg/h) ΔG: 작업장 내 공기와 급기의 절대습도차(kg/kg)
열배출	$Q = \dfrac{H_s}{C_p \times \Delta t}$	H_s: 발열량(kcal/h) C_p: 공기의 비열(kcal/h·℃) Δt: 외부 온도와 작업장 내 온도차(℃) S_f: 안전계수(연속공정: 4, 회분식공정: 10~12)

2 출제 예상 문제

15 작업장 내에서는 톨루엔(분자량 92, TLV 100 ppm)이 시간당 300 g씩 증발되고 있다. 이 작업장에 전체환기 장치를 설치할 경우 필요환기량은 약 얼마인가? (단, 주위는 21 ℃, 1기압이고, 여유계수는 6으로 하며, 톨루엔은 모두 공기와 완전혼합된 것으로 한다.)

① 73.04 m³/min   ② 78.59 m³/min
③ 4,382.61 m³/min   ④ 4,715.22 m³/min

해설 톨루엔($C_6H_5CH_3$)의 사용량: 300 g/h, 노출 기준 55 ppm = 55 mL/m³
톨루엔의 발생률(G, L/h)은 92 g : 24.1 L = 300 g/h : G로부터

$$G = \frac{24.1\,\text{L} \times 300\,\text{g/h}}{92\,\text{g}} = 78.59\,\text{L/h}$$

∴ 필요환기량: $Q = \dfrac{G}{\text{TLV}} \times K = \dfrac{78.59\,\text{L/h} \times 1{,}000\,\text{mL/L}}{100\,\text{mL/m}^3} \times 6 \times \dfrac{1\,h}{60\,\min}$
$= 78.59\,\text{m}^3/\min$

16 분자량이 119.38, 비중이 1.49인 클로로포름 1 L/h을 사용하는 작업장에서 필요한 전체환기량(m³/min)은? (단, ACGIH의 방법을 적용하며, 여유계수는 6, 노출 기준은 10 ppm이다.)

① 2,000   ② 2,500
③ 3,000   ④ 3,500

 클로로포름($CHCl_3$)의 사용량: 1 L/h = 1 × 1.49 g/mL × 1,000 mL/L
$= 1{,}490\,\text{g/L}$

노출 기준 10 ppm = 10 mL/m³
∴ 클로로포름의 발생률(G, L/h)은 119.38 g : 24.1 L = 1,490 g/h : G로부터

$$G = \frac{24.1\,\text{L} \times 1{,}490\,\text{g/h}}{119.38\,\text{g}} = 300.8\,\text{L/h}$$

∴ 필요환기량: $Q = \dfrac{G}{\text{TLV}} \times K = \dfrac{300.8\,\text{L/h} \times 1{,}000\text{mL/L}}{10\,\text{mL/m}^3} \times 6 \times \dfrac{1\,h}{60\,\min}$
$= 3{,}008\,\text{m}^3/\min$

17 어느 작업장에서 Methyl Ethyl ketone을 시간당 1.5리터를 사용할 경우 작업장의 필요환기량(m³/min)은? (단, MEK의 비중은 0.805, TLV는 200 ppm, 분자량은 72.1이고, 안전계수 K는 7로 하여 1기압, 21 ℃ 기준이다.)

① 약 235   ② 약 465
③ 약 565   ④ 약 695

해설 MEK 사용량 = 1.5 L/h × 0.805 g/mL × 1,000 mL/L = 1,207.5 g/h

MEK 발생률(L/h), $G = \dfrac{24.1\,\text{L} \times 1,207.5\,\text{g/h}}{72.1\,\text{g}} = 403.62\,\text{L/h}$

∴ 필요환기량 $Q = \dfrac{403.62\,\text{L/h} \times 1,000\,\text{mL/L}}{200\,\text{mL/m}^3 \times 60\,\text{min/h}} \times 7 = 235.44\,\text{m}^3/\text{min}$

18 접착제를 사용하는 A 공정에서는 메틸에틸케톤(MEK)과 톨루엔이 발생, 공기 중으로 완전 혼합된다. 두 물질은 모두 마취작용을 나타내므로 상가효과가 있다고 판단되며, 각 물질의 사용정보가 다음과 같을 때 필요한 환기량(m³/min)은? (단, 주위는 25 ℃, 1기압 상태이다.)

> (MEK)
> - 안전계수: 4
> - 분자량: 72.1
> - 비중: 0.805
> - TLV: 200 ppm
> - 사용량: 시간당 2 L
>
> (톨루엔)
> - 안전계수: 5
> - 분자량: 92.13
> - 비중: 0.866
> - TLV: 50 ppm
> - 사용량: 시간당 2 L

① 181.9 ② 557.0
③ 764.5 ④ 946.4

- MEK(메틸에틸케톤, Methyl Ethyl Ketone: $CH_3C(O)CH_2CH_3$의 구조로 이루어진 유기화합물)에 대하여
  - 사용량 = 2 L/h × 0.805 g/mL × 1,000 mL/L = 1,610 g/h
  - 발생률 = $\dfrac{24.45\,\text{L} \times 1,610\,\text{g/h}}{72.1\,\text{g}} = 546\,\text{L/h}$
  - 필요환기량 = $\dfrac{546\,\text{L/h} \times 1,000\,\text{mL/L}}{200\,\text{mL/m}^3 \times 60\,\text{min}} \times 4 = 182\,\text{m}^3/\text{min}$

- 톨루엔에 대하여
  - 사용량 = 2 L/h × 0.866 g/mL × 1,000 mL/L = 1,732 g/h
  - 발생률 = $\dfrac{24.45\,\text{L} \times 1,732\,\text{g/h}}{92.13\,\text{g}} = 459.6\,\text{L/h}$
  - 필요환기량 = $\dfrac{459.6\,\text{L/h} \times 1,000\,\text{mL/L}}{50\,\text{mL/m}^3 \times 60\,\text{min}} \times 5 = 766\,\text{m}^3/\text{min}$

  ∴ 두 물질이 상가작용을 하므로 182 + 766 = 948 m³/min

2 출제 예상 문제

19 일정 용적을 갖는 작업장 내에서 매시간 M m³의 CO_2가 발생할 때 필요환기량(m³/h) 공식으로 옳은 것은? (단, C_s는 작업환경 실내 CO_2 기준 농도(%), C_o는 작업환경 실외 CO_2 농도(%)를 나타낸다.)

① $\left(\dfrac{M}{C_s - C_o}\right) \times 100$
② $\left(\dfrac{C_s - C_o}{M}\right) \times 100$
③ $\left(\dfrac{C_s}{C_o} \times M\right) \times 100$
④ $\left(\dfrac{C_o}{C_s} \times M\right) \times 100$

해설 이산화탄소 제거가 목적일 경우 필요환기량 공식
$Q = \left(\dfrac{M}{C_s - C_o}\right) \times 100 \, \text{m}^3/\text{h}$이다.
여기서, C_s: 작업환경 실내 이산화탄소 기준농도(≒ 0.1 %)
C_o: 작업환경 실외 이산화탄소 기준농도(≒ 0.03 %)
M: 이산화탄소 발생량(m³/h)이다.

20 대기 중 이산화탄소 농도가 0.03 %, 실내 이산화탄소의 농도가 0.3 %일 때 한 사람의 시간당 이산화탄소 배출량이 21 L이라면, 1인 1시간당 필요환기량(m³/hr·인)은?

① 5.4
② 7.8
③ 9.2
④ 11.4

해설 이산화탄소 제거가 목적일 경우 필요환기량: $Q = \dfrac{M}{C_i - C_o} \times 100$에서

$M = 21 \, \text{L/h} \times \dfrac{1 \, \text{m}^3}{1,000 \, \text{L}} = 0.021 \, \text{m}^3/\text{h}$

$\therefore Q = \dfrac{0.021}{0.3 - 0.03} \times 100 = 7.78 \, \text{m}^3/\text{h·인}$

21 작업장의 크기가 세로 10 m, 가로 30 m, 높이 6 m이고, 필요환기량이 90 m³/min일 때 1시간당 공기 교환 횟수는 몇 회인가?

① 2회
② 3회
③ 4회
④ 6회

해설 1시간당 공기 교환 횟수
$\text{ACH} = \dfrac{\text{필요환기량(m}^3/\text{h)}}{\text{작업장 용적(m}^3)} = \dfrac{90 \, \text{m}^3/\text{min} \times 60 \, \text{min/h}}{10 \, \text{m} \times 30 \, \text{m} \times 6 \, \text{m}} = 3 \, \text{회}$

22 오후 6시 20분에 측정한 사무실 내 이산화탄소의 농도는 1,200 ppm, 사무실이 빈 상태로 1시간이 경과한 오후 7시 20분에 측정한 이산화탄소의 농도는 400 ppm이었다. 이 사무실의 시간당 공기 교환 횟수는? (단, 외부 공기 중의 이산화탄소의 농도는 330 ppm이다.)

① 0.56
② 1.22
③ 2.52
④ 4.26

해설 시간당 공기 교환 횟수(ACH)

$$= \frac{\ln(\text{측정 초기농도} - \text{외부 } CO_2 \text{ 농도}) - \ln(\text{시간이 지난 후 농도} - \text{외부 } CO_2 \text{ 농도})}{\text{경과된 시간}}$$

$$= \frac{\ln(1,200-330) - \ln(400-330)}{4} = 2.52 \text{ 회/h}$$

23 어느 작업장의 길이, 폭, 높이가 각각 40 m, 20 m, 4 m이다. 이 실내에 8시간당 16회의 환기가 되도록 직경 40 cm의 개구부 두 개를 통하여 공기를 공급하고자 한다. 각 개구부를 통과하는 공기의 유속(m/min)은?

① 약 425
② 약 475
③ 약 525
④ 약 575

해설 1시간당 공기 교환 횟수: $ACH = \frac{\text{필요환기량}}{\text{작업장 용적}}$ 에서

필요환기량 $Q = 16\text{회}/8\,\text{h} \times (40 \times 20 \times 4)\,\text{m}^3 = 6,400\,\text{m}^3/\text{h}$

∴ 공기의 유속 $V = \frac{Q}{A} = \frac{6,400}{\left(\frac{3.14 \times 0.4^2}{4}\right) \times 2 \times 60} = 424.63\,\text{m/min}$

24 작업장의 크기가 12 m × 22 m × 45 m인 곳에서 톨루엔 농도가 400 ppm이다. 이 작업장으로 600 m³/min의 공기가 유입되고 있다면 톨루엔 농도를 100 ppm까지 낮추는 데 필요한 환기시간은 약 얼마인가? (단, 공기와 톨루엔은 완전혼합된다고 가정한다.)

① 27.45분
② 31.44분
③ 35.45분
④ 39.44분

해설
- 작업장의 체적: $V = 12 \times 22 \times 45 = 11,880\,\text{m}^3$
- 톨루엔 400 ppm을 100 ppm으로 낮추는데 걸리는 시간

$$t = -\frac{V}{Q}\ln\left(\frac{C_2}{C_1}\right) = -\frac{11,880}{600}\ln\left(\frac{100}{400}\right) = 27.45\,\text{min}$$

정답 19 ① 20 ② 21 ② 22 ③ 23 ① 24 ①

CHAPTER 2 출제 예상 문제

25 불필요한 고열로 인한 작업장을 환기시키려고 할 때 필요환기량 (m³/h)을 구하는 식으로 옳은 것은? (단, 급·배기 또는 실내·외의 온도차를 Δt (℃), 작업장 내 열부하를 H_s(kcal/h)라 한다.)

① $\dfrac{H_S}{1.2 \times \Delta t}$
② $H_S \times 1.2\, \Delta t$
③ $\dfrac{H_S}{0.3 \times \Delta t}$
④ $H_S \times 0.3\, \Delta t$

해설 방열 목적의 필요 환기량

$$Q = \frac{H_s}{C_p \cdot \Delta t} = \frac{H_s}{0.3 \cdot \Delta t}\ (\text{m}^3/\text{h})$$

여기서, H_s: 작업장 내의 열부하(kcal/h), Δt: 실내외의 온도차, C_p: 정압비열 (cal/g·℃)

26 작업장 내의 열부하량이 200,000 kcal/h이며, 외부의 기온은 25 ℃이고, 작업장 내의 기온은 35 ℃이다. 이러한 작업장의 전체환기 필요환기량(m³/min)은?

① 1,100
② 1,600
③ 2,100
④ 2,600

해설 방열목적의 필요환기량

$$Q = \frac{H_s}{0.3\, \Delta t} = \frac{200,000}{0.3 \times (35-25) \times 60} = 1,111.11\ \text{m}^3/\text{min}$$

27 실내의 중량 절대습도가 80 %, 외부의 중량 절대습도가 60 %, 실내의 수증기가 시간당 3 kg씩 발생할 때 수분 제거를 위하여 중량단위로 필요한 환기량(m³/min)은 약 얼마인가? (단, 공기의 비중량은 1.2 kgf/m³으로 한다.)

① 0.21
② 4.17
③ 7.52
④ 12.50

해설 수증기 발생 시 제거 목적의 필요환기량

$$Q = \frac{W}{1.2\, \Delta G}\ (\text{m}^3/\text{h}) = \frac{3}{1.2 \times (0.8-0.6) \times 60} = 0.21\ \text{m}^3/\text{min}$$

28 환기시설을 효율적으로 운영하기 위해서는 공기공급 시스템이 필요한데, 필요한 이유로 옳지 <u>않은</u> 것은?

① 작업장의 교차기류를 조성하기 위해서
② 국소배기장치를 적정하게 동작시키기 위해서
③ 근로자에게 영향을 미치는 냉각기류를 제거하기 위해서
④ 실외공기가 정화되지 않은 채 건물 내로 유입되는 것을 막기 위해서

해설 작업장 내 교차기류(방해기류)가 발생하는 것을 방지하기 위해

29 작업장 내 교차기류 형성에 따른 영향으로 옳지 <u>않은</u> 것은?

① 국소배기장치의 제어속도가 영향을 받는다.
② 작업장 내의 오염된 공기를 다른 곳으로 분산시키기 곤란하다.
③ 작업장의 음압으로 인해 형성된 높은 기류는 근로자에게 불쾌감을 준다.
④ 먼지가 발생할 공정인 경우, 침강된 먼지를 비산, 이동시켜 다시 오염되는 결과를 야기한다.

해설 작업장 내 교차기류(방해기류)는 작업장 내의 오염된 공기를 다른 곳으로 분산시킨다.

30 에너지 절약의 일환으로 실내공기를 재순환시켜 외부 공기와 혼합하여 공급하는 경우가 많다. 재순환 공기 중 CO_2의 농도가 700 ppm, 급기 중 CO_2의 농도가 600 ppm이었다면, 급기 중 외부공기의 함량은 몇 %인가? (단, 외부공기 중 CO_2의 농도는 300 ppm이다.)

① 25 % ② 43 %
③ 50 % ④ 86 %

해설 급기 중 재순환량(%)

$$= \frac{\text{급기공기 중 } CO_2 \text{ 농도} - \text{외부공기 중 } CO_2 \text{ 농도}}{\text{재순환 공기 중 } CO_2 \text{ 농도} - \text{외부공기 중 } CO_2 \text{ 농도}} \times 100$$

$$= \frac{600-300}{700-300} \times 100 = 75\%$$

∴ 급기 중 외부공기의 함량(%) = 100 − 75 = 25 %

정답 25 ③ 26 ① 27 ① 28 ① 29 ② 30 ①

CHAPTER 2 출제 예상 문제

31 배출구의 배기시설에 대한 일반적인 설치 방법에 있어 "15–3–15" 중 "3"이 의미하는 내용으로 옳은 것은?

① 외기 풍속의 3배로
② 배기속도는 3 m/s가 되도록
③ 유입구로부터 3 m 떨어지게
④ 이웃하는 지붕보다 3 m 높게

해설 배기구 설치 시 '15–3–15'의 규칙
- 15: 배출구와 공기를 유입하는 흡입구는 서로 15 m 이상 떨어져야 한다.
- 3: 배출구의 높이는 지붕 꼭대기나 공기 유입구보다 위로 3 m 이상 높게 하여야 한다.
- 15: 배출되는 공기는 재유입 되지 않도록 배출가스 속도를 15 m/s 이상으로 유지한다.

32 전체환기를 실시하고자 할 때 고려하여야 하는 원칙으로 옳지 <u>않은</u> 것은?

① 먼저 자료를 통해서 희석에 필요한 충분한 양의 환기량을 구해야 한다.
② 가능하면 오염물질이 발생하는 가장 가까운 위치에 배기구를 설치해야 한다.
③ 배기구는 창문이나 문 등 개구 근처에 위치하도록 설계하여 오염공기의 배출이 충분하게 한다.
④ 희석을 위한 공기가 급기구를 통하여 들어와서 오염물질이 있는 영역을 통과하여 배기구로 빠져나가도록 설계해야 한다.

해설 배출된 공기가 재유입 되지 못하도록 배기구의 높이를 적절히 설계하고 창문이나 문 근처에 위치하지 않도록 한다.

CHAPTER 3 국소환기

출제 예상 문제

01 후드(hood)

학습 POINT
작업장 오염물질 발생에 따른 후드의 종류와 제어속도, 필요 환기량을 구하는 공식과 계산 문제를 원활히 풀이할 수 있어야 한다.

01 용해로, 열처리로, 배소로 등의 가열로에서 가장 많이 사용하는 후드는?

① 슬롯형 후드
② 부스식 후드
③ 외부식 후드
④ 리시버식 캐노피형 후드

해설 가열로, 용융로, 열처리로 등 가열로에서 사용하는 후드는 리시버식 캐노피형(수형 천개형) 후드이다.

02 오염물질이 일정한 방향으로 배출되는 연삭기 공정에서 일반적으로 사용되는 후드로 옳은 것은?

① 포위식 후드
② 포집형 후드
③ 캐노피 후드
④ 리시버식 후드

해설 작업공정에서 발생되는 오염물질이 관성력이나 열상승력을 가지고 자체적으로 발생될 경우 발생되는 방향 쪽에 후드의 입구를 설치함으로써 보다 적은 송풍량으로 오염물질을 포집할 수 있도록 설계한 후드가 리시버식 후드로 가열로, 용융로, 연마, 연삭 공정에 사용한다.

포집형 후드는 외부식 후드로 측방형 후드, 슬롯 후드, 하방형 후드, 저유량-고유속 후드 등이 있다.

03 방사성 동위 원소나 독성가스를 취급하는 공정에서 가장 적합한 후드의 형식은?

① 건축부스형
② 캐노피형
③ 슬롯형
④ 장갑부착 상자형

해설 장갑부착 상자형(Glove box): 박스 내부가 음압이 형성되어 있으므로 독성가스 및 방사성 동위원소 취급공정, 발암성물질 취급에 주로 사용하며 형식기호는 포위식으로 EX로 나타낸다.

정답 31 ④ 32 ③ 01 01 ④ 02 ④ 03 ④

CHAPTER 3 출제 예상 문제

04 후드의 개방면에서 측정한 속도로서 면속도가 제어속도가 되는 형태의 후드는?

① 포위형 후드
② 포집형 후드
③ 푸시-풀형 후드
④ 캐노피형 후드

해설 면속도(face velocity)는 후드 개구부 면에서 측정한 기류의 속도로 포위형 후드의 개구면 속도, 즉 제어속도이다.

참고 후드의 형식 분류

형식		형식 기호	특징
포위식(E) Enclosure	포위형(E) Cover	EE	발생원의 주변을 포위하고 틈새, 작은 창, 손이 들어 갈 수 있는 작은 구멍 정도의 개구부만 있는 것
	장갑부착상자형(X) Globe box	EX	안에 양손을 밀어 넣어서 작업하기 위한 상자로 보통 전면 상부에 유리가 덮여 안이 보이고 전면 하부에 손을 찔러 넣는 구멍이 뚫려 있다. 구멍의 안쪽에 불침투성의 합성고무 등으로 만든 장갑을 부착하여 기밀상태로 한 것
	건축부스형(B) Booth	EB	발생원의 주변을 크게 에워싸고, 작업을 하기위해 전면이 개방되어 있다. 작업자는 개구면에 서서 등 뒤에서 불어오는 깨끗한 공기를 마시면서 안을 향하여 작업한다. 부스란 작은 칸막이 방과 비슷하다.
	드래프트 챔버형(D) Draft chamber	ED	부스형의 개구면으로 미닫이나 문을 만들어 개구면적을 약간 작게 한 것으로 개구면의 크기는 보통 손이나 공구를 찔러 넣어 작업하는 정도이며, 화학실험실에서 사용하는 드래프트 챔버가 대표적이다.
외부식(O) Exterior	슬롯형(S) Slot	OS	도금조나 작업대의 끝에 설치한 가늘고 긴 개구가 있는 것으로 흡입거리는 최대 60 cm
	루바형(L) Louver	OL	발생원의 옆에 설치된 발이나 셔터 모양의 개구가 있는 것
	그리드형(G) Grid	OG	바닥면 작업대의 바닥을 격자상 개구로 하여 그 위에서 작업하는 것으로 작업대의 작업면을 격자상으로 한 것을 환기작업대(Down draft bench)라 부른다.
	자립형(F) Free standing	OF	보통의 외부식 후드라고 부르는 것으로 개구면의 형상에 따라 원형(OO), 장방형(OR) 등으로 불려진다.
리시버식(R) Receiving	캐노피형(C) Canopy	RC	발생원의 상방에 덮개와 같이 덮은 자립형 후드, 열부력에 의한 상승기류를 동반한 발생원에 쓰이나 작업자가 개구의 아래에 얼굴을 넣으면 오염된 공기를 흡입하기 쉬우므로 유해물질에 응용할 때 특히 주의가 필요하다.
	포위형(G) Grinder cover	RG	탁상연마 받침 등의 그라인더 커버를 후드로 이용하는 것
	자립형(F) Free standing	RF	외관 구조는 보통의 외부식 후드와 같지만 유해물질의 비산방향을 개구면으로 덮도록 설치한 것으로 개구면의 형상에 따라 원형(RO), 장방형(RR) 등으로 부른다.

05 후드의 종류에서 외부식 후드로 옳지 않은 것은?
① 루바형 후드   ② 그리드형 후드
③ 캐노피형 후드 ④ 슬롯형 후드

해설 외부식 후드는 슬롯형, 루버형, 그리드형, 자립형 등의 종류가 있다. 캐노피형 후드는 리시버식 후드이다.

06 맹독성 물질을 제어하는 데 가장 적합한 후드의 형태는?
① 포위식   ② 외부식 측방형
③ 리시버식   ④ 외부식 슬롯형

해설 포위식 후드는 내부에 음압을 형성되므로 안에서 발생하는 물질이 외부로 빠져나가지 못하므로 독성가스 및 방사성 동위원소 취급공정, 발암성 물질에 주로 사용된다.

07 유기용제 작업장에 후드를 설치하고자 한다. 이때 가장 효율이 좋은 후드는?
① 외부식 상방형 ② 외부식 하방형
③ 외부식 측방형 ④ 포위식 부스형

해설 유기용제는 독성물질이 대부분이므로 작업장에 노출되어서는 안 된다. 주어진 후드 중 효율이 가장 좋은 것은 포위식 부스형이다.

08 다음 그림이 나타내는 국소배기장치의 후드 형식은?

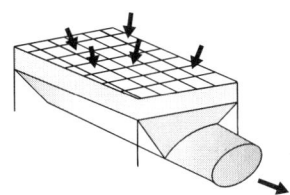

① 측방형   ② 포위형
③ 하방형   ④ 슬롯형

해설 포집식(형) 후드(capturing hood)의 한 형태로 오염물질을 아래 쪽으로 흡입하는 외부식 하방형 후드이다.

정답 04 ① 05 ③ 06 ① 07 ④ 08 ③

CHAPTER 3 출제 예상 문제

09 도금조와 같이 오염물질 발생원의 개방면적이 큰 작업공정에 주로 많이 사용하여 포집 효율을 증가시키면서 필요유량을 대폭 감소시킬 수 있는 장점이 있는 후드는?

① 그리드형 ② 캐노피형
③ 드래프트 챔버형 ④ 푸시-풀형

해설 밀어당김형 후드(push-pull hood)는 도금조 및 자동차 도장공정과 같이 오염물질 발생원의 개방면적이 넓은 작업공정에 주로 많이 적용된다.

10 도금조와 사형주조에 사용되는 후드 형식으로 옳은 것은?

① 부스식 ② 포위식
③ 외부식 ④ 장갑부착상자식

해설 개방면적, 즉 발산면의 폭이 넓은 도금조는 push-pull(밀어당김형 외부식 후드)를 사용하고 주물사를 이용하여 형틀을 주조하는 사형주조에 사용되는 후드 형식은 캐노피형 외부식 후드를 사용한다.

외부식 밀어당김형(pusu-pull) 후드는 폭이 넓은 도금조의 경우 후드 반대편 가장 먼 지점에서 발생되는 오염물질을 흡입할 경우 후드 반대 편에서 불어주는 푸시 에어를 에어커튼 모양으로 밀어주면 더 적은 송풍량으로 오염물질을 후드로 흡입할 수 있는 장점을 갖고 있다.

11 push-pull형 환기장치에 관한 설명으로 옳지 않은 것은?

① 도금조, 자동차 도장 공정에서 이용할 수 있다.
② 일반적인 국소배기장치 후드보다 동력비가 가장 많이 든다.
③ 한쪽에서는 공기를 불어 주고(push) 한쪽에서는 공기를 흡입(pull)하는 장치이다.
④ 공정상 제어거리가 길어서 단지 공기를 제어하는 일반적인 후드로는 효과가 낮을 때 이용하는 장치이다.

해설 push-pull형 환기장치는 일반적인 국소배기장치 후드보다 동력비가 적게 소요된다.

12 밀어당김형 후드(push-pull hood)에 의한 환기로서 가장 효과적인 경우는?

① 오염 발산원이 먼 경우 ② 오염 발산량이 많은 경우
③ 오염 발산 폭이 넓은 경우 ④ 오염 발산농도가 높은 경우

해설 밀어당김형 후드(push-pull hood)는 오염 발산 폭이 넓은 도금조나 페인트 스프레이 작업에 많이 사용된다.

13 그림과 같은 국소배기장치의 명칭은?

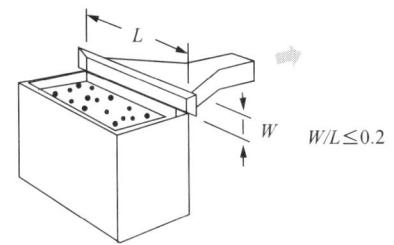

① 수형 후드　　② 슬롯 후드
③ 포위형 후드　④ 하방형 후드

> **해설** 주어진 그림은 후드 개구면의 길이가 길고, 높이(폭)가 좁은 형태로 폭/길이의 비가 0.2 이하 $\left(\dfrac{W}{L} \leq 0.2\right)$ 인 슬롯 후드를 말한다.

> 슬롯(slot) : 후드에서 슬롯이란 가로, 세로의 비가 0.2 이하로 세로가 좁고, 가로가 긴 형태의 후드이다. 오염원이 후드로 유입될 경우 보통의 후드보다 유속이 빨라 유입손실이 대단히 큰 반면 공기의 흐름을 균일하게 흡입한다.

14 푸시–풀 후드(push-pull hood)에 관한 설명으로 옳지 않은 것은?

① 도금조와 같이 폭이 넓은 경우에 사용하면 포집 효율을 증가시키면서 필요유량을 대폭 감소시킬 수 있다.
② 공정에서 작업물체를 처리조에 넣거나 꺼내는 중에 공기막이 파괴되어 오염물질이 발생하는 단점이 있다.
③ 개방조 한 변에서 압축공기를 이용하여 오염물질이 발생하는 표면에 공기를 불어 반대쪽에 오염물질이 도달하게 한다.
④ 배기 후드의 목적은 측방형 후드와 같이 제어속도를 내기 위함이며, 배기 후드에서의 슬롯속도는 1 m/s 정도가 되도록 배기구 크기를 조절한다.

> **해설** 배기 후드에서의 슬롯 통과속도는 3 ~ 4 m/s 이상으로 하는 것이 안전하다.

15 푸시–풀(push-pull) 후드에 관한 설명으로 옳은 것은?

① push 공기의 속도는 빠를수록 좋다.
② 일반적으로 상방흡입형 외부식 후드에 사용된다.
③ 후드와 작업지점과의 거리가 가까운 경우에 주로 활용된다.
④ 후드로부터 멀리 떨어져서 발생하는 유해물질을 후드 가까이 가도록 밀어준다.

> **해설** 밀어당김형 후드는 push 공기보다는 pull 공기의 속도가 빠를수록 좋으며 후드와 작업지점의 거리가 먼 경우에 주로 활용된다.

정답　09 ④　10 ③　11 ②　12 ③　13 ②　14 ④　15 ④

CHAPTER 3 출제 예상 문제

16 공기를 후드로 끌어당기고(흡입기류) 불어 주고(취출기류)하는 과정에서의 공기의 이동특성에 대한 설명으로 옳지 <u>않은</u> 것은?

① 흡입기류는 취출기류에 비해서 거리에 따른 감소 속도가 적다.
② 흡입기류는 취출기류에 비해서 거리에 따른 감소 속도가 크다.
③ 후드의 제어거리가 일정거리 이상일 경우 푸시-풀(push-pul)형 환기장치가 필요하다.
④ 흡입기류가 취출기류에 비해서 거리에 따른 감소 속도가 크므로 후드는 가능하면 오염원에 가까이 설치해야 한다.

> **해설**
> - 흡입기류는 취출기류에 비해서 거리에 따른 감소 속도가 크다.
> - push 기류(취출기류): 취출구 직경의 $30d$ 떨어진 거리에서 취출구 속도의 50 %가 줄어듦
> - pull 기류(흡입기류): 흡입구 직경의 $0.5d$ 떨어진 거리에서 흡입구 속도의 50 %가 줄어듦

17 슬롯 후드에서 슬롯의 역할은?

① 제어속도를 감소시킴
② 제어속도를 증가시킴
③ 후드 제작에 필요한 재료 절약
④ 공기가 균일하게 흡입되도록 함

> **해설** 슬롯 후드에서 슬롯의 역할은 공기의 흐름을 균일하게 흡입하기 위함이다.

18 후드에서 포위식이 외부식에 비하여 효과적인 이유로 옳지 <u>않은</u> 것은?

① 제어풍량이 적기 때문이다.
② 유해물질이 포위되기 때문이다.
③ 플랜지가 부착되어 있기 때문이다.
④ 영향을 미치는 외부기류를 사방면에서 차단되기 때문이다.

> **해설** 플랜지(flange)가 부착은 외부식 후드에서만 해당한다. 후드 개구면 주위에 플랜지를 붙이면 송풍량의 25 %를 절약할 수 있을 뿐만 아니라 후드에 기류가 흡입될 때의 저항, 즉 유입 압력손실도 적어지는 장점이 있다. 플랜지의 폭은 최대 15 cm가 적당하다.

19 후드 개구면 속도를 균일하게 분포시키는 방법으로 도금조와 같이 비교적 길이가 긴 탱크에서 가장 적절하게 사용할 수 있는 것은?

① 테이퍼 부착   ② 분리날개 설치
③ 차폐막 이용   ④ 슬롯 사용

해설 후드 개구면 속도를 균일하게 분포시키는 방법으로 도금조와 같이 비교적 길이가 긴 탱크에서는 슬롯을 사용한다.

20 외부식 후드는 발생원과 어느 정도의 거리를 두게 됨으로 발생원 주위의 방해기류가 발생되어 후드의 흡입 유량을 증가시키는 요인이 된다. 방해기류의 방지를 위해 설치하는 설비로 옳지 않은 것은?

① 댐퍼   ② 플랜지
③ 칸막이   ④ 풍향판관

해설 댐퍼(damper)는 사용하지 않은 후드를 막아 다른 곳에 필요한 정압을 보낼 수 있거나 덕트 내를 흐르는 공기량을 조절하는 장치이기 때문에 현장에서 덕트 내에 댐퍼를 설치하여 가장 쉽게 송풍량을 조절하는 방법으로 사용된다.

21 방형 후드의 가로와 세로의 비를 나타낸 것으로 같은 수치의 등속선이 가장 멀리까지 영향을 줄 수 있는 것은? (단, 제어속도와 단면적은 일정하다.)

① 1 : 4   ② 1 : 3
③ 1 : 2   ④ 1 : 1

▶ **방형(方形) 후드**
네모반듯한 모양, 즉 직사각형 모양의 후드를 말하며 정사각형일 경우에는 정방형이라고 한다.

해설 방형 후드는 사각형 후드로써 제어속도와 단면적이 일정할 경우, 가로와 세로의 비가 적을수록 등속선이 가장 멀리까지 영향을 준다.

22 국소배기장치가 효과적인 기능을 발휘하기 위해서는 후드를 통해 배출되는 것과 같은 양의 공기가 외부로부터 보충되어야 한다. 이것을 무엇이라 하는가?

① 테이크 오프(take off)   ② 충만실(plenum chamber)
③ 메이크업 에어(make up air)   ④ 인 앤 아웃 에어(in & out air)

▶ **테이크 오프(take off)**
국소배기장치에서 테이크 오프는 후드와 덕트의 연결부를 말한다.

▶ **충만실(plenum chamber)**
공기의 흐름을 균일하게 유지시켜 주기 위해 후드나 덕트의 큰 공간을 말한다.

해설 메이크업 에어(make up air)는 외부로부터 유입되는 신선한 공기로 국소배기장치가 성능을 발휘하기 위해서는 배기되는 공기와 같은 양의 메이크업 에어가 실내에 들어와야 한다.

정답 16 ① 17 ④ 18 ③ 19 ④ 20 ① 21 ① 22 ③

CHAPTER 3 출제 예상 문제

23 외부식 후드(포집형 후드)의 단점으로 옳지 <u>않은</u> 것은?
① 포위식 후드보다 일반적으로 필요 송풍량이 많다.
② 외부 난기류의 영향을 받아서 흡입 효과가 떨어진다.
③ 근로자가 발생원과 환기시설 사이에서 작업할 수 없어 여유계수가 커진다.
④ 기류속도가 후드 주변에서 매우 빠르므로 유기용제나 미세 원료 분말 등과 같은 물질의 손실이 크다.

해설 외부식 후드는 작업자가 작업에 방해를 받지 않고 작업을 할 수 있다.

24 후드에 플랜지(flange)를 부착하여 얻는 효과로 옳지 <u>않은</u> 것은?
① 후드 전면의 포집 범위가 넓어진다.
② 후드 폭을 줄일 수 있어 제어속도가 감소한다.
③ 동일한 흡입속도를 얻는 데 필요송풍량이 감소한다.
④ 등속흡입 곡선에서 덕트 직경만큼 떨어진 부위의 유속이 덕트 유속의 7.5 %를 초과한다.

해설 후드에 플랜지(flange)를 부착하여 얻는 효과는 후드 폭을 늘여 제어속도를 증가시킨다.

25 후드의 선택지침으로 옳지 <u>않은</u> 것은?
① 필요환기량을 최대화할 것
② 추천된 설계 사양을 사용할 것
③ 작업자의 호흡 영역을 보호할 것
④ 작업자가 사용하기 편리하도록 만들 것

해설 필요환기량을 최소화하여야 한다.

26 필요환기량을 감소시키기 위한 후드의 선택 지침으로 옳지 <u>않은</u> 것은?
① 가급적이면 공정을 많이 포위한다.
② 후드 개구면의 속도는 빠를수록 효율적이다.
③ 포집형 후드는 가급적 배출 오염원 가까이에 설치한다.
④ 후드 개구면에서 기류가 균일하게 분포되도록 설계한다.

해설 필요환기량을 감소시키기 위해 후드 개구면의 속도는 빠를수록 비효율적이다.

27 후드의 설계 및 선정 시 고려해야 할 사항으로 옳지 <u>않은</u> 것은?

① 필요유량을 최소화한다.
② 오염원에 가능한 한 가까이 설치한다.
③ 개구부로 유입되는 공기의 속도분포가 균일하도록 한다.
④ 비중이 공기보다 무거운 유해물질은 바닥에 후드를 설치한다.

> **해설** 비중이 공기보다 무거운 유해물질도 유효비중은 거의 공기와 같기 때문에 바닥에 후드를 설치하지 않는다.

28 분진 및 유해화학 물질이 발생되는 작업장에 설치하는 국소배기장치 후드의 설치상 기본 유의사항으로 옳지 <u>않은</u> 것은?

① 최대한 발생원 부근에 설치할 것
② 발생원의 상태에 맞는 형태와 크기일 것
③ 발생원 부근에 최대 제어속도를 만족하는 정상기류를 만들 것
④ 작업자가 후드에 흡입되는 오염기류 내에 들어가거나 노출되지 않도록 배치할 것

> **해설** 발생원 부근에 최소 제어속도를 만족하는 정상기류를 만들 것

29 제어속도(control velocity)에 대한 설명으로 옳지 <u>않은</u> 것은?

① 먼지나 가스의 성상, 확산조건, 발생원 주변 기류 등에 따라서 크게 달라진다.
② 제어풍속이라고도 하며 후드 앞 오염원에서의 기류로서 오염공기를 후드로 흡입하는 데 필요하다.
③ 유해물질이 낮은 기류로 발생하는 도금 또는 용접 작업공정에서는 대략 0.5 ~ 1.0 m/s이다.
④ 유해물질 발생이 자연적이고, 기류가 전혀 없는 탱크로부터 유기용제가 증발할 때는 1.6 ~ 2.1 m/s이다.

> **해설** 유해물질 발생이 자연적이고, 기류가 전혀 없는 탱크로부터 유기용제가 증발할 때는 0.25 ~ 0.5 m/s이다.

정답   23 ③   24 ②   25 ①   26 ②   27 ④   28 ③   29 ④

30 다음 설명에 해당하는 국소배기와 관련한 용어는?

- 후드 근처에서 발생되는 오염물질을 주변의 방해기류를 극복하고 후드 쪽으로 흡입하기 위한 유체의 속도를 말한다.
- 후드 앞 오염원에서의 기류로써 오염공기를 후드로 흡입하는 데 필요하며 방해기류를 극복해야 한다.

① 슬롯속도 ② 면속도
③ 제어속도 ④ 플레넘속도

해설 제어풍속이라고도 하며 후드 앞 오염원에서의 기류로서 오염공기를 주변의 방해기류를 극복하고 후드로 흡입하기 위한 기체의 속도이다.

31 산업안전보건법령에서 규정한 관리대상 유해물질 관련 물질의 상태 및 국소배기장치 후드의 형식에 따른 제어풍속으로 옳지 않은 것은?

① 외부식 측방 흡입형(가스상): 0.5 m/s
② 외부식 측방 흡입형(입자상): 1.0 m/s
③ 외부식 상방 흡입형(가스상): 1.0 m/s
④ 외부식 상방 흡입형(입자상): 1.0 m/s

해설 외부식 상방 흡입형(입자상): 1.2 m/s

32 제어속도에 관한 설명으로 옳은 것은?

① 제어속도가 높을수록 경제적이다.
② 제어속도를 증가시키기 위해서 송풍기 용량의 증가는 불가피하다.
③ 외부식 후드에서 후드와 작업지점과의 거리를 줄이면 제어속도가 증가한다.
④ 유해물질을 실내의 공기 중으로 분산시키지 않고 후드 내로 흡입하는 데 필요한 최대기류 속도를 말한다.

해설
- 제어속도가 높을수록 비경제적이다.
- 제어속도를 증가시키기 위한 방법은 유해물질의 비산 방향, 비산거리, 후드의 형식, 방해기류, 플랜지 부착 등 다양한 방법이 있다.
- 유해물질을 실내의 공기 중으로 분산시키지 않고 후드 내로 흡입하는 데 필요한 최소기류 속도를 말한다.

33 슬롯(slot)형 후드에서 슬롯속도와 제어풍속과의 관계를 설명한 것으로 옳은 것은?

① 제어풍속은 슬롯속도에 반비례한다.
② 제어풍속은 슬롯속도의 제곱근이다.
③ 제어풍속은 슬롯속도의 제곱에 비례한다.
④ 제어풍속은 슬롯속도에 영향을 받지 않는다.

> **해설** 슬롯 속도는 배기 송풍량과 관계가 없으므로 제어풍속은 슬롯 속도에 영향을 받지 않는다.

34 제어속도에 관한 설명으로 옳지 않은 것은?

① 포집속도라고도 한다.
② 유해물질이 후드로 유입되는 최대속도를 말한다.
③ 같은 유해인자라도 후드의 모양과 방향에 따라 달라진다.
④ 제어속도는 유해물질의 발생조건과 공기의 난기류 속도 등에 의해 결정된다.

> **해설** 유해물질이 후드로 유입되는 최소속도를 말한다.

35 국소배기장치에서 포촉점의 오염물질을 이송하기 위한 제어속도를 가장 크게 해야 하는 것은?

① 통조림 작업, 컨베이어의 낙하구
② 액면에서 발생하는 가스, 증기, 흄
③ 저속 컨베이어, 용접작업, 도금작업
④ 연마작업, 블라스트 분사 작업, 암석연마 작업

> **해설** 오염물질의 비산이 작업자에게 근접하지 않도록 하는 지점을 포착점(포촉점)이라고 하는 데 비중이 크고, 습기가 있는 오염물질일수록 제어속도를 크게 해야 한다.
> ㉠ 통조림 작업, 컨베이어의 낙하구의 제어속도: 1.0 ~ 2.5 m/s
> ㉡ 액면에서 발생하는 가스, 증기, 흄: 0.25 ~ 0.5 m/s
> ㉢ 저속 컨베이어, 용접작업, 도금작업: 0.5 ~ 1.0 m/s
> ㉣ 연마작업, 블라스트 분사 작업, 암석연마 작업: 2.5 ~ 10.0 m/s

블라스트
모래 등의 연마재(abrasive)를 피 가공면에 강하게 분사시켜, 그 충돌에 의하여 금속표면을 연삭하거나 청정화하는 것을 말하며 블라스팅(blasting)이라고도 한다.

CHAPTER 3 출제 예상 문제

36 주형을 부수고 모래를 터는 장소에서 포위식 후드를 설치하는 경우의 최소 제어풍속(m/s)으로 옳은 것은?

① 0.5 ② 0.7
③ 1.0 ④ 1.2

해설 주형해체 후 모래털기 작업(blasting) 시 포위식 후드에서의 제어속도(m/s)는 0.7이고, 외부식 후드의 측방과 하방 흡입형에서는 1.0, 상방흡입형은 1.2이다.

37 스프레이 도장, 용기충진, 분쇄기 등 발생기류가 높고, 유해물질이 활발하게 발생하는 작업조건에 있어 제어속도의 범위로 옳은 것은?(단, ACGIH에서의 권고 사항을 기준으로 한다.)

① 0.25 ~ 0.5 m/s ② 0.5 ~ 1.0 m/s
③ 1.0 ~ 2.5 m/s ④ 2.5 ~ 10 m/s

해설 발생기류가 높고 유해물질이 활발하게 발생하는 작업조건(가루물질 용기충진 작업, 분쇄기 등)에서 제어속도 범위는 1.0 ~ 2.5 m/s이다.

38 일반적으로 발생원에 대한 제어속도 V_c(control velocity)가 가장 큰 작업공정은?

① 연마작업 ② 인쇄작업
③ 도장작업 ④ 도금작업

해설
- 연마작업 제어속도: 2.5 ~ 10 m/s
- 도장, 도금작업 제어속도: 0.5 ~ 1.0 m/s
- 인쇄작업 제어속도: 0.25 ~ 0.5 m/s

39 고속기류 내로 높은 초기 속도로 배출되는 작업조건에서 회전연삭, 블라스팅 작업공정 시 제어속도로 적절한 것은? (단, 미국산업위생전문가협의회 권고 기준)

① 1.8 m/s ② 2.1 m/s
③ 8.8 m/s ④ 12.8 m/s

해설 고속기류 내로 높은 초기 속도로 배출되는 작업조건에서 회전연삭, 블라스팅 작업공정 시 제어속도는 2.5 ~ 10.0 m/s이다.

40 직경이 10 cm인 원형 후드가 있다. 관내를 흐르는 유량이 0.1 m³/s라면 후드 입구에서 15 cm 떨어진 후드 축선 상에서의 제어속도는? (단, Dalla Valle의 경험식을 이용한다.)

① 0.25 m/s
② 0.29 m/s
③ 0.35 m/s
④ 0.43 m/s

해설
필요송풍량: $Q = V_c(10X^2 + A)$에서 $A = \left(\dfrac{3.14 \times 0.1^2}{4}\right) = 0.00785 \, \text{m}^2$
$0.1 \, \text{m}^3/\text{s} = V_c \times [(10 \times 0.15^2) \, \text{m}^2 + 0.00785 \, \text{m}^2]$에서 $V_c = 0.43 \, \text{m/s}$

41 오염물질을 후드로 유입하는 데 필요한 기류의 속도인 제어속도에 영향을 주는 인자로 옳지 않은 것은?

① 덕트의 재질
② 후드의 모양
③ 후드에서 오염원까지의 거리
④ 오염물질의 종류 및 확산상태

해설 제어속도에 영향을 주는 인자
㉠ 유해물질의 비산상태(확산상태)
㉡ 유해물질 비산거리, 즉 후드에서 오염원까지의 거리
㉢ 후드의 형식
㉣ 작업장 내 방해기류(난기류)
㉤ 유해물질의 종류(사용량 및 독성)

42 작업공정에서는 이상이 없다고 가정할 때, 보기의 후드를 효율이 가장 우수한 것부터 나쁜 순으로 나열한 것은? (단, 제어속도는 1 m/s, 제어거리는 0.5 m, 개구면적은 2 m²으로 동일하다.)

㉠ 포위식 후드
㉡ 테이블에 고정된 플랜지가 붙은 외부식 후드
㉢ 자유공간에 설치된 외부식 후드
㉣ 자유공간에 설치된 플랜지가 붙은 외부식 후드

① ㉠ - ㉢ - ㉡ - ㉣
② ㉡ - ㉠ - ㉢ - ㉣
③ ㉠ - ㉡ - ㉣ - ㉢
④ ㉡ - ㉠ - ㉣ - ㉢

해설 주어진 조건이 동일할 경우 후드 효율이 가장 좋은 순은 포위식 후드 – 테이블에 고정된 플랜지가 붙은 외부식 후드 – 자유공간에 설치된 플랜지가 붙은 외부식 후드 – 자유공간에 설치된 외부식 후드 순이다.

43 후드의 필요환기량을 감소시키는 방법으로 옳지 않은 것은?

① 오염물질의 절대량을 감소시킨다.
② 가급적이면 공정을 적게 포위한다.
③ 후드 개구면에서 기류가 균일하게 분포되도록 설계한다.
④ 포집형을 사용할 때에는 가급적 배출오염원에 가깝게 설치한다.

해설 후드의 필요환기량을 감소시키는 방법으로 가급적이면 공정을 많이 포위하면 된다.

44 후드의 필요환기량을 감소시키는 방법으로 옳지 않은 것은?

① 작업장 내 방해기류 영향을 최대화한다.
② 후드 개구면에서 기류가 균일하게 분포되도록 설계한다.
③ 포집형을 사용할 때에는 가급적 배출오염원에 가깝게 설치한다.
④ 공정에서의 발생 또는 배출되는 오염물질의 절대량을 감소시킨다.

해설 작업장 내 방해기류 영향을 최소화한다.

45 Della Valle가 유도한 공식으로 외부식 후드의 필요환기량을 산출할 때 가장 큰 영향을 주는 인자는?

① 후드 모양
② 후드의 재질
③ 후드의 개구면적
④ 후드로부터의 오염원 거리

해설 외부식 후드의 필요환기량을 산출할 때 가장 큰 영향을 주는 인자는 포착거리(제어거리), 즉 후드 중심선으로부터 발생원까지의 거리이다.

46 Dalla Valle이 제시한 원형이나 정사각형 후드의 필요송풍량 공식 "$Q = V_c(10\,X^2 + A_h)$"은 오염원에서 후드까지의 거리가 덕트 직경의 얼마 이내일 때에만 유효한가?

① 1.5배
② 2.5배
③ 3.0배
④ 5.0배

해설 Dalla Valle이 제시한 외부식 후드의 필요송풍량은 오염원에서 후드까지의 거리가 덕트 직경의 1.5배 이내일 때만 유효하다.

47 국소환기장치에서 플랜지(flange)가 벽, 바닥, 천장 등에 접하고 있는 경우 필요환기량은 약 몇 %가 절약되는가?

① 10 ② 25
③ 30 ④ 50

해설 외부식 후드에서 필요송풍량을 구하는 Della Valle식
  ㉠ 플랜지가 없이 공간에 있는 후드
   $Q = 60 \times V_c \times (10X^2 + A)\,[\mathrm{m^3/min}]$
  ㉡ 플랜지가 붙고 테이블 면에 고정된 후드
   $Q = 60 \times 0.5 \times V_c \times (10X^2 + A)\,[\mathrm{m^3/min}]$
  이 두 식에서 절약되는 필요환기량은 50 %이다.

48 플랜지가 부착된 슬롯형 후드의 필요송풍량은 플랜지가 없는 슬롯형 후드에 비하여 필요송풍량이 몇 %가 감소되는가? (단, 기타 조건의 변화는 없다.)

① 15 % ② 20 %
③ 30 % ④ 45 %

해설
• 플랜지 미부착, 자유공간에서 슬롯 후드의 필요송풍량
 $Q_1 = 60 \times 3.7 \times V_c \times X \times L\,[\mathrm{m^3/min}]$
• 플랜지 부착, 슬롯 후드의 필요송풍량
 $Q_2 = 60 \times 2.6 \times V_c \times X \times L\,[\mathrm{m^3/min}]$
∴ 송풍량 절감 효율(%) $= \left(\dfrac{3.7 - 2.6}{3.7}\right) \times 100 = 30\,\%$

49 슬롯형 후드 중에서 후드면과 대상 물질 사이의 거리, 제어속도, 후드 개구면의 길이가 같을 때 필요송풍량이 가장 적게 요구되는 것은? (단, 일본 노동성 권고식으로 판단한다.)

① 전원주 슬롯형 ② 1/4 원주 슬롯형
③ 1/2 원주 슬롯형 ④ 3/4 원주 슬롯형

해설 슬롯 후드의 필요송풍량 $Q = 60 \times V_c \times C \times L \times X\,[\mathrm{m^3/min}]$으로 형상계수($C$) 값의 크기로 필요송풍량의 값이 결정된다. 즉, 전원주 슬롯형: $C = 5.0$, 3/4 원주 슬롯형: $C = 4.1$, 1/2 원주 슬롯형: $C = 2.8$, 1/4 원주 슬롯형: $C = 1.6$이기 때문에 1/4 원주 슬롯형의 필요송풍량 값이 가장 적다.

정답 43 ② 44 ① 45 ④ 46 ① 47 ④ 48 ③ 49 ②

50 송풍량을 가장 적게 하여도 동일한 성능을 나타낼 수 있는 후드는?

① 플랜지가 붙고 공간에 있는 후드
② 플랜지가 없이 공간에 있는 후드
③ 플랜지가 붙고 테이블 면에 고정된 후드
④ 플랜지가 없이 테이블 면에 고정된 후드

해설 외부식 후드에서 필요송풍량을 구하는 Della Valle식
㉠ 플랜지가 붙고 공간에 있는 후드
$$Q = 60 \times 0.75 \times V_c \times (10X^2 + A)\,[\text{m}^3/\text{min}]$$
㉡ 플랜지가 없이 공간에 있는 후드
$$Q = 60 \times V_c \times (10X^2 + A)\,[\text{m}^3/\text{min}]$$
㉢ 플랜지가 붙고 테이블 면에 고정된 후드
$$Q = 60 \times 0.5 \times V_c \times (10X^2 + A)\,[\text{m}^3/\text{min}]$$
㉣ 플랜지가 없이 테이블 면에 고정된 후드
$$Q = 60 \times V_c \times (5X^2 + A)\,[\text{m}^3/\text{min}]$$
∴ 필요송풍량이 가장 적어도 동일한 성능을 나타내는 외부식 후드는 플랜지가 붙고 테이블 면에 고정된 후드이다.

51 일반적으로 외부식 후드에 플랜지를 부착하면 약 어느 정도 효율이 증가될 수 있는가? (단, 플랜지의 크기는 개구면적의 제곱근 이상으로 한다.)

① 15 %   ② 25 %   ③ 35 %   ④ 45 %

해설 일반적으로 외부식 후드에 플랜지를 부착하면 오염물질이 없는 후방 유입기류를 차단하고, 후드 전면에서 포집범위가 확대되어 플랜지가 없는 후드에 비해 동일 지점에서 동일한 제어속도를 얻는데 필요한 송풍량을 약 25 % 감소시킬 수가 있다. 플랜지의 폭은 후드 단면적의 제곱근($\sqrt{A_h}$) 이상이 되어야 한다.

52 플랜지 없는 상방 외부식 장방형 후드가 설치되어 있다. 성능을 높게 하기 위해 플랜지 있는 외부식 측방형 후드로 작업대에 부착했다. 배기량은 얼마나 줄었겠는가? (단, 제어거리, 개구면적, 제어속도는 같다.)

① 30 %   ② 40 %   ③ 50 %   ④ 60 %

해설
• 플랜지 미부착, 자유공간에서 필요송풍량
$$Q_1 = 60 \times V_c(10X^2 + A)$$
• 플랜지 부착, 작업면(반자유 공간)에서 필요송풍량
$$Q_2 = 60 \times 0.5 \times V_c(10X^2 + A)$$
∴ 송풍량 절감 효율(%) $= \dfrac{1 - 0.5}{1} \times 100 = 50\,\%$

53 외부식 후드에서 플랜지가 붙고 공간에 설치된 후드와 플랜지가 붙고 면에 고정 설치된 후드의 필요 공기량을 비교할 때, 플랜지가 붙고 면에 고정 설치된 후드는 플랜지가 붙고 공간에 설치된 후드에 비하여 필요 공기량을 약 몇 % 절감할 수 있는가? (단, 후드는 장방형 기준)

① 12 % ② 20 %
③ 25 % ④ 33 %

해설
- 플랜지 부착, 자유공간에서 필요송풍량
  $Q_1 = 60 \times 0.75 \times V_c (10X^2 + A)$
- 플랜지 부착, 작업면(반자유 공간)에서 필요송풍량
  $Q_2 = 60 \times 0.5 \times V_c (10X^2 + A)$
∴ 송풍량 절감 효율(%) $= \dfrac{0.75 - 0.5}{0.75} \times 100 = 33.33 \%$

54 필요송풍량을 $Q[\text{m}^3/\text{min}]$, 후드의 단면적을 $a[\text{m}^2]$, 후드면과 대상 물질 사이의 거리를 $X[\text{m}]$, 그리고 제어속도를 $V_c[\text{m/s}]$라 했을 때, 관계식으로 맞는 것은? (단, 형식은 외부식이다.)

① $Q = \dfrac{60 V_c \times X}{a}$

② $Q = \dfrac{60 V_c \times a}{X}$

③ $Q = 60 X \times a \times V_c$

④ $Q = 60 V_c \times (10X^2 + a)$

해설
플랜지 미부착, 자유공간에서 필요송풍량: $Q = 60 \times V_c (10X^2 + a)$

55 폭이 10 cm이고, 길이가 1 m인 원주형 슬롯 후드가 자유공간에 있다. 제어거리가 30 cm이고, 제어속도가 0.4 m/s라면 필요송풍량은 약 얼마인가? (단, ACGIH의 권고식을 따른다.)

① 8.6 m³/min ② 11.5 m³/min
③ 26.6 m³/min ④ 32.5 m³/min

해설
자유공간에 있는 슬롯 후드(형상계수(C): 3.7)의 필요송풍량
$Q = 60 \times V_c \times C \times L \times X = 60 \times 0.4 \times 3.7 \times 1 \times 0.3 = 26.64 \, \text{m}^3/\text{min}$

정답 50 ③ 51 ② 52 ③ 53 ④ 54 ④ 55 ③

CHAPTER 3 출제 예상 문제

56 공중에 매달린 직사각형 외부식 후드의 개구면적이 4 m²이고, 발생원의 제어속도가 0.3 m/s이다. 발생원은 후드 개구면으로부터 2 m 거리에 위치하고 있다면 이때 필요환기량(m²/min)은?

① 132　　② 486
③ 792　　④ 945

[해설] 필요송풍량 $Q = 60 \times V_c(10X^2 + A) = 60 \times 0.3 \times (10 \times 2^2 + 4)$
$= 792 \, \text{m}^3/\text{min}$

57 용접기에서 발생되는 용접 흄을 배기시키기 위해 외부식 측방 원형 후드를 설치하기로 하였다. 제어속도를 1 m/s로 했을 때 플랜지 없는 원형 후드의 필요송풍량이 20 m³/min으로 계산되었다면, 플랜지 있는 측방 원형 후드를 설치할 경우 필요송풍량은 몇 m³/min 정도가 되겠는가? (단, 제시된 조건 이외에는 모두 동일하다.)

① 10　　② 15
③ 20　　④ 25

[해설] 플랜지가 있을 경우, 없을 때보다 25 %의 필요송풍량이 감소되므로
$Q = 20 \times (1 - 0.25) = 15 \, \text{m}^3/\text{min}$

58 전자부품을 납땜하는 공정에 외부식 국소배기장치를 설치하려고 한다. 후드의 규격은 400 × 400 mm, 제어거리(X)를 20 cm, 제어속도(V_c)를 0.5 m/s로 하고자 할 때의 소요풍량(m³/min)보다 후드에 플랜지를 부착하여 공간에 설치하면 소요풍량(m³/min)은 얼마나 감소하는가?

① 1.2　　② 2.2
③ 3.2　　④ 4.2

[해설]
- 플랜지 미부착 시 필요송풍량
$Q = 60 \times V_c \times (10X^2 + A) = 60 \times 0.5 \times [10 \times 0.2^2 + (0.4 \times 0.4)]$
$= 16.8 \, \text{m}^3/\text{min}$
- 플랜지 부착 시 필요송풍량
$Q = 60 \times 0.75 \times V_c \times (10X^2 + A)$
$= 60 \times 0.75 \times 0.5 \times (10 \times 0.2^2 + 0.4 \times 0.4) = 12.6 \, \text{m}^3/\text{min}$

∴ $16.8 - 12.6 = 4.2 \, \text{m}^3/\text{min}$

59 그림과 같이 작업대 위에 용접 흄을 제거하기 위해 작업면 위에 플랜지가 붙은 외부식 후드를 설치했다. 개구면에서 포착점까지의 거리는 0.3 m, 제어속도는 0.5 m/s, 후드 개구면적이 0.6 m²일 때 Della Valle식을 이용한 필요송풍량(m³/min)은? (단, 후드개구의 높이/폭은 0.2보다 크다.)

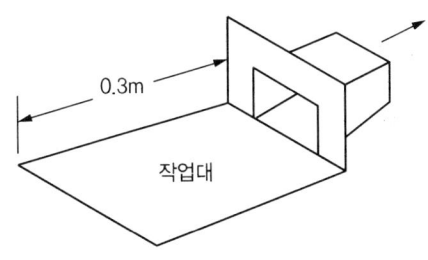

① 18　　② 23　　③ 34　　④ 45

해설 외부식 후드에서 필요송풍량을 구하는 Della Valle식
플랜지가 붙고 테이블 면에 고정된 후드
$$Q = 60 \times 0.5 \times V_c \times (10\,X^2 + A)$$
$$= 60 \times 0.5 \times 0.5 \times (10 \times 0.3^2 + 0.6) = 23\,\mathrm{m^3/min}$$

60 유해작용이 다르고, 독립적인 영향을 나타내는 물질 3 종류를 다루는 작업장에서 각 물질에 대한 필요 환기량을 계산한 결과 120 m³/min, 150 m³/min, 200 m³/min이었다. 이 작업장에서 필요환기량은 얼마인가?

① 120 m³/min　　② 150 m³/min
③ 200 m³/min　　④ 470 m³/min

해설 환기량을 계산한 결과 중 제일 큰 값으로 정하면 된다.

61 개구면적이 0.5 m²인 외부식 장방형 후드가 자유공간에 설치되어 포착점까지의 거리 0.4 m, 제어속도 0.25 m/s일 때의 필요송풍량과 이 후드를 테이블 상에 설치하였을 경우의 필요송풍량과의 차이는?

① 8 m³/min 감소　　② 12 m³/min 감소
③ 16 m³/min 감소　　④ 20 m³/min 감소

해설
• 자유공간에서 필요송풍량
$$Q = 60 \times V_c \times (10\,X^2 + A) = 60 \times 0.25 \times (10 \times 0.4^2 + 0.5) = 31.5\,\mathrm{m^3/min}$$
• 테이블 상에 설치(반자유공간) 시 필요송풍량
$$Q = 60 \times V_c \times (5\,X^2 + A) = 60 \times 0.25 \times (5 \times 0.4^2 + 0.5) = 19.5\,\mathrm{m^3/min}$$
∴ $31.5 - 19.5 = 12\,(m^3/min)$이 감소된다.

정답 56 ③　57 ②　58 ④　59 ②　60 ③　61 ②

CHAPTER 3 출제 예상 문제

62 테이블에 붙여서 설치한 사각형 후드의 필요환기량(m^3/min)을 구하는 식으로 옳은 것은? (단, 플랜지는 부착되지 않았고, A(m^2)는 개구면적, X(m)는 개구부와 오염원 사이의 거리, V_c(m/s)는 제어속도이다.)

① $Q = V_c(5X^2 + A)$
② $Q = V_c(7X^2 + A)$
③ $Q = 60 V_c(5X^2 + A)$
④ $Q = 60 V_c(7X^2 + A)$

[해설] 테이블에 부착된(1/2 자유공간) 외부식 사각형 후드의 필요송풍량
$$Q = 60 V_c(5X^2 + A)$$

63 용해로에 리시버식 캐노피형 국소배기장치를 설치한다. 열상승기류량 Q_1은 30 m^3/min, 누입한계유량비 K_L은 2.5라고 할 때 소요송풍량은? (단, 난기류가 없다고 가정한다.)

① 105 m^3/min
② 125 m^3/min
③ 225 m^3/min
④ 285 m^3/min

[해설] 용해로에 리시버식 캐노피형 국소배기장치의 필요송풍량
$$Q = Q_1(열상승기류량) \times (1 + 누입한계유량비)$$
$$= 30 \times (1 + 2.5) = 105\, m^3/min$$

64 후드 직경(F_3), 열원과 후드까지의 거리(H), 열원의 폭(E) 간의 관계를 가장 적절히 나타낸 식은? (단, 리시버식 캐노피 후드 기준이다.)

① $F_3 = E + 0.3H$
② $F_3 = E + 0.5H$
③ $F_3 = E + 0.6H$
④ $F_3 = E + 0.8H$

[해설] 리시버식 캐노피 후드에서 후드 직경은 열원의 폭(E)에 열원과 후드까지의 거리(H)의 0.8배를 더한다.

65 후드의 열상승기류량이 10 m^3/min이고, 유도기류량이 15 m^3/min일 때 누입한계유량비(K_L)는? (단, 기타 조건은 무시한다.)

① 0.67
② 1.5
③ 2.0
④ 2.5

[해설] 누입한계유량비 $K_L = \dfrac{유도\,기류량}{열상승\,기류량} = \dfrac{15}{10} = 1.5$

66 폭과 길이의 비(종횡비, W/L)가 0.2 이하인 슬롯형 후드의 경우, 배풍량은 어느 공식에 의해서 산출하는 것이 가장 적절하겠는가? (단, 플랜지가 부착되지 않았고 미국의 ACGIH의 권고식을 사용하며, L: 길이, W: 폭, X: 오염원에서 후드 개구부까지의 거리, V_c: 제어속도, 단위는 적절하다고 가정함)

① $Q = 2.6\, L\, V_c\, X$
② $Q = 3.7\, L\, V_c\, X$
③ $Q = 4.3\, L\, V_c\, X$
④ $Q = 5.2\, L\, V_c\, X$

해설 플랜지가 부착되지 않은 자유공간에 있는 슬롯형 후드의 필요송풍량
$Q = 3.7\, L\, V_c\, X$

67 유입계수를 C_e라고 나타내면 유입손실계수 F를 바르게 나타낸 것은?

① $F = \dfrac{C_e^2}{1 - C_e^2}$
② $F = \dfrac{1 - C_e^2}{C_e^2}$
③ $F = \sqrt{\dfrac{1}{1 + C_e}}$
④ $F = \sqrt{\dfrac{1}{1 + C_e^2}}$

해설 후드의 유입손실계수
$$F = \dfrac{1}{C_e^2} - 1 = \dfrac{1 - C_e^2}{C_e^2}$$

68 후드의 유입계수(C_e)에 관한 설명으로 옳지 <u>않은</u> 것은?

① 후드의 유입효율을 나타낸다.
② 유입손실계수가 0이면 유입계수는 1이 된다.
③ 유입계수가 1에 가까울수록 압력손실이 적은 후드이다.
④ 유입계수는 이상적인 흡입유량/실제 흡입유량으로 정의된다.

해설 유입계수(C_e) = $\dfrac{\text{실제 유량}}{\text{이론적인 유량}}$ = $\dfrac{\text{실제 흡입유량}}{\text{이상적인 흡입유량}}$ 으로 후드의 유입효율을 나타내며 이 값이 1에 가까울수록 압력손실이 적은 후드를 의미한다.
$C_e = \sqrt{\dfrac{1}{1 + F}}$

정답 62 ③ 63 ① 64 ④ 65 ② 66 ② 67 ② 68 ④

CHAPTER 3 출제 예상 문제

69 국소배기 시스템의 유입계수(C_e)에 관한 설명으로 옳지 않은 것은?

① 유입계수란 실제유량/이론유량의 비율이다.
② 유입계수는 속도압/후드 정압의 제곱근으로 구한다.
③ 후드에서의 압력손실이 유량의 저하로 나타나는 현상이다.
④ 손실이 일어나지 않은 이상적인 후드가 있다면 유입계수는 0이 된다.

해설 손실이 일어나지 않은 이상적인 후드가 있다면 유입계수는 1.0이 된다.

70 환기 시스템에서 공기유량이 0.2 m³/s, 덕트 직경이 9.0 cm, 후드 유입손실계수가 0.40일 때, 후드 정압(mmH₂O)은?

① 42　　　　　② 55
③ 72　　　　　④ 85

해설 후드 정압 $SP_h = VP(1+F)$에서 속도압 $VP = \left(\dfrac{V}{4.043}\right)^2$

$$V = \dfrac{Q}{A} = \dfrac{0.2}{\left(\dfrac{3.14 \times 0.09^2}{4}\right)} = 31.45\,\text{m/s}$$

∴ $VP = \left(\dfrac{31.45}{4.043}\right)^2 = 60.51\,\text{mmH}_2\text{O}$

∴ $SP_h = 60.51 \times (1+0.4) = 84.72\,\text{mmH}_2\text{O}$

71 후드의 압력손실 계수(F_h)가 0.8이고, 속도압(VP)이 4.5 mmH₂O라면, 이때 후드의 정압(mmH₂O)은?

① 7.1　　　　② 8.1
③ 10.2　　　　④ 11.2

해설 후드 정압 $SP_h = VP(1+F_h) = 4.5 \times (1+0.8) = 8.1\,\text{mmH}_2\text{O}$

72 환기 시스템에서 공기유량(Q)이 0.15 m³/s, 덕트 직경이 10.0 cm, 후드 압력손실 계수(F_h)가 0.4일 때 후드 정압(SP_h)은? (단, 공기밀도 : 1.2 kg/m³ 기준)

① 약 31 mmH₂O　　　② 약 38 mmH₂O
③ 약 43 mmH₂O　　　④ 약 48 mmH₂O

해설 후드 정압 $SP_h = VP(1+F_h)$에서 $V = \dfrac{Q}{A} = \dfrac{0.15}{\left(\dfrac{3.14 \times 0.1^2}{4}\right)} = 19.1\,\text{m/s}$

$\therefore VP = \dfrac{\gamma V^2}{2g} = \dfrac{1.2 \times 19.1^2}{2 \times 9.8} = 22.35\,\text{mmH}_2\text{O}$

$\therefore SP_h = 22.35 \times (1+0.4) = 31.3\,\text{mmH}_2\text{O}$

73 자유공간에 떠 있는 직경 30 cm인 원형개구 후드의 개구면으로부터 30 cm 떨어진 곳의 입자를 흡입하려고 한다. 제어풍속을 0.6 m/s으로 할 때 후드 정압(SP_h)는 약 몇 mmH₂O인가? (단, 원형개구 후드의 유입손실계수(F_h)는 0.93이다.)

① -14.0   ② -12.0
③ -10.0   ④ -8.0

해설 필요환기량 $Q = 0.6 \times \left(10 \times 0.3^2 + \dfrac{3.14 \times 0.3^2}{4}\right) = 0.58\,\text{m}^3/\text{s}$에서

$V = \dfrac{Q}{A} = \dfrac{0.58}{\left(\dfrac{3.14 \times 0.3^2}{4}\right)} = 8.29\,\text{m/s}$

$\therefore VP = \dfrac{\gamma V^2}{2g} = \dfrac{1.2 \times 8.29^2}{2 \times 9.8} = 4.2\,\text{mmH}_2\text{O}$

$\therefore SP_h = 4.2 \times (1+0.93) = 8.1\,\text{mmH}_2\text{O}$, 송풍기 앞쪽의 정압은 음압이므로 후드 정압은 $-8.1\,\text{mmH}_2\text{O}$이다.

74 유입계수가 0.6인 플랜지 부착 원형 후드가 있다. 덕트의 직경은 10 cm이고, 필요환기량이 20 m³/min라고 할 때, 후드 정압(SP_h)은 약 몇 mmH₂O인가?

① -448.2   ② -307.4
③ -236.4   ④ -110.2

해설 후드의 유입손실계수 $F_h = \dfrac{1}{C_e^2} - 1 = \dfrac{1}{0.6^2} - 1 = 1.78$

$V = \dfrac{Q}{A} = \dfrac{20}{\left(\dfrac{3.14 \times 0.1^2}{4}\right) \times 60} = 42.5\,\text{m/s}$

$\therefore VP = \dfrac{\gamma V^2}{2g} = \dfrac{1.2 \times 42.5^2}{2 \times 9.8} = 110.6\,\text{mmH}_2\text{O}$

$\therefore SP_h = 110.6 \times (1+1.78) = 307.4\,\text{mmH}_2\text{O}$, 송풍기 앞쪽의 정압은 음압이므로 후드 정압은 $-307.4\,\text{mmH}_2\text{O}$이다.

정답 69 ④ 70 ④ 71 ② 72 ① 73 ④ 74 ②

3 출제 예상 문제

75 후드의 유입손실계수가 0.8, 덕트 내의 공기 흐름 속도가 20 m/s일 때 후드의 유입 압력손실은 약 몇 mmH₂O인가? (단, 공기의 비중량은 1.2 kg$_f$/m³이다.)

① 14   ② 6   ③ 20   ④ 24

[해설] 후드의 유입손실계수 $F = \dfrac{1}{C_c^2} - 1 = \dfrac{1}{0.8^2} - 1 = 0.56$,

$$VP = \dfrac{\gamma V^2}{2g} = \dfrac{1.2 \times 20^2}{2 \times 9.8} = 24.5 \text{ mmH}_2\text{O}$$

∴ $\Delta P = 0.56 \times 24.5 = 13.7 \text{ mmH}_2\text{O}$

> 후드의 유입 압력손실(유입손실)은 유입손실계수와 덕트 속도압의 곱으로 나타낸다. 즉, $\Delta P = F \times VP$로 유입손실계수는 후드의 모양에 따라 결정되는데, 유입 저항이 적은 후드일수록 손실계수가 적다.

76 슬롯(slot)형 후드의 처리 유량이 60 m³/min이고 슬롯의 개구면적이 0.04 m²이라면 슬롯의 속도압(mmH₂O)은 약 얼마인가?

① 18.2   ② 25.3
③ 38.2   ④ 43.3

[해설] 속도압 $VP = \left(\dfrac{V}{4.043}\right)^2$ 에서 $V = \dfrac{Q}{A} = \dfrac{60 \text{ m}^3/\text{min}}{0.04 \text{ m}^2 \times 60 \text{ s}/\text{min}} = 25 \text{ m/s}$

∴ $VP = \left(\dfrac{25}{4.043}\right)^2 = 38.2 \text{ mmH}_2\text{O}$

77 일반적으로 후드에서 정압과 속도압을 동시에 측정하고자 할 때 측정공의 위치는 후드 또는 덕트의 연결부로부터 얼마 정도 떨어져 있는 것이 가장 적절한가?

① 후드 길이의 1 ~ 2배   ② 후드 길이의 3 ~ 4배
③ 덕트 직경의 1 ~ 2배   ④ 덕트 직경의 4 ~ 6배

[해설] 후드에서 정압과 속도압을 동시에 측정하고자 할 때 측정공의 위치는 후드 또는 덕트의 연결부로부터 덕트 직경의 4 ~ 6배 정도 떨어져 있는 것이 가장 적당하다.

78 후드의 압력손실과 비례하는 것은?

① 정압   ② 대기압
③ 덕트의 직경   ④ 속도압

[해설] 후드의 정압은 $SP_h = VP(1+F)$로 나타나므로 속도압이 후드의 압력손실과 비례한다.

02 덕트(duct, 송풍관)

01 덕트의 속도압이 20 mmH₂O, 후드의 압력손실이 12 mmH₂O일 때 후드의 유입계수는?

① 0.82　　　② 0.79
③ 0.67　　　④ 0.60

해설 후드 정압 $SP_h = VP(1+F)$에서 $12 = 20 \times \left(\dfrac{1}{C_e^2} - 1\right)$

∴ 유입계수 $C_e = 0.79$

02 압력손실계수 F, 속도압 P_{v1}이 각각 0.59, 10 mmH₂O인 후드 유입계수 C_e, 속도압 P_{v2}가 각각 0.92, 10 mmH₂O인 후드 2개의 전체 압력손실은?

① 5 mmH₂O　　　② 8 mmH₂O
③ 15 mmH₂O　　　④ 20 mmH₂O

해설 첫 번째 후드의 압력손실 $\Delta P = F \times VP = 0.59 \times 10 = 5.9 \, mmH_2O$

두 번째 후드의 유입손실계수 $F = \dfrac{1}{C_e^2} - 1 = \dfrac{1}{0.92^2} - 1 = 0.18$

∴ $\Delta P = 0.18 \times 10 = 1.8 \, mmH_2O$

∴ 후드 2개의 전체압력손실은 $5.9 + 1.8 = 7.7 \, mmH_2O$

03 덕트의 속도압이 35 mmH₂O, 후드의 압력손실이 15 mmH₂O일 때 후드의 유입계수는?

① 0.84　　　② 0.75
③ 0.68　　　④ 0.54

해설 후드의 압력손실 $\Delta P = F \times VP$에서 $15 = F \times 35$

∴ $F = 0.43$

∴ 후드의 유입계수 $C_e = \sqrt{\dfrac{1}{1+F}} = \sqrt{\dfrac{1}{1+0.43}} = 0.84$

> **학습 POINT**
> 덕트의 압력손실을 구하는 문제와 오염물질 운송에 필요한 반송속도, 덕트의 재질에 관한 문제를 반드시 풀이한다. 이러한 문제는 실기시험에도 자주 출제된다.

정답 75 ① 76 ③ 77 ④ 78 ④ **02** 01 ② 02 ② 03 ①

CHAPTER 3 출제 예상 문제

04 어느 유체관의 개구부에서 압력을 측정한 결과 정압이 −30 mmH$_2$O이고, 전압(총압)이 −10 mmH$_2$O이었다. 이 개구부의 유입손실계수(F)는?

① 0.3 ② 0.4 ③ 0.5 ④ 0.6

해설
후드 정압 $SP_h = VP(1+F)$에서 속도압
$VP = TP - SP = -10 - (-30) = 20\,\text{mmH}_2\text{O}$
∴ 유입손실계수 $F = \dfrac{SP_h}{VP} - 1 = \dfrac{30}{20} - 1 = 0.5$

05 덕트의 조도를 나타내는 상대조도에 대한 설명으로 옳은 것은?

① 절대표면조도를 유체밀도로 나눈 값이다.
② 절대표면조도를 마찰손실로 나눈 값이다.
③ 절대표면조도를 공기유속으로 나눈 값이다.
④ 절대표면조도를 덕트 직경으로 나눈 값이다.

해설 절대조도 및 상대조도
덕트 내 벽면이 거친 관의 마찰계수는 레이놀즈수 외에 관 벽의 요철의 크기에 의해 관계되게 되는데 이러한 덕트 내부 요철을 절대조도(絶對粗度)라고 하고, 보통 e로 표기하며 이 절대조도 e를 덕트 직경 D로 나눈값을 상대조도(相對粗度, relative roughness)라고 한다. 관마찰계수는 레이놀즈수와 상대조도의 함수로 나타낸다. 즉, $\lambda = f\left(R_e, \dfrac{e}{D}\right)$

06 각형 직관에서 장변 0.3 m, 단변 0.2 m일 때 상당직경(equivalent diameter)은 약 몇 m인가?

① 0.24 ② 0.34 ③ 0.44 ④ 0.54

해설
상당직경 $D_e = \dfrac{2ab}{a+b} = \dfrac{2 \times 0.3 \times 0.2}{0.3 + 0.2} = 0.24\,\text{m}$

07 송풍관(duct) 내부에서 유속이 가장 빠른 곳은? (단, d는 직경임)

① 위에서 1/10 d 지점
② 위에서 1/5 d 지점
③ 위에서 1/3 d 지점
④ 위에서 1/2 d 지점

해설 송풍관(duct) 내부에서 유속이 가장 빠른 곳은 덕트의 중심부이고 벽에 가까울수록 늦어진다.

08 덕트의 시작점에서 공기의 베나수축(vena contracta)이 일어난다. 베나수 축이 일반적으로 붕괴되는 지점으로 옳은 것은?

① 덕트 직경의 약 2배쯤에서
② 덕트 직경의 약 3배쯤에서
③ 덕트 직경의 약 4배쯤에서
④ 덕트 직경의 약 5배쯤에서

해설

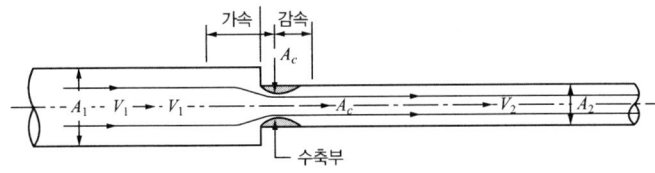

vena contracta

베나수축: 덕트 내로 공기가 유입될 때 기류의 직경이 감소하는 현상. 즉 기류면적의 축소 현상인데 베나수축은 덕트 직경의 약 0.2D 하류에 위치하며 덕트의 시작점에서 덕트 직경의 약 2배쯤에서 붕괴된다.

09 전자부품을 납땜하는 공정에 플랜지가 부착되지 않은 외부식 국소배기장치를 설치하고자 한다. 후드의 규격은 400 × 400 mm, 제어거리를 20 cm, 제어속도를 0.5 m/s, 그리고 반송속도를 1,200 m/min으로 하고자 할 때 덕트의 직경은 약 몇 m로 해야 하는가?

① 0.018
② 0.180
③ 0.134
④ 0.013

해설 필요송풍량 $Q = A \times V$에서

$$A = \frac{Q}{V} = \frac{0.5 \times (10 \times 0.2^2 + 0.4 \times 0.4)}{20} = 0.014 \, \text{m}^2$$

$$\therefore D = \sqrt{\frac{4 \times 0.014}{3.14}} = 0.134 \, \text{m}$$

10 직경 150 mm인 덕트 내 정압은 −64.5 mmH$_2$O이고, 전압은 −31.5 mmH$_2$O이다. 이때 덕트 내의 공기속도(m/s)는?

① 23.23
② 32.09
③ 32.47
④ 39.61

해설 $V = 4.043\sqrt{VP}$에서

$VP = TP - SP = -31.5 - (-64.5) = 33 \, \text{mmH}_2\text{O}$

$\therefore V = 4.043 \times \sqrt{33} = 23.23 \, \text{m/s}$

정답 04 ③ 05 ④ 06 ① 07 ④ 08 ① 09 ③ 10 ①

11 국소배기에서 덕트의 반송속도에 대한 설명으로 옳지 않은 것은?

① 가스상 물질의 반송속도는 분진의 반송속도보다 늦다.
② 덕트의 반송속도는 송풍기 용량에 맞춰 가능한 높게 설정한다.
③ 분진의 경우 반송속도가 낮으면 덕트 내에 분진이 퇴적될 우려가 있다.
④ 같은 공정에서 발생되는 분진이라도 수분이 있는 것은 반송속도를 높여야 한다.

해설 반송속도는 오염물질을 이송시키기 위한 덕트 내 기류의 최소속도를 의미한다.

12 덕트 내 유속에 관한 설명으로 옳은 것은?

① 덕트 내 압력손실은 유속에 반비례한다.
② 같은 송풍량인 경우 덕트의 직경이 클수록 유속은 커진다.
③ 같은 송풍량인 경우 덕트의 직경이 작을수록 유속은 작게 된다.
④ 주물사와 같은 단단한 입자상 물질의 유속을 너무 크게 하면 덕트 수명이 단축된다.

해설
- 덕트 내 압력손실은 유속의 제곱에 비례한다.
- 같은 송풍량인 경우 덕트의 직경이 작을수록 유속은 커진다.
- 같은 송풍량인 경우 덕트의 직경이 클수록 유속은 작게 된다.

13 국소배기용 덕트 설계 시 처리물질에 따라 반송속도가 결정된다. 다음 중 반송속도가 가장 늦은 물질은?

① 털
② 주물사
③ 산화아연의 흄
④ 그라인더 작업 발생 먼지

해설 털의 반송속도(20 m/s), 주물사(25 m/s), 그라인더 분진(20 m/s), 산화아연의 흄(10 m/s)

14 일반적으로 덕트 내의 반송속도를 가장 크게 해야 하는 물질은?

① 증기
② 목재 분진
③ 고무분
④ 주조 분진

해설 증기의 반송속도(5 ~ 10 m/s), 목재 분진(톱밥: 15 m/s, 대패 분진: 20 m/s), 주조 분진(주물사: 25 m/s)

15 덕트 내에서 피토관으로 속도압을 측정하여 반송속도를 추정할 때 반드시 필요한 자료로 옳지 않은 것은?

① 횡단측정 지점에서의 덕트 면적
② 횡단지점에서 지점별로 측정된 속도압
③ 횡단측정 지점과 측정시간에서의 공기의 온도
④ 횡단측정 지점에서의 공기 중 유해물질의 조성

해설 덕트 내에서 피토관으로 속도압을 측정하여 반송속도를 추정할 때 유해물질 조성과 덕트 내 반송속도와는 관련성이 없다.

16 덕트 내의 공기 흐름 및 속도압에 관한 내용으로 옳지 않은 것은?

① 덕트의 면적이 일정하면 속도압도 일정하다.
② 속도압은 송풍기 앞에서 음의 부호를 갖는다.
③ 덕트 내 공기 흐름은 대부분 난류영역에 속한다.
④ 일반적으로 덕트 중심부의 공기속도가 최대이다.

해설 덕트 내 속도압은 항상 양의 부호(양압)를 갖는다.

17 국소배기용 덕트 설계 시 처리물질에 따라 반송속도가 결정된다. 반송속도가 가장 느린 물질은?

① 곡분
② 합성수지분
③ 선반작업 발생 먼지
④ 젖은 주조작업 발생 먼지

해설 반송속도 순서: 합성수지분 < 곡분 < 선반작업 발생 먼지(철분진) < 젖은 주조작업 발생 먼지(젖은 주물사)

반송속도(transport velocity, V_T): 덕트를 통하여 이동하는 유해물질이 덕트 내에서 퇴적이 일어나지 않는 상태로 이동시키기 위해 필요한 최소 속도를 말하므로 가볍고 건조한 물질일수록 반송속도가 빠르다.

18 송풍관 내에서 기류의 압력손실 원인으로 옳지 않은 것은?

① 기체의 속도
② 송풍관의 형상
③ 송풍관의 직경
④ 분진의 크기

해설 덕트의 압력손실: $\Delta P = \lambda \times \dfrac{L}{D} \times \dfrac{\gamma V^2}{2g}$ [mmH$_2$O]의 식으로부터 기류의 압력손실은 분진의 크기와는 관련이 없다.

정답 11 ② 12 ④ 13 ③ 14 ④ 15 ④ 16 ② 17 ② 18 ④

CHAPTER 3 출제 예상 문제

19 다음의 내용과 가장 관련 있는 것은?

> 입자상 물질, 즉 분진, 미스트 또는 흄을 함유한 공기를 수평 덕트에서 이송시킬 때 침강에 의해 덕트 하부에 퇴적되지 않게 하여야 하는 최소한의 유지조건

① 반송속도 ② 덕트 내 정압
③ 공기 팽창률 ④ 오염물질 제거율

해설 반송속도는 오염물질을 이송시키기 위한 덕트 내 기류의 최소속도를 의미한다.

참고 덕트의 반송속도

오염물질	예	V_T[m/s]
가스, 증기, 미스트	각종 가스, 증기, 미스트	5 ~ 10
흄, 매우 가벼운 건조분진	산화아연, 산화알루미늄, 산화철 등의 흄, 나무, 고무, 플라스틱, 면 등의 미세한 먼지	10
가벼운 건조분진	원면, 곡물분, 고무, 플라스틱, 톱밥 등의 분진, 버프, 연마 분진, 경금속 분진	15
일반 공업분진	털, 나무부스러기, 대패부스러기, 샌드블라스트, 그라인더 분진, 내화벽돌 분진	20
무거운 분진	납분진, 주물사, 금속가루 분진	25
무겁고 습한 분진	습한 납분진, 철분진, 주물사, 요업재료	25 이상

20 직경 30 cm의 원형 관내에 50 m³/min의 공기가 흐르고 있다면 관 길이 20 m당 압력손실(mmH₂O)은 약 얼마인가? (단, 관의 마찰계수값은 0.019, 공기의 비중량은 1.2 kg_f/m³이다.)

① 7.2 ② 10.8
③ 18.6 ④ 20.4

해설 직관 덕트의 압력손실 $\Delta P = \lambda \times \dfrac{L}{D} \times \dfrac{\gamma V^2}{2g}$ 에서

$$V = \dfrac{Q}{A} = \dfrac{50}{\left(\dfrac{3.14 \times 0.3^2}{4}\right)} \times \dfrac{1}{60} = 11.8 \, \text{m/s}$$

$$\therefore \Delta P = 0.019 \times \dfrac{20}{0.3} \times \left(\dfrac{1.2 \times 11.8^2}{2 \times 9.8}\right) = 10.79 \, \text{mmH}_2\text{O}$$

21 덕트 내의 마찰손실에 관한 설명으로 옳지 않은 것은?

① 속도압에 비례한다.
② 덕트의 직경에 비례한다.
③ 덕트의 길이에 비례한다.
④ 덕트 내 유속의 제곱에 비례한다.

> **해설** 덕트의 압력손실 $\Delta P = \lambda \times \dfrac{L}{D} \times VP = \lambda \times \dfrac{L}{D} \times \dfrac{\gamma V^2}{2g}$ 에서 속도의 제곱, 길이에 비례하고, 직경에 반비례한다.

22 덕트의 압력손실에 관한 설명으로 옳지 않은 것은?

① 곡관의 반경비(반경/직경)가 클수록 압력손실은 증가한다.
② 합류관에서 합류각이 클수록 분지관의 압력손실은 증가한다.
③ 확대관이나 축소관에서는 확대각이나 축소각이 클수록 압력손실은 증가한다.
④ 비마개형 배기구에서 직경에 대한 높이의 비(높이/직경)가 작을수록 압력손실은 증가한다.

> **해설** 곡관의 곡률 반경비(반경/직경)가 클수록 압력손실은 적어진다.

23 국소배기장치의 압력손실이 증가되는 경우로 옳지 않은 것은?

① 덕트를 길게 한다.　② 덕트의 직경을 줄인다.
③ 덕트를 급격하게 구부린다.　④ 곡관의 곡률 반경을 크게 한다.

> **해설** 곡관의 곡률 반경을 크게 하면 압력손실이 감소된다.

24 송풍관 설계에 있어 압력손실을 줄이는 방법으로 옳지 않은 것은?

① 마찰계수를 적게 한다.
② 분지관의 수를 가급적 적게 한다.
③ 곡관의 곡률 반경비$\left(\dfrac{r}{d}\right)$를 크게 한다.
④ 분지관을 주관에 접속할 때 90°에 가깝도록 한다.

> **해설** 주관과 분지관을 연결하는 각도는 30°에 가깝게 하고 확대관을 이용하여 엇갈리게 연결한다.

> **곡률 반경**
> (radius of curvature)
> 곡률은 원이 휘어진 정도를 의미한다. 곡면과 원의 중점의 길이가 원의 반지름이며 이를 곡률 반경이라고 부른다. 덕트에서 곡률 반경이 크면 기류의 흐름이 원활하여 압력손실이 줄어든다.

정답　19 ①　20 ②　21 ②　22 ①　23 ④　24 ④

CHAPTER 3 출제 예상 문제

25 환기 시스템에서 덕트의 마찰손실에 대한 설명으로 옳지 않은 것은? (단, Darcy-Weisbach 방정식 기준이다.)

① 마찰손실은 덕트의 길이에 비례한다.
② 마찰손실은 덕트 직경에 반비례한다.
③ 마찰손실은 속도의 제곱에 반비례한다.
④ 마찰손실은 Moody chart에서 구한 마찰계수를 적용하여 구한다.

해설 직관 덕트의 압력손실 $\Delta P = \lambda \times \dfrac{L}{D} \times \dfrac{\gamma V^2}{2g}$ 에서 마찰손실은 속도의 제곱에 비례한다.

26 직경이 25 cm, 길이가 30 m인 원형 유체관에 유체가 흘러갈 때 마찰손실(mmH$_2$O)은? (단, 마찰계수: 0.002, 유체관의 속도압: 20 mmH$_2$O, 공기 밀도: 1.2 kg/m^3)

① 3.8　　② 4.8
③ 5.8　　④ 6.8

해설 직관 덕트의 압력손실 $\Delta P = \lambda \times \dfrac{L}{D} \times \text{VP} = 0.002 \times \dfrac{30}{0.25} \times 20 = 4.8 \text{ mmH}_2\text{O}$

27 주 덕트에 분지관을 연결할 때 손실계수가 가장 큰 각도는?

① 30°　　② 45°
③ 60°　　④ 90°

해설 주 덕트에 분지관을 연결할 때 90°까지 각도가 클 때 손실계수가 가장 크다.

28 국소배기장치의 이송 덕트 설계에 있어서 분지관이 연결되는 주관 확대각의 범위로 옳은 것은?

① 15° 이내　　② 30° 이내
③ 45° 이내　　④ 60° 이내

해설 합류관의 연결방법에서 분지관이 연결되는 주관의 확대각은 15° 이내가 적합하고, 주관과 분지관의 연결 각도는 30° 정도가 양호하다.

29 그림과 같이 Q_1, Q_2에서 유입된 기류가 합류관인 Q_3로 흘러갈 때, Q_3의 유량(m³/min)은? (단, 합류와 확대에 의한 압력손실은 무시한다.)

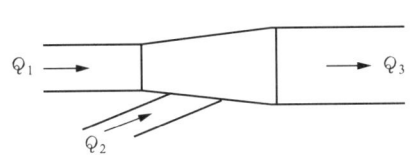

구분	직경(mm)	유속(m/s)
Q_1	200	10
Q_2	150	14
Q_3	350	—

① 33.7   ② 36.3
③ 38.5   ④ 40.2

해설 $Q_3 = Q_1 + Q_2$에서

$$Q_1 = A_1 \times V_1 = \left(\frac{3.14 \times 0.2^2}{4}\right) \times 10 \times 60 = 18.84 \, \text{m}^3/\text{min}$$

$$Q_2 = A_2 \times V_2 = \left(\frac{3.14 \times 0.15^2}{4}\right) \times 14 \times 60 = 14.84 \, \text{m}^3/\text{min}$$

$$\therefore Q_3 = 18.84 + 14.84 = 33.68 \, \text{m}^3/\text{min}$$

30 그림과 같은 덕트의 Ⅰ과 Ⅱ 단면에서 압력을 측정한 결과 Ⅰ단면의 정압(SP_1)은 −10 mmH₂O였고, Ⅰ과 Ⅱ 단면의 속도압은 각각 20 mmH₂O와 15 mmH₂O였다. Ⅱ단면의 정압(SP_2)이 −20 mmH₂O이었다면 단면 확대부에서의 압력손실(mmH₂O)은 얼마인가?

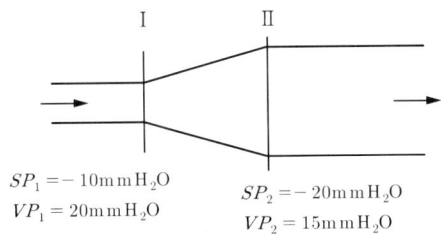

$SP_1 = -10 \, \text{mmH}_2\text{O}$ $SP_2 = -20 \, \text{mmH}_2\text{O}$
$VP_1 = 20 \, \text{mmH}_2\text{O}$ $VP_2 = 15 \, \text{mmH}_2\text{O}$

① 5   ② 10
③ 15   ④ 20

해설 확대부에서의 압력손실 $\Delta P = (VP_1 - VP_2) - (SP_2 - SP_1)$
$= (20 - 15) - (-20 - (-10))$
$= 15 \, \text{mmH}_2\text{O}$

CHAPTER 3 출제 예상 문제

31 주관에 25°로 분지관이 연결되어 있고 주관과 분지관의 속도압이 모두 25 mmH₂O일 때 주관과 분지관의 합류에 의한 압력손실은 약 몇 mmH₂O인가? (단, 원형 합류관의 압력손실계수는 다음 표를 참고한다.)

합류각	압력손실계수	
	주관	분지관
15°	0.2	0.09
20°		0.12
25°		0.15
30°		0.18
35°		0.21

① 6.25　　　　② 8.75
③ 12.5　　　　④ 15.0

해설 합류관의 압력손실 $\Delta P = (0.2 \times 25) + (0.15 \times 25) = 8.75 \, \text{mmH}_2\text{O}$

32 주관에 45°로 분지관이 연결되어 있을 때 주관 입구와 속도압은 10 mmH₂O로 같고, 압력손실계수는 각각 0.2와 0.28이다. 이때 주관과 분지관의 합류로 인한 압력손실은?

① 3 mmH₂O　　　　② 5 mmH₂O
③ 7 mmH₂O　　　　④ 9 mmH₂O

해설 주관과 분지관의 합류로 인한 압력손실 $\Delta P = F \times VP$에서
$\Delta P = (0.2 \times 10) + (0.28 \times 10) = 4.8 \, \text{mmH}_2\text{O}$

33 반경비가 2.0인 90° 원형곡관의 속도압은 20 mmH₂O이고, 압력손실계수가 0.27이다. 이 곡관의 곡관각을 65°로 변경하면, 압력손실은?

① 3.0 mmH₂O　　　　② 3.9 mmH₂O
③ 4.2 mmH₂O　　　　④ 5.4 mmH₂O

해설 곡관의 압력손실
$\Delta P = \xi \times VP \times \dfrac{\theta}{90} = 0.27 \times 20 \times \dfrac{65}{90} = 3.9 \, \text{mmH}_2\text{O}$

34 다음 그림과 같이 단면적이 작은 쪽인 ㉠, 큰 쪽이 ㉡인 사각형 덕트의 확대관에 대한 압력손실을 구하는 방법으로 옳은 것은? (단, 경사각은 $\theta_1 > \theta_2$이다.)

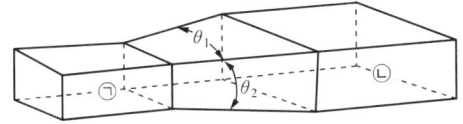

① θ_1의 각도를 경사각으로 한 단면적을 이용한다.
② θ_2의 각도를 경사각으로 한 단면적을 이용한다.
③ 두 각도의 평균값을 이용한 단면적을 이용한다.
④ 작은 쪽 (㉠)과 큰 쪽(㉡)의 등가(상당) 직경을 이용한다.

해설 사각형 덕트이므로 단면이 작은 ㉠쪽과 단면이 확대된 ㉡쪽의 상당직경을 이용하여 압력손실을 구한다.

35 국소배기장치의 덕트를 설계하여 설치하고자 한다. 덕트는 직경 200 mm의 직관 및 곡관을 사용하도록 하였다. 이때 마찰손실을 감소시키기 위하여 곡관 부위의 새우등은 최소 몇 개 이상이 가장 적당한가?

① 2 ② 3
③ 4 ④ 5

해설
- 새우등 곡관에서 덕트의 직경 $d \leq 150\,mm$: 새우등 3개 이상
- 새우등 곡관에서 덕트의 직경 $d > 150\,mm$: 새우등 5개 이상

36 국소배기장치 설계 시 압력손실을 감소시킬 수 있는 방안으로 옳지 않은 것은?
① 가능하면 덕트 길이를 짧게 한다.
② 가능하면 후드를 오염원 가까운 곳에 설치한다.
③ 덕트 내면은 마찰계수가 적은 재료로 선정한다.
④ 덕트의 구부림은 최대로 하고, 구부림의 개소를 증가시킨다.

해설 압력손실을 감소시킬 수 있는 방안으로 덕트의 구부림은 최소로 하고, 구부림의 개소(곡관의 개소)를 감소시킨다.

정답 31 ② 32 ② 33 ② 34 ④ 35 ④ 36 ④

CHAPTER 3 출제 예상 문제

37 공기가 직경 30 cm, 길이 1 m의 원형 덕트를 통과할 때 발생되는 압력 손실의 종류로 가장 올바르게 나열한 것은? (단, 21 ℃, 1기압으로 가정한다.)

① 마찰, 압축
② 마찰, 난류
③ 압축, 팽창
④ 난류, 팽창

해설 덕트의 압력손실은 내면 거칠기(조도)에 따른 마찰압력손실과 공기 흐름으로 발생하는 난류압력손실의 합이다.

38 덕트의 설치를 결정할 때 유의사항으로 옳지 <u>않은</u> 것은?

① 청소구를 설치한다.
② 곡관의 수를 적게 한다.
③ 가급적 원형 덕트를 사용한다.
④ 가능한 한 곡관의 곡률 반경을 작게 한다.

해설 가능한 한 곡관의 곡률 반경을 크게 하여야 압력손실이 적어진다. 곡률 반경은 최소한 덕트 직경의 1.5배 이상, 주로 2.0배를 사용한다. 곡관의 압력손실은 곡관의 덕트 직경(D)와 곡률 반경(R)의 비, 즉 곡률 반경비(R/D)에 의해 좌우되며 곡률 반경비를 크게 할수록 압력손실이 적어진다.

39 덕트의 설계에 관한 사항으로 옳지 <u>않은</u> 것은?

① 다지관의 경우 덕트의 직경을 조절하거나 송풍량을 조절하여 전체적으로 균형이 맞도록 설계한다.
② 사각형 덕트가 원형 덕트보다 덕트 내 유속 분포가 균일하므로 가급적 사각형 덕트를 사용한다.
③ 덕트의 직경, 조도, 단면 확대 또는 수축, 곡관수 및 모양 등을 고려하여야 한다.
④ 정방형 덕트를 사용할 경우 원형 상당 직경을 구하여 설계에 이용한다.

해설 원형 덕트가 사각형 덕트보다 덕트 내 유속 분포가 균일하므로 가급적 원형 덕트를 사용한다.

40 덕트 설치의 주요사항으로 옳은 것은?
① 구부러짐 전, 후에 청소구를 만든다.
② 공기 흐름은 상향 구배를 원칙으로 한다.
③ 덕트는 가능한 한 길게 배치하도록 한다.
④ 밴드의 수는 가능한 한 많게 하도록 한다.

해설
- 직관은 하향 구배로 하고 직경이 다른 덕트를 연결할 때는 경사 30° 이내의 테이퍼를 줄 것
- 가능한 한 길이는 짧게 하고 굴곡부(밴드)의 수는 적게 할 것
- 밴드의 수는 가능한 한 적게 하도록 한다.

41 덕트 제작 및 설치에 대한 고려사항으로 옳지 않은 것은?
① 가급적 원형 덕트를 설치한다.
② 덕트 연결 부위는 가급적 용접하는 것을 피한다.
③ 직경이 다른 덕트를 연결할 때에는 경사 30° 이내의 테이퍼를 부착한다.
④ 수분이 응축될 경우 덕트 내로 들어가지 않도록 경사나 배수구를 마련한다.

해설 덕트는 연결 부위에서 공기가 새어 들어오지 아니하도록 가능한 한 용접을 하는 것이 좋다.

42 국소환기 시스템의 덕트 설계에 있어서 덕트 합류 시 균형유지방법인 설계에 의한 정압균형 유지법의 장단점으로 옳지 않은 것은?
① 설계가 복잡하고 시간이 걸린다.
② 설계 시 잘못된 유량의 조정이 용이하다.
③ 최대 저항경로 선정이 잘못되어도 설계 시 쉽게 발견할 수 있다.
④ 설계유량 산정이 잘못되었을 경우, 수정은 덕트 크기 변경을 필요로 한다.

해설 정압조절평형법은 설계 시 잘못된 유량의 조정이 어려운 방법이다.

정답 37 ② 38 ④ 39 ② 40 ① 41 ② 42 ②

CHAPTER 3 출제 예상 문제

43 작업장에 설치된 후드가 100 m³/min으로 환기되도록 송풍기를 설치하였다. 사용함에 따라 정압이 절반으로 줄었을 때, 환기량의 변화로 옳은 것은? (단, 상사법칙을 적용한다.)

① 환기량이 33.3 m³/min으로 감소하였다.
② 환기량이 50.0 m³/min으로 감소하였다.
③ 환기량이 57.7 m³/min으로 감소하였다.
④ 환기량이 70.7 m³/min으로 감소하였다.

해설 정압조절평형법에서 보정유량(Q_2)과 설계유량(Q_1)의 관계식

$$Q_2 = Q_1 \sqrt{\frac{SP_2}{SP_1}} = 100 \times \sqrt{\frac{1}{2}} = 70.7 \, \text{m}^3/\text{min}$$

44 정압회복계수가 0.72이고 정압회복량이 7.2 mmH₂O인 원형 확대관의 압력손실은?

① 2.8 mmH₂O ② 3.6 mmH₂O
③ 4.2 mmH₂O ④ 5.3 mmH₂O

해설 원형 확대관의 압력손실 계산식

$$SP_2 - SP_1 = R(VP_1 - VP_2) = R\left(\frac{\Delta P}{\xi}\right)$$에서

압력손실: $\Delta P = \xi \times (VP_1 - VP_2)$

정압회복계수(R) = $1 - \xi$에서 압력손실계수

$\xi = 1 - 0.72 = 0.28$

정압회복량은 $SP_2 - SP_1$이므로 $7.2 = 0.72 \times \left(\frac{\Delta P}{\xi}\right) = 0.72 \times \left(\frac{\Delta P}{0.28}\right)$

∴ $\Delta P = 2.8 \, \text{mmH}_2\text{O}$

45 확대각이 10°인 원형 확대관에서 입구직관의 정압은 −15 mmH₂O, 속도압은 35 mmH₂O 이고, 확대된 출구직관의 속도압은 25 mmH₂O 이다. 확대 측의 정압은? (단, 확대각이 10°일 때 압력손실계수 ζ = 0.28이다.)

① −1.4 mmH₂O ② −2.8 mmH₂O
③ −5.4 mmH₂O ④ −7.8 mmH₂O

해설 확대 측 정압 $SP_2 = SP_1 + R(VP_1 - VP_2)$에서

정압회복계수 $R = 1 - \xi = 1 - 0.28 = 0.72$

∴ $SP_2 = -15 + 0.72 \times (35 - 25) = -7.8 \, \text{mmH}_2\text{O}$

46 덕트 내 공기에 의한 마찰손실에 영향을 주는 요소로 옳지 않은 것은?

① 덕트 직경
② 공기 점도
③ 덕트의 재료
④ 덕트 면의 조도

해설 덕트의 재료는 공기에 의한 마찰손실에 영향을 미치지 않는다.

47 후드가 직관 덕트와 일직선으로 연결된 경우 후드 정압의 측정지점은 일반적으로 덕트 직경의 몇 배 떨어진 지점인가?

① 0.1 ~ 0.5배
② 0.5 ~ 1배
③ 1 ~ 2배
④ 2 ~ 4배

해설 후드가 직관 덕트와 일직선으로 연결된 경우 후드 정압의 측정지점은 덕트직경의 2 ~ 4배 떨어진 지점에서 측정한다.

48 복합 환기시설의 합류점에서 각 분지관의 정압차가 5 ~ 20 %일 때 정압평형이 유지되도록 하는 방법으로 옳은 것은?

① 압력손실이 적은 분지관의 직경을 작게 한다.
② 압력손실이 적은 분지관의 유량을 증가시킨다.
③ 압력손실이 많은 분지관의 직경을 작게 한다.
④ 압력손실이 많은 분지관의 유량을 증가시킨다.

해설 $0.8 \leq \dfrac{\text{낮은 정압}}{\text{높은 정압}} < 0.95$일 경우 정압이 낮은 쪽, 즉 압력손실이 적은 분지관의 유량을 증가시킨다.

49 덕트 설치 시 주요 원칙으로 옳지 않은 것은?

① 덕트는 가능한 한 짧게 배치하도록 한다.
② 가능한 한 후드의 가까운 곳에 설치한다.
③ 곡관의 수는 가능한 한 적게 하도록 한다.
④ 공기는 항상 위로 흐르도록 상향 구배로 한다.

해설 공기 흐름이 원활하도록 항상 아래로 흐르는 하향 구배로 한다.

정답 43 ④ 44 ① 45 ④ 46 ③ 47 ④ 48 ② 49 ④

CHAPTER 3 출제예상문제

50 국소배기 시스템 설치 시 고려사항으로 옳지 <u>않은</u> 것은?
① 가급적 원형 덕트를 사용한다.
② 후드는 덕트보다 두꺼운 재질을 선택한다.
③ 송풍기를 연결할 때는 최대 덕트 반경의 6배 정도는 직선 구간으로 하여야 한다.
④ 곡관의 곡률 반경은 최소 덕트 직경의 1.5배 이상으로 하며, 주로 2.0배를 사용한다.

[해설] 송풍기를 연결할 때는 최소 덕트 직경의 6배 정도는 직선 구간으로 하여야 한다.

> 시스템 손실을 최소화하기 위해 송풍기 전·후 덕트 직경의 Six in and Three out 규칙
> 송풍기 입구 덕트의 길이는 직경의 6배 이상의 직관을, 출구 덕트의 길이는 직경의 3배 이상의 직관을 사용해야 한다는 규칙이다.

51 덕트 합류 시 설계에 의한 정압균형 유지방법의 장단점으로 옳지 <u>않은</u> 것은?
① 설계가 복잡하고 시간이 걸림
② 임의로 유량을 조절하기 어려움
③ 균형이 유지되려면 설계도면에 있는 대로 덕트가 설치되어야 함
④ 최대저항경로 선정이 잘못된 경우에는 설계 시 쉽게 발견하기 어려움

[해설] 정압균형 유지방법(유속조절평형법)은 최대저항경로 선정이 잘못된 경우에도 설계 시 쉽게 발견할 수 있는 장점이 있다.

52 두 개의 덕트가 합류될 때 정압(SP)에 따른 개선사항으로 옳지 <u>않은</u> 것은?
① $0.95 \leq \left(\dfrac{낮은\ SP}{높은\ SP}\right)$: 차이를 무시
② $\left(\dfrac{낮은\ SP}{높은\ SP}\right) < 0.8$: 정압이 높은 덕트의 직경을 다시 설계
③ 두 개의 덕트가 합류될 때 정압의 차이가 없는 것이 이상적
④ $0.8 \leq \left(\dfrac{낮은\ SP}{높은\ SP}\right) < 0.95$: 정압이 낮은 덕트의 유량을 조정

[해설] $\left(\dfrac{낮은\ SP}{높은\ SP}\right) < 0.8$: 정압이 낮은 덕트의 직경을 다시 설계해야 한다.

> 정압비 $= \dfrac{SP_{higher}}{SP_{lower}}$: 후드가 여러 개일 때 덕트의 합류로 정압의 균형을 정압비로 유지시킨다.
> ㉠ 정압비가 1.05 이내: 그 차를 무시하고 높은 정압을 지배 정압으로 계속 계산함
> ㉡ 정압비가 1.05~1.20: 정압이 낮은 쪽의 유량을 증가시킴
> ㉢ 정압비가 1.20 초과: 정압이 낮은 쪽의 덕트 직경, 슬롯 후드 개구면을 줄이거나 곡률 반경을 줄여 다시 정압차를 비교함

53 국소배기장치 중 덕트의 관리방안으로 옳지 않은 것은?

① 분진 등의 퇴적이 없어야 한다.
② 마모 또는 부식이 없어야 한다.
③ 덕트 내의 정압이 초기정압(SP)의 ±10 % 이내이어야 한다.
④ 덕트 마모 방지를 위해 분진은 곡관에서 속도는 낮게 유지해야 한다.

해설 덕트 내 분진의 퇴적 방지를 위해 곡관에서 속도는 높게 유지해야 한다.

54 주물사, 고온가스를 취급하는 공정에 환기시설을 설치하고자 할 때, 덕트의 재료로 옳은 것은?

① 아연도금 강판
② 중질 콘크리트
③ 스테인레스 강판
④ 흑피 강판

해설 덕트의 재질
㉠ 부식이나 마모의 우려가 없는 유기용제 사용 취급공정: 아연도금 강판(함석)
㉡ 강산, 염소계 용제 사용 취급공정: 스테인레스스틸 강판, 경질염화비닐판(PVC)
㉢ 알칼리 사용 취급공정: 강판
㉣ 마모분진인 주물사, 고온가스 사용 취급공정: 흑피 강판
㉤ 전리방사선(X선, γ선, α선, β선) 사용 취급공정: 중질 콘크리트

55 사용물질과 덕트 재질의 연결이 옳지 않은 것은?

① 알칼리 – 강판
② 전리방사선 – 중질 콘크리트
③ 주물사, 고온가스 – 흑피 강판
④ 강산, 염소계 용제 – 아연도금 강판

해설 강산, 염소계 용제 사용 취급공정에는 스테인레스스틸 강판이나 경질염화비닐판(PVC)을 사용한다.

정답 50 ③ 51 ④ 52 ② 53 ④ 54 ④ 55 ④

CHAPTER 3 출제 예상 문제

03 송풍기(fan)

> **학습 POINT**
> 송풍기의 종류별 특징 및 소요동력을 구하는 문제와 성능곡선을 이해하는 내용을 위주로 학습하도록 한다.

01 송풍기의 풍량조절법으로 옳지 않은 것은?
① 회전수 변환법
② 안내 깃 조절법
③ Damper 부착법
④ 송풍기 풍향 변경법

[해설] 송풍기의 풍량조절법에 송풍기 풍향 변경법은 없다.

02 송풍기에 대한 설명으로 옳은 것은?
① 프로펠러 송풍기는 구조가 가장 간단하지만, 많은 양의 공기를 이송시키기 위해서는 그 만큼의 많은 비용이 소요된다.
② 동일 송풍량을 발생시키기 위한 전향 날개형 송풍기의 임펠러 회전속도는 상대적으로 낮기 때문에 소음문제가 거의 발생하지 않는다.
③ 저농도 분진함유 공기나 금속성이 많이 함유된 공기를 이송시키는데 많이 이용되는 송풍기는 방사 날개형 송풍기(평판형 송풍기)이다.
④ 후향 날개형 송풍기는 회전날개가 회전 방향 반대편으로 경사지게 설계되어 있어 풍부한 압력을 발생시킬 수 있고, 전향 날개형 송풍기에 비해 효율이 떨어진다.

[해설]
- 축류 송풍기 중 프로펠러 송풍기는 구조가 가장 간단하지만, 많은 양의 공기를 이송시킬 경우 비용이 적게 소요된다.
- 고농도 분진함유 공기나 금속성이 많이 함유된 공기를 이송시키는데 많이 이용되는 송풍기는 방사 날개형 송풍기(평판형 송풍기)이다.
- 후향 날개형 송풍기(터보형 송풍기)는 전향 날개형 송풍기(다익형 송풍기)에 비해 효율이 우수하다.

[참고] 압력에 의한 송풍기의 분류

송풍기		압축기
Fan	Blower	
1,000 mmH$_2$O 미만 (0.1 kg/cm^2 미만)	1,000 ~ 10,000 mmH$_2$O (0.1 ~ 1 kg/cm^2)	10,000 mmH$_2$O 이상 (1 kg/cm^2 이상)

03 깃의 구조가 분진을 자체 정화할 수 있도록 되어 있어 고농도 공기나 부식성이 강한 공기를 이송시키는 데 많이 사용되는 송풍기는?

① 다익팬형 원심송풍기　② 레이디얼팬형 원심송풍기
③ 터보 블로어형 송풍기　④ 축류형 송풍기

해설 레이디얼팬(radial fan)형 원심송풍기(평판형 송풍기, 플레이트 송풍기, 방사 날개형 송풍기라고도 부름)은 깃의 구조가 분진을 자체 정화할 수 있도록 되어 있고, 고농도 분진함유 공기, 부식성이 강한 공기, 마모성이 강한 분진이 함유된 공기를 이송시키는데 많이 사용한다.

04 송풍기에 관한 설명으로 옳지 않은 것은?

① 평판송풍기는 장소의 제약이 없고 효율이 좋다.
② 원심송풍기로는 다익팬, 레이디얼팬, 터보팬 등이 해당된다.
③ 터보형 송풍기는 압력 변동이 있어도 풍량의 변화가 비교적 작다.
④ 다익형 송풍기는 구조상 고속회전이 어렵고, 큰 동력의 용도에는 적합하지 않다.

해설 장소의 제약이 없고 효율이 좋은 송풍기는 터보형 송풍기의 장점이다.

05 동일 풍량, 동일 풍압에 비해 가장 소형이며, 제한된 장소에서 사용이 가능한 원심력 송풍기는?

① 평판 송풍기　② 다익 송풍기
③ 터보 송풍기　④ 프로펠러 송풍기

해설 다익형 송풍기는 전향 날개형(forward curved blade fan)이라고 하며, 동일 풍량, 동일 풍압에 비해 가장 소형이며, 제한된 장소에서 사용이 가능하고, 회전속도가 낮아 소음이 적고, 저가이다.

06 송풍량이 증가해도 동력이 증가하지 않는 장점이 있어 한계부하 송풍기라고도 하는 원심력 송풍기는?

① 프로펠러 송풍기　② 전향 날개형 송풍기
③ 후향 날개형 송풍기　④ 방사 날개형 송풍기

해설 후향 날개형 송풍기는 송풍량이 증가해도 동력이 증가하지 않는 장점이 있어 한계부하 송풍기라고도 한다.

정답 01 ④ 02 ② 03 ② 04 ① 05 ② 06 ③

CHAPTER 3 출제 예상 문제

07 터보(Turbo) 송풍기에 관한 설명으로 옳지 않은 것은?

① 후향 날개형 송풍기라고도 한다.
② 송풍기의 깃이 회전 방향 반대편으로 경사지게 설계되어 있다.
③ 방사 날개형이나 전향 날개형 송풍기에 비해 효율이 떨어진다.
④ 고농도 분진함유 공기를 이송시킬 경우, 집진기 후단에 설치하여 사용해야 한다.

해설 터보형 송풍기는 원심송풍기 중 효율이 가장 높다.

08 터보팬형 송풍기의 특징을 설명한 것으로 옳지 않은 것은?

① 소음, 진동이 비교적 크다.
② 통상적으로 최고속도가 높아 효율이 높다.
③ 규정 풍량 이외에서는 효율이 갑자기 떨어지는 단점이 있다.
④ 소요정압이 떨어져도 동력은 크게 상승하지 않으므로 시설저항 및 운전상태가 변하여도 과부하가 걸리지 않는다.

해설 터보팬형 송풍기는 규정 풍량 이외에서도 효율이 갑자기 떨어지지는 않는 장점이 있다.

09 송풍기의 정압 효율이 좋은 것부터 옳게 나열한 것은?

① 방사형 > 다익형 > 터보형
② 터보형 > 다익형 > 방사형
③ 방사형 > 터보형 > 다익형
④ 터보형 > 방사형 > 다익형

해설 원심력 송풍기의 효율은 터보형이 75 ~ 80 %, 방사형이 60 ~ 65 %, 다익형이 55 ~ 60 % 정도이다.

참고 풍기 효율과 여유율 비교

송풍기 형식	송풍기 효율(η)	여유율(α)
다익형	0.40 ~ 0.77	1.15 ~ 1.25
터보형	0.65 ~ 0.80	1.10 ~ 1.50
평판형	0.60 ~ 0.77	1.15 ~ 1.25

[비고] 가. 효율면: 터보형 > 평판형 > 다익형
       나. 풍압면: 다익형 > 평판형 > 터보형

10 국소배기장치에 주로 사용하는 터보 송풍기에 관한 설명으로 옳지 않은 것은?

① 송풍량이 증가해도 동력이 증가하지 않는다.
② 방사 날개형 송풍기나 전향 날개형 송풍기에 비해 효율이 좋다.
③ 직선 익근은 반경 방향으로 부착시킨 것으로 구조가 간단하고 보수가 용이하다.
④ 고농도 분진함유 공기를 이송시킬 경우, 회전날개 뒷면에 퇴적되어 효율이 떨어진다.

해설 터보 송풍기는 회전날개(깃, blade)가 회전 방향의 반대편으로 경사지게 후향으로 설계되어 있다.

11 다음 설명에 해당하는 송풍기의 종류로 옳은 것은?

> • 소요정압이 떨어져도 동력은 크게 상승하지 않아 시설저항 및 운전상태가 변하여도 과부하가 걸리지 않는다.
> • 소음이 크고, 고농도 분진함유 공기 이송 시 집진기 후단에 설치해야 한다.
> • 통상적으로 최고속도가 높으므로 효율이 높다.

① 축류형 송풍기
② 프로펠러팬형 송풍기
③ 다익형 송풍기
④ 터보팬형 송풍기

해설 터보팬 송풍기는 이외에도 장소의 제약을 받지 않고, 송풍량이 증가해도 동력은 크게 상승하지 않는다.

12 원심력 송풍기 중 터보형에 대한 설명으로 옳지 않은 것은?

① 분진이 다량 함유된 공기를 이송할 때 효율이 높다.
② 정압 효율이 다른 원심형 송풍기에 비해 비교적 좋다.
③ 송풍량이 증가해도 동력이 증가하지 않는 장점이 있다.
④ 후향 날개형(backward curved blade) 송풍기로서 팬의 날이 회전 방향에 반대되는 쪽으로 기울어진 형태이다.

해설 원심력 송풍기 중 터보형 송풍기는 고농도의 분진함유 공기를 이송시킬 경우 깃 뒷면에 분진이 퇴적하여 집진기 후단에 설치해야 한다.

정답 07 ③ 08 ③ 09 ④ 10 ③ 11 ④ 12 ①

13 송풍기에 관한 설명으로 옳지 않은 것은?

① 원심송풍기로는 다익팬, 레이디얼팬, 터보팬 등이 해당된다.
② 터보형 송풍기는 압력 변동이 있어서 풍량의 변화가 비교적 작다.
③ 다익형 송풍기는 구조상 고속회전이 어렵고, 큰 동력의 용도에서 적합하지 않다.
④ 평판송풍기는 타 송풍기에 비하여 효율이 낮아 미분탄, 톱밥 등을 비롯한 고농도 분진이나 마모성이 강한 분진의 이송용으로는 적당하지 않다.

해설 평판송풍기는 터보형 송풍기에 비하여 효율은 낮고, 다익팬 보다는 약간 높으며, 시멘트, 미분탄, 톱밥 등을 비롯한 고농도 분진이나 마모성이 강한 분진의 이송용으로 사용된다.

14 원심력 송풍기 중 후향 날개형 송풍기에 관한 설명으로 옳지 않은 것은?

① 송풍량이 증가하면 동력도 증가하므로 한계 부하송풍기라고도 한다.
② 고농도 분진함유 공기를 이송시킬 경우 회전날개 뒷면에 퇴적되어 효율이 떨어진다.
③ 회전날개가 회전 방향 반대편으로 경사지게 설계되어 있어 충분한 압력을 발생시킨다.
④ 분진 농도가 낮은 공기나 고농도 분진함유 공기를 이송시킬 경우, 집진기 후단에 설치한다.

해설 원심력 송풍기 중 후향 날개형 송풍기는 송풍량이 증가해도 동력도 증가하지 않는 장점을 가지고 있어 한계부하 송풍기라고도 한다.

15 플레이트 송풍기, 평판형 송풍기라고도 하며 깃이 평판으로 되어 있고 매우 강도가 높게 설계된 원심력 송풍기는?

① 후향 날개형 송풍기
② 전향 날개형 송풍기
③ 방사 날개형 송풍기
④ 양력 날개형 송풍기

해설 플레이트 송풍기, 평판형 송풍기, 방사 날개형 송풍기는 날개가 다익형보다 적고, 직선이며 평판 모양을 하고 있어 강도가 매우 높게 설계되어 있다.

16 풍압이 바뀌어도 풍량의 변화가 비교적 적고 병렬로 연결하여도 풍량에는 지장이 없으며 동력 특성의 상승도 완만하여 어느 정도 올라가면 포화되는 현상이 있어, 소요 풍압이 떨어져도 마력은 크게 올라가지 않는 장점이 있는 송풍기로 옳은 것은?

① 다익 송풍기
② 터보 송풍기
③ 평판 송풍기
④ 축류 송풍기

해설 원심력 송풍기 중 후향 날개형 송풍기(터보 송풍기)의 장점
　㉠ 장소의 제약도 받지 않고 송풍기 중 효율이 가장 좋다.
　㉡ 날개가 하향 구배 특성이므로 풍압이 바뀌어도 풍량의 변화가 비교적 적다.
　㉢ 송풍기를 병렬로 연결해도 풍량에는 지장이 없다.
　㉣ 동력 특성의 상승도 완만하여 어느 정도 올라가면 포화되는 현상이 있어, 소요 풍압이 떨어져도 마력은 크게 올라가지 않는다.

17 원심력 송풍기 중 전향 날개형 송풍기에 관한 설명으로 옳지 않은 것은?

① 높은 압력손실에서 송풍량이 급격하게 떨어진다.
② 이송시켜야 할 공기량은 많으나 압력손실이 적게 걸리는 전체환기나 공기조화용으로 사용된다.
③ 송풍기의 임펠러가 다람쥐 쳇바퀴 모양이며 회전날개가 회전 방향과 반대 방향으로 설계되어 있다.
④ 동일 송풍량을 발생시키기 위한 임펠러 회전속도가 상대적으로 낮아 소음문제가 거의 발생하지 않는다.

해설 원심력 송풍기 중 전향 날개형 송풍기는 송풍기의 임펠러가 다람쥐 쳇바퀴 모양이며 회전날개가 회전 방향과 동일한 방향으로 설계되어 있다.

18 원심력 송풍기인 방사 날개형 송풍기에 관한 설명으로 옳지 않은 것은?

① 플레이트송풍기 또는 평판형 송풍기라고도 한다.
② 견고하고 가격이 저렴하며 효율이 높은 장점이 있다.
③ 깃의 구조가 분진을 자체 정화할 수 있도록 되어 있다.
④ 깃이 평판으로 되어 있고 강도가 매우 높게 설계되어 있다.

해설 견고한 송풍기는 방사 날개형 송풍기, 가격이 저렴한 송풍기는 다익형 송풍기, 효율이 높은 송풍기는 터보형 송풍기이다.

정답 13 ④　14 ①　15 ③　16 ②　17 ③　18 ②

CHAPTER 3 출제 예상 문제

19 원심력 송풍기 중 후향 날개형 송풍기에 관한 설명으로 옳지 않은 것은?

① 송풍기 깃이 회전 방향으로 경사지게 설계되어 충분한 압력을 발생시킬 수 있다.
② 고농도 분진함유 공기를 이송시킬 경우 집진기 후단에 설치하여야 한다.
③ 고농도 분진함유 공기를 이송시킬 경우 깃 뒷면에 분진이 퇴적된다.
④ 깃의 모양은 두께가 균일한 것과 익형이 있다.

해설 후향 날개형 송풍기는 송풍기 깃이 회전 방향의 반대편으로 경사지게 설계되어 충분한 압력을 발생시킬 수 있다.

20 원심력 송풍기의 종류 중 전향 날개형 송풍기에 관한 설명으로 옳지 않은 것은?

① 다익형 송풍기라고도 한다.
② 큰 압력손실에도 송풍량의 변동이 적은 장점이 있다.
③ 송풍기의 임펠러가 다람쥐 쳇바퀴 모양이며, 송풍기 깃이 회전 방향과 동일한 방향으로 설계되어 있다.
④ 동일 송풍량을 발생시키기 위한 임펠러 회전속도가 상대적으로 낮아 소음문제가 거의 발생하지 않는다.

해설 큰 압력손실에서 송풍량이 급격히 떨어지는 단점이 있는 송풍기는 다익형 송풍기(전향 날개형 송풍기)이다.

21 원심력 송풍기 중 다익형 송풍기에 관한 설명으로 옳지 않은 것은?

① 송풍기의 임펠러가 다람쥐 쳇바퀴 모양으로 생겼다.
② 큰 압력손실에서 송풍량이 급격하게 떨어지는 단점이 있다.
③ 고강도가 요구되기 때문에 제작비용이 비싸다는 단점이 있다.
④ 다른 송풍기와 비교하여 동일 송풍량을 발생시키기 위한 임펠러 회전속도가 상대적으로 낮기 때문에 소음이 작다.

해설 다익형 송풍기는 강도 문제가 중요하지 않기 때문에 저가 제작이 가능하다.

22 축류 송풍기에 관한 설명으로 옳지 않은 것은?

① 원통형으로 되어 있다.
② 가볍고 재료비 및 설치비용이 저렴하다.
③ 적정 풍량 범위가 넓어 가열공기 또는 오염공기의 취급에 유리하다.
④ 전동기와 직결할 수 있고, 또 축 방향 흐름이기 때문에 관로 도중에 설치할 수 있다.

해설 축류 송풍기는 규정 풍량 외에는 효율이 갑자기 떨어지기 때문에 가열공기 또는 오염공기의 취급에는 부적당하다.

23 축류 송풍기에 관한 설명으로 옳지 않은 것은?

① 무겁고, 재료비 및 설치비용이 비싸다.
② 풍압이 낮으며, 원심송풍기보다 주속도가 커서 소음이 크다.
③ 전동기와 직결할 수 있고, 또 축 방향 흐름이기 때문에 관로 도중에 설치할 수 있다.
④ 규정 풍량 이외에서는 효율이 떨어지므로 가열공기 또는 오염공기의 취급에 부적당하다.

해설 축류 송풍기는 경량이고 재료비 및 설치비용이 저렴하다.

24 국소배기장치의 올바른 송풍기 선정과정으로 옳지 않은 것은?

① 송풍량과 송풍압력을 가급적 큰 용량으로 선정한다.
② 덕트계의 압력손실 계산결과에 의하여 배풍기 전후의 압력차를 구한다.
③ 배풍기와 덕트의 설치 장소를 고려해서 회전 방향, 토출 방향을 결정한다.
④ 특성선도를 사용하여 필요한 정압, 풍량을 얻기 위한 회전수, 축동력, 사용모터 등을 구한다.

해설 송풍량과 송풍압력을 가급적 큰 용량으로 선정하면 동력비가 높게 나와 경제성이 떨어진다.

정답 19 ① 20 ② 21 ③ 22 ③ 23 ① 24 ①

CHAPTER 3 출제 예상 문제

25 축류송풍기 중 프로펠러 송풍기에 관한 설명으로 옳지 않은 것은?
① 구조가 간단하고 값이 저렴하다.
② 많은 양의 공기를 값싸게 이송시킬 수 있다.
③ 압력손실이 비교적 큰 곳에서도 송풍량의 변화가 적은 장점이 있다.
④ 국소배기용보다는 압력손실이 비교적 작은 전체환기용으로 사용해야 한다.

해설 축류송풍기 중 프로펠러 송풍기는 풍압이 낮기 때문에 압력손실이 비교적 많이 걸리는 시스템에 사용하였을 때, 서징현상을 일으켜 진동과 소음이 심한 경우가 생긴다.

26 송풍기를 선정하는 데 반드시 필요하지 않은 요소는?
① 송풍량
② 소요동력
③ 송풍기 정압
④ 송풍기 속도압

해설 송풍기 선정 시 필요 요소(평가표 명시사항): 송풍량, 송풍기 정압, 송풍기 전압, 소요동력, 송풍기 크기 및 회전속도

27 국소배기장치의 설계 시 송풍기의 동력을 결정할 때 가장 필요한 정보는?
① 송풍기 전압과 크기
② 송풍기 속도압과 가격
③ 송풍기 속도압과 효율
④ 송풍기 전압과 필요송풍량

해설 송풍기의 소요동력(kW) $= \dfrac{Q \times \Delta P}{6,120 \times \eta} \times \alpha$ [kW]에서 동력을 결정할 때 가장 필요한 정보는 송풍기 전압과 필요송풍량이다.

28 밀가루 공장 내에 설치된 집진장치의 용량은 8,000 m³/min이고, 분진 발생원에서 제진기를 거쳐 송풍기까지 전체 압력손실이 50 mmH₂O라면 송풍기의 동력은 약 몇 kW인가? (단, 송풍기의 효율은 0.6, 안전계수는 1.5로 한다.)
① 108.9
② 157.9
③ 163.4
④ 179.4

$1\,\mathrm{kW} = 102\,\mathrm{kg \cdot m/s}$,
$1\,\mathrm{mmH_2O} = 1\,\mathrm{kg/m^2}$,
6,120은
$\dfrac{102\,\mathrm{kg \cdot m/s}}{\mathrm{kW}} \times 60\,\mathrm{s/min}$을
곱한 값이다.

해설 송풍기의 소요동력(kW)
$= \dfrac{Q \times \Delta P}{6,120 \times \eta} \times \alpha = \dfrac{8,000\,\mathrm{m^3/min} \times 50\,\mathrm{mmH_2O}}{6,120 \times 0.6} \times 1.5 = 163.4\,\mathrm{kW}$

29 송풍기의 소요동력(kW)을 구하는 계산식으로 옳은 것은? (단, Q_s는 송풍량(/min), TP_f는 송풍기의 전압(mmH₂O)을 의미한다.)

① $\dfrac{Q_s \times TP_f}{6\,120}$ ② $\dfrac{Q_s}{6\,120 \times TP_f}$

③ $\dfrac{6,120 \times TP_f}{Q_s}$ ④ $\dfrac{6,120}{Q_s \times TP_f}$

해설 송풍기의 소요동력(kW) = $\dfrac{Q \times \Delta P}{6,120 \times \eta} \times \alpha$ [kW]에서 송풍기 전압: $\Delta P = TP_f$, 효율: $\eta = 100\,\%$, 안전계수(여유율) $\alpha = 1$로 하였을 때의 식이다.

30 송풍량이 140 m³/min이고, 송풍기의 유효전압이 110 mmH₂O이다. 이때 송풍기 효율이 70 %, 여유율을 1.2로 할 경우 송풍기의 소요동력은?

① 2.6 kW ② 3.7 kW ③ 4.3 kW ④ 5.4 kW

해설 송풍기의 소요동력(kW) = $\dfrac{Q \times \Delta P}{6,120 \times \eta} \times \alpha$

$= \dfrac{140\,\text{m}^3/\text{min} \times 110\,\text{kg/m}^2}{6,120\,\dfrac{\text{kg}\cdot\text{m/min}}{\text{kW}} \times 0.7} \times 1.2 = 4.3\,\text{kW}$

31 국소배기장치에서 후드를 추가로 설치해도 쉽게 정압조절이 가능하고, 사용하지 않는 후드를 막아 다른 곳에 필요한 정압을 보낼 수 있어 현장에서 가장 편리하게 사용할 수 있는 압력균형 방법은?

① 댐퍼 조절법 ② 회전수 변환
③ 압력 조절법 ④ 안내익 조절법

해설
• 회전수 변환법: 송풍량을 크게 바꾸려고 할 경우 가장 적절한 방법으로 비용은 고가이나 효율은 좋다.
• 안내익 조절법: 송풍기 흡입구에 6 ~ 8매의 방사상 날개를 부착하여 그 각도를 변경하므로써 송풍량을 조절한다.

32 유효전압이 120 mmH₂O, 송풍량이 306 m³/min인 송풍기의 축동력이 7.5 kW일 때 이 송풍기의 전압 효율은? (단, 기타 조건은 고려하지 않음)

① 65 % ② 70 % ③ 75 % ④ 80 %

해설 소요동력, kW = $\dfrac{Q \times \Delta P}{6\,120 \times \eta} \times \alpha$ 에서 $7.5 = \dfrac{306 \times 120}{6\,120 \times \eta}$ ∴ $\eta = 80\,\%$

정답 25 ③ 26 ④ 27 ④ 28 ③ 29 ① 30 ③ 31 ① 32 ④

CHAPTER 3 출제 예상 문제

33 양쪽 덕트 내의 정압이 다를 경우, 합류점에서 정압을 조절하는 방법인 공기조절용 댐퍼에 의한 균형유지법에 대한 설명으로 옳지 않은 것은?

① 시설 설치 후 변경하기 어려운 단점이 있다.
② 설계계산이 상대적으로 간단한 장점이 있다.
③ 최소 유량으로 균형유지가 가능한 장점이 있다.
④ 임의로 댐퍼 조정 시 평형상태가 깨지는 단점이 있다.

해설 시설 설치 후 변경에 유연하게 대처하기가 가능하다. 시설 설치 후 변경하기 어려운 방법은 정압조절평형법이다.

34 총압력손실 계산법 중 정압조절평형법의 단점으로 옳지 않은 것은?

① 설계가 복잡하고 시간이 걸린다.
② 설계 시 잘못된 유량을 수정하기가 어렵다.
③ 최대저항 경로의 선정이 잘못되었을 경우 설계 시 발견이 어렵다.
④ 설계유량 산정이 잘못되었을 경우, 수정은 덕트 크기의 변경을 필요로 한다.

해설 최대저항 경로의 선정이 잘못되었을 경우 설계 시 발견이 어려운 총압력손실 계산법은 저항조절평형법(댐퍼조절평형법)이다.

35 총압력손실 계산방법 중 정압조절평형법의 장점으로 옳지 않은 것은?

① 향후 변경이나 확장에 대해 유연성이 크다.
② 설계가 확실할 때는 가장 효율적인 시설이 된다.
③ 예기치 않은 침식 및 부식 문제가 일어나지 않는다.
④ 설계 시 잘못 설계된 분지관을 쉽게 발견할 수 있다.

해설 정압조절평형법은 향후 변경이나 확장에 대해 유연성이 적다. 향후 변경이나 확장에 대해 유연성이 큰 것은 저항조절평형법이다.

36 배출원이 많아서 여러 개의 후드를 주관에 연결한 경우(분지관의 수가 많고 덕트의 압력손실이 클 때) 총압력손실 계산법으로 옳은 방법은?

① 정압조절평형법
② 저항조절평형법
③ 등가조절평형법
④ 속도압평형법

해설 배출원이 많아서 여러 개의 후드를 주관에 연결한 경우(분지관의 수가 많고 덕트의 압력손실이 클 때)에 총압력손실 계산법은 저항조절평형법을 적용한다.

37 국소환기시설 설계(총압력손실계산)에 있어 정압조절 평형법의 장단점으로 옳지 않은 것은?

① 설계가 어렵고 시간이 많이 걸린다.
② 예기치 않은 침식 및 부식이나 퇴적문제가 일어난다.
③ 송풍량은 근로자나 운전자의 의도대로 쉽게 변경되지 않는다.
④ 설계 시 잘못 설계된 분지관 또는 저항이 제일 큰 분지관을 쉽게 발견할 수 있다.

해설 예기치 않은 침식 및 부식이나 퇴적 문제가 일어나는 것은 나는 단점을 나타내는 계산법은 저항조절평형법이다.

38 너무 큰 송풍기를 선정하여 시스템 압력손실이 과대평가된 경우에 해당하는 것은?

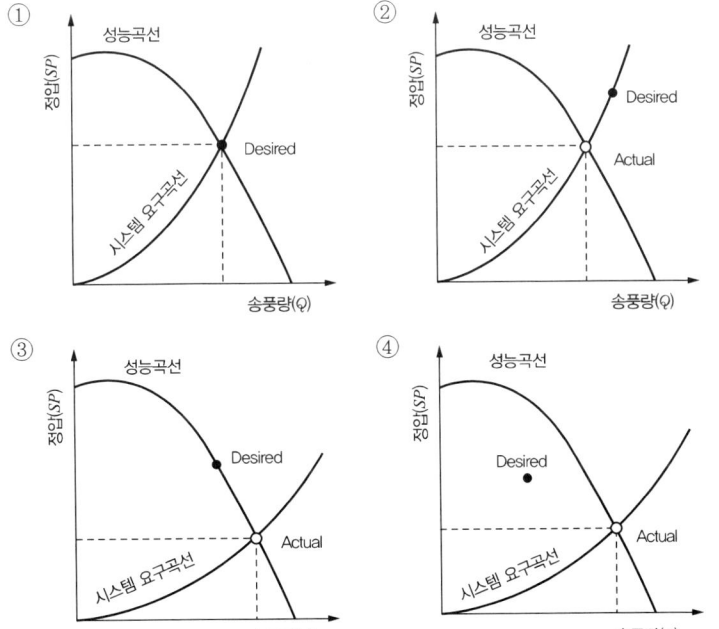

해설 그림에서 Desired는 설계동작점을, Actual은 실제동작점을 나타낸다.
- 그림 ①: 설계단계에서 예측했던 시스템 곡선이 잘 맞았고, 송풍기의 선정도 적절하여 원했던 송풍량이 나온 경우
- 그림 ②: 시스템 곡선의 예측은 적절하였으나 성능이 약한 송풍기를 선정하여 송풍량이 적게 나온 경우
- 그림 ③: 송풍기의 선정은 적절하였으나 시스템의 압력손실 예측이 과대평가되어 실제로는 압력손실이 적게 걸림으로써 송풍량이 예상보다 많이 나오는 경우
- 그림 ④: 송풍기가 너무 크게 선정되었고, 시스템 압력손실도 과대평가된 경우

정답 33 ① 34 ③ 35 ① 36 ② 37 ② 38 ④

39 다음 그림의 송풍기 성능곡선에 대한 설명으로 옳은 것은?

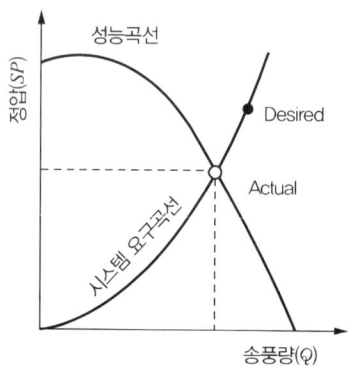

① 너무 큰 송풍기를 선정하고 시스템 압력손실도 과대 평가된 경우이다.
② 시스템 곡선의 예측은 적절하나 성능이 약한 송풍기를 선정하여 송풍량이 작게 나오는 경우이다.
③ 설계단계에서 예측했던 시스템 요구 곡선이 잘 맞고, 송풍기의 선정도 적절하여 원했던 송풍량이 나오는 경우이다.
④ 송풍기의 선정은 적절하나 시스템의 압력손실 예측이 과대평가되어 실제로는 압력손실이 작게 걸려 송풍량이 예상보다 많이 나오는 경우이다.

해설 그림에서 시스템 요구곡선에서 Desired는 설계동작점을, 성능곡선에서 Actual은 실제동작점을 나타낸다. 주어진 그림은 시스템 곡선의 예측은 적절하였으나 성능이 약한 송풍기를 선정하여 회전수가 부족하여 송풍량이 적게 나온 경우이다.

40 송풍기의 상사법칙에서 회전수(N)와 송풍량(Q), 소요동력(L), 정압(P)과의 관계로 옳은 것은?

① $\dfrac{Q_1}{Q_2} = \left(\dfrac{N_1}{N_2}\right)^3$
② $\dfrac{Q_1}{Q_2} = \left(\dfrac{N_1}{N_2}\right)^2$
③ $\dfrac{P_1}{P_2} = \left(\dfrac{N_1}{N_2}\right)^2$
④ $\dfrac{L_1}{L_2} = \left(\dfrac{Q_1}{Q_2}\right)^2$

해설 $\dfrac{Q_1}{Q_2} = \dfrac{N_1}{N_2}, \dfrac{FSP_1}{FSP_2} = \left(\dfrac{N_1}{N_2}\right)^2, \dfrac{L_1}{L_2} = \left(\dfrac{N_1}{N_2}\right)^3$

41 송풍기의 동작점에 관한 설명으로 옳은 것은?

① 송풍기의 성능곡선과 시스템 동력곡선이 만나는 점
② 송풍기의 정압곡선과 시스템 효율곡선이 만나는 점
③ 송풍기의 성능곡선과 시스템 요구곡선이 만나는 점
④ 송풍기의 정압곡선과 시스템 속도압곡선이 만나는 점

해설 송풍기의 동작점은 송풍기의 성능곡선과 시스템 요구곡선이 만나는 점으로 송풍기를 운전함에 있어 고려해야 할 가장 중요한 요소이다.

42 송풍기의 상사법칙에 대한 설명으로 옳지 않은 것은?

① 송풍량은 송풍기의 회전속도에 정비례한다.
② 송풍기 풍압은 송풍기 회전속도의 제곱에 비례한다.
③ 송풍기 풍압은 송풍기 회전날개의 직경에 정비례한다.
④ 송풍기 동력은 송풍기 회전속도의 세제곱에 비례한다.

해설 송풍기 풍압(전압)은 송풍기 회전날개 직경의 세제곱에 비례한다. $\dfrac{Q_2}{Q_1} = \left(\dfrac{D_2}{D_1}\right)^3$

43 송풍기의 상사법칙에 관한 설명으로 옳지 않은 것은?

① 풍량은 송풍기 회전수와 정비례한다.
② 풍압은 회전차의 직경에 반비례한다.
③ 풍압은 송풍기 회전수의 제곱에 비례한다.
④ 동력은 송풍기 회전수의 세제곱에 비례한다.

해설 풍압은 회전차의 직경의 제곱에 비례한다. $\dfrac{\text{FTP}_2}{\text{FTP}_1} = \left(\dfrac{D_2}{D_1}\right)^2$

44 송풍기의 회전수를 2배 증가시키면 동력은 몇 배로 증가하는가?

① 2배　　② 4배
③ 8배　　④ 16배

해설 송풍기의 동력은 회전수 비의 3승에 비례한다. 즉, $2^3 = 8$배

CHAPTER 3 출제 예상 문제

45 회전수가 600 rpm이고, 동력은 5 kW인 송풍기의 회전수를 800 rpm으로 상향조정하였을 때, 동력은 약 몇 kW인가?

① 6　　② 9　　③ 12　　④ 15

해설 송풍기의 상사법칙(law of similarity)에서 송풍기의 크기가 같고 공기의 비중이 일정할 경우

동력은 회전속도(회전수)비의 세제곱에 비례하므로 $\dfrac{kW_2}{kW_1} = \left(\dfrac{N_2}{N_1}\right)^3$

$\therefore kW_2 = kW_1 \times \left(\dfrac{N_2}{N_1}\right)^3 = 5 \times \left(\dfrac{800}{600}\right)^3 = 12\,kW$

46 송풍기의 풍량, 풍압 및 동력 간의 관계를 올바르게 나타낸 것은? (단, Q는 풍량, N은 회전속도, P는 풍압, W는 동력이다.)

① $P \propto N^2$　　② $W \propto N$
③ $Q \propto N^3$　　④ $Q \propto N^2$

해설 $Q \propto N$, $P \propto N^2$, $W \propto N^3$

47 송풍기 상사법칙과 관련이 없는 것은?

① 송풍량　　② 축동력
③ 회전수　　④ 덕트의 길이

해설 송풍기의 상사법칙은 송풍기의 회전수와 송풍기 총량, 송풍기 풍압, 송풍기 동력과의 관계이며 송풍기 성능 추정에 매우 중요한 법칙이다.

48 페인트 공장에 설치된 국소배기 장치의 풍량이 적정한지 타코미터를 이용하여 측정하고자 하였다. 설계 당시의 사양을 보니 풍량(Q)은 40 m³/min, 회전수는 1,120 rpm 이었으나 실제 측정하였더니 회전수가 1,000 rpm이었다. 이때 실제 풍량은?

① 20.4 m³/min　　② 22.6 m³/min
③ 26.3 m³/min　　④ 35.7 m³/min

해설 풍량은 회전수비에 비례한다. $\dfrac{Q_1}{Q_2} = \dfrac{N_1}{N_2}$

$\therefore Q_2 = Q_1 \times \left(\dfrac{N_2}{N_1}\right) = 40 \times \left(\dfrac{1,000}{1,120}\right) = 35.7\,m^3/min$

○ **타코미터(tachometer)**
엔진 축의 회전수(회전속도)를 지시하는 계량기, 측정기이며, 회전계의 일종이다. 계측 단위는 1분당 회전수를 나타내는 RPM(Revolution Per Minute)을 사용한다.

49 회전차 외경이 600 mm인 레이디얼 송풍기의 풍량 300 m³/min, 송풍기 풍압 60 mmH₂O, 축동력 0.70 kW이다. 회전차 외경 1,200 mm인 상사인 레이디얼 송풍기가 같은 회전수로 운전된다면 이 송풍기의 풍량은? (단, 모두 표준공기를 취급한다.)

① 600 m³/min
② 800 m³/min
③ 1,600 m³/min
④ 2,400 m³/min

 송풍기 풍압(전압)은 송풍기 회전날개 직경의 세제곱에 비례한다.

$\dfrac{Q_2}{Q_1} = \left(\dfrac{D_2}{D_1}\right)^3$ 에서 $Q_2 = Q_1 \times \left(\dfrac{D_2}{D_1}\right)^3 = 300 \times \left(\dfrac{1,200}{600}\right)^3 = 2,400\,\mathrm{m^3/min}$

50 회전차 외경이 600 mm인 레이디얼 송풍기의 풍량은 300 m³/min, 송풍기 전압은 60 mmH₂O, 축동력이 0.70 kW이다. 회전차 외경이 1,200 mm로 상사인 레이디얼 송풍기가 같은 회전수로 운전된다면 이 송풍기의 전압은?

① 540 mmH₂O
② 480 mmH₂O
③ 360 mmH₂O
④ 240 mmH₂O

 풍압은 회전차의 직경의 제곱에 비례한다.

$\dfrac{\mathrm{FTP}_2}{\mathrm{FTP}_1} = \left(\dfrac{D_2}{D_1}\right)^2$ 에서

$\mathrm{FTP}_2 = \mathrm{FTP}_1 \times \left(\dfrac{D_2}{D_1}\right)^2 = 60 \times \left(\dfrac{1,200}{600}\right)^2 = 240\,\mathrm{mmH_2O}$

51 회전차 외경이 600 mm인 레이디얼 송풍기의 풍량은 300 m³/min, 송풍기 전압은 60 mmH₂O, 축동력이 0.40 kW이다. 회전차 외경이 1,200 mm로 상사인 레이디얼 송풍기가 같은 회전수로 운전된다면 이 송풍기의 축동력은? (단, 두 경우 모두 표준공기를 취급한다.)

① 10.2 kW
② 12.8 kW
③ 14.4 kW
④ 16.6 kW

 동력은 송풍기 크기(회전차의 직경)의 오제곱에 비례한다.

$\dfrac{\mathrm{kW}_2}{\mathrm{kW}_1} = \left(\dfrac{D_2}{D_1}\right)^5$ 에서 $\mathrm{kW}_2 = \mathrm{kW}_1 \times \left(\dfrac{D_2}{D_1}\right)^5 = 0.4 \times \left(\dfrac{1,200}{600}\right)^5 = 12.8\,\mathrm{kW}$

정답 45 ③ 46 ① 47 ④ 48 ④ 49 ④ 50 ④ 51 ②

CHAPTER 3 출제 예상 문제

52 송풍량(Q)이 300 m³/min일 때 송풍기의 회전속도는 150 RPM이었다. 송풍량을 500 m³/min으로 확대시킬 경우 같은 송풍기의 회전속도는 대략 몇 RPM이 되는가? (단, 기타 조건은 같다고 가정함)

① 약 200 RPM ② 약 250 RPM
③ 약 300 RPM ④ 약 350 RPM

> RPM(revolution per minute) 분당회전수

해설 $\dfrac{Q_2}{Q_1} = \dfrac{RPM_2}{RPM_1}$ 에서 $RPM_2 = \dfrac{Q_2 \times RPM_1}{Q_1} = \dfrac{150 \times 500}{300} = 250\,RPM$

53 작업장에 설치된 국소배기장치의 제어속도를 증가시키기 위해 송풍기 날개의 회전수를 15 % 증가시켰다면 동력은 약 몇 % 증가할 것으로 예측되는가? (단, 기타 조건은 같다고 가정함)

① 약 41 % ② 약 52 %
③ 약 63 % ④ 약 74 %

해설 $\dfrac{kW_2}{kW_1} = \left(\dfrac{N_2}{N_1}\right)^3 = (1.15)^3 = 1.52$, 즉 52 % 증가

54 송풍기 배출구의 총합 정압은 20 mmH₂O이고, 흡입구의 총압 전압은 −90 mmH₂O이며 송풍기 전후의 속도압은 20 mmH₂O이다. 이 송풍기의 실효 정압(mmH₂O)은?

① −130 ② −110 ③ +130 ④ +110

해설 송풍기 정압 $FSP = (SP_{out} - TP_{in}) = [(20-(-90))] = 110\,mmH_2O$

55 흡입관의 정압과 속도압이 각각 −30.5 mmH₂O, 7.2 mmH₂O이고, 배출관의 정압과 속도압이 각각 20.0 mmH₂O, 15 mmH₂O이면, 송풍기의 유효전압은?

① 58.3 mmH₂O ② 64.2 mmH₂O
③ 72.3 mmH₂O ④ 81.1 mmH₂O

해설 송풍기 전압은 배출구 전압과 흡입구 전압의 차로 나타낸다.
∴ $FTP = (SP_{out} + VP_{out}) - (SP_{in} + VP_{in}) = (20+15) - (-30.5+7.2)$
$= 58.3\,mmH_2O$

56 유해물질을 제어하기 위해 작업장에 설치된 후드가 300 m³/min으로 환기되도록 송풍기를 설치하였다. 설치 초기 시 후드 정압은 50 mmH₂O였는데, 6개월 후에 후드 정압을 측정해 본 결과 절반으로 낮아졌다면 기타 조건에 변화가 없을 때 환기량은? (단, 상사법칙 적용)

① 환기량이 252 m³/min으로 감소하였다.
② 환기량이 212 m³/min으로 감소하였다.
③ 환기량이 150 m³/min으로 감소하였다.
④ 환기량이 125 m³/min으로 감소하였다.

해설 정압조절평형법에서 보정유량(Q_2)과 설계유량(Q_1)의 관계식

$$Q_2 = Q_1 \sqrt{\frac{SP_2}{SP_1}} = 300 \times \sqrt{\frac{25}{50}} = 212.13 \, m^3/min$$

57 21 ℃의 기체를 취급하는 어떤 송풍기의 송풍량이 20 m³/min일 때, 이 송풍기가 동일한 조건에서 50 ℃의 기체를 취급한다면 송풍량은 몇 m³/min인가?

① 10   ② 15
③ 20   ④ 25

해설
- 동일 송풍기로 운전되므로 풍량은 온도의 변화와 무관하다.
  ∴ $Q_1 = Q_2 = 20 \, m^3/min$
- 송풍기의 정압과 축동력은 절대온도에 반비례한다.
  $FTP_2 = FTP_1 \times \left(\frac{T_1}{T_2}\right)$, $kW_2 = kW_1 \times \left(\frac{T_1}{T_2}\right)$

58 흡입관의 정압과 속도압이 각각 −30.5 mmH₂O, 7.2 mmH₂O, 배출관의 정압과 속도압이 각각 23.0 mmH₂O, 15 mmH₂O이면, 송풍기의 유효정압은?

① 26.1 mmH₂O   ② 33.2 mmH₂O
③ 46.3 mmH₂O   ④ 58.4 mmH₂O

해설 송풍기 정압은 송풍기 전압과 배출구의 속도압 차로 나타낸다.
$FSP = FTP - VP_{out} = (SP_{out} - SP_{in}) + (VP_{out} - VP_{in}) - VP_{out}$
$= (SP_{out} - SP_{in}) - VP_{in} = [23 - (-30.5)] - 7.2 = 46.3 \, mmH_2O$

정답 52 ② 53 ② 54 ④ 55 ① 56 ② 57 ③ 58 ③

CHAPTER 3 출제 예상 문제

59 송풍기를 직렬로 연결하여 사용하는 경우로 옳은 것은?
① 24시간 생산체제로 운전할 때
② 1대의 대형 송풍기를 사용할 수 없어 분할이 필요한 경우
③ 송풍기 정압이 1대의 송풍기로 얻을 수 있는 정압보다 더 필요한 경우
④ 송풍기가 고장이 나더라도 어느 정도의 송풍량을 확보할 필요가 있는 경우

해설 송풍기 정압이 1대의 송풍기로 얻을 수 있는 정압보다 더 필요한 경우 송풍기를 직렬로 연결한다.

60 국소배기장치의 설치 및 에너지 비용 절감을 위해 가장 우선적으로 검토하여야 할 것은?
① 재료비 절감을 위해 덕트 직경을 가능한 줄인다.
② 후드 개구면적을 가능한 넓혀서 개방형으로 설치한다.
③ 송풍기 운전비 절감을 위해 댐퍼로 배기 유량을 줄인다.
④ 후드를 오염물질 발생원에 최대한 근접시켜 필요송풍량을 줄인다.

해설 필요송풍량을 최대한 줄이는 것이 에너지 비용 절감(전력비)에 최우선 과제이다.

04 공기정화장치

01 기정화장치인 집진장치의 선정 및 설계에 영향을 미치는 인자로 옳지 않은 것은?
① 오염물질의 회수율
② 요구되는 집진 효율
③ 오염물질의 함진농도와 입경
④ 처리가스의 흐름 특성과 용량 및 온도

해설 오염물질 회수율은 집진장치 선정 및 설계에 영향을 미치지 않는다.

학습 POINT

입자상물질의 1차처리 장치인 중력집진장치, 원심력집진장치와 고도처리장치인 여과집진장치, 세정집진장치, 전기집진장치에 대한 원리, 효율을 구하는 문제를 중점적으로 학습하고 유해가스 처리방법인 흡수법 및 흡착법에 대해 충분히 암기하도록 한다.

02 집진장치의 선정 시 반드시 고려해야 할 사항으로 옳지 않은 것은?

① 집진 효율
② 오염물질의 회수율
③ 오염물질의 농도 및 입자의 크기
④ 총에너지 요구량

해설 집진장치 선정 시 고려사항으로 오염물질 회수율은 관련이 없다.

03 고농도의 분진이 발생되는 작업장에서는 후드로 유입된 공기가 공기정화장치로 유입되기 전에 입경과 비중이 큰 입자를 제거할 수 있도록 전처리 장치를 둔다. 전처리를 위한 집진기는 일반적으로 효율이 비교적 낮은 것을 사용하는 데, 전처리장치로 적합하지 않는 것은?

① 중력 집진기
② 원심력 집진기
③ 관성력 집진기
④ 여과 집진기

해설 전처리집진장치: 중력집진기, 관성력집진기, 원심력집진기

04 입자상 물질을 처리하기 위한 공기정화장치로 옳지 않은 것은?

① 사이클론
② 중력집진장치
③ 여과집진장치
④ 촉매산화에 의한 연소장치

해설
- 촉매산화에 의한 연소장치는 가연성 유해가스 처리장치이다.
- 입자상 물질 처리장치: 중력집진기(settling chamber), 관성력집진기, 원심력집진기(cyclone), 여과집진장치(bag filter), 세정집진장치(scrubber), 전기집진장치

05 처리입경(μm)이 가장 작은 집진장치는?

① 중력집진장치
② 세정집진장치
③ 전기집진장치
④ 원심력집진장치

해설 전기집진장치는 집진장치 중 가장 작은 입자인 0.01 ~ 0.1 μm 이하의 입경을 처리 효율 99 % 이상 처리가능하다.

정답 59 ③ 60 ④ 01 ① 02 ② 03 ④ 04 ④ 05 ③

CHAPTER 3 출제 예상 문제

06 입자의 침강속도에 대한 설명으로 옳지 않은 것은? (단, 스토크스 식을 기준으로 한다.)

① 중력가속도에 비례한다.
② 입자직경의 제곱에 비례한다.
③ 공기의 점성계수에 반비례한다.
④ 공기와 입자 사이의 밀도차에 반비례한다.

해설
- Stokes 법칙(종말침강속도식): $v = \dfrac{(\rho_p - \rho_o) \times g \times d^2}{18\mu}$. 여기서 ρ_p: 입자의 밀도, ρ_o: 공기의 밀도, g: 중력가속도, d: 입자의 직경, μ: 공기의 점성계수이다. 즉, 입자의 침강속도는 공기와 입자 사이의 밀도차에 비례한다.
- Lippmann의 식: 스토크스 식에 입자의 비중(ρ), 입경(d, μm)을 대입하고 단위를 cm/s로 하면
  $v = 0.003 \times \rho \times d^2$ [cm/s]이 된다.

07 80 μm인 분진 입자를 중력 침강실에서 처리하려고 한다. 입자의 밀도는 2 g/cm³, 가스의 밀도는 1.2 kg/m³, 가스의 점성계수는 2.0 × 10⁻³ g/cm·s일 때 침강속도는? (단, Stokes 식 적용)

① 3.49×10^{-3} m/s
② 3.49×10^{-2} m/s
③ 4.49×10^{-3} m/s
④ 4.49×10^{-2} m/s

해설
침강속도 $v_s = \dfrac{d_p^2 (\rho_p - \rho) g}{18\mu}$
$= \dfrac{(80 \times 10^{-6})^2 \times (2{,}000 - 1.2) \times 9.8}{18 \times 2.0 \times 10^{-4}} = 0.0348 \, \text{m/s}$

08 관성력 집진장치에 관한 설명으로 옳지 않은 것은?

① 충돌 전의 처리가스 속도를 적당히 빠르게 하면 미세입자를 포집할 수 있다.
② 처리 후의 출구가스 속도가 느릴수록 미세입자를 포집할 수 있다.
③ 기류의 방향 전환 각도가 작을수록 압력손실이 적어져 제진 효율이 높아진다.
④ 기류의 방향 전환 횟수가 많을수록 압력손실은 증가한다.

해설 기류의 방향 전환 각도가 클수록 압력손실이 적어져 제진 효율이 높아진다.

09 중력집진장치에서 집진 효율을 향상시키는 방법으로 옳지 않은 것은?

① 침강높이를 높게 한다.
② 수평도달거리를 길게 한다.
③ 처리가스 배기속도를 적게 한다.
④ 침강실 내의 배기기류를 균일하게 한다.

해설 중력집진장치에서 집진 효율을 향상시키기 위해서는 침강높이를 낮게 한다.

10 관성력 집진기에 관한 설명으로 옳지 않은 것은?

① 집진 효율을 높이기 위해서는 압력손실이 증가하더라도 기류의 방향 전환 횟수를 늘린다.
② 관성력 집진기는 미세한 입자보다는 입경이 큰 입자를 제거하는 전처리용으로 많이 허용된다.
③ 집진 효율을 높이기 위해서는 충돌 후 집진기 후단의 출구기류 속도를 가능한 한 높여야 한다.
④ 집진 효율을 높이기 위해서는 충돌 전 처리배기속도는 입자의 성상에 따라 적당히 빠르게 한다.

해설 관성력집진기의 집진 효율을 높이기 위해서는 충돌 후 집진기 후단의 출구기류 속도를 가능한 한 적게 하여야 한다.

11 사이클론 집진장치의 블로우 다운에 대한 설명으로 옳은 것은?

① 유효 원심력을 감소시켜 선회기류의 흐트러짐을 방지한다.
② 관 내 분진부착으로 인한 장치의 폐쇄현상을 방지한다.
③ 처리배기량의 50 % 정도가 재유입되는 현상이다.
④ 부분적 난류 증가로 집진된 입자가 재비산 된다.

해설 블로우 다운(blow-down) : 사이클론 집진장치의 집진 효율을 향상시키기 위한 방법으로 호퍼부에서 처리가스의 5 ~ 10 %를 흡입하여 선회기류의 교란을 방지하는 운전방식으로 그 효과는 다음과 같다.
㉠ 사이클론 내 난류현상을 억제. 즉 유효원심력을 증대시켜 집진된 먼지의 비산을 방지한다.
㉡ 장치 내부의 분진부착으로 인한 장치의 폐쇄현상. 즉 가교현상을 방지한다.
㉢ 결과적으로 집진 효율을 증대시킨다.

정답 06 ④ 07 ② 08 ③ 09 ① 10 ③ 11 ②

CHAPTER 3 출제 예상 문제

12 공기정화장치인 사이클론에 대한 점검사항으로 옳지 않은 것은?

① 원추 하부에 분진이 퇴적되어 있는가?
② 세정수는 규정량을 분출하고 있는가?
③ 내부에 역류를 일으키는 돌기나 요철이 있는가?
④ 외부 상동 및 원추 하부에 마모로 인한 구멍이 발생하였는가?

해설 '세정수는 규정량을 분출하고 있는가'라는 질문은 세정집진장치에 대한 점검사항이다.

13 사이클론에서 절단입경(cut-size)의 의미로 옳은 것은?

① 95 % 이상의 처리효율로 제거되는 입자의 입경
② 75 %의 처리효율로 제거되는 입자의 입경
③ 50 %의 처리효율로 제거되는 입자의 입경
④ 25 %의 처리효율로 제거되는 입자의 입경

해설 절단입경(cut-size): cyclone에서 50 % 처리효율로 제거되는 입경($d_{p.cut}$ 또는 $d_{p.50\%}$)

14 사이클론 집진장치에서 입구의 유입유속의 범위로 옳은 것은?

① 1.4 ~ 3.0 m/s
② 3.0 ~ 7.0 m/s
③ 7.0 ~ 15.0 m/s
④ 15.0 ~ 25.0 m/s

해설 사이클론 접선유입식의 접선 방향으로 유입되는 유입속도는 7.0 ~ 15.0 m/s(대략 10 m/s)이고, 압력손실은 100 mmH$_2$O 정도이다.

15 원심력 집진장치인 사이클론에 관한 설명 중 옳지 않은 것은?

① 비교적 적은 비용으로 제진이 가능하다.
② 가동부분이 많은 것이 기계적인 특징이다.
③ 함진가스에 선회류를 일으키는 원심력을 이용한다.
④ 원심력과 중력을 동시에 이용하기 때문에 입경이 크면 효율적이다.

해설 원심력집진장치는 가동 부분이 적어 구조가 간단하고 유지·보수 비용이 저렴하다.

16 분진을 제거하기 위해 사용되는 사이클론에 관한 설명으로 옳지 않은 것은?

① 주로 원심력이 작용한다.
② 관내경이 작을수록 효율이 좋다.
③ 성능에 큰 영향을 미치는 것은 사이클론의 직경이다.
④ 유입구의 공기속도가 빠를수록 분진 제거효율은 나빠진다.

해설 유입구의 공기속도가 빠를수록 분진 제거효율은 증가하나 압력손실이 상승한다.

17 원심력 집진장치(사이클론)에 대한 설명 중 옳지 않은 것은?

① 입자 입경과 밀도가 클수록 집진율이 증가한다.
② 사이클론의 원통의 직경이 클수록 집진율이 감소한다.
③ 집진된 입자에 대한 블로다운 영향을 최소화하여야 한다.
④ 사이클론 원통의 길이가 길어지면 선회류 수가 증가하여 집진율이 증가한다.

해설 집진된 입자에 대한 블로우 다운 영향을 최대화하여야 한다.

18 원심력(사이클론) 집진장치의 장점으로 옳지 않은 것은?

① 점성 분진에 특히 효과적인 제거능력을 가지고 있다.
② 직렬 또는 병렬로 연결하면 사용 폭을 보다 넓힐 수 있다.
③ 비교적 적은 비용으로 큰 입자를 효과적으로 제거할 수 있다.
④ 고온가스, 고농도 가스 처리도 가능하며 설치장소에 구애를 받지 않는다.

해설 원심력집진장치는 점착성, 마모성, 부식성 가스에는 부적합하다.

19 여과집진장치의 장점으로 옳지 않은 것은?

① 다양한 용량을 처리할 수 있다.
② 고온 및 부식성 물질의 포집이 가능하다.
③ 여러 가지 형태의 분진을 포집할 수 있다.
④ 가스의 양이나 밀도의 변화에 의해 영향을 받지 않는다.

해설 여과집진장치에서 고온 및 부식성 물질은 여과백의 수명을 단축시킨다.

정답 12 ② 13 ③ 14 ③ 15 ② 16 ④ 17 ③ 18 ① 19 ②

3 출제 예상 문제

20 공기정화장치의 한 종류인 원심력 집진장치의 분리계수(separation factor)에 대한 설명으로 옳지 않은 것은?

① 분리계수는 중력가속도와 반비례한다.
② 분리계수는 입자의 접속방향속도에 반비례한다.
③ 분리계수는 사이클론의 원추하부 반경에 반비례한다.
④ 사이클론에서 입자에 작용하는 원심력을 중력으로 나눈 값을 분리계수라 한다.

해설
- 분리계수는 입자의 접속방향속도의 제곱에 비례한다.
- 분리계수(separation factor): 사이클론이 잠재적인 효율(분리능력)을 나타내는 지표로 이 값이 클수록 분리효율이 좋다.

  분리계수 = $\dfrac{\text{원심력}}{\text{중력}} = \dfrac{V^2}{R \times g}$, 여기서, V: 입자의 접선방향속도, R: 입자의 회전반경, g: 중력가속도

21 1 μm 이상 분진의 포집은 99 %가 관성충돌과 직접차단에 의하여 이루어지고, 0.1 μm 이하의 분진은 확산과 정전기력에 의하여 포집되는 집진장치로 옳은 것은?

① 관성력집진장치
② 원심력집진장치
③ 세정집진장치
④ 여과집진장치

해설 여과집진장치는 함진가스를 여과재에 통과시켜 입자를 분리, 포집하는 장치로서 1 μm 이상 분진의 포집은 99 %가 관성충돌과 직접차단에 의하여 이루어지고, 0.1 μm 이하의 분진은 확산과 정전기력에 의하여 포집한다.

22 입자상 물질을 처리하기 위한 장치 중 압력손실은 비교적 크나 고효율 집진이 가능하며, 직접차단, 관성충돌, 확산, 중력침강 및 정전기력 등이 복합적으로 작용하는 것은?

① 관성력집진장치　　② 원심력집진장치
③ 여과집진장치　　　④ 전기집진장치

해설 입자의 포집원리가 직접차단, 관성충돌, 확산, 중력침강 및 정전기력 등이 복합적으로 작용하는 것은 여과집진장치이다.

23 다음 보기에서 여과집진장치의 장점만을 고른 것은?

> a. 다양한 용량(송풍량)을 처리할 수 있다.
> b. 습한 가스처리에 효율적이다.
> c. 미세입자에 대한 집진 효율이 비교적 높은 편이다.
> d. 여과재는 고온 및 부식성 물질에 손상되지 않는다.

① a, b
② a, c
③ c, d
④ b, d

해설 여과집진장치의 장점
㉠ 집진 효율이 높으며 처리가스의 양과 밀도 변화에 대한 영향이 적다.
㉡ 다양한 용량의 처리가 가능하다.
㉢ 건식공정으로 포집먼지의 처리가 용이하다.
㉣ 여과재에 표면처리를 하여 가스상 물질을 처리할 수도 있다.
㉤ 설치 적용 범위가 광범위하다.
㉥ 탈진방법과 여과재 사용에 따른 설계상의 융통성이 있다.

24 유량이 600 m³/min인 배출가스 중의 분진을 2 m/min의 여과속도로 bag filter에서 처리하고자 할 때 필요한 여포집진기의 면적은?

① 100 m²
② 200 m²
③ 300 m²
④ 400 m²

해설 여과면적: $A_f = \dfrac{Q}{V} = \dfrac{600}{2} = 300\,\text{m}^2$

25 세정집진장치의 입자 포집원리를 설명한 것으로 옳지 않은 것은?

① 액적에 입자가 충돌하여 부착된다.
② 액막 맺 기포에 입자가 접촉 부착한다.
③ 입자를 핵으로 한 증기의 응결에 따라서 응집성을 촉진한다.
④ 분진을 함유한 가스를 선회운동시켜서 입자가 원심력을 갖게 한다.

해설 분진을 함유한 가스를 선회운동시켜서 입자가 원심력을 갖게 하는 집진장치는 원심력 집진장치이다.

CHAPTER 3 출제 예상 문제

26 세정집진 장치의 종류로 옳지 않은 것은?

① 유수식
② 가압수식
③ 충진탑식
④ 역기류식

해설 세정 집진장치는 일명 스크러버(scrubber)라고도 부르며 입자상 및 가스상 물질을 동시에 처리하는 데 많이 사용된다. 종류로는 가압수식(벤튜리스크러버, 제트스크러버, 사이클론스크러버 등)과 유수식(S-임펠라형, 로타형, 분수형, 나선 안내익형 등)과 충진탑식이 있다.

27 세정식 집진장치에 관한 설명으로 옳지 않은 것은?

① 비교적 큰 입자상 물질의 처리에 사용한다.
② 포집된 분진은 오염되지 않고, 회수가 용이하다.
③ 단일 장치로 분진 포집 및 가스 흡수가 동시에 가능하다.
④ 미스트를 처리할 수 있으며, 포집 효율을 변화시킬 수 있다.

해설 포집된 분진은 세정수에 씻겨져 폐수로 나가기 때문에 회수가 거의 불가능하다.

28 세정집진장치 중 물을 가압·공급하여 함진배기를 세정하는 방법으로 옳지 않은 것은?

① 충진탑
② 벤튜리 스크러버
③ 임펠러형 스크러버
④ 분무탑

해설 세정집진장치
- 가압수식 세정장치: 벤튜리스크러버, 제트스크러버, 사이클론스크러버, 충진탑, 분무탑
- 유수식 세정장치: 임펠러형 스크러버, 나선 안내익형, 로타형, 분수형

29 세정집진 장치의 효율을 향상시키기 위한 방안으로 옳지 않은 것은?

① 체류시간을 길게 한다.
② 분무되는 물방울의 입경을 작게 한다.
③ 충진제의 표면적과 충진 밀도를 크게 한다.
④ 충진탑은 공탑 내의 배기속도를 크게 한다.

해설 세정집진장치의 효율을 향상시키기 위해서는 충진탑의 공탑 내의 배기속도를 적게 한다.

30 다음 설명에 해당하는 집진장치로 옳은 것은?

- 고온 가스의 처리가 가능하다.
- 가연성 입자의 처리가 곤란하다.
- 넓은 범위의 입경과 분진 농도에 집진 효율이 높다.
- 초기 설비비가 많이 들고, 넓은 설치 공간이 요구된다.

① 여과집진장치 ② 벤튜리스크러버
③ 원심력집진장치 ④ 전기집진장치

해설 전기집진장치의 장단점
㉠ 고온 가스를 처리할 수 있어 보일러와 철강로 등에 설치할 수 있다.
㉡ 압력손실이 낮아 송풍기 가동비용이 저렴하다.
㉢ 넓은 범위의 입경과 분진 농도에 집진 효율이 높다.
㉣ 운전 및 유지비가 싸다.
㉤ 초기 설비비가 많이 들고, 넓은 설치 공간이 요구된다.
㉥ 폭발하기 쉬운 가연성 입자의 처리가 곤란하다.

31 전기집진장치(ESP, Electro Static Precipitator)의 장점으로 옳지 않은 것은?

① 고온 가스의 처리가 가능하다.
② 압력손실이 낮고 대용량의 가스를 처리할 수 있다.
③ 설치면적이 적고, 기체상의 오염물질의 포집에 용이하다.
④ 0.01 μm 정도의 미세 입자의 포집이 가능하여 높은 집진 효율을 얻을 수 있다.

해설 전기집진장치는 설치면적이 크고, 기체상의 오염물질의 채취가 어렵다.

32 전기집진장치에 대한 설명으로 옳지 않은 것은?

① 운전 및 유지비가 저렴하다.
② 기체상의 오염물질을 포집하는 데 매우 유리하다.
③ 넓은 범위의 입경과 분진 농도에 집진 효율이 높다.
④ 초기 설치비가 많이 들고, 넓은 설치공간이 요구된다.

해설 전기집진장치는 기체상의 오염물질의 채취가 어렵다.

정답 26 ④ 27 ② 28 ③ 29 ④ 30 ④ 31 ③ 32 ②

CHAPTER 3 출제 예상 문제

33 전기집진기(ESP, Electro Static Precipitator)의 장점으로 옳지 않은 것은?

① 좁은 공간에서도 설치가 가능하다.
② 보일러와 철강로 등에 설치할 수 있다.
③ 약 500 ℃ 전후 고온의 입자상 물질도 처리가 가능하다.
④ 넓은 범위의 입경과 분진의 농도에서 집진 효율이 높다.

해설 전기집진장치는 설치면적이 크다는 단점이 있다.

34 전기집진기의 장점에 관한 설명으로 옳지 않은 것은?

① 가연성 입자의 처리가 용이하다.
② 회수가치성이 있는 입자 포집이 가능하다.
③ 낮은 압력손실로 대량의 가스를 처리 할 수 있다.
④ 고온의 가스를 처리할 수 있어 보일러와 철강로 등에 설치할 수 있다.

해설 전기집진기는 가연성 입자의 처리가 어렵다는 단점이 있다.

35 전기집진장치의 전기집진 과정을 옳게 나열한 것은?

> ㉠ 집진극으로부터의 분진 입자의 제거
> ㉡ 포집된 분진입자의 전하 상실 및 중성화
> ㉢ 함진가스의 이온화
> ㉣ 분진 입자의 집진극으로의 이동 및 포집
> ㉤ 분진 입자의 대전

① ㉢ → ㉤ → ㉣ → ㉡ → ㉠
② ㉣ → ㉡ → ㉢ → ㉠ → ㉤
③ ㉤ → ㉢ → ㉠ → ㉣ → ㉡
④ ㉤ → ㉢ → ㉡ → ㉣ → ㉠

해설 전기집진장치의 집진과정: 방전극에 의한 함진가스의 이온화 → 입자의 대전 → 대전된 입자의 집진극 이동 → 포집 입자의 전하상실 → 집진극으로부터 입자 제거

36 0.01 μm 정도의 미세분진까지 처리할 수 있는 집진기로 옳은 것은?

① 중력집진기   ② 전기집진기
③ 세정식집진기   ④ 원심력집진기

해설 0.01 μm 정도의 미세분진까지 처리할 수 있는 집진기는 전기집진장치이다.

37 처리입경(μm)이 가장 작은 집진장치는?

① 중력집진장치   ② 세정집진장치
③ 전기집진장치   ④ 원심력집진장치

해설 전기집진(0.05~20 μm), 여과집진, 세정집진(0.1~100 μm), 원심력(3~100 μm), 관성력(10~100 μm), 중력(50~1,000 μm)

참고 각종 집진장치에 따른 특성 비교

종류	처리입경 (μm)	압력손실 (mmH₂O)	집진율 (%)	설치비용	운전 관리비용
중력집진	50~1,000	10~15	40~60	저	저
관성력집진	10~100	30~70	50~70	저	저
원심력집진	3~100	50~150	85~95	중	중
세정집진	0.1~100	30~300	80~95	중	고
여과집진	0.1~20	100~200	90~99	중 이상	중 이상
전기집진	0.05~20	10~20	80~99.9	고	저~중

38 2개의 집진장치를 직렬로 연결하였다. 집진 효율이 70 %인 사이클론을 전처리장치로 사용하고 전기집진장치를 후처리 장치로 사용하였을 때 총집진 효율이 95 %라면, 전기집진장치의 집진 효율은?

① 83.3 %   ② 87.3 %
③ 90.3 %   ④ 92.3 %

해설 총집진 효율 $\eta_T = \eta_1 + \eta_2(1-\eta_1)$ 에서 $0.95 = 0.7 + \eta_2(1-0.7)$
∴ $\eta_2 = 83.3\%$

정답 33 ① 34 ① 35 ① 36 ② 37 ③ 38 ①

CHAPTER 3 출제 예상 문제

39 가스(Gas)를 제거하는 데 사용되는 충진탑(Packed tower)은 주로 어떤 원리를 이용하여 가스를 제거하는가?

① 원심법　　② 응축법
③ 재연소법　④ 흡수법

[해설] 가스를 제거하는 데 사용되는 충진탑은 가스와 흡수액을 접촉시켜 흡수액에 대한 가스의 용해도를 높여주는 흡수법을 원리로 한다.

40 유해가스 처리 제거기술 중 가스의 용해도와 관계가 가장 깊은 것은?

① 희석제거법　　② 흡착제거법
③ 연소제거법　　④ 흡수제거법

[해설] 흡수법의 원리: 유해가스가 액상에 용해되거나 화학적으로 반응하는 성질을 이용하여 주로 수용액을 사용하여 물에 대한 가스의 용해도가 중요한 요인이다.

41 흡착제 중에서 현재 가장 많이 사용하고 있으며, 비극성의 유기용제를 제거하는 데 유용한 것은?

① 활성탄　　　② 활성알루미나
③ 실리카 젤　④ 합성제올라이트

[해설] 비극성의 유기용제 제거: 활성탄, 극성의 유기용제 제거: 실리카 젤

42 유해가스의 처리방법에 있어 연소에 의한 처리방법의 장점으로 옳지 않은 것은?

① 폐열을 회수하여 이용할 수 있다.
② 시설투자비와 유지관리비가 적게 든다.
③ 배기가스의 유량과 농도의 변화에 잘 적용할 수 있다.
④ 가스연소장치의 설계 및 운전 조절을 통해 유해가스를 거의 완전히 제거할 수 있다.

[해설] 유해가스를 연소에 의한 처리를 할 경우 시설투자비와 유지관리비가 많이 든다.

43 일반적으로 사용하고 있는 흡착탑 점검을 위하여 압력계를 이용하여 흡착탑 차압을 측정하고자 한다. 차압의 측정방법과 측정범위로 옳은 것은?

①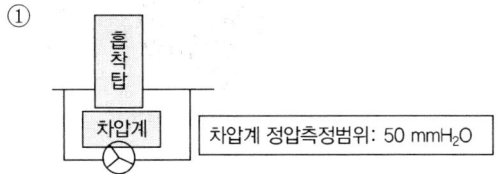

②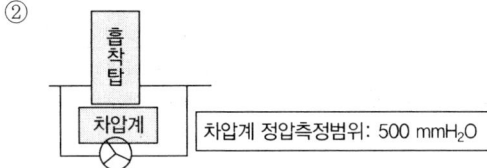

③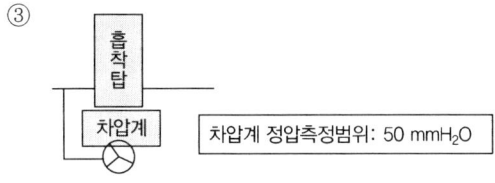

④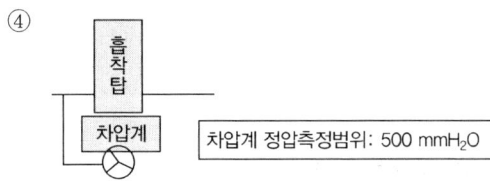

해설 차압계의 정압측정 범위는 500 mmH₂O까지 측정되어야 하고, 차압계는 흡착탑 전·후 덕트에 연결되어야 한다.

44 B 사업장의 도장 부스에서 발생된 유기용제 증기를 처리하기 위한 공기정화장치로 옳은 것은?

① 흡착탑　　　　　② 전기집진기
③ 여과집진기　　　④ 원심력집진기

해설 페인팅 작업 시 부스 안에 발생된 유기용제 제거는 활성탄을 사용한 흡착탑으로 해야 한다.

정답 39 ④ 40 ④ 41 ① 42 ② 43 ② 44 ①

CHAPTER 4 환기 시스템

출제 예상 문제

01 성능검사 및 유지관리

학습 POINT
국소배기장치의 성능 불량원인과 검사 시 사용하는 장비, 공기공급 시스템에 대한 내용을 위주로 학습한다.

01 분진이 발생되는 공정에서 국소배기시설의 계통도(배열순서)로 옳은 것은?

① 후드 → 공기정화장치 → 덕트 → 송풍기 → 배기구
② 후드 → 덕트 → 공기정화장치 → 송풍기 → 배기구
③ 후드 → 송풍기 → 공기정화장치 → 덕트 → 배기구
④ 후드 → 덕트 → 송풍기 → 공기정화장치 → 배기구

해설 국소배기장치의 계통도는 후드(hood) → 덕트(duct, 송풍관) → 공기정화장치(air cleaner) → 송풍기(fan) → 배기구(exhaust vent, 배출구) 순으로 구성되어 있다.

02 국소배기장치의 기본설계를 위한 항목에 있어 가장 우선적으로 결정해야 할 항목은 무엇인가?

① 후드형식 선정   ② 소요풍량 계산
③ 반송속도 결정   ④ 제어속도 결정

해설 후드의 선정 및 필요환기량 계산(후드형식 선정, 제어속도 결정, 후드의 크기 결정, 필요송풍량 계산)

03 국소배기장치 중 후드와 관련된 설계 순서로 옳은 것은?

① 소요풍량 계산 → 후드형식 선정 → 제어속도 결정
② 제어속도 결정 → 소요풍량 계산 → 후드형식 선정
③ 후드형식 선정 → 제어속도 결정 → 소요풍량 계산
④ 후드형식 선정 → 소요풍량 계산 → 제어속도 결정

해설 후드의 선정 및 필요환기량 계산(후드 형식 선정, 제어속도 결정, 필요송풍량 계산)

04 다음 [보기]를 이용하여 일반적인 국소배기장치의 설계 순서를 옳게 나열한 것은?

┌───┐
│ ㉠ 총압력손실의 계산   ㉡ 제어속도의 결정 │
│ ㉢ 필요송풍량 계산   ㉣ 덕트 직경의 산출 │
│ ㉤ 공기정화기의 선정   ㉥ 후드의 형식 선정 │
└───┘

① ㉥ → ㉡ → ㉢ → ㉣ → ㉤ → ㉠
② ㉡ → ㉢ → ㉠ → ㉣ → ㉤ → ㉥
③ ㉢ → ㉡ → ㉣ → ㉠ → ㉥ → ㉤
④ ㉥ → ㉢ → ㉡ → ㉠ → ㉣ → ㉤

해설 국소배기장치의 설계순서
㉠ 설계에 필요한 정보 수집
㉡ 공기정화장치 설치 여부의 결정
㉢ 덕트 재질 선정
㉣ 덕트 배치
㉤ 후드의 선정 및 필요환기량 계산(후드 형식 선정, 제어속도 결정, 후드의 크기 결정, 필요송풍량 계산)
㉥ 설계계산 및 덕트 크기 및 송풍기 사양 결정(반송속도 결정, 덕트 직경 산출, 공기정화기 선정, 총압력손실 계산)
㉦ 국소배기장치 설치(배관의 배치, 설치장소 결정) 순으로 진행된다.

05 국소배기장치가 설치된 현장에서 가장 적합한 상황에 해당하는 것은?

① 최종 배출구가 작업장 내에 있다.
② 사용하지 않는 후드는 댐퍼로 차단되어 있다.
③ 여름철 작업장 내에 대형 선풍기로 작업자에게 바람을 불어주고 있다.
④ 증기가 발생하는 도장 작업지점에는 여과식 공기정화장치가 설치되어 있다.

해설 ①, ③, ④는 국소배기장치가 설치된 현장에서 있어서는 안 되는 상황이다. 즉, 최종 배출구가 작업장 외부에 있어야 하고, 증기가 발생하는 도장 작업지점에는 세정집진장치가 설치되어 있어야 하며, 여름철 작업장 내에 대형 선풍기로 작업자에게 바람을 불어주면 후드 내로 흡입되는 오염물질에 대한 방해기류가 형성되어 국소배기장치의 효율이 저하된다.

정답 01 ② 02 ① 03 ③ 04 ① 05 ②

CHAPTER 4 출제 예상 문제

06 일반적으로 국소배기장치의 기본 설계를 위한 다음 제시된 과정 중 가장 먼저 실시하여야 하는 것은?

① 제어속도 결정
② 반송속도 결정
③ 후드의 크기 결정
④ 배관의 배치와 설치장소 결정

해설 제어속도가 결정되고 후드의 크기가 결정되어야 한다.

07 국소배기장치에 관한 주의사항으로 옳지 않은 것은?

① 유독물질의 경우에는 굴뚝에 흡입장치를 보강할 것
② 흡입되는 공기가 근로자의 호흡기를 거치지 않도록 할 것
③ 배기관은 유해물질이 발산하는 부위의 공기를 모두 흡입할 수 있는 성능을 갖출 것
④ 먼지를 제거할 때에는 공기속도를 조절하여 배기관 안에서 먼지가 일어나도록 할 것

해설 먼지를 제거할 때에는 공기속도를 조절하여 배기관 안에서 먼지가 재비산되지 않도록 한다.

08 국소배기장치의 투자비용과 전력소모비를 적게 하기 위하여 최우선으로 고려하여야 할 사항은 무엇인가?

① 제어속도를 최대한 증가시킨다.
② 후드의 필요송풍량을 최소화한다.
③ 덕트의 직경을 최대한 크게 한다.
④ 배기량을 많게 하기 위해 발생원과 후드 사이의 거리를 가능한 한 멀게 유지한다.

해설 국소배기장치의 에너지 비용 절감을 위해 최우선으로 고려하여야 할 사항은 후드의 필요송풍량을 최소화하는 것이다.

09 배출구의 배기시설에 대한 일반적인 설치 방법에 있어 "15-3-15" 중 "3"이 의미하는 내용으로 옳은 것은?

① 외기 풍속의 3배로
② 배기속도는 3 m/s가 되도록
③ 유입구로부터 3 m 떨어지게
④ 이웃하는 지붕보다 3 m 높게

> **해설** 배기구 설치 시 '15-3-15'의 규칙
> - 15: 배출구와 공기를 유입하는 흡입구는 서로 15 m 이상 떨어져야 한다.
> - 3: 배출구의 높이는 지붕 꼭대기나 공기 유입구보다 위로 3 m 이상 높게 하여야 한다.
> - 15: 배출되는 공기는 재유입되지 않도록 배출가스 속도를 15 m/s 이상으로 유지한다.

10 국소배기 시스템에 설치된 충만실(plenum chamber)에 있어 가장 우선적으로 높여야 하는 효율의 종류는?
① 정압 효율
② 집진 효율
③ 정화 효율
④ 배기 효율

> **해설** 국소배기 시스템에 설치된 충만실(plenum chamber)은 후드 뒷부분에 위치하며 흡입유속을 작게 하여 일정하게 되므로 압력과 공기 흐름을 균일하게 형성하는 데 필요한 장치로 충만실에 있어 가장 우선적으로 높여야 하는 효율은 배기효율이다.

11 국소배기장치의 설계 시 후드의 성능을 유지하기 위한 방법으로 옳지 않은 것은?
① 제어속도의 유지
② 송풍기 용량의 확보
③ 주위의 방해기류 제어
④ 후드의 개구면적 최대화

> **해설** 국소배기장치의 설계 시 후드의 성능을 유지하기 위한 방법으로 후드의 개구면적 최소화하여 필요송풍량을 가급적 적게 한다.

12 국소배기시설의 투자비용과 운전비를 적게 하기 위한 조건으로 옳은 것은?
① 제어속도 증가
② 필요송풍량 감소
③ 후드개구면적 증가
④ 발생원과의 원거리 유지

> **해설** 국소배기시설의 투자비용과 운전비는 필요송풍량과와 압력손실에 비례하므로 필요송풍량 감소시키는 것이 좋다.

정답 06 ① 07 ④ 08 ② 09 ④ 10 ④ 11 ④ 12 ②

13 덕트 설치 시 고려사항으로 옳지 않은 것은?

① 가급적 원형 덕트를 사용하는 것이 좋다.
② 덕트 연결 부위는 용접하지 않는 것이 좋다.
③ 덕트와 송풍기 연결 부위는 진동을 고려하여 유연한 재질로 한다.
④ 수분이 응축될 경우 덕트 내로 들어가지 않도록 하며 경사나 배수구를 마련한다.

해설 덕트 연결 부위는 용접하여 공기의 흐름을 원활하게 하는 것이 좋다.

14 국소배기장치를 반드시 설치해야 하는 경우로 옳지 않은 것은?

① 발생원이 주로 이동하는 경우
② 유해물질의 발생량이 많은 경우
③ 법적으로 국소배기장치를 설치해야 하는 경우
④ 근로자의 작업 위치가 유해물질 발생원에 근접해 있는 경우

해설 발생원이 주로 이동하는 경우는 전체환기를 설치해야 한다.

15 후드의 성능불량 원인으로 옳지 않은 경우는?

① 제어속도가 너무 큰 경우
② 송풍기의 용량이 부족한 경우
③ 후드 주변에 심한 난기류가 형성된 경우
④ 송풍관 내부에 분진이 과다하게 퇴적된 경우

해설 제어속도가 너무 큰 경우는 필요환기량이 커져 동력비가 많이 들지만 후드의 성능은 좋아져 성능 불량의 원인은 아니다.

16 공기정화장치의 입구와 출구의 정압이 동시에 감소되었다면 국소배기장치(설비)의 이상 원인으로 옳은 것은?

① 집진장치 내의 분진 최적
② 분지관과 후드 사이의 분진퇴적
③ 분지관의 시험공과 후드 사이의 분진퇴적
④ 송풍기의 능력 저하 또는 송풍기와 덕트의 연결 부위 풀림

해설 공기정화장치 전후에 정압이 감소한 경우의 원인
㉠ 송풍기 자체의 성능 저하
㉡ 송풍기 점검구의 마개 열림
㉢ 배기측 송풍관이 막혀 있음
㉣ 송풍기와 송풍관의 플랜지 연결 부위가 풀려 있음(그림과 같은 경우임)

참고 국소배기장치 정압측정 위치에 따른 케이스별 원인분석

① Case 1 : 공기정화장치 내 일부에 분진이 쌓여 압력손실이 커진 경우에는 공기정화장치로 들어오는 덕트에서는 정압감소, 송풍기 쪽으로 나가는 덕트에서는 정압 증가가 되는 경우이다.

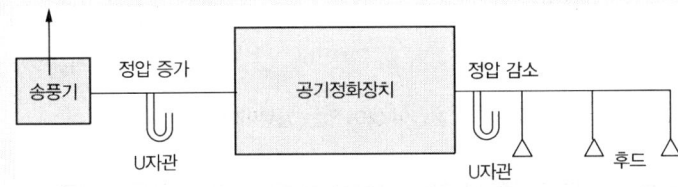

② Case 2 : 주덕트(main duct) 또는 가지덕트의 압력손실이 커진 경우로 공기정화장치 바로 앞의 주덕트 내에 분진이나 이물질이 쌓여 압력손실이 크게 증가된 것이 원인이다.

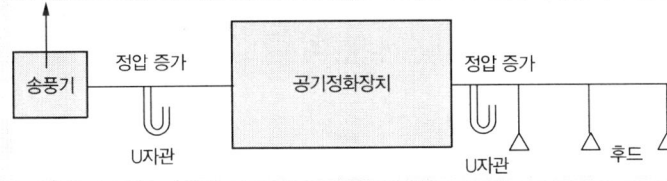

③ Case 3 : 송풍기의 능력 저하, 송풍기 점검 뚜껑의 열림, 송풍기와 연결된 덕트 부위가 풀려지는 등의 원인인 경우이다.

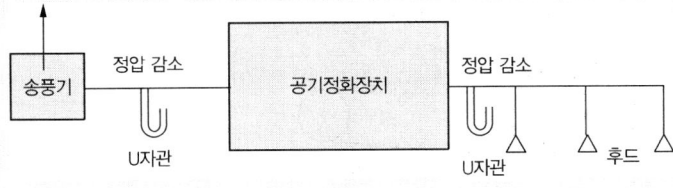

정답 13 ② 14 ① 15 ① 16 ④

④ Case 4: 공기정화장치 바로 옆에 있는 가지덕트와 주덕트의 연결지점과 측정공 사이에 분진이 쌓여 있는 경우이다.

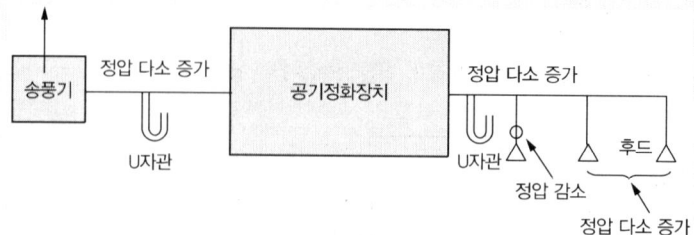

⑤ Case 5: 공기정화장치 바로 옆에 있는 가지덕트의 측정공과 후드 중간에 분진이 쌓여 있는 경우이다.

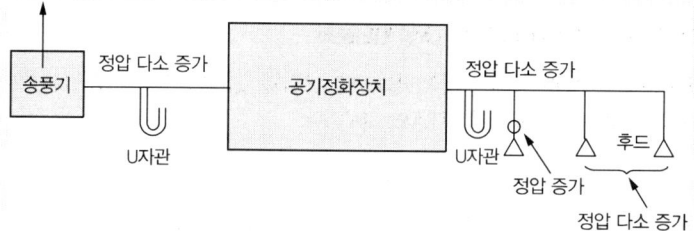

⑥ Case 6: '×'자 표시가 있는 주덕트 부위에 분진이 쌓여 있는 경우이다.

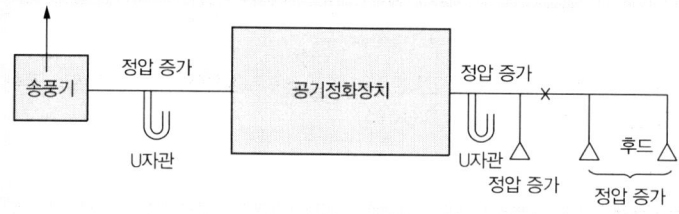

17 송풍기 벨트의 점검사항으로 늘어짐 한계 표시를 옳게 한 것은?

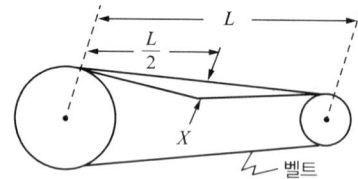

① $0.01L < X < 0.02L$
② $0.04L < X < 0.05L$
③ $0.07L < X < 0.08L$
④ $0.10L < X < 0.12L$

해설 송풍기 벨트의 늘어짐 한계(X) 판정 기준은 $0.01L < X < 0.02L$로 나타낸다.

18 다음 그림과 같이 국소배기장치에서 공기정화장치가 막혔을 경우 정압의 절댓값은 이전에 측정했을 때에 비해 어떻게 변하는가?

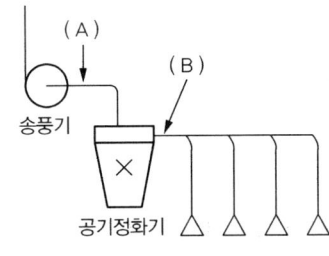

(공기정화장치가 막힘)

① A: 감소, B: 증가
② A: 증가, B: 감소
③ A: 감소, B: 감소
④ A: 거의 정상, B: 증가

해설 공기정화장치 내 일부에 분진이 쌓여 막혀 있어 압력손실이 커진 경우 공기정화장치로 들어오는 덕트에서는 정압 감소, 나가는 덕트에서의 정압은 증가되는 경우이다. (그림과 같은 경우)

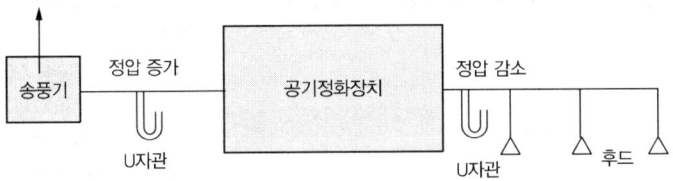

19 덕트에서의 송풍량을 측정하기 위해 사용하는 기구로 옳지 않은 것은?
① 피토관
② 열선 풍속계
③ 마노메타
④ 스모크테스터

해설 스모크테스터(발연관, smoke tester)는 제어풍속의 흡입 방향을 확인, 즉 후드에서 송풍량을 측정하기 위해 사용한다.

20 덕트 내 공기의 압력을 측정할 때 사용하는 장비로 옳은 것은?
① 피토관
② 타코미터
③ 열선유속계
④ 회전날개형 유속계

해설 국소배기장치(덕트)에 대한 압력측정용 장비: U자 마노미터, 피토관, 경사 마노미터

정답 17 ① 18 ② 19 ④ 20 ①

CHAPTER 4 출제 예상 문제

21 국소배기장치에 대한 압력측정용 장비로 옳지 않은 것은?

① U자 마노미터
② 타코미터
③ 피토관
④ 경사 마노미터

[해설] 타코미터(tachometer)는 회전계 또는 회전속도계로 축의 회전수(RPM)를 지시하는 계량기이다.

22 국소배기설비 점검 시 반드시 갖추어야 할 필수장비로 옳지 않은 것은?

① 청음기
② 연기발생기
③ 테스트해머
④ 절연저항계

[해설] 국소배기설비 점검 시 필수장비: 발연관(smoke tester), 청음기(공기의 누출입에 의한 음과 축수상자의 이상음을 점검하는 기기), 절연저항계, 표면온도계, 줄자

23 국소배기장치의 자체검사시에 갖추어야 할 필수 측정기구로 옳지 않은 것은?

① 줄자
② 연기발생기
③ 청음기
④ 피토관

[해설] 피토관(pitot tube)은 필요에 따라 갖추어야 할 측정기이다.

> 필요에 따라 갖추어야 할 측정기
> 테스트 해머, 나무봉, 초음파 두께 측정기, 수주마노미터, 열선풍속계, 스크레이퍼(scraper), 타코미터(rpm 측정기), 피토관, 스톱위치 등

24 국소배기장치를 유지·관리하기 위한 필수 측정기로 옳지 않은?

① 절연저항계
② 고도측정계
③ 열선풍속계
④ 스모크테스터

[해설] 국소배기장치의 정지자체검사 시 반드시 갖추어야 할 측정기는 발연관(smoke tester), 청음기(공기의 누출입에 의한 음과 축수상자의 이상음을 점검하는 기기), 절연저항계, 표면온도계, 줄자가 있다.

25 국소배기장치 검사에 공기의 유속을 측정할 수 있는 유속계 중 가장 많이 쓰이는 것은?

① 그네 날개형
② 회전 날개형
③ 열선 풍속계
④ 연기 발생기

해설 덕트 내 풍속 측정기 중 가장 많이 사용하는 것은 열선식 풍속계로 유속측정 범위가 가장 넓다.

26 연기발생기 이용에 관한 설명으로 옳지 않은 것은?

① 오염물질의 확산이동 관찰
② 후드로부터 오염물질의 이탈 요인 규명
③ 후드 성능에 미치는 난기류의 영향에 대한 평가
④ 공기의 누출입에 의한 음과 축수상자의 이상음 점검

해설 공기의 누출입에 의한 음과 축수상자의 이상음 점검에는 청음기 또는 청음봉을 사용한다.

27 국소배기장치에 대한 압력측정용 장비로 옳지 않은 것은?

① 피토관
② U자 마노미터
③ smoke tube
④ 경사 마노미터

해설 스모크테스터(발연관, smoke tube)는 오염물질의 확산이동의 관찰, 후드 성능에 미치는 난기류의 영향에 대한 평가, 작업장 내 공기의 유동 현상과 이동 방향을 파악하는 데 사용된다.

▶ 압력측정기기는 이외에도 아네로이드 게이지(현장용), 마크네힐릭 게이지(휴대용, 응답성능 양호, 유지관리 용이) 등이 있다.

28 국소배기장치의 덕트 내 유속이나 압력을 측정하는 기구로 옳지 않은 것은?

① 피토관
② 열선식 풍속계
③ 타코미터
④ 오리피스미터

해설 타코미터로 전동기 회전축의 분당 회전수(rpm)를 측정하는 기기이다.

▶ 오리피스 미터(orifice meter) 덕트의 단면적보다 작은 통과 구멍을 가진 얇은 판을 관의 중간에 설치하여, 공기가 그 판을 지날 때에 생기는 전후의 압력 차를 이용하여 유량(流量)을 재는 유량측정기(flow meter)이다. 즉 유량을 측정하여 덕트의 단면적으로 나누어 유속을 계산한다.

29 국소배기장치의 자체검사 시 압력측정과 관련된 장비로 옳지 않은 것은?

① 발연관
② 마노미터
③ 피토관
④ 드릴과 연성호스

해설 발연관은 오염물질의 확산이동의 관찰, 후드 성능에 미치는 난기류의 영향에 대한 평가, 작업장 내 공기의 유동 현상과 이동 방향을 파악하는 데 사용된다.

▶ 드릴과 연성호스는 덕트 내의 압력을 측정할 경우 측정공을 뚫고 U자관 마노미터를 설치 시 사용된다.

정답 21 ② 22 ③ 23 ④ 24 ② 25 ③ 26 ④ 27 ③ 28 ③ 29 ①

CHAPTER 4 출제 예상 문제

30 국소배기장치 설치상 기본 유의사항으로 옳지 않은 것은?

① 발산원의 상태에 맞는 형과 크기일 것
② 분진이 관내에 축적되지 않도록 관내 풍속이 적정 범위 내에 있을 것
③ 후드의 흡입성능을 만족시키기 위해 발산원의 최소 제어풍속을 만족시킬 것
④ 작업자가 후드의 기류 흡입 부위에 충분히 들어가서 작업할 수 있도록 할 것

해설 작업자가 기류 흡입 부위에서 벗어나 작업할 수 있도록 해야 한다.

31 국소배기장치에서 공기공급 시스템이 필요한 이유로 옳지 않은 것은?

① 에너지 절감
② 안전사고 예방
③ 작업장의 교차기류 유지
④ 국소배기장치의 효율 유지

해설 공기공급 시스템은 작업장 내의 방해기류(교차기류)가 생기는 것을 방지하기 위해 필요하다.

32 다음 보기에서 공기공급 시스템(보충용 공기의 공급 장치)이 필요한 이유 모두를 옳게 짝지은 것은?

> a. 연료를 절약하기 위하여
> b. 작업장 내 안전사고를 예방하기 위하여
> c. 국소배기장치를 적절하게 가동시키기 위하여
> d. 작업장의 교차기류를 유지하기 위하여

① a, b
② b, c, d
③ a, b, c
④ a, b, c, d

해설 공기공급 시스템이 필요한 이유
㉠ 국소배기장치의 원활한 작동을 위하여
㉡ 국소배기장치의 효율 유지를 위하여
㉢ 안전사고 예방을 위하여
㉣ 에너지(연료)를 절약하기 위하여
㉤ 작업장 내 방해기류(교차기류)가 생기는 것을 방지하기 위하여
㉥ 외부공기가 정화되지 않은 채로 건물 내로 유입되는 것을 막기 위하여

정답 30 ④ 31 ③ 32 ③

부록 I

기출문제
(2018년~2020년)

- 2018년 03월 04일 시행
- 2018년 04월 28일 시행
- 2018년 08월 09일 시행

- 2019년 03월 03일 시행
- 2019년 04월 27일 시행
- 2019년 08월 04일 시행

- 2020년 06월 06일 시행
- 2020년 08월 22일 시행

기출문제 학습 POINT

산업위생관리산업기사의 기출문제는 보통 문제가 그대로 또는 약간 변형된 형태로 20 ~ 30 % 정도가 중복되어 출제되기 때문에 반드시 풀어보아야 하며, 학습 시 '옳지 않은 것은?'으로 질의되는 부정형 문제는 해당 정답을 옳은 내용을 수정한 후 전체 보기 항을 잘 암기하는 것이 학습의 포인트이다. 특히 '산업환기' 과목의 계산문제의 경우 4지 선다의 보기 항을 없애버리면 바로 실기 형태의 주관식 문제로 출제가 가능해지므로 실기 시험까지 대비할 수 있다.

1회 산업위생관리산업기사 기출문제

2018.03.04 시행

1과목 산업위생학개론

01 착암기 또는 해머(hammer) 같은 공구를 장기간 사용한 근로자에게 가장 유발되기 쉬운 국소진동에 의한 신체 증상은?

① 피부암
② 소화 장애
③ 불면증
④ 레이노드 씨 현상

해설 레이노 증후군(레이노 현상): 추위에 노출되거나 정서적 스트레스를 받는 경우 손가락, 발가락 끝이 하얗게(pallor) 변하고, 시간이 경과하면 퍼렇게(cyanosis) 변하는 것을 말한다. 이는 착암기 또는 해머(hammer) 같은 공구를 장기간 사용한 근로자에게 가장 유발되기 쉬운 국소진동에 의한 신체 증상으로 손가락 동맥과 피부세동맥의 혈관경련수축에 의해 일어나며, 국소적인 혈관조절기능의 이상에 의해 발생한다.

02 산업위생전문가의 윤리강령 중 전문가로서의 책임과 가장 거리가 먼 것은?

① 학문적으로 최고 수준을 유지한다.
② 이해관계가 상반되는 상황에는 개입하지 않는다.
③ 위험요인과 예방조치에 관하여 근로자와 상담한다.
④ 과학적 방법을 적용하고 자료 해석에서 객관성을 유지한다.

해설 산업위생전문가로서의 책임
㉠ 성실성과 학문적 실력 면에서 최고 수준을 유지한다(전문적 능력 배양 및 성실한 자세로 행동).
㉡ 과학적 방법의 적용과 자료의 해석에서 경험을 통한 전문가의 객관성을 유지한다(공인된 과학적 방법 적용, 해석).
㉢ 전문 분야로서의 산업위생을 학문적으로 발전시킨다.
㉣ 근로자, 사회 및 전문 직종의 이익을 위해 과학적 지식을 공개하고 발표한다.
㉤ 산업위생활동을 통해 얻은 개인 및 기업체의 기밀은 누설하지 않는다(정보는 비밀 유지).
㉥ 전문적 판단이 타협에 의하여 좌우될 수 있거나 이해관계가 있는 상황에는 개입하지 않는다.
㉦ 쾌적한 작업환경을 만들기 위해 산업위생이론을 적용하고 책임 있게 행동한다.

03 산업위생의 정의에 포함되지 않는 산업위생 전문가의 활동은?

① 지역주민의 건강의식에 대하여 설문지로 조사한다.
② 지하상가 등에서 공기 시료 등을 채취하여 유해인자를 조사한다.
③ 지역주민의 혈액을 직접 채취하고 생체 시료 중의 중금속을 분석한다.
④ 특정 사업장에서 발생한 직업병의 사회적인 영향에 대하여 조사한다.

해설 지역주민의 혈액을 직접 채취하고 생체 시료 중의 중금속을 분석하는 활동은 전문 의료인이 행하여야 한다.

04 고온다습한 작업환경에서 격심한 육체적 노동을 하거나 옥외에서 태양의 복사열을 두부에 직접적으로 받는 경우 체온조절 기능의 이상으로 발생하는 증상은?

① 열경련(heat cramp)
② 열사병(heat stroke)
③ 열피비(heat exhaustion)
④ 열쇠약(heat prostration)

해설 열사병(heat stroke): 뜨거운 환경에서 체내에서 발생된 열을 배출하지 못하여 생기는 증세. 대개 섭씨 40도 이상의 습한 환경에서 증상이 시작된다. 40도 이상부터는 몸의 단백질이 변성되기 시작하는데, 쉽게 말해서 산 채로 삶아지는 것이다. 이 증세가 나타나면 인간은 버틸 수가 없다. 즉시 의식이 흐려지며 몸에 경련이 일어나고 저혈압, 탈수 증상이 일어나 구토, 설사를 동반하여 사망까지 이어진다.

05 상온에서 음속은 약 344 m/s이다. 주파수가 2 kHz인 음의 파장은 얼마인가?

① 0.172 m ② 1.72 m
③ 17.2 m ④ 172 m

해설 음속: $c = f \times \lambda$.

∴ 음의 파장: $\lambda = \dfrac{c}{f} = \dfrac{344}{2\,000} = 0.172\ m$

06 노출 기준 선정의 근거자료로 가장 거리가 먼 것은?

① 동물실험 자료
② 인체실험 자료
③ 산업장 역학조사 자료
④ 화학적 성질의 안정성

해설 노출 기준 선정의 이론적인 배경
㉠ 화학 구조상의 유사성: 가장 기초적인 단계 이 방법은 동물실험, 인체실험 및 산업장 역학조사 자료가 부족할 때 이용된다.
㉡ 동물실험 자료: 이것은 인체실험이나 산업장 역학조사 자료가 부족할 때 적용된다.
㉢ 인체실험 자료
㉣ 산업장 역학조사 자료

07 작업대사율(RMR) = 7로 격심한 작업을 하는 근로자의 실동률(%)은? (단, 사이또와 오시마의 식을 이용한다.)

① 20 ② 30
③ 40 ④ 50

해설 작업대사율(RMR, Relative Metabolic Rate, 에너지대사율): 열량소비량(에너지소모량)을 기준으로 작업 강도를 평가하는 것으로 정신작업인 경우에는 정확하지 않다. 작업대사율과 실동률(실노동률)의 관계는 다음과 같다.
실동률(%) = $85 - 5 \times R = 85 - 5 \times 7 = 50\%$

08 작업 자세는 피로 또는 작업능률과 관계가 깊다. 가장 바람직하지 <u>않은</u> 자세는?

① 가능한 한 작업 중 움직임을 고정한다.
② 작업물체와 눈과의 거리는 약 30 ~ 40 cm 정도 유지한다.
③ 작업대와 의자의 높이는 개인에게 적합하도록 조절한다.
④ 작업에 주로 사용하는 팔의 높이는 심장 높이로 유지한다.

해설 가능한 한 작업 중 움직임을 자유스럽게 한다.

09 미국산업위생전문가협의회(ACGIH)의 발암물질 구분 중 발암성 확인물질을 표시한 것은?

① A1 ② A2
③ A3 ④ A4

해설 ACGIH의 발암성 분류

구분	발암성 물질 분류기준	해당 유해물질 예
A1	사람에 대한 발암성 확인 물질	석면(asbestos), 벤지딘, Cr^{+6}, 콜타르피치, β-나프틸아민, 니켈황화물 흄, 비닐클로라이드, 4-니트로비페닐, 4-아미노디페닐
A2	사람에 대한 발암성 의심 물질	벤젠, 베릴륨, 클로로포름, 아크릴아미드, 사염화탄소, 폼알데하이드, 삼산화비소, 삼산화안티몬 등
A3	동물에 대한 발암성 물질	
A4	발암성 물질로 분류되지 않은 물질	
A5	사람에 대하여 발암성으로 의심되지 않은 물질	

정답 01 ④ 02 ③ 03 ③ 04 ② 05 ① 06 ④ 07 ④
08 ① 09 ①

10 한랭 작업을 피해야 하는 대상자로 가장 거리가 먼 사람은?

① 심장질환자 ② 고혈압 환자
③ 위장장애자 ④ 내분비 장해자

> **해설** 신체결함과 부적합한 작업에서 한랭 작업을 피해야 하는 대상자로는 심장질환자, 고혈압 환자, 위장장애자 등이 있다.

11 미국국립산업안전보건연구원(NIOSH)에서 정하고 있는 중량물 취급 작업기준이 아닌 것은?

① 감시기준(AL, Action Limit)
② 허용기준(TLV, Threshold Limit Values)
③ 권고기준(RWL, Recommended Weight Limit)
④ 최대허용기준(MPL, Maximum Permissible Limit)

> **해설** 미국국립산업안전보건연구원(NIOSH)에서 정하고 있는 중량물 취급 작업기준
> AL, MPL(1981년 적용), RWL(1994년 적용), 그리고 특정한 작업에 의한 스트레스를 비교 평가하기 위해 중량물 취급 지수(들기지수, LI, Lifting Index)를 개발하였다.

12 근육운동에 필요한 에너지를 생성하는 방법에는 혐기성 대사와 호기성 대사가 있다. 혐기성 대사의 에너지원이 아닌 것은?

① 지방
② 크레아틴인산
③ 글리코겐
④ 아데노신삼인산(ATP)

> **해설** 활동자원의 소모(근육운동의 에너지원의 소모)
> ㉠ 혐기성 대사 에너지원: ATP(Adenosine-Tri-Phosphate), CP(Creatine Phosphate), 글리코겐($C_6H_{10}O_5)_n$), 포도당
> ㉡ 호기성 대사 에너지원: 포도당(glucose), 단백질, 지방 등이 산소와 결합하여 구연산회로와 같은 대사과정을 거쳐 에너지를 생산

13 산업안전보건법상 신규화학물질의 유해성, 위험성 조사에서 제외되는 화학물질이 아닌 것은?

① 원소
② 방사성물질
③ 일반 소비자의 생활용이 아닌 인공적으로 합성된 화학물질
④ 고용노동부 장관이 환경부 장관과 협의하여 고시하는 화학물질 목록에 기록되어 있는 물질

> **해설** 일반 소비자의 생활용이 아닌 인공적으로 합성된 화학물질은 신규화학물질의 유해성, 위험성 조사에서 제외되는 화학물질이 아니다. 산업안전보건법상 신규화학물질의 유해성, 위험성 조사에서 제외되는 화학물질은 원소, 천연으로 산출된 화학물질, 건강기능식품, 군수품, 농약 및 원제, 마약류, 비료, 사료, 살생물 물질 및 살생물 제품, 식품 및 식품첨가물, 의약품 및 의약외품(醫藥外品), 방사성물질, 위생용품, 의료기기, 화약류, 화장품과 화장품에 사용하는 원료, 고용노동부 장관이 명칭, 유해성·위험성, 근로자의 건강장해 예방을 위한 조치 사항 및 연간 제조량·수입량을 공표한 물질로서, 공표된 연간 제조량·수입량 이하로 제조하거나 수입한 물질, 고용노동부 장관이 환경부 장관과 협의하여 고시하는 화학물질 목록에 기록되어 있는 물질 등이다(산업안전보건법 시행령, 제85조 유해성·위험성 조사 제외 화학물질).

14 피로한 근육에서 측정된 근전도(EMG)의 특성만을 맞게 나열한 것은?

① 저주파(0 ~ 40 Hz)에서 힘의 감소, 총전압의 감소
② 저주파(0 ~ 40 Hz)에서 힘의 증가, 평균 주파수의 감소
③ 고주파(40 ~ 200 Hz)에서 힘의 감소, 총전압의 감소
④ 고주파(40 ~ 200 Hz)에서 힘의 증가, 평균 주파수의 감소

> **해설** 국소 피로의 평가(피로한 근육에서 측정된 EMG는 정상 근육에서 측정된 EMG와 비교할 경우의 차이)
> ㉠ 0 ~ 40 Hz의 저주파수에서 힘의 증가
> ㉡ 40 ~ 200 Hz의 고주파수에서 힘의 감소
> ㉢ 평균 주파수의 감소
> ㉣ 총 전압의 증가

15 산업심리학(industrial psychology)의 주된 접근방법은 무엇인가?

① 인지적 접근방법 및 행동학적 접근방법
② 인지적 접근방법 및 생물학적 접근방법
③ 행동적 접근방법 및 정신분석적 접근방법
④ 생물학적 접근방법 및 정신분석적 접근방법

해설 심리학에 대한 접근방법에는 5가지, 즉 생물학적, 정신분석적, 인지적, 행동학적, 인본주의적 접근방법이 있으나 이 중 산업심리학의 주된 접근법은 인지적 접근방법 및 행동학적 접근방법(자극-반응심리학)이다.

16 한국의 산업위생역사에 대한 역사의 연혁으로 틀린 것은?

① 산업보건연구원 개원 – 1992년
② 수은중독으로 문송면 군의 사망 – 1988년
③ 한국산업위생학회 창립 – 1990년
④ 산업위생 관련 자격제도 도입 – 1981년

해설 산업위생 관련 자격제도 도입은 1984년부터 산업위생관리기사 2급과 1급, 1985년도부터는 산업위생관리기술사 제도를 도입하게 되었다.

17 산업안전보건법령상 보관하여야 할 서류와 그 보존기간이 잘못 연결된 것은?

① 건강진단 결과를 증명하는 서류: 5년간
② 보건관리 업무 수탁에 관한 서류: 3년간
③ 작업환경 측정결과를 기록한 서류: 3년간
④ 발암성 확인물질을 취급하는 근로자에 대한 건강진단 결과의 서류: 30년간

해설 산업안전보건법, 제11장 보칙, 제164조(서류의 보존)
① 사업주는 다음 각 호의 서류를 3년(제2호의 경우 2년을 말한다.) 동안 보존하여야 한다.
 1. 안전보건관리책임자·안전관리자·보건관리자·안전보건관리담당자 및 산업보건의의 선임에 관한 서류
 2. 회의록

3. 안전조치 및 보건조치에 관한 사항으로서 고용노동부령으로 정하는 사항을 적은 서류
4. 산업재해의 발생 원인 등 기록
5. 화학물질의 유해성·위험성 조사에 관한 서류
6. 작업환경 측정에 관한 서류
7. 건강진단에 관한 서류

18 노출 기준(TLV)의 적용에 관한 설명으로 적절하지 않은 것은?

① 대기오염 평가 및 관리에 적용할 수 없다.
② 반드시 산업위생 전문가에 의하여 적용되어야 한다.
③ 독성의 강도를 비교할 수 있는 지표로 사용된다.
④ 기존의 질병이나 육체적 조건을 판단하기 위한 척도로 사용될 수 없다.

해설 독성의 강도를 비교할 수 있는 지표가 아니다.

19 자동차 부품을 생산하는 A 공장에서 250명의 근로자가 1년 동안 작업하는 가운데 21건의 재해가 발생하였다면, 이 공장의 도수율은 약 얼마인가? (단 1년에 300일, 1일에 8시간 근무하였다)

① 35   ② 36
③ 42   ④ 43

해설 도수율(빈도율, FR, frequency rate): 재해의 발생빈도를 나타내는 것으로 연근로시간 합계 100만 시간당 재해 발생 건수이다.

$FR = \dfrac{\text{재해 발생 건수}}{\text{연 근로시간 수}} \times 10^6$ 에서 총 연 근로시간 수의 계산

250명 × 8시간/1일 × 300일 = 600,000시간

∴ $FR = \dfrac{21}{600\,000} \times 10^6 = 35$, 즉 이 사업장은 백만 시간당 35건의 재해가 발생한 것이다.

정답 10 ④ 11 ② 12 ① 13 ③ 14 ② 15 ① 16 ④
17 ① 18 ③ 19 ①

20 NOISH에서 권장하는 중량물 취급 작업시 감시기준(AL)이 20 kg일 때, 최대허용기준(MPL)은 몇 kg인가?

① 25
② 30
③ 40
④ 60

해설 최대허용기준(MPL, Maximum Permissible Limit)
감시기준(AL, Action Limit)의 3배, 즉 MPL = 3AL에 해당하는 값이므로 MPL = 3×20 = 60 kg

2과목 작업환경 측정 및 평가

21 입자상 물질의 크기를 표시하는 방법 중 어떤 입자가 동일한 종단침강속도를 가지며 밀도가 1 g/cm³인 가상적인 구형 직경을 무엇이라고 하는가?

① 페렛 직경
② 마틴 직경
③ 질량중위 직경
④ 공기역학적 직경

해설 입자상 물질의 기하학적(물리적) 직경 결정방법
㉠ 마틴 직경: 입자의 면적을 2등분하는 선의 길이로 과소평가의 위험이 있다.
㉡ 페렛 직경: 입자의 한쪽 끝 가장자리와 다른 쪽 가장자리 사이의 거리로 과대평가의 가능성이 있다.
㉢ 등면적 직경: 입자의 면적과 동일한 면적을 가진 원의 직경으로 가장 정확한 직경이다.
㉣ 공기역학적 직경: 대상 입자와 침강속도가 같고 단위밀도가 1 g/m³이며 구형인 직경으로 환산된 가상직경이다.

22 태양이 내리쬐지 않는 옥외 작업장에서 자연습구온도가 24 ℃이고 흑구온도가 26 ℃일 때, 작업환경의 습구흑구온도지수는?

① 21.6 ℃
② 22.6 ℃
③ 23.6 ℃
④ 24.6 ℃

해설 화학물질 및 물리적 인자의 노출 기준, 제11조(표시단위)
고온의 노출 기준 표시단위는 습구흑구온도지수(WBGT)를 사용하며 다음 각 호의 식에 따라 산출한다.

1. 태양광선이 내리쬐는 옥외 장소: WBGT(℃) = 0.7 × 자연습구온도 + 0.2 × 흑구온도 + 0.1 × 건구온도
2. 태양광선이 내리쬐지 않는 옥내 또는 옥외 장소: WBGT(℃) = 0.7 × 자연습구온도 + 0.3 × 흑구온도
∴ WBGT(℃) = 0.7 × 24 + 0.3 × 26 = 24.6 ℃

23 다음 중 기체크로마토그래피에서 주입한 시료를 분리관을 거쳐 검출기까지 운반하는 가스에 대한 설명과 가장 거리가 먼 것은?

① 운반 가스는 주로 질소, 헬륨이 사용된다.
② 운반 가스는 활성이며, 순수하고 습기가 조금 있어야 한다.
③ 가스를 기기에 연결시킬 때 누출 부위가 없어야 한다.
④ 운반 가스의 순도는 99.99 % 이상의 순도를 유지해야 한다.

해설 운반 가스는 충전물이나 시료에 대하여 불활성이고 검출기의 작동에 적합한 것을 사용한다. 일반적으로 열전도도형 검출기(TCD)에서는 순도 99.99 % 이상의 수소나 헬륨을, 불꽃이온화 검출기(FID)와 전자포획형 검출기(ECD)의 경우에는 순도 99.99 % 이상의 질소 또는 헬륨 기체를 사용한다.

24 주물공장에서 근로자에게 노출되는 호흡성 먼지를 측정한 결과(mg/m³)가 다음과 같았다면 기하평균농도(mg/m³)는?

$$2.5, \ 2.1, \ 3.1, \ 5.2, \ 7.2$$

① 3.6
② 3.8
③ 4.0
④ 4.2

해설 기하평균농도(GM)
$= (2.5 \times 2.1 \times 3.1 \times 5.2 \times 7.2)^{\left(\frac{1}{5}\right)} = 3.6 \ \text{mg/m}^3$

25 다음 중 불꽃방식의 원자흡광 분석장치의 일반적인 특징과 가장 거리가 먼 것은?

① 시료량이 많이 소요되며 감도가 낮다.
② 가격이 흑연로장치에 비하여 저렴하다.
③ 분석시간이 흑연로장치에 비하여 길게 소요된다.
④ 고체 시료의 경우 전처리에 의하여 매트릭스를 제거하여야 한다.

해설 원자흡수분광광도법
㉠ 불꽃방식
  ⓐ 장점: 쉽고 간편함, 가격이 저렴함, 분석이 빠름
  ⓑ 단점: 감도가 제한되어 있어 저농도에서 사용이 어려움, 점성이 큰 용액은 분무구를 막을 수 있음, 고체 시료의 경우 전처리에 의하여 기질(매트릭스)를 제거해야 함
㉡ 흑연로방식(전열고온로법)
  ⓐ 장점: 높은 감도, 시료량이 적고 전처리가 간단함
  ⓑ 단점: 시료 분석시간이 오래 걸림, 기질에 의한 바탕 보정이 필요함, 경비가 많이 듦
㉢ 기화법(증기발생법)
  ⓐ 장점: 불꽃방식보다 감도가 100배 정도 좋음, 방해물질의 영향이 적음

26 원자흡광 분석장치에서 단색광이 미지 시료를 통과할 때, 최초광의 80 %가 흡수되었다면 흡광도는 약 얼마인가?

① 0.7
② 0.8
③ 0.9
④ 1.0

해설 흡광도 $A = \log \frac{1}{\tau}$에서
τ: 투과율로 $\tau = \frac{I_t}{I_o} = \frac{100-80}{100} = 0.2$
$\therefore A = \log \frac{1}{0.2} = 0.7$

27 500 mL 용량의 뷰렛을 이용한 비누거품미터의 거품 통과시간을 3번 측정한 결과, 각각 10.5초, 10초, 9.5초일 때, 이 개인 시료 포집기의 포집유량은 약 몇 L/분인가? (단, 기타 조건은 고려하지 않는다.)

① 0.3
② 3
③ 0.5
④ 5

해설
채취 유량(L/min) = $\frac{\text{비누거품이 통과한 용량(L)}}{\text{비누거품이 통과한 시간(min)}}$
$= \frac{500 \text{ mL} \times 10^{-3} \text{ L/mL}}{10 \text{ s} \times \left(\frac{\text{min}}{60 \text{ s}}\right)} = 3 \text{ L/min}$

28 탈착 용매로 사용되는 이황화탄소에 관한 설명으로 틀린 것은?

① 이황화탄소는 유해성이 강하다.
② 기체크로마토그래피에서 피크가 크게 나와 분석에 영향을 준다.
③ 주로 활성탄관으로 비극성 유기용제를 채취하였을 때 탈착 용매로 사용한다.
④ 상온에서 휘발성이 강하여 장시간 보관하면 휘발로 인해 분석농도가 정확하지 않다.

해설 탈착 용매로 사용되는 이황화탄소(CS_2)의 장점
탈착효율이 좋고 기체크로마토그래피의 불꽃이온화검출기(FID)에서 반응성이 낮아 피크의 크기가 적게 나오므로 분석 시 유리함

탈착 용매로 사용되는 이황화탄소의 단점
㉠ 독성 및 인화성이 크며 작업이 번잡함
㉡ 특히 심혈관계와 신경계에 독성이 매우 크므로 취급 시 주의해야 함
㉢ 전처리 및 분석하는 장소의 환기에 유의하여야 함

정답 20 ④ 21 ④ 22 ④ 23 ② 24 ① 25 ③ 26 ①
27 ② 28 ②

29 다음 중 극성이 가장 큰 물질은?

① 케톤류
② 올레핀류
③ 에스테르류
④ 알데하이드류

해설 실리카젤의 친화력(극성이 강한 순서)
물 > 알코올류 > 알데하이드류 > 케톤류 > 에스테르류 > 방향족 탄화수소류 > 올레핀류 > 파라핀류

30 다음 중 2차 표준기구와 가장 거리가 먼 것은?

① 폐활량계
② 열선기류계
③ 오리피스 미터
④ 습식테스트 미터

해설 2차 표준 보정기구(calibrator)의 종류
- 기구 자체가 정확한 값(정확도 ± 5 % 이내)를 제시하는 기구
  ㉠ wet-test meter & dry gas meter
  ㉡ 로타미터(rotameter)
  ㉢ 오리피스미터(orifice meter)
  ㉣ 벤튜리미터(venturi meter)
  ㉤ Vane anemometer
  ㉥ 열선기류계(thermo anemometer)
- 폐활량계는 1차 표준기구이다.

31 다음 흡착제 중 가장 많이 사용하는 것은?

① 활성탄
② 실리카젤
③ 알루미나
④ 마그네시아

해설 활성탄은 비극성류(에스테르류, 알코올류, 할로겐화 탄화수소류, 방향족 탄화수소류) 유기용제를 제거하는데 유용하게 사용되며 흡착제 중 가장 많이 사용하는 흡착제이다.

32 다음 중 흡착제인 활성탄에 대한 설명과 가장 거리가 먼 것은?

① 비극성류 유기용제의 흡착에 효과적이다.
② 휘발성이 큰 저분자량의 탄화수소 화합물의 채취효율이 떨어진다.
③ 표면의 산화력이 작기 때문에 반응성이 큰 알데하이드의 포집에 효과적이다.
④ 케톤의 경우 활성탄 표면에서 물을 포함하는 반응에 의해 파괴되어 탈착률과 안정성에서 부적절하다.

해설
- 흡착제로서 활성탄의 장점: 비극성류 유기용제의 흡착에 효과적임
- 흡착제로서 활성탄의 제한점
  ㉠ 휘발성이 매우 큰 저분자량의 탄화수소 화합물의 채취 효율이 떨어짐
  ㉡ 암모니아, 에틸렌, 염화수소와 같은 저비점 화합물에 효과가 적음
  ㉢ 비교적 높은 습도는 활성탄의 흡착용량을 저하시킴
  ㉣ 표면의 산화력으로 인해 반응성이 큰 mercaptan aldehyde 포집에 부적합함
  ㉤ 케톤의 경우 활성탄 표면에서 물을 포함하는 반응에 의해서 파괴되어 탈착률과 안정성에서 부적절함

33 작업환경 중 A가 30 ppm, B가 20 ppm, C가 25 ppm 존재할 때, 작업환경 공기의 복합노출지수는? (단 A, B, C의 TLV는 각각 50 ppm, 25 ppm, 50 ppm이고, A, B, C는 상가작용을 일으킨다.)

① 1.3
② 1.5
③ 1.7
④ 1.9

해설 오염물질이 혼합물로 존재할 경우 복합 노출지수(EI, exposure index)의 계산

$$EI = \frac{C_1}{TLV_1} + \frac{C_2}{TLV_2} + \cdots + \frac{C_n}{TLV_n}$$
$$= \frac{500}{750} + \frac{100}{200} + \frac{150}{200} = 1.92$$

34 유량, 측정시간, 회수율 및 분석 등에 의한 오차가 각각 15 %, 3 %, 9 %, 5 %일 때, 누적오차는 약 몇 %인가?

① 18.4   ② 20.3
③ 21.5   ④ 23.5

해설 누적오차(cumulative statistical error, E_c)

$$E_c = \sqrt{E_1^2 + E_2^2 + \cdots + E_n^2}$$
$$= \sqrt{15^2 + 3^2 + 9^2 + 5^2} = 18.4\%$$

35 측정에서 사용되는 용어에 대한 설명이 <u>틀린</u> 것은? (단, 고용노동부의 고시를 기준으로 한다.)

① "검출한계"란 분석기기가 검출할 수 있는 가장 작은 양을 말한다.
② "정량한계"란 분석기기가 정성적으로 측정할 수 있는 가장 작은 양을 말한다.
③ "회수율"이란 여과지에 채취된 성분을 추출과정을 거쳐 분석 시 실제 검출되는 비율을 말한다.
④ "탈착효율"이란 흡착제에 흡착된 성분을 추출과정을 거쳐 분석 시 실제 검출되는 비율을 말한다.

해설
• "정량한계"란 분석기기가 정량적으로 측정할 수 있는 가장 작은 양을 말한다.
• 정량한계(LOQ): 분석대상 물질을 합리적인 신뢰성을 가지고 정량적 측정결과를 산출할 수 있는 최소 검출농도
LOQ = 평균 + (10 × 표준편차)

36 시료 채취방법에서 지역 시료(area sample) 포집의 장점과 거리가 먼 것은?

① 근로자 개인 시료의 채취를 대신할 수 있다.
② 특정 공정의 농도분포 변화 및 환기장치의 효율성 변화 등을 알 수 있다.
③ 특정 공정의 계절별 농도 변화 및 공정의 주기별 농도 변화 등의 분석이 가능하다.
④ 측정결과를 통해서 근로자에게 노출되는 유해인자의 배경농도와 시간별 변화 등을 평가할 수 있다.

해설 지역 시료(area monitoring) 채취는 개인 시료 채취가 곤란한 경우 보조적으로 사용하는 시료 채취방법이다.

37 100 ppm을 %로 환산하면 몇 %인가?

① 1 %   ② 0.1 %
③ 0.01 % ④ 0.001 %

해설 1 % = 10,000 ppm

$$\therefore \frac{100 \text{ ppm}}{10,000 \text{ ppm}/\%} = 0.01\%$$

38 누적소음노출량 측정기를 사용하여 소음을 측정할 때, 우리나라 기준에 맞는 Criteria 및 Exchange Rate는? (단, 고용노동부 고시를 기준으로 한다.)

① Criteria: 80 dB, Exchange Rate: 5 dB
② Criteria: 80 dB, Exchange Rate: 10 dB
③ Criteria: 90 dB, Exchange Rate: 5 dB
④ Criteria: 90 dB, Exchange Rate: 10 dB

해설 누적소음노출량 측정기로 소음을 측정하는 경우에는 Criteria는 90 dB, Exchange Rate는 5 dB, Threshold는 80 dB로 기기를 설정할 것

정답 29 ④ 30 ① 31 ① 32 ③ 33 ④ 34 ① 35 ②
36 ① 37 ③ 38 ③

39 PVC 필터를 이용하여 먼지 포집 시 필터 무게는 채취 후 18.115 mg이며 채취 전 무게는 14.316 mg이었다. 이때 공기 채취량이 400 L이라면, 포집된 먼지의 농도는 약 몇 mg/m³인가? (단, 공시료의 무게 차이는 없었던 것으로 가정한다.)

① 8.5
② 9.5
③ 8 000
④ 9 500

해설 먼지의 농도, $C = \dfrac{(18.115 - 14.316) \text{ mg}}{400 \text{ L} \times \dfrac{\text{m}^3}{1,000 \text{ L}}}$

$= 9.5 \text{ mg/m}^3$

40 소음 수준 측정 시 소음계의 청감보정회로는 어떻게 조정하여야 하는가? (단, 고용노동부 고시를 기준으로 한다.)

① A 특성
② C 특성
③ S 특성
④ K 특성

해설 작업장 내 소음측정 시 소음계의 청감보정회로는 각 대역별 음압 레벨을 A 특성 보정량으로 보정하고 남은 대역별 음압 레벨의 합산값, 즉 소음도가 나타나며 단위는 A 특성으로 보정했다는 의미로 dB(A)로 표시한다.

3과목 작업환경관리

41 저온에 의한 생리반응 중 이차적인 생리적 반응으로 옳지 않은 것은?

① 혈압이 일시적으로 상승한다.
② 피부혈관의 수축으로 순환기능이 감소된다.
③ 말초혈관의 수축으로 표면조직의 냉각이 온다.
④ 근육활동이 감소하여 식욕이 떨어진다.

해설 저온에 의한 2차 생리적 영향: 말초혈관의 수축, 근육 활동 및 조직 대사가 증진되어 식욕이 항진, 혈압의 일시적 상승

42 입자상 물질의 종류 중 연마, 분쇄, 절삭 등의 작업공정에서 고형물질이 파쇄되어 발생되는 미세한 고체입자를 무엇이라 하는가?

① 흄(Fume)
② 먼지(Dust)
③ 미스트(Mist)
④ 연기(Smoke)

해설 입자상 물질이란 물질이 파쇄·선별·퇴적·이적(移積)될 때, 그 밖에 기계적으로 처리되거나 연소·합성·분해될 때에 발생하는 고체상 또는 액체상의 미세한 물질을 말한다.
㉠ 먼지: 대기 중에 떠다니거나 흩날려 내려오는 입자상 물질을 말한다.
㉡ 매연: 연소할 때에 생기는 유리(遊離) 탄소가 주가 되는 미세한 입자상 물질을 말한다.
㉢ 검댕: 연소할 때에 생기는 유리(遊離) 탄소가 응결하여 입자의 지름이 1미크론 이상이 되는 입자상 물질을 말한다.

43 다음 중 방사선에 감수성이 가장 낮은 인체조직은?

① 골수
② 근육
③ 생식선
④ 림프세포

해설 전리방사선에 대한 감수성의 순서
골수, 흉선 및 림프조직(조혈기관), 임파선, 눈의 수정체, 생식선 > 상피세포, 내피세포 > 근육세포 > 신경조직

44 작업공정에서 발생되는 소음의 음압 수준이 90 dB(A)이고 근로자는 귀덮개(NRR = 27)를 착용하고 있다면, 근로자에게 실제 노출되는 음압 수준은 약 몇 dB(A)인가? (단, OSHA를 기준으로 한다.)

① 95
② 90
③ 85
④ 80

해설 차음평가지수란 한 마디로 귀마개나 귀덮개의 효과로써 정확하게는 청력보호구의 차음 효과를 말하는 지수로서 차음평가수(NRR, Noise Reduction Rating)라고도 한다.
실제 차음 효과 = (NRR − 7) × 50 %에서
차음 효과 = (27 − 7) × 0.5 = 10 dB
∴ 근로자에게 실제 노출되는 음압 수준
90 − 10 = 80 dB

45 다음 중 깊은 물에서 올라오거나 감압실 내에서 감압을 하는 도중에 발생하는 기포 형성으로 인해 건강상 문제를 유발하는 가스의 종류는?

① 질소
② 수소
③ 산소
④ 이산화탄소

해설 고압 환경에서는 Henry의 법칙에 따라 체내에서 용해되었던 불활성 기체인 질소가 압력이 낮아질 때, 즉 감압될 때 과포화 상태가 되어 혈액과 조직에 기포를 형성하여 혈액순환을 방해한다.

46 소음방지를 위한 흡음재료의 선택 및 사용상 주의 사항으로 틀린 것은?

① 막진동이나 판진동형의 것은 도장 여부에 따라 흡음률의 차이가 크다.
② 실의 모서리나 가장자리 부분에 흡음제를 부착시키면 흡음 효과가 좋아진다.
③ 다공질 재료는 산란되기 쉬우므로 표면을 얇은 직물로 피복하는 것이 바람직하다.
④ 흡음재료를 벽면에 부착할 때 한곳에 집중하는 것보다 전체 내벽에 분산하여 부착하는 것이 흡음력을 증가시킨다.

해설 막진동이나 판진동형의 것은 도장을 해도 별 차이가 없다.

47 다음 중 실내 오염원인 라돈에 관한 설명과 가장 거리가 먼 것은?

① 라돈 가스는 호흡하기 쉬운 방사선 물질이다.
② 라돈은 폐암의 발생률을 높이고 있는 것으로 보고되었다.
③ 라돈 가스는 공기보다 9배 무거워 지표에 가깝게 존재한다.
④ 핵폐기물장 주변 또는 핵발전소 부근에서 주로 방출되고 있다.

해설 라돈(Rn): 자연 상태의 대기에 섞여 있는 방사능물질인 라돈은 1급 발암물질로 분류되어 있다. 라돈은 토양이나 암석 등에 존재하는 우라늄의 자연적 붕괴로 생성되어 건물의 균열을 통해 집 안에 쌓일 수 있는 먼지에 포함되거나 바닥의 틈새로 실내에 유입될 수 있다.

48 다음 중 인체가 느낄 수 있는 최저한계 기류의 속도는 약 몇 m/s인가?

① 0.5
② 1
③ 5
④ 10

해설 인체가 느낄 수 있는 최저한계 기류의 속도는 0.5 m/s이고, 그 미만을 불감기류라고 한다.

49 방진 마스크의 밀착성 시험 중 정량적인 방법에 관한 설명으로 옳은 것은?

① 간단하게 실험할 수 있다.
② 누설의 판정 기준이 지극히 개인적이다.
③ 시험장치가 비교적 저가이며 측정조작이 쉽다.
④ 일반적으로 보호구의 안과 밖에서 농도의 차이나 압력의 차이로 밀착 정도를 수적인 방법으로 나타낸다.

해설 방진 마스크의 밀착성 시험(fit test)
㉠ 정성적 방법(QLFT): 냄새, 맛, 자극물질을 이용
㉡ 정량적 방법(QNFT): 보호구 안과 밖에서의 농도와 압력 차이

정답 39 ② 40 ① 41 ④ 42 ② 43 ② 44 ④ 45 ①
46 ① 47 ④ 48 ① 49 ④

50 다음 중 작업환경 개선대책 중 격리에 대한 설명과 가장 거리가 먼 것은?

① 작업자와 유해요인 사이에 물체에 의한 장벽을 이용한다.
② 작업자와 유해요인 사이에 명암에 의한 장벽을 이용한다.
③ 작업자와 유해요인 사이에 거리에 의한 장벽을 이용한다.
④ 작업자와 유해요인 사이에 시간에 의한 장벽을 이용한다.

해설 격리(isolation): 물리적, 시간적, 거리적 격리를 의미한다.
 ㉠ 저장물질의 격리 ㉡ 시설의 격리
 ㉢ 공정의 격리   ㉣ 작업자의 격리

51 산소농도 단계별 증상 중 산소농도가 6～10 %인 산소결핍 작업장에서의 증상으로 가장 적절한 것은?

① 순간적인 실신이나 혼수
② 계산 착오, 두통, 메스꺼움
③ 귀울림, 맥박수 증가, 호흡수 증가
④ 의식상실, 안면 창백, 전신 근육경련

해설 산소농도에 따른 생체 영향(OSHA & NIOSH, 2006)

산소농도(%)	생리학적 효과
23.5 이상	폭발성 기체, 과 산소 효과
19.5～23.5	정상 호흡, 부작용 없음
15～19.5	피로, 피곤, 작업 능력 감소, 지구력 소실
12～15	맥박과 호흡률 증가, 협동 운동 장애, 행동의 부조화, 판단력 약화
10～12	맥박이 빨라지며 직무수행 불가, 판단력 저하, 협동 운동 소실, 입술이 파랗게 변함
8～10	정신력 쇠약, 실신, 구토, 의식소실, 창백해진 얼굴
6～8	8분 노출의 경우 50～100 %, 6분 노출의 경우 25～50 % 사망할 수 있으며 4～5분 노출의 경우 치료 후 회복 가능
4～6	40초 내로 혼수상태, 행동 조절 불가, 경련, 혼수, 호흡 정지, 사망

52 할당보호계수가 25인 반면형 호흡기보호구를 구리 흄이 존재하는 작업장에서 사용한다면 최대사용농도는 몇 mg/m³인가? (단, 허용농도는 0.3 mg/m³이다.)

① 3.5 ② 5.5
③ 7.5 ④ 9.5

해설 최대사용농도, MUC = 노출 기준 × APF(할당보호계수) = 0.3 mg/m³ × 25 = 7.5 mg/m³

53 다음 전리방사선의 종류 중 투과력이 가장 강한 것은?

① X-선   ② 중성자
③ 감마선   ④ 알파선

해설 전리방사선의 인체 투과력 순서: 중성자 > X선 또는 γ선 > β선 > α선

54 작업환경 중에서 발생되는 분진에 대한 방진대책을 수립하고자 한다. 다음 중 분진 발생 방지대책으로 가장 적합한 방법은?

① 전체환기
② 작업시간의 조정
③ 물 등에 의한 취급 물질의 습식화
④ 방진 마스크나 송기 마스크에 의한 흡입방지

해설 습식방법: 연속적인 살수작업으로 최대 75 %까지 분진의 비산을 감소시킨다.

55 기계 A의 소음이 85 dB(A), 기계 B의 소음이 84 dB(A)일 때, 총 음압 수준은 약 몇 dB(A)인가?

① 84.7 ② 86.3
③ 87.5 ④ 90.4

해설 소음의 합성
$$SPL = 10 \log \left(10^{0.1 \times L_1} + 10^{0.1 \times L_2}\right)$$
$$= 10 \log \left(10^{8.5} + 10^{8.4}\right) = 87.5 \text{ dB(A)}$$

56 작업환경개선 대책 중 대체의 방법으로 옳지 않은 것은?

① 분체의 원료는 입자가 큰 것으로 바꾼다.
② 야광시계의 자판에서 라듐을 인으로 대체한다.
③ 금속제품 도장용으로 유기용제를 수용성 도료로 전환한다.
④ 아조염료의 합성에서 원료로 디클로로벤지딘을 사용하던 것을 방부기능의 벤지딘으로 바꾼다.

해설 아조염료의 합성에서 원료로 벤지딘(발암물질)을 사용하던 것을 디클로로벤지딘으로 바꾼다.

57 음원에서 10 m 떨어진 곳에서 음압 수준이 89 dB(A)일 때, 음원에서 20 m 떨어진 곳에서의 음압 수준은 약 몇 dB(A)인가? (단, 점음원이고 장해물이 없는 자유공간에서 구면상으로 전파한다고 가정한다.)

① 77
② 80
③ 83
④ 86

해설 점음원의 거리 감쇠(역2승법칙이 성립된다)

$$SPL_1 - SPL_2 = 20 \log \left(\frac{r_2}{r_1}\right) \text{ dB에서}$$

$$SPL_2 = 89 - 20 \log \left(\frac{20}{10}\right) = 83 \text{ dB}$$

58 체내로 흡입하게 되면 부식성이 강하여 점막 등에 침착되어 궤양을 유발하고 장기적으로 취급하면 비중격 천공을 일으키는 물질은?

① 크로뮴
② 수은
③ 아세톤
④ 카드뮴

해설 크로뮴의 만성중독에 의한 점막장해로 점막이 충혈되어 화농성 비염이 되고 점차 깊이 들어가서 궤양이 되어 코 점막의 염증과 비중격 천공 증상이 발생한다.

59 비교원성 진폐증의 종류로 가장 알맞은 것은?

① 규폐증
② 주석폐증
③ 석면폐증
④ 탄광부 진폐증

해설
• 비교원성 진폐증: 폐 조직이 정상이며 망상섬유로 구성되어 있으며 간질반응이 경미하게 나타난다.
• 비교원성 진폐증의 종류: 용접공폐증, 주석폐증, 바륨폐증, 칼륨폐증
• 교원성(膠原性) 진폐증: 폐포 결합 조직에 변성이 일어나 교원섬유(아교섬유, 지지 조직의 세포간질(細胞間質)에 존재하는 섬유)가 증가하는 성질이 교원성으로 교원성 진폐증은 비가역적 변화나 파괴가 있고 세포간질의 반응이 명백하고 정도가 심하며 종류로는 규폐증, 석면폐증, 탄광부폐증이 있다.

60 다음 중 고압환경에서 인체작용인 2차적인 가압현상에 관한 설명과 가장 거리가 먼 것은?

① 산소의 분압이 2기압을 넘으면 산소중독증세가 나타난다.
② 이산화탄소는 산소의 독성과 질소의 마취작용을 증가시킨다.
③ 질소의 분압이 2기압을 넘으면 근육경련, 정신 혼란과 같은 현상이 발생한다.
④ 4기압 이상에서 공기 중의 질소가스는 마취작용을 나타내며 작업력의 저하, 기분의 변환, 다행증을 일으킨다.

해설 고압환경의 영향 중 2차적인 가압현상
㉠ 질소가스의 마취작용: 4기압 이상에서 마취작용을 일으키고, 작업력의 저하, 기분의 변환 등 다행증이 일어남
㉡ 산소중독: 산소의 분압이 2기압을 넘으면 발생하며 가역적인 증상이다.
㉢ 이산화탄소중독: 이산화탄소의 증가는 산소의 독성과 질소의 마취작용을 증가시킨다. 0.2 %를 초과해서는 안 됨 근육경련, 정신 혼란과 같은 현상은 감압환경의 인체 증상이다.

정답 50 ② 51 ④ 52 ③ 53 ② 54 ③ 55 ③ 56 ④ 57 ③ 58 ① 59 ② 60 ③

4과목 산업환기

61 전자부품을 납땜하는 공정에 외부식 국소배기장치를 설치하려고 한다. 후드의 규격은 400 mm × 400 mm, 제어거리(X)를 20 cm, 제어속도(V_c)를 0.5 m/s로 하고자 할 때의 소요풍량(m³/min)보다 후드에 플랜지를 부착하여 공간에 설치하면 소요풍량(m³/min)은 얼마나 감소하는가?

① 1.2 ② 2.2
③ 3.2 ④ 4.2

해설 1) 플랜지 미부착 시 필요송풍량
$Q = 60 \times V_c \times (10X^2 + A)$
$= 60 \times 0.5 \times [10 \times 0.2^2 + (0.4 \times 0.4)]$
$= 16.8 \, \text{m}^3/\text{min}$

2) 플랜지 부착 시 필요송풍량
$Q = 60 \times 0.75 \times V_c \times (10X^2 + A)$
$= 60 \times 0.75 \times 0.5 \times (10 \times 0.2^2 + 0.4 \times 0.4)$
$= 12.6 \, \text{m}^3/\text{min}$

∴ $16.8 - 12.6 = 4.2 \, \text{m}^3/\text{min}$

62 전기집진기(ESP, electrostatic precipitator)의 장점이라고 볼 수 없는 것은?

① 좁은 공간에서도 설치가 가능하다.
② 보일러와 철강로 등에 설치할 수 있다.
③ 약 500℃ 전후 고온의 입자상 물질도 처리가 가능하다.
④ 넓은 범위의 입경과 분진의 농도에서 집진 효율이 높다.

해설 전기집진장치는 설치면적이 크다는 단점이 있다.

63 블로우 다운(blow down) 효과와 관련이 있는 공기정화장치는?

① 전기집진장치 ② 원심력집진장치
③ 중력집진장치 ④ 관성력집진장치

해설 원심력집진장치의 블로우 다운의 효과
㉠ 유효 원심력을 증가시켜 선회기류의 흐트러짐을 방지한다.
㉡ 부분적 난류 감소로 집진된 입자가 재비산을 방지한다.
㉢ 분진 박스나 호퍼부에서 처리 가스량의 일부인 5 ~ 10 % 정도를 재유입하여 사이클론 내의 난류 현상을 억제시킴으로써 집진된 먼지의 비산을 방지시킨다.
㉣ 사이클론의 집진 효율을 높이는 효과를 나타낸다.

64 용융로 상부의 공기 용량은 200 m³/min, 온도는 400 ℃, 1기압이다. 이것을 21 ℃, 1기압의 상태로 환산하면 공기의 용량은 약 몇 m³/min가 되겠는가?

① 82.6 ② 87.4
③ 93.4 ④ 116.6

해설 환산된 공기의 용량
$Q_2 = 200 \times \dfrac{273 + 21}{273 + 400} = 87.37 \, \text{m}^3/\text{min}$

65 작업공정에서는 이상이 없다고 가정할 때, 보기의 후드를 효율이 가장 우수한 것부터 나쁜 순으로 나열한 것은? (단, 제어속도는 1 m/s, 제어거리는 0.5 m, 개구면적은 2 m²으로 동일하다.)

㉠ 포위식 후드
㉡ 테이블에 고정된 플랜지가 붙은 외부식 후드
㉢ 자유공간에 설치된 외부식 후드
㉣ 자유공간에 설치된 플랜지가 붙은 외부식 후드

① ㉠ - ㉢ - ㉡ - ㉣
② ㉡ - ㉠ - ㉢ - ㉣
③ ㉠ - ㉡ - ㉣ - ㉢
④ ㉡ - ㉠ - ㉣ - ㉢

해설 후드의 효율은 필요송풍량이 되도록 적은 것이 좋아서 포위식 후드가 가장 좋고, 외부식 후드는 플랜지가 부착될수록 효율이 나아진다.

66 국소배기장치의 기본 설계 시 가장 먼저 해야 하는 것은?

① 적정 제어풍속을 정한다.
② 후드의 형식을 선정한다.
③ 각각의 후드에 필요한 송풍량을 계산한다.
④ 배관계통을 검토하고 공기정화장치와 송풍기의 설치 위치를 정한다.

해설 국소배기장치의 설계 순서
후드 형식의 선정 → 제어속도의 결정 → 소요풍량의 계산 → 반송속도 결정 → 배관내경 산출 → 후드의 크기 결정 → 배관의 배치와 설치장소의 선정 → 공기정화장치 선정 → 국소배기 계통도와 배치도 작성 → 총압력손실의 계산 → 송풍기의 선정

67 정압, 속도압, 전압에 관한 설명 중 틀린 것은?

① 정압이 대기압보다 높으면 (+) 압력이다.
② 정압이 대기압보다 낮으면 (−) 압력이다.
③ 정압과 속도압의 합을 총압 또는 전압이라고 한다.
④ 공기 흐름이 기인하는 속도압은 항상 (−) 압력이다.

해설 공기 흐름이 기인하는 속도압은 항상 (+) 압력이다.

68 사무실 직원이 모두 퇴근한 직후인 오후 6시에 측정한 공기 중 CO_2 농도는 1 200 ppm, 사무실이 빈 상태로 3시간이 경과한 오후 9시에 측정한 CO_2 농도는 400 ppm이었다면, 이 사무실의 시간당 공기 교환 횟수는? (단, 외부공기 중 CO_2 농도는 330 ppm으로 가정한다.)

① 0.68   ② 0.84
③ 0.93   ④ 1.26

해설 시간당 공기 교환 횟수

$$= \frac{\ln(\text{측정 초기농도} - \text{외부 } CO_2 \text{ 농도}) - \ln(\text{시간이 지난 후 농도} - \text{외부 } CO_2 \text{ 농도})}{\text{경과된 시간}}$$

$$= \frac{\ln(1\,200 - 330) - \ln(400 - 330)}{3} = 0.84 \text{ (회/h)}$$

69 국소배기장치의 압력손실이 증가되는 경우가 아닌 것은?

① 덕트를 길게 한다.
② 덕트의 직경을 줄인다.
③ 덕트를 급격하게 구부린다.
④ 곡관의 곡률 반경을 크게 한다.

해설 곡관의 곡률 반경을 크게 하면 압력손실이 감소한다.

70 에너지 절약의 일환으로 실내 공기를 재순환시켜 외부 공기와 혼합하여 공급하는 경우가 많다. 재순환 공기 중 CO_2의 농도가 700 ppm, 급기 중 CO_2의 농도가 600 ppm 이었다면, 급기 중 외부공기의 함량은 몇 %인가? (단, 외부공기 중 CO_2의 농도는 300 ppm이다.)

① 25 %   ② 43 %
③ 50 %   ④ 86 %

해설 급기 중 재순환량(%)

$$= \frac{\text{급기공기 중 } CO_2 \text{ 농도} - \text{외부공기 중 } CO_2 \text{ 농도}}{\text{재순환 공기 중 } CO_2 \text{ 농도} - \text{외부공기 중 } CO_2 \text{ 농도}} \times 100$$

$$= \frac{600 - 300}{700 - 300} \times 100 = 75 \%$$

∴ 급기 중 외부공기의 함량(%) = 100 − 75 = 25 %

정답 61 ④ 62 ① 63 ② 64 ② 65 ③ 66 ② 67 ④
68 ② 69 ④ 70 ①

71 전체환기 방식에 대한 설명 중 틀린 것은?

① 자연환기는 기계환기보다 보수가 용이하다.
② 효율적인 자연환기는 냉방비 절감효과가 있다.
③ 청정공기가 필요한 작업장은 실내압을 양압(+)으로 유지한다.
④ 오염이 높은 작업장은 실내압을 매우 높은 양압(+)으로 유지하여야 한다.

해설 오염이 높은 작업장은 실내압을 매우 높은 음압(−)으로 유지하여야 한다.

72 제어속도의 범위를 선택할 때 고려되는 사항으로 가장 거리가 먼 것은?

① 근로자 수
② 작업장 내 기류
③ 유해물질의 사용량
④ 유해물질의 독성

해설 제어속도 결정 시 고려사항
㉠ 유해물질의 비산 방향(확산 형태)
㉡ 유해물질의 비산거리(제어거리, 후드에서 오염원까지의 거리)
㉢ 후드의 형식(형태)
㉣ 작업장 내 방해기류(난기류의 속도)
㉤ 유해물질의 사용량 및 독성

73 전자부품을 납땜하는 공정에 외부식 국소배기장치를 설치하고자 한다. 후드의 규격은 400 × 400 mm, 반송속도를 1 200 m/min으로 하고자 할 때 덕트 내에서 속도압은 약 몇 mmH₂O인가? (단, 덕트 내의 온도는 21 ℃이며, 이때 가스의 밀도는 1.2 kg/m³이다.)

① 24.5
② 26.6
③ 27.4
④ 28.5

해설 속도압

$$VP = \frac{\gamma V^2}{2g} = \frac{1.2 \times \left(\frac{1,200}{60}\right)^2}{2 \times 9.8} = 24.5 \, mmH_2O$$

74 송풍기 상사법칙과 관련이 없는 것은?

① 송풍량
② 축동력
③ 회전수
④ 덕트의 길이

해설 송풍기의 상사법칙은 송풍기의 회전수와 송풍기 중량, 송풍기 풍압, 송풍기 동력과의 관계이며 송풍기 성능 추정에 매우 중요한 법칙이다.

75 국소배기 시스템에 설치된 충만실(plenum chamber)에 있어 가장 우선적으로 높여야 하는 효율의 종류는?

① 정압 효율
② 집진 효율
③ 배기효율
④ 정화 효율

해설 국소배기 시스템에 설치된 충만실(plenum chamber)은 후드 뒷부분에 위치하며 흡입유속을 작게하여 일정하게 되므로 압력과 공기 흐름을 균일하게 형성하는 데 필요한 장치로 충만실에 있어 가장 우선적으로 높여야 하는 효율은 배기 효율이다.

76 유입계수(C_e)가 0.6인 플랜지 부착 원형 후드가 있다. 이때 후드의 유입손실계수(F_h)는 얼마인가?

① 0.52
② 0.98
③ 1.26
④ 1.78

해설 후드의 유입손실계수

$$F_h = \frac{1}{C_e^2} - 1 = \frac{1}{0.6^2} - 1 = 1.78$$

77 그림과 같이 Q_1, Q_2에서 유입된 기류가 합류관인 Q_3로 흘러갈 때, Q_3의 유량(m³/min)은 약 얼마인가? (단, 합류와 확대에 의한 압력손실은 무시한다.)

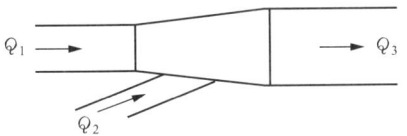

구분	직경(mm)	유속(m/s)
Q_1	200	10
Q_2	150	14
Q_3	350	–

① 33.7 ② 36.3
③ 38.5 ④ 40.2

해설 $Q_3 = Q_1 + Q_2$에서
$Q_1 = A_1 \times V_1 = \left(\dfrac{3.14 \times 0.2^2}{4}\right) \times 10 \times 60$
$= 18.84 \, \text{m}^3/\text{min}$
$Q_2 = A_2 \times V_2 = \left(\dfrac{3.14 \times 0.15^2}{4}\right) \times 14 \times 60$
$= 14.84 \, \text{m}^3/\text{min}$
∴ $Q_3 = 18.84 + 14.84 = 33.68 \, \text{m}^3/\text{min}$

78 국소배기장치의 설계 시 송풍기의 동력을 결정할 때 가장 필요한 정보는?

① 송풍기 동압과 가격
② 송풍기 동압과 효율
③ 송풍기 전압과 크기
④ 송풍기 전압과 필요송풍량

해설 송풍기의 소요동력(kW) $= \dfrac{Q \times \Delta P}{6\,120 \times \eta} \times \alpha$ kW에서 동력을 결정할 때 가장 필요한 정보는 송풍기 전압과 필요송풍량이다.

79 건조공기가 원형식 관내를 흐르고 있다. 속도압이 6 mmH₂O이면 풍속은 얼마인가? (단, 건조공기의 비중량 1.2 kgf/m³이며, 표준상태이다.)

① 5 m/s ② 10 m/s
③ 15 m/s ④ 20 m/s

해설 속도압, $VP = \dfrac{\gamma V^2}{2g}$에서
$V = \sqrt{\dfrac{VP \times 2g}{1.2}} = \sqrt{\dfrac{6 \times 2 \times 9.8}{1.2}} = 10 \, \text{m/s}$

80 사염화에틸렌 2,000 ppm이 공기 중에 존재한다면 공기와 사염화에틸렌 혼합물의 유효비중(effective specific gravity)은 얼마인가? (단, 사염화에틸렌의 증기비중은 5.7이다.)

① 1.094 ② 1.823
③ 2.342 ④ 3.783

해설 유효비중
$S_{eff} = \dfrac{(20,000 \times 5.7) + (980,000 \times 1.0)}{1,000,000} = 1.094$

정답 71 ④ 72 ① 73 ① 74 ① 75 ③ 76 ④ 77 ①
      78 ④ 79 ② 80 ①

2회 산업위생관리산업기사 기출문제

2018.04.28 시행

1과목 산업위생학개론

01 상시 근로자가 300명인 신발 제조업에서 산업안전보건법에 따라 선임하여야 하는 보건관리자에 관한 설명으로 맞는 것은?

① 선임하여야 하는 보건관리자의 수는 1명이다.
② 보건관련 전공자 2명을 보건관리자로 선임하여야 한다.
③ 보건관리자의 자격을 가진 2명의 보건관리자를 선임하여야 하며, 그중 1명은 의사나 간호사이어야 한다.
④ 보건관리자의 자격을 가진 3명의 보건관리자를 선임하여야 하며, 그중 1명은 의사나 간호사이어야 한다.

해설 산업안전보건법 시행령 [별표 5]. 보건관리자를 두어야 하는 사업의 종류, 사업장의 상시근로자 수, 보건관리자의 수 및 선임방법(제20조 제1항 관련)

사업의 종류	사업장의 상시 근로자 수	보건관리자의 수	보건관리자의 선임방법
6. 신발 및 신발부분품 제조업	상시근로자 50명 이상 500명 미만	1명 이상	보건관리자는 다음 각 호의 어느 하나에 해당하는 사람으로 한다. 1. 산업보건지도사 자격을 가진 사람 2. 의사 3. 간호사 4. 산업위생관리산업기사 또는 대기환경산업기사 이상의 자격을 취득한 사람 5. 인간공학기사 이상의 자격을 취득한 사람 6. 전문대학 이상의 학교에서 산업보건 또는 산업위생 분야의 학위를 취득한 사람

02 산업 피로의 예방과 회복 대책으로 틀린 것은?

① 작업환경을 정리 정돈한다.
② 커피, 홍차 또는 엽차를 마신다.
③ 적절한 간격으로 휴식시간을 둔다.
④ 작업 속도를 가능한 늦게 하여 정적 작업이 되도록 한다.

해설 작업 속도를 너무 빠르거나 느리지 않도록 조절한다.

03 다음의 설명에서 ( ) 안에 들어갈 용어로 맞는 것은?

> ( )는 대류현장에 의해 발생하는 공기의 흐름을 뜻한다. 따뜻한 공기가 건물의 상층에서 새어 나올 경우 실내공기는 하층에서 고층으로 이동하며 외부 공기는 건물 저층의 입구를 통해 안으로 들어오게 된다. 이 ( ) 공기의 흐름은 계단 같은 수직 공간, 엘리베이터의 통로, 기타 다른 구멍을 통해 층 사이에 오염물질을 이동시킬 수 있다.

① 연돌효과(stack effect)
② 균형효과(balance effect)
③ 호손효과(hawthorne effect)
④ 공기연령효과(air-age effect)

해설 화재 시 연기는 주위온도보다 높기 때문에 밀도차에 의해 부력(buoyancy force)이 발생하여 위로 상승한다. 특히, 고층건물의 기계실, 엘리베이터실과 같은 수직공간 내의 온도와 밖의 온도가 서로 차이가 있을 경우 부력에 의한 압력차가 발생하여 연기가 수직공간을 상승하거나 하강하는데 이와 같은 현상을 연돌효과 또는 굴뚝효과라고 한다.

04 직업성 질환을 인정할 때 고려해야 할 사항으로 틀린 것은?

① 업무상 재해라고 할 수 있는 사건의 유무
② 작업환경과 그 작업에 종사한 기간 또는 유해 작업의 정도
③ 같은 작업장에서 비슷한 증상을 나타내는 환자의 발생 유무
④ 의학상 특징적으로 나타나는 예상되는 임상검사 소견의 유무

해설 업무상 재해라고 할 수 있는 사건의 유무는 산업재해에 해당한다.

05 사업주는 사업장에 쓰이는 모든 대상 화학물질에 대한 물질안전보건자료를 취급 근로자가 쉽게 볼 수 있도록 비치 및 게시하여야 한다. 비치 및 게시를 하기 위한 장소로 잘못된 것은?

① 대상 화학물질 취급 작업 공정 내
② 사업장 내 근로자가 가장 보기 쉬운 장소
③ 안전사고 또는 직업병 발생 우려가 있는 장소
④ 위급상황 시 보건관리자가 바로 활용할 수 있는 문서보관실

해설 산업안전보건법 시행규칙 제167조(물질안전보건자료를 게시하거나 갖추어 두는 방법)
① 물질안전보건자료대상물질을 취급하는 사업주는 다음 각 호의 어느 하나에 해당하는 장소 또는 전산장비에 항상 물질안전보건자료를 게시하거나 갖추어 두어야 한다.
1. 물질안전보건자료대상물질을 취급하는 작업공정이 있는 장소
2. 작업장 내 근로자가 가장 보기 쉬운 장소
3. 근로자가 작업 중 쉽게 접근할 수 있는 장소에 설치된 전산장비

06 운반 작업을 하는 젊은 근로자의 약한 손(오른손잡이의 경우 왼 손)의 힘은 40 kp이다. 이 근로자가 무게 10 kg인 상자를 두 손으로 들어 올릴 경우 적정 작업시간은 약 몇 분인가? (단, 공식은 671,120 × 작업강도$^{-2.222}$를 적용한다.)

① 25분 ② 41분
③ 55분 ④ 122분

해설 무게가 10 kg인 상자를 두 손으로 들어 올리므로 한 손에 미치는 힘은 5 kp가 된다. 따라서 작업 강도를 구하면

$$작업\ 강도(\%MS) = \frac{작업\ 시\ 요구되는\ 힘\ (RF,\ required\ force)}{근로자가\ 가지고\ 있는\ 최대의\ 힘\ (MS,\ maximum\ strength)} \times 100$$

∴ 적정작업시간(초) = 671,120 × %MS$^{-2.2222}$
= 671,120 × 12.5$^{-2.2222}$ = 2,450 (초) ≒ 41 분

07 다음 약어의 용어들은 무엇을 평가하는 데 사용되는가?

OWAS, RULA, REBA, SI

① 직무 스트레스 정도
② 근골격계질환의 위험요인
③ 뇌심혈관계질환의 정량적 분석
④ 작업장 국소 및 전체환기 효율 비교

해설 근골격계질환(누적외상성 질환)에 대한 인간공학적인 평가도구로
㉠ RULA(Rapid Upper Limb Assessment)
㉡ OWAS(Okavo Working Posture Analysis System)
㉢ REBA(Rapid Entire Body Assessment)
㉣ NLE(revised NIOSH Lifting Equation)
㉤ SI(Strain Index)
㉥ JSI(Job Strain Index)
등이 있다.

정답 01 ① 02 ④ 03 ① 04 ① 05 ④ 06 ② 07 ②

08 산업위생 분야에 관련된 단체와 그 약자를 연결한 것으로 틀린 것은?

① 영국 산업위생학회 – BOHS
② 미국 산업위생학회 – ACGIH
③ 미국 직업안전위생관리국 – OSHA
④ 미국 국립산업안전보건연구원 – NIOSH

해설 산업위생과 관련된 정보를 얻을 수 있는 기관
㉠ AIHA(American Industrial Hygiene Association, 미국산업위생학회), 1939년 창립
㉡ ACGIH(American Conference of Governmental Industrial Hygienists, 미국정부산업위생전문가협의회), 1938년 설립
㉢ OSHA(Occupational Safety and Health Administration, 미국산업안전보건청), 1970년
㉣ NIOSH(National Institute for Occupational Safety and Health, 미국국립산업안전보건연구원), 1970년
㉤ BOHS(British Occupational Hygiene Society, 영국 산업위생학회), 1953년 설립

09 인간공학에서 적용하는 정적치수(static dimensions)에 관한 설명으로 틀린 것은?

① 동적인 치수에 비하여 데이터가 적다.
② 일반적으로 표(table)의 형태로 제시된다.
③ 구조적 치수로 정적자세에서 움직이지 않는 피측정자를 인체 계측기로 측정한 것이다.
④ 골격 치수(팔꿈치와 손목 사이와 같은 관절 중심거리 등)와 외곽치수(머리둘레 등)로 구성된다.

해설 대부분의 인체측정 데이터는 인체의 동작을 기준으로 한 동적 측정 데이터인 기능적 치수(functional dimension)가 아니라 구조적 인체 치수인 정적 치수(static dimension)이다.

10 산업안전보건법의 '사무실 공기관리 지침'에서 오염물질로 관리기준이 설정되지 않은 것은?

① 총 부유세균
② CO(일산화탄소)
③ SO_2(이산화황)
④ CO_2(이산화탄소)

해설 사무실 공기관리 지침, 제6조(시료 채취 및 분석 방법)
오염물질 항목: 미세먼지(PM_{10}), 초미세먼지($PM_{2.5}$), 이산화탄소(CO_2), 일산화탄소(CO), 이산화질소(NO_2), 폼알데하이드(HCHO), 총휘발성유기화합물(TVOC), 라돈(Rn, radon), 총부유세균, 곰팡이

11 산업안전보건법령상 보건관리자의 자격과 선임제도에 대한 설명으로 틀린 것은?

① 상시 근로자가 100인 이상 사업장은 보건관리자의 자격 기준에 해당하는 자 중 1인 이상을 보건관리자로 선임하여야 한다.
② 보건관리대행은 보건관리자의 직무인 보건관리를 전문으로 행하는 외부기관에 위탁하여 수행하는 제도로 1990년부터 법적 근거를 갖고 시행되고 있다.
③ 작업환경 상에 유해요인이 상존하는 제조업은 근로자의 수가 2,000명을 초과하는 경우에「의료법」에 따른 의사 또는 간호사인 보건관리자 1인을 포함하는 2인의 보건관리자를 선임하여야 한다.
④ 보건관리자의 자격기준은 의료법에 의한 의사 또는 간호사, 산업안전보건법에 의한 산업보건지도사, 국가기술자격법에 의한 산업위생관리산업기사 또는 환경관리산업기사(대기분야 한함) 등이다.

해설 상시 근로자가 50인 이상 사업장은 보건관리자의 자격기준에 해당하는 자 중 1인 이상을 보건관리자로 선임하여야 한다.

12 미국 국립산업안전보건연구원에서는 중량물취급 작업에 대하여 감시기준(Action limit)과 최대허용기준(Maximum permissible limit)을 설정하여 권고하고 있다. 감시기준이 30 kg일 때 최대허용기준은 얼마인가?

① 45 kg
② 60 kg
③ 75 kg
④ 90 kg

해설 최대허용기준(MPL, Maximum Permissible Limit)
감시기준(AL, Action Limit)의 3배, 즉 MPL = 3AL에 해당하는 값이므로 MPL = 3×30 = 90 kg

13 인조견, 셀로판 등에 이용되고 실험실에서 추출용 등의 시약으로 쓰이고 장기간에 걸쳐 고농도로 폭로되면 기질적 뇌손상, 말초신경병, 신경행동학적 이상, 시각·청각장애 등이 발생하는 유기용제는 어느 것인가?

① 벤젠
② 사염화탄소
③ 메타놀
④ 이황화탄소

해설 이황화탄소는 매우 강한 독성을 가진 화합물 중 하나이다. 주로 흡입을 통해서 몸속으로 흡수되는 일이 잦으나, 피부를 통해서도 흡수될 수 있고 이 경우 역시 중독을 일으킬 수 있다. 반복된 피부와 액체 이황화탄소의 접촉은 염증이나 피부의 부스러짐을 야기할 수 있다. 장시간 동안 접촉할 경우 물집이나 2도, 3도 화상이 발생할 수 있다. 영구적인 간과 신장의 손상, 생식 불능, 신경장애, 시각장애, 정신병, 심장혈관 이상 등이 일어날 수 있다.

14 화학물질이 2종 이상 혼재하는 경우, 다음 공식에 의하여 계산된 EI 값이 1이 초과하지 아니하면 기준치를 초과하지 아니하는 것으로 인정할 때, 이 공식을 적용하기 위하여 각각의 물질 사이의 관계는 어떤 작용을 하여야 하는가? (단, C는 화학물질 각각의 측정치, T는 화학물질 각각의 노출 기준을 의미한다.)

$$EI = \frac{C_1}{T_1} + \frac{C_2}{T_2} + \cdots + \frac{C_n}{T_n}$$

① 가승작용(potentiation)
② 상가작용(additive effect)
③ 상승작용(synergistic effect)
④ 길항작용(antagonistic effect)

해설 화학물질 및 물리적 인자의 노출 기준, 제3조(노출기준 사용상의 유의사항)
① 각 유해인자의 노출 기준은 해당 유해인자가 단독으로 존재하는 경우의 노출 기준을 말하며, 2종 또는 그 이상의 유해인자가 혼재하는 경우에는 각 유해인자의 상가작용으로 유해성이 증가할 수 있으므로 제6조에 따라 산출하는 노출 기준을 사용하여야 한다.
제6조(혼합물)① 화학물질이 2종 이상 혼재하는 경우에 혼재하는 물질 간에 유해성이 인체의 서로 다른 부위에 작용한다는 증거가 없는 한 유해작용은 가중되므로 노출 기준은 다음식에 따라 산출하되, 산출되는 수치가 1을 초과하지 아니하는 것으로 한다.

$$\frac{C_1}{T_1} + \frac{C_2}{T_2} + \cdots + \frac{C_n}{T_n}$$

여기서 C: 화학물질 각각의 측정치,
T: 화학물질 각각의 노출 기준

15 전신 피로에 있어 생리학적 원인에 해당하지 않는 것은?

① 산소 공급부족
② 체내 젖산농도의 감소
③ 혈중 포도당 농도의 저하
④ 근육 내 글리코겐량의 감소

해설 체내 젖산농도의 증가

정답 08 ② 09 ① 10 ③ 11 ① 12 ④ 13 ④ 14 ② 15 ②

16 호기적 산화를 도와서 근육의 열량공급을 원활하게 해주기 때문에 근육노동에 있어서 특히 주의해서 보충해 주어야 하는 것은?

① 비타민 A
② 비타민 C
③ 비타민 B_1
④ 비타민 D_4

해설 비타민 B_1은 호기적 산화를 도와 근육의 열량 공급을 원활하게 해준다.

17 산업위생전문가가 지켜야 할 윤리강령 중 "기업주와 고객에 대한 책임"에 관한 내용에 해당하는 것은?

① 신뢰를 중요시하고, 결과와 권고사항을 정확히 보고한다.
② 산업위생전문가의 첫 번째 책임은 근로자의 건강을 보호하는 것임을 인식한다.
③ 건강에 유해한 요소들을 측정, 평가, 관리하는 데 객관적인 태도를 유지한다.
④ 건강의 유해요인에 대한 정보와 필요한 예방대책에 대해 근로자들과 상담한다.

해설 기업주와 고객에 대한 책임
㉠ 결과 및 결론을 뒷받침할 수 있도록 정확한 기록을 유지하고 산업위생사업을 전문가답게 전무 부서들을 운영, 관리한다.
㉡ 기업주와 고객보다는 근로자의 건강 보호에 궁극적 책임을 두어 행동한다.
㉢ 쾌적한 작업환경을 조성하기 위하여 산업위생의 이론을 적용하고 책임 있게 행동한다.
㉣ 신뢰를 바탕으로 정직하게 권고하고 성실한 자세로 충고하며 결과와 개선점 및 권고사항을 정확히 보고한다.

18 ILO와 WHO 공동위원회의 산업보건에 대한 정의와 가장 관계가 적은 것은?

① 작업조건으로 인한 질병을 치료하는 학문과 기술
② 작업이 인간에게, 또 일하는 사람이 그 직무에 적합하도록 마련하는 것
③ 근로자를 생리적으로나 심리적으로 적합한 작업환경에 배치하여 일하도록 하는 것
④ 모든 직업에 종사하는 근로자들의 육체적, 정신적, 사회적 건강을 고도로 유지 증진시키는 것

해설 국제노동기구(ILO)와 세계보건기구(WHO) 공동위원회에서 정한 산업보건의 정의 내용
㉠ 근로자들의 육체적, 정신적, 사회적 건강을 유지·증진
㉡ 근로자를 생리적, 심리적으로 적성에 맞는 작업장에 일하도록 배치
㉢ 작업조건으로 인한 질병 예방 및 건강에 유해한 취업방지
㉣ 근로자들이 유해인자들로부터 노출되는 것을 예방

19 스트레스(stress)는 외부의 스트레스 요인(stressor)에 의해 신체에 항상성이 파괴되면서 나타나는 반응이다. 다음의 설명 중 (   )에 해당하는 용어로 맞는 것은?

인간은 스트레스 상태가 되면 부신피질에서 (   )이라는 호르몬이 과잉분비되어 뇌의 활동을 저해하게 된다.

① 코티졸(cortisol)
② 도파민(dopamine)
③ 옥시토신(oxytocin)
④ 아드레날린(adrenalin)

해설 코르티솔(cortisol, 하이드로코르티손) 또는 코티졸
부신피질에서 생성되는 당질 코르티코이드계의 호르몬으로, 부신피질은 스트레스나 낮은 농도의 혈중 당질 코르티코이드에 반응해 코르티솔을 분비하는데. 혈당을 높이고, 면역 시스템을 저하시키며, 뼈의 생성을 막는 역할을 하기도 하지만 탄수화물, 단백질, 지방의 대사를 돕는 작용을 한다.

20 작업에 소모된 열량이 4,500 kcal, 안정 시 열량이 1,000 kcal, 기초대사량이 1,500 kcal일 때, 실동률은 약 얼마인가? (단, 사이또(齋藤)와 오지마(大島)의 경험식을 적용한다.)

① 70.0 % ② 73.3 %
③ 84.4 % ④ 85.0 %

해설 작업의 실동률(실노동률, %)의 관계식
실동률(%) = 85 − 5 × RMR에서 작업대사율(RMR, Relative Metabolic Rate, 에너지대사율)은
$$RMR = \frac{작업대사량}{기초대사량} = \frac{(4,500-1,000)}{1,500} = 2.33$$
이므로 ∴ 실동률 = 85 − 5 × 2.33 = 73.35 (%)

2과목 작업환경 측정 및 평가

21 고체포집법에 관한 설명으로 틀린 것은?

① 시료 공기를 흡착력이 강한 고체의 작은 입자층을 통과시켜 포집하는 방법이다.
② 실리카젤은 산과 같은 극성물질의 포집에 사용되며 수분의 영향을 거의 받지 않으므로 널리 사용된다.
③ 시료의 채취는 사용하는 고체입자층의 포집 효율을 고려하여 일정한 흡입유량으로 한다.
④ 포집된 유기물은 일반적으로 이황화탄소(CS_2)로 탈착하여 분석용 시료로 사용된다.

해설 고체포집법은 고체채취방법으로 시료 공기를 고체의 입자층을 통해 흡입, 흡착하여 해당 고체입자에 측정하려는 물질을 채취하는 방법을 말하는데 실리카젤은 산과 같은 극성물질의 포집에 사용되지만 수분의 영향을 많이 받으므로 사용하지 않는다.

22 일반적인 사람이 느끼는 최소 진동역치는 얼마인가?

① (55±5) dB ② (70±5) dB
③ (90±5) dB ④ (105±5) dB

해설 인간이 느끼는 최소 진동역치: (55±5) dB

23 입자상 물질의 측정 방법 중 용접흄 측정에 관한 설명으로 옳은 것은? (단, 고용노동부 고시를 기준으로 한다.)

① 용접흄은 여과채취방법으로 하되 용접 보안면을 착용한 경우에는 보안면 반경 15 cm 이하의 거리에서 채취한다.
② 용접흄은 여과채취방법으로 하되 용접 보안면을 착용한 경우에는 보안면 반경 30 cm 이하의 거리에서 채취한다.
③ 용접흄은 여과채취방법으로 하되 용접 보안면을 착용한 경우에는 그 내부에서 채취한다.
④ 용접흄은 여과채취방법으로 하되 용접 보안면을 착용한 경우는 용접 보안면 외부의 호흡기 위치에서 채취한다.

해설 작업환경 측정 및 정도관리 등에 관한 고시, 제21조(측정 및 분석 방법)
1. 석면의 농도는 여과채취방법으로 측정하고 계수방법 또는 이와 동등 이상의 분석 방법으로 분석할 것
2. 광물성 분진은 여과채취방법으로 측정하고 석영, 크리스토바라이트, 트리디마이트를 분석할 수 있는 적합한 방법으로 분석할 것(다만, 규산염과 그 밖의 광물성 분진은 중량분석 방법으로 분석한다.)
3. 용접흄은 여과채취방법으로 측정하되 용접보안면을 착용한 경우에는 그 내부에서 시료를 채취하고 중량분석 방법과 원자흡수분광광도계 또는 유도결합프라스마를 이용한 방법으로 분석할 것
4. 석면, 광물성 분진 및 용접 흄을 제외한 입자상 물질은 여과채취방법으로 측정한 후 중량분석 방법이나 유해물질 종류에 따른 적합한 방법으로 분석할 것
5. 호흡성 분진은 호흡성 분진용 분립장치 또는 호흡성 분진을 채취할 수 있는 기기를 이용한 여과채취방법으로 측정할 것
6. 흡입성 분진은 흡입성 분진용 분립장치 또는 흡입성 분진을 채취할 수 있는 기기를 이용한 여과채취방법으로 측정할 것

정답 16 ③ 17 ① 18 ① 19 ① 20 ② 21 ② 22 ①
23 ③

24 작업장 공기 중 사염화탄소(TLV = 10 ppm)가 5 ppm, 1,2-디클로로에탄(TLV = 50 ppm)이 12 ppm, 1,2-디브로메탄(TLV = 20 ppm)이 8 ppm일 때 노출지수는? (단, 상가작용 기준)

① 1.04　　② 1.14
③ 1.24　　④ 1.34

해설 오염물질이 혼합물로 존재할 경우 노출지수(EI, Eexposure Index)의 계산

$$EI = \frac{C_1}{TLV_1} + \frac{C_2}{TLV_2} + \cdots + \frac{C_n}{TLV_n}$$

$$= \frac{5}{10} + \frac{12}{50} + \frac{8}{20} = 1.14$$

∴ 노출지수가 1을 초과하면 노출 기준을 초과한다고 평가하므로 노출 기준 초과이다.

25 다음 중 중금속을 신속하고 정확하게 측정할 수 있는 측정기기는?

① 광학현미경
② 원자흡수분광광도계
③ 가스크로마토그래피
④ 비분산적외선 가스분석계

해설 원자흡수분광광도계(atomic absorption spectrophotometer)
시료를 여과지로 채취한 후 적당한 방법으로 해리시켜 중성원자로 증기화하여 생긴 기저상태의 원자가 이 원자 증기층을 투과하는 특유파장의 빛을 흡수하는 현상을 이용하여 흡광도를 측정하여 시료 중 여러 가지의 금속원소 농도를 정량하는 방법이다.

26 Perchloroethylene 40 %(TLV: 670mg/m³), Methylene chloride 40 %(TLV: 720mg/m³), Heptane 20 %(TLV: 1,600mg/m³)의 중량비로 조성된 유기용매가 증발되어 작업장을 오염시키고 있다. 이들 혼합물의 허용농도는 약 몇 mg/m³인가?

① 910　　② 997
③ 876　　④ 780

해설 오염원이 서로 유사한 독성을 가진 물질로 구성된 혼합 액체이고 이 혼합물이 공기 중으로 증발할 때 액체상태에서의 혼합물 구성비율과 동일한 비율로 공기 중에 존재한다고 가정하였을 때 혼합물의 허용농도(TLV, mg/m³)

$$= \frac{1}{\frac{f_a}{TLV_a} + \frac{f_b}{TLV_b} + \cdots + \frac{f_n}{TLV_n}}$$ 에서 f_a, f_b 등은 물질 a, b 등의 중량구성비이고, TLV_a, TLV_b는 해당물질의 TLV이다.

$$\therefore 혼합물의\ TLV(mg/m^3) = \frac{1}{\frac{0.4}{670} + \frac{0.4}{720} + \frac{0.2}{1,600}}$$

$$= 783\ mg/m^3$$

27 자외선/가시선분광광도법에서 단색광이 시료액을 통과하여 그 광의 50 %가 흡수되었을 때 흡광도는?

① 0.6　　② 0.5
③ 0.4　　④ 0.3

해설 흡광도, $A = \log \frac{1}{\tau}$에서 τ: 투과율로

$$\tau = \frac{I_t}{I_o} = \frac{100-50}{100} = 0.5$$

$$\therefore A = \log \frac{1}{0.5} = 0.3$$

28 공기 중에 부유하고 있는 분진을 충돌 원리에 의해 입자 크기별로 분리하여 측정할 수 있는 장비는?

① Cascade impactor
② personal distribution
③ low volume sampler
④ high volume sampler

해설 입자의 질량크기 분포를 얻을 수 있는 것은 직경분립충돌기(cascade impactor)의 장점이다.

29 인쇄 또는 도장 작업에서 사용하는 페인트, 신나 또는 유성 도료 등에 의해 발생되는 유해인자 중 유기용제를 포집하는 방법은?

① 활성탄법
② 여과 포집법
③ 직독식 분진측정계법
④ 증류수, 흡수액 임핀저법

해설 활성탄법은 고체채취방법으로 활성탄관을 사용하여 채취하기 용이한 시료는 다음과 같다.
㉠ 비극성류의 유기용제
㉡ 각종 방향족 유기용제(방향족 탄화수소류)
㉢ 할로겐화 지방족유기용제(할로겐화 탄화수소류)
㉣ 에스테르류, 알코올류, 에테르류, 케톤류
따라서 인쇄 또는 도장 작업에서 사용하는 페인트, 신나 또는 유성 도료 등에 의해 발생되는 유해인자 중 유기용제를 포집하는 방법으로 활성탄 법이 사용된다.

30 다음 중 측정기 또는 분석기기의 미비로 기인되는 것으로 실험자가 주의하면 제거 또는 보정이 가능한 오차는?

① 우발적 오차   ② 무작위 오차
③ 계통적 오차   ④ 시간적 오차

해설 계통오차(systematic error): 측정계기의 미비한 점에 기인되는 오차로서 그 크기와 부호를 추정할 수 있고 보정할 수 있는 오차이다.
㉠ 외계오차(external error): 측정 시 온도나 습도와 같은 알려진 외계의 영향으로 생기는 오차
㉡ 기계오차(instrumental error): 사용된 기계의 부정확성으로 인한 오차
㉢ 개인오차(personal error): 측정하는 개인의 선입관으로 인한 오차

31 음압이 100배 증가하면 음압 수준은 몇 dB 증가하는가?

① 10   ② 20
③ 30   ④ 40

해설 음압 레벨. $L_p = 20 \log_{10} \dfrac{P}{P_o}$
$= 20 \log_{10} \dfrac{P}{2 \times 10^{-5}}$ dB.

여기서 P: 측정되는 음압(N/m²)
∴ 음압이 100배 증가할 때 음압 수준.
$L_p = 20 \log 100 = 40 \, (dB)$이 증가한다.

32 채취한 금속 분석에서 오차를 최소화하기 위해 여과지에 금속을 10 μg 첨가하고 원자흡수분광도계로 분석하였더니 9.5 μg이 검출되었다. 실험에 보정하기 위한 회수율은 몇 %인가?

① 80   ② 85
③ 90   ④ 95

해설 실험의 정확성을 검증하는 방법으로 상대오차와 회수율(recovery)을 확인하는 방법이 있는데, 여기서 회수율 시험은 시료에 첨가물질을 첨가하여 정확하게 첨가량이 회수되는 양을 보는 것으로 계산식은 다음과 같다.

회수율(%) = $\dfrac{\text{측정치}}{\text{목표치}} \times 100 = \dfrac{9.5}{10} \times 100 = 95\,\%$

33 온도 27 ℃일 때의 체적이 1 m³인 기체를 온도 127 ℃까지 상승시켰을 때의 체적은?

① 1.13 m³   ② 1.33 m³
③ 1.47 m³   ④ 1.73 m³

해설 샤를의 법칙에서
$V_2 = V_1 \times \dfrac{T_2}{T_1} = 1 \times \dfrac{273+127}{273+27} = 1.33 \, m^3$

정답 24 ② 25 ② 26 ④ 27 ④ 28 ① 29 ① 30 ③ 31 ④ 32 ④ 33 ②

34 지역 시료 채취방법과 비교한 개인 시료 채취방법의 장점으로 옳은 것은?

① 오염물질의 방출원을 찾아내기 쉽다.
② 작업자에게 노출되는 정도를 알 수 있다.
③ 어떤 장소의 고정된 위치에서 시료를 채취하기 때문에 경제적이다.
④ 특정 공정의 계절별 농도 변화, 농도 분포의 변화, 공정의 주기별 농도 변화를 알 수 있다.

해설 개인 시료 채취는 근로자가 노출되고 있는 양을 측정하기 위하여 호흡 위치에 채취기를 설치하거나 작업자에게 장비를 지니게 하여 채취하기 때문에 작업자에게 노출되는 정도를 알 수 있다.

35 다음 중 실리카젤에 대한 친화력이 가장 큰 물질은?

① 파라핀계
② 에스테르류
③ 알데하이드류
④ 올레핀류

해설 실리카젤의 친화력(극성이 강한 순서)
물 > 알코올류 > 알데하이드류 > 케톤류 > 에스테르류 > 방향족 탄화수소류 > 올레핀류 > 파라핀류

36 다음 중 기류측정과 가장 거리가 먼 것은?

① 풍차풍속계
② 열선풍속계
③ 카타온도계
④ 아스만통풍건습계

해설 기류의 측정에 사용되는 기구(風速計, anemometer)
㉠ 카타온도계: 이상적인 측정범위는 0.2 ~ 0.5 m/s
㉡ 열선풍속계: 이상적인 측정범위는 0 ~ 20 m/s
㉢ 풍차풍속계: 이상적인 측정범위는 5 ~ 60 m/s
㉣ 피토관풍속계: 이상적인 측정범위는 1 ~ 100 m/s
아스만통풍건습계는 습구온도를 측정하는 기구이다.

37 다음은 작업장 소음 측정시간 및 횟수 기준에 관한 내용이다. ( ) 안에 내용으로 옳은 것은? (단, 고용노동부 고시를 기준으로 한다.)

> 단위작업 장소에서 소음 수준은 규정된 측정 위치 및 지점에서 1일 작업시간 동안 6시간 이상 연속 측정하거나 작업시간을 1시간 간격으로 나누어 6회 이상 측정하여야 한다. 다만, 소음의 발생 특성이 연속음으로서 측정치가 변동이 없다고 자격자 또는 지정측정기관이 판단한 경우에는 1시간 동안을 등간격으로 나누어 ( ) 측정할 수 있다.

① 2회 이상
② 3회 이상
③ 4회 이상
④ 5회 이상

해설 작업환경 측정 및 정도관리 등에 관한 고시, 제4장 작업환경 측정방법, 제4절 소음, 제28조(측정시간 등)
① 단위작업 장소에서 소음 수준은 규정된 측정 위치 및 지점에서 1일 작업시간 동안 6시간 이상 연속 측정하거나 작업시간을 1시간 간격으로 나누어 6회 이상 측정하여야 한다. 다만, 소음의 발생특성이 연속음으로서 측정치가 변동이 없다고 자격자 또는 지정측정기관이 판단한 경우에는 1시간 동안을 등간격으로 나누어 3회 이상 측정할 수 있다.

38 흡착제 중 다공성 중합체에 관한 설명으로 틀린 것은?

① 활성탄보다 비표면적이 작다.
② 특별한 물질에 대한 선택성이 좋다.
③ 활성탄보다 흡착용량이 크며 반응성도 높다.
④ Tenax GC 열안정성이 높아 열탈착에 의한 분석이 가능하다.

해설 다공성 중합체(porous polymer)는 활성탄에 비해 비표면적, 흡착용량, 반응성이 적지만 특수한 물질의 채취에 유용하다.

39 2 N-HCl 용액 100 mL를 이용하여 0.5 N 용액을 조제하려할 때 희석에 필요한 증류수의 양은?

① 100 mL ② 200 mL
③ 300 mL ④ 400 mL

해설 묽힘(희석) 법칙에서 (진한 용액의 농도) × (진한 용액의 양) = (묽은 용액의 농도) × (묽은 용액의 양)
2 N × 100 mL = 0.5 N × x mL, 즉 x = 400 mL이므로 2 N-HCl 용액 100 mL에 증류수 300 mL를 혼합하면 된다.

40 다음 중 1 ppm과 같은 것은?

① 0.01 % ② 0.001 %
③ 0.0001 % ④ 0.00001 %

해설 1 % = 10,000 ppm
∴ 1 ppm = $\dfrac{1}{10,000}$ = 0.0001 %

3과목 작업환경관리

41 작업장 소음에 대한 차음 효과는 벽체의 단위 표면적에 대하여 벽체의 무게를 2배로 할 때 마다 몇 dB씩 증가하는가?

① 3 ② 6
③ 9 ④ 12

해설 투과손실(TL) = $20 \log(m \cdot f) - 43$ dB에서 벽체의 무게와 관계는 면밀도 m만 고려하면 된다.
∴ TL = $20 \log 2$ = 6 dB

42 분진작업장의 작업환경 관리대책 중 분진 발생 방지나 분진비산 억제대책으로 가장 적절한 것은?
① 작업의 강도를 경감시켜 작업자의 호흡량을 감소
② 작업자가 착용하는 방진 마스크를 송기 마스크로 교체
③ 광석 분쇄·연마 작업 시 물을 분사하면서 하는 방법으로 변경
④ 분진 발생 공정과 타 공정을 교대로 근무하게 하여 노출시간 감소

해설 발진(發塵) 방지방법
㉠ 대체방법
ⓐ 주물공장의 주물사를 유리규산이 적은 물질로 대체
ⓑ 샌드블라스팅에 사용하는 모래를 철가루 또는 금강사(金剛砂)로 바꾸거나 그라인딩휠을 산화알루미늄 재료로 변경사용
ⓒ 고속회전식 연마기를 저속 왕복식으로 대체
ⓓ 용접의 자동화
㉡ 재료의 변경
ⓐ 분체의 입경을 큰 것으로 대채
ⓑ 유리규산이 적은 용접봉 사용
ⓒ 연마기의 사암(50 % 유리규산 함유)을 인공마석(유리규산 0 %)으로 대체
㉢ 습식방법
연속적인 살수작업으로 최대 75 %까지 분진의 비산을 감소시킨다.

43 진동방지 대책 중 발생원에 관한 대책으로 가장 옳은 것은?
① 거리 감쇠를 크게 한다.
② 수진 측에 탄성지지를 한다.
③ 수진점 근방에 방진구를 판다.
④ 기초 중량을 부가 및 증감한다.

해설 진동방지 대책 중 발생원 대책
㉠ 기초 중량의 부가 및 증감
㉡ 가진력(외력) 감쇠
㉢ 불평형력의 평형 유지
㉣ 탄성지지(완충물 등 방진재 사용)
㉤ 동적흡진

정답 34 ② 35 ③ 36 ④ 37 ② 38 ③ 39 ③ 40 ③
41 ② 42 ③ 43 ④

44 폐에 깊숙이 들어갈 수 있는 호흡성 섬유라한다. 이 섬유의 길이와 길이 대 너비의 비로 가장 적절한 것은?

① 길이 1 μm 이상, 길이 대 너비의 비 5 : 1
② 길이 3 μm 이상, 길이 대 너비의 비 2 : 1
③ 길이 3 μm 이상, 길이 대 너비의 비 5 : 1
④ 길이 5 μm 이상, 길이 대 너비의 비 3 : 1

해설 호흡성 섬유는 대표적으로 석면이 있는데 길이가 5 μm 이상이고, 길이 : 직경의 비(aspect ratio)가 3 : 1 이상인 섬유를 계수한다.

45 다음 중 수은 작업장의 작업환경관리대책으로 가장 적합하지 못한 것은?

① 수은 주입과정을 자동화시킨다.
② 수거한 수은은 물과 함께 통에 보관한다.
③ 수은은 쉽게 증발하기 때문에 작업장의 온도를 80 ℃로 유지한다.
④ 독성이 적은 대체품을 연구한다.

해설 수은은 쉽게 증발하기 때문에 작업장의 온도를 가능한 한 낮고 일정하게 유지시킨다. (20 ℃ 이하)

46 상온, 상압에서 액체 또는 고체 물질이 증기압에 따라 휘발 또는 승화하여 기체로 되는 것은?

① 흄   ② 증기
③ 가스   ④ 미스트

해설 • 증기(蒸氣)는 물질이 액체에서 증발하고, 혹은 고체에서 승화하여 기체가 된 상태를 말한다.
• vapor와 gas의 구분

구분	증기(vapor)	기체(가스, gas)
공통점	기체상 물질(가스상 물질)	
차이점	• 가압 시 액체로 응축이 가능함 • 임계점보다 낮은 온도	• 가압 시 액체로 응축이 불가함 • 임계점보다 높은 온도

47 다음 중 투과력이 가장 강한 것은?

① X-선   ② 중성자
③ 감마선   ④ 알파선

해설 전리방사선의 인체 투과력 순서: 중성자 > X선 또는 γ선 > β선 > α선

48 근로자가 귀덮개(NRR = 31)를 착용하고 있는 경우 미국 OSHA의 방법으로 계산한다면, 차음 효과는 몇 dB인가?

① 5   ② 8
③ 10   ④ 12

해설 • 차음평가지수(NRR, Noise Reduction Rating): 미국 환경보호청(EPA)가 개인 보호구 제작사에게 각 보호구에 차음 효과를 나타내는 단일 숫자를 명시하도록 규정하여 정해진 지수.
• 미국 OSHA의 보호구 차음 효과 예측방법은 소음 측정치의 정확성을 고려하여 NRR 값에서 7 dB을 빼고 다시 안전계수 50 %를 적용하여 차음 효과를 예측한다.
∴ 차음 효과 = $(NRR-7) \times 50\%$ = $(31-7) \times 0.5$ = 12

49 다음 중 채광에 관한 일반적인 설명으로 틀린 것은?

① 입사각은 28° 이하가 좋다.
② 실내각점의 개각은 4~5°가 좋다.
③ 창의 면적은 바닥면적의 15~20%가 이상적이다.
④ 균일한 조명을 요하는 작업실은 동북 또는 북창이 좋다.

해설 실내 각점의 개각은 4~5°, 입사각은 28° 이상이 좋다.

50 다음 작업환경관리의 관리 원칙 중 격리에 대한 내용과 가장 거리가 먼 것은?

① 도금조, 세척조, 분쇄기 등을 밀폐한다.
② 페인트 분무를 담그거나 전기 흡착식 방법으로 한다.
③ 소음이 발생하는 경우 방음과 흡음재를 보강한 상자로 밀폐한다.
④ 고압이나 고속회전이 필요한 기계인 경우 강력한 콘크리트 시설에 방호벽을 쌓고 원격조정한다.

해설 페인트 분무를 담그거나 전기 흡착식 방법은 관리원칙 중 대치(substitution) 중 공정의 변경에 속한다.

51 진동에 관한 설명으로 틀린 것은?

① 진동량은 변위, 속도, 가속도로 표현한다.
② 진동의 주파수는 그 주기 현상을 가리키는 것으로 단위는 Hz이다.
③ 전신진동 노출 진동원은 주로 교통기관, 중장비 차량, 큰 기계 등이다.
④ 전신진동인 경우에는 8 ~ 1 500 Hz, 국소진동의 경우에는 2 ~ 100 Hz의 것이 주로 문제가 된다.

해설 전신진동 진동수: 1 ~ 80 Hz, 국소진동 진동수: 8 ~ 1,500 Hz

52 자외선은 살균작용, 각막염, 피부암 및 비타민 D 합성에 밀접한 관계가 있다. 이 자외선의 가장 대표적인 광선을 Dorno-Ray라 하는데 이 광선의 파장으로 가장 적절한 것은?

① 280 ~ 315 Å
② 390 ~ 515 Å
③ 2,800 ~ 3,150 Å
④ 3 900 ~ 5,700 Å

해설 Dorno-Ray(도노선): 280 ~ 315 nm(2 800 ~ 3 150 Å)의 파장을 갖는 자외선으로 인체에 유익한 작용을 하여 건강선(생명선)이라고도 한다. 소독작용, 비타민 D 형성, 피부의 색소침착 등 생물학적 작용이 강하다.

53 출력 0.1 W의 점음원으로부터 100 m 떨어진 곳의 SPL은? (단, SPL = PWL $-$ 20 log r $-$ 11 이다.)

① 약 50 dB
② 약 60 dB
③ 약 70 dB
④ 약 80 dB

해설 음압 수준 SPL = PWL $-$ 20 log r $-$ 11에서 음력 수준(파워 레벨)

$$PWL = 10 \log \frac{W}{W_o} = 10 \log \frac{0.1}{10^{-12}} = 110 \, dB$$

$$\therefore SPL = 110 - 20 \log 100 - 11 = 59 \, dB$$

54 유해작업환경 개선 대책 중 대체에 해당하는 내용으로 옳지 않은 것은?

① 보온재료 유리섬유 대신 석면 사용
② 소음이 많이 발생하는 리벳팅 작업 대신 너트와 볼트 작업으로 전환
③ 성냥제조 시 황린 대신 적린 사용
④ 작은 날개로 고속 회전시키는 송풍기를 큰 날개로 저속 회전시킴

해설 보온재료로 석면대신 유리섬유를 사용한다.

55 고기압 환경에서 발생할 수 있는 장해에 영향을 주는 화학물질과 가장 거리가 먼 것은?

① 산소
② 질소
③ 아르곤
④ 이산화탄소

해설 고기압 환경의 인체작용(2차적 가압현상)
㉠ 질소가스의 마취작용(4기압 이상에서 일으킴). 다행증
㉡ 산소중독(산소의 분압이 2기압이 넘을 경우)
㉢ 이산화탄소의 작용(산소 독성과 질소 마취작용을 증가시키는 역할을 함)

정답 44 ④ 45 ③ 46 ② 47 ② 48 ④ 49 ① 50 ②
51 ④ 52 ③ 53 ② 54 ① 55 ③

2회 산업위생관리산업기사 기출문제

56 감압환경에서 감압에 따른 질소 기포 형성량에 영향을 주는 요인과 가장 거리가 먼 것은?

① 감압속도
② 폐 내 가스팽창
③ 조직에 용해된 가스량
④ 혈류를 변화시키는 상태

해설 감압 시 조직 내 질소 기포 형성량에 영향을 주는 요인
  ㉠ 조직에 용해된 가스량(체내 지방량, 고압환경 노출 정도와 시간으로 결정)
  ㉡ 혈류변화 정도
  ㉢ 감압속도

57 방진 마스크의 종류가 아닌 것은?

① 특급
② 0급
③ 1급
④ 2급

해설 호흡 보호구의 선정·사용 및 관리에 관한 지침, 제거 대상 오염물질별 방진 마스크의 등급분류

등급	제거대상 오염물질
특급	베릴륨 등과 같이 독성이 강한 물질*들을 함유한 물질 * 산업안전보건법의 분진, 흄, 미스트 등의 입자상 제조 등 금지물질, 허가대상 유해물질, 특별관리물질
1급	금속 흄과 같이 열적으로 생기는 분진 등 기계적으로 생기는 분진 등 결정형 유리규산
2급	기타분진 등

58 방진 마스크의 구비조건으로 틀린 것은?

① 흡기 저항이 높을 것
② 배기 저항이 낮을 것
③ 여과재 포집 효율이 높을 것
④ 착용 시 시야 확보가 용이 할 것

해설 방진 마스크의 구비조건
  ㉠ 흡기 저항 및 흡기 저항 상승률이 낮을 것(흡기 저항 범위: 6~8 mmH₂O)
  ㉡ 배기 저항이 낮은 것(6 mmH₂O 이하)
  ㉢ 여과재 포집 효율이 높을 것
  ㉣ 착용 시 시야 확보가 좋을 것(하방 시야가 60° 이상이 되어야 함)
  ㉤ 중량이 가벼울 것
  ㉥ 안면에 밀착성이 클 것
  ㉦ 피부접촉 부위가 부드럽고 손질이 간단할 것
  ㉧ 무게중심은 안면에 강한 압박감을 주지 않는 위치에 있을 것
  ㉨ 침입률 1% 이하까지 정확히 평가가 가능할 것

59 다음 중 전리방사선이 아닌 것은?

① 알파선
② 베타선
③ 중성자
④ UV-선

해설
• 전리방사선 중 α입자, β입자, 중성자는 전리방사선 중 입자방사선이고, γ(감마)선과 X선은 전자기방사선이다.
• UV-선은 자외선으로 비전리방사선이다.

60 다음 중 대상 먼지와 같은 침강속도를 가지며 밀도가 1인 가상적인 구형 입자상 물질의 직경은?

① 마틴 직경
② 등면적 직경
③ 공기역학적 직경
④ 공기기하학적 직경

해설 입자상 물질의 기하학적(물리적) 직경 결정방법
  ㉠ 마틴 직경: 입자의 면적을 2등분하는 선의 길이로 과소평가의 위험이 있다.
  ㉡ 페렛 직경: 입자의 한쪽 끝 가장자리와 다른 쪽 가장자리 사이의 거리로 과대평가의 가능성이 있다.
  ㉢ 등면적 직경: 입자의 면적과 동일한 면적을 가진 원의 직경으로 가장 정확한 직경이다.
  ㉣ 공기역학적 직경: 대상 입자와 침강속도가 같고 단위 밀도가 1 g/m³이며 구형인 직경으로 환산된 가상직경이다.

4과목 산업환기

61 직경이 3 μm 이고, 비중이 6.6인 흄(fume)의 침강속도는 약 몇 cm/s인가?

① 0.01
② 0.12
③ 0.18
④ 0.26

해설 Lippmann의 침강속도식
$V = 0.003 \times \rho \times d^2 = 0.003 \times 6.6 \times 3^2 = 0.18 \, cm/s$

62 21 ℃, 1기압에서 벤젠 1.5 L가 증발할 때, 발생하는 증기의 용량은 약 몇 L인가?(단, 벤젠의 분자량은 78.11, 비중은 0.879이다.)

① 305.1
② 406.8
③ 457.7
④ 542.2

해설 벤젠 사용량. $G = 1.5 \, L \times 0.879 \, g/mL \times 1,000 \, mL/L$
$= 1,318.5 \, g$
∴ 벤젠 발생 부피 $= \dfrac{24.1 \times 1,318.5}{78.11} = 406.8 \, L$

63 다음 설명 중 ( ) 안의 내용으로 올바르게 나열한 것은?

> 공기속도는 송풍기로 공기를 불어낼 때 덕트 직경의 30배 거리에서 (㉠)로 감소하거나 공기를 흡입할 때는 기류의 방향과 관계없이 덕트 직경과 같은 거리에서 (㉡)로 감소한다.

① ㉠: 1/30, ㉡: 1/10
② ㉠: 1/10, ㉡: 1/30
③ ㉠: 1/30, ㉡: 1/30
④ ㉠: 1/10, ㉡: 1/10

해설 송풍기에 의한 기류의 흡기와 배기 시 흡기는 흡입 개구면 직경의 1배 위치에서 개구면 유속의 10 %가 되고, 배기는 출구면 직경의 30배 위치에서 출구 유속의 10 %가 된다.

64 작업환경 개선을 위한 전체환기 시설의 설치조건으로 적절하지 않는 것은?

① 유해물질 발생량이 많아야 한다.
② 유해물질 발생량이 비교적 균일해야 한다.
③ 독성이 낮은 유해물질을 사용하는 장소여야 한다.
④ 공기 중 유해물질의 농도가 허용농도 이하여야 한다.

해설 전체환기의 적용 조건
㉠ 유해물질 독성이 비교적 낮은 경우. 즉 노출 기준(TLV)이 높은 유해물질인 경우
㉡ 동일 작업장에 다수의 오염원이 분산된 경우
㉢ 유해물질이 시간에 따라 균일하게 발생할 경우
㉣ 유해물질 발생량이 적은 경우
㉤ 유해물질이 증기나 가스상 물질일 경우
㉥ 국소배기장치의 설치가 불가능할 경우
㉦ 배출원이 이동성일 경우
㉧ 가연성 가스의 농축으로 폭발의 위험성이 있는 경우
㉨ 오염원이 근로자가 근무하는 장소로부터 멀리 떨어져 있는 경우

65 화재·폭발방지를 위한 전체환기량 계산에 관한 설명으로 틀린 것은?

① 화재·폭발 농도 하한치를 활용한다.
② 온도에 따른 보정계수는 120 ℃ 이상이 온도에서는 0.3을 적용한다.
③ 공정의 온도가 높으면 실제 필요환기량은 표준환기량에 대해서 절대온도에 따라 재계산한다.
④ 안전계수가 4라는 의미는 화재·폭발이 일어날 수 있는 농도에 대해 25 % 이하로 낮춘다는 의미이다.

해설 화재·폭발방지를 위한 전체환기량에서 온도보정계수는 120 ℃까지는 1.0, 120 ℃ 이상에서는 0.7을 적용한다.

정답 56 ② 57 ② 58 ① 59 ④ 60 ③ 61 ③ 62 ②
63 ④ 64 ① 65 ②

66 송풍기의 효율이 0.6이고, 송풍기의 유효전압이 60 mmHO 일 때, 30 m³/min의 공기를 송풍하는데 필요한 동력(kW)은 약 얼마인가?

① 0.1
② 0.3
③ 0.5
④ 0.7

해설 송풍기의 소요동력(kW)

$$kW = \frac{Q \times \Delta P}{6,120 \times \eta} \times \alpha = \frac{60 \times 30}{6,120 \times 0.6} = 0.5 \, kW$$

67 국소배기장치가 효과적인 기능을 발휘하기 위해서는 후드를 통해 배출되는 것과 같은 양의 공기가 외부로부터 보충되어야 한다. 이것을 무엇이라 하는가?

① 테이크 오프(take off)
② 충만실(plenum chamber)
③ 메이크업 에어(make up air)
④ 인 앤 아웃 에어(in & out air)

해설 메이크업 에어(make up air)는 외부로부터 유입되는 신선한 공기로 국소배기장치가 성능을 발휘하기 위해서는 배기되는 공기와 같은 양의 메이크업 에어가 실내에 들어와야 한다.

68 국소배기장치의 덕트를 설계하여 설치하고자 한다. 덕트는 직경 200 mm의 직관 및 곡관을 사용하도록 하였다. 이때 마찰손실을 감소시키기 위하여 곡관 부위의 새우 곡관등은 몇 개 이상이 가장 적당한가?

① 2개
② 3개
③ 4개
④ 5개

해설 덕트 직경이 $D \leq 15\,cm$인 경우에는 새우등 3개 이상, $D > 15\,cm$인 경우에는 새우 곡관등은 최소한 5개 이상 사용한다.

69 전기집진장치에 관한 설명으로 틀린 것은?

① 운전 및 유지비가 저렴하다.
② 넓은 범위의 입경과 분진 농도에 집진 효율이 높다.
③ 기체상의 오염물질을 포집하는 데 매우 유리하다.
④ 초기 설치비가 많이 들고, 넓은 설치공간이 요구된다.

해설 전기집진장치의 특징
㉠ 장점
ⓐ 운전 및 유지비가 저렴하다.
ⓑ 넓은 범위의 입경과 분진 농도에 집진 효율이 높다.
ⓒ 약 500 ℃ 전후 고온의 입자상 물질도 처리가 가능하여 보일러와 철강로 등에 설치할 수 있다.
ⓓ 회수가치성이 있는 입자 포집이 가능하다.
ⓔ 낮은 압력손실로 대량의 가스를 처리할 수 있다.
ⓕ 건식 및 습식으로 집진할 수 있다.
㉡ 단점
ⓐ 기체상의 오염물질을 포집하는 데 매우 유리하다.
ⓑ 초기 설치비가 많이 들고, 넓은 설치공간이 요구된다.
ⓒ 가연성 입자의 처리가 곤란하다.
ⓓ 전기집진장치는 전압변동과 같은 부하변동에 쉽게 적응이 곤란하다.

70 반경비가 2.0인 90° 원형곡관의 속도압은 20 mmH₂O 이고, 압력손실계수가 0.27이다. 이 곡관의 곡관각을 65°로 변경하면, 압력손실은?

① 3.0 mmH₂O
② 3.9 mmH₂O
③ 4.2 mmH₂O
④ 5.4 mmH₂O

해설 곡관의 압력손실

$$\Delta P = \xi \times VP \times \frac{\theta}{90} = 0.27 \times 20 \times \frac{65}{90} = 3.9 \, mH_2O$$

71 국소환기 시설의 일반적인 배열순서로 가장 적합한 것은?

① 덕트-후드-송풍기-공기정화기
② 후드-송풍기-공기정화기-덕트
③ 덕트-송풍기-공기정화기-후드
④ 후드-덕트-공기정화기-송풍기

[해설] 국소배기 시설은 후드(hood), 덕트(duct), 공기정화장치(air cleaner equipment), 송풍기(fan), 배기 덕트(exhaust duct) 순으로 계통도가 구성되어 있다.

72 가스, 증기, 흄 및 극히 가벼운 물질의 반송속도(m/s)로 가장 적합한 것은?

① 5 ~ 10   ② 15 ~ 10
③ 20 ~ 23 ④ 23 이상

[해설] 가스, 증기, 흄 및 극히 가벼운 물질의 반송속도는 5 ~ 10 m/s이다.

73 필요송풍량을 $Q[\text{m}^3/\text{min}]$, 후드의 단면적을 $a[\text{m}^2]$, 후드면과 대상 물질 사이의 거리를 $X[\text{m}]$ 그리고 제어속도를 $V_c[\text{m/s}]$라 했을 때, 관계식으로 맞는 것은? (단, 형식은 외부식이다.)

① $Q = \dfrac{60 \times V_c \times X}{a}$

② $Q = \dfrac{60 \times V_c \times a}{X}$

③ $Q = 60 \times X \times a \times V_c$

④ $Q = 60 \times V_c \times (10\,X^2 + a)$

[해설] 자유공간에 위치한 외부식 후드의 필요환기량
$Q(\text{m}^3/\text{min}) = 60 \times V_c \times (10\,X^2 + a)$

74 표준상태에서 동압(P_v)이 4 mmH₂O라면, 관내 유속은? (단, 공기의 밀도량 1.21 kg/Sm³이다.)

① 5.1 m/s   ② 5.3 m/s
③ 5.5 m/s   ④ 8.0 m/s

[해설] 속도압: $VP = \dfrac{\gamma V^2}{2g}$ 에서

$V = \sqrt{\dfrac{2g \times VP}{\gamma}} = \sqrt{\dfrac{2 \times 9.8 \times 4}{1.21}} = 8.05\,\text{m/s}$

75 외부식 포집형 후드에 플랜지를 부착하면 부착하지 않은 것보다 약 몇 % 정도의 필요송풍량을 줄일 수 있는가?

① 10 %   ② 25 %
③ 50 %   ④ 75 %

[해설] 외부식 후드에 플랜지를 부착하면 후방 유입기류가 차단되어 후드 전면에서 포집 범위가 확대되어 플랜지가 없는 후드에 비해 필요송풍량을 약 25 % 정도 감소시킬 수 있다.

76 다음의 내용과 가장 관련 있는 것은?

> 입자상 물질, 즉 분진, 미스트 또는 흄을 함유한 공기를 수평 덕트에서 이송시킬 때 침강에 의해 덕트 하부에 퇴적되지 않게 하여야 하는 최소한의 유지조건

① 반송속도   ② 덕트 내 정압
③ 공기 팽창률   ④ 오염물질 제거율

[해설] 반송속도는 오염물질을 이송시키기 위한 덕트 내 기류의 최소속도를 의미한다.

정답 66 ③ 67 ③ 68 ④ 69 ③ 70 ② 71 ④ 72 ①
73 ④ 74 ④ 75 ② 76 ①

77 송풍기에 관한 설명으로 맞는 것은?

① 프로펠러 송풍기는 구조가 가장 간단하지만, 많은 양의 공기를 이송시키기 위해서는 그만큼의 많은 비용이 소요된다.
② 저농도 분진함유 공기나 금속성이 많이 함유된 공기를 이송시키는 데 많이 이용되는 송풍기는 방사 날개형 송풍기(평판형 송풍기)이다.
③ 동일 송풍량을 발생시키기 위한 전향 날개형 송풍기의 임펠러 회전속도는 상대적으로 낮기 때문에 소음문제가 거의 발생하지 않는다.
④ 후향 날개형 송풍기는 회전날개가 회전 방향 반대편으로 경사지게 설계되어 있어 충분한 압력을 발생시킬 수 있고, 전향 날개형 송풍기에 비해 효율이 떨어진다.

해설
- 축류 송풍기 중 프로펠러 송풍기는 구조가 가장 간단하지만, 많은 양의 공기를 이송시킬 경우 비용이 적게 소요된다.
- 고농도 분진함유 공기나 금속성이 많이 함유된 공기를 이송시키는 데 많이 이용되는 송풍기는 방사 날개형 송풍기(평판형 송풍기)이다.
- 후향 날개형 송풍기(터보형 송풍기)는 전향 날개형 송풍기(다익형 송풍기)에 비해 효율이 우수하다.

78 유입계수가 0.6인 플랜지 부착 원형 후드가 있다. 덕트의 직경은 10 cm이고, 필요환기량이 20 m³/min라고 할 때, 후드 정압(SP_h)은 약 몇 mmH₂O인가?

① −448.2
② −306.4
③ −236.4
④ −110.2

해설
- 후드 정압: $SP_h = VP(1+F)$ 에서

$$F = \frac{1}{C_e^2} - 1 = \frac{1}{0.6^2} - 1 = 1.78$$

- 속도압: $VP = \left(\frac{V}{4.043}\right)^2$ 에서

$$V = \frac{Q}{A} = \frac{20\,\text{m}^3/\text{min}}{\left(\frac{3.14 \times 0.1^2}{4}\right)\text{m}^2 \times 60\,\text{s/min}} = 42.46\,\text{m/s}$$

$$\therefore VP = \left(\frac{42.46}{4.043}\right)^2 = 110.29\,\text{mmH}_2\text{O}$$

$$\therefore SP_h = 110.29 \times (1+1.78) = 306.62\,\text{mmH}_2\text{O}$$

실제적으로는 후드에서 공기를 흡입하므로 −306.62 mmH₂O 이다.

79 공기정화장치 입구 및 출구의 정압이 동시에 감소되는 경우의 원인으로 맞는 것은?

① 송풍기의 능력 저하
② 분지관과 후드 사이의 분진 퇴적
③ 주관과 분지관 사이의 분진 퇴적
④ 공기정화장치 앞쪽 주관의 분진 퇴적

해설 공기정화장치 입구 및 출구의 정압이 동시에 감소되는 경우의 원인
- 송풍기 자체의 성능 저하
- 송풍기 점검구의 마개 열림
- 배기측 송풍관의 막힘
- 송풍기와 송풍관의 플랜지 연결 부위가 불량

80 후드 직경(F_3), 열원과 후드까지의 거리(H), 열원의 폭(E) 간의 관계를 가장 적절히 나타낸 식은? (단, 리시버식 캐노피 후드 기준이다.)

① $F_3 = E + 0.3H$
② $F_3 = E + 0.5H$
③ $F_3 = E + 0.6H$
④ $F_3 = E + 0.8H$

해설 리시버식 캐노피 후드에서 후드 직경은 열원의 폭(E)에 열원과 후드까지의 거리(H)의 0.8배를 더한다.

정답 77 ③ 78 ② 79 ① 80 ④

3회 산업위생관리산업기사 기출문제 2018.08.09 시행

1과목 산업위생학개론

01 직업병의 예방대책에 관한 설명으로 가장 거리가 먼 것은?
① 유해요인을 적절하게 관리하여야 한다.
② 유해요인에 노출되고 있는 모든 근로자를 보호하여야 한다.
③ 건강장해에 대한 보건교육을 해당 근로자에게만 실시한다.
④ 근로자들이 업무를 수행하는 데 불편함이나 스트레스가 없도록 하여야 하며, 새로운 유해요인이 발생되지 않아야 한다.

해설 직업병의 예방대책으로 주변의 지역사회를 포함한 작업장에서의 위험요인을 제거하여야 한다.

02 유해물질의 허용농도의 종류 중 근로자가 1일 작업시간 동안 잠시라도 노출하면 안 되는 기준을 나타내는 것은?
① PEL
② TLV-TWA
③ TLV-C
④ TLV-STEL

해설 최고노출 기준(TLV-C)이란 근로자가 1일 작업시간 동안 잠시라도 노출되어서는 아니 되는 기준을 말하며, 노출 기준 앞에 C를 붙여 표시한다.

03 미국산업위생학술원에서 채택한 산업위생전문가 윤리강령의 내용과 거리가 먼 것은?
① 기업체의 비밀은 누설하지 않는다.
② 사업주와 일반 대중의 건강 보호가 1차적 책임이다.
③ 위험요소와 예방조치에 관하여 근로자와 상담한다.
④ 전문적 판단이 타협에 의해서 좌우될 수 있으나 이해관계가 있는 상황에서는 개입하지 않는다.

해설 사업주와 일반 대중의 건강 보호가 1차적 책임은 산업위생전문가 윤리강령에 해당하지 않는다.

04 작업 자세는 에너지 소비량에 영향을 미친다. 바람직한 작업 자세가 아닌 것은?
① 정적 작업을 피한다.
② 불안정한 자세를 피한다.
③ 작업물체와 몸과의 거리를 약 30 cm 유지토록 한다.
④ 원활한 혈액의 순환을 위해 작업에 사용하는 신체 부위를 심장 높이보다 아래에 두도록 한다.

해설 원활한 혈액의 순환을 위해 작업에 사용하는 신체 부위를 심장 높이보다 약간 위에 두도록 한다.

05 야간교대 근무자의 건강관리 대책 상 필요한 조건 중 관계가 가장 작은 것은?
① 난방, 조명 등 환경조건을 갖출 것
② 작업량이 과중하지 않도록 할 것
③ 야근에 부적합한 자를 가려내는 검진을 할 것
④ 육체적으로나 정신적으로 생체의 부담도가 심하게 나타나는 순으로 저녁근무, 밤근무, 낮근무 순서로 할 것

해설 육체적으로나 정신적으로 생체의 부담도을 줄이기 위해 교대근무 순환주기를 주간 근무조 → 저녁 근무조 → 야간 근무조로 순환하는 것이 좋다.

정답 01 ③ 02 ③ 03 ② 04 ④ 05 ④

3회 산업위생관리산업기사 기출문제

06 재해율을 산정할 때 근로자가 사망한 경우에는 근로손실일 수는 얼마로 하는가? (단, 국제노동기구의 기준에 따른다.)

① 3,000일　② 4,000일
③ 5,500일　④ 7,500일

해설
- 산업재해통계와 관련하여 ILO 기준 등 국제적으로 인정된 기준이 없으며 각국마다 통계 산출방법, 적용 범위, 업무상 재해 인정 범위 등이 다르므로 국가 간에 재해율 등을 단순비교하기는 곤란하다.
- 사망 또는 영구 전 노동 불능일(신체장해등급 1등급 ~ 3등급) 근로손실일 수는 7,500일이다.
  * 참고: 산업재해통계업무처리규정. [별표 1] 요양근로손실일 수 산정요령
- 신체장해등급이 결정되었을 때는 다음과 같이 등급별 근로손실일 수를 적용한다.

구분	사망	신체장해자 등급					
		1~3	4	5	6	7	8
근로손실일수(일)	7,500	7,500	5,500	4,000	3,000	2,200	1,500
		9	10	11	12	13	14
		1,000	600	400	200	100	50

07 Shimonson이 말하는 산업 피로 현상이 <u>아닌</u> 것은?

① 활동 자원의 소모
② 조절기능의 장애
③ 중간대사물질의 소모
④ 체내의 물리·화학적 변화

해설 Shimonson의 산업 피로의 본질
㉠ 물질대사에 의한 중간대사물질의 축적
㉡ 산소, 영양소 등 활동 자원의 소모
㉢ 체내의 물리·화학적 변화
㉣ 여러 가지 신체기능의 저하

08 우리나라 산업위생의 역사에 있어서 1981년에 일어난 일과 가장 관계가 깊은 것은?

① ILO 가입
② 근로기준법 제정
③ 산업안전보건법 공포
④ 한국산업위생학회 창립

해설 노동부 – 산업안전보건법·시행령·시행 규칙의 제정 및 공포(1981년)

09 피로한 근육에서 측정된 근전도(EMG)의 특징으로 맞는 것은?

① 저주파수(0 ~ 40Hz) 힘의 증가, 총전압의 감소
② 고주파수(40 ~ 200Hz) 힘의 감소, 총전압의 증가
③ 저주파수(0 ~ 40Hz) 힘의 감소, 평균 주파수의 증가
④ 고주파수(40 ~ 200Hz) 힘의 증가, 평균 주파수의 증가

해설 국소 피로의 평가(피로한 근육에서 측정된 EMG는 정상 근육에서 측정된 EMG와 비교할 경우의 차이)
㉠ 0 ~ 40 Hz의 저주파수에서 힘의 증가
㉡ 40 ~ 200 Hz의 고주파수에서 힘의 감소
㉢ 평균 주파수의 감소
㉣ 총 전압의 증가

10 실내공기질관리법령 상 다중이용시설에 적용되는 실내공기질 권고 기준 대상 항목이 <u>아닌</u> 것은?

① 석면
② 라돈
③ 이산화질소
④ 총휘발성유기화합물

해설
- 실내공기질 권고 기준 오염물질 항목: 이산화질소, 라돈, 총휘발성 유기화합물, 곰팡이
- 실내공기질 유지기준 오염물질 항목: 미세먼지(PM-10, PM-2.5), 이산화탄소, 폼알데하이드, 총부유세균, 일산화탄소

11 태양광선이 없는 옥내 작업장의 WBGT(℃)를 나타내는 공식은 무엇인가? (단, NWB는 자연습구온도, DB는 건구온도, GT는 흑구온도이다.)

① WGBT = 0.7NWB + 0.3GT
② WGBT = 0.7NWB + 0.3DB
③ WGBT = 0.7NWB + 0.2GT + 0.1DB
④ WGBT = 0.7NWB + 0.2DB + 0.1GT

해설 화학물질 및 물리적 인자의 노출 기준, 제11조(표시단위)
고온의 노출 기준 표시단위는 습구흑구온도지수(WBGT)를 사용하며 다음 각 호의 식에 따라 산출한다.
1. 태양광선이 내리쬐는 옥외 장소: WBGT(℃) = 0.7 × 자연습구온도 + 0.2 × 흑구온도 + 0.1 × 건구온도
2. 태양광선이 내리쬐지 않는 옥외 또는 옥내 장소: WBGT(℃) = 0.7 × 자연습구온도 + 0.3 × 흑구온도

12 산업위생에 대한 일반적인 사항의 설명 중 틀린 것은?

① 유독물질 발생으로 인한 중독증을 관리하는 것으로 제조업 근로자가 주 대상이다.
② 작업환경 요인과 스트레스에 대해 예측, 인식, 평가, 관리하는 과학과 기술이다.
③ 사업장의 노출 정도에 따라 사업장에서 발생하는 유해인자에 대해 적절한 관리와 대책을 제시한다.
④ 산업위생전문가는 전문가로서의 책임, 근로자에 대한 책임, 기업주와 고객에 대한 책임, 일반 대중에 대한 책임 등의 윤리강령을 준수할 필요가 있다.

해설 유독물질 발생으로 인한 중독증을 관리하는 주체는 사업주이고 주 대상은 유해물질을 취급하는 모든 근로자이다.

13 작업환경 측정 및 지정측정기관평가 등에 관한 고시에 있어 시료 채취 근로자 수는 단위작업장소에서 최고 노출 근로자 몇 명 이상에 대하여 동시에 측정하도록 되어 있는가?

① 2명 ② 3명
③ 5명 ④ 10명

해설 작업환경 측정 및 지정측정기관 평가 등에 관한 고시, 제19조(시료 채취 근로자 수)
① 단위작업장소에서 최고 노출 근로자 2명 이상에 대하여 동시에 측정하되, 단위작업장소에 근로자가 1명인 경우에는 그러하지 아니하며, 동일 작업 근로자 수가 10명을 초과하는 경우에는 매 5명당 1명(1개 지점) 이상 추가하여 측정하여야 한다. 다만, 동일 작업 근로자 수가 100명을 초과하는 경우에는 최대 시료 채취 근로자 수를 20명으로 조정할 수 있다.
② 지역 시료 채취방법에 따른 측정 시료의 개수는 단위작업장소에서 2개 이상에 대하여 동시에 측정하여야 한다. 다만, 단위작업장소의 넓이가 50평방미터 이상인 경우에는 매 30평방미터마다 1개 지점 이상을 추가로 측정하여야 한다.

14 인체의 구조에서 앉을 때, 서 있을 때, 물체를 들어 올릴 때 및 뛸 때 발생하는 압력이 가장 많이 흡수되는 척추의 디스크는?

① L_5/S_1 ② L_3/S_2
③ L_2/S_1 ④ L_1/S_5

해설 사람의 척추(vertebrae)는 33개의 척추뼈로 구성되고, 척추뼈는 각각 경추(목뼈, cervical spine, $C_1 \sim C_7$) 7개, 흉추(등뼈, thoracic spine, $T_1 \sim T_{12}$) 12개, 요추(허리뼈, lumbar spine, $L_1 \sim L_5$) 5개, 천추(엉치뼈, sacral spine, $S_1 \sim S_5$) 5개, 미추(꼬리뼈, coccyx spine) 4개로 구성되어 있습니다. 척추 구조에서 앉을 때, 서 있을 때, 물체를 들어올릴 때 및 뛸 때 발생하는 압력이 가장 많이 흡수되는 척추의 디스크 위치는 요추 다섯 번째(L_5)와 천추 첫 번째(S_1) 사이의 위치 즉, L_5/S_1이다.

정답 06 ④ 07 ③ 08 ③ 09 ② 10 ① 11 ① 12 ①
13 ① 14 ①

15 인간공학적 방법에 의한 작업장 설계 시 정상작업 영역의 범위로 가장 적절한 것은?

① 물건을 잡을 수 있는 최대 영역
② 팔과 다리를 뻗어 파악할 수 있는 영역
③ 상완과 전완을 곧게 뻗어서 파악할 수 있는 영역
④ 상완을 자연스럽게 수직으로 늘어뜨린 상태에서 전완을 뻗어 파악할 수 있는 영역

해설 수평면에서의 표준작업 영역(정상작업 영역)은 위팔(상완, upper arm)을 뻗지 않고 아래팔(전완, forearm)을 휘둘러서 닿을 수 있는 영역(전면 39.4 cm, 좌우 119.4 cm)

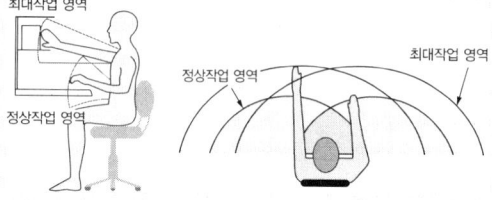

16 산업안전보건법상 제조업에서 상시 근로자가 몇 명 이상인 경우 보건관리자를 선임하여야 하는가?

① 5명
② 50명
③ 100명
④ 300명

해설 산업안전보건법 시행령, 제2장 안전보건관리체제 등, 제29조(산업보건의 선임 등)
① 산업보건의를 두어야 하는 사업의 종류와 사업장은 보건관리자를 두어야 하는 사업으로서 상시근로자 수가 50명 이상인 사업장으로 한다.

17 산업안전보건법령상 최근 1년간 작업공정에서 공정 설비의 변경, 작업방법의 변경, 설비의 이전, 사용 화학 물질의 변경 등으로 작업환경 측정결과에 영향을 주는 변화가 없는 경우로 해당 유해인자에 대한 작업환경 측정을 1년에 1회 이상으로 할 수 있는 경우는?

① 작업장 또는 작업공정이 신규로 가동되는 경우
② 작업공정 내 소음의 작업환경 측정결과가 최근 2회 연속 90데시벨(dB) 미만인 경우
③ 작업환경 측정대상 유해인자에 해당하는 화학적 인자의 측정치가 노출 기준을 초과하는 경우
④ 작업공정 내 소음 외의 다른 모든 인장의 작업환경 측정결과가 최근 2회 연속 노출 기준 미만인 경우

해설 산업안전보건법 시행규칙, 제8장 근로자 보건관리, 제1절 근로환경의 개선, 제90조(작업환경 측정 주기 및 횟수)
② 사업주는 최근 1년간 작업공정에서 공정 설비의 변경, 작업방법의 변경, 설비의 이전, 사용 화학물질의 변경 등으로 작업환경측정 결과에 영향을 주는 변화가 없는 경우로서 다음 각호의 어느 하나에 해당하는 경우에는 해당 유해인자에 대한 작업환경측정을 연(年) 1회 이상 할 수 있다.
1. 작업공정 내 소음의 작업환경측정 결과가 최근 2회 연속 85데시벨(dB) 미만인 경우
2. 작업공정 내 소음 외의 다른 모든 인자의 작업환경측정 결과가 최근 2회 연속 노출 기준 미만인 경우

18 국소 피로와 관련한 작업 강도와 적정 작업시간의 관계를 설명한 것 중 틀린 것은?

① 힘의 단위는 kp(kilo pound)로 표시한다.
② 적정 작업시간은 작업 강도와 대수적으로 비례한다.
③ 1 kp(kilo pound)는 2.2 pounds의 중력에 해당한다.
④ 작업 강도가 10 % 미만인 경우 국소 피로는 오지 않는다.

해설 적정 작업시간은 작업 강도와 대수적으로 반비례한다. 적정 작업시간(초 $= 671\,120 \times \%MS^{-2.222}$)

19 근골격계질환을 예방하기 위한 조치로 적절한 것은?

① 손잡이에 완충물질을 사용하지 않는다.
② 작업의 방법이나 위치를 변화시키지 않는다.
③ 임팩트 렌치나 천공 해머를 사용하지 않는다.
④ 가능한 파워 그립보단 핀치 그립을 사용할 수 있도록 설계한다.

해설 근골격계질환을 예방하기 위한 조치
㉠ 손잡이에 완충물질을 사용한다.
㉡ 작업의 방법이나 위치를 변화하면서 작업한다.
㉢ 되도록 임팩트 렌치나 천공 해머를 사용하지 않는다.
㉣ 가능한 핀치 그립보다는 파워 그립을 사용할 수 있도록 설계한다.

20 생리학적 적성검사 항목이 아닌 것은?

① 체력검사   ② 지각동작검사
③ 감각지능검사 ④ 심폐기능검사

해설
• 생리적 적성검사: 감각기능검사(시력, 색각, 청력검사), 심폐기능검사(호흡량, 맥박, 혈압측정), 체력검사(악력, 배근력 측정)
• 심리적 적성검사: 지각동작검사(소질검사로 손재주, 수족협조능, 운동협조능, 행태지각능)

2과목 작업환경 측정 및 평가

21 개인 시료 채취기를 사용할 때 적용되는 근로자의 호흡 위치로 옳은 것은? (단, 고용노동부 고시를 기준으로 한다.)

① 호흡기를 중심으로 직경 30 cm인 반구
② 호흡기를 중심으로 반경 30 cm인 반구
③ 호흡기를 중심으로 직경 45 cm인 반구
④ 호흡기를 중심으로 반경 45 cm인 반구

해설 작업환경 측정 및 정도관리 등에 관한 고시, 제2조 (정의)
"개인 시료 채취"란 개인 시료 채취기를 이용하여 가스·증기·분진·흄(fume)·미스트(mist) 등을 근로자의 호흡 위치(호흡기를 중심으로 반경 30 cm인 반구)에서 채취하는 것을 말한다.

22 작업환경 측정결과의 평가에서 작업시간 전체를 1개의 시료로 측정할 경우의 노출결과 구분이 바르게 표기된 것은?

① 하한치(LCL) > 1일 때 노출 기준 미만
② 상한치(UCL) ≤ 1일 때 노출 기준 초과
③ 하한치(LCL) ≤ 1, 상한치(UCL)<1일 때, 노출 기준 초과 가능
④ 하한치(LCL) > 1일 때 노출 기준 초과

해설 작업환경 측정결과의 평가에서 작업시간 전체를 1개의 시료로 측정할 경우의 노출결과 판정
㉠ LCL > 1: 허용기준 초과
㉡ UCL < 1: 허용기준 미만
㉢ UCL > 1이고 LCL < 1이면: 허용기준을 초과할 가능성이 있다.

23 수분에 대한 영향이 크지 않으므로 먼지의 중량분석에 적절하고, 특히 유리규산을 채취하여 X선 회절법으로 분석하는 데 적합한 여과지는?

① MCE 막여과지   ② 유리섬유 여과지
③ PVC 여과지   ④ 은 막여과지

해설 PVC(Poly-Vinyl Chloride) 막여과지: 비흡습성이므로 입자상 물질의 중량분석에 적절하다. 특히 유리규산을 채취하여 X-선 회절법으로 분석하는 데 좋으며 산화아연, 6가 크로뮴 등을 측정하는 데도 사용된다.

정답 15 ④ 16 ② 17 ④ 18 ② 19 ③ 20 ② 21 ②
22 ④ 23 ③

24 증기 상인 A 물질 100 ppm은 약 몇 mg/m³인가? (단, A 물질의 분자량은 58이고, 25 ℃, 1기압을 기준으로 한다.)

① 237　　② 287
③ 325　　④ 349

해설 ppm과 mg/m³의 환산식

$$mg/Sm^3 = ppm \times \frac{M}{22.4}$$ 에서

$$mg/m^3 = 100 \times \frac{58}{24.45} = 237 \, mg/m^3$$

25 어느 작업장의 벤젠농도(ppm)를 5회 측정한 결과가 각각 30, 33, 29, 27, 31일 때, 벤젠의 기하평균농도는 약 몇 ppm인가?

① 29.9　　② 30.5
③ 30.9　　④ 31.1

해설 기하평균농도(GM)

$$= (30 \times 33 \times 29 \times 27 \times 31)^{\left(\frac{1}{5}\right)} = 29.9 \, ppm$$

26 각각의 포집 효율이 80 %인 임핀저 2개를 직렬로 연결하여 시료를 채취하는 경우 최종 얻어지는 총 집진 효율은?

① 90 %　　② 92%
③ 94 %　　④ 96 %

해설 임핀저 2개를 직렬로 연결하여 시료를 채취하는 경우 총 집진 효율

$$\eta_t = \eta_1 + \eta_2(1-\eta_1) = 80 + 80 \times (1-0.8) = 96\%$$

27 순간 시료 채취에서 가스나 증기상 물질을 직접 포집하는 방법이 아닌 것은?

① 주사기에 의한 포집
② 진공 플라스크에 의한 포집
③ 시료 채취 백에 의한 포집
④ 흡착제에 의한 포집

해설
- 직접채취방법: 시료 공기를 흡수, 흡착 등의 과정을 거치지 아니하고 직접채취대 또는 진공채취병, 주사통 등의 채취 용기에 물질을 채취하는 방법을 말한다.
- 흡착제에 의한 포집은 시료 공기를 고체의 입자층을 통해 흡입, 흡착하여 해당 고체입자에 측정하려는 물질을 고체 시료 채취방법이다.

28 다음 중 충격소음에 대한 설명으로 가장 적절한 것은?

① 최대음압 수준이 120 dB(A) 이상의 소음이 1초 이상의 간격으로 발생하는 소음을 말한다.
② 최대음압 수준이 140 dB(A) 이상의 소음이 1초 이상의 간격으로 발생하는 소음을 말한다.
③ 최대음압 수준이 120 dB(A) 이상의 소음이 5초 이상의 간격으로 발생하는 소음을 말한다.
④ 최대음압 수준이 140 dB(A) 이상의 소음이 5초 이상의 간격으로 발생하는 소음을 말한다.

해설 산업안전보건기준에 관한 규칙, 제4장 소음 및 진동에 의한 건강장해의 예방, 제512조(정의)
충격소음이라 함은 최대음압 수준에 120 dB(A) 이상인 소음이 1초 이상의 간격으로 발생하는 것을 말함

29 유량, 측정시간, 회수율, 분석에 의한 오차(%)가 각각 15, 3, 5, 9일 때, 누적오차는?

① 18.4%
② 19.4%
③ 20.4%
④ 21.4%

해설 누적오차(cumulative statistical error, E_c)

$$E_c = \sqrt{E_1^2 + E_2^2 + \cdots + E_n^2}$$
$$= \sqrt{15^2 + 3^2 + 9^2 + 5^2} = 18.4\%$$

30 혼합 유기용제의 구성비(중량비)는 다음과 같을 때, 이 혼합물의 노출농도(TLV)는?

- 메틸클로로폼 30 %(TLV: 1,900 mg/m³)
- 헵테인 50 %(TLV: 1,600 mg/m³)
- 퍼클로로에틸렌 20 %(TLV: 335 mg/m³)

① 937 mg/m³
② 1,087 mg/m³
③ 1,137 mg/m³
④ 12,837 mg/m³

해설 오염원이 서로 유사한 독성을 가진 물질로 구성된 혼합 액체이고 이 혼합물이 공기 중으로 증발할 때 액체상태에서의 혼합물 구성비율과 동일한 비율로 공기 중에 존재한다고 가정하였을 때
혼합물의 허용농도(TLV, mg/m³)

$$= \frac{1}{\frac{f_a}{TLV_a} + \frac{f_b}{TLV_b} + \cdots + \frac{f_n}{TLV_n}}$$ 에서 f_a, f_b 등은 물질 a, b 등의 중량구성비이고, TLV_a, TLV_b는 해당물질의 TLV이다.

$$\therefore \text{혼합물의 } TLV(mg/m^3) = \frac{1}{\frac{0.3}{1900} + \frac{0.5}{1600} + \frac{0.2}{335}}$$

$$= 937\ mg/m^3$$

31 여과지의 공극보다 작은 입자가 여과지에 채취되는 기전은 여과이론으로 설명할 수 있다. 다음 중 펌프를 이용하여 공기를 흡입하여 채취할 때 크게 작용하는 기전이 <u>아닌</u> 것은?

① 간섭
② 흡착
③ 관성충돌
④ 확산

해설 여과 채취원리(기전): 직접 차단(간섭), 관성충돌, 확산, 중력침강, 정전기 침강, 체질(sieving)

32 A 물건을 제작하는 공정에서 100 % TCE를 사용하고 있다. 작업자의 잘못으로 TCE가 휘발되었다면 공기 중 TCE 포화농도는? (단, 0 ℃, 1기압에서 환기가 되지 않고, TCE의 증기압은 19 mmHg이다.)

① 19,000 ppm
② 22,000 ppm
③ 25,000 ppm
④ 28,000 ppm

해설 최고농도(포화농도)

$$C_{max} = \frac{19}{760} \times 10^6 = 25,000\ ppm$$

33 정량한계에 관한 내용으로 옳은 것은? (단, 고용노동부 고시를 기준으로 한다.)

① 분석기기가 정량할 수 있는 가장 작은 오차를 말한다.
② 분석기기가 정량할 수 있는 가장 작은 양을 말한다.
③ 분석기기가 정량할 수 있는 가장 작은 정밀도를 말한다.
④ 분석기기가 정량할 수 있는 가장 작은 편차를 말한다.

해설 정량한계(Limit of quantization; LOQ): 분석기기마다 바탕선량과 구별하여 분석될 수 있는 최소의 양, 즉 분석결과가 어느 주어진 분석절차에 따라서 합리적인 신뢰성을 가지고 정량 분석할 수 있는 가장 적은 양이나 농도이다. 또한 정량한계는 통계적인 개념보다는 일종의 약속이다. 일반적으로 표준편차의 10배 또는 검출한계의 3배 또는 3.3배로 정의한다.

34 펌프를 사용하여 유속 1.7 L/min으로 8시간 동안 공기를 포집하였을 때, 펌프에 포집된 공기의 양은 약 몇 m³인가?

① 0.82
② 1.41
③ 1.70
④ 2.14

해설 펌프에 포집된 공기의 양

$$V = 1.7\ L/min \times 8\ h \times 60\ min/h \times \frac{1\ m^3}{10^3\ L} = 0.82\ m^3$$

정답 24 ① 25 ① 26 ④ 27 ④ 28 ① 29 ① 30 ①
31 ② 32 ③ 33 ② 34 ①

35 실리카젤관을 이용하여 포집한 물질을 분석할 때 보정해야 하는 실험은?

① 특이성 실험
② 산화율 실험
③ 탈착효율 실험
④ 물질의 농도 범위 실험

해설 고체흡착관(활성탄관, 실리카젤관)을 이용하여 채취한 유기용제의 분석에 관련된 실험 중 탈착효율 실험은 포집한 물질을 분석할 때 보정해야 하는 실험으로 탈착효율은 흡착제에 흡착된 성분을 추출과정을 거쳐 분석 시 실제 검출되는 비율로 탈착효율 실험을 위한 시료조제방법에서 탈착효율 실험을 위한 첨가량은 작업장에서 예상되는 측정 대상 물질의 일정 농도 범위(0.5 ~ 2배)에서 결정한다. 이러한 실험의 목적은 흡착관의 오염 여부, 시약의 오염 여부 및 분석대상 물질이 탈착 용매에 실제로 탈착되는 양을 파악하여 보정하는 데 있다.

36 작업환경 측정 단위에 대한 설명으로 옳은 것은?

① 분진은 mL/m^3으로 표시한다.
② 석면의 표시단위는 ppm/m^3으로 표시한다.
③ 고열(복사열 포함)의 측정 단위는 습구흑구온도지수(WBGT)를 구하여 섭씨온도(℃)로 표시한다.
④ 가스 및 증기의 노출 기준 표시단위는 MPa/L로 표시한다.

해설
• 분진은 mg/m^3 또는 $\mu g/m^3$으로 표시한다.
• 석면의 표시단위는 개/mL 또는 개/cm^3으로 표시한다.
• 가스 및 증기의 노출 기준 표시단위는 ppm으로 표시한다.

37 용광로가 있는 철강 주물공장의 옥내 습구흑구온도지수(WBGT)는? (단, 작업장 내 건구온도는 32 ℃이고, 자연습구온도는 30 ℃이며, 흑구온도는 34 ℃이다.)

① 30.5 ℃
② 31.2 ℃
③ 32.5 ℃
④ 33.4 ℃

해설 • 태양광선이 내리쬐지 않는 옥외 또는 옥내 장소
WBGT(℃) = 0.7 × 자연습구온도 + 0.3 × 흑구온도
∴ WBGT(℃) = 0.7 × 30 + 0.3 × 34 = 31.2 ℃

38 흡착제인 활성탄의 제한점에 관한 설명으로 옳지 않은 것은?

① 휘발성이 매우 큰 저분자량의 탄화수소 화합물의 채취효율이 떨어진다.
② 암모니아, 에틸렌, 염화수소와 같은 저비점 화합물에 효과가 적다.
③ 표면에 산화력이 없어 반응성이 작은 알데하이드 포집에 부적합하다.
④ 비교적 높은 습도는 활성탄의 흡착용량을 저하시킨다.

해설 표면 산화력으로 인해 반응성이 큰 메르캅탄(mercaptan)과 알데히드(aldehyde) 채취에는 부적합하다.

39 직경이 5 μm이고 비중이 1.2인 먼지입자의 침강속도는 약 몇 cm/s인가?

① 0.01
② 0.03
③ 0.09
④ 0.3

해설 Lippmann의 침강속도식
$V = 0.003 \times \rho \times d^2 = 0.003 \times 1.2 \times 5^2 = 0.09\,cm/s$

40 흡광도법에서 단색광이 시료액을 통과하여 그 광의 30 %가 흡수되었을 때 흡광도는?

① 0.15
② 0.3
③ 0.45
④ 0.6

해설 흡광도, $A = \log \frac{1}{\tau}$에서 τ: 투과율로
$\tau = \frac{I_t}{I_o} = \frac{100-30}{100} = 0.7$
∴ $A = \log \frac{1}{0.7} = 0.15$

3과목 작업환경관리

41 소음과 관련된 내용으로 옳지 않은 것은?

① 음압 수준은 음압과 기준 음압의 비를 대수 값으로 변환하고 제곱하여 산출한다.
② 사람의 귀는 자극의 절대 물리량에 1차식으로 비례하여 반응한다.
③ 음강도는 단위시간당 단위면적을 통과하는 음에너지이다.
④ 음원에서 발생하는 에너지는 음력이다.

해설 청각을 포함해서 사람의 감각은 주어진 자극의 물리량이 아니라 그 로그에 비례한다는 베버–페흐너의 법칙에 따른다.

42 적외선에 관한 설명으로 가장 거리가 먼 것은?

① 적외선은 대부분 화학작용을 수반하며 가시광선과 자외선 사이에 있다.
② 적외선에 강하게 노출되면 안검록염, 각막염, 홍채 위축, 백내장 등을 일으킬 수 있다.
③ 일명 열선이라고도 하며 온도에 비례하여 적외선을 복사한다.
④ 적외선 중 가시광선과 가까운 쪽을 근적외선이라 한다.

해설 적외선은 대부분 화학작용을 수반하지 않고, 가시광선보다 파장이 길다.

43 일반적으로 더운 환경에서 고된 육체적인 작업을 하면서 땀을 많이 흘릴 때 신체의 염분 손실을 충당하지 못하여 발생하는 고열 장해는?

① 열발진   ② 열사병
③ 열실신   ④ 열경련

해설 열경련은 가장 전형적인 열중증의 형태로 고온환경에서 심한 육체적인 노동을 할 경우 나타나는 데 이때 지나친 발한에 의한 수분 및 혈중 염분 손실이 가장 큰 원인이다.

44 유해물질이 발생하는 공정에서 유해인자에 농도를 깨끗한 공기를 이용하여 그 유해물질을 관리하는 가장 적합한 작업환경관리 대책은?

① 밀폐   ② 격리
③ 환기   ④ 교육

해설 유해인자에 농도를 깨끗한 공기를 이용하여 그 유해물질을 관리하는 가장 적합한 작업환경관리 대책은 환기(ventilation)이다.

45 잠수부가 해저 30 m에서 작업을 할 때 인체가 받는 절대압은?

① 3기압   ② 4기압
③ 5기압   ④ 6기압

해설 절대압 = $\dfrac{1기압}{10\,m} \times 30\,m + 대기압(1기압) = 4기압$

∴ 수심 30 m에서의 절대압은 4기압이다.

46 다음 중 납중독이 조혈 기능에 미치는 영향으로 옳은 것은?

① 혈색소량 증가
② 적혈구 수 증가
③ 혈청 내 철 감소
④ 적혈구 내 프로토폴피린 증가

해설 납중독의 병리 현상
■ 조혈 기능에 대한 영향
  ⓐ 무기납: 말초신경을 수축시키고 혈액 및 골수에 영향
  ⓑ δ–ALAD 활성치 저하
  ⓒ 혈청 및 요 중 α–ALA(α–아미노레불린산) 증가
  ⓓ 적혈구 내 프로토폴피린 증가
  ⓔ 요 중 코프로폴피린
  ⓕ 혈색소량 저하
  ⓖ 적혈구 수 감소 및 수명 단축, 망상 적혈구 수의 증가, 호염기성 점적혈구 수 증가
  ⓗ 혈청 내 철 증가

정답 35 ③ 36 ③ 37 ② 38 ③ 39 ③ 40 ① 41 ②
42 ① 43 ④ 44 ③ 45 ② 46 ④

47 입자(비중 5)이 직경 3 μm 인 먼지가 다른 방해기류가 없이 층류 이동을 할 경우 50 cm 높이의 챔버 상부에서 하부까지 침강할 때 필요한 시간은 약 몇 분인가?

① 3.1
② 6.2
③ 12.4
④ 24.8

해설 Lippmann의 침강속도식
$V = 0.003 \times \rho \times d^2 = 0.003 \times 5 \times 3^2 = 0.135 \text{ cm/s}$
∴ 50 cm 높이의 챔버 상부에서 하부까지 침강할 때 필요한 시간, $t = \dfrac{50 \text{ cm}}{0.135 \text{ cm/s}} \times \dfrac{1 \text{ min}}{60 \text{ s}} = 6.2 \text{ min}$

48 밝기의 단위인 루멘(lumen)에 대한 설명으로 가장 정확한 것은?

① 1 Lux의 광원으로부터 단위 입사각으로 나가는 광도의 단위이다.
② 1 Lux의 광원으로부터 단위 입사각으로 나가는 휘도의 단위이다.
③ 1촉광의 광원으로부터 단위 입사각으로 나가는 조도의 단위이다.
④ 1촉광의 광원으로부터 단위 입사각으로 나가는 광속의 단위이다.

해설 루멘(lumen): 1촉광의 광원으로부터 한 단위 입체각으로 나가는 광속의 단위(1루멘 = 1 cd/입체각), 광속의 국제단위로 기호는 lm을 사용한다.

49 적용 화학물질이 정제 벤드나이드겔, 염화비닐수지이며 분진, 전해약품제조, 원료취급작업에서 주로 사용되는 보호크림으로 가장 적절한 것은?

① 피막형 크림
② 차광 크림
③ 소수성 크림
④ 천수성 크림

해설 피막형 성형크림: 분진, 유리섬유에 대한 장해 예방용으로 적용 화학물질은 정제 벤드나이젤, 염화비닐수지이며 작업 완료 후 즉시 닦아 내야 한다.

50 음압이 2 N/m² 일 때 음압 수준은 몇 dB인가?

① 90
② 95
③ 100
④ 105

해설 음압 수준(음압 레벨)
$SPL = 20 \dfrac{P}{P_o} = 20 \log \dfrac{P}{2 \times 10^{-5}}$
$= 20 \log \dfrac{2}{2 \times 10^{-5}} = 100 \text{ dB}$

51 다음 중 작업과 보호구를 가장 적절하게 연결한 것은?

① 전기용접 - 차광안경
② 노면토석굴착 - 방독 마스크
③ 도금공장 - 내열복
④ tank 내 분무도장 - 방진 마스크

해설
• 노면토석굴착 - 전동식 방진 마스크
• 도금공장 - 방독 마스크
• tank 내 분무도장 - 공기공급식 호흡용 보호구(RPE)인 송기 마스크를 착용

52 보호장구의 재질별 효과적인 적용 물질로 옳은 것은?

① 면 - 비극성 용제
② Butyl 고무 - 비극성 용제
③ 천연고무(latex) - 극성 용제
④ Vitron - 극성 용제

해설 부틸고무: 극성용제, 면: 고체상 물질에 효과적이고 용제에는 사용 못함, 비트론: 비극성 용제에 효과적임

53 작업장에서 발생된 분진에 대한 작업환경관리 대책과 가장 거리가 먼 것은?

① 국소배기 장치의 설치
② 발생원의 밀폐
③ 방독 마스크의 지급 및 착용
④ 전체환기

해설 작업장에서 발생된 분진에 대한 가장 최후에 해야 할 작업환경관리 대책으로는 방진 마스크의 지급 및 착용이 있다.

54 일반적인 소음관리대책 중에서 소음원 대책에 해당하지 않는 것은?

① 차음, 흡음
② 보호구 착용
③ 소음원 밀폐와 격리
④ 공정의 변경

해설 소음발생원 대책으로 차음, 흡음, 소음원의 밀폐와 격리, 공정의 변경, 소음발생기구에 방진 고무 설치, 방음커버 설치 등이 있다. 보호구 착용은 수음자의 대책이다.

55 고압환경에서 가압에 의해 발생하는 장해로 볼 수 없는 것은?

① 질소마취 작용
② 산소중독 현상
③ 질소 기포 형성
④ 이산화탄소중독

해설 질소 기포 형성은 감압에 의해 발생하는 장해이다.

56 다음 중 피부 노화와 피부암에 영향을 주는 비전리방사선은?

① UV-A
② UV-B
③ UV-D
④ UV-F

해설 자외선의 분류
㉠ UV-A: 315 ~ 400 nm의 파장을 지녔고 지속적으로 노출되면 발진, 홍반, 백내장, 피부 노화 촉진을 나타낸다.
㉡ UV-B: 280 ~ 315 nm(도노선)의 파장을 지녔고 지속적으로 노출되면 발진, 피부 노화, 피부암, 광결막염을 나타낸다.
㉢ UV-C: 100 ~ 280 nm의 파장을 지녔고 지속적으로 노출되면 발진, 경미한 홍반을 나타낸다.

57 다음 중 입자상 물질의 크기 표시에 있어서 입자의 면적을 이등분하는 직경으로 과소평가의 위험성이 있는 것은?

① Martin 직경
② Feret 직경
③ 공기역학적 직경
④ 등면적 직경

해설 입자상 물질의 기하학적 직경
㉠ 마틴경(martin diameter), 기호 D_M
  ⓐ 먼지의 면적을 2등분하는 선의 길이를 직경으로 하며 선의 방향은 항상 일정하여야 한다.
  ⓑ 직경이 과소 평가되는 단점이 있다.
㉡ 페렛경(feret diameter), 기호 D_F
  ⓐ 먼지의 한쪽 끝 가장자리와 다른 쪽 가장자리 사이의 거리를 직경으로 한다.
  ⓑ 직경이 과대평가될 가능성이 있다.
㉢ 등면적경(projected area diameter), 기호 D_P
  ⓐ 먼지의 면적과 동일한 면적을 가진 원의 직경으로 가장 정확한 직경이다.
  ⓑ 현미경 접안경에 proton reticle을 삽입하여 측정하며 직경은 다음 식으로 나타낸다. $D_P = \sqrt{2^n}$ [μm]
  여기서, n: Proton reticle에서 '원'의 번호

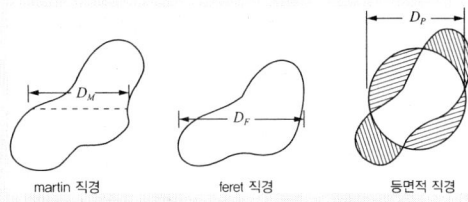
martin 직경   feret 직경   등면적 직경

정답 47 ② 48 ④ 49 ① 50 ③ 51 ① 52 ③ 53 ③ 54 ② 55 ③ 56 ② 57 ①

58 다음 중 저온에 따른 일차적 생리적 영향은?

① 식욕 변화
② 혈압 변화
③ 말초냉각
④ 피부혈관 수축

해설 저온에 의한 1차 생리적 영향: 피부혈관의 수축, 근육 긴장의 증가와 떨림, 화학적 대사작용의 증가, 체표면적의 감소

59 다음 중 소음성 난청에 대한 설명으로 옳지 <u>않은</u> 것은?

① 음압 수준이 높을수록 유해하다.
② 저주파 음이 고주파 음보다 더욱 유해하다.
③ 간헐적 노출이 계속된 노출보다 덜 유해하다.
④ 심한 소음에 반복하여 노출되면 일시적 청력변화는 영구적 청력 변화로 변한다.

해설 소음성 난청(4,000 Hz에서 가장 현저함)에 영향을 미치는 요소
㉠ 음압 수준이 높을수록 유해하다.
㉡ 고주파 음이 저주파 음보다 유해한데 이는 인체가 고주파보다 저주파에 대해 둔감하게 반응하기 때문이다.
㉢ 간헐적 노출이 계속적 노출보다 덜 유해하다.
㉣ 소음에 감수성이 높은 사람이 극소수 존재하므로 더 유해하다.

60 흄(fume)에 대한 설명으로 알맞은 내용은?

① 기체상태로 있던 무기물질이 승화하거나, 화학적 변화를 일으켜 형성된 고형의 미립자
② 금속을 용융하는 경우 발생되는 증기가 공기에 의해 산화되어 만들어진 미세한 금속산화물
③ 콜로이드보다 입자의 크기가 크고 단시간 동안 공기 중에 부유할 수 있는 고체 입자
④ 액체물질이던 것이 미립자가 되어 공기 중에 분산된 입자

해설 고체물질의 증기가 응고되거나 또는 기체물질의 화학반응으로 생긴 미소한 고체입자로, 공기 중에 부유하는 것을 흄이라 한다. 아크 용접 중의 철강, 주조공장의 용융금속에서 발생하는 금속 흄이 대표적인 예이다. 흄의 직경은 일반적으로 1 μm 이하이므로 일반 분진보다 직경이 작아 지상으로 침강하기 어렵고 호흡성 분진의 형태로 체내에 흡입되어 유해성도 커진다.

4과목 산업환기

61 다음 그림과 같이 국소배기장치에서 공기정화기가 막혔을 경우 정압의 절댓값은 이전 측정에 비해 어떻게 변하는가?

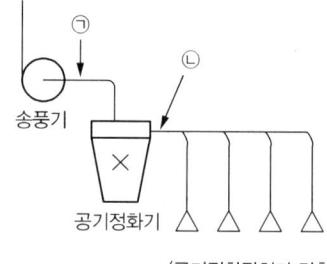

(공기정화장치가 막힘)

① ㉠: 감소, ㉡: 증가
② ㉠: 증가, ㉡: 감소
③ ㉠: 감소, ㉡: 감소
④ ㉠: 거의 정상, ㉡: 증가

해설 공기정화장치 내 일부에 분진이 쌓여 막혀 있어 압력 손실이 커진 경우 공기정화장치로 들어오는 덕트에서는 정압 감소, 나가는 덕트에서의 정압은 증가되는 경우이다. (그림과 같은 경우)

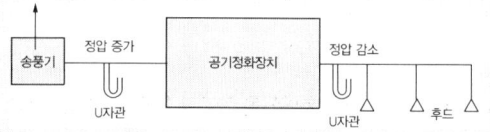

62 직경이 10 cm인 원형 후드가 있다. 관내를 흐르는 유량이 0.1 m³/s라면 후드 입구에서 15 cm 떨어진 후드 축선상에서의 제어속도는? (단, Dalla Valle의 경험식을 이용한다.)

① 0.25 m/s ② 0.29 m/s
③ 0.35 m/s ④ 0.43 m/s

해설 외부식 후드의 기본식을 사용하면 된다.

필요송풍량: $Q = V_c(10X^2 + A)$에서

$A = \left(\dfrac{3.14 \times 0.1^2}{4}\right) = 0.00785 \text{ m}^2$

$0.1 \text{ m}^3/\text{s} = V_c[(10 \times 0.15^2)\text{m}^2 + 0.00785 \text{ m}^2]$에서

$V_c = 0.43 \text{ m/s}$

63 두 개의 덕트가 합류될 때 정압(SP)에 따른 개선사항이 잘못된 것은?

① $0.95 \leq \left(\dfrac{\text{낮은 }SP}{\text{높은 }SP}\right)$: 차이를 무시

② 두 개의 덕트가 합류될 때 정압의 차이가 없는 것이 이상적

③ $\left(\dfrac{\text{낮은 }SP}{\text{높은 }SP}\right) < 0.8$: 정압이 높은 덕트의 직경을 다시 설계

④ $0.8 \leq \left(\dfrac{\text{낮은 }SP}{\text{높은 }SP}\right) < 0.95$: 정압이 낮은 덕트의 유량을 조정

해설 정압조절평형법: 저항이 큰 쪽의 덕트 직경을 약간 크게 하거나 감소시켜 저항을 줄이거나 증가시켜 합류점의 정압이 같아지도록 하는 방법

㉠ $0.8 \leq \left(\dfrac{\text{낮은 }SP}{\text{높은 }SP}\right) < 0.95$인 경우: 정압이 낮은 덕트의 유량을 조정한다.

㉡ $\left(\dfrac{\text{낮은 }SP}{\text{높은 }SP}\right) < 0.8$인 경우: 정압이 낮은 덕트의 직경을 다시 설계해야 한다.

㉢ $0.95 \leq \dfrac{SP_2}{SP_1}$ 인 경우: 차이를 무시한다.

64 자유공간에 떠 있는 직경 30 cm인 원형개구 후드의 개구면으로부터 30 cm 떨어진 곳의 입자를 흡입하려고 한다. 제어풍속을 0.6 m/s로 할 때 후드 정압 SP_h는 약 몇 mmH₂O인가? (단, 원형개구 후드이의 유입손실계수 F_h는 0.93이다.)

① -14.0 ② -12.0
③ -10.0 ④ -8.0

해설 후드는 자유공간에 위치한 외부식 후드이므로

필요환기량 $Q(\text{m}^3/\text{min}) = 60 \times V_c \times (10X^2 + A_h)$

$= 60 \times 0.6 \times \left\{(10 \times 0.3^2) + \left(\dfrac{3.14 \times 0.3^2}{4}\right)\right\}$

$= 34.9 \text{ m}^3/\text{min}$

후드 정압 $SP_h = VP(1 + F_h)$에서

$V = \dfrac{Q}{A} = \dfrac{\left(\dfrac{34.9}{60}\right)}{\left(\dfrac{3.14 \times 0.3^2}{4}\right)} = 8.23 \text{ m/s}$

$\therefore VP = \dfrac{\gamma V^2}{2g} = \dfrac{1.2 \times 8.23^2}{2 \times 9.8} = 4.15 \text{ mmH}_2\text{O}$

$\therefore SP_h = 4.15 \times (1 + 0.93) = 8 \text{ mmH}_2\text{O}$

65 다음 설명에 해당하는 국소배기와 관련한 용어는?

- 후드 근처에서 발생되는 오염물질을 주변의 방해기류를 극복하고 후드 쪽으로 흡입하기 위한 유체의 속도를 말한다.
- 후드 앞 오염원에서의 기류로써 오염공기를 후드로 흡입하는 데 필요하며 방해기류를 극복해야 한다.

① 면속도 ② 제어속도
③ 플레넘속도 ④ 슬롯속도

해설 제어속도: 후드 근처에서 발생하는 오염물질을 주변의 방해기류를 극복하고 후드 쪽으로 흡입하기 위한 유체의 속도, 즉 유해물질을 후드 쪽으로 흡입하기 위해 필요한 최소풍속을 말한다.

정답 58 ④ 59 ② 60 ② 61 ② 62 ④ 63 ③ 64 ④ 65 ②

66
27 ℃, 1기압에서의 2 L의 산소 기체를 327 ℃, 2기압으로 변화시키면 그 부피는 몇 L가 되겠는가?

① 0.5
② 1.0
③ 2.0
④ 4.0

해설 보일–샤를의 법칙에서 $\dfrac{P_1 \times V_1}{T_1} = \dfrac{P_2 \times V_2}{T_2}$ 에서

$V_2 = V_1 \times \dfrac{T_2}{T_1} \times \dfrac{P_1}{P_2} = 2 \times \dfrac{273+327}{273+27} \times \dfrac{1}{2} = 2\,\text{L}$

67
국소배기 시스템 설치 시 고려사항으로 가장 적절하지 않은 것은?

① 가급적 원형 덕트를 사용한다.
② 후드는 덕트보다 두꺼운 재질을 선택한다.
③ 곡관의 곡률 반경은 최소 덕트 직경의 1.5배 이상으로 하며, 주로 2배를 사용한다.
④ 송풍기를 연결할 때에는 최소 덕트 직경의 2배 정도는 직선 구간으로 하여야 한다.

해설 송풍기를 연결할 때에는 최소 덕트 직경의 6배 정도는 직선 구간으로 하여야 한다.

68
다음 그림과 같은 단면적이 작은 쪽이 ㉠, 큰 쪽이 ㉡인 사각형 덕트의 확대관에 대한 압력손실을 구하는 방법으로 가장 적절한 것은? (단, 경사각은 $\theta_1 > \theta_2$ 이다.)

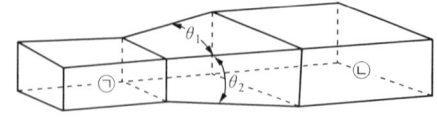

① θ_1의 각도를 경사각으로 한 단면적을 이용한다.
② θ_2의 각도를 경사각으로 한 단면적을 이용한다.
③ 두 각도의 평균값을 이용한 단면적을 이용한다.
④ 작은 쪽(㉠)과 큰 쪽(㉡)의 등가(상당) 직경을 이용한다.

해설 사각형 덕트이므로 단면이 작은 ㉠쪽과 단면이 확대된 ㉡쪽의 상당직경을 이용하여 압력손실을 구한다.

69
국소배기장치에 주로 사용하는 터보 송풍기에 관한 설명으로 틀린 것은?

① 송풍량이 증가해도 동력이 증가하지 않는다.
② 방사 날개형 송풍기나 전향 날개형 송풍기에 비해 효율이 좋다.
③ 직선 익근을 반경 방향으로 부착시킨 것으로 구조가 간단하고 보수가 용이하다.
④ 고농도 분진함유 공기를 이송시킬 경우, 회전날개 뒷면에 퇴적되어 효율이 떨어진다.

해설
- 터보 송풍기는 회전날개(깃, blade)가 회전 방향의 반대편으로 경사지게 후향으로 설계되어 있다.
- 직선 익근을 반경 방향으로 부착시킨 것으로 구조가 간단하고 보수가 쉬운 점에서 집진장치로서 먼지를 직접 흡입하여 익근차의 마모가 약간 있는 경우에도 적합한 송풍기는 평판형 송풍기이다.

70
사이클론의 집진 효율을 향상시키기 위해 blow down 방법을 이용할 때, 사이클론의 더스트 박스 또는 멀티 사이클론의 호퍼부에서 처리배기량의 몇 %를 흡입하는 것이 가장 이상적인가?

① 1 ~ 3 %
② 5 ~ 10 %
③ 15 ~ 20 %
④ 25 ~ 30 %

해설 원심력집진장치의 블로우 다운의 효과
㉠ 유효 원심력을 증가시켜 선회기류의 흐트러짐을 방지한다.
㉡ 부분적 난류 감소로 집진된 입자가 재비산을 방지한다.
㉢ 분진 박스나 호퍼부에서 처리 가스량의 일부인 5 ~ 10 % 정도를 재유입하여 사이클론 내의 난류 현상을 억제시킴으로써 집진된 먼지의 비산을 방지시킨다.
㉣ 사이클론의 집진 효율을 높이는 효과를 나타낸다.

71 유해 작업장의 분진이 바닥이나 천장에 쌓여서 2차 발진된다. 이것을 방지하기 위한 공학적 대책으로 오염농도를 희석시키는데 이때 사용되는 주요 대책방법으로 가장 적절한 것은?

① 개인보호구 착용 ② 칸막이 설치
③ 전체환기시설 가동 ④ 소음기 설치

해설 2차 발진된 분진의 오염농도를 희석시키는 데 사용되는 공학적 대책은 전체환기시설의 가동이다.

72 후드의 종류에서 외부식 후드가 아닌 것은?

① 루바형 후드 ② 그리드형 후드
③ 슬로트형 후드 ④ 드래프트 챔버형 후드

해설
- 드래프트 챔버형 후드는 포위식 후드에 속한다.
- 외부식 후드: 슬롯(slot), 루바(louver), 그리드(grid), 자립형(free standing) 등이 있다.

73 전체환기를 적용하기에 가장 적합하지 않은 곳은?

① 오염물질의 독성이 낮은 곳
② 오염물질의 발생원이 이동하는 곳
③ 오염물질 발생량이 많고 널리 퍼져 있는 곳
④ 작업공정상 국소배기장치의 설치가 불가능한 곳

해설 전체환기의 적용 조건
㉠ 유해물질 독성이 비교적 낮은 경우, 즉 노출 기준(TLV)이 높은 유해물질인 경우
㉡ 동일 작업장에 다수의 오염원이 분산된 경우
㉢ 유해물질이 시간에 따라 균일하게 발생할 경우
㉣ 유해물질 발생량이 적은 경우
㉤ 유해물질이 증기나 가스상 물질일 경우
㉥ 국소배기장치의 설치가 불가능할 경우
㉦ 배출원이 이동성일 경우
㉧ 가연성 가스의 농축으로 폭발의 위험성이 있는 경우
㉨ 오염원이 근로자가 근무하는 장소로부터 멀리 떨어져 있는 경우

74 송풍기의 소요동력을 계산하는 데 필요한 인자로 볼 수 없는 것은?

① 송풍기의 효율 ② 풍량
③ 송풍기 날개 수 ④ 송풍기 전압

해설 송풍기의 소요동력(kW)을 구하는 식
$$kW = \frac{Q \times \Delta P}{6120 \times \eta} \times \alpha$$ 에서 Q: 송풍량(m^3/min), ΔP: 송풍기 전압(mmH$_2$O), η: 송풍기의 효율, α: 여유율(안전율)
∴ 송풍기의 날개 수는 소요동력을 계산하는 데 필요하지 않은 인자이다.

75 피토 튜브와 마노미터를 이용하여 측정된 덕트 내 동압이 20 mmH$_2$O일 때, 공기의 속도는 약 몇 m/s인가? (단, 덕트 내의 공기는 21 ℃, 1기압으로 가정한다.)

① 14 ② 18
③ 22 ④ 24

해설 동압(속도압)과 공기 속도의 관계식
$$V = 4.043 \times \sqrt{VP} = 4.043 \times \sqrt{20} = 18.08 \, m/s$$

76 폭발방지를 위한 환기량은 해당 물질의 공기 중 농도를 어느 수준 이하로 감소시키는 것인가?

① 폭발농도 하한치
② 노출 기준 하한치
③ 노출 기준 상한치
④ 폭발농도 상한치

해설 혼합가스의 연소가능 범위를 폭발범위라고 하며 그 최저농도를 폭발농도하한치(LEL, Lower Explosive Limit)라 한다. 폭발방지를 위한 환기량은 해당 물질의 공기 중 농도를 폭발농도 하한치 이하로 감소시키는 것을 말한다.

정답 66 ③ 67 ④ 68 ④ 69 ③ 70 ② 71 ③ 72 ④
73 ③ 74 ③ 75 ② 76 ①

77 분압이 1.5 mmHg인 물질이 표준상태의 공기 중에서 도달할 수 있는 최고농도(%)는 약 얼마인가?

① 0.2 %
② 1.1 %
③ 2.0 %
④ 11.0 %

해설 최고농도(%) $= \frac{1.5}{760} \times 100 = 0.2\%$

78 실내공기의 풍속을 측정하는 데 사용하는 기구는?

① 카타온도계
② 유량계
③ 복사온도계
④ 회전계

해설 카타(Kata)온도계: 알코올의 팽창, 수축원리를 이용하여 알코올 강하시간을 측정함으로써 실내기류를 파악하고 온열환경 영향평가를 하는 온도계로 0.2 m/s 이상의 실내기류를 측정할 경우 Kata 냉각력과 온도차를 기류산출공식에 대입하여 풍속을 측정한다. 카타온도계는 주로 1 m/s 미만인 실내 공간의 풍속을 측정하는 데 사용된다.

79 톨루엔은 0 ℃일 때, 증기압이 6.8 mmHg이고, 25 ℃일 때는 증기압이 7.4 mmHg이다. 기온이 0 ℃일 때와 25 ℃일 때의 포화농도 차이는 약 몇 ppm인가?

① 790
② 810
③ 830
④ 850

해설
• 톨루엔은 0 ℃일 때 최고농도(포화농도)
$C_{\max} = \frac{6.8}{760} \times 10^6 = 8\,947.4\,\text{ppm}$

• 톨루엔은 25 ℃일 때 최고농도(포화농도)
$C_{\max} = \frac{7.4}{760} \times 10^6 = 9\,736.8\,\text{ppm}$

∴ $9,736.8 - 8,947.4 = 789.4\,\text{mmHg}$

80 국소환기장치에서 플랜지(flange)가 벽, 바닥, 천장 등에 접하고 있는 경우 필요환기량은 약 몇 %가 절약되는가?

① 10
② 25
③ 30
④ 50

해설 측방형 외부식 후드 $\left(\frac{W}{L} > 0.2\right)$의 필요송풍량

㉠ 원형, 장방형: $Q = 60 \times V_c (10X^2 + A)\,(\text{m}^3/\text{min})$

㉡ 플랜지 붙은 원형, 장방형
$Q = 60 \times 0.75 \times V_c (10X^2 + A)\,(\text{m}^3/\text{min})$

㉢ 테이블 위의 플랜지 붙은 장방형
$Q = 60 \times 0.5 \times V_c (10X^2 + A)\,(\text{m}^3/\text{min})$

∴ 플랜지(flange)가 벽, 바닥, 천장 등에 접하고 있는 경우 필요환기량은 약 50 %가 절약된다.

정답 77 ① 78 ① 79 ① 80 ④

1회 산업위생관리산업기사 기출문제
2019.03.03 시행

1과목 산업위생학개론

01 국제노동기구(ILO) 협약에 제시된 산업보건관리 업무와 가장 거리가 먼 것은?
① 산업보건교육, 훈련과 정보에 관한 협력
② 작업능률 향상과 생산성 제고에 관한 기획
③ 작업방법의 개선과 새로운 설비에 대한 건강상 계획의 참여
④ 직장에 있어서의 건강유해요인에 대한 위험성의 확인과 평가

해설 국제노동기구(ILO) 협약에 제시된 산업보건관리 업무에 작업능률 향상과 생산성 제고에 관한 기획에 관한 내용은 없다.

참고 ILO 제161호 산업보건기구에 관한 협약(1985년)
제2절 기능[제5조] 고용하고 있는 근로자의 보건과 안전에 대해서 개별사용자들이 부담하는 책임에 대한 편견없이, 그리고 근로자가 산업안전보건 문제에 참여할 필요성을 정당하게 고려하여, 산업안전보건기구는 기업의 업무상 위험에 대해서 적정·타당한 다음과 같은 기능을 수행하여야 한다.
㈎ 작업장 내에서 보건상의 유해요인으로부터 발생할 수 있는 위험의 파악 및 평가
㈏ 위생시설, 구내식당 및 숙소도 포함하여 사용자가 시설을 제공하는 곳으로, 근로자의 보건에 영향을 미칠 수 있는 작업환경 및 작업 관행에 내재하는 요소의 감독
㈐ 작업장을 포함하여 작업의 계획 및 조직, 기계와 다른 설비의 상태 및 유지, 그리고 작업에 사용되는 물질에 관한 조언
㈑ 새로운 장비의 보건상의 측면에 대한 검사 및 평가, 작업 관행의 개선을 위한 프로그램의 개발에 대한 참여
㈒ 산업안전보건 및 위생, 인체공학 그리고 개인적·집단적 방호 장비에 관한 조언
㈓ 근로자의 작업과 관계있는 건강에 대한 감독
㈔ 근로자에 대한 업무조정의 개선
㈕ 직업재활을 위한 조치에 대한 기여
㈖ 산업보건, 위생 그리고 인체공학 분야에 있어서의 정보, 훈련 및 교육의 제공에 대한 협력
㈗ 응급처리와 긴급조치 시의 조직
㈘ 업무상 재해 및 직업병 분석에 대한 참여

02 산업 피로의 종류 중, 과로 상태가 축적되어 단기간의 휴식으로는 회복할 수 없는 병적인 상태로, 심하면 사망에까지 이를 수 있는 것은?
① 곤비 ② 피로
③ 과로 ④ 실신

해설
• 보통 피로: 하룻밤 잠을 자고 나면 완전히 회복할 정도의 것
• 과로: 다음날까지도 피로상태가 계속되는 것
• 곤비(困憊): 과로상태가 축적된 상태로 단기간의 휴식으로 회복될 수 없는 병적 상태라고 볼 수 있으며, 더욱 심해지면 생명이 위험하다.

03 VDT 작업 자세로 틀린 것은?
① 팔꿈치의 내각은 90도 이상이어야 함
② 발의 위치는 앞꿈치만 닿을 수 있도록 함
③ 화면과 근로자의 눈과의 거리는 40 cm 이상이 되게 함
④ 의자에 앉을 때는 의자 깊숙이 앉아 의자 등받이에 등이 충분히 지지되어야 함

해설 VDT(Video Display Terminal, 영상(시각)표시 단말기) 작업 자세에서 발의 위치는 발바닥 전면이 바닥면에 닿은 자세를 취하는 것이 좋다.

정답 01 ② 02 ① 03 ②

1회 산업위생관리산업기사 기출문제

04 미국산업위생학회(AIHA)의 산업위생에 대한 정의로 가장 적합한 것은?

① 근로자나 일반 대중의 육체적, 정신적, 사회적 건강을 고도로 유지 증진시키는 과학과 기술
② 작업조건으로 인하여 근로자에게 발생할 수 있는 질병을 근본적으로 예방하고 치료하는 학문과 기술
③ 근로자나 일반 대중에게 육체적, 생리적, 심리적으로 치적의 환경을 제공하여 최고의 작업능률을 높이기 위한 과학과 기술
④ 근로자나 일반 대중에게 질병, 건강장애와 안녕 방해, 심각한 불쾌감 및 능률저하 등을 초래하는 작업환경 요인과 스트레스를 예측, 측정, 평가하고 관리하는 과학과 기술

해설 미국산업위생학회(AIHA, American Industrial Hygiene Association))의 산업위생에 대한 정의
근로자 일반 대중(지역주민)에게 질병, 건강장애와 안녕방해, 심각한 불쾌감 및 능률저하 등을 초래하는 작업환경 요인과 스트레스를 예측(anticipation), 측정(인지, recognition), 평가(evaluation)하고 관리(control)하는 과학과 기술

05 산업안전보건법령상 기관석면조사 대상으로서 건축물이나 설비의 소유주 등이 고용노동부 장관에게 등록한 자로 하여금 그 석면을 해체·제거하도록 하여야 하는 함유량과 면적기준으로 틀린 것은?

① 석면이 1퍼센트(무게 퍼센트)를 초과하여 섬유된 분무제 또는 내화피복재를 사용한 경우
② 파이프에 사용된 보온재에서 석면이 1퍼센트(무게 퍼센트)를 초과하여 함유되어 있고, 그 보온재 길이의 합이 25미터 이상인 경우
③ 석면이 1퍼센트(무게 퍼센트)를 초과하여 함유된 관련 규정에 해당하는 자재의 면적의 합이 15제곱미터 이상 또는 그 부피의 합이 1세제곱미터 이상인 경우
④ 철거·해체하려는 벽체 재료, 바닥재, 천장재 및 지붕재 등의 자재에 석면이 1퍼센트(무게 퍼센트)를 초과하여 함유되어 있고 그 자재의 면적의 합이 50제곱미터 이상인 경우

해설 산업안전보건법 시행령, 제94조(석면 해체·제거업자를 통한 석면 해체·제거 대상)
㉠ 철거·해체하려는 벽체 재료, 바닥재, 천장재 및 지붕재 등의 자재에 석면이 중량비율 1퍼센트가 넘게 포함되어 있고 그 자재의 면적의 합이 50제곱미터 이상인 경우
㉡ 석면이 중량비율 1퍼센트가 넘게 포함된 분무재 또는 내화피복재를 사용한 경우
㉢ 석면이 중량비율 1퍼센트가 넘게 포함된 관련 규정에 해당하는 자재의 면적의 합이 15제곱미터 이상 또는 그 부피의 합이 1세제곱미터 이상인 경우
㉣ 파이프에 사용된 보온재에서 석면이 중량비율 1퍼센트가 넘게 포함되어 있고 그 보온재 길이의 합이 80미터 이상인 경우

06 화학물질의 분류·표시 및 물질안전보건자료에 관한 기준상 발암성 물질 구분에 있어 사람에게 충분한 발암성 증거가 있는 물질의 분류는?

① Ca
② A1
③ C1
④ 1A

해설 화학물질의 분류·표시 및 물질안전보건자료에 관한 기준, [별표 1] 화학물질 등의 분류, 3.6 발암성(carcinogenicity)

구분	구분기준	
	단일물질의 분류	혼합물의 분류
1A	사람에게 충분한 발암성 증거가 있는 물질	발암성(구분 1A)인 성분의 함량이 0.1% 이상인 혼합물
1B	시험동물에서 발암성 증거가 충분히 있거나, 시험동물과 사람 모두에서 제한된 발암성 증거가 있는 물질	발암성(구분 1B)인 성분의 함량이 0.1% 이상인 혼합물
2	사람이나 동물에서 제한된 증거가 있지만, 구분 1로 분류하기에는 증거가 충분하지 않은 물질	발암성(구분 2)인 성분의 함량이 1.0% 이상인 혼합물

* 발암성 구분 1의 분류기준은 구분 1A 또는 1B에 속하는 것으로 인적 경험에 의해 발암성이 있다고 인정되거나 동물시험을 통해 인체에 대해 발암성이 있다고 추정되는 물질을 말한다.

07 NIOSH에서는 권장무게한계(RWL)와 최대허용한계(MPL)에 따라 중량물 취급 작업을 분류하고, 각각의 대책을 권고하고 있는데 MPL을 초과하는 경우에 대한 대책으로 가장 적절한 것은?

① 문제 있는 근로자를 적절한 근로자로 교대시킨다.
② 반드시 공학적 방법을 적용하여 중량물 취급 작업을 다시 설계한다.
③ 대부분의 정상 근로자들에게 적절한 작업조건으로 현 수준을 유지한다.
④ 적절한 근로자의 선택과 적정배치 및 훈련, 그리고 작업방법의 개선이 필요하다.

해설 미국 국립 직업안전위생연구소(NIOSH, National Institute for Occupational Safety and Health)의 중량물 취급기준
㉠ 감시기준(AL, Action Limit): 인체 척추의 5번 요추와 1번 천추인 L_5/S_1 디스크에 미치는 압력이 3,400 N(약 350 kg) 미만인 상황으로 이 단계까지의 작업조건은 거의 모든 근로자가 별무리 없이 견디어 낼 수 있는 상황이다.
㉡ 권장무게한계(RWL, Recommended Weight Limit, 권고기준): AL에서 사용되었던 수평 위치(H), 수직 위치(V), 수직 이동 거리(D), 작업빈도승수(FM) 이외에 비대칭각도 승수(AM)와 손잡이 상태(CM)까지 고려하여 산출된 것
㉢ 최대허용한계(MPL, Maximum Permissible Limit, 최대허용기준): 대부분 근로자에게 근육장해, 골격장해 나타나는 상황으로 L_5/S_1 디스크에 미치는 압력이 6,400N(650 kg) 이상인 조건이며 대부분 근로자 견딜 수 없는 상태이다. 이 값을 초과하는 경우에는 반드시 공학적 방법을 적용하여 중량물 취급작업을 다시 설계해야 한다.

08 다음의 설명과 관련이 있는 것은?

> 진동 작업에 따른 증상으로 손과 손가락의 혈관이 수축하며 혈행(血行)이 감소하여 손이나 손가락이 창백해지고 바늘로 찌르듯이 저리며 통증이 심하다. 또한, 추운 곳에서 작업할 때 증상이 더욱 악화될 수 있다.

① Raynaud's syndrome
② Carpal tunnel syndrome
③ Thoracic outlet syndrome
④ Multiple chemical sensitivity

해설 레이노 현상(Raynaud's phenomenon)
진동 작업에 따른 증상으로 추위나 스트레스에 의해 손가락이나 발가락, 코, 귀 등의 말초혈관이 수축을 일으키거나 혈액순환 장애를 일으키는 것을 말한다.

09 재해 발생 이론 중 하인리히의 도미노 이론에서 재해 예방을 위한 가장 효과적인 대책은?

① 사고 제거
② 인간결함 제거
③ 불안전한 상태 및 행동 제거
④ 유전적 요인과 사회환경 제거

해설 하인리히의 도미노 이론(사고발생의 연쇄성 이론)
㉠ 1단계: 선천적 결함(유전적인 기질로 가정환경, 사회적 영향을 받음)
㉡ 2단계: 개인적 결함(신체적, 정신적인 결함이 존재하여 불안정하다.)
㉢ 3단계: 불안전 행동(인적결함), 불안전한 상태(물적 결함)로 전체 원인의 88 %에 해당하나 해결 가능
㉣ 4단계: 사고(1~3단계를 막지 못하면 피해를 주는 불상사가 발생한다.)
㉤ 5단계: 재해, 상해(경제적, 신체적 피해가 발생하게 된다.)
위 단계에서 1단계, 2단계는 간접원인이고, 3단계는 직접원인이 된다.

정답 04 ④ 05 ② 06 ④ 07 ② 08 ① 09 ③

10 생물학적 모니터링의 대상 물질과 대사산물의 연결이 틀린 것은?

① 카드뮴: 카드뮴(혈중)
② 수은: 총 무기수은(혈중)
③ 크실렌: 메틸마뇨산(소변중)
④ 이황화탄소: 카르복시헤모글로빈(혈중)

해설 화학물질에 대한 대사산물(생물학적 노출 지표)에서 이황화탄소는 요(尿) 중 TTCA(2-ThioThiazolidine-4-Carboxylic Acid)이다.

11 피로의 예방대책으로 가장 거리가 먼 것은?

① 작업환경은 항상 정리, 정돈한다.
② 작업시간 중 적당한 때에 체조를 한다.
③ 동적 작업은 피하고 되도록 정적 작업을 수행한다.
④ 불필요한 동작을 피하고 에너지 소모를 적게 한다.

해설 동적인 작업은 늘리고, 정적인 작업은 줄이는 것이 피로의 예방대책 중 하나다.

12 세계 최초의 직업성 암으로 보고된 음낭암의 원인물질로 규명된 것은?

① 납(lead)   ② 황(sulfur)
③ 구리(copper) ④ 검댕(soot)

해설 영국의 외과의사 퍼시벌 포트(Percival Pott)는 1775년 음낭암 환자들 사이에서 '아동 굴뚝청소부'라는 공통의 직업력을 발견하고 직업병을 의심하여 세계 최초의 직업성 암인 음낭암을 보고하였으며 그 원인물질로 굴뚝 청소 시 발생하는 검댕이라고 규명하였다. 그의 의심과 노력은 1788년 '굴뚝청소부법'의 제정으로 이어졌다.

13 PWC가 16.5 kcal/min인 근로자가 1일 8시간 동안 물체를 운반하고 있다. 이때의 작업대사량은 10 kcal/min이고, 휴식 시의 대사량은 1.2 kcal/min이다. Hertig의 식을 이용했을 때 적절한 휴식시간 비율은 약 몇 %인가?

① 41   ② 46
③ 51   ④ 56

해설 피로 예방을 위한 적정 휴식시간 산출식(Hertig의 식)

$$T_{rest}(\%) = \frac{E_{max} - E_{task}}{E_{rest} - E_{task}} \times 100$$

여기서, E_{max}: 1일 8시간 작업에 적합한 작업대사량으로 육체적 작업 능력(PWC, Physical Work Capacity)의 1/3에 해당하는 값
E_{task}: 해당 작업의 작업대사량
E_{rest}: 휴식 중에 소모되는 대사량

$\therefore T_{rest} = \frac{(16.5/3) - 10}{1.2 - 10} \times 100 = 51\%$, 즉 이 조건에서는 매시간 30분(60분 × 0.5) 동안 휴식을 취하고, 30분간 작업을 하는 것이 바람직하다.

14 근육운동에 필요한 에너지는 혐기성 대사와 호기성 대사를 통해 생성된다. 혐기성과 호기성 대사에 모두 에너지원으로 작용하는 것은?

① 지방(fat)
② 단백질(protein)
③ 포도당(glucose)
④ 아데노신삼인산(ATP)

해설 근육운동에 필요한 에너지는 혐기성 대사와 호기성 대사에 의하여 생산된다.
- 혐기성 대사(anaerobic metabolism)의 에너지원: 근육 내에 존재하는 ATP(Adenosine-Tri-Phosphate, 아데노신 삼인산), CP(Creatine Phosphate, 크레아틴 인산), Glycogen(글리코겐), Glucose(포도당)
- 호기성 대사(aerobic metabolism)의 에너지원: 음식물로 섭취된 포도당, 단백질, 지방 등이 산소와 결합하여 구연산 회로(citric acid cycle 또는 Krebs' cycle)와 같은 대사과정을 거쳐 에너지를 생산

15 사무실 실내환경의 복사기, 전기기구, 전기집진기형 공기정화기에서 주로 발생되는 유해 공기오염물질은?

① O_3
② CO_2
③ VOCs
④ HCHO

[해설] 일반적으로 오존은 무색, 무미의 냄새를 유발하는 기체이나 고농도에서는 청색을 띠게 된다. 실내 오존은 사무실 등에서 사용하는 복사기, 팩시밀리, 레이저프린터 등 높은 전압의 전기를 사용하는 사무용 기기에서 많이 발생하며, 공기청정기에 의해서도 일부 발생할 수 있다. 실내에서 오존농도가 높아지면 눈, 목에 자극을 주고 호흡이 힘들어지며, 두통, 기침 등의 증세가 나타날 수 있다.

16 메틸에틸케톤(MEK) 50 ppm(TLV: 200 ppm), 트리클로로에틸렌(TCE) 25 ppm(TLV: 50 ppm), 크실렌(Xylene) 30 ppm(TLV: 100 ppm)이 공기 중 혼합물로 존재할 경우 노출지수와 노출 기준 초과 여부로 맞는 것은? (단, 혼합물질은 상가작용을 한다.)

① 노출지수 0.5, 노출 기준 미만
② 노출지수 0.5, 노출 기준 초과
③ 노출지수 1.05, 노출 기준 미만
④ 노출지수 1.05, 노출 기준 초과

[해설] 오염물질이 혼합물로 존재할 경우 노출지수(EI, exposure index)의 계산

$$EI = \frac{C_1}{TLV_1} + \frac{C_2}{TLV_2} + \cdots + \frac{C_n}{TLV_n}$$
$$= \frac{50}{200} + \frac{25}{50} + \frac{30}{100} = 1.05$$

∴ 노출지수가 1을 초과하면 노출 기준을 초과한다고 평가하므로 노출 기준 초과이다.

17 무게 10 kg의 물건을 근로자가 들어 올리려고 한다. 해당 작업조건의 권고 기준(RWL)이 5 kg이고 이동거리가 20 cm일 때, 중량물 취급지수(LI)는 얼마인가? (단, 1분 2회씩 1일 8시간을 작업한다.)

① 1
② 2
③ 3
④ 4

[해설] 중량물 취급지수(LI, lifting index)는 취급하는 중량이 RWL의 몇 배인가를 나타내는 것으로 이 값이 적을수록 들기 작업의 부담이 적으며 1보다 크면 요통의 발생위험이 높다는 것을 의미한다.

$$LI = \frac{\text{물체의 무게}(kg)}{RWL(kg)} = \frac{10}{5} = 2$$

18 작업대사율이 4인 경우 실동률은 약 몇 % 인가? (단, 사이또와 오시마식을 적용한다.)

① 25
② 40
③ 65
④ 85

[해설] 작업대사율(RMR, Relative Metabolic Rate, 에너지대사율): 열량소비량(에너지소모량)을 기준으로 작업 강도를 평가하는 것으로 정신작업인 경우에는 정확하지 않다. 작업대사율과 실동률(실노동률)의 관계는 다음과 같다.
실동률(%) = $85 - 5 \times R = 85 - 5 \times 4 = 65\%$

19 산업 피로의 발생 요인 중 작업부하와 관련이 가장 적은 것은?

① 적응 조건
② 작업 강도
③ 작업 자세
④ 조작 방법

[해설] 산업 피로의 발생 요인
㉠ 내적 요인(개인 적응 조건): 적응 능력, 영양 상태, 숙련 정도, 신체적 조건
㉡ 외적 요인: 작업환경, 작업부하(작업 자세, 작업 강도, 기기 조작방법), 생활조건

[정답] 10 ④ 11 ③ 12 ④ 13 ③ 14 ③ 15 ① 16 ④
17 ② 18 ③ 19 ①

20 상용 근로자 건강진단의 목적과 가장 거리가 먼 것은?

① 근로자가 가진 질병의 조기 발견
② 질병이환 근로자의 질병 치료 및 취업 제한
③ 근로자가 일에 부적합한 인적 특성을 지니고 있는지 여부 확인
④ 일이 근로자 자신과 직장동료의 건강에 불리한 영향을 미치고 있는지 여부의 발견

해설 근로자 건강진단의 목적
㉠ 지속적인 건강상태의 관찰
㉡ 건강에 영향을 미치는 여러 요인의 발견이 가능
㉢ 작업으로 인한 건강유해인자를 발견할 수 있음
㉣ 건강이상과 질병이 조기발견에 따른 사후 조치가 가능
㉤ 적성에 따른 직종배치 후 작업적응 여부를 판정
㉥ 사업장 위생관리 업무의 적정성을 평가
㉦ 위생교육과 건강교육의 연대성 강화
㉧ 건강진단의 결과로 사업장 내에서 이루어졌던 근로자 건강증진활동의 결과를 알 수 있음

2과목 작업환경 측정 및 평가

21 가스 및 증기 시료 채취 시 사용되는 고체흡착식 방식 중 활성탄에 관한 설명과 가장 거리가 먼 것은?

① 증기압이 낮고 반응성이 있는 물질의 분리에 사용된다.
② 제조과정 중 탄화과정은 약 600°C의 무산소 상태에서 이루어진다.
③ 포집한 시료는 이황화탄소로 탈착시켜 가스크로마토그래피로 미량 분석이 가능하다.
④ 사업장에 작업 시 발생되는 유기용제를 포집하기 위해 가장 많이 사용된다.

해설 가스 및 증기 시료 채취 시 사용되는 고체흡착방식 중 활성탄을 사용할 경우는 증기압이 높고 반응성이 없는 물질의 분리에 잘 사용된다.

22 다음 중 작업장 내 소음을 측정 시 소음계의 청감보정회로로 옳은 것은? (단, 고용노동부 고시를 기준으로 한다.)

① A 특성   ② W 특성
③ E 특성   ④ S 특성

해설 작업장 내 소음측정 시 소음계의 청감보정회로는 각 대역별 음압 레벨을 A 특성 보정량으로 보정하고 남은 대역별 음압 레벨의 합산값, 즉 소음도가 나타나며 단위는 A 특성으로 보정했다는 의미로 dB(A)로 표시한다.

23 작업장의 습도에 대한 설명으로 틀린 것은?

① 상대습도는 ppm으로 나타낸다.
② 온도 변화에 따라 상대습도는 변한다.
③ 온도 변화에 따라 포화수증기량은 변한다.
④ 공기 중 상대습도가 높으면 불쾌감을 느낀다.

해설 상대습도(RH, relative humidity): 특정한 온도의 대기 중에 포함된 수증기의 압력을 그 온도의 포화수증기 압력으로 나눈 것이다. 다시 말해, 특정한 온도의 대기 중에 포함된 수증기의 양(중량 절대습도)을 그 온도의 포화수증기량(중량 절대습도)으로 나눈 것이다.

$$\%RH = \frac{\text{현재 수증기량}}{\text{포화수증기량}} \times 100$$

$$= \frac{\text{이슬점에서의 포화수증기량}}{\text{현재 기온에서의 포화수증기량}} \times 100$$

24 먼지 입경에 따른 여과 메커니즘 및 채취효율에 관한 설명과 가장 거리가 먼 것은?

① 약 0.3 μm인 입자가 가장 낮은 채취효율을 가진다.
② 0.1 μm 미만인 입자는 주로 간섭에 의하여 채취된다.
③ 0.1~0.5 μm 입자는 주로 확산 및 간섭에 의하여 채취된다.
④ 입자 크기는 먼지 채취효율에 영향을 미치는 중요한 요소이다.

해설   먼지 채취효율에 영향을 미치는 먼지 입경에 따른 여과 메커니즘
㉠ 입경 0.1 μm 미만인 입자: 확산(diffusion)
㉡ 입경 0.1 ~ 0.5 μm 입자: 확산 및 간섭
㉢ 입경 0.5 μm 이상인 입자: 관성충돌, 직접차단(간섭)

25 자동차 도장공정에서 노출되는 톨루엔의 측정 결과 85 ppm이고, 1일 10시간 작업한다고 가정할 때, 고용노동부에서 규정한 보정 노출 기준(ppm)과 노출 평가결과는? (단, 톨루엔의 8시간 노출 기준은 100 ppm이라고 가정한다.)

① 보정 노출 기준: 30, 노출 평가결과: 미만
② 보정 노출 기준: 50, 노출 평가결과: 미만
③ 보정 노출 기준: 80, 노출 평가결과: 초과
④ 보정 노출 기준: 125, 노출 평가결과: 초과

해설   작업환경 측정 및 정도관리 등에 관한 고시, 제34조 (입자상 물질의 농도 평가)
1일 작업시간이 8시간을 초과하는 경우에는 다음 계산식에 따라 보정노출 기준을 산출한 후 측정농도와 비교하여 평가하여야 한다. 보정노출 기준 = 8시간 노출 기준 × $\frac{8}{h}$,
여기서 h: 노출시간/일
∴ 보정노출 기준 = $100 \times \frac{8}{10}$ = 80 ppm이므로 자동차 도장공정에서 노출되는 톨루엔의 측정결과 85 ppm은 노출 평가결과 초과이다.

26 가스상 물질의 시료 포집 시 사용하는 액체포집 방법의 흡수효율을 높이기 위한 방법으로 옳지 않은 것은?

① 시료 채취속도를 높여 채취 유량을 줄이는 방법
② 채취효율이 좋은 프리티드 버블러 등의 기구를 사용하는 방법
③ 흡수용액의 온도를 낮추어 오염물질의 휘발성을 제한하는 방법
④ 두 개 이상의 버블러를 연속적으로 연결하여 채취효율을 높이는 방법

해설   액체포집방법의 흡수효율(채취효율)을 높이기 위한 방법
㉠ 흡수용액의 온도를 낮추어 오염물질의 휘발성을 제한한다.
㉡ 두 개 이상의 임핀저나 버블러를 연속적(직렬)으로 연결하여 사용한다.
㉢ 시료 채취속도(채취물질이 흡수액을 통과하는 속도)를 낮춘다.
㉣ 기포의 체류시간을 길게 한다.
㉤ 기포와 액체의 접촉 면적을 크게 하기 위해 가는 구멍이 많은 프리티드(fritted) 버블러를 사용한다.
㉥ 액체의 교반을 강하게 한다.
㉦ 흡수액의 양을 늘려준다.

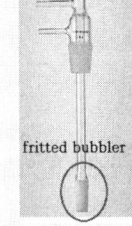
fritted bubbler

27 다음 중 직경분립충돌기의 특징과 가장 거리가 먼 것은?

① 입자의 질량 크기 분포를 얻을 수 있다.
② 시료 채취가 용이하고 비용이 저렴하다.
③ 흡입성, 흉곽성, 호흡성 입자의 크기별로 분포를 얻을 수 있다.
④ 호흡기에 부분별로 침착된 입자 크기의 자료를 추정할 수 있다.

해설   직경분립충돌기(cascade impactor, Anderson air sampler)
㉠ 장점
 ⓐ 입자의 질량 크기 분포를 얻을 수 있다.
 ⓑ 호흡기에 부분별로 침착된 입자 크기의 자료를 추정할 수 있다.
 ⓒ 흡입성, 흉곽성, 호흡성 입자의 크기별로 분포와 농도를 얻을 수 있다.
㉡ 단점
 ⓐ 시료 채취가 까다롭다.
 ⓑ 비용이 많이 든다.
 ⓒ 시료 채취 준비시간이 많이 든다.
 ⓓ 되튐으로 인한 시료의 손실로 과소분석결과를 초래할 수 있다.

정답 20 ② 21 ① 22 ① 23 ① 24 ② 25 ③ 26 ①
27 ②

28 옥외 작업장(태양광선이 내리쬐는 장소)의 WBGT 지수 값은 얼마인가? (단, 자연습구온도: 29 ℃, 건구온도: 33 ℃, 흑구온도: 36 ℃, 기류속도: 1 m/s이고 고용노동부 고시를 기준으로 한다.)

① 29.7 ℃
② 30.8 ℃
③ 31.6 ℃
④ 32.3 ℃

해설 화학물질 및 물리적 인자의 노출 기준, 제11조(표시단위)

고온의 노출 기준 표시단위는 습구흑구온도지수(WBGT)를 사용하며 다음 각 호의 식에 따라 산출한다.

1. 태양광선이 내리쬐는 옥외 장소
   WBGT(℃) = 0.7 × 자연습구온도 + 0.2 × 흑구온도 + 0.1 × 건구온도

2. 태양광선이 내리쬐지 않는 옥외 또는 옥내 장소
   WBGT(℃) = 0.7 × 자연습구온도 + 0.3 × 흑구온도

∴ WBGT(℃) = 0.7 × 29 + 0.2 × 36 + 0.1 × 33
           = 30.8 (℃)

29 1,1,1-Trichloroethane 1,750 mg/m³을 ppm 단위로 환산한 것은? (단, 25 ℃, 1기압, 1,1,1-Trichloroethane의 분자량은 1330이다.)

① 약 227 ppm
② 약 322 ppm
③ 약 452 ppm
④ 약 527 ppm

해설 작업환경 측정 및 정도관리 등에 관한 고시, 제20조(단위)

피피엠(ppm)과 세제곱미터당 밀리그램(mg/m³) 간의 상호 농도변환은 다음 계산식과 같다.

노출 기준(mg/m³) = $\dfrac{\text{노출 기준(ppm)} \times \text{그램 분자량}}{24.45(25\ ℃, 1기압)}$

에서

ppm = $\dfrac{\text{노출 기준(mg/m}^3\text{)} \times 24.45}{\text{그램 분자량}}$

= $\dfrac{1{,}750 \times 24.45}{133}$ = 321.7 ppm

30 기체크로마토그래피(GC)와 고성능 액체크로마토그래피(HPLC)의 비교로 옳지 않은 것은?

① 기체크로마토그래피는 분석 시료의 휘발성을 이용한다.
② 고성능 액체크로마토그래피는 분석 시료의 용해성을 이용한다.
③ 기체크로마토그래피의 분리기전은 이온배제, 이온교환, 이온분배이다.
④ 기체크로마토그래피의 이동상은 기체이고 고성능액체크로마토그래피의 이동상은 액체이다.

해설 크로마토그래피의 원리

분류	액체크로마토그래피 (LC, Liquid Chromatography)		기체크로마토그래피 (GC, Gas Chromatography)	
	이온크로마토그래피(IC)	고성능액체크로마토그래피(HPLC)	GS	GC-MS
분리 기전	이온교환	흡착(극성), 분배(비극성)	흡착(극성), 분배(비극성) 분석 시료의 휘발성을 이용함	
이동상	액체		기체(H_2, N_2, Air)	기체(He, Air)
분석 활용	이온농도 정량분석	유기물의 정성/정량분석	단일/혼합물의 정성/정량분석	
검출기	전도도검출기	굴절률검출기, 자외선검출기	불꽃이온화검출기(FID)	질량검출기(MS)

31 납 흄에 노출되고 있는 근로자의 납 노출농도를 측정한 결과 0.056 mg/m³이었다. 미국 OSHA의 평가방법에 따라 이 근로자의 노출을 평가하면? (단, 시료 채취 및 분석오차(SAE) = 0.082이고 납에 대한 허용기준은 0.05 mg/m³이다.)

① 판정할 수 없음
② 허용기준을 초과함
③ 허용기준을 초과하지 않음
④ 허용기준을 초과할 가능성이 있음

해설 미국의 OSHA의 평가방법에 따른 작업환경 측정결과에 대한 노출 기준 초과 여부 평가방법
㉠ 작업시간 전체를 1개의 시료로 측정한 경우
  ⓐ 먼저 측정치를 표준화한다.
  $$Y = \frac{X(측정치)}{PEL(허용기준)} = \frac{0.056}{0.05} = 1.12$$
  ⓑ 95 % 확률의 신뢰도를 가진 상한치와 하한치를 계산한다.
  • 상한치(UCL, upper confidence limit)
    = Y + SAE = 1.12 + 0.082 = 1.202
  • 하한치(LCL, lower confidence limit)
    = Y − SAE = 1.12 − 0.082 = 1.038
  • SAE(sampling and analytical error): 시료 채취 및 분석 시에 발생한 오차의 합
  ⓒ 판정한다.
  • UCL < 1: 허용기준 미만
  • UCL > 1: 허용기준 초과(이 문제는 여기에 해당된다.)
  • UCL > 1이고 LCL < 1이면: 허용기준을 초과할 가능성이 있다.

32 유사노출 그룹을 가장 세분하게 분류할 때, 다음 중 분류 기준으로 가장 적합한 것은?

① 공정 ② 조직
③ 업무 ④ 작업 범주

해설 • 유사노출군(HEG, Homogenous Exposure Group or SEG, Similar Exposure Group)
어떤 유해인자에 통계적으로 비슷한 농도(혹은 강도)에 노출되는 근로자의 그룹을 말하며 가장 세분하여 분류하는 기준은 업무 내용이다.
• 유사노출군의 설정목적
㉠ 시료 채취 수를 경제적으로 한다.
㉡ 모든 근로자에 대한 노출 정도를 평가할 수 있다.
㉢ 역학조사 수행 시 해당 근로자가 속한 동일노출 그룹의 노출농도를 근거로 노출원인 및 농도를 추정할 수 있다.
㉣ 작업장에서 모니터링하고 관리해야 할 우선적인 그룹을 결정하기 위함이다.

33 다음 중 일반적인 사람이 들을 수 있는 가청 주파수 범위로 가장 적절한 것은?

① 약 2 ~ 2,000 Hz
② 약 20 ~ 20,000 Hz
③ 약 200 ~ 200,000 Hz
④ 약 2,000 ~ 2,000,000 Hz

해설 일반적인 사람이 들을 수 있는 가청 주파수 범위는 약 20 ~ 20,000 Hz, 소음 수준은 0 ~ 130 dB이다.

34 다음 입자상 물질의 크기 표시 중 입자의 면적을 2등분하는 선의 길이로 과소평가의 위험이 있는 것은?

① 페렛 직경   ② 마틴 직경
③ 등면적 직경 ④ 공기역학적 직경

해설 입자상 물질의 기하학적(물리적) 직경 결정방법
㉠ 마틴 직경: 입자의 면적을 2등분하는 선의 길이로 과소평가의 위험이 있다.
㉡ 페렛 직경: 입자의 한쪽 끝 가장자리와 다른 쪽 가장자리 사이의 거리로 과대평가의 가능성이 있다.
㉢ 등면적 직경: 입자의 면적과 동일한 면적을 가진 원의 직경으로 가장 정확한 직경이다.
㉣ 공기역학적 직경: 대상 입자와 침강속도가 같고 단위밀도가 1 g/m³이며 구형인 직경으로 환산된 가상직경이다.

35 여과지에 금속농도 100 mg을 첨가한 후 분석하여 검출된 양이 80 mg이면 회수율은 몇 % 인가?

① 40   ② 80
③ 125   ④ 150

해설 실험의 정확성을 검증하는 방법으로 상대오차와 회수율(recovery)을 확인하는 방법이 있는데, 여기서 회수율 시험은 시료에 첨가물질을 첨가하여 정확하게 첨가량이 회수되는 양을 보는 것으로 계산식은 다음과 같다.
$$회수율(\%) = \frac{측정치}{목표치} \times 100 = \frac{80}{100} \times 100 = 80\%$$

정답 28 ② 29 ② 30 ③ 31 ② 32 ③ 33 ② 34 ② 35 ②

36 공기 중 석면 시료 분석에 가장 정확한 방법으로 석면의 감별 분석이 가능하며 위상차 현미경으로 볼 수 없는 매우 가는 섬유도 관찰이 가능하지만, 값이 비싸고 분석시간이 많이 소요되는 방법은?

① X선 회절법
② 편광현미경법
③ 전자현미경법
④ 직독식 현미경법

해설 석면 측정방법(전자현미경법)
㉠ 석면 시료를 가장 정확하게 분석할 수 있다.
㉡ 석면의 성분분석(감별분석)이 가능하다.
㉢ 위상차현미경으로 볼 수 없는 매우 가는 섬유도 관찰 가능하다.
㉣ 값이 비싸고 분석시간이 많이 소요된다.

37 탈착효율 실험은 고체흡착관을 이용하여 채취한 유기용제의 분석에 관련된 실험이다. 이 실험의 목적과 가장 거리가 먼 것은?

① 탈착효율의 보정
② 시약의 오염 보정
③ 흡착관의 오염 보정
④ 여과지의 오염 보정

해설 탈착효율은 흡착제에 흡착된 성분을 추출과정을 거쳐 분석 시 실제 검출되는 비율로 탈착효율 실험을 위한 시료조제방법에서 탈착효율 실험을 위한 첨가량은 작업장에서 예상되는 측정대상 물질의 일정 농도 범위(0.5 ~ 2배)에서 결정한다. 이러한 실험의 목적은 흡착관의 오염 여부, 시약의 오염 여부 및 분석대상 물질이 탈착 용매에 실제로 탈착되는 양을 파악하여 보정하는데 있다.

38 다음 중 활성탄관으로 포집한 시료를 열탈착할 때의 특징으로 옳은 것은?

① 작업이 번잡하다.
② 탈착효율이 나쁘다.
③ 300 ℃ 이상 고온에서 사용 가능하다.
④ 한 번에 모든 시료가 주입되어 여분의 분석물질이 남지 않는다.

해설 작업장에서 흡착제에 오염물질을 흡착한 후 실험실에서 분석하기 위해서는 오염물질을 탈착시켜야 한다. 탈착방법에는 용매탈착과 열탈착이 있다. 용매탈착은 용매를 이용해서 오염물질을 흡착제로부터 탈착시키는 데 CS_2를 많이 사용하며 단점으로 작업이 번잡하고 탈착효율이 나쁘고, 300 ℃ 이상 고온에서 사용 가능한 반면 열탈착은 고온에서 흡착제에 흡착된 물질을 날려 보내 탈착시키는 방법으로 탈착된 물질은 불활성 기체로 가스크로마토그래피로 이동된다. 이때 오염물질의 일부가 아닌 전체 양이 가스크로마토그래피에 주입하게 된다. GC에 오염물질 일부가 아닌 전체가 주입되기 때문에 낮은 농도의 물질이 분석 가능하지만 단 한 번밖에 분석할 수 없다는 단점도 있다.

39 다음 중 표준기구에 관한 설명으로 가장 거리가 먼 것은?

① 폐활량계는 1차 용량표준으로 자주 사용된다.
② 펌프의 유량을 보정하는 데 1차 표준으로 비누거품미터가 널리 사용된다.
③ 1차 표준기구는 물리적 차원인 공간의 부피를 직접 측정할 수 있는 기구를 말한다.
④ Wet-test meter(용량측정용)는 용량측정을 위한 1차 표준으로 2차 표준용량 보정에 사용된다.

해설 2차 표준 보정기구: 기구 자체가 정확한 값(정확도 ± 5 % 이내)을 제시하는 기구
ⓐ Wet-test meter & Dry gas meter
ⓑ 로타미터(rota meter)
ⓒ 오리피스미터(orifice meter)
ⓓ 벤튜리미터(venturi meter)
ⓔ Vane anemometer

40 흡습성이 적고 가벼워 먼지의 중량분석, 유리규산 채취, 6가 크로뮴 채취에 적용되는 여과지는?

① PVC 여과지
② 은 막여과지
③ 유리섬유 여과지
④ 셀루로오스에스테르 여과지

해설 입자상 물질을 채취하는 여과지의 종류
① 막여과지(membrane filter)
ⓐ MCE 막여과지(Mixed Cellurose Ester membrane filter): 석면, 유리섬유, 금속, 살충제, 불화합물
ⓑ PVC 막여과지(Poly-Vinyl Chloride membrane filter): 입자상 물질의 중량분석, 유리규산, 6가 크로뮴
ⓒ PTFE 막여과지(polytetrafluroethylene membrane filter, 테프론): PAH(다핵방향족 탄화수소화합물)
ⓓ 은 막여과지(silver membrane filter): 코크스 제조공정 발생 물질
ⓔ nucleopore 여과지: TEM분석을 위한 석면 채취
② 섬유상 여과지
ⓐ 유리섬유 여과지(glass fiber filter): 농약류, PAH
ⓑ 셀룰로오스섬유 여과지(whatman 여과지): 실험실 분석용

3과목 작업환경관리

41 방진 마스크의 여과효율을 검정할 때 사용하는 먼지의 크기는 몇 μm 인가?

① 0.1   ② 0.3
③ 0.5   ④ 1.0

해설 미국에서는 포집이 가장 안 되는 즉, 투과가 가장 잘 되는 입경(the most penetration size)를 0.3 μm로 잡고 이 크기를 입자의 여과효율에 대한 검·인증 실험에 사용한다.

42 다음 중 입자상 물질에 속하지 않는 것은?

① 흄   ② 분진
③ 증기   ④ 미스트

해설 입자상 물질: 흄(fume, 고체상), 분진, 미스트(mist, 액체상), 검댕(soot), 연기(smoke), 스모그(smoke + fog) 등
기체상 물질(가스상 물질): 가스(gas), 증기(vapor)

43 다음 중 적외선에 관한 설명과 가장 거리가 먼 것은?

① 가시광선보다 긴 파장으로 가시광선에 가까운 쪽을 근적외선, 먼 쪽을 원적외선이라고 부른다.
② 적외선은 일반적으로 화학작용을 수반하지 않는다.
③ 적외선에 강하게 노출되면 각막염, 백내장과 같은 장애를 일으킬 수 있다.
④ 적외선은 지속적 적외선, 맥동적 적외선으로 구분된다.

해설 적외선(IR, infrared)은 IR-A(근적외선, 700 ~ 1 400 nm), IR-B(중적외선, 1.4 ~ 10 μm), IR-C(원적외선, 0.1 ~ 1 mm)로 구분된다.

44 음압 레벨이 80 dB로 동일한 두 소음이 합쳐질 경우 총음압 레벨은 약 몇 dB 인가?

① 81   ② 83
③ 85   ④ 87

해설 소음원들이 동시에 가동되면 음압 수준의 합산 공식을 적용하면 된다.
$$SPL = 10\log\left[10^{(SPL_1/10)} + 10^{(SPL_2/10)} + \cdots 10^{(SPL_n/10)}\right]$$
$$= 10\log(10^8 + 10^8) = 83\,dB$$

• 소음의 dB 계산법칙
㉠ 동일한 소음이 동시에 발생하면 한 소음 레벨이 날 때보다 3 dB이 증가된 값으로 나타난다.
㉡ 두 소음 레벨의 차가 10 dB 이상 차이가 나면 적은 소음 레벨은 영향을 미치지 못한다.

정답 36 ③ 37 ④ 38 ④ 39 ④ 40 ① 41 ② 42 ③ 43 ④ 44 ②

45 다음 중 감압병 예방을 위한 환경관리 및 보건관리 대책과 가장 거리가 먼 것은?

① 질소가스 대신 헬륨가스를 흡입시켜 작업하게 한다.
② 감압을 가능한 한 짧은 시간에 시행한다.
③ 비만자의 작업을 금지시킨다.
④ 감압이 완료되면 산소를 흡입시킨다.

해설 감압병 예방 및 치료에서 환자를 곧장 원래의 고압환경 상태로 복귀시키거나 인공고압실에 넣어 혈관 및 조직 속에 발생한 질소 기포를 다시 용해시킨 후 천천히 감압하여 치료한다.

46 다음 중 한랭작업장에서 위생상 준수해야 할 사항과 가장 거리가 먼 것은?

① 건조한 양말의 착용
② 적절한 온열장치 이용
③ 팔다리 운동으로 혈액순환 촉진
④ 약간 작은 장갑과 방한화의 착용

해설 한랭작업장에서 취해야 할 개인위생상 준수해야 할 사항으로 약간 큰 장갑과 방한화를 착용하고 의복과 구두 속의 습기는 제거해야 한다.

47 밀폐공간에서 작업할 때 관리 방법으로 옳지 않은 것은?

① 비상 시 탈출할 수 있는 경로를 확인 후 작업을 시작한다.
② 작업장에 들어가기 전에 산소농도와 유해물질의 농도를 측정한다.
③ 환기량은 급기량이 배기량보다 약 10 % 많게 한다.
④ 산소결핍 및 황화수소의 노출이 과도하게 우려되는 작업장에서는 방독 마스크를 착용한다.

해설 산소결핍 및 황화수소의 노출이 과도하게 우려되는 밀폐 작업장에서는 공기호흡기, 호스(송기) 마스크를 착용하고 절대 방독 마스크를 착용하면 안 된다.

48 다음 중 비타민 D의 형성과 같이 생물학적 작용이 활발하게 일어나게 하는 Dorno선과 가장 관계있는 것은?

① UV-A
② UV-B
③ UV-C
④ UV-S

해설 Dorno선은 280 ~ 315 nm의 파장을 갖는 중자외선(UV-B)으로 소독작용, 비타민 D 형성, 피부의 색소침착 등 생물학적 작용이 강하게 일어나기 때문에 건강선(생명선)이라고도 한다.

49 1/1 옥타브밴드의 중심주파수가 500 Hz일 때, 하한과 상한주파수로 가장 적합한 것은? (단, 정비형 필터 기준으로 한다.)

① 354 Hz, 707 Hz
② 362 Hz, 724 Hz
③ 373 Hz, 746 Hz
④ 382 Hz, 764 Hz

해설 정비형 필터 기준 주파수분석(1/1 옥타브밴드 분석기)에서 중심주파수
$f_c = \sqrt{f_L \times f_U} = \sqrt{f_L \times 2f_L} = \sqrt{2}\, f_L$ 이므로

- 하한주파수 $f_L = \dfrac{f_c}{\sqrt{2}} = \dfrac{500}{\sqrt{2}} = 354\,Hz$
- 상한주파수 $f_U = 2 \times f_L = 2 \times 354 = 708\,Hz$
- 밴드폭 $(bw) = 0.707\, f_c$

50 분진흡입에 따른 진폐증 분류 중 유기성 분진에 의한 진폐증은?

① 규폐증
② 주석폐증
③ 농부폐증
④ 탄소폐증

해설 분진흡입에 따른 진폐증 분류
㉠ 유기성 분진에 의한 진폐증: 농부폐증, 연초폐증, 설탕폐증, 목재분진폐증, 모발분진폐증
㉡ 무기성(광물성) 폐증: 규폐증, 활석폐증, 탄광부폐증, 철폐증, 주석폐증, 베릴륨폐증, 용접공폐증, 석면폐증

51 입자상 물질이 호흡기 내로 침착하는 작용기전이 아닌 것은?

① 침강
② 확산
③ 회피
④ 충돌

해설 입자상 물질이 호흡기 내로 침착하는 작용기전
㉠ 관성충돌(impaction): 입경 1 μm 이상, 공기 흐름 속도가 빠른 곳에서 발생
㉡ 침강(sedimentation): 입경 1 μm 이상, 밀도가 크고, 공기 흐름 속도가 느린 곳에서 발생
㉢ 차단(interception): 길이가 긴 입자(섬유 또는 석면)가 호흡기계로 들어올 때 기도의 표면을 스치게 되어 일어남
㉣ 확산(diffution): 입경 0.5 μm 이하의 미세입자의 불규칙적인 운동에 의해 침적됨
㉤ 정전기 침강(electrostatic deposition) 등의 5가지 메커니즘이 관여하지만, 그중에서 가장 중요한 메커니즘은 충돌, 침강 및 확산이다.

52 작업장에서 훈련된 착용자들이 적절히 밀착이 이루어진 호흡기보호구를 착용하였을 때, 기대되는 최소보호정도치는?

① 정도보호계수
② 밀착보호계수
③ 할당보호계수
④ 기밀보호계수

해설 호흡 보호구의 선정·사용 및 관리에 관한 지침, 3. 용어의 정의
• 할당보호계수(APF, Assigned Protection Factor): 잘 훈련된 착용자가 보호구를 착용했을 때 각 호흡 보호구가 제공할 수 있는 보호계수의 기대치

• 보호계수(PF, Protection Factor): 호흡 보호구의 바깥쪽에서의 공기 중 오염물질 농도와 안쪽에서의 오염물질 농도비로 착용자 보호의 정도를 나타내는 척도

53 인공조명의 조명방법에 관한 설명으로 옳지 않은 것은?

① 간접조명은 강한 음영으로 분위기를 온화하게 만든다.
② 간접조명은 설비비가 많이 소요된다.
③ 직접조명은 조명효율이 크다.
④ 일반적으로 분류하는 인공적인 조명방법은 직접조명, 간접조명, 반간접조명 등으로 구분할 수 있다.

해설 간접조명은 균일한 조명도를 얻을 수 있어 분위기를 온화하게 만든다. 눈부심과 강한 음영은 직접조명의 단점이다.

54 다음 중 음압 레벨(L_p)을 구하는 식은? (단, P: 측정되는 음압, P_o: 기준음압)

① $L_p = 10 \log_{10} \dfrac{P_o}{P}$
② $L_p = 10 \log_{10} \dfrac{P}{P_o}$
③ $L_p = 20 \log_{10} \dfrac{P_o}{P}$
④ $L_p = 20 \log_{10} \dfrac{P}{P_o}$

해설 음압 레벨, $L_p = 20 \log_{10} \dfrac{P}{P_o}$
$= 20 \log_{10} \dfrac{P}{2 \times 10^{-5}} [dB]$
여기서 P: 측정되는 음압(N/m²)

정답 45 ② 46 ④ 47 ④ 48 ② 49 ① 50 ③ 51 ③ 52 ③ 53 ① 54 ④

55 다음 그림에서 음원의 방향성(directivity)은?

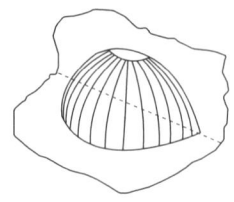

① 1　　　　　　　② 2
③ 3　　　　　　　④ 4

해설 음원의 방향성(directivity, 지향성): 지향계수(Q, directivity factor)로 나타낸다. 이 지향계수를 dB단위로 나타낸 것이 지향지수(DI, directivity index)이다. 즉 DI = $10 \log Q$
  ㉠ 음원이 자유공간에 있을 때, $Q = 1$, DI = 0 dB
  ㉡ 음원이 반자유공간(바닥이나 벽, 천장)에 있을 때, $Q = 2$, DI = 3 dB
  ㉢ 음원이 두 면이 접하는 공간에 있을 때, $Q = 4$, DI = 6 dB
  ㉣ 음원이 세 면이 접하는 공간에 있을 때, $Q = 8$, DI = 9 dB

56 다음 중 방진 마스크의 종류가 <u>아닌</u> 것은?

① 0급　　　　　　② 1급
③ 2급　　　　　　④ 특급

해설 호흡 보호구의 선정·사용 및 관리에 관한 지침, 제거대상 오염물질별 방진 마스크의 등급분류

등급	제거대상 오염물질	비고
특급	베릴륨 등과 같이 독성이 강한 물질들을 함유한 물질 * 산업안전보건법의 분진, 흄, 미스트 등의 입자상 제조 등 금지물질, 허가 대상 유해물질, 특별관리물질	노출 수준에 따라 호흡 보호구 종류 및 등급이 달라질 수 있음
1급	• 금속 흄과 같이 열적으로 생기는 분진 등 • 기계적으로 생기는 분진 등 • 결정형 유리규산	
2급	기타분진 등	

57 다음 중 작업과 관련 위생보호구가 올바르게 짝지어진 것은?

① 전기 용접 작업 – 차광안경
② 분무 도장작업 – 방진 마스크
③ 갱내의 토석 굴착 작업 – 방독 마스크
④ 철판 절단을 위한 프레스 작업 – 고무제 보호의

해설 ㉠ 분무 도장작업 – 공기공급식 호흡용 보호구(RPE)인 송기 마스크를 착용
  ㉡ 갱내의 토석 굴착 작업 – 전동식 방진 마스크
  ㉢ 철판 절단을 위한 프레스 작업 – 방음용 귀마개, 보안경

58 다음 중 먼지 시료를 채취하는 여과지 선정의 고려사항과 가장 거리가 먼 것은?

① 여과지 무게　　　② 흡습성
③ 기계적인 강도　　④ 채취효율

해설 먼지 시료를 채취하는 여과지 선정의 고려사항
  ㉠ 채취효율이 높을 것
  ㉡ 흡입저항은 되도록 낮을 것
  ㉢ 파손되거나 찢어지지 않을 것
  ㉣ 흡습률이 낮을 것
  ㉤ 불순물을 함유하지 않을 것

59 이상기압에 관한 설명으로 옳지 <u>않은</u> 것은?

① 수면 하에서의 압력은 수심이 10 m가 깊어질 때마다 약 1기압씩 높아진다.
② 공기 중의 질소가스는 2기압 이상에서 마취 증세가 나타난다.
③ 고공성 폐수종은 어른보다 어린이에게 많이 일어난다.
④ 급격한 감압 조건에서는 혈액과 조직에 용해되어 있던 질소가 기포를 형성하는 현상이 일어난다.

해설 공기 중의 질소가스는 4기압 이상에서 마취 증세가 나타난다.

60 다음 중 저온환경에서 발생할 수 있는 건강장해는?

① 감압증　　② 산식증
③ 고산병　　④ 참호족

해설　저온환경에서 발생할 수 있는 건강장해: 저체온증(hypothermia), 동상(frostbite), 참호족(trench foot), 침수족, 레이노 씨병, 선단자람증(acrocyanosis), 폐색성 혈전장해, 알레르기 반응, 상기도 손상

4과목　산업환기

61 자유공간에 떠 있는 직경 20 cm인 원형 개구후드의 개구면으로부터 20 cm 떨어진 곳의 입자를 흡입하려고 한다. 제어풍속을 0.8 m/s로 할 때 필요환기량은 약 몇 m³/min인가?

① 5.8　　② 10.5
③ 20.7　　④ 30.4

해설　후드는 자유공간에 위치한 외부식 후드이므로 필요환기량

$$Q(\text{m}^3/\text{min}) = 60 \times V_c \times (10X^2 + A_h)$$
$$= 60 \times 0.8 \times \left\{(10 \times 0.2^2) + \left(\frac{3.14 \times 0.2^2}{4}\right)\right\}$$
$$= 20.7 \, \text{m}^3/\text{min}$$

62 산업환기 시스템에 대한 설명으로 틀린 것은?

① 원형 덕트를 우선시 한다.
② 합류점에서 정압이 큰 쪽이 공기 흐름을 지배하므로 지배정압(SP governing)이라 한다.
③ 댐퍼를 이용한 균형방법은 주로 시설 설치 전에 댐퍼를 가지 덕트에 설치하여 유량을 조절하게 된다.
④ 후드 정압은 정지상태의 공기를 가속시키는 데 필요한 에너지(속도압)와 난류손실의 합으로 표현된다.

해설　댐퍼를 이용한 균형유지법은 주로 시설 설치 후에 댐퍼를 가지닥트에 설치하여 유량을 조절하게 된다. 따라서 두 개의 덕트 중 어느 것이 주 덕트이고, 어느 것이 가지 덕트인지를 알아야 한다.

63 다음 중 원심력을 이용한 공기정화장치에 해당하는 것은?

① 백필터(bag filter)
② 스크러버(scrubber)
③ 사이클론(cyclone)
④ 충진탑(packed tower)

해설　사이클론은 오염물질이 포함된 공기를 사이클론 입구로 유입시켜 선회류(vortex)를 형성시키면 공기 내의 분진은 원심력을 얻어 선회류를 벗어나 분진퇴적함(hopper)으로 떨어져 분리되는 장치이다.

64 전체환기시설의 설치조건으로 가장 거리가 먼 것은?

① 오염물질이 증기나 가스인 경우
② 오염물질의 발생량이 비교적 적은 경우
③ 오염물질의 노출 기준 값이 매우 작은 경우
④ 동일한 작업장에 오염원이 분산된 경우

해설　오염물질의 노출 기준(TLV) 값이 높아, 즉 독성이 비교적 낮은 경우에 전체환기(희석환기)를 적용한다.

정답　55 ④　56 ①　57 ①　58 ①　59 ②　60 ④　61 ③
62 ③　63 ③　64 ③

65 다음의 내용에서 ㉠, ㉡에 해당하는 숫자로 맞는 것은?

> 산업환기 시스템에서 공기유량(m^3/s)이 일정할 때, 덕트 직경을 3배로 하면 유속은 (㉠)로, 직경은 그대로 하고 유속을 1/4로 하면 압력손실은 (㉡)로 변한다.

① ㉠: 1/3, ㉡: 1/8
② ㉠: 1/12, ㉡: 1/6
③ ㉠: 1/6, ㉡: 1/12
④ ㉠: 1/9, ㉡: 1/16

해설 환기량 공식과 Darcy-Weisbach 방법을 적용하면

㉠ $Q = V \times A = V \times \frac{\pi}{4}D^2$ 에서 $V \propto \frac{1}{D^2}$ 이므로 덕트 직경을 3배로 하면 유속, $V = \frac{1}{3^2} = \frac{1}{9}$

㉡ $h_L = \lambda \frac{L}{D} VP = \lambda \frac{L}{D} \times \frac{\gamma V_T^2}{2g}$ 에서 $h_L \propto V_T^2$ 이므로 직경은 그대로 하고 유속을 1/4로 하면 압력손실 $h_L = \left(\frac{1}{4}\right)^2 = \frac{1}{16}$ 로 변한다.

66 후드에서의 유입손실이 전혀 없는 이상적인 후드의 유입계수는 얼마인가?

① 0 ② 0.5
③ 0.8 ④ 1.0

해설 후드의 효율은 실제 후드 내로 유입된 환기량과 이론적인 환기량의 비로 나타낼 수 있는데 만약 후드에서의 유입손실이 전혀 없는 이상적인 후드의 유입계수(coefficient of entry, C_e)는 1이다. 이는 후드의 모든 정압이 속도압으로 전환되는 경우로 유입손실이 발생하지 않는다. 그러나 이것은 불가능하다.

유입계수 $C_e = \frac{Q_{실제적인\,양}}{Q_{이론적인\,양}}$
$= \sqrt{\frac{VP}{SP_h}} = \sqrt{\frac{VP}{VP(1+F)}} = \sqrt{\frac{1}{1+F}}$

여기서 F: 압력손실계수로 $F = \frac{1-C_e^2}{C_e^2}$

67 작업장 내의 열부하량이 200,000 kcal/h이며, 외부의 기온은 25 ℃이고, 작업장 내의 기온은 35 ℃이다. 이러한 작업장의 전체환기에 필요환기량(m^3/min)은 약 얼마인가?

① 1,100
② 1,600
③ 2,100
④ 2,600

해설 방열목적의 필요환기량 구하는 공식

$Q = \frac{H_s}{0.3 \times \Delta t} = \frac{200,000}{0.3 \times (35-25)}$
$= 66,666.7 \,(m^3/h) = 1,111 \,m^3/min$

68 유해가스의 처리방법 중, 연소를 통한 처리방법에 대한 설명이 <u>아닌</u> 것은?

① 처리경비가 저렴하다.
② 제거효율이 매우 높다.
③ 저농도 유해물질에도 적합하다.
④ 배출가스의 온도를 높여야 한다.

해설 유해가스를 연소법으로 처리하는 방법
㉠ 불꽃연소법: 농도가 높은 가연성 가스의 배출구에서 연소시켜 처리경비가 저렴하다.
㉡ 직접가열산화법: 가연성 성분농도가 매우 낮아 연소가 곤란할 경우 사용하는 방법으로 저농도 유해물질에도 적합하다.
㉢ 촉매산화법: 처리대상 기체를 직접가열산화법 연소온도인 800 ℃에 비해 저온인 200 ~ 400 ℃로 경제적이다.
처리효율이 높은 연소법이지만 반면 연소생성물 자체가 또 다른 오염물질이 되는 경우와 독성이 강한 중간생성물이 생길 수 있으므로 주의를 요한다.

69 급기구와 배기구의 직경을 d라고 할 때, 급기구와 배기구로부터 각각 일정 거리에서의 유속이 최초 속도의 10 %가 되는 거리는 얼마인가?

① 급기구: $1d$, 배기구: $30d$
② 급기구: $2d$, 배기구: $10d$
③ 급기구: $10d$, 배기구: $2d$
④ 급기구: $30d$, 배기구: $1d$

해설 송풍기에 의한 기류의 흡기와 배기 시 흡기는 흡입면 직경의 1배인 위치에서 입구 유속의 10 %가 되고, 배기는 출구면 직경의 30배 위치에서 출구 유속의 10 %가 된다.

70 보기를 이용하여 일반적인 국소배기장치의 설계순서를 가장 적절하게 나열한 것은?

㉠ 반송속도의 결정	㉡ 제어속도의 결정
㉢ 송풍기의 선정	㉣ 후드 크기의 결정
㉤ 덕트 직경의 산출	㉥ 필요송풍량의 계산

① ㉥ → ㉡ → ㉢ → ㉣ → ㉤ → ㉠
② ㉥ → ㉢ → ㉡ → ㉠ → ㉣ → ㉤
③ ㉢ → ㉡ → ㉣ → ㉠ → ㉥ → ㉤
④ ㉡ → ㉥ → ㉠ → ㉤ → ㉣ → ㉢

해설 일반적인 국소배기장치의 설계순서
후드 형식 선정 → 제어속도 결정 → 필요송풍량 계산 → 반송속도 결정 → 덕트 직경 산출 → 후드 크기의 결정 → 덕트의 배치와 설치장소 선정 → 공기정화장치 선정 → 국소배기 계통도와 배치도 작성 → 총 압력손실량 계산 → 송풍기의 선정(사양 결정) → 국소배기장치 설치

71 국소배기장치의 투자비용과 전력소모비를 적게 하기 위하여 최우선으로 고려하여야 할 사항은?

① 제어속도를 최대한 증가시킨다.
② 덕트의 직경을 최대한 크게 한다.
③ 후드의 필요송풍량을 최소화한다.
④ 배기량을 많게 하기 위해 발생원과 후드 사이의 거리를 가능한 한 멀게 한다.

해설 국소배기장치에서 투자비용과 전력소모비를 적게 하기 위한, 즉 효율성 있는 운전을 하기 위해서 가장 먼저 고려할 사항은 필요송풍량 감소이다.

72 작업장의 크기가 세로 20 m, 가로 30 m, 높이 6 m이고, 필요환기량이 120 m³/min일 때, 1시간당 공기교환 횟수는 몇 회인가?

① 1 ② 2
③ 3 ④ 4

해설 실내공기 중 이산화탄소 제거가 목적일 경우 전체환기량 구하는 공식 중 1시간당 공기 교환 횟수(ACH, Air Change per Hour)

$$ACH = \frac{\text{필요환기량}(m^3/h)}{\text{작업장 용적}(m^3)} = \frac{Q}{V}$$

$$= \frac{120\,m^3/min}{20\,m \times 30\,m \times 6\,m} \times 60\,min/h = 2\,회/h$$

73 자연환기 방식에 의한 전체환기의 효율은 주로 무엇에 의해 결정되는가?

① 풍압과 실내·외 온도 차이
② 대기압과 오염물질의 농도
③ 오염물질의 농도와 실내·외 습도 차이
④ 작업자 수와 작업장 내부 시설의 위치

해설 자연환기 방식은 작업장 내·외온도, 압력차이에 의해 발생하는 기류의 흐름을 자연적으로 이용하는 방식이다.

정답 65 ④ 66 ④ 67 ① 68 ④ 69 ① 70 ④ 71 ③
72 ② 73 ①

74 전압, 속도압, 정압에 대한 설명으로 틀린 것은?

① 속도압은 항상 양압이다.
② 정압은 속도압에 의존하여 발생한다.
③ 전압은 속도압과 정압을 합한 값이다.
④ 송풍기의 전·후 위치에 따라 덕트 내의 정압이 음(−)이나 양(+)으로 된다.

해설 압력의 종류: 베르누이 정리에 의해 속도수두를 속도압, 압력수두를 정압이라 하고 속도압과 정압의 합을 전압이라 한다.

㉠ 정압(SP, static pressure): 밀폐된 공간(예, 덕트 내)에서 사방으로 동일하게 미치는 압력으로 단위체적의 공기가 압력이라는 형태로 나타나는 에너지이다. 속도압과 관계없이 독립적으로 발생한다.

㉡ 속도압(VP, velocity pressure): 공기의 흐름 방향으로 미치는 압력으로 단위체적의 공기가 갖고 있는 운동에너지이다.
공기의 운동에너지에 비례하여 항상 양압을 갖는다.
공기 속도와 속도압의 관계식 $VP = \dfrac{\gamma V^2}{2g}$ mmH$_2$O
에서 $V = \sqrt{\dfrac{2g\,VP}{\gamma}}$ m/s
표준공기인 경우 비중량 $\gamma = 1.2$ kg/m^3
중력가속도 $g = 9.81$ m/s^{2}를 대입하면
$VP = \left(\dfrac{V}{4.043}\right)^2$ mmH$_2$O

㉢ 전압(TP, total pressure): 단위 공기에 작용하는 정압과 속도압의 총합이다.

75 어느 공기정화장치의 압력손실이 300 mmH$_2$O, 처리가스량이 1 000 m^3/min, 송풍기의 효율이 80 %이다. 이 장치의 소요동력은 약 몇 kW인가?

① 56.9
② 61.3
③ 72.5
④ 80.6

해설 송풍기의 소요동력(kW)
$$kW = \dfrac{Q \times \Delta P}{6{,}120 \times \eta} \times \alpha = \dfrac{1{,}000 \times 300}{6{,}120 \times 0.8} \times 1 = 61.3 \text{ kW}$$

76 80 °C에서 공기의 부피가 5 m^{3}일 때, 21 °C에서 이 공기의 부피는 약 몇 m^{3}인가? (단, 공기의 밀도는 1.2 kg/m^{3}이고, 기압의 변동은 없다.)

① 4.2
② 4.8
③ 5.2
④ 5.6

해설 보일-샤를의 법칙에서 $\dfrac{P_1 \times V_1}{T_1} = \dfrac{P_2 \times V_2}{T_2}$ 에서
P_1, P_2는 동일하므로
$$V_2 = V_1 \times \dfrac{T_2}{T_1} = 5 \times \dfrac{273+21}{273+80} = 4.2 \text{ m}^3$$

77 송풍기의 바로 앞부분(up stream)까지의 정압이 −200 mmH$_2$O, 뒷부분(down stream)에서의 정압이 10 mmH$_2$O이다. 송풍기의 바로 앞부분과 뒷부분에서의 속도압이 모두 8 mmH$_2$O일 때 송풍기 정압(mmH$_2$O)은 얼마인가?

① 182
② 190
③ 202
④ 218

해설 송풍기 정압(FSP)은 송풍기 전압(FTP)과 배출구 속도압(VP$_{out}$)의 차로 나타낸다.
$$FSP = FTP - VP_{out}$$
$$= (SP_{out} - SP_{in}) + (VP_{out} - VP_{in}) - VP_{out}$$
$$= (SP_{out} - SP_{in}) - VP_{in} = (10-(-200))-8$$
$$= 202 \text{ mmH}_2\text{O}$$

78 제어속도에 관한 설명으로 옳은 것은?

① 제어속도가 높을수록 경제적이다.
② 제어속도를 증가시키기 위해서 송풍기 용량의 증가는 불가피하다.
③ 외부식 후드에서 후드와 작업지점과의 거리를 줄이면 제어속도가 증가한다.
④ 유해물질을 실내의 공기 중으로 분산시키지 않고 후드 내로 흡입하는 데 필요한 최대기류 속도를 의미한다.

해설 　제어속도(capture velocity, V_c): 제어하고자 하는 거리에서 발생한 오염물질을 후드로 적정하게 끌어들이는 데 필요한 최소한의 속도로 될 수 있으면 낮은 편이 경제적이다.

79 후드의 형태 중, 포위식이 외부식에 비하여 효과적인 이유로 볼 수 <u>없는</u> 것은?

① 제어풍량이 적기 때문이다.
② 유해물질이 포위되기 때문이다.
③ 플랜지가 부착되어 있기 때문이다.
④ 영향을 미치는 외부기류를 사방면에서 차단하기 때문이다.

해설 　포위식 후드는 발생원을 완전히 포위하는 형태의 후드로 국소배기시설 후드 형태 중 가장 효과적이다. 즉, 필요 환기량을 최소한으로 줄일 수 있다. 따라서 후드의 개구부에 붙여 후드 뒤쪽에서 들어오는 공기의 흐름을 차단하여 제어효율을 증가시키기 위하여 부착하는 판인 플랜지(flange)를 부착할 필요가 없다.

80 사염화에틸렌 10,000 ppm이 공기 중에 존재한다면 공기와 사염화에틸렌 혼합물의 유효비중은 얼마인가? (단, 사염화에틸렌의 증기비중은 5.7로 한다.)

① 1.0047　　　　② 1.047
③ 1.47　　　　　④ 10.47

해설 　유효비중(effective specific gravity)은 공기와 유해물질이 혼합된 비중으로 실제 계산을 해보면 공기와 차이가 거의 없다. 공기의 비중 = 1.0, 사염화에틸렌 증기의 비중 = 5.7에서 혼합공기는 사염화에틸렌이 10 000 ppm이므로 1 %, 나머지 99 %는 공기이다. 즉 유효비중 = (1 % × 5.7 + 99 % × 1.0) = 0.057 + 0.99 = 1.047이다.

정답　74 ②　75 ②　76 ①　77 ③　78 ③　79 ③　80 ②

2회 산업위생관리기사 기출문제
2019.04.27 시행

1과목 산업위생학개론

01 산업위생과 관련된 정보를 얻을 수 있는 기관으로 관계가 가장 적은 것은?
① EPA
② AIHA
③ OSHA
④ ACGIH

해설 • 산업위생과 관련된 정보를 얻을 수 있는 기관
㉠ AIHA(American industrial hygiene association, 미국산업위생학회), 1939년 창립
㉡ ACGIH(American Conference of Governmental Industrial Hygienists, 미국정부산업위생전문가협의회), 1938년 설립
㉢ OSHA(Occupational Safety and Health Administration, 미국산업안전보건청), 1970년
㉣ NIOSH(National Institute for Occupational Safety and Health, 미국국립산업안전보건연구원), 1970년
• EPA(Environmental Protection Agency, 미국환경보호청): 미국 환경에 관련한 모든 입법 제정 및 법안 예산을 책정하며 미국 국민의 건강과 환경 보전을 그 임무로 하고 있다. 1970년에 설립되었다.

02 ACGIH TLV의 적용상 주의사항으로 맞는 것은?
① TLV는 독성의 강도를 비교할 수 있는 지표가 된다.
② 반드시 산업위생전문가에 의하여 적용되어야 한다.
③ TLV는 안전농도와 위험농도를 정확히 구분하는 경계선이 된다.
④ 기존의 질병이나 육체적 조건을 판단하기 위한 척도로 사용될 수 있다.

해설 ACGIH TLV의 적용상 주의사항
㉠ 대기오염 평가 및 지표에 사용할 수 없다.
㉡ 24시간 노출이나 정상 작업시간을 초과한 노출에 대한 독성평가에는 적용할 수 없다.
㉢ 기존의 질병이나 신체적 조건을 판단하기 위한 척도로 사용될 수 없다.
㉣ 다른 나라에서 ACGIH TLV를 그대로 사용할 수 없다.
㉤ 안전농도와 위험농도를 정확히 구분하는 경계선이 아니다.
㉥ 독성의 강도를 비교할 수 있는 지표가 아니다.
㉦ 반드시 산업위생전문가에 의하여 해석, 적용되어야 한다.
㉧ 피부로 흡수되는 양은 고려하지 않은 기준이다.
㉨ 산업장 유해조건을 평가하기 위한 지침으로 근로자의 건강장해를 예방하기 위함이다.

03 VDT 증후군에 해당하지 않는 질병은?
① 안면피부염
② 눈 질환
③ 감광성 간질
④ 전리방사선 질환

해설 VDT(Video Display Terminal, 시각표시단말기) 증후군: 근골격계질환, 눈 질환, 안면피부염, 감광성 간질, 스트레스

04 피로의 예방대책과 가장 거리가 먼 것은?
① 개인별 작업량을 조절한다.
② 작업환경을 정비, 정돈한다.
③ 동적 작업을 정적 작업으로 바꾼다.
④ 작업과정에 적절한 간격으로 휴식시간을 둔다.

해설 피로의 예방대책의 하나로 정적 작업을 동적 작업으로 바꾼다.

05 작업환경 측정 및 지정측정기관 평가 등에 관한 고시에 있어 정도관리의 실시시기 및 구분에 관한 설명으로 틀린 것은?

① 정기정도관리는 매년 분기별로 각 1회 실시한다.
② 작업환경 측정기관으로 지정받고자 하는 경우 특별정도관리를 실시한다.
③ 정기정도관리의 세부실시계획은 실무위원회가 정하는 바에 따른다.
④ 정기·특별정도관리 결과 부적합 평가를 받은 기관은 최초 도래하는 해당 정도관리를 다시 받아야 한다.

> **해설** 작업환경 측정 및 정도관리 등에 관한 고시, 제2장 정도관리 실시, 제56조(정도관리의 구분 및 실시시기)
> ① 정도관리는 정기정도관리와 특별정도관리로 구분한다.
> 1. 정기정도관리는 분석자의 분석능력을 평가하기 위해 실시하는 정도관리로서 연 1회 이상 다음 각 목의 구분에 따라 실시하는 것을 말한다.
>   가. 기본분야: 기본적인 유기화합물과 금속류에 대한 분석능력을 평가
>   나. 자율분야: 특수한 유해인자에 대한 분석능력을 평가

06 실내환경의 빌딩 관련 질환에 관한 설명으로 틀린 것은?

① 레지오넬라 질환은 주요 호흡기 질병의 원인균 중 하나로서 1년까지도 물속에서 생존하는 균으로 알려져 있다.
② 과민성 폐렴은 고농도의 알레르기 유발물질에 직접 노출되거나 저농도에 지속적으로 노출될 때 발생한다.
③ SBS(Sick Building Syndrome)는 점유자 등이 건물에서 보내는 시간과 관계하여 특별한 증상 없이 건강과 편안함에 영향을 받는 것을 의미한다.
④ BRI(Building Related Illness)는 건물 공기에 대한 노출로 인해 야기된 질병을 지칭하는 것으로, 증상의 진단이 불가능하며 직접적인 원인은 알 수 없는 질병을 뜻한다.

> **해설** 실내환경의 빌딩 관련 질환
> ㉠ SBS(Sick Building Syndrome, 빌딩증후군): 호흡기성, 알레르기성 질환과 관련된 일반적인 자각증상으로 눈, 피부, 기도의 자극, 현기증, 무기력, 불쾌감, 두통, 피로감 등이 있다.
> ㉡ BRI(Building Related Illness, 건물관련질환): 특정질환, 즉 과민성 폐렴(hypersensitivity pneumonities), 천식, 알레르기성 비염, 아토피 피부염(endotoxin, mycotoxin), 레지오넬라 질환 등을 나타내어 증상의 진단이 가능하며 직접적인 원인은 알 수 있는 질병을 뜻한다.

07 피로 측정 분류법과 측정대상 항목이 올바르게 연결된 것은?

① 자율신경검사 – 시각, 청각, 촉각
② 운동기능검사 – GSR, 연속반응시간
③ 순환기능검사 – 심박수, 혈압, 혈류량
④ 심적기능검사 – 호흡기 중의 산소농도

> **해설** • 피로의 측정방법
> ㉠ 생리학적 측정: 근력 및 근활동(EMG), 대뇌활동(EEG), 호흡(산소소비량), 순환기(ECG)
> ㉡ 생화학적 측정: 혈액농도 측정, 혈액 수분 측정, 요 전해질 및 요 단백질 측정
> ㉢ 심리학적 측정: 피부저항, 동작분석, 연속반응시간, 집중력
> • 자율신경검사: 심호흡 시 심박동 검사, 기립성 혈압검사, 발살바법(valsalva maneuver), 지속적 근긴장에 따른 혈압검사, 심박변이도 검사
> • 운동기능검사: 7개 관절(어깨, 팔꿈치, 손목, 둔부, 무릎, 발목, 척추)의 운동 범위 및 관절 근육의 근력, 순발력, 지구력
> • 순환기능검사: 심박수, 혈압, 혈류량을 측정
> • GSR(Galvanic Skin Response test, 갈바닉 피부 반응)검사: 피부의 전기전도도를 측정하는 방법

> **정답** 01 ① 02 ② 03 ④ 04 ③ 05 ① 06 ④ 07 ③

2회 산업위생관리산업기사 기출문제

08 원인별로 분류한 직업병과 직종이 잘못 연결된 것은?

① 규폐증: 채석광, 채광부
② 구내염, 피부염: 제강공
③ 소화기질병: 시계공, 정밀기계공
④ 탄저병, 파상풍: 피혁제조, 축산, 제분

해설 시계공, 정밀기계공에게서 발생할 수 있는 직업병은 근시, 안구진탕증 등이다.

09 1일 12시간 톨루엔(TLV: 50 ppm)을 취급할 때 노출 기준을 Brief & Scala의 방법으로 보정하면 얼마가 되는가?

① 15 ppm
② 25 ppm
③ 50 ppm
④ 100 ppm

해설 Brief & Scala 방법의 계산식: 전신중독 또는 기관장해를 일으키는 물질에 대하여 보정계수(RF, reduction factor, 감소계수)를 구한 후 보정계수와 허용농도를 곱하여 보정한다.

㉠ 1일 노출시간을 기준으로 할 경우

$$\text{TLV 보정계수(RF)} = \frac{8}{H} \times \frac{24-H}{16}$$

여기서, H: 노출시간/일, 16: 회복시간

㉡ 1주간 노출시간을 기준으로 할 경우

$$\text{TLV 보정계수(RF)} = \frac{40}{H} \times \frac{(5 \times 8 + 128) - H}{16 \times 8}$$

$$= \frac{40}{H} \times \frac{168-H}{128}$$

여기서, H: 노출시간/주

∴ $\text{TLV 보정계수(RF)} = \frac{8}{H} \times \frac{24-H}{16}$

$$= \frac{8}{12} \times \frac{24-12}{16} = 0.5$$

따라서 보정된 허용농도 = $0.5 \times 50 = 25$ ppm

10 심한 근육노동을 하는 근로자에게 충분히 공급되어야 할 비타민은?

① 비타민 A
② 비타민 B_1
③ 비타민 C
④ 비타민 B_2

해설 심한 근육노동을 하는 근로자에게 충분히 공급되어야 할 비타민은 비타민 B_1이고, 커피, 홍차를 마시면 카페인, 데오부로민 등의 물질이 심장작용을 자극하여 피로 회복에 도움이 된다.

11 교대근무제를 실시하려고 할 때, 교대제 관리원칙으로 틀린 것은?

① 야근은 2 ~ 3일 이상 연속하지 않을 것
② 근무 시간의 간격은 24시간 이상으로 할 것
③ 야근 시 가면이 필요하며 이를 제도화할 것
④ 각 반의 근로시간은 8시간을 기준으로 할 것

해설 바람직한 교대제 관리원칙에서 근무 시간의 간격은 15 ~ 16시간 이상으로 하는 것이 좋다.

12 일본에서 발생한 중금속 중독사건으로, 이른바 이타이이타이(itai-itai)병의 원인물질에 해당하는 것은?

① 크로뮴(Cr)
② 납(Pb)
③ 수은(Hg)
④ 카드뮴(Cd)

해설 이타이이타이(itai-itai, 아프다)병의 원인물질은 카드뮴이고, 미나마타병의 원인물질은 수은이다.

13 직업과 적성에 있어 생리적 적성검사에 해당하지 않는 것은?

① 체력검사
② 지각동작검사
③ 감각기능검사
④ 심폐기능검사

해설
- 생리적 적성검사: 감각기능검사(시력, 색각, 청력검사), 심폐기능검사(호흡량, 맥박, 혈압측정), 체력검사(악력, 배근력 측정)
- 지각동작검사(소질검사로 손재주, 수족협조능, 운동협조능, 행태지각능)는 심리적 적성검사이다.

14 기초대사량이 1.5 kcal/min이고, 작업대사량이 225 kcal/h인 사람이 작업을 수행할 때, 작업의 실동률(%)은 얼마인가? (단, 사이또와 오지마의 경험식을 적용한다.)

① 61.5　　　　② 66.3
③ 72.5　　　　④ 77.5

해설　작업의 실동률(실노동률, %)의 관계식
실동률(%) = 85 − 5 × RMR에서　작업대사율(RMR, Relative Metabolic Rate, 에너지대사율)은

$RMR = \dfrac{작업대사량}{기초대사량} = \dfrac{225}{1.5 \times 60} = 2.5$이므로

∴ 실동률 = 85 − 5 × 2.5 = 72.5%

15 피로를 일으키는 인자에 있어 외적 요인에 해당하는 것은?

① 작업환경
② 적응 능력
③ 영양 상태
④ 숙련 정도

해설
• 피로를 일으키는 인자에 있어 외적 요인: 작업환경, 작업부하, 생활 조건
• 피로를 일으키는 인자에 있어 내적 요인: 적응 능력, 영양 상태, 숙련 정도, 신체적 조건

16 석면에 대한 설명으로 틀린 것은?

① 우리나라 석면의 노출 기준은 0.5개/cc이다
② 석면관련 질병으로는 석면폐, 악성중피종, 폐암 등이 있다.
③ 석면 함유 물질이란 순수한 석면만으로 제조되거나 석면에 다른 섬유물질이나 비섬유질이 혼합된 물질을 의미한다.
④ 건축물에 사용되는 석면 대체품은 유리면, 암면 등 인조광물섬유 보온재와 석고보드, 세라믹 섬유 등의 규산칼슘 보온재가 있다.

해설　화학물질 및 물리적 인자의 노출 기준, [별표 1] 화학물질의 노출 기준
모든 형태의 석면(all forms asbestos): 노출 기준(TWA) − 0.1개/cm^3, 발암성 1A

17 사고(事故)와 재해(災害)에 대한 설명 중 틀린 것은?

① 재해란 일반적으로 사고의 결과로 일어난, 인명이나 재산상의 손실을 가져올 수 있는 계획되지 않거나 예상하지 못한 사건을 의미한다.
② 재해는 인명의 상해를 수반하는 경우가 대부분인데 이 경우를 상해라 하고, 인명 상해나 물적 손실 등 일체의 피해가 없는 사고를 아차사고(near accident)라고 한다.
③ 버드의 법칙은 1 : 10 : 30 : 600이라는 비율을 도출하여 하인리히의 법칙과 다른 면을 보여주고 있다. 차이점이라면 30건의 물적 손해만 생긴 소위 무상해 사고를 별도로 구분한 것이다.
④ 하인리히 법칙은 한 사람의 중상자가 발생하였다고 하면 같은 원인으로 30명의 경상자가 생겼을 것이고 같은 성질의 사고가 있었으나 부상을 입지 않은 무상해자가 생겼다고 할 때 330번은 무상해, 30번은 경상, 1번의 사망이라는 비율로 된다는 것이다.

해설　하인리히 법칙은 산업재해가 발생하여 사망자가 1명 나오면 그 전에 같은 원인으로 발생한 경상자가 29명, 같은 원인으로 부상을 당할 뻔한 잠재적 부상자가 300명 있었다는 사실이다. 즉, 큰 재해와 작은 재해 그리고 사소한 사고의 발생 비율은 1 : 29 : 300이라는 것이다. 단, 여기서 중요한 것은 숫자 자체가 아닌 산업재해와 그 징후의 비율이다. 이는 대부분의 참사가 사전에 예방할 수 있는 원인을 파악, 수정하지 못했거나 무시했기 때문에 일어났다는 것을 보여준다.

정답　08 ③　09 ②　10 ②　11 ②　12 ④　13 ②　14 ③
　　　15 ①　16 ①　17 ④

18 산업안전보건법령에서 정의한 강렬한 소음작업에 해당하는 작업은?

① 90 dB 이상의 소음이 1일 4시간 이상 발생되는 작업
② 95 dB 이상의 소음이 1일 2시간 이상 발생되는 작업
③ 100 dB 이상의 소음이 1일 1시간 이상 발생되는 작업
④ 110 dB 이상의 소음이 1일 30분 이상 발생되는 작업

해설 산업안전보건기준에 관한 규칙, 제4장 소음 및 진동에 의한 건강장해의 예방, 제512조(정의)
2. 강렬한 소음작업이란 다음 각목의 어느 하나에 해당하는 작업을 말한다.
  가. 90데시벨 이상의 소음이 1일 8시간 이상 발생하는 작업
  나. 95데시벨 이상의 소음이 1일 4시간 이상 발생하는 작업
  다. 100데시벨 이상의 소음이 1일 2시간 이상 발생하는 작업
  라. 105데시벨 이상의 소음이 1일 1시간 이상 발생하는 작업
  마. 110데시벨 이상의 소음이 1일 30분 이상 발생하는 작업
  바. 115데시벨 이상의 소음이 1일 15분 이상 발생하는 작업

19 미국 NIOSH에서 제안된 인양작업(lofting)의 감시기준(AL)에 대한 설정 기준의 내용으로 틀린 것은?

① 남자의 99 %, 여자의 75 %가 작업 가능하다.
② 작업 강도, 즉 에너지 소비량이 3.5 kcal/min 이다.
③ 5번 요추와 1번 천추에 미치는 압력이 3,400 N의 부하이다.
④ AL을 초과하면 대부분의 근로자들에게 근육 및 골격장애가 발생한다.

해설 AL(action limit, 감시기준)을 초과하면 소수 근로자들에게 근육 및 골격장애 위험도나 피로가 증가한다.

20 산업안전보건법령상 보건관리자의 자격 기준에 해당하지 않는 자는?

① 「의료법」에 의한 의사
② 「의료법」에 의한 간호사
③ 「위생사에 관한 법률」에 의한 위생사
④ 「고등교육법」에 의한 전문대학에서 산업보건 관련학과를 졸업한 사람

해설 산업안전보건법 시행령, 제21조(보건관리자의 자격) [별표 6]
보건관리자는 다음 각 호의 어느 하나에 해당하는 사람으로 한다.
1. 산업보건지도사 자격을 가진 사람
2. 「의료법」에 따른 의사
3. 「의료법」에 따른 간호사
4. 「국가기술자격법」에 따른 산업위생관리산업기사 또는 대기환경산업기사 이상의 자격을 취득한 사람
5. 「국가기술자격법」에 따른 인간공학기사 이상의 자격을 취득한 사람
6. 「고등교육법」에 따른 전문대학 이상의 학교에서 산업보건 또는 산업위생 분야의 학위를 취득한 사람

2과목 작업환경 측정 및 평가

21 공기 중에 톨루엔(TLV = 100 ppm)이 50 ppm, 크실렌(TLV = 100 ppm)이 80 ppm, 아세톤(TLV = 750 ppm)이 1 000 ppm으로 측정되었다면, 이 작업환경의 노출지수 및 노출 기준 초과 여부는? (단, 상가작용을 한다고 가정한다.)

① 노출지수: 2.63, 초과함
② 노출지수: 2.05, 초과함
③ 노출지수: 2.63, 초과하지 않음
④ 노출지수: 2.83, 초과하지 않음

해설 오염물질이 혼합물로 존재할 경우 노출지수(EI, Exposure Index)의 계산

$$EI = \frac{C_1}{TLV_1} + \frac{C_2}{TLV_2} + \cdots + \frac{C_n}{TLV_n}$$
$$= \frac{50}{100} + \frac{80}{100} + \frac{1,000}{750} = 2.63$$

∴ 노출지수가 1을 초과하면 노출 기준을 초과한다고 평가하므로 노출 기준 초과이다.

22 다음 중 ( ) 안에 들어갈 내용으로 옳은 것은?

산업위생통계에서 측정방법의 정밀도는 동일집단에 속한 여러 개의 시료를 분석하여 평균치와 표준편차를 계산하고 표준편차를 평균치로 나눈 값, 즉 (　　)로 평가한다.

① 분산수　　② 기하평균치
③ 변이계수　④ 표준오차

해설 변이계수(CV, Coefficient of Variation): 정밀도를 나타낼 때 사용하며 어떤 표본의 표준편차를 평균값으로 나누어서 백분율로 나타낸 수치이다.

$$CV = \frac{표준편차}{평균값} \times 100 = \frac{\sigma}{X} \times 100\%$$, 즉 이 값이 적을수록 분포가 고르다는 것이다.

23 통계자료표에서 M±SD는 무엇을 의미하는가?

① 평균치와 표준편차
② 평균치와 표준오차
③ 최빈치와 표준편차
④ 중앙치와 표준오차

해설 평균 중심의 산포도(measure of dispersion)
일반적으로 평균(M) ± 표준편차(S.D, Standard Deviation) 범위 내에는 자료의 50 % 이상이 포함됨

24 충격소음에 대한 설명으로 옳은 것은? (단, 고용노동부 고시를 기준으로 한다.)

① 최대음압 수준에 130 dB(A) 이상인 소음이 1초 이상의 간격으로 발생하는 것
② 최대음압 수준에 130 dB(A) 이상인 소음이 10초 이상의 간격으로 발생하는 것
③ 최대음압 수준에 120 dB(A) 이상인 소음이 1초 이상의 간격으로 발생하는 것
④ 최대음압 수준에 120 dB(A) 이상인 소음이 10초 이상의 간격으로 발생하는 것

해설 산업안전보건기준에 관한 규칙, 제4장 소음 및 진동에 의한 건강장해의 예방, 제512조(정의)

충격소음의 노출 기준

1일 노출횟수	충격소음의 강도 dB(A)
100	140
1,000	130
10,000	120

주: 1. 최대음압 수준이 140 dB(A)를 초과하는 충격소음에 노출되어서는 안 됨
2. 충격소음이라 함은 최대음압 수준에 120 dB(A) 이상인 소음이 1초 이상의 간격으로 발생하는 것을 말함

정답 18 ④ 19 ④ 20 ③ 21 ① 22 ③ 23 ① 24 ③

25 어느 작업환경의 소음을 측정하여 보니 허용기준 4시간인 95 dB(A)의 소음이 210분 발생되었고, 허용기준 8시간인 90 dB(A)의 소음이 270분 발생했을 때, 노출지수는 약 얼마인가? (단, 상가효과를 고려한다.)

① 1.14
② 1.24
③ 1.34
④ 1.44

해설 소음노출지수(exposure index): 여러 종류의 소음이 여러 시간 동안 복합적으로 노출된 경우의 소음지수

$$EI = \frac{C_1}{T_1} + \frac{C_2}{T_2} + \cdots + \frac{C_n}{T_n}$$

여기서 C_n: 특정소음에 노출된 총 노출시간, T_n: 그 소음에 노출될 수 있는 허용노출시간

$$\therefore EI = \frac{3.5}{4} + \frac{4.5}{8} = 1.44$$

26 자외선/가시선분광광도법으로 시료용액의 흡광도를 측정한 결과 흡광도가 검량선의 영역 밖이었다. 시료용액을 2배로 희석하여 흡광도를 측정한 결과 흡광도가 0.4였을 때, 이 시료용액의 농도는?

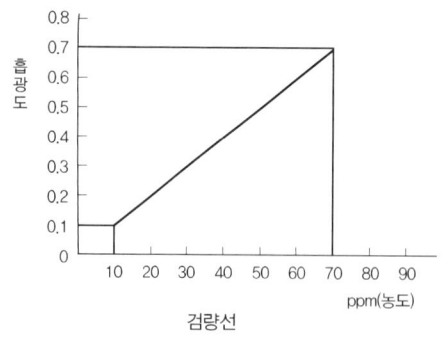

① 20 ppm
② 40 ppm
③ 80 ppm
④ 160 ppm

해설 검량선에서 흡광도가 0.4일 때 시료용액의 농도는 40 ppm이다. 따라서 시료용액을 2배로 희석하였으므로 실질적인 농도는 $2 \times 40 = 80$ ppm

27 다음 중 석면에 관한 설명으로 틀린 것은?

① 석면의 종류에는 백석면, 갈석면, 청석면 등이 있다.
② 시료 채취에는 셀룰로오즈 에스테르 막여과지를 사용한다.
③ 시료 채취 시 유량보정은 시료 채취 전·후에 실시한다.
④ 석면분진의 농도는 여과포집법에 의한 중량분석 방법으로 측정한다.

해설 석면조사 및 안전성 평가 등에 관한 고시, 제3장 공기 중 석면농도 측정, 제11조(분석)
① 공기 중 석면농도의 분석은 위상차현미경으로 계수하는 방법으로 실시하며, 분석 방법은 「작업환경 측정 및 지정측정기관 평가 등에 관한 고시」에 따른다.

28 태양광선이 내리쬐지 않는 옥외작업장에서 자연습구온도 20 ℃, 건구온도 25 ℃, 흑구온도가 20 ℃일 때, 습구흑구온도지수(WBGT)는?

① 20 ℃
② 20.5 ℃
③ 22.5 ℃
④ 23 ℃

해설 화학물질 및 물리적 인자의 노출 기준, 제11조(표시단위)
고온의 노출 기준 표시단위는 습구흑구온도지수(WBGT)를 사용하며 다음 각 호의 식에 따라 산출한다.
1. 태양광선이 내리쬐는 옥외 장소: WBGT(℃) = 0.7 × 자연습구온도 + 0.2 × 흑구온도 + 0.1 × 건구온도
2. 태양광선이 내리쬐지 않는 옥내 또는 옥외 장소: WBGT(℃) = 0.7 × 자연습구온도 + 0.3 × 흑구온도
∴ WBGT(℃) = 0.7 × 20 + 0.3 × 20 = 20 (℃)

29 소음측정에 관한 설명으로 틀린 것은? (단, 고용노동부 고시를 기준으로 한다.)

① 소음 수준을 측정할 때에는 측정대상이 되는 근로자의 주 작업행동 범위의 작업 근로자 귀 높이에 설치하여야 한다.
② 단위작업장소에서의 소음발생시간이 6시간 이내인 경우에는 발생시간을 등간격으로 나누어 2회 이상 측정하여야 한다.
③ 누적소음노출량 측정기로 소음을 측정하는 경우에는 Criteria는 90 dB, Exchange Rate는 5 dB, Threshold는 80 dB로 기기를 설정해야 한다.
④ 소음이 1초 이상인 간격을 유지하면서 최대음압 수준이 120 dB(A) 이상의 소음인 경우에는 소음 수준에 따른 1분 동안의 발생 횟수를 측정하여야 한다.

해설 작업환경 측정 및 정도관리 등에 관한 고시, 제4절 소음, 제28조(측정시간 등)
① 단위작업 장소에서 소음 수준은 규정된 측정 위치 및 지점에서 1일 작업시간 동안 6시간 이상 연속 측정하거나 작업 시간을 1시간 간격으로 나누어 6회 이상 측정하여야 한다. 다만 소음의 발생특성이 연속음으로서 측정치가 변동이 없다고 자격자 또는 지정측정기관이 판단한 경우에는 1시간 동안을 등간격으로 나누어 3회 이상 측정할 수 있다.
② 단위작업 장소에서의 소음발생시간이 6시간 이내인 경우나 소음발생원에서의 발생시간이 간헐적인 경우에는 발생 시간 동안 연속 측정하거나 등간격으로 나누어 4회 이상 측정하여야 한다.

30 유해화학물질 분석 시 침전법을 이용한 적정이 아닌 것은?

① Volhard법 ② Mohr법
③ Fajans법 ④ Stiehler법

해설 침전 적정(precipitation titration): 모어법(mohr method), 볼하드법(volhard method), 파잔법(fajans method)를 이용한 염소이온의 정량 방법이 대표적인 침전적정법이다.

31 작업환경 중 유해금속을 분석할 때 사용되는 불꽃방식 원자흡수분광광도계에 관한 설명으로 틀린 것은?

① 가격이 흑연로장치에 비하여 저렴하다.
② 분석시간이 흑연로장치에 비하여 적게 소요된다.
③ 감도가 높아 혈액이나 소변시료에서의 유해금속 분석에 많이 이용된다.
④ 고체 시료의 경우 전처리에 의하여 매트릭스를 제거해야 한다.

해설 원자흡수분광광도법
㉠ 불꽃방식
ⓐ 장점: 쉽고 간편함. 가격이 저렴함. 분석이 빠름
ⓑ 단점: 감도가 제한되어 있어 저농도에서 사용이 어려움. 점성이 큰 용액은 분무구를 막을 수 있음. 고체시료의 경우 전처리에 의하여 기질(매트릭스)를 제거해야 함
㉡ 흑연로방식(전열고온로법)
ⓐ 장점: 높은 감도, 시료량이 적고 전처리가 간단함
ⓑ 단점: 시료 분석시간이 오래 걸림. 기질에 의한 바탕보정이 필요함. 경비가 많이 듬
㉢ 기화법(증기발생법)
ⓐ 장점: 불꽃방식보다 감도가 100배 정도 좋음. 방해물질의 영향이 적음

32 다음 중 온도표시에 관한 내용으로 틀린 것은? (단, 고용노동부 고시를 기준으로 한다.)

① 미온은 30 ~ 40 ℃를 말한다.
② 온수는 40 ~ 50 ℃를 말한다.
③ 냉수는 15 ℃ 이하를 말한다.
④ 찬 곳은 따로 규정이 없는 한 0 ~ 15 ℃의 곳을 말한다.

해설 온수(溫水)는 60 ~ 70 ℃를 말한다.

정답 25 ④ 26 ③ 27 ④ 28 ① 29 ② 30 ④ 31 ③ 32 ②

2회 산업위생관리산업기사 기출문제

33 물질 Y가 20 ℃, 1기압에서 증기압이 0.05 mmHg이면, 물질 Y의 공기 중의 포화농도는 약 몇 ppm인가?

① 44
② 66
③ 88
④ 102

해설 최고농도(포화농도) $C_{max} = \dfrac{0.05}{760} \times 10^6 = 66\,ppm$

34 다음 중 시료 채취방법 중에서 개인 시료 채취 시 채취지점으로 옳은 것은? (단, 고용노동부 고시를 기준으로 한다.)

① 근로자의 호흡 위치(호흡기를 중심으로 반경 30 cm인 반구)
② 근로자의 호흡 위치(호흡기를 중심으로 반경 60 cm인 반구)
③ 근로자의 호흡 위치(바닥면을 기준으로 1.2 m ~ 1.5 m 높이의 고정된 위치)
④ 근로자의 호흡 위치(바닥면을 기준으로 0.9 m ~ 1.2 m 높이의 고정된 위치)

해설 작업환경 측정 및 정도관리 등에 관한 고시, 제2조 (정의)
"개인 시료 채취"란 개인 시료 채취기를 이용하여 가스·증기·분진·흄(fume)·미스트(mist) 등을 근로자의 호흡 위치(호흡기를 중심으로 반경 30 cm인 반구)에서 채취하는 것을 말한다.

35 유량 및 용량을 보정하는 데 사용되는 1차 표준 장비는?

① 오리피스미터
② 로타미터
③ 열선기류계
④ 가스치환병

해설 표준 보정기구(calibrator)의 종류
㉠ 1차 표준 보정기구: 기구 자체가 정확한 값(정확도 ± 1% 이내)를 제시하는 기구
  ⓐ 폐활량계(spirometer)
  ⓑ 무마찰 거품관 또는 비누거품미터(frictionless piston meter)
  ⓒ 피토우관(pitot tube)
  ⓓ 가스치환병(주로 실험실에서 사용함)
  ⓔ 유리 또는 흑연피스톤미터

36 공기 중 석면 농도의 단위로 옳은 것은?

① 개/cm³
② ppm
③ mg/m³
④ g/m²

해설 공기 중 석면 농도의 단위는 개수농도를 나타내는 개/cm³, 개/cc를 사용한다.

37 100 g의 물에 40 g의 용질 A를 첨가하여 혼합물을 만들었을 때, 혼합물 중 용질 A의 중량 %(wt%)는 약 얼마인가? (단, 용질 A가 충분히 용해한다고 가정한다.)

① 28.6 wt%
② 32.7 wt%
③ 34.5 wt%
④ 40.0 wt%

해설 혼합물 중 용질 A의 중량 %(wt%)
$= \dfrac{40\,g}{100\,g + 40\,g} \times 100 = 28.6\,wt\%$

38 회수율 실험은 여과지를 이용하여 채취한 금속을 분석한 것을 보정하는 실험이다. 다음 중 회수율을 구하는 식은?

① 회수율(%) $= \dfrac{분석량}{첨가량} \times 100$
② 회수율(%) $= \dfrac{첨가량}{분석량} \times 100$
③ 회수율(%) $= \dfrac{분석량}{1 - 첨가량} \times 100$
④ 회수율(%) $= \dfrac{첨가량}{1 - 분석량} \times 100$

해설 정확성 검증방법으로 회수율 시험(recovery experiment)에서 회수율(%) $= \dfrac{분석량}{첨가량} \times 100$ 이다.

39 입자의 가장자리를 이등분하는 직경으로 과대평가의 위험성이 있는 입자상 물질의 직경은?

① 마틴 직경
② 페렛 직경
③ 등거리 직경
④ 등면적 직경

해설 입자상 물질의 기하학적(물리적) 직경
㉠ 마틴 직경: 입자의 면적을 2등분하는 선의 길이로 과소평가의 위험이 있다.
㉡ 페렛 직경: 입자의 한쪽 끝 가장자리와 다른 쪽 가장자리 사이의 거리로 과대평가의 가능성이 있다.
㉢ 등면적 직경: 입자의 면적과 동일한 면적을 가진 원의 직경으로 가장 정확한 직경이다.
㉣ 공기역학적 직경: 대상 입자와 침강속도가 같고 단위밀도가 1 g/m³이며 구형인 직경으로 환산된 가상직경이다.

40 다음 중 PVC 막여과지를 사용하여 채취하는 물질에 관한 내용과 가장 거리가 먼 것은?

① 유리규산을 채취하여 C-선 회절법으로 분석하는 데 적절하다.
② 6가 크로뮴, 아연산화물의 채취에 이용된다.
③ 압력에 강하여 석탄건류나 증류 등의 공정에서 발생하는 PAHs 채취에 이용된다.
④ 수분에 대한 영향이 크지 않기 때문에 공해성 먼지 등의 중량분석을 위한 측정에 이용된다.

해설
• PVC(Poly-Vinyl Chloride) 막여과지: 비흡습성이므로 입자상 물질의 중량분석에 적절하다. 특히 유리규산을 채취하여 X-선 회절법으로 분석하는 데 좋으며 산화아연, 6가 크로뮴 등을 측정하는 데도 사용된다.
• PTFE 막여과지(polytetrafluroethylene membrane filter, 테프론): PAH(다핵방향족 탄화수소화합물)

3과목 작업환경관리

41 출력 0.01 W의 점음원으로부터 100 m 떨어진 곳의 음압 수준은? (단, 무지향성 음원, 자유공간의 경우)

① 49 dB
② 53 dB
③ 59 dB
④ 63 dB

해설 음압 수준(점음원, 자유공간)
SPL = PWL $-20 \log r - 11$에서

음향 파워 레벨 PWL = $10 \log \dfrac{W}{10^{-12}}$

$= 10 \log \dfrac{0.01}{10^{-12}} = 100 \text{dB}$

∴ SPL = $100 - 20 \log 100 - 11 = 49 \text{ dB}$

42 공기 중에 발산된 분진입자는 중력에 의하여 침강하는 데 스토크스식이 많이 사용되고 있다. 침강속도는 식으로 맞는 것은? (단, V: 침강속도, ρ_1: 먼지밀도, ρ: 공기밀도, μ: 공기의 점성, d: 먼지직경, g: 중력가속도)

① $V = \dfrac{2(\rho - \rho_1)\mu d^2}{9g}$

② $V = \dfrac{2(\rho_1 - \rho)\mu d}{9g}$

③ $V = \dfrac{(\rho_1 - \rho)g d^2}{18\mu}$

④ $V = \dfrac{(\rho - \rho_1)g d}{18\mu}$

해설 Stokes 법칙(종말침강속도식)

$v = \dfrac{(\rho_p - \rho_o) \times g \times d^2}{18\mu}$, 여기서 ρ_p: 입자의 밀도, ρ_o: 공기의 밀도, g: 중력가속도, d: 입자의 직경, μ: 공기의 점성계수이다. 즉, 입자의 침강속도는 공기와 입자 사이의 밀도차에 비례한다.

정답 33 ② 34 ① 35 ④ 36 ① 37 ① 38 ① 39 ②
40 ③ 41 ① 42 ③

43 진폐증을 일으키는 분진 중에서 폐암과 가장 관련이 많은 것은?

① 규산분진 ② 석면분진
③ 활석분진 ④ 규조토분진

해설 폐암과 가장 관련이 많은 진폐증을 일으키는 분진: 석면, 니켈카르보닐($Ni(CO)_4$), 결정형 실리카, 비소

44 다음 중 방진 재료와 가장 거리가 먼 것은?

① 방진 고무 ② 코르크
③ 강화된 유리섬유 ④ 펠트

해설 방진 재료: 진동이 구조물에 전달되는 것을 막는 데 쓰는 재료로서 보통 금속 스프링, 고무 스프링, 공기 스프링, 코르크, 펠트 따위를 사용한다. 이 중 가장 많이 사용되고 있는 재료는 금속스프링, 방진 고무, 공압스프링 3종류이다.

참고 방진 재료의 장·단점 비교

구분		금속스프링	방진 고무	공기스프링
장점		• 환경요소(온도, 부식, 용해 등)에 대한 저항성이 좋다. • 뒤틀리거나 오므라들지 않는다. • 최대변위가 허용된다. • 저주파 차단에 방진 고무보다 효과적이다. • 하중특성의 직진성이 우수하다. • 가격이 싼 편이다. • 수명이 길다.	• 형상의 선택이 자유롭다. • 고무 자체의 내부 마찰에 의해 저항을 얻을 수 있어, 고주파진동의 차단에 유리하다. • 내부 감쇠가 커서 별도의 댐퍼가 필요없다. • 진동수비가 1 이상인 영역에서도 진동전달률이 거의 증대하지 않는다. • 설계 및 부착이 비교적 간단하고, 금속과도 견고하게 접착할 수 있으며 소형이다. • 고주파 영역에서 고체음 차단성능이 있다.	• 설계 시에 공기스프링의 높이, 내부하력, 스프링 정수를 광범위하게 설정할 수 있다. • 하중의 변화에 따라 고유 진동수를 일정하게 유지할 수 있다. • 부하능력이 광범위하다. • 자동제어가 가능하다. • 고주파 진동 절연성과 제진효과가 금속스프링, 방진 고무보다 우수하다.
단점		• 감쇠특성이 좋지 않아 공진 시 전달률이 크다. • 스프링의 서징에 주의해야 한다. • 감쇠가 작으므로 적층 스프링, 조합 접시스프링과 같이 구조상 마찰을 가진 경우를 제외하고는 감쇠요소를 병용할 필요가 있다.	• 내부 마찰에 의한 발열 때문에 열화되고, 내유 및 내열성이 약하다. • 공기 중의 오존에 의해서 산화된다. • 저주파에서의 방진성능은 금속 스프링이나 공기 스프링에 비해 떨어진다. • 스프링 정수를 극히 작게 설계하기가 곤란하다. • 내고온, 내저온성이 떨어진다.	• 구성부품들이 많이 들어가서, 구조가 복잡하다. • 공압공급장치가 항상 필요하다. • 공기누출의 위험이 있다. • 고무 멤브레인을 이용하므로 방진 고무와 마찬가지로 내고온, 내저온성, 내유성, 내노화성 등의 환경요소에 대한 제약이 있다.

45 다음 중 먼지가 발생하는 작업장에서 가장 완벽한 대책은?

① 근로자가 방진 마스크를 착용한다.
② 발생된 먼지를 습식법으로 제어한다.
③ 전체환기를 실시한다.
④ 발생원을 완전히 밀폐한다.

해설 먼지가 발생하는 작업장에서 가장 완벽한 대책은 발생원을 완전히 밀폐하는 방법이 작업자에게 먼지의 호흡기 노출을 방지할 수 있다.

46 기압에 관한 설명으로 틀린 것은?

① 1기압은 수은주로 760 mmHg에 해당한다.
② 수면하에서의 압력은 수심이 10 m 깊어질 때마다 1기압씩 증가한다.
③ 수심 20 m에서의 절대압은 2기압이다.
④ 잠함작업이나 해저터널 굴진작업 내 압력은 대기압보다 높다.

해설 수심 20 m에서의 절대압은 3기압이다.

47 고압환경에서 작업하는 사람에게 마취작용(다행증)을 일으키는 가스는?

① 이산화탄소
② 질소
③ 수소
④ 헬륨

해설 고압환경의 이차성 압력현상에 의한 생체변환으로 4기압 이상에서 공기 중 질소가스가 기포가 되어 체내의 지방조직, 혈관 등에 떠돌면서 마취작용을 일으켜 작업력이 저하되고, 기분의 전환. 즉 행복감을 과도하게 느끼는 질환인 다행증(多幸症, euphoria(유포리아))을 일으킨다.

48 유기용제를 사용하는 도장작업의 관리 방법에 관한 설명으로 옳지 않은 것은?

① 흡연 및 화기사용을 금지시킨다.
② 작업장의 바닥을 청결하게 유지한다.
③ 보호장갑은 유기용제에 대한 흡수성이 우수한 것을 사용한다.
④ 옥외에서 스프레이 도장작업 시 유해가스용 방독 마스크를 착용한다.

해설 유기용제를 사용하는 도장작업의 관리 방법에서 보호장갑은 유기용제에 대한 차단성이 우수한 것을 사용한다.

49 다음 중 유해한 작업환경에 대한 개선대책인 대치의 내용과 가장 거리가 먼 것은?

① 공정의 변경
② 작업자의 변경
③ 시설의 변경
④ 물질의 변경

해설 대체(대치, substitution)에는 물질의 변경, 공정의 변경, 시설의 변경이 있다.

50 1촉광의 광원으로부터 단위 입체각으로 나가는 광속의 단위는?

① Lumen
② Foot-candle
③ Lux
④ Lambert

해설 루멘(lumen): 1 촉광의 광원으로부터 한 단위 입체각으로 나가는 광속의 단위(1루멘 = 1 cd/입체각). 광속의 국제단위로 기호는 lm을 사용한다.

51 청력 보호를 위한 귀마개의 감음 효과는 주로 어느 주파수 영역에서 가장 크게 나타나는가?

① 회화 음역 주파수 영역
② 가청주파수 영역
③ 저주파수 영역
④ 고주파수 영역

해설 청력 보호를 위한 귀마개의 감음 효과는 주로 고주파 영역(4,000 Hz)에서 크게 나타나며 25 dB(A) ~ 35 dB(A) 정도의 차음 효과가 있다. 참고로 귀덮개는 35 dB(A) ~ 45 dB(A) 정도의 차음 효과가 있고 두 가지를 동시에 사용하면 3 ~ 5 dB(A)을 추가로 감음 효과가 발생한다.

52 피부 보호장구의 재질과 적용 화학물질로 올바르게 연결되지 않은 것은?

① Neoprene 고무 – 비극성 용제
② Nitrile 고무 – 비극성 용제
③ Butyl – 비극성 용제
④ Polyvinyl Chloride – 수용성 용액

해설 Butyl의 적용 화학물질은 극성 용제이다.

정답 43 ② 44 ③ 45 ④ 46 ③ 47 ② 48 ③ 49 ②
50 ① 51 ④ 52 ③

53 공기 중 입자상 물질은 여러 기전에 의해 여과지에 채취된다. 차단, 간섭 기전에 영향을 미치는 요소와 가장 거리가 먼 것은?

① 입자 크기
② 입자 밀도
③ 여과지의 공경
④ 여과지의 고형분

해설 차단, 간섭 기전(interception)에 영향을 미치는 요소
㉠ 입경
㉡ 여과지 섬유 직경
㉢ 여과지의 기공 크기
㉣ 여과지의 고형성분

54 일반적으로 사람이 느끼는 최소 진동역치는?

① 25±5 dB
② 35±5 dB
③ 45±5 dB
④ 55±5 dB

해설 인간이 느끼는 최소진동역치: 55±5 dB,
• 전신진동 진동수: 1 ~ 80 Hz
• 국소진동 진동수: 8 ~ 1 500 Hz

55 다음 중 산소결핍의 위험이 적은 작업장소는?

① 전기 용접 작업을 하는 작업장
② 장기간 미사용한 우물의 내부
③ 장시간 밀폐된 화학물질의 저장 탱크
④ 화학물질 저장을 위한 지하실

해설 산소결핍이란 21 % 정도의 공기 중 산소비율이 상대적으로 적어져 대기압 하에서의 산소농도가 18 % 미만인 상태를 말한다. 이러한 산소결핍장소로는 밀폐공간으로 장기간 미사용한 우물의 내부, 밀폐된 화학물질의 저장 탱크, 화학물질 저장을 위한 지하실 등이 있다.

56 저온환경에서 발생할 수 있는 건강장해에 관한 설명으로 틀린 것은?

① 전신 체온강하는 장시간의 한랭 노출 시 체열의 손실로 인해 발생하는 급성 중증장해이다.
② 제3도 동상은 수포와 함께 광범위한 삼출성 염증이 일어나는 경우를 말한다.
③ 피로가 극에 달하면 체열의 손실이 급속히 이루어져 전신의 냉각상태가 수반된다.
④ 참호족은 지속적인 국소의 산소결핍 때문이며 저온으로 모세혈관벽이 손상되는 것이다.

해설 제3도 동상(frostbite)은 조직괴사로 괴저가 발생하여 괴사성동상이라고 한다. 수포와 함께 광범위한 삼출성 염증이 일어나는 경우는 제2도 동상이다.

57 저온환경이 인체에 미치는 영향으로 옳지 않은 것은?

① 식욕감소
② 혈압변화
③ 피부혈관의 수축
④ 근육긴장

해설 저온환경이 인체에 미치는 2차적 생리적 반응으로 식욕항진이 생긴다.

58 다음 중 영상표시단말기(VDT)로 작업하는 사업장의 환경관리에 대한 설명과 가장 거리가 먼 것은?

① 작업 중 시야에 들어오는 화면, 키보드, 서류 등의 주요 표면 밝기는 차이를 두어 입체감이 있도록 한다.
② 실내조명은 화면과 명암의 대조가 심하지 않고 동시에 눈부시지 않도록 하여야 한다.
③ 정전기 방지는 접지를 이용하거나 알코올 등으로 화면을 세척한다.
④ 작업장 주변 환경의 조도는 화면의 바닥색상이 검정색일 때에는 300 ~ 500 Lux를 유지하면 좋다.

해설 영상표시단말기(VDT, Video Display Terminal)로 작업하는 사업장의 환경관리에서 작업 중 시야에 들어오는 화면, 키보드, 서류 등의 주요 표면 밝기는 차이를 발생하지 않게 하여 입체감이 없도록 한다.

59 다음 중 밀폐공간 작업에서 사용하는 호흡 보호구로 가장 적절한 것은?

① 방진 마스크 ② 송기 마스크
③ 방독 마스크 ④ 반면형 마스크

해설   산소결핍이 발생하기 쉬운 밀폐공간 작업에서 사용하는 호흡 보호구는 신선한 공기원을 사용하여 공기를 호스를 통하여 송기하는 송기 마스크가 가장 적합하다.

60 밀폐공간 작업 시 작업의 부하인자에 대한 설명으로 틀린 것은?

① 모든 옥외작업의 경우와 거의 같은 양상의 근력 부하를 갖는다.
② 탱크바닥에 있는 슬러지 등으로부터 황화수소가 발생한다.
③ 철의 녹 사이에 황화물이 혼합되어 있으면 아황산가스가 발생할 수 있다.
④ 산소농도가 25 % 이하가 되면 산소결핍증이 되기 쉽다.

해설   밀폐공간 작업 시 산소농도가 18 % 미만이 되면 산소결핍증이 되기 쉽다.

4과목   산업환기

61 아세톤이 공기 중에 10,000 ppm으로 존재한다. 아세톤 증기 비중이 2.0이라면, 이때 혼합물의 유효비중은?

① 0.98 ② 1.01
③ 1.04 ④ 1.07

해설   유효비중(effective specific gravity)은 공기와 유해물질이 혼합된 비중으로 실제 계산을 해보면 공기와 차이가 거의 없다. 공기의 비중 = 1.0, 아세톤 증기의 비중 = 2.0에서 혼합공기는 아세톤이 10,000 ppm이므로 1 %, 나머지 99 %는 공기이다. 즉 유효비중 = (1 % × 2.0 + 99 % × 1.0) = 0.02 + 0.99 = 1.01이다.

62 터보팬형 송풍기의 특징을 설명한 것으로 틀린 것은?

① 소음은 비교적 낮으나 구조가 가장 크다.
② 통상적으로 최고속도가 높으므로 효율이 높다.
③ 규정풍량 이외에서는 효율이 갑자기 떨어지는 단점이 있다.
④ 소요정압이 떨어져도 동력은 크게 상승하지 않으므로 시설저항 및 운전상태가 변하여도 과부하가 걸리지 않는다.

해설   터보팬형 송풍기는 규정 풍량 이외에서도 효율이 갑자기 떨어지지는 않는 장점이 있다.

63 국소배기장치에서 후드를 추가로 설치해도 쉽게 정압 조절이 가능하고, 사용하지 않는 후드를 막아 다른 곳에 필요한 정압을 보낼 수 있어 현장에서 가장 편리하게 사용할 수 있는 압력 균형방법은?

① 댐퍼 조절법
② 회전수 변화
③ 압력 조절법
④ 안내익 조절법

해설   압력 균형방법(송풍기의 풍량 조절법)
㉠ 회전수 변환법: 송풍량을 크게 바꾸려고 할 경우 가장 적절한 방법으로 비용은 고가이나 효율은 좋다.
㉡ 안내익 조절법(vane control법): 송풍기 흡입구에 6~8매의 방사상 날개를 부착하여 그 각도를 변경함으로써 송풍량을 조절한다.
㉢ 댐퍼부착(조절)법: 후드를 추가로 설치해도 쉽게 정압 조절이 가능하고, 사용하지 않는 후드를 막아 다른 곳에 필요한 정압을 보낼 수 있어 현장에서 배관(가지관) 내에 댐퍼를 설치하여 송풍량을 조절하기 가장 쉬운 방법이다.

정답   53 ② 54 ④ 55 ① 56 ② 57 ① 58 ① 59 ②
60 ④ 61 ② 62 ③ 63 ①

64 국소배기장치에서 송풍량 30 m³/min이고, 덕트의 직경이 200 mm이면, 이때 덕트 내의 속도는 약 몇 m/s인가? (단, 원형 덕트인 경우이다.)

① 13
② 16
③ 19
④ 21

해설 덕트 반송속도 $V = \dfrac{Q}{A} = \dfrac{300}{\left(\dfrac{3.14 \times 0.2^2}{4}\right) \times 60}$

$= 15.92 \, \text{m/s}$

65 일반적으로 국소배기장치를 가동할 경우에 가장 적합한 상황에 해당하는 것은?

① 최종 배출구가 작업장 내에 있다.
② 사용하지 않는 후드는 댐퍼로 차단되어 있다.
③ 증기가 발생하는 도장 작업지점에는 여과식 공기정화장치가 설치되어 있다.
④ 여름철 작업장 내에서는 오염물질 발생장소를 향하여 대형 선풍기가 바람을 불어주고 있다.

해설 국소배기장치에서 최종 배출구가 작업장 외부에 있어야 하고, 증기가 발생하는 도장 작업지점에는 세정집진장치가 설치되어 있어야 하며, 여름철 작업장 내에 대형 선풍기로 작업자에게 바람을 불어주면 후드 내로 흡입되는 오염물질에 대한 방해기류가 형성되어 국소배기장치의 효율이 저하된다.

66 덕트 내에서 압력손실이 발생되는 경우로 볼 수 없는 것은?

① 정압이 높은 경우
② 덕트 내부면과 마찰
③ 가지 덕트 단면적이 변화
④ 곡관이나 관의 확대에 의한 공기의 속도 변화

해설 덕트 내에서 압력손실이 발생되는 경우
㉠ 마찰 압력손실(덕트 면의 거칠기, 덕트의 형상)
㉡ 난류 압력손실(곡관에 의한 기류의 방향 전환, 관의 수축·확대)

67 접착제를 사용하는 A 공정에서는 메틸에틸케톤(MEK)과 톨루엔이 발생, 공기 중으로 완전혼합된다. 두 물질은 모두 마취작용을 하므로 상가효과가 있다고 판단되며, 각 물질의 사용 정보가 다음과 같을 때 필요 환기량(m³/min)은 약 얼마인가? (단, 주위는 25 ℃, 1기압 상태이다.)

(MEK)
• 안전계수: 4
• 분자량: 72.1
• 비중: 0.805
• TLV: 200 ppm
• 사용량: 시간당 2 L

(톨루엔)
• 안전계수: 5
• 분자량: 92.13
• 비중: 0.866
• TLV: 50 ppm
• 사용량: 시간당 2 L

① 182
② 558
③ 765
④ 948

해설 1) MEK(메틸에틸케톤, Methyl Ethyl Ketone: CH₃C(O)CH₂CH₃의 구조로 이루어진 유기화합물)에 대하여

• 사용량 $= 2 \, \text{L/h} \times 0.805 \, \text{g/mL} \times 1{,}000 \, \text{mL/L}$
$= 1{,}610 \, \text{g/h}$

• 발생률 $= \dfrac{24.45 \, \text{L} \times 1{,}610 \, \text{g/h}}{72.1 \, \text{g}} = 546 \, \text{L/h}$

• 필요환기량 $= \dfrac{546 \, \text{L/h} \times 1{,}000 \, \text{mL/L}}{200 \, \text{mL/m}^3 \times 60 \, \text{min}} \times 4$

$= 182 \, \text{m}^3/\text{min}$

2) 톨루엔($C_6H_5CH_3$)에 대하여

• 사용량 $= 2 \, \text{L/h} \times 0.866 \, \text{g/mL} \times 1{,}000 \, \text{mL/L}$
$= 1{,}732 \, \text{g/h}$

• 발생률 $= \dfrac{24.45 \, \text{L} \times 1{,}732 \, \text{g/h}}{92.13 \, \text{g}} = 459.6 \, \text{L/h}$

• 필요환기량 $= \dfrac{459.6 \, \text{L/h} \times 1{,}000 \, \text{mL/L}}{50 \, \text{mL/m}^3 \times 60 \, \text{min}} \times 5$

$= 766 \, \text{m}^3/\text{min}$

∴ 두 물질이 상가작용을 하므로 $182 + 766 = 948 \, \text{m}^3/\text{min}$

68 국소배기장치를 유지·관리하기 위한 자체검사 관련 필수 측정기와 관련이 없는 것은?

① 절연저항계
② 열선풍속계
③ 스모크 테스터
④ 고도측정계

[해설]
- 국소배기설비 점검 시 필수장비: 발연관(smoke tester), 청음기(공기의 누출입에 의한 음과 축수상자의 이상음을 점검하는 기기), 절연저항계, 표면온도계, 줄자
- 필요에 따라 갖추어야 할 측정기: 테스트 해머, 나무봉, 초음파 두께 측정기, 수주마노미터, 열선풍속계, 스크레이퍼(scraper), 타코미터(rpm 측정기), 피토우튜브, 스톱위치 등

69 그림과 같은 송풍기 성능곡선에 대한 설명으로 맞는 것은?

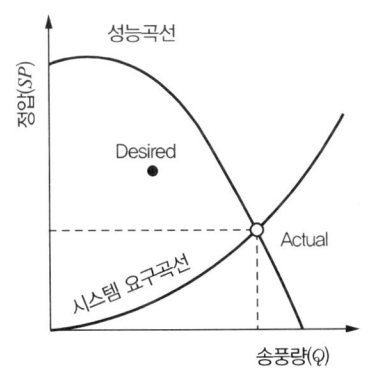

① 송풍기의 선정이 적절하여 원했던 송풍량이 나오는 경우이다.
② 성능이 약한 송풍기를 선정하여 송풍량이 작게 나오는 경우이다.
③ 너무 큰 송풍기를 선정하고, 시스템 압력손실도 과대평가된 경우이다.
④ 송풍기의 선정은 적절하나 시스템의 압력손실이 과대평가되어 송풍량이 예상보다 더 많이 나오는 경우이다.

[해설] 송풍기 성능곡선과 시스템 요구곡선이 만나는 점인 동작점(point of operation)은 해당 국소배기장치에 대한 송풍기 선정의 가장 핵심적인 사항이다. 그림에서 Desired는 설계동작점, Actual은 실제동작점을 나타낸다. 설계동작점이 실제동작점보다 왼쪽 위로 치우쳐 있어 송풍기가 너무 크게 선정되었고, 시스템 압력손실도 과대평가된 경우이다.

70 직경이 38 cm, 유효높이 5 m인 원통형 백필터를 사용하여 0.5 m³/s의 함진가스를 처리할 때, 여과 속도(cm/s)는 약 얼마인가?

① 6.4
② 7.4
③ 8.4
④ 9.4

[해설] 여과속도 $V_f = \dfrac{처리가스량}{여과면적} = \dfrac{Q}{\pi DH}$

$= \dfrac{0.5 \, \text{m}^3/\text{s} \times 100 \, \text{cm/m}}{(3.14 \times 0.38 \times 5) \, \text{m}^2} = 8.4 \, \text{cm/s}$

71 24시간 가동되는 작업장에서 환기하여야 할 작업장 실내의 체적은 3,000 m³이다. 환기시설에 의해 공급되는 공기의 유량이 4,000 m³/h일 때, 이 작업장에서의 시간당 환기횟수는 얼마인가?

① 1.2회
② 1.3회
③ 1.4회
④ 1.5회

[해설] 공기 교환 횟수: 공조시설의 효율을 판단할 경우 시간당 공기 교환 횟수(ACH, Air Change per Hour)을 사용한다.
$\text{ACH} = \dfrac{Q}{V}$, 여기서 Q: 시간당 공급되는 공기의 유량 (m³/h), V: 공간체적(m³)

∴ $\text{ACH} = \dfrac{4{,}000 \, \text{m}^3/\text{h}}{3{,}000 \, \text{m}^3} = 1.3$ 회, 즉 시간당 1.3회의 공기가 교환된다.

정답 64 ② 65 ② 66 ① 67 ④ 68 ④ 69 ③ 70 ③ 71 ②

72 전체환기가 필요한 경우가 아닌 것은?
① 배출원이 고정되어 있을 때
② 유해물질이 허용농도 이하일 때
③ 발생원이 다수 분산되어 있을 때
④ 오염물질이 시간에 따라 균일하게 발생 될 때

해설 배출원이 이동성일 경우 전체환기가 필요하다.

73 산업환기에서 의미하는 표준공기에 대한 설명으로 맞는 것은?
① 표준공기는 0 ℃, 1기압(760 mmHg)인 상태이다.
② 표준공기는 21 ℃, 1기압(760 mmHg)인 상태이다.
③ 표준공기는 25 ℃, 1기압(760 mmHg)인 상태이다.
④ 표준공기는 32 ℃, 1기압(760 mmHg)인 상태이다.

해설 산업환기의 표준상태(21 ℃, 1기압(760 mmHg))에서 공기의 밀도는 1.2 kg/m³이다. 이 공기를 표준공기라 한다.

74 표준공기 21 ℃(비중량 γ = 1.2 kg/m³)에서 800 m/min의 유속으로 흐르는 공기의 속도압은 몇 mmH₂O인가?
① 10.9
② 24.6
③ 35.6
④ 53.2

해설 속도압: $VP = \dfrac{\gamma V^2}{2g} = \dfrac{1.2 \times \left(\dfrac{800}{60}\right)^2}{2 \times 9.8}$
$= 10.9 \text{ mmH}_2\text{O}$

75 탱크에서 증발, 탈지와 같이 기류의 이동이 없는 공기 중에서 속도 없이 배출되는 작업조건인 경우 제어속도의 범위로 가장 적절한 것은? (단, 미국정부산업위생전문가협의회의 권고 기준이다.)

① 0.10 ~ 0.15 m/s
② 0.15 ~ 0.25 m/s
③ 0.25 ~ 0.50 m/s
④ 0.50 ~ 1.00 m/s

해설 ACGIH에서 권고하는 제어속도의 범위
㉠ 작업조건: 움직이지 않는 공기 중으로 속도 없이 배출됨
㉡ 작업공정 사례: 탱크에서 증발, 탈지
㉢ 제어속도 범위(V_c, m/s): 0.25 ~ 0.50

참고 제어속도 범위의 낮은 쪽에 대한 고려사항
ⓐ 작업장 내 기류가 낮거나 포착하기 좋을 때
ⓑ 유해물질의 독성이 낮을 때
ⓒ 물품 생산이 간헐적이고 적을 때
ⓓ 대형 후드로 유동공기량이 많을 때

■ 제어속도 범위의 높은 쪽에 대한 고려사항
ⓐ 작업장 내 방해기류가 있을 때
ⓑ 유해물질의 독성이 높을 때
ⓒ 생산량이 많고 유해물질 사용량이 많을 때
ⓓ 소형 후드를 사용할 때

76 SF₆ 가스를 이용하여 주택의 침투(자연환기)를 측정하려고 한다. 시간(t) = 0분일 때, SF₆ 농도는 40 μg/m³이고, 시간(t) = 30분일 때, 7 μg/m³였다. 주택의 체적이 1 500 m³이라면, 이 주택의 침투(또는 자연환기)량은 몇 m³/h인가? (단, 기계환기는 전혀 없고, 중간과정의 결과는 소수점 셋째 자리에서 반올림하여 구한다.)
① 5,130
② 5,230
③ 5,335
④ 5,735

해설 전체환기량(희석환기량, 자연환기량): 유해물질농도 감소 시 초기시간 $t_1 = 0$에서 농도 C_1으로부터 C_2까지 감소하는 데 걸리는 시간(t)을 구하는 공식
$t = -\dfrac{V}{Q}\ln\left(\dfrac{C_2}{C_1}\right)$에서 침투(자연환기)량
$Q = -\dfrac{V}{t}\ln\left(\dfrac{C_2}{C_1}\right) = -\dfrac{1\,500}{0.5}\ln\left(\dfrac{7}{40}\right) = 5\,229 \text{ m}^3/\text{h}$

77 전자부품을 납땜하는 공정에 외부식 국소배기 장치를 설치하고자 한다. 후드의 규격은 가로·세로 각각 400 mm이고, 제어거리를 20 cm, 제어속도는 0.5 m/s, 반송속도를 1,200 m/min으로 하고자 할 때 필요 소요풍량(m³/min)은? (단, 플랜지는 없으며, 자유 공간에 설치한다.)

① 13.2 ② 15.6
③ 16.8 ④ 18.4

해설 외부식 후드의 필요송풍량
$$Q = 60 \times V_c \times (10X^2 + A)$$
$$= 60 \times 0.5 \times [10 \times 0.2^2 + (0.4 \times 0.4)]$$
$$= 16.8 \, m^3/min$$

78 전기집진기의 장점이 아닌 것은?
① 운전 및 유지비가 비싸다.
② 넓은 범위의 입경과 분진 농도에 집진 효율이 높다.
③ 압력손실이 낮으므로 송풍기의 가동비율이 저렴하다.
④ 고온가스를 처리할 수 있어 보일러와 철강로 등에 설치할 수 있다.

해설 전기집진장치의 장점
㉠ 집진 효율이 높다.
㉡ 광범위한 온도에서 적용이 가능하다.
㉢ 고온의 입자상 물질 처리가 가능(보일러 및 철강로 분진)
㉣ 압력손실이 낮고 대용량의 가스 처리가 가능
㉤ 운전 및 유지비가 저렴하다.
㉥ 회수가치의 입자포집에 유리하고, 건식 및 습식집진이 가능하다.

79 덕트의 설치를 결정할 때 유의사항으로 적절하지 않은 것은?
① 청소구를 설치한다.
② 곡관의 수를 적게 한다.
③ 가급적 원형 덕트를 사용한다.
④ 가능한 곡관의 곡률 반경을 작게 한다.

해설 가능한 한 곡관의 곡률 반경을 크게 하며 공기의 흐름을 원활하게 한다.

80 푸시-풀(push-pull) 후드에서 효율적인 조(tank)의 길이로 맞는 것은?
① 1.0 ~ 2.2 m
② 1.2 ~ 2.4 m
③ 1.4 ~ 2.6 m
④ 1.5 ~ 3.0 m

해설 푸시-풀(push-pull) 후드에서 효율적인 조(tank)의 길이는 일반적으로 1.2 ~ 2.4 m이다.

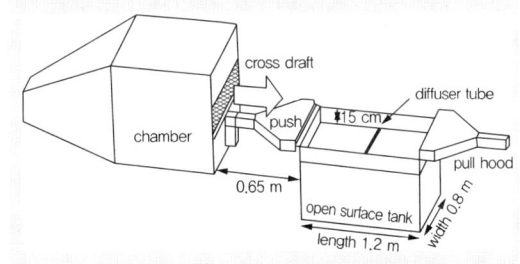

1과목 산업위생학개론

01 산업안전보건법령상 바람직한 VDT(Video Display Terminal) 작업 자세로 틀린 것은?

① 무릎의 내각(knee angle)은 120° 전후가 되도록 한다.
② 아래팔은 손등과 일직선을 유지하여 손목이 꺾이지 않도록 한다.
③ 눈으로부터 화면까지의 시거리는 40 cm 이상을 유지한다.
④ 작업자의 시선은 수평선상으로부터 아래로 10~15° 이내로 한다.

해설 작업자의 발바닥 전면이 바닥면에 닿은 자세를 취하고 무릎의 내각은 90° 전후가 되도록 한다.

02 산업안전보건법령상 보건관리자의 업무에 해당하지 않는 것은?

① 물질안전보건자료의 작성
② 산업재해 발생의 원인 조사·분석 및 재발 방지를 위한 기술적 보좌 및 조언·지도
③ 산업안전보건위원회에서 심의·의결한 업무와 안전보건관리규정 및 취업규칙에서 정한 업무
④ 안전인증대상 기계·기구 등과 자율안전확인대상 기계·기구 등 중 보건과 관련된 보호구 구입 시 적격품 선정에 관한 보좌 및 조언·지도

해설 물질안전보건자료(MSDS)의 작성은 화학물질이나 화학물질을 함유한 제제를 양도하거나 제공하는 자가 작성하여야 한다.

03 400명의 근로자가 1일 8시간, 연간 300일을 근무하는 사업장이 있다. 1년 동안 30건의 재해가 발생하였다면 도수율은?

① 26.26 ② 28.75
③ 31.25 ④ 33.75

해설
- 도수율(빈도율, FR, frequency rate): 재해의 발생 빈도를 나타내는 것으로 연근로시간 합계 100만 시간당 재해 발생 건수이다. $FR = \dfrac{\text{재해 발생 건수}}{\text{연 근로시간 수}} \times 10^6$ 에서
- 총 연 근로시간 수의 계산: 400명 × 8시간/1일 × 300일 = 960,000시간

∴ $FR = \dfrac{30}{960,000} \times 10^6 = 31.25$, 즉 이 사업장은 백만 시간당 31.25건의 재해가 발생한 것이다.

04 공장의 기계시설을 인간공학적으로 검토할 때, 준비단계에서 검토할 내용으로 적절한 것은?

① 공장설계에서 기능적 특성, 제한점을 고려한다.
② 인간-기계 관계의 구성인자 특성을 명확히 알아낸다.
③ 각 작업을 수행하는데 필요한 직종 간의 연결성을 고려한다.
④ 인간-기계 관계 전반에 걸친 상황을 실험적으로 검토한다.

해설 인간공학 활용 3단계
㉠ 1단계: 준비단계
  ⓐ 인간-기계 관계의 구성인자 특성을 명확히 알아낸다.
  ⓑ 인간과 기계 관계가 어떠한 상태에서 조작될 것인가를 명확히 알아낸다.
㉡ 2단계: 선택단계
  ⓐ 직종 간의 연결성, 공장 설계에서의 기능적 특성, 경제적 효율, 제한점을 고려하여 세부 설계를 하는 단계
㉢ 3단계: 검토단계
  ⓐ 인간과 기계 관계의 비합리적인 면을 수정, 보완하는 단계

05 산업안전보건법령상 작업환경 측정에서 소음 수준의 측정단위로 옳은 것은?

① phon
② dB(A)
③ dB(B)
④ dB(C)

해설 작업환경 측정 및 정도관리 등에 관한 고시, 제4장 작업환경 측정방법, 제1절 측정방법 및 단위, 제20조(단위)
④ 소음 수준의 측정단위는 데시벨[dB(A)]로 표시한다.

06 산업안전보건법령상 쾌적한 사무실 공기를 유지하기 위해 관리해야 할 사무실 오염물질에 해당하지 <u>않는</u> 것은?

① 흄
② 이산화질소
③ 폼알데하이드
④ 총휘발성유기화합물

해설 사무실 공기관리지침(고용노동부 고시)
오염물질 관리기준 항목: 미세먼지(PM$_{10}$), 초미세먼지(PM$_{2.5}$), 이산화탄소(CO_2), 일산화탄소(CO), 이산화질소(NO_2), 폼알데하이드(HCHO), 총휘발성유기화합물(TVOC), 라돈(Rn, Radon), 총부유세균, 곰팡이 등 총 10종이 있다.

07 피로의 예방대책으로 적절하지 <u>않은</u> 것은?

① 적당한 작업 속도를 유지한다.
② 불필요한 동작을 피하도록 한다.
③ 너무 동적인 작업은 정적인 작업으로 바꾸도록 한다.
④ 카페인이 적당히 들어 있는 커피, 홍차 및 엽차를 마신다.

해설 너무 정적인 작업은 동적인 작업으로 바꾸도록 한다.

08 기초대사량이 75 kcal/h이고, 작업대사량이 4 kcal/min인 작업을 계속하여 수행하고자 할 때, 아래 식을 참고하면 계속 작업 한계시간은? (단, T_{end}는 계속 작업 한계시간, RMR은 작업대사율을 의미한다.)

$$\log T_{end} = 3.724 - 3.25 \times \log R$$

① 1.5시간
② 2시간
③ 2.5시간
④ 3시간

해설 작업대사율, $R = \frac{작업대사량}{기초대사량} = \frac{4}{\left(\frac{75}{60}\right)} = 3.2$이
므로 $\log T_{end} = 3.724 - 3.25 \times \log 3.2 = 2.08$
∴ 계속 작업 한계시간, T_{end}분 = $10^{2.08}$ = 120분
≒ 2시간

09 NIOSH에서 정한 중량물 취급작업 권고치(AL, Action Limit)에 영향을 가장 많이 주는 요인은 무엇인가?

① 빈도
② 수평거리
③ 수직거리
④ 이동거리

해설 중량물 취급작업에 대한 기준에 영향을 미치는 요인은 물체 무게, 물체 위치(물체와 작업자의 거리), 물체 높이, 물체 인양거리, 작업빈도(작업횟수), 작업시간 등이 있는데 이 중 AL(감시기준)에 영향을 가장 많이 주는 요인은 작업빈도이다.

10 물질에 관한 생물학적 노출지수(BEIs)를 측정하려 할 때, 반감기가 5시간을 넘어서 주중(週中)에 축적될 수 있는 물질로 주말작업 종류 시에 시료 채취하는 것은?

① 이황화탄소
② 자일렌(크실렌)
③ 일산화탄소
④ 트리클로로에틸렌

해설 BEIs 측정 시 화학물질의 시료 채취시기
㉠ 이황화탄소: 아무 때나
㉡ 자일렌(크실렌): 해당 작업 종료 시
㉢ 일산화탄소: 해당 작업 종료 시
㉣ 트리클로로에틸렌(TCE): 주말작업 종료 시

정답 01 ① 02 ① 03 ③ 04 ② 05 ② 06 ① 07 ③
08 ② 09 ① 10 ④

3회 산업위생관리산업기사 기출문제

11 외부환경의 변화에 신체 반응의 항상성이 작용하는 현상의 명칭으로 적합한 것은?

① 신체의 변성현상 ② 신체의 회복현상
③ 신체의 이상현상 ④ 신체의 순응현상

해설 신체 반응의 항상성(homeostasis) 유지단계: 유해인자 노출에 대하여 신체가 순응(적응)할 수 있는 단계

12 산업안전보건법령상의 충격소음 노출 기준에서 충격소음의 강도가 140 dB(A)일 때 1일 노출 횟수는?

① 10 ② 100
③ 1,000 ④ 10,000

해설 산업안전보건기준에 관한 규칙, 제4장 소음 및 진동에 의한 건강장해의 예방, 제512조(정의)

충격소음의 노출 기준

1일 노출횟수	충격소음강도 dB(A)
100	140
1,000	130
10,000	120

13 어떤 작업의 강도를 알기 위해서 작업대사율(RMR)을 구하려고 한다. 작업 시 소요된 열량이 5,000 kcal, 기초대사량이 1,200 kcal, 안정 시 열량이 기초대사량의 1.2배인 경우 작업대사율은 약 얼마인가?

① 1 ② 2
③ 3 ④ 4

해설 작업대사율(RMR) = $\dfrac{\text{작업대사량}}{\text{기초대사량}}$

= $\dfrac{\text{작업에 소모된 열량} - \text{안정 시 열량}}{\text{기초대사량}}$

= $\dfrac{5,000 - 1.2 \times 1,200}{1,200} = 3$

14 직업성 피부질환과 원인이 되는 화학적 요인의 연결로 옳지 않은 것은?

① 색소 감소 - 모노벤질 에테르
② 색소 증가 - 콜타르
③ 색소 감소 - 하이드로퀴논
④ 색소 증가 - 3차 부틸 페놀

해설 직업성 피부질환의 원인
㉠ 색소 감소: 페놀류 및 하이드로퀴논류를 포함하는 물질에 의한 백반증. 탈색크림 원료인 모노벤질 에테르
㉡ 색소 증가: 콜타르, 타르, 피치, 멜라닌
3차 부틸 페놀은 살충제, 향수의 원료이다.

15 국제노동기구(ILO)와 세계보건기구(WHO) 공동위원회에서 정한 산업보건의 정의에 포함된 내용으로 적합하지 않은 것은?

① 근로자의 건강진단 및 산업재해 예방
② 근로자들의 육체적, 정신적, 사회적 건강을 유지·증진
③ 근로자를 생리적, 심리적으로 적합한 작업환경에 배치
④ 작업조건으로 인한 질병 예방 및 건강에 유해한 취업방지

해설 국제노동기구(ILO)와 세계보건기구(WHO) 공동위원회에서 정한 산업보건의 정의 내용
㉠ 근로자들의 육체적, 정신적, 사회적 건강을 유지·증진
㉡ 근로자를 생리적, 심리적으로 적성에 맞는 작업장에 일하도록 배치
㉢ 작업조건으로 인한 질병 예방 및 건강에 유해한 취업방지
㉣ 근로자들이 유해인자로부터 노출되는 것을 예방

16 산업안전보건법령상 보건관리자의 자격에 해당하지 않는 것은?

① 「의료법」에 따른 의사
② 「의료법」에 따른 간호사
③ 「산업안전보건법」에 따른 산업안전지도사
④ 「고등교육법」에 따른 전문대학에서 산업위생 분야에 학과를 졸업한 사람

해설 산업안전보건법 시행령, 제21조(보건관리자의 자격) [별표 6]
보건관리자는 다음 각 호의 어느 하나에 해당하는 사람으로 한다.
1. 산업보건지도사 자격을 가진 사람
2. 「의료법」에 따른 의사
3. 「의료법」에 따른 간호사
4. 「국가기술자격법」에 따른 산업위생관리산업기사 또는 대기환경산업기사 이상의 자격을 취득한 사람
5. 「국가기술자격법」에 따른 인간공학기사 이상의 자격을 취득한 사람
6. 「고등교육법」에 따른 전문대학 이상의 학교에서 산업보건 또는 산업위생 분야의 학위를 취득한 사람

17 사업장에서 부적응의 결과로 나타나는 현상을 모두 고른 것은?

| ㉠ 생산성의 저하 | ㉡ 사고/재해의 증가 |
| ㉢ 신경증의 증가 | ㉣ 규율의 문란 |

① ㉠, ㉡, ㉢
② ㉠, ㉢, ㉣
③ ㉡, ㉢, ㉣
④ ㉠, ㉡, ㉢, ㉣

해설 사업장에서 부적응의 결과로 나타나는 현상
㉠ 생산성 저하
㉡ 재해의 증가
㉢ 결근 증가
㉣ 파업 발생
㉤ 신경증의 증가
㉥ 규율의 문란
㉦ 산업 피로
㉧ 도덕성의 저하
㉨ 이직률의 증가

18 미국산업위생학술원(AIHA)에서 채택한 산업위생전문가가 지켜야 할 윤리강령의 구성이 아닌 것은?

① 국가에 대한 책임
② 전문가로서의 책임
③ 근로자에 대한 책임
④ 기업주와 고객에 대한 책임

해설 미국산업위생학술원(AIHA)에서 채택한 산업위생전문가가 지켜야 할 윤리강령의 구성
㉠ 전문가 및 일반인에 대한 책임
㉡ 고객, 고용주, 피고용자 및 일반인에 대한 책임

19 그리스의 히포크라테스에 의하여 역사상 최초로 기록된 직업병은?

① 납중독
② 음낭암
③ 진폐증
④ 수은중독

해설 B.C. 4세기 그리스의 히포크라테스가 광산에서의 납(Pb) 중독 보고를 한 것이 역사상 최초로 기록된 직업병이다.

20 피로에 관한 설명으로 옳지 않은 것은?

① 정신 피로나 신체 피로가 각각 단독으로 나타나는 경우가 매우 희박하다.
② 정신 피로는 주로 말초신경계의 피로를, 근육 피로는 중추신경계의 피로를 의미한다.
③ 과로는 하룻밤 잠을 잘 자고 난 다음 날까지도 피로 상태가 계속되는 것을 의미한다.
④ 피로는 질병이 아니며 원래 가역적인 생체 반응이고 건강장해에 대한 경고적 반응이다.

해설 정신적 피로, 신체적 피로는 구별하기 어렵다. 즉 정신적 피로나 육체적 피로가 각각 단독으로 발생하는 일은 거의 없다.

정답 11 ④ 12 ② 13 ③ 14 ④ 15 ① 16 ③ 17 ④ 18 ① 19 ① 20 ②

2과목 작업환경 측정 및 평가

21 유사노출 그룹을 분류하는 단계가 바르게 표시된 것은?

① 조직 → 공정 → 작업 범주 → 유해인자
② 조직 → 작업 범주 → 공정 → 유해인자
③ 조직 → 유해인자 → 공정 → 작업 범주
④ 조직 → 작업 범주 → 유해인자 → 공정

해설 유사노출군(HEG, Homogenous Exposure Group or SEG, Similar Exposure Group)은 어떤 유해인자에 통계적으로 비슷한 농도(혹은 강도)에 노출되는 근로자의 그룹을 말한다. 유사노출 그룹을 분류하는 단계는 조직 → 공정 → 작업 범주 → 작업 특성(업무에 따른 유해인자) 순이다.

22 펌프의 유량을 보정하는 데 1차 표준으로서 가장 널리 사용하는 기기는?

① 오리피스미터
② 비누거품미터
③ 건식가스미터
④ 로타미터

해설 1차 표준 보정기구: 기구 자체가 정확한 값(정확도 ± 1 % 이내)를 제시하는 기구
㉠ 폐활량계(spirometer)
㉡ 무마찰 거품관 또는 비누거품미터(frictionless piston meter)
㉢ 피토우관(pitot tube)
㉣ 가스치환병(주로 실험실에서 사용함)
㉤ 유리 또는 흑연피스톤미터
오리피스미터, 건식가스미터, 로타미터 등은 1차 표준으로서 가장 널리 사용하는 기기이다.

23 입자상 물질을 채취하기 위해 사용되는 직경분립충돌기에 비해 사이클론이 갖는 장점과 가장 거리가 먼 것은?

① 입자의 질량 크기 분포를 얻을 수 있다.
② 매체의 코팅과 같은 별도의 특별한 처리가 필요 없다.
③ 호흡성 먼지에 대한 자료를 쉽게 얻을 수 있다.
④ 충돌기에 비해 사용이 간편하고 경제적이다.

해설 입자의 질량 크기 분포를 얻을 수 있는 것은 직경분립충돌기(cascade impactor)의 장점이다.

24 태양광선이 내리쬐지 않는 옥내의 습구흑구온도지수(WBGT)의 계산식은?

① WBGT = (0.7 × 흑구온도) + (0.3 × 자연습구온도)
② WBGT = (0.3 × 흑구온도) + (0.7 × 자연습구온도)
③ WBGT = (0.7 × 흑구온도) + (0.3 × 건구온도)
④ WBGT = (0.3 × 흑구온도) + (0.7 × 건구온도)

해설 화학물질 및 물리적 인자의 노출 기준, 제11조(표시 단위)
고온의 노출 기준 표시단위는 습구흑구온도지수(WBGT)를 사용하며 다음 각 호의 식에 따라 산출한다.
1. 태양광선이 내리쬐는 옥외 장소: WBGT(℃) = 0.7 × 자연습구온도 + 0.2 × 흑구온도 + 0.1 × 건구온도
2. 태양광선이 내리쬐지 않는 옥외 또는 옥내 장소: WBGT(℃) = 0.7 × 자연습구온도 + 0.3 × 흑구온도

25 납과 그 화합물을 여과지로 채취한 후 농도를 분석할 수 있는 기기는?

① 원자흡수분광분석기
② 이온크로마토그래프
③ 광학현미경
④ 액체크로마토그래프

해설 원자흡수분광분석기(atomic absorption spectrophotometer)는 시료를 여과지로 채취한 후 적당한 방법으로 해리시켜 중성원자로 증기화하여 생긴 기저상태의 원자가 이 원자 증기층을 투과하는 특유파장의 빛을 흡수하는 현상을 이용하여 흡광도를 측정하여 시료 중의 납을 포함한 여러 가지의 금속원소 농도를 정량하는 방법이다.

26 흑연로 장치가 부착된 원자흡수분광광도계로 카드뮴을 측정 시 Black 시료를 10번 분석한 결과 표준편차가 0.03 μg/L였다. 이 분석법의 검출한계는 약 몇 μg/L인가?

① 0.01
② 0.03
③ 0.09
④ 0.15

해설 검출한계(LOD, Limit Of Detection): 바탕 시료와 통계적으로 다르게 분석될 수 있는 가장 낮은 양. 즉, 분석기기가 검출할 수 있는 가장 작은 양을 말한다. LOD는 두 가지 방법, 즉 바탕 시료에 대한 분석기기의 반응의 평균과 분산으로부터 구하는 것으로 반응의 평균에 표준편차의 3배를 하여 계산되는 방법과 검량선(calibration graph)식으로부터 구하는 방법으로 검량선에서 구한 방정식의 표준오차를 기울기로 나누어 3배를 해준 값으로 구한다.
∴ LOD = $3 \times \sigma = 0.03 \times 3 = 0.09 \, \mu g/L$

27 석면의 공기 중 농도를 표현하는 표준단위로 사용하는 것은? (단, 고용노동부 고시를 기준으로 한다.)

① ppm
② 개/cm^3
③ $\mu m/m^3$
④ mg/m^3

해설 작업환경 측정 및 정도관리 등에 관한 고시, 제4장 작업환경 측정방법, 제1절 측정방법 및 단위, 제20조(단위)
① 화학적 인자의 가스, 증기, 분진, 흄(fume), 미스트(mist) 등의 농도는 피피엠(ppm) 또는 세제곱미터당 밀리그램(mg/m^3)으로 표시한다. 다만, 석면의 농도표시는 세제곱센티미터당 섬유 개수(개/cm^3)로 표시한다.

28 가스교환 부위에 침착할 때 독성을 일으킬 수 있는 물질로서 평균 입경이 4 μm인 입자상 물질은? (단, ACGIH 기준)

① 흡입성 입자상 물질
② 흉곽성 입자상 물질
③ 복합성 입자상 물질
④ 호흡성 입자상 물질

해설 호흡성 입자상 물질(RPM, Respirable Particulate Matters): 폐포에 침착하여 독성을 나타내는 물질. 입경이 4 μm인 입자가 폐포로 들어올 확률은 50 %이다.

29 가스크로마토그래프 내에서 운반기체가 흐르는 순서로 맞는 것은?

① 분리관 → 시료주입구 → 기록계 → 검출기
② 분리관 → 검출기 → 시료주입구 → 기록계
③ 시료주입구 → 분리관 → 기록계 → 검출기
④ 시료주입구 → 분리관 → 검출기 → 기록계

해설 가스크로마토그래프(GC) 내에서 운반기체가 흐르는 순서: 유량조절기 → 시료주입구 → 분리관 → 검출기 → 기록계

30 액체포집법과 관련 있는 것은?

① 실리카젤관
② 필터
③ 활성탄관
④ 임핀져

해설 액체채취방법(액체포집법)은 시료 공기를 액체 중에 통과시키거나 액체의 표면과 접촉시켜 용해·반응·흡수·충돌 등을 일으키게 하여 당해 액체에 측정하고자 하는 물질을 미젯 임핀져(midget impinger)를 이용하여 채취한다.

31 작업환경 측정결과가 다음과 같을 때, 노출지수는? (단, 상가작용한다고 가정한다.)

- 아세톤: 400 ppm(TLV: 750 ppm)
- 뷰틸아세테이트: 150 ppm(TLV: 200 ppm)
- 메틸에틸케톤(MEK): 100 ppm(TLV: 200 ppm)

① 11.5
② 5.56
③ 1.78
④ 0.78

해설 오염물질이 혼합물로 존재할 경우 노출지수(EI, Exposure Index)의 계산

$$EI = \frac{C_1}{TLV_1} + \frac{C_2}{TLV_2} + \cdots + \frac{C_n}{TLV_n}$$
$$= \frac{400}{750} + \frac{150}{200} + \frac{100}{200} = 1.78$$

정답 21 ① 22 ② 23 ① 24 ② 25 ① 26 ③ 27 ②
28 ④ 29 ④ 30 ④ 31 ③

32 강렬한 소음에 노출되는 6시간 동안 측정한 누적소음노출량은 110 %이었을 때, 근로자는 평균적으로 몇 dB의 소음 수준에 노출된 것인가?

① 90.8 ② 91.8
③ 92.8 ④ 93.8

해설 $TWA = 16.61 \log\left(\dfrac{D}{100}\right) + 90$. 여기서, TWA: 시간가중평균 소음 수준(dB(A)), D: 누적소음노출량(%), 100: 노출시간을 8시간으로 하였을 때의 값, 즉 $12.5 \times 8 = 100$이므로 6시간 측정한 값으로 하면 $12.5 \times 6 = 75$로 바꾸어 대입한다.

$TWA = 16.61 \log\left(\dfrac{D}{12.5 \times 6}\right) + 90$
$= 16.61 \log\left(\dfrac{110}{75}\right) + 90 = 92.8 \, dB$

33 작업장의 일산화탄소 농도가 14.9 ppm 이라면, 이 공기 1m³ 중에 일산화탄소는 약 몇 mg 인가? (단, 0 ℃, 1기압 상태이다.)

① 10.8 ② 12.5
③ 15.3 ④ 18.6

해설 피피엠(ppm)과 세제곱미터 당 밀리그램(mg/m³) 간의 상호 농도변환 계산식 이용

노출 기준(mg/m³) = $\dfrac{\text{노출 기준(ppm)} \times \text{그램 분자량}}{24.45(25\,℃,\,1기압)}$

$= \dfrac{14.9 \times 28}{22.4} = 18.6 \,(mg/m^3)$

34 MCE 막여과지에 관한 설명으로 틀린 것은?

① MCE 막여과지는 수분을 흡수하지 않기 때문에 중량분석에 잘 적용된다.
② MCE 막여과지는 산에 쉽게 용해된다.
③ 입자상 물질 중의 금속을 채취하여 원자흡수분광광도법으로 분석하는데 적절하다.
④ 시료가 여과지의 표면 또는 표면 가까운 곳에 침착되므로 석면의 현미경분석을 위한 시료 채취에 이용된다.

해설 MCE 막여과지(Mixed Cellulose Ester membrane filter): 산에 잘 녹으므로 금속시료를 채취하여 원자흡수분광광도법으로 분석하는 데 편리하고, 시료가 여과지의 표면 또는 표면 가까운 데에 침착되어 현미경으로 검사하는 데도 편리하지만 수분에 민감한 것이 단점이다. 석면, 유리섬유, 금속, 살충제, 불소화합물을 채취할 경우 사용된다. 수분을 흡수하지 않기 때문에 중량분석에 잘 적용되는 여과지는 PVC 여과지이다.

35 하루 11시간 일할 때, 톨루엔(TLV: 100 ppm)의 노출 기준을 Brief와 Scala의 보정 방법을 이용하여 보정하면 얼마인가? (단, 1일 노출시간을 기준으로 할 때, TLV 보정계수 = 8/H × (24 − H)/16이다.)

① 0.38 ppm ② 38 ppm
③ 59 ppm ④ 169 ppm

해설 Brief & Scala 방법의 계산식: 전신중독 또는 기관장해를 일으키는 물질에 대하여 보정계수(RF, reduction factor, 감소계수)를 구한 후 보정계수와 허용농도를 곱하여 보정한다.

㉠ 1일 노출시간을 기준으로 할 경우

TLV 보정계수(RF) = $\dfrac{8}{H} \times \dfrac{24-H}{16}$

여기서, H: 노출시간/일, 16: 회복시간

∴ TLV 보정계수(RF) = $\dfrac{8}{H} \times \dfrac{24-H}{16}$
$= \dfrac{8}{11} \times \dfrac{24-11}{16} = 0.59$

따라서 보정된 허용농도 = $0.59 \times 100 = 59 \, ppm$

36 부피비로 0.001 %는 몇 ppm 인가?

① 10 ② 100
③ 1,000 ④ 10,000

해설 1 % = 10,000 ppm이므로 0.001 × 10,000 = 10 ppm

37 배경소음(background noise)을 가장 올바르게 설명한 것은?

① 관측하는 장소에 있어서의 종합된 소음을 말한다.
② 환경 소음 중 어느 특정 소음을 대상으로 할 경우 그 이외의 소음을 말한다.
③ 레벨 변화가 적고 거의 일정하다고 볼 수 있는 소음을 말한다.
④ 소음원을 특정시킨 경우 그 음원에 의하여 발생한 소음을 말한다.

해설 소음·진동 공정시험기준, 총칙(소음)
2.3 배경소음(background noise)
한 장소에 있어서의 특정의 음을 대상으로 생각할 경우 대상소음이 없을 때 그 장소의 소음을 대상소음에 대한 배경소음이라 한다.

38 가스상 물질을 검지관 방식으로 측정하는 내용의 일부이다. ( ) 안에 들어갈 내용으로 옳은 것은? (단, 고용노동부 고시를 기준으로 한다.)

> 검지관 방식으로 측정하는 경우에는 1일 작업시간 동안 1시간 간격으로 (ⓐ)회 이상 측정하되 측정시간마다 (ⓑ)회 이상 반복측정하여 평균값을 산출하여야 한다.

① ⓐ: 6, ⓑ: 2
② ⓐ: 4, ⓑ: 1
③ ⓐ: 10, ⓑ: 2
④ ⓐ: 12, ⓑ: 1

해설 작업환경 측정 및 정도관리 등에 관한 고시, 제4장 작업환경 측정방법, 제3절 가스상 물질, 제25조(검지관방식의 측정)
⑤ 검지관 방식으로 측정하는 경우에는 1일 작업시간 동안 1시간 간격으로 6회 이상 측정하되 측정시간마다 2회 이상 반복측정하여 평균값을 산출하여야 한다. 다만, 가스상 물질의 발생시간이 6시간 이내일 때에는 작업시간 동안 1시간 간격으로 나누어 측정하여야 한다.

39 벤젠 100 mL에 디티존 0.1 g을 넣어 녹인 용액을 10배 희석시키면 디티존의 농도는 약 몇 μg/mL 인가?

① 1
② 10
③ 100
④ 1,000

해설 디티존의 농도 $= \dfrac{0.1\,g \times 10^6\,\mu g/g}{100\,mL} \times \dfrac{1}{10}$
$= 100\,\mu g/mL$

40 고열의 측정방법에 대한 내용이 다음과 같을 때, ( ) 안에 들어갈 내용으로 옳은 것은? (단, 고용노동부 고시를 기준으로 한다.)

> 측정기기를 설치한 후 일정 시간 안정화시킨 후 측정을 실시하고, 고열작업에 대해 측정하고자 할 경우에는 1일 작업시간 중 최대로 높은 고열에 노출되고 있는 ( ) 간격으로 연속하여 측정한다.

① 5분을 1분
② 10분을 1분
③ 1시간을 10분
④ 8시간을 1시간

해설 작업환경 측정 및 정도관리 등에 관한 고시, 제4장 작업환경 측정방법, 제5절 고열, 제31조(측정방법 등)
고열 측정은 다음 각호의 방법에 따른다.
1. 측정은 단위작업 장소에서 측정대상이 되는 근로자의 주 작업 위치에서 측정한다.
2. 측정기의 위치는 바닥 면으로부터 50센티미터 이상, 150센티미터 이하의 위치에서 측정한다.
3. 측정기를 설치한 후 충분히 안정화시킨 상태에서 1일 작업시간 중 가장 높은 고열에 노출되는 1시간을 10분 간격으로 연속하여 측정한다.

정답 32 ③ 33 ④ 34 ① 35 ③ 36 ① 37 ② 38 ①
39 ③ 40 ③

3과목 작업환경관리

41 고압에 의한 장해를 방지하기 위하여 인공적으로 만든 호흡용 혼합가스인 헬륨-산소 혼합가스에 관한 설명으로 옳지 않은 것은?

① 질소 대신에 헬륨을 사용한 가스이다.
② 헬륨의 분자량이 작아서 호흡저항이 적다.
③ 고압에서 마취작용이 강하여 심해 잠수에는 사용하기 어렵다.
④ 헬륨은 체외로 배출되는 시간이 질소에 비하여 50 % 정도밖에 걸리지 않는다.

> **해설** 헬륨-산소 혼합가스는 상기도 폐색, 천식, 만성 폐쇄성 폐질환(COPD), 기관지염 및 크루프 등과 같이 심각한 기도 폐색 증상이 있는 환자의 기도에 산소공급을 도울 수 있기 때문에 고압 환경인 심해 잠수에 사용한다.

42 다음 중 아크 용접에서 용접흄 발생량을 증가시키는 경우와 가장 거리가 먼 것은?

① 아크 길이가 긴 경우
② 아크 전압이 낮은 경우
③ 봉 극성이 (-)극성인 경우
④ 토치의 경사각도가 큰 경우

> **해설** 아크 용접은 용접 방법의 하나로, 공기(기체)의 방전 현상(아크 방전)를 이용하여 동일한 금속끼리 합치는 용접 방법이므로 아크 전압이 높을수록 용접 흄 발생이 증가한다.

43 다음 중 작업장에서 사용물질의 독성이나 위험성을 줄이기 위하여 사용물질을 변경하는 경우로 가장 적절한 것은?

① 분체의 원료는 입자가 큰 것으로 전환한다.
② 금속제품 도장용으로 수용성 도료를 유기용제로 전환한다.
③ 아조 염료 합성원료로 디클로로벤지딘을 벤지딘으로 전환한다.
④ 금속제품의 탈지에 계면활성제를 사용하던 것을 트리클로로에틸렌으로 전환한다.

> **해설**
> - 금속제품 도장용으로 유기용제가 함유된 것을 수용성 도료로 전환한다.
> - 아조 염료 합성원료로 발암물질인 벤지딘을 디클로로벤지딘으로 전환한다.
> - 금속제품의 탈지에 독성이 강한 트리클로로에틸렌을 사용하던 것을 계면활성제로 전환한다.

44 다음 중 환경개선에 관한 내용과 가장 거리가 먼 것은?

① 분진작업에는 습식 방법의 고려가 필요하다.
② 집진장치의 선정에 있어서는 함유분진의 입경분포를 고려한다.
③ 유기용제를 사용하는 경우에는 되도록 휘발성이 적은 물질로 대체한다.
④ 전체환기장치의 경우 공기의 입구와 출구를 근접한 위치에 설치하여 환기효과를 증대한다.

> **해설** 전체환기장치의 경우 공기의 입구와 출구의 위치가 멀리 떨어진 위치에 설치하여 환기효과를 증대한다.

45 물질안전보건자료(MSDS)에 포함되는 내용이 아닌 것은?

① 작업환경 측정방법
② 대상화학물질의 명칭
③ 안전·보건상의 취급주의 사항
④ 건강 유해성 및 물리적 위험성

> **해설**
> - 화학물질의 분류·표시 및 물질안전보건자료에 관한 기준, 제4장 물질안전보건자료의 작성 등, 제10조(작성항목)
> - 물질안전보건자료 작성 시 작업환경 측정방법은 포함되지 않는다.

46 고온작업환경에서 열중증의 예방대책을 모두 고른 것은?

> ㉠ 열원의 차폐
> ㉡ 근로시간 및 작업 강도의 조절
> ㉢ 보호구의 착용
> ㉣ 수분 및 염분의 공급

① ㉠, ㉡
② ㉡, ㉢
③ ㉠, ㉡, ㉢
④ ㉠, ㉡, ㉢, ㉣

해설 열중증의 예방대책
㉠ 열원의 제거
㉡ 복사열 및 방사열의 차단
㉢ 공조 이용
㉣ 작업의 중지 및 혹서 작업 이외의 변경
㉤ 보호구의 착용
㉥ 수분 및 염분의 공급

47 출력이 0.005 W인 음원의 음력수준은 약 몇 dB 인가?

① 83
② 93
③ 97
④ 100

해설 음원의 음력수준
$$PWL = 10 \log \frac{W}{W_o} = 10 \log \frac{0.005}{10^{-12}} = 97 \, dB$$

48 온도 표시에 관한 내용으로 틀린 것은? (단, 고용노동부 고시를 기준으로 한다.)

① 실온은 15 ~ 20 ℃를 말한다.
② 미온은 30 ~ 40 ℃를 말한다.
③ 상온은 15 ~ 25 ℃를 말한다.
④ 찬 곳은 따로 규정이 없는 한 0 ~ 15 ℃의 곳을 말한다.

해설 실온은 1 ~ 35 ℃를 말한다.

49 다음 중 산소가 결핍된 장소에서 사용할 보호구로 가장 적절한 것은?

① 방진 마스크
② 에어라인 마스크
③ 산성가스용 방독 마스크
④ 일산화탄소용 방독 마스크

해설 산소가 결핍된 장소(산소농도가 18 % 미만인 상태)에서 사용하는 보호구는 공기공급식 마스크인 에어라인 마스크이다.
에어라인 마스크는 압축 공기관, 고압 공기용기 및 공기압축기 등으로부터 중압호스, 안면부 등을 통하여 압축공기를 착용자에게 송기하는 구조로서, 중간에 송기 풍량을 조절하기 위한 유량조절장치를 갖추고 압축공기 중의 분진, 기름미스트 등을 여과하기 위한 여과장치를 구비한 것이어야 한다. 다음 그림은 일정 유량형 에어라인 마스크를 나타낸 것이다.

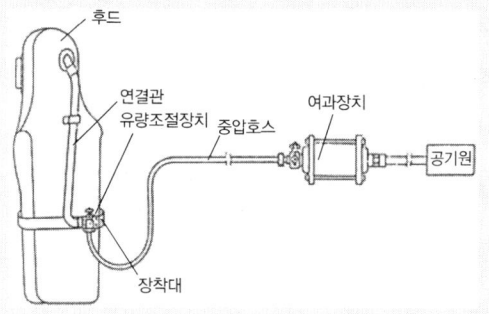

50 다음 중 방독 마스크의 흡착제로 주로 사용되는 물질과 가장 거리가 먼 것은?

① 활성탄
② 금속섬유
③ 실리카젤
④ 소다라임

해설 방독 마스크의 흡착제는 흡착성능이 우수하고 인체에 장해를 주지 않는 활성탄, 실리카젤, 소다라임 등을 사용한다.

> **정답** 41 ③ 42 ② 43 ① 44 ④ 45 ① 46 ④ 47 ③
> 48 ① 49 ② 50 ②

51. 다음 중 전리방사선의 장애와 예방에 관한 설명과 가장 거리가 먼 것은?

① 작업절차 등을 고려하여 방사선에 노출되는 시간을 짧게 한다.
② 방사선의 종류, 에너지에 따라 적절한 차폐대책을 수립한다.
③ 방사선원을 납, 철, 콘크리트 등으로 차폐하여 작업장의 방사선량률을 저하시킨다.
④ 방사선 노출 수준은 거리에 반비례하여 증가하므로 발생원과의 거리를 관리하여야 한다.

해설 방사선 노출 수준은 거리의 제곱에 반비례하여 감소하므로 발생원과의 거리를 관리하여야 한다.

52. 다음 중 분진작업장의 관리 방법에 대한 설명과 가장 거리가 먼 것은?

① 습식으로 작업한다.
② 작업장의 바닥에 적절히 수분을 공급한다.
③ 샌드블라스팅 작업 시에는 모래 대신 철을 사용한다.
④ 유리규산 함량이 높은 모래를 사용하여 마모를 최소화한다.

해설 분진작업장의 관리 방법으로 유리규산(SiO_2) 함량이 낮은 모래를 사용하여 마모를 최소화한다.

53. 고압환경에 관한 설명으로 옳지 않은 것은?

① 산소의 분압이 2기압이 넘으면 산소중독증세가 나타난다.
② 폐 내의 가스가 팽창하고 질소 기포를 형성한다.
③ 공기 중의 질소는 4기압 이상에서 마취작용을 나타낸다.
④ 산소의 중독작용은 운동이나 이산화탄소의 존재로 보다 악화된다.

해설 폐 내의 가스가 팽창하고 질소 기포를 형성하는 환경은 감압환경에서이다.

54. 점음원에서 발생되는 소음이 10 m 떨어진 곳에서 음압 레벨이 100 dB일 때, 이 음원에서 30 m 떨어진 곳의 음압 레벨은 약 몇 dB인가? (단, 점음원이 장해물이 없는 자유공간에서 구면상으로 전파한다고 가정한다.)

① 72.3 dB ② 88.1 dB
③ 90.5 dB ④ 92.3 dB

해설 점음원의 거리 감쇠(역2승법칙이 성립된다. 즉 점음원으로부터 거리가 2배 멀어질 때마다 음압 레벨이 6 dB씩 감쇠한다.)

$$SPL_1 - SPL_2 = 20 \log \left(\frac{r_2}{r_1} \right) \text{ dB에서}$$

$$SPL_2 = 100 - 20 \log \left(\frac{30}{10} \right) = 90.5 \text{ dB}$$

55. 다음 중 자외선에 관한 설명으로 가장 거리가 먼 것은?

① 자외선에 파장은 가시광선보다 작다.
② 자외선에 노출되어 피부암이 발생할 수 있다.
③ 구름이나 눈에 반사되지 않아 대기오염의 지표로도 사용된다.
④ 일명 화학선이라고 하며 광화학반응으로 단백질과 핵산분자의 파괴, 변성작용을 한다.

해설 자외선은 파장이 100 ~ 400 nm 범위이고 구름이나 눈에 반사되며, 고층 구름이 긴 맑은 날에 가장 많이 대기오염의 지표로도 사용된다.

56 벽돌 제조, 도자기 제조과정 등에서 발생하고, 폐암, 결핵과 같은 질환을 유발하는 진폐증은?

① 규폐증 ② 면폐증
③ 석면폐증 ④ 용접폐증

해설 벽돌 제조, 도자기 제조 과정 등에서 발생하고, 폐암, 결핵과 같은 질환을 유발하는 진폐증은 규폐증으로 유리규산(SiO_2) 분진이 주원인이다. 폐에 만성섬유증식이 나타나며 폐결핵과 폐암 같은 질환으로 진행된다.

57 수심 20 m인 곳에서 작업하는 잠수부에서 작용하는 절대압은?

① 1기압 ② 2기압
③ 3기압 ④ 4기압

해설 절대압 = 대기압 + 수심 10 m당 1기압 = 1 + 2 = 3기압

58 전리방사선 중 입자방사선이 아닌 것은?

① α(알파) 입자 ② β(베타) 입자
③ γ(감마) 입자 ④ 중성자

해설 α입자, β입자, 중성자는 전리방사선 중 입자방사선이고, γ(감마)선과 X선은 전자기방사선이다.

59 재질이 일정하지 않고 균일하지 않아 정확한 설계가 곤란하며 처짐을 크게 할 수 없어 진동방지보다는 고체음의 전파방지에 유익한 방진 재료는?

① 코르크 ② 방진 고무
③ 공기 용수철 ④ 금속코일 용수철

해설 재질이 일정하지 않고 균일하지 않아 정확한 설계가 곤란하며 처짐을 크게 할 수 없으며 고유진동수가 10 Hz 전·후밖에 되지 않아 진동방지보다는 고체음의 전파방지에 유익한 방진 재료는 코르크이다.

60 소음노출량계로 측정한 노출량이 200 %일 경우 8시간 시간가중평균(TWA)은 약 몇 dB인가? (단, 우리나라 소음의 노출 기준을 적용한다.)

① 80 dB ② 90 dB
③ 95 dB ④ 100 dB

해설 $TWA = 16.61 \log\left(\dfrac{D}{100}\right) + 90$, 여기서, TWA: 시간가중평균 소음 수준(dB(A)), D: 누적소음노출량(%)

∴ $TWA = 16.61 \log\left(\dfrac{200}{100}\right) + 90 = 95$ dB

4과목 산업환기

61 후드의 선정원칙으로 틀린 것은?

① 필요환기량을 최대한으로 한다.
② 추천된 설계 사양을 사용해야 한다.
③ 작업자의 호흡 영역을 보호해야 한다.
④ 작업자가 사용하기 편리하도록 한다.

해설 후드의 선정원칙에서 필요환기량은 최소한으로 해야 한다.

62 국소배기장치의 원형 덕트의 직경은 0.173 m이고, 직선 길이는 15 m, 속도압은 20 mmH₂O, 관마찰계수가 0.016 일 때, 덕트의 압력손실(mmH₂O)은 약 얼마인가?

① 12 ② 20
③ 26 ④ 28

해설 덕트의 압력손실

$\Delta P = \lambda \dfrac{L}{D} \times VP = 0.016 \times \dfrac{15}{0.173} \times 20$
$= 27.8$ mmH₂O

정답 51 ④ 52 ④ 53 ② 54 ② 55 ③ 56 ① 57 ③
58 ③ 59 ① 60 ③ 61 ① 62 ④

63 다음은 덕트 내 기류에 대한 내용이다. ㉠과 ㉡에 들어갈 내용으로 맞는 것은?

> 유체가 관 내를 아주 느린 속도로 흐를 때는 소용돌이나 선회운동을 일으키지 않고 관벽에 평행으로 유동한다. 이와 같은 흐름을 (㉠)(이)라 하며 속도가 빨라지면 관 내 흐름은 크고 작은 소용돌이가 혼합된 형태로 변하여 혼합상태로 흐른다. 이런 모양의 흐름을 (㉡)(이)라 한다.

① ㉠: 난류, ㉡: 층류
② ㉠: 층류, ㉡: 난류
③ ㉠: 유선운동, ㉡: 층류
④ ㉠: 층류, ㉡: 천이유동

해설
- **층류**(laminar flow): 유체가 덕트 내를 아주 느린 속도로 흐를 때는 소용돌이나 선회운동을 일으키지 않고 관 벽에 평행으로 유동하는 흐름으로 레이놀즈수가 1,160 이하(보통 2,100)인 유체의 흐름이다. 층류에서는 마찰계수가 Reynolds 수(Re)에 의해 결정된다.
- **천이류**: 층류와 난류가 혼합된 중간영역의 흐름으로 마찰계수가 Re와 조도의 영향을 모두 받으며 Re가 1,160과 3,000 사이의 흐름이다.
- **난류**(turbulent flow): 덕트 내에 흐르는 유체가 속도가 빨라지면 덕트 내 흐름은 크고 작은 소용돌이가 혼합된 형태로 변하여 혼합상태인 모양의 흐름으로 마찰계수가 조도(粗度, roughness)에 의해 결정되며, Re가 3,000 이상인 유체의 흐름이다. 일반적으로 산업환기 시설에서 덕트 내 Re는 100,000 ~ 1,000,000의 범위에 속한다.

64 작업장 내의 실내환기량을 평가하는 방법과 거리가 먼 것은?

① 시간당 공기 교환 횟수
② Tracer 가스를 이용하는 방법
③ 이산화탄소 농도를 이용하는 방법
④ 배기 중 내부공기의 수분함량 측정

해설 작업장 내의 실내 환기량을 평가하는 방법
㉠ 시간당 공기 교환 횟수(ACH)를 구하는 방법
㉡ 이산화탄소 농도를 이용하는 방법
㉢ Tracer gas(추적가스)를 이용하는 방법

65 주형을 부수고 모래를 터는 장소에서 포위식 후드를 설치하는 경우의 최소 제어풍속으로 맞는 것은?

① 0.5 m/s
② 0.7 m/s
③ 1.0 m/s
④ 1.2 m/s

해설 주물사를 사용하여 주물을 제조하는 실내공정에서 형틀 장치를 이용해 주물사를 해체 또는 모래를 떨어내는 장소에서 사용하는 포위식 후드의 제어속도는 0.7 m/s이다. 참고로 이 경우 외부식 후드는 측방 및 하방흡입형이 1.0 m/s, 상방흡입형이 1.2 m/s이다.

66 각형 직관에서 장변이 0.3 m, 단변이 0.2 m일 때, 상당직경(equivalent diameter)은 약 몇 m인가?

① 0.24
② 0.34
③ 0.44
④ 0.54

해설 상당직경: $D_e = \dfrac{2ab}{a+b}$

$= \dfrac{2 \times 0.3 \times 0.2}{0.3 + 0.2} = 0.24 \text{ m}$

67 송풍기에 관한 설명으로 틀린 것은?

① 원심력 송풍기로는 다익팬, 레이디얼팬, 터보팬 등이 해당한다.
② 터보형 송풍기는 압력 변동이 있어도 풍량의 변화가 비교적 작다.
③ 다익형 송풍기는 구조상 고속회전이 어렵고, 큰 동력의 용도에는 적합하지 않다.
④ 평판형 송풍기는 타 송풍기에 비하여 효율이 낮아 미분탄, 톱밥 등을 비롯한 고농도 분진이나 마모성이 강한 분진의 이송용으로는 적당하지 않다.

해설 평판송풍기는 터보형 송풍기에 비하여 효율은 낮고, 다익 팬보다는 약간 높으며, 시멘트, 미분탄, 톱밥 등을 비롯한 고농도 분진이나 마모성이 강한 분진의 이송용으로 사용된다.

68 송풍기의 동작점(point of operation) 설명으로 옳은 것은?

① 송풍기의 정압과 송풍기의 전압이 만나는 점
② 송풍기의 성능곡선과 시스템 요구곡선이 만나는 점
③ 급기 및 배기에 따른 음압과 양압이 송풍기에 영향을 주는 점
④ 송풍량이 Q일 때 시스템의 압력손실을 나타낸 곡선

해설 송풍기의 동작점은 송풍기의 성능곡선과 시스템 요구곡선이 만나는 점으로 송풍기를 운전함에 있어 고려해야 할 가장 중요한 요소이다.

69 150 ℃, 720 mmHg에서 100 m³인 공기는 21 ℃, 1기압에서는 약 얼마의 부피로 변하는가?

① 47.8 m³ ② 57.2 m³
③ 65.8 m³ ④ 77.2 m³

해설 변화된 상태의 공기용량

$$V_2 = V_1 \times \frac{P_1}{P_2} \times \frac{T_2}{T_1}$$
$$= 100 \times \frac{720}{760} \times \frac{273+21}{273+150} = 65.85 \text{ m}^3$$

70 다음의 조건에서 캐노피(canopy) 후드의 필요 환기량(m³/s)은?

- 장변: 2 m
- 단변: 1.5 m
- 개구면과 배출원과의 높이: 0.6 m
- 제어속도: 0.25 m/s
- 고열배출원이 아니며, 사방이 노출된 상태

① 1.47 ② 2.47
③ 3.47 ④ 4.47

해설
- $\frac{H}{L} = \frac{0.6}{2} = 0.3$ (L: 캐노피 장변)의 값이 $\frac{H}{L} \leq 0.3$인 장방형(직사각형)의 경우에 해당하므로 구하는 필요송풍량식은 델라벨리 식을 사용한다.
즉, $Q = 1.4 \times P \times H \times V_c = 1.4 \times 2(L+W) \times H \times V_c$
$= 1.4 \times 2(2+1.5) \times 0.6 \times 0.25 = 1.47 \text{ m}^3/\text{s}$

- $\frac{H}{W}$ (W: 캐노피의 단변)의 값이 $0.3 < \frac{H}{W} \leq 0.75$일 경우는 토마스 식으로 구하는 필요송풍량식을 사용한다.
 – 토마스 식: $Q = 60 \times 14.5 \times H^{1.8} \times W^{0.2} \times V_c$

71 일반적으로 사용하고 있는 흡착탑 점검을 위하여 압력계를 이용하여 흡착탑 차압을 측정하고자 한다. 차압의 측정범위와 측정방법으로 가장 적절한 것은?

① 차압계 정압측정범위: 50 mmH₂O

② 차압계 정압측정범위: 50 mmH₂O

③ 차압계 정압측정범위: 500 mmH₂O

④ 차압계 정압측정범위: 500 mmH₂O

해설 차압계의 정압측정 범위는 500 mmH₂O까지 측정되어야 하고, 차압계는 흡착탑 전·후 덕트에 연결되어야 한다.

72 직경 150 mm인 덕트 내 정압은 −64.5 mmH₂O 이고, 전압은 −31.5 mmH₂O 이다. 이때 덕트 내의 공기속도(m/s)는 약 얼마인가?

① 23.23　　② 32.09
③ 32.47　　④ 39.61

해설
$V = 4.043\sqrt{VP}$ 에서
$VP = TP - SP = -31.5 - (-64.5) = 33\,mmH_2O$
∴ $V = 4.043 \times \sqrt{33} = 23.23\,m/s$

73 용접용 후드의 정압이 처음에는 18 mmH₂O이었고, 이때의 유량은 50 m³/min이었다. 최근에 조사해본 결과 정압이 14 mmH₂O 이었다면, 최근의 유량 (m³/min)은?

① 44.10　　② 46.10
③ 48.10　　④ 50.10

해설
• **정압조절평형법**: 저항이 큰 쪽의 덕트 직경을 약간 크게 하거나 감소시켜 저항을 줄이거나 증가시켜 합류점의 정압이 같아지도록 하는 방법으로
$0.8 \leq \dfrac{SP_2}{SP_1} = \dfrac{14}{18} < 0.95$ 인 경우 정압이 낮은 쪽의 유량을 다음 식으로 조정한다.
$Q_c = Q_d \times \sqrt{\dfrac{SP_2}{SP_1}} = 50 \times \sqrt{\dfrac{14}{18}} = 44.10\,m^3/min$

• $\dfrac{SP_2}{SP_1} < 0.8$ 인 경우는 정압이 낮은 덕트의 직경을 다시 설계해야 한다.

• $0.95 \leq \dfrac{SP_2}{SP_1}$ 인 경우는 차이를 무시한다.

74 작업장 내에서는 톨루엔(분자량: 92, TLV: 50 ppm)이 시간당 300 g씩 증발되고 있다. 이 작업장에 전체환기 장치를 설치할 경우 필요환기량은 약 얼마인가? (단, 주위는 21 ℃, 1기압이고, 여유계수는 5로 하며, 비중 0.87인 톨루엔은 모두 공기와 완전혼합된 것으로 한다.)

① 110.98 m³/min
② 130.98 m³/min
③ 4 382.60 m³/min
④ 7 858.70 m³/min

해설 톨루엔에 대하여 사용량: 300 g/h
발생률 $G = \dfrac{24.1\,L \times 300\,g/h}{92\,g} = 78.59\,L/h$
∴ 필요환기량
$Q = \dfrac{78.59\,L/h \times 1\,000\,mL/L}{50\,mL/m^3} \times 5 \times \dfrac{1\,h}{60\,min}$
$= 130.98\,m^3/min$

75 다음 설명에 해당하는 집진장치로 맞는 것은?

• 고온 가스의 처리가 가능하다.
• 가연성 입자의 처리가 곤란하다.
• 넓은 범위의 입경과 분진 농도에 집진 효율이 높다.
• 초기 시설비가 많이 들고, 넓은 설치공간이 요구된다.

① 여과집진장치　　② 벤츄리스크러버
③ 전기집진장치　　④ 원심력집진장치

해설 전기집진장치
㉠ 장점
　ⓐ 운전 및 유지비가 저렴하다.
　ⓑ 넓은 범위의 입경과 분진 농도에 집진 효율이 높다.
　ⓒ 약 500 ℃ 전후 고온의 입자상 물질도 처리가 가능하여 보일러와 철강로 등에 설치할 수 있다.
　ⓓ 회수가치성이 있는 입자 포집이 가능하다.
　ⓔ 낮은 압력손실로 대량의 가스를 처리할 수 있다.
　ⓕ 건식 및 습식으로 집진할 수 있다.
㉡ 단점
　ⓐ 기체상의 오염물질을 포집하는 데 매우 유리하다.
　ⓑ 초기 설치비가 많이 들고, 넓은 설치공간이 요구된다.
　ⓒ 가연성 입자의 처리가 곤란하다.
　ⓓ 전기집진장치는 전압변동과 같은 부하변동에 쉽게 적응이 곤란하다.

76 일반적으로 후드에서 정압과 속도압을 동시에 측정하고자 할 때 측정공의 위치는 후드 또는 덕트의 연결부로부터 얼마 정도 떨어져 있는 것이 가장 적절한가?

① 후드 길이의 1 ~ 2배 지점
② 후드 길이의 3 ~ 4배 지점
③ 덕트 직경의 1 ~ 2배 지점
④ 덕트 직경의 4 ~ 6배 지점

해설 후드에서 정압과 속도압을 동시에 측정하고자 할 때 측정공의 위치는 후드 또는 덕트의 연결부로부터 덕트 직경의 4 ~ 6배 정도 떨어져 있는 것이 가장 적당하다.

77 환기와 관련한 식으로 옳지 않은 것은? (단, 관련 기호는 표를 참고하시오.)

기호	설명	기호	설명
Q	유량	SP_h	후드 정압
A	단면적	TP	전압
V	유속	VP	동압
D	직경	SP	정압
C_e	유입계수		

① $Q = A \times V$
② $A = \dfrac{\pi D^2}{4}$
③ $VP = TP + SP$
④ $C_e = \sqrt{\dfrac{VP}{SP_h}}$

해설 전압(TP) = 정압(SP) + 속도압(VP)

78 포위식 후드의 장점이 아닌 것은?
① 작업장의 완전한 오염방지가 가능
② 난기류 등의 영향을 거의 받지 않음
③ 다른 종류의 후드보다 작업방해가 적음
④ 최소의 환기량으로 유해물질의 제거 가능

해설 다른 종류의 후드보다 작업방해가 많다.

79 전체환기시설을 설치하기 위한 조건으로 적절하지 않은 것은?
① 유해물질의 발생량이 많다.
② 독성이 낮은 유해물질을 사용하고 있다.
③ 공기 중 유해물질의 농도가 허용농도 이하로 낮다.
④ 근로자의 작업 위치가 유해물질 발생원으로부터 멀리 떨어져 있다.

해설 유해물질 발생량이 적은 경우에 전체환기시설을 설치하기 위한 조건이 된다.

80 후드의 유입계수가 0.75이고, 관내 기류속도가 25 m/s일 때, 후드의 압력손실은 약 몇 mmH₂O 인가? (단, 표준상태에서의 공기의 밀도는 1.20 kg/m³ 으로 한다.)

① 22
② 25
③ 30
④ 31

해설 후드의 압력손실 $\Delta P = F \times VP = F \times \dfrac{\gamma \times V^2}{2g}$ 에서 $F = \dfrac{1}{C_e^2} - 1 = \dfrac{1}{0.75^2} - 1 = 0.78$

$\therefore \Delta P = 0.78 \times \dfrac{1.2 \times 25^2}{2 \times 9.81} = 29.8 \,\text{mmH}_2\text{O}$

정답 72 ① 73 ① 74 ② 75 ③ 76 ④ 77 ③ 78 ③ 79 ① 80 ③

1·2회 산업위생관리산업기사 기출문제
2020.06.06 시행

1과목 산업위생학개론

01 정교한 작업을 위한 작업대 높이의 개선방법으로 가장 적절한 것은?

① 팔꿈치 높이를 기준으로 한다.
② 팔꿈치 높이보다 5 cm 정도 낮게 한다.
③ 팔꿈치 높이보다 10 cm 정도 낮게 한다.
④ 팔꿈치 높이보다 5 cm ~ 10 cm 정도 높게 한다.

해설 정밀작업 시에는 팔꿈치 높이보다 약간 높게 설치된 작업대(5 ~ 10 cm 정도)가 권장된다.

02 상시근로자가 100명인 A 사업장의 지난 1년간 재해통계를 조사한 결과 도수율이 4이고, 강도율이 1이었다. 이 사업장의 지난해 재해 발생 건수는 총 몇 건이었는가? (단, 근로자는 1일 10시간씩 연간 250일을 근무하였다.)

① 1
② 4
③ 10
④ 250

해설 도수율 = $\dfrac{\text{재해 발생 건수}}{\text{연 근로시간 수}} \times 10^6$ 에서

$4 = \dfrac{\text{재해 발생 건수}}{10 \times 250 \times 100} \times 10^6$

∴ 재해 발생 건수 = 1

03 피로를 가장 적게 하고 생산량을 최고로 증대시킬 수 있는 경제적인 작업 속도를 무엇이라고 하는가?

① 부상 속도
② 지적 속도
③ 허용 속도
④ 발한 속도

해설 지적 속도(optimum speed): 작업자의 체격과 숙련도, 작업환경에 따라 피로를 가장 적게 하고 생산량을 최고로 올릴 수 있는 경제적인 작업 속도

04 산업안전보건법령상 역학조사의 대상으로 볼 수 없는 것은?

① 건강진단의 실시결과 근로자 또는 근로자의 가족이 역학조사를 요청하는 경우
② 근로복지공단이 고용노동부 장관이 정하는 바에 따라 업무상 질병 여부의 결정을 위하여 역학조사를 요청하는 경우
③ 건강진단의 실시 결과만으로 직업성 질환에 걸렸는지를 판단하기 곤란한 근로자의 질병에 대하여 건강진단기관의 의사가 역학조사를 요청하는 경우
④ 직업성 질환에 걸렸는지 여부로 사회적 물의를 일으킨 질병에 대하여 작업장 내 유해요인과의 연관성 규명이 필요한 경우로 지방고용노동관서의 장이 요청하는 경우

해설 산업안전보건법 시행규칙, 제222조(역학조사의 대상 및 절차 등)
1. 작업환경 측정 또는 건강진단의 실시 결과만으로 직업성 질환에 걸렸는지를 판단하기 곤란한 근로자의 질병에 대하여 사업주·근로자대표·보건관리자 또는 건강진단기관의 의사가 역학조사를 요청하는 경우
2. 근로복지공단이 고용노동부 장관이 정하는 바에 따라 업무상 질병 여부의 결정을 위하여 역학조사를 요청하는 경우
3. 공단이 직업성 질환의 예방을 위하여 필요하다고 판단하여 역학조사평가위원회의 심의를 거친 경우
4. 그 밖에 직업성 질환에 걸렸는지 여부로 사회적 물의를 일으킨 질병에 대하여 작업장 내 유해요인과의 연관성 규명이 필요한 경우 등으로서 지방고용노동관서의 장이 요청하는 경우

05 직업병이 발생된 원진레이온에서 원인이 되었던 물질은?

① 납   ② 수은
③ 이황화탄소   ④ 사염화탄소

해설 국내 유일한 비스코스 인견사(레이온)를 생산하는 공장이었던 원진레이온(주)에서 1966년부터 노동자를 보호하려는 안전설비가 결여된 채 수많은 노동자가 이황화탄소(CS_2)에 노출되는 사건이 일어났다. 인견사는 석유화학 원료인 벤젠을 기초 원료로 하는 합성섬유와 달리 펄프를 재료로 하며, 펄프에서 실을 뽑아내는 과정에서 대량의 이황화탄소 등 화공약품이 투입되는데 특히 문제가 된 이황화탄소는 2차 대전 때 독일이 신경독가스의 원료로 쓴 치명적인 유해물질로, 일시 대량 흡입 시 질식사하고, 장기간 흡입 시 뇌신경을 마비시킨다.

06 산업안전보건법령상 보건관리자의 업무에 해당하지 않는 것은?

① 사업장 순회점검, 지도 및 조치 건의
② 위험성 평가에 관한 보좌 및 지도·조언
③ 물질안전보건자료의 게시 또는 비치에 관한 보좌 및 지도·조언
④ 산업안전보건관리비의 집행 감독 및 그 사용에 관한 수급인 간의 협의·조정

해설 산업안전보건관리비의 집행 감독 및 그 사용에 관한 수급인 간의 협의·조정은 관리감독관의 업무이다.

07 만성중독 시 나타나는 특징으로 코점막의 염증, 비중격천공 등의 증상이 나타나는 대표적인 물질은?

① 납   ② 크로뮴
③ 망간   ④ 니켈

해설 크로뮴에 의한 만성중독의 건강장해로 점막이 충혈되어 화농성 비염이 되고, 차례로 깊이 들어가서 궤양이 되어 비중격천공(鼻中隔穿孔) 증상이 발현한다.

08 누적외상성질환의 발생과 가장 관련이 적은 것은?

① 18 ℃ 이하에서 하역 작업
② 진동이 수반되는 곳에서의 조립 작업
③ 나무망치를 이용한 간헐성 분해 작업
④ 큰 변화가 없는 동일한 연속동작의 운반 작업

해설 누적외상성 질환은 고도로 분업화된 현대 산업환경에서 장기간에 걸친 지속적인 반복동작에 의하여 근육, 관절, 혈관, 신경 등에 미세한 손상이 발생되고 이것이 누적되어 나타나는 질환으로 컴퓨터관련작업, 단순조립작업 등 연속적인 반복동작이 필요한 작업에 잘 생긴다. 따라서 나무망치를 이용한 간헐성 분해 작업은 여기에 해당하지 않는다.

09 직업병을 일으키는 물리적인 원인에 해당하지 않는 것은?

① 온도   ② 유해광선
③ 유기용제   ④ 이상기압

해설 유기용제는 직업병을 일으키는 화학적인 원인에 해당한다.

10 피로 측정 및 판정에서 가장 중요하며 객관적인 자료에 해당하는 것은?

① 개인적 느낌   ② 생체기능의 변화
③ 작업능률 저하   ④ 작업 자세의 변화

해설 피로는 생체기능의 저하로 작업 능력이 저하된 상태를 말하며 주관적으로는 피로감, 객관적으로는 신체활동의 저하 또는 체력, 생리기능의 저하로 나타나기 때문에 피로 측정 및 판정에서 가장 중요하며 객관적인 자료는 생체기능의 변화이다.

정답 01 ④ 02 ① 03 ② 04 ① 05 ③ 06 ④ 07 ②
08 ③ 09 ③ 10 ②

11 산업안전보건법령에 의한 「화학물질 및 물리적 인자의 노출 기준」에서 정한 노출 기준 표시단위로 옳지 <u>않은</u> 것은?

① 증기: ppm
② 고온: WBGT(℃)
③ 분진: mg/m³
④ 석면분진: 개수/m³

해설 화학물질 및 물리적 인자의 노출 기준, 제2장 노출기준, 제11조(표시단위)
① 가스 및 증기의 노출 기준 표시단위는 피피엠(ppm)을 사용한다.
② 분진 및 미스트 등 에어로졸(Aerosol)의 노출 기준 표시단위는 세제곱미터당 밀리그램(mg/m³)을 사용한다. 다만, 석면 및 내화성 세라믹 섬유의 노출 기준 표시단위는 세제곱센티미터당 개수(개/cm³)를 사용한다.
③ 고온의 노출 기준 표시단위는 습구흑구온도지수(WBGT)를 사용하며 다음 각 호의 식에 따라 산출한다.
  ㉠ 태양광선이 내리쬐는 옥외 장소: WBGT(℃) = 0.7 × 자연습구온도 + 0.2 × 흑구온도 + 0.1 × 건구온도
  ㉡ 태양광선이 내리쬐지 않는 옥내 또는 옥외 장소: WBGT(℃) = 0.7 × 자연습구온도 + 0.3 × 흑구온도

12 다음 적성검사 중 심리학적 검사에 해당하지 <u>않는</u> 것은?

① 지능검사
② 인성검사
③ 감각기능검사
④ 지각동작검사

해설 적성검사
㉠ 신체적 적성검사: 신체 계측기로 직업과의 적성 여부를 판정하는 것
㉡ 생리적 적성검사: 감각기능검사(시력, 색각, 청력검사), 심폐기능검사(호흡량, 맥박, 혈압측정), 체력검사(악력, 배근력 측정)
㉢ 심리적 적성검사: 지능검사(언어, 추리 귀납), 지각동작검사(소질검사로 손재주, 수족협조능, 운동협조능, 행태지각능), 기능검사(기본지식 숙련도, 사고력), 인성검사(성격, 태도, 정신상태)

13 작업자가 유해물질에 어느 정도 노출되었는지를 파악하는 지표로서 작업자의 생체 시료에서 대사산물 등을 측정하여 유해물질의 노출량을 추정하는 데 사용되는 것은?

① BEI
② TLV-TWA
③ TLV-S
④ Excursion limit

해설
• BEI(생물학적 노출지수, biological exposure indices)는 생물학적 모니터링 결과를 평가하는 지침값으로 TLV 수준의 화학물질에 흡입 노출된 근로자와 비슷한 정도의 수준으로 노출된 건강한 근로자의 생체 시료에서 관찰될 수 있는 결정인자들의 수준을 나타낸다.
• 초과기준(excursion limit): 8시간 평균치가 시간가중농도를 초과하지 않는 조건하에서 하루에 30분간 이내에는 시간가중평균농도(TWA)의 3배까지 노출하며 어떤 일이 있어도 5배를 넘지 않도록 하고 있다.

14 육체적 작업 능력(PWC)이 16 kcal/min인 근로자가 물체운반작업을 하고 있다. 작업대사량은 7 kcal/min, 휴식 시의 대사량이 2 kcal/min일 때 휴식 및 작업시간을 가장 적절히 배분한 것은? (단, Hertig의 식을 이용하며, 1일 8시간 작업기준이다.)

① 매시간 약 5분 휴식하고, 55분 작업한다.
② 매시간 약 10분 휴식하고, 50분 작업한다.
③ 매시간 약 15분 휴식하고, 45분 작업한다.
④ 매시간 약 20분 휴식하고, 40분 작업한다.

해설 피로 예방을 위한 적정 휴식시간 산출식(Hertig의 식)

$$T_{rest}(\%) = \frac{E_{max} - E_{task}}{E_{rest} - E_{task}} \times 100$$

여기서, E_{max}: 1일 8시간 작업에 적합한 작업대사량으로 육체적 작업 능력(PWC, Physical Work Capacity)의 1/3에 해당하는 값
E_{task}: 해당 작업의 작업대사량
E_{rest}: 휴식 중에 소모되는 대사량

$$\therefore T_{rest} = \frac{(16/3) - 7}{2 - 7} \times 100 = 33.3\%, \text{ 즉 이 조건에서}$$

는 매시간 20분(60분 × 0.33) 동안 휴식을 취하고, 40분간 작업을 하는 것이 바람직하다.

15 산업안전보건법령에 의한 「화학물질의 분류·표시 및 물질안전보건자료에 관한 기준」에서 정하는 경고표지의 색상으로 옳은 것은?

① 경고표지 전체의 바탕은 흰색으로, 글씨와 테두리는 검정색으로 하여야 한다.
② 경고표지 전체의 바탕은 흰색으로, 글씨와 테두리는 붉은색으로 하여야 한다.
③ 경고표지 전체의 바탕은 노란색으로, 글씨와 테두리는 검정색으로 하여야 한다.
④ 경고표지 전체의 바탕은 노란색으로, 글씨와 테두리는 붉은색으로 하여야 한다.

해설 화학물질의 분류·표시 및 물질안전보건자료에 관한 기준, 제2장 화학물질의 분류 및 표시, 제8조(경고표지의 색상 및 위치)
① 경고표지 전체의 바탕은 흰색으로, 글씨와 테두리는 검정색으로 하여야 한다.

16 미국의 ACGIH, AIHA, ABIH 등에서 채택한 산업위생에 종사하는 사람들이 반드시 지켜야 할 윤리강령 중 전문가로서의 책임에 해당하지 않는 것은?

① 전문 분야로서의 산업위생을 학문적으로 발전시킨다.
② 과학적 방법을 적용하고 자료해석에 객관성을 유지한다.
③ 근로자, 사회 및 전문분야의 이익을 위해 과학적 지식을 공개한다.
④ 위험요인의 측정, 평가 및 관리에 있어서 외부의 압력에 굴하지 않고 중립적 태도를 취한다.

해설 산업위생전문가로서의 책임
㉠ 성실성과 학문적 실력 면에서 최고 수준을 유지한다. (전문적 능력 배양 및 성실한 자세로 행동)
㉡ 과학적 방법의 적용과 자료의 해석에서 경험을 통한 전문가의 객관성을 유지한다. (공인된 과학적 방법 적용, 해석)
㉢ 전문 분야로서의 산업위생을 학문적으로 발전시킨다.
㉣ 근로자, 사회 및 전문 직종의 이익을 위해 과학적 지식을 공개하고 발표한다.
㉤ 산업위생활동을 통해 얻은 개인 및 기업체의 기밀은 누설하지 않는다. (정보는 비밀 유지)
㉥ 전문적 판단이 타협에 의하여 좌우될 수 있거나 이해관계가 있는 상황에는 개입하지 않는다.
㉦ 쾌적한 작업환경을 만들기 위해 산업위생이론을 적용하고 책임 있게 행동한다.

17 NIOSH의 들기 작업 권장무게한계(RWL)에서 중량물상수와 수평위치값의 기준으로 옳은 것은?

① 중량물상수: 18 kg, 수평위치값: 20 cm
② 중량물상수: 20 kg, 수평위치값: 23 cm
③ 중량물상수: 23 kg, 수평위치값: 25 cm
④ 중량물상수: 25 kg, 수평위치값: 30 cm

해설 미국 국립산업안전보건연구원(National Institute for Occupational Safety and Health, NIOSH)의 권고중량한계(권고 기준, Recommended Weight Limit, RWL)에 사용되는 승수(계수, multiplier)
$$RWL(kg) = 23 \times HM \times VM \times DM \times AM \times FM \times CM$$
㉠ 23: 허리의 비틀림 없이 정면에서 들기 작업을 가끔씩 할 때(F > 0.2), 작업물이 작업자 몸 가까이 있으며 수평거리(H)는 15 cm, 수직 위치(V)는 75 cm, 작업자가 물체를 옮기는 거리의 수직이동거리(D)가 25 cm 이하이며 커플링이 좋은 상태의 최적 환경에서 들기 작업을 할 때의 최대 허용무게(kg)를 중량물 상수라고 한다.
* F(lifting frequency, 들기빈도): 15분 동안의 평균적인 분당 들어 올리는 횟수(회/분)이다.
㉡ HM(horizontal multiplier, 수평계수): 수평거리(H)를 권장무게한계에 고려하기 위한 계수로 $HM = \dfrac{25\,cm}{H}$ 로 나타내며 25 cm보다 작을 경우는 1이다. 또한 63 cm를 초과할 경우 HM은 0이 된다. 여기에서 25 cm(10인치)는 작업자가 물체를 몸에 가장 가깝게 할 수 있는 최소 수평거리이고 63 cm(25인치)는 체구가 작은 사람이 물체를 최대한 멀리 잡고 들 수 있는 수평거리를 기준으로 하였다.
* H(horizontal location, 수평 위치): 두 발 뒷꿈치 뼈의 중점에서 손까지의 거리(cm)이며, 들기 작업의 시작점과 종점의 두 군데에서 측정한다.

정답 11 ④ 12 ③ 13 ① 14 ④ 15 ① 16 ④ 17 ③

18 산업위생의 기본적인 과제와 가장 거리가 먼 것은?

① 작업환경에 의한 신체적 영향과 최적 환경의 연구
② 작업능력의 신장과 저하에 따르는 정신적 조건의 연구
③ 작업능력의 신장과 저하에 따르는 작업조건의 연구
④ 신기술 개발에 따른 새로운 질병의 치료에 관한 연구

해설 산업위생의 영역 중 기본적인 과제
㉠ 작업능력의 향상과 저하에 따른 작업조건 및 정신적 조건의 연구
㉡ 작업환경에 의한 신체적 영향과 최적 작업환경 조성
㉢ 노동력의 재생산과 사회·경제적 조건에 관한 연구

19 작업에 소요된 열량이 400 kcal/시간인 작업의 작업대사율(RMR)은 약 얼마인가? (단, 작업자의 기초대사량은 60 kcal/시간이며, 안정 시 열량은 기초대사량의 1.2배이다.)

① 2.8
② 3.4
③ 4.5
④ 5.5

해설 작업대사율(RMR)
$= \dfrac{\text{작업대사량}}{\text{기초대사량}} = \dfrac{\text{작업에 소모된 열량} - \text{안정 시 열량}}{\text{기초대사량}}$
$= \dfrac{400 - 1.2 \times 60}{60} = 5.5$

20 혐기성 대사에서 혐기성 반응에 의해 에너지를 생산하지 않는 것은?

① 지방
② 포도당
③ 크레아틴인산(CP)
④ 아데노신삼인산(ATP)

해설 혐기성 대사(anaerobic metabolism)의 에너지원: 근육 내에 존재하는 ATP(Adenosine-Tri-Phosphate, 아데노신 삼인산), CP(Creatine Phosphate, 크레아틴 인산), Glycogen(글리코겐), Glucose(포도당)

2과목 작업환경 측정 및 평가

21 다음 중 검지관 측정법의 장·단점으로 틀린 것은?

① 숙련된 산업위생전문가가 아니더라도 어느 정도만 숙지하면 사용할 수 있다.
② 다른 방해물질의 영향을 받기 쉬워 오차가 크다.
③ 근로자에게 노출된 TWA를 측정하는 데 유리하다.
④ 밀폐공간에서 산소부족 또는 폭발성 가스로 인한 안전이 문제가 될 때 유용하게 사용될 수 있다.

해설 검지관 측정법의 장·단점
㉠ 장점
 ⓐ 사용이 간편하다.
 ⓑ 반응시간이 빨라 바로 측정결과를 알 수 있다.
 ⓒ 숙련된 산업위생전문가가 아니더라도 어느 정도만 숙지하면 사용할 수 있다.
 ⓓ 맨홀, 밀폐공간, 폭발성 가스로 인한 안전이 문제가 될 경우 유용하게 사용된다.
㉡ 단점
 ⓐ 민감도, 특이도가 낮아 고농도에만 적용이 가능하고 오차가 크다.
 ⓑ 단시간 측정만 가능하다.
 ⓒ 한 검지관으로 단일물질만 측정이 가능하여 각 오염물질에 맞는 검지관을 선정해야 하므로 불편하다.
 ⓓ 색 변화에 따라 주관적으로 읽을 수 있어 판독자에 따라 변이가 심하다.
 ⓔ 근로자에게 노출된 TWA를 측정하는 데는 불리한 측면이 있다.
 ⓕ 측정물질이 미리 동정이 되어 있어야 측정이 가능하다.

22 산에 쉽게 용해되므로 입자상 물질 중의 금속을 채취하여 원자흡수분광광도법으로 분석하는 데 적당하며, 석면의 현미경 분석을 위한 시료 채취에도 이용되는 여과지는?

① PVC 막여과지 ② 섬유상 여과지
③ PTFE 막여과지 ④ MCE 막여과지

해설 MCE 막여과지(Mixed Cellulose Ester membrane filter): 산에 잘 녹으므로 금속시료를 채취하여 원자흡수분광광도법으로 분석하는 데 편리하고, 시료가 여과지의 표면 또는 표면 가까운 데에 침착되어 현미경으로 검사하는 데도 편리하지만 수분에 민감한 것이 단점이다. 석면, 유리섬유, 금속, 살충제, 불소화합물을 채취할 경우 사용된다.

23 포스겐($COCl_2$) 가스 농도가 120 μg/m³이었을 때, ppm으로 환산하면 약 몇 ppm인가? (단, $COCl_2$의 분자량은 99이고, 25 ℃, 1기압을 기준으로 한다.)

① 0.03 ② 0.2
③ 2.6 ④ 29

해설 작업환경 측정 및 정도관리 등에 관한 고시, 제20조 (단위)
피피엠(ppm)과 세제곱미터당 밀리그램(mg/m³)간의 상호 농도변환은 다음 계산식과 같다.

$$\text{노출 기준(mg/m}^3\text{)} = \frac{\text{노출 기준(ppm)} \times \text{그램 분자량}}{24.45(25\text{℃, 1기압})}$$

에서

$$\text{ppm} = \frac{\text{노출 기준(mg/m}^3\text{)} \times 24.45}{\text{그램 분자량}}$$
$$= \frac{120 \times 10^{-3} \times 24.45}{99} = 0.03 \text{ ppm}$$

24 코크스 제조공정에서 발생되는 코크스오븐 배출물질을 채취하는 데 많이 이용되는 여과지는?

① PVC 막여과지 ② 은 막여과지
③ MCE 막여과지 ④ 유리섬유 여과지

해설 은 막여과지(silver membrane filter): 코크스 제조공정에서 발생되는 코크스오븐 배출물질 채취에 사용된다.

25 원자흡수분광분석기에서 빛이 어떤 시료 용액을 통과할 때 그 빛의 85 %가 흡수될 경우의 흡광도는?

① 0.64 ② 0.76
③ 0.82 ④ 0.91

해설 흡광도, $A = \log \frac{1}{\tau}$ 에서

τ. 투과율로 $\tau = \frac{I_t}{I_o} = \frac{100-85}{100} = 0.15$

$\therefore A = \log \frac{1}{0.15} = 0.82$

26 고유량 공기 채취 펌프를 수동 무마찰 거품관으로 보정하였다. 비눗방울이 300 cm³의 부피까지 통과하는 데 12.5초 걸렸다면 유량(L/min)은?

① 1.4 ② 2.4
③ 2.8 ④ 3.8

해설 유량, $Q = \frac{300 \text{ cm}^3}{12.5 \text{ s}}$ 에서 L/min로 단위환산을 하면 된다. $1 \text{ cm}^3 = 1 \text{ mL} = 10^{-3} \text{ L}$이므로

$\therefore Q = \frac{300 \text{ cm}^3 \times \frac{L}{10^3 \text{ cm}^3}}{12.5 \text{ s} \times \frac{\min}{60 \text{ s}}} = 1.44 \text{ (L/min)}$

27 사업장에서 70 dB과 80 dB의 소음이 발생되는 장비가 각각 설치되어 있을 때, 장비 2대가 동시에 가동할 때 발생되는 소음은 몇 dB인가?

① 75.0 ② 80.4
③ 82.4 ④ 86.6

해설 음압 레벨의 합산
$\text{SPL} = 10 \log \left(10^{0.1 \times L_1} + 10^{0.1 \times L_2}\right)$
$= 10 \log \left(10^7 + 10^8\right) = 80.4 \text{ dB}$

정답 18 ④　19 ④　20 ①　21 ②　22 ④　23 ①　24 ②
25 ③　26 ①　27 ②

28 일정한 부피조건에서 가스의 압력과 온도가 비례한다는 것과 관계있는 것은?

① 게이-뤼삭의 법칙
② 라울의 법칙
③ 보일의 법칙
④ 하인리히의 법칙

해설 게이-뤼삭의 법칙(Gay-Lussac's law): 기체의 온도와 부피의 관계를 나타내는 제1법칙과 제2법칙이 있다.
㉠ 제1법칙: 기체의 부피는 일정한 압력 하에서는 기체의 종류에 관계 없이 절대온도에 정비례하여 증가한다. 이 법칙은 1801년 게이-뤼삭에 의해 확립되었으나 이보다 앞서 1787년에 샤를이 같은 내용을 발표하고 있어, 샤를 법칙이라고도 한다.
㉡ 제2법칙: 기체 반응의 법칙이라고도 하며 두 기체가 서로 과부족 없이 반응할 때 이들 기체와 생성된 기체의 부피 사이에는 간단한 정수비(整數比)의 관계가 성립된다.

29 소음의 음압 수준(L_p)를 구하는 식은?(단, P: 음압, P_o: 기준 음압)

① $L_p = 10 \log \left(\dfrac{P}{P_o}\right)$

② $L_p = 20 \log P + \log P_o$

③ $L_p = \log \left(\dfrac{P}{P_o}\right) + 20$

④ $L_p = 20 \log \left(\dfrac{P}{P_o}\right)$

해설 음압 수준(음압 레벨)

$$\text{SPL} = 20 \dfrac{P}{P_o} = 20 \log \dfrac{P}{2 \times 10^{-5}}$$

30 주물공장 내에서 비산되는 먼지를 측정하기 위해서 High volume air sampler을 사용하였을 때, 분당 3 L로 60분간 포집한 결과 여과지의 무게가 2.46 mg이면, 주물공장 내 먼지 농도는 약 몇 mg/m³인가? (단, 포집 전의 여과지의 무게는 1.66 mg이다.)

① 2.44
② 3.54
③ 4.44
④ 5.54

해설 주물공장 내 먼지 농도

$$C = \dfrac{\text{포집 후 여과지 무게} - \text{포집 전 여과지 무게}}{\text{공기 시료 채취 부피}}$$

$$= \dfrac{(2.46 - 1.66)\,\text{mg}}{3\,\text{L/min} \times 60\,\text{min} \times \dfrac{\text{m}^3}{1,000\,\text{L}}} = 4.44\,\text{mg/m}^3$$

31 가스크로마토그래피-질량분석기(GC-MS)를 이용하여 물질분석을 할 때 사용하는 일반적인 이동상 가스는 무엇인가?

① 헬륨
② 질소
③ 수소
④ 아르곤

해설 가스크로마토그래피-질량분석기(GC-MS)를 이용하여 물질분석을 할 때 사용하는 일반적인 이동상 가스(캐리어가스)는 헬륨(He) 가스를 사용한다.

32 가스크로마토그래피(GC)에서 이황화탄소, 니트로메탄을 분석할 때 주로 사용하는 검출기는?

① 불꽃이온화검출기(FID)
② 열전도도검출기(TCD)
③ 전자포획검출기(ECD)
④ 불꽃광전자검출기(FPD)

해설 검출기의 종류별 분석물질
㉠ 불꽃이온화검출기(FID): 다핵방향족 탄화수소류(PAHs), 할로겐화 탄화수소류, 알코올류
㉡ 열전도도검출기(TCD): 벤젠
㉢ 전자포획형검출기(ECD): 사염화탄소, 할로겐화 탄화수소류, 벤조피렌, 니트로화합물, 염소함유 농약
㉣ 불꽃광전자검출기(FPD): 유기인계 잔류 농약, 이황화탄소, 니트로메탄, 메르캅탄류
㉤ 광이온화검출기(PID): 알칸계, 에스테르류
㉥ 질소인검출기(NPD): 질소 및 인 포함 화합물

33 다음 중 고분자화합물질의 분석에 적합하며 이동상으로 액체를 사용하는 분석기기는?

① GC ② XRD
③ ICP ④ HPLC

해설 고성능 액체 크로마토그래피(HPLC, High Performance Liquid Chromatography)는 물질을 이동상과 충진제의 분재에 따라 분리물질별로 적당한 이동상으로 액체를 사용하는 분석기로 주로 분자량 500 이상의 고분자화합물질(PAHs, PCB, 2,4-톨루엔 다이이소시아네이트 등)의 분석에 적합하다.

34 가스상 물질을 채취하는 흡착제로서 활성탄 대비 실리카젤이 갖는 장점이 아닌 것은?

① 극성물질을 채취한 경우 물, 메탄올 등 다양한 용매로 쉽게 탈착된다.
② 비교적 고온에서도 흡착이 가능하다.
③ 추출액이 화학분석이나 기기분석에 방해물질로 작용하는 경우가 많지 않다.
④ 활성탄으로 채취가 어려운 아닐린과 같은 아민류나 몇몇 무기물질의 채취도 가능하다.

해설 비교적 고온에서도 흡착이 가능한 흡착제는 활성탄이다.

35 부탄올 흡수액을 이용하여 시료를 채취한 후 분석된 양이 75 μg이며, 공시료에 분석된 평균양은 0.5 μg, 공기 채취량은 10 L일 때, 부탄의 농도는 약 몇 mg/m^3인가? (단, 탈착효율은 100 %이다.)

① 7.45 ② 9.1
③ 11.4 ④ 14.8

해설 부탄의 농도(단위환산만 하면 된다.)
$$C = \frac{(75-0.5)\,\mu g \times \frac{mg}{1,000\,\mu g}}{10\,L \times \frac{m^3}{1,000\,L}} = 7.45\,mg/m^3$$

36 음력이 1.0 W인 작은 점음원으로부터 500 m 떨어진 곳의 음압 레벨은 약 몇 dB(A)인가? (단, 기준음력은 10^{-12} W이다.)

① 50 ② 55
③ 60 ④ 65

해설 음압 수준(점음원, 자유공간)
SPL = PWL − 20 log r − 11 dB에서
파워 레벨, PWL = $10 \log \frac{1.0\,W}{10^{-12}\,W}$ = 120 dB
∴ SPL = 120 − 20 log 500 − 11 = 55 dB

37 다음 중 1차 표준기구가 아닌 것은?

① 가스치환병 ② 건식가스미터
③ 폐활량계 ④ 비누거품미터

해설 1차 표준 보정기구: 기구 자체가 정확한 값(정확도 ± 1 % 이내)를 제시하는 기구
㉠ 폐활량계(spirometer)
㉡ 무마찰 거품관 또는 비누거품미터(frictionless piston meter)
㉢ 피토우관(pitot tube)
㉣ 가스치환병(주로 실험실에서 사용함)
㉤ 유리 또는 흑연피스톤미터

38 하루 8시간 작업하는 근로자가 200 ppm 농도에서 1시간, 100 ppm 농도에서 2시간, 50 ppm에 3시간 동안 TCE에 노출되었을 때, 이 근로자가 8시간 동안 TWA 농도는?

① 약 35.8 ppm ② 약 68.8 ppm
③ 약 91.8 ppm ④ 약 116.8 ppm

해설 8시간 동안 TWA 농도는 TWA 환산값으로 계산한다.
$$TWA\ 환산값 = \frac{C_1 \cdot T_1 + C_2 \cdot T_2 + \cdots + C_n \cdot T_n}{8}$$
$$= \frac{200 \times 1 + 100 \times 2 + 50 \times 3}{8} = 68.75\,ppm$$

정답 28 ① 29 ④ 30 ③ 31 ① 32 ④ 33 ④ 34 ②
35 ① 36 ② 37 ② 38 ②

39 누적소음노출량 측정기로 소음을 측정하는 경우 소음계의 Exchange rate 설정 기준은? (단, 고용노동부 고시를 기준으로 한다.)

① 1 dB
② 3 dB
③ 5 dB
④ 10 dB

해설 누적소음노출량 측정기로 소음을 측정하는 경우에는 Criteria는 90 dB, Exchange Rate는 5 dB, Threshold는 80 dB로 기기를 설정할 것

40 공기 중 석면 농도를 허용기준과 비교할 때 가장 일반적으로 사용되는 석면 측정방법은?

① 광학 현미경법
② 전자 현미경법
③ 위상차 현미경법
④ 직독식 현미경법

해설
- 위상차 현미경법: 석면 측정에 일반적으로 가장 많이 사용하는 방법이다.
- 전자 현미경법: 공기 중 석면 시료를 가장 정확하게 분석할 수 있다.
- 편광 현미경법: 고형 시료 분석에 사용하여 석면을 감별분석할 수 있다.
- X선 회절법: 값이 비싸고 조작이 복잡하며 석면 중 크리소타일 분석에 사용된다.

3과목 작업환경관리

41 주물사업장에서 습구흑구온도를 측정한 결과 자연습구온도 40 ℃, 흑구온도 42 ℃, 건구온도 41 ℃로 확인되었다면 습구흑구온도지수는? (단, 옥외(태양광선이 내리쬐지 않는 장소)를 기준으로 한다.)

① 41.5 ℃
② 40.6 ℃
③ 40.0 ℃
④ 39.6 ℃

해설 태양광선이 내리쬐지 않는 옥내 또는 옥외 장소:
WBGT(℃) = 0.7 × 자연습구온도 + 0.3 × 흑구온도
∴ WBGT(℃) = 0.7 × 40 + 0.3 × 42 = 40.6 ℃

42 비중격 천공의 원인물질로 알려진 중금속은?

① 카드뮴(Cd)
② 수은(Hg)
③ 크로뮴(Cr)
④ 니켈(Ni)

해설 크로뮴에 의한 만성중독의 건강장해로 점막이 충혈되어 화농성 비염이 되고, 차례로 깊이 들어가서 궤양이 되어 비중격천공(鼻中隔穿孔) 증상이 발현한다.

43 염료, 합성고무 등의 원료로 사용되며 저농도로 장기간 폭로 시 혈액장애, 간장장애를 일으키고 재생불량성 빈혈, 백혈병까지 발병할 수 있는 물질은?

① 노르말핵산
② 벤젠
③ 사염화탄소
④ 알킬수은

해설 벤젠의 장기간 노출 시 혈액장애, 간장장애, 재생불량성 빈혈, 백혈병(급성뇌척수성)을 일으킨다.

44 분진이 발생되는 사업장의 작업공정개선 대책으로 틀린 것은?

① 생산 공정을 자동화 또는 무인화
② 비산 방지를 위하여 공정을 습식화
③ 작업장 바닥을 물세척이 가능하게 처리
④ 분진에 의한 폭발은 없으므로 근로자의 보건 분야 집중 관리

해설 아주 미세한 가연성의 입자가 공기 중에 적당한 농도로 퍼져 있을 때, 약간의 불꽃 혹은 열만으로 돌발적인 연쇄 산화–연소를 일으켜 폭발하는 현상을 발생하기 때문에 분진이 발생되는 사업장은 생산기술이나 작업공정의 변경, 재료의 변경 등의 대체방법이나 습식방법과 같은 발진을, 밀폐 및 포위, 국소배기, 전체배기 등으로 비산을 억제시켜야 한다.

45 공기 중 트리클로로에틸렌이 고농도로 존재하는 작업장에서 아크 용접을 실시하는 경우 트리클로로에틸렌은 어떠한 물질로 전환될 수 있는가?

① 사염화탄소　　② 벤젠
③ 이산화질소　　④ 포스겐

해설　염화계탄화수소인 트리클로로에틸렌에 작업장에서 아크 용접을 실시하는 경우 자외선이 조사(照射)되면 분해되어 독가스인 포스겐(phosgen, $COCl_2$) 가스가 발생한다.

46 인공조명을 선정 및 설치할 때, 고려사항으로 틀린 것은?

① 폭발과 발화성이 없을 것
② 균등한 조도를 유지할 것
③ 유해가스를 발생하지 않을 것
④ 광원은 우하방에 위치할 것

해설　일반적인 작업 시 광원은 작업대 좌상방에서 비추게 하여야 한다.

47 전신진동의 주파수 범위로 가장 적절한 것은?

① 1 ~ 100 Hz　　② 100 ~ 250 Hz
③ 250 ~ 1,000 Hz　　④ 1,000 ~ 4,000 Hz

해설　전신진동의 주파수 범위는 1 ~ 100 Hz 정도이고, 국소진동에 노출된 경우에 인체에 장애를 발생시킬 수 있는 주파수 범위는 8 ~ 1,500 Hz이다.

48 소음에 대한 차음을 위해 사용하는 귀덮개와 귀마개를 비교 설명한 내용으로 옳지 않은 것은?

① 귀덮개는 한가지의 크기로 여러 사람에게 적용 가능하다.
② 귀덮개는 고온다습한 작업장에서 착용하기 어렵다.
③ 귀덮개는 귀마개보다 작업자가 착용하고 있는지 여부를 체크하기 쉽다.
④ 귀덮개는 귀마개보다 개인차가 크다.

해설　귀덮개는 귀마개보다 개인차가 적다.

49 공기 중 유해물질의 농도표시를 할 때 ppm 단위를 사용하지 않는 물질은? (단, 고용노동부 고시를 기준으로 한다.)

① 석면　　② 증기
③ 가스　　④ 분진

해설　화학물질 및 물리적 인자의 노출 기준, 제2장 노출 기준, 제11조(표시단위)
① 가스 및 증기의 노출 기준 표시단위는 피피엠(ppm)을 사용한다.
② 분진 및 미스트 등 에어로졸(Aerosol)의 노출 기준 표시단위는 세제곱미터당 밀리그램(mg/m^3)을 사용한다. 다만, 석면 및 내화성 세라믹 섬유의 노출 기준 표시단위는 세제곱센티미터당 개수(개/cm^3)를 사용한다. 단, 분진은 피피엠(ppm)과 세제곱미터당 밀리그램(mg/m^3) 간의 상호 농도변환식으로 나타낼 수 있다.

$$\text{노출 기준(ppm)} = \frac{\text{노출 기준}(mg/m^3) \times 24.45}{\text{그램 분자량}}$$

50 밀폐공간에서 작업할 때의 관리대책으로 틀린 것은?

① 작업지휘자를 선임하여 작업을 지휘한다.
② 환기는 급기량보다 배기량이 많도록 조절한다.
③ 작업 전에 산소 농도가 18 % 이상이 되는지 확인한다.
④ 작업 전에 폭발성 가스농도는 폭발하한농도의 10 % 이하가 되는지 확인한다.

해설　밀폐공간에서 작업 시 급기를 배기량보다 약 10 % 많게, 즉 밀폐공간이 양압을 유지하도록 환기시켜야 한다.

정답	39 ③	40 ③	41 ②	42 ③	43 ②	44 ④	45 ④
	46 ④	47 ①	48 ④	49 ①	50 ②		

51 고압환경의 영향 중 2차적인 가압현상과 가장 거리가 먼 것은?

① 질소 마취
② 산소중독
③ 폐 내 가스 팽창
④ 이산화탄소중독

> **해설** 고압환경의 영향 중 2차적인 가압현상
> ㉠ 질소가스의 마취작용: 4기압 이상에서 마취작용을 일으키고, 작업력의 저하, 기분의 변환 등 다행증이 일어남
> ㉡ 산소중독: 산소의 분압이 2기압을 넘으면 발생하며 가역적인 증상이다.
> ㉢ 이산화탄소중독: 이산화탄소의 증가는 산소의 독성과 질소의 마취작용을 증가시킨다. 0.2 %를 초과해서는 안 됨

52 고압환경에서 나타나는 질소의 마취작용에 관한 설명으로 옳지 않은 것은?

① 공기 중 질소가스는 4기압 이상에서 마취작용을 나타낸다.
② 작업력 저하, 기분의 변화 및 정도를 달리하는 다행증이 일어난다.
③ 질소의 물에 대한 용해도는 지방에 대한 용해도보다 5배 정도 높다.
④ 고압환경의 화학적 장해이다.

> **해설** 질소의 용해도(어떤 온도에서 용매 100 g에 최대로 녹을 수 있는 용질의 g수)는 1기압에서 0.0024 g/cm³이고 물 속 40 m 깊이의 압력인 5기압에서는 0.012 g/cm³이다. 따라서, 깊은 물속에 들어간 잠수부가 호흡한 공기 중의 질소는 쉽게 혈액이나 신체조직 속에 녹아 들어가서 질소마취 현상을 일으켜 판단력을 잃게 된다. 그리고 질소의 물에 대한 용해도는 지방에 대한 용해도보다 5배 정도 낮다.

53 유해화학물질에 대한 발생원 대책으로 원재료의 대체방법이 다음과 같을 때, 옳은 것만으로 짝지어진 것은?

A: 아조 염료 합성 – 벤지딘을 디클로로벤지딘으로 교체
B: 성냥 제조 – 백린(황린)을 적린으로 교체
C: 샌드블라스팅 – 모래를 철구슬로 교체
D: 야광시계의 자판 – 인을 라듐으로 교체

① A, B, C
② A, C, D
③ B, C, D
④ A, B, C, D

> **해설** 물질의 변경 개선인 대체(substitution)의 예
> ㉠ 단열재: 석면 → 유리섬유, 암면, 스티로폼
> ㉡ 유기용제: 벤젠 → 1,1,1-트리클로로에탄
> ㉢ 금속 세척작업: 트리클로로에틸렌(TCE) → 계면활성제(세제)
> ㉣ 모래털기 작업(sand blasting): 모래 → 철가루
> ㉤ 아조 염료 합성원료: 벤지딘 → 디클로로벤지딘
> ㉥ 성냥 제조: 황린 → 적린
> ㉦ 야광시계의 자판: 라듐(Ra) → 인(P)
> ㉧ 분체입자 → 직경이 큰 입자
> ㉨ 세탁작업: 석유나프타 → 4 클로로에틸렌(화재예방), 사염화탄소 → 1,1,1 트리클로로에탄 → 불화탄화수소(저독성)

54 방독 마스크의 정화통 능력이 사염화탄소 0.4 %에 대해서 표준유효시간 100분인 경우, 사염화탄소의 농도가 0.15 %인 환경에서 사용 가능한 시간은?

① 약 267분
② 약 200분
③ 약 100분
④ 약 67분

> **해설** 방독 마스크의 정화통 능력은 파과시간까지 이기 때문에 파과시간을 구하면 된다.
> • 파과: 대응하는 가스에 대하여 정화통 내부의 흡착제가 포화상태가 되어 흡수능력을 상실한 상태를 말한다.
> • 파과시간: 어느 일정 농도의 유해물질을 포함한 공기를 일정유량으로 정화통에 통과하기 시작부터 파과가 보일 때까지의 시간
> • 파과시간(방독 마스크의 정화통의 사용 가능한 시간)
> $= \dfrac{\text{표준유효시간} \times \text{시험가스 농도}}{\text{사용하는 작업장 공기 중 유해가스 농도}}$
> $= \dfrac{100\text{분} \times 0.4\,\%}{0.15\,\%} = 267\text{분}$

55 방독 마스크 내 흡착제의 재질로 적당하지 않은 것은?

① fiber glass ② silica gel
③ activated carbon ④ soda lime

> **해설** 방독 마스크 내 흡착제의 재질: 활성탄, 실리카젤, 소다라임, 호프카라이트, 큐프라마이트 등

56 가로 15 m, 세로 25 m, 높이 3 m인 작업장에 음의 잔향 시간을 측정해보니 0.238초였을 때, 작업장의 총 흡음력을 30 % 증가시키면 변경된 잔향 시간은 약 몇 초인가?

① 0.217 ② 0.196
③ 0.183 ④ 0.157

> **해설** 음의 잔향 시간: 실내에서 음원을 끈 순간부터 직선적으로 음압 레벨이 60 dB(에너지밀도 10^{-6} 감소됨)까지 감쇠되는 데 걸리는 시간(초)으로
> $$T = \frac{0.161 \times V}{A} = \frac{0.161 \times V}{S \times \overline{\alpha}} (s)$$
> 여기서 V: 실의 체적(m³), A: 총흡음력(sabin), S: 실내 내부의 전체 표면적(m²), $\overline{\alpha}$: 평균흡음률이다.
> 총흡음력 $A_1 = \frac{0.161 \times V}{T_1}$
> $= \frac{0.161 \times 15 \times 25 \times 3}{0.238} = 761 \, sabins$
> 작업장의 총 흡음력을 30 % 증가시키면
> $A_2 = 761 + (761 \times 0.3) = 989.3 \, sabins$
> ∴ 변경된 잔향 시간 $T_2 = \frac{0.161 \times 15 \times 25 \times 3}{989.3}$
> $= 0.183 \, s$

57 방독 마스크의 방독 물질별 정화통 외부 측면의 표시 색 연결이 틀린 것은?

① 유기화합물용 정화통 – 갈색
② 암모니아용 정화통 – 녹색
③ 할로겐용 정화통 – 파란색
④ 아황산용 정화통 – 노란색

> **해설** 보호구 안전인증 고시, [별표 5] 방독 마스크의 성능기준
>
> ▼ 정화통 외부 측면의 표시 색
>
> | 종류 | 표시 색 |
> | --- | --- |
> | 유기화합물용 정화통 | 갈색 |
> | 할로겐용 정화통 | |
> | 황화수소용 정화통 | 회색 |
> | 시안화수소용 정화통 | |
> | 아황산용 정화통 | 노랑색 |
> | 암모니아용 정화통 | 녹색 |
> | 복합용 및 겸용의 정화통 | • 복합용의 경우: 해당 가스 모두 표시(2층 분리)
• 겸용의 경우: 백색과 해당 가스 모두 표시(2층 분리) |
>
> ※ 증기밀도가 낮은 유기화합물 정화통의 경우 색상표시 및 화학물질명 또는 화학기호를 표기

58 전리방사선에 속하는 것은?

① 가시광선 ② X선
③ 적외선 ④ 라디오파

> **해설** α 입자, β 입자, 중성자는 전리방사선 중 입자방사선이고, γ(감마)선과 X선은 전자기 방사선이다.

59 차음평가수(NRR)가 27인 귀마개를 착용하고 이하고 있을 때, 차음 효과는 몇 dB인가? (단, 미국산업안전보건청(OSHA)를 기준으로 한다.)

① 5 ② 10
③ 20 ④ 27

> **해설**
> • 차음평가지수(NRR, Noise Reduction Rating): 미국 환경보호청(EPA)가 개인 보호구 제작사에게 각 보호구에 차음 효과를 나타내는 단일 숫자를 명시하도록 규정하여 정해진 지수.
> • 미국 OSHA의 보호구 차음 효과 예측방법: 소음 측정치의 정확성을 고려하여 NRR 값에서 7 dB을 빼고 다시 안전계수 50 %를 적용하여 차음 효과를 예측한다.
> ∴ 차음 효과 = (NRR − 7) × 50 % = (27 − 7) × 0.5 = 10

60 다음 작업 중 적외선에 가장 많이 노출될 수 있는 작업에 해당하는 것은?
① 보석 세공 작업
② 초자 제조 작업
③ 수산 양식 작업
④ X선 촬영 작업

해설 적외선에 노출될 수 있는 작업: 제철·제강, 주물, 용해로, 가열로, 용접, 초자(유리물건) 제조, 야금공정 등

4과목 산업환기

61 환기장치에서 관경이 350 mm인 직관을 통하여 풍량 100 m³/min의 표준공기를 송풍할 때 관내 평균풍속은 약 몇 m/s인가?
① 17
② 32
③ 42
④ 52

해설 duct 내 평균풍속
$$V = \frac{Q}{A} = \frac{4Q}{\pi D^2} = \frac{4 \times 100}{3.14 \times 0.35^2 \times 60} = 17.3 \, \text{m/s}$$

62 A 사업장에서 적용중인 후드의 유입계수가 0.8이라면, 유입손실계수는 약 얼마인가?
① 0.56
② 0.73
③ 0.83
④ 0.93

해설 후드의 유입손실계수
$$F = \frac{1}{C_e^2} - 1 = \frac{1}{0.8^2} - 1 = 0.56$$

63 일반적으로 제어속도를 결정하는 인자와 가장 거리가 먼 것은?
① 작업장 내의 온도와 습도
② 후드에서 오염원까지의 거리
③ 오염물질의 종류 및 확산 상태
④ 후드의 모양과 작업장 내의 기류

해설 제어속도를 결정하는 인자
㉠ 유해물질의 비산 방향(확산상태)
㉡ 후드에서 오염원까지의 거리(제어거리)
㉢ 후드의 형식
㉣ 작업장 내 방해기류(난기류)의 속도
㉤ 유해물질의 종류(사용량 및 독성)

64 실내의 중량 절대습도가 80 kg/kg, 외부의 중량 절대습도가 60 kg/kg, 실내의 수증기가 시간당 3 kg씩 발생할 때 수분 제거를 위하여 중량 단위로 필요한 환기량(m³/min)은 약 얼마인가? (단, 공기의 비중량은 1.2 kgf/m³으로 한다.)
① 0.21
② 4.17
③ 7.52
④ 12.50

해설 수증기 발생 시 제거 목적의 필요환기량
$$Q = \frac{W}{1.2 \, \Delta G} \, (\text{m}^3/\text{h}) \text{ 에서}$$
여기서, W: 수증기 부하량(kg/h), ΔG: 급·배기절대습도의 차이(kg/kg).
$$\therefore Q = \frac{3}{1.2 \times (0.8 - 0.6) \times 60} = 0.21 \, (\text{m}^3/\text{min})$$

65 플랜지가 붙은 슬롯 후드가 있다. 제어거리가 30 cm, 제어속도가 1 m/s일 때, 필요송풍량(m³/min)은 약 얼마인가? (단, 미국의 ACGIH의 권고식을 사용하며 슬롯의 길이는 10 cm이다.)
① 2.88
② 4.68
③ 8.64
④ 12.64

해설 플랜지 부착 슬롯형 후드 필요송풍량
$$Q = 60 \times V_c \times C \times L \times X$$
$$= 60 \times 1 \times 2.6 \times 0.1 \times 0.3 = 4.68 \, \text{m}^3/\text{min}$$

66 다음 중 송풍기의 정압 효율이 가장 우수한 형식은?

① 평판형 ② 터보형
③ 축류형 ④ 다익형

해설 원심력 송풍기의 정압 효율은 터보형이 75 ~ 80 %, 방사형이 60 ~ 65 %, 다익형이 55 ~ 60 % 정도이다.

67 전압, 정압, 속도압에 관한 설명으로 옳지 않은 것은?

① 속도압과 정압을 합한 값을 전압이라 한다.
② 속도압은 공기가 정지할 때 항상 발생한다.
③ 정압은 사방으로 동일하게 미치는 압력으로 공기를 압축 또는 팽창시키며, 공기 흐름에 대한 저항을 나타내는 압력으로 이용된다.
④ 속도압이란 정지상태의 공기를 일정한 속도로 흐르도록 가속화시키는 데 필요한 압력을 의미하며, 공기의 운동에너지에 비례한다.

해설 속도압은 공기가 이동할 때 항상 발생하며 정지상태의 공기를 일정한 속도로 흐르도록 가속화시키는 데 필요한 압력으로 공기의 운동에너지에 비례한다.

68 외부식 후드의 흡입 기능의 불량 원인과 거리가 먼 것은?

① 송풍기의 용량이 부족한 경우
② 제어속도가 필요속도보다 큰 경우
③ 후드 입구에 심한 난기류가 형성된 경우
④ 송풍관과 덕트 연결부에 공기누설량이 큰 경우

해설 제어속도가 필요속도보다 적을 경우 흡입 기능의 불량 원인이 된다.

69 입자상 물질의 원심력을 집진장치에 주로 이용하는 공기정화장치는?

① 침강실 ② 벤츄리스크러버
③ 사이클론 ④ 백(bag) 필터

해설 사이클론은 분진을 함유하는 가스에 선회운동을 시켜서 원심력에 의해 가스로부터 분진을 분리, 포집하는 장치이다.

70 전체환기시설의 설치 전제조건과 가장 거리가 먼 것은?

① 오염물질의 발생량이 적은 경우
② 오염물질의 독성이 비교적 낮은 경우
③ 오염물질이 시간에 따라 균일하게 발생하는 경우
④ 동일작업장소에 배출원이 한 곳에 집중된 경우

해설 전체환기는 배출원이 이동성일 때 필요하다.

71 공기정화장치의 입구와 출구의 정압이 동시에 감소되었다면, 국소배기장치(설비)의 이상 원인으로 가장 적합한 것은?

① 집진장치 내의 분진퇴적
② 분지관과 후드 사이의 분진퇴적
③ 분지관의 시험공과 후드 사이의 분진퇴적
④ 송풍기의 능력저하 또는 송풍기와 덕트의 연결 부위 풀림

해설 공기정화장치 전후에 정압이 감소한 경우의 원인
㉠ 송풍기 자체의 성능 저하
㉡ 송풍기 점검구의 마개 열림
㉢ 배기측 송풍관이 막혀 있음
㉣ 송풍기와 송풍관의 플랜지 연결 부위가 풀려 있음(그림과 같은 경우임)

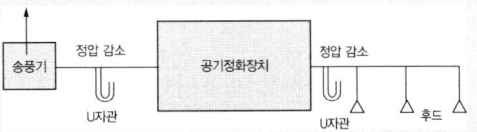

송풍기의 능력 저하, 송풍기 점검 뚜껑의 열림, 송풍기와 덕트의 연결 부위가 풀려지는 등의 원인인 경우이다.

정답 60 ② 61 ① 62 ① 63 ① 64 ① 65 ② 66 ② 67 ② 68 ② 69 ③ 70 ④ 71 ④

72
1기압, 0 ℃에서 공기의 비중량이 1.293 kg_f/m^3 일 경우, 동일 기압에서 23 ℃일 때, 공기의 비중량은 약 얼마인가?

① 0.950 kg_f/m^3
② 1.015 kg_f/m^3
③ 1.193 kg_f/m^3
④ 1.205 kg_f/m^3

해설 공기 비중량은 온도가 올라가면 적어지므로 비중량
$$\gamma = 1.293 \times \frac{273}{273+23} = 1.193 \, kg_f/m^3$$

73
송풍관 내에서 기류의 압력손실 원인과 관계가 가장 적은 것은?

① 기체의 속도
② 송풍관의 형상
③ 분진의 크기
④ 송풍관의 직경

해설 덕트 압력손실(마찰 압력손실과 난류 압력손실로 인해 발생함)
㉠ 마찰 압력손실(흐르는 공기가 덕트 면과의 접촉에 의한 마찰로 인해 발생) 영향인자
공기속도, 덕트 직경, 덕트 면의 거칠기, 공기밀도, 덕트 형상, 공기점도
㉡ 난류 압력손실(곡관에 의한 기류의 방향 전환, 수축, 확대 등의 덕트 단면적 변화에 의함)

74
후드를 선정 및 설계할 때 고려해야 할 사항으로 옳지 않은 것은?

① 가급적이면 공정을 많이 포위한다.
② 가급적 후드를 배출 오염원에 가깝게 설치한다.
③ 후드 개구면에서 기류가 균일하게 분포되도록 설계한다.
④ 공정에서 발생, 배출되는 오염물질의 절대량은 최소발생량을 기준으로 한다.

해설 후드를 선정 및 설계 시 공정에서 발생, 배출되는 오염물질의 절대량은 최대발생량을 기준으로 한다.

75
push-pull형 환기장치에 관한 설명으로 옳지 않은 것은?

① 도금조, 자동차도장 공정에서 이용할 수 있다.
② 일반적인 국소배기장치 후드보다 동력비가 많이 든다.
③ 한 쪽에서는 공기를 불어 주고(push) 한쪽에서는 공기를 흡입(pull)하는 장치이다.
④ 공정상 제어거리가 길어서 단지 공기를 제어하는 일반적인 후드로는 효과가 낮을 때 이용하는 장치이다.

해설 push-pull형 환기장치의 장점으로 포집 효율을 증가시키면서 필요환기량을 대폭 감소시켜 일반적인 국소배기장치 후드보다 동력비가 적게 든다.

76
자동차 공업사에서 톨루엔이 분당 8g 증발되고 있다. 톨루엔의 MW는 92이고, 노출 기준은 50 ppm이다. 톨루엔의 공기 중 농도를 노출 기준 이하로 유지하고자 한다면 이를 위해서 공급해 주어야 할 전체환기량(m^3/min)은? (단, 혼합물을 위한 여유계수(K)는 5이다.)

① 120
② 180
③ 210
④ 240

해설 ※ 이 문제를 풀이하기 위해 먼저 $ppm = mL/m^3$라는 것을 알아야 한다.
톨루엔($C_6H_5CH_3$)의 사용량: 8 g/min = 480 g/h
톨루엔의 발생률(G, L/h)은 92 g : 24.1 L = 480 g/h : G
로부터 $G = \dfrac{24.1\,L \times 480\,g/h}{92\,g} = 125.74 \, L/h$

∴ 필요환기량: $Q = \dfrac{G}{TLV} \times K$

$= \dfrac{125.74\,L/h \times 1\,000\,mL/L}{50\,mL/m^3} \times 5 \times \dfrac{1\,h}{60\,min}$

$= 210 \, m^3/min$

77 작업장의 크기가 12 m × 22 m × 45 m인 곳에서의 톨루엔 농도가 400 ppm이다. 이 작업장으로 600 m³/min의 공기가 유입되고 있다면 톨루엔 농도를 100 ppm까지 낮추는 데 필요한 환기시간은 약 얼마인가? (단, 공기와 톨루엔은 완전혼합 된다고 가정한다.)

① 27.45분 ② 31.44분
③ 35.45분 ④ 39.44분

해설 • 작업장의 체적: $V = 12 \times 22 \times 45 = 11{,}880 \text{m}^3$
• 톨루엔 400 ppm을 100 ppm으로 낮추는 데 걸리는 시간
$$t = -\frac{V}{Q}\ln\left(\frac{C_2}{C_1}\right) = -\frac{11{,}880}{600}\ln\left(\frac{100}{400}\right)$$
$$= 27.45 \text{ min}$$

78 직경이 2 μm, 비중이 6.6인 산화철 흄(fume)의 침강속도는 약 얼마인가?

① 0.08 m/min
② 0.08 cm/s
③ 0.8 m/min
④ 0.8 cm/s

해설 Lippmann의 침강속도식
$V = 0.003 \times \rho \times d^2 = 0.003 \times 6.6 \times 2^2 = 0.08 \text{ cm/s}$

79 국소배기설비 점검 시 반드시 갖추어야 할 필수 장비로 볼 수 없는 것은?

① 청음기
② 연기발생기
③ 테스트 해머
④ 절연저항계

해설 국소배기설비 점검 시 필수장비: 발연관(smoke tester), 청음기(공기의 누출입에 의한 음과 축수상자의 이상음을 점검하는 기기), 절연저항계, 표면온도계, 줄자

80 송풍기의 상사법칙에서 회전수(N)와 송풍량(Q), 소요동력(L), 정압(P)과의 관계를 올바르게 나타낸 것은?

① $\dfrac{Q_1}{Q_2} = \left(\dfrac{N_1}{N_2}\right)^2$

② $\dfrac{Q_1}{Q_2} = \left(\dfrac{N_1}{N_2}\right)^3$

③ $\dfrac{P_1}{P_2} = \left(\dfrac{N_1}{N_2}\right)^2$

④ $\dfrac{L_1}{L_2} = \left(\dfrac{Q_1}{Q_2}\right)^2$

해설 송풍기의 상사법칙
$\dfrac{Q_1}{Q_2} = \dfrac{N_1}{N_2},\ \dfrac{FSP_1}{FSP_2} = \left(\dfrac{N_1}{N_2}\right)^2,\ \dfrac{L_1}{L_2} = \left(\dfrac{N_1}{N_2}\right)^3$

정답 72 ③ 73 ③ 74 ④ 75 ② 76 ③ 77 ① 78 ②
79 ③ 80 ③

3회 산업위생관리산업기사 기출문제
2020.08.22 시행

1과목　산업위생학개론

01　산업위생활동 범위인 예측, 인식, 평가, 관리 중 인식(recognition)에 대한 설명으로 옳지 않은 것은?

① 상황이 존재(설치)하는 상태에서 유해인자에 대한 문제점을 찾아내는 것이다.
② 현장조사로 정량적인 유해인자의 양을 측정하는 것으로 시료의 채취와 분석이다.
③ 인식단계에서의 이러한 활동들은 사업장의 특성, 근로자의 작업특성, 유해인자의 특성에 근거한다.
④ 건강에 장해를 줄 수 있는 물리적, 화학적, 생물학적, 인간공학적 유해인자 목록을 작성하고, 작업내용을 검토하고, 설치된 각종 대책과 관련된 조치들을 조사하는 활동이다.

해설　현장조사로 정량적인 유해인자의 양을 측정하는 것으로 시료의 채취와 분석하는 것은 평가 활동에 관한 것이다.
- 평가에 해당하는 주요 과정
  ㉠ 예비조사의 목적과 범위 결정
  ㉡ 현장조사로 정량적인 유해인자의 양 측정
  ㉢ 시료의 채취와 분석
  ㉣ 노출 정도를 노출 기준과 통계적인 근거로 비교하여 판정

02　NIOSH의 중량물 취급기준을 적용할 수 있는 작업상황이 아닌 것은?

① 작업장 내의 온도가 적절해야 한다.
② 물체를 잡을 때 불편함이 없어야 한다.
③ 빠른 속도로 두 손으로 들어 올리는 작업이라야 한다.
④ 물체의 폭이 75 cm 이하로서 두 손을 적당히 벌리고 작업할 수 있어야 한다.

해설　NIOSH의 중량물 취급기준의 적용 범위
㉠ 보통 속도로 두 손으로 들어 올리는 작업이라야 한다.
㉡ 물체의 폭이 75 cm 이하로서 두 손을 적당히 벌리고 작업할 수 있어야 한다.
㉢ 물체를 들어 올리는 자세가 자연스러워야 한다.
㉣ 신발이 작업장 바닥에 닿을 때 미끄럽지 않아야 하며, 손으로 물체를 잡을 때 불편이 없어야 한다. 박스인 경우 손잡이가 있어야 한다.
㉤ 작업장 내의 온도가 적절해야 한다.

03　근골격계질환을 예방하기 위한 작업환경개선의 방법으로 인체측정치를 이용한 작업환경의 설계가 이루어질 때, 다음 중 가장 먼저 고려되어야 할 사항은?

① 조절가능 여부
② 최대치의 적용 여부
③ 최소치의 적용 여부
④ 평균치의 적용 여부

해설　근골격계질환을 예방하기 위한 작업환경개선의 방법은 인체측정치를 이용한 작업환경의 설계가 이루어질 때, 가장 먼저 고려하는 사항은 '조절가능 여부'이다.

04　작업대사율(RMR)이 10인 작업을 하는 근로자의 계속 작업 한계시간은 약 몇 분인가?

① 0.5분
② 1.5분
③ 3.0분
④ 4.5분

해설　계속 작업 한계시간(T_{end})를 구하는 공식
$\log T_{end} = 3.724 - 3.25 \times \log \text{RMR}$
$= 3.724 - 3.25 \times \log 10 = 0.474$
∴ 계속 작업 한계시간, $T_{end}(분) = 10^{0.474} = 2.98$분

05 다음 피로의 종류 중 다음날까지 피로상태가 계속 유지되는 것은?

① 과로　　　　② 전신 피로
③ 피로　　　　④ 국소 피로

해설 산업 피로
㉠ 보통 피로: 하룻밤 잠을 자고 나면 완전히 회복할 정도의 것
㉡ 과로: 다음날까지도 피로상태가 계속되는 것
㉢ 곤비(困憊): 과로상태가 축적된 상태로 단기간의 휴식으로 회복될 수 없는 병적 상태라고 볼 수 있으며 더욱 심해지면 생명이 위험하다.

06 접착제 등의 원료로 사용되며 피부나 호흡기에 자극을 주어 새집증후군의 주요한 원인으로 지목되고 있는 실내공기 중 오염물질은?

① 라돈　　　　② 이산화질소
③ 오존　　　　④ 폼알데하이드

해설 폼알데하이드(HCHO): 실내에 존재하는 폼알데하이드는 기성복, 풀 및 접착제, 페인트 보존료 및 파티클 보드(건축용 합판), 합판 판자, 섬유판에 사용되는 목재 접착제 등에서 방출된다. 높은 농도의 폼알데하이드에 노출되면 천식 발작을 일으킬 수 있고, 낮은 농도라도 눈, 코, 목이 따가워지거나 오심, 호흡곤란 등을 일으킬 수 있다.

07 근로자가 휴식 중일 때의 산소소비량(oxygen uptake)이 약 0.25 L/min일 경우 운동 중일 때의 산소소비량은 약 얼마까지 증가하는가? (단, 일반적인 성인 남성의 경우이며, 산소 공급이 충분하다고 가정한다.)

① 2.0 L/min　　　② 5.0 L/min
③ 9.5 L/min　　　④ 15.0 L/min

해설
• 산소소비량(oxygen uptake)은 운동할 때는 휴식 중일 때보다 20배가 증가하여 약 5 L/min까지 증가한다.
• 산소소비량을 에너지량, 즉 작업대사량으로 환산하면 1 L(산소소비량) ≒ 5 kcal(에너지량)

08 산업안전보건법령상 건강진단기관이 건강진단을 실시하였을 때에는 그 결과를 고용노동부 장관이 정하는 건강진단 개인표에 기록하고, 건강진단을 실시한 날로부터 며칠 이내에 근로자에게 송부하여야 하는가?

① 15일　　　　② 30일
③ 45일　　　　④ 60일

해설 근로자 건강진단 실시기준, 제2장 건강진단의 실시, 제2절 검사 방법 등, 제16조(건강진단결과의 송부 및 보존)
① 특수건강진단·수시건강진단 또는 임시건강진단을 실시한 건강진단기관은 건강진단개인표 전산입력자료를 1차 또는 2차 건강진단을 실시한 날부터 각각 30일 이내에 공단에 송부하여야 한다.

09 산업안전보건법령상 사무실 공기관리 지침 중 오염물질 관리기준이 설정되지 않은 것은?

① 이산화황　　　　② 총부유세균
③ 일산화탄소　　　④ 이산화탄소

해설 사무실 공기관리 지침, 제6조(시료 채취 및 분석 방법)
오염물질 항목: 미세먼지(PM_{10}), 초미세먼지($PM_{2.5}$), 이산화탄소(CO_2), 일산화탄소(CO), 이산화질소(NO_2), 폼알데하이드(HCHO), 총휘발성유기화합물(TVOC), 라돈(Rn, Radon), 총부유세균, 곰팡이

10 일하는 데 가장 적합한 환경을 지적환경(optimum working environment)이라고 한다. 이러한 지적환경을 평가하는 방법과 거리가 먼 것은?

① 신체적(physical) 방법
② 생산적(productive) 방법
③ 생리적(physiological) 방법
④ 정신적(psychological) 방법

해설 지적환경(optimum working environment): 작업을 하는 데 가장 적합한 환경으로 평가하는 방법에는 생산적, 생리적, 정신적 방법이 있다.

정답 01 ② 02 ③ 03 ① 04 ③ 05 ① 06 ④ 07 ②
08 ② 09 ① 10 ①

11 미국산업위생학술원(AAIH)은 산업위생 전문가들이 지켜야 할 윤리강령을 채택하고 있다. 윤리강령의 4개 분류에 속하지 않는 것은?

① 전문가로서의 책임
② 근로자에 대한 책임
③ 기업주와 고객에 대한 책임
④ 정부와 공직사회에 대한 책임

해설 미국산업위생학술원(AAIH)은 산업위생 전문가들이 지켜야 할 윤리강령(1994년 채택)
㉠ 전문가로서의 책임
㉡ 근로자에 대한 책임
㉢ 기업주와 고객에 대한 책임
㉣ 일반 대중에 대한 책임

12 다음 영양소와 그 영양소의 결핍으로 인한 주된 증상의 연결로 옳지 않은 것은?

① 비타민 A – 야맹증
② 비타민 B_1 – 구루병
③ 비타민 B_2 – 구강염, 구순염
④ 비타민 K – 혈액 응고작용 지연

해설
• 비타민 B_1(티아민) – 각기병(다리 힘이 약해지고 지각 이상(저림 등)이 생겨서 제대로 걷지 못하는 병)
• 비타민 D – 구루병(칼슘과 인의 대사 장애로 인해 뼈 발육에 장애가 발생하는 질환, 곱사병)

13 산업안전보건법령상 석면 해체작업장의 석면 농도측정 방법으로 옳지 않은 것은? (단, 작업장은 실내이며, 석면 해체·제거 작업이 모두 완료되어 작업장의 밀폐시설 등이 정상적으로 가동되는 상태이다.)

① 밀폐막이 손상되지 않고 외부로부터 작업장이 차폐되어 있음을 확인해야 한다.
② 작업이 완료되면 작업장 바닥이 젖어 있거나 물이 고여 있지 않음을 확인해야 한다.
③ 작업장 내 침전된 분진이 비산(非散)될 경우 근로자에게 영향을 미치므로 비산이 되기 전 즉시 시료를 채취한다.
④ 시료 채취 펌프를 이용하여 멤브레인 여과지(Mixed Cellulose Ester membrane filter)로 공기 중 입자상 물질을 여과 채취한다.

해설 석면 조사 및 안전성 평가 등에 관한 고시, 제3장 공기 중 석면농도 측정, 제9조(측정방법)
③ 작업장 내 공기는 건조한 상태를 유지하고, 송풍기 등을 이용하여 석면이 제거된 표면, 먼지가 침전될 수 있는 작업장 표면, 시료 채취 위치 주변 등 작업장 내 침전된 분진을 충분히 비산(飛散)시킨 후 즉시 시료를 채취한다.

14 재해율 통계방법 중 강도율을 나타낸 것은?

① $\dfrac{\text{연간 총재해자 수}}{\text{연평균 근로자}} \times 1{,}000$

② $\dfrac{\text{연간 총재해자 수}}{\text{연평균 근로자}} \times 1{,}000{,}000$

③ $\dfrac{\text{연간 총근로손실일 수}}{\text{연간 총근로시간 수}} \times 1{,}000$

④ $\dfrac{\text{연간 총근로손실일 수}}{\text{연간 총근로시간 수}} \times 1{,}000{,}000$

해설 재해강도율(SR, Severity Rate of injury): 재해의 경중을 나타내는 척도(재해의 질, 즉 재해의 심각도를 나타내지 못하고 재해발생의 정도만 나타내는 도수율을 보완한 것)

$SR = \dfrac{\text{근로손실일 수}}{\text{연 근로시간 수}} \times 1{,}000$

15 작업 강도와 관련된 내용으로 옳지 않은 것은?

① 실동률은 (95 – 5) × RMR로 구할 수 있다.
② 일반적으로 열량소비량을 기준으로 평가한다.
③ 작업대사율(RMR)은 작업대사량을 기초대사량으로 나눈 값이다.
④ 작업대사율(RMR)은 작업 강도를 에너지소비량으로 나타낸 하나의 지표이지 작업 강도를 정확하게 나타냈다고는 할 수 없다.

해설 작업의 실동률(실노동률, %)의 관계식
실동률(%) = 85 – 5 × RMR

16 한국의 산업위생역사 중 연도와 활동이 잘못 연결된 것은?

① 1958년 – 석탄공사 장성병원 중앙실험실 설치
② 1962년 – 가톨릭 산업의학 연구소 설립
③ 1989년 – 작업환경 측정 정도관리제도 도입
④ 1990년 – 한국산업위생학회 창립

해설 작업환경 측정 정도관리제도 도입은 1992년에 작업환경 측정기관에 대한 정도관리 규정을 제정하면서부터이다.

17 규폐증은 공기 중 분진에 어느 물질이 함유되어 있을 때 주로 발생하는가?

① 석면   ② 목재
③ 크로뮴   ④ 유리규산

해설 규폐증(silicosis)은 공기 중 분진(0.5 ~ 5 μm 크기)에 유리규산(SiO_2)이 함유되어 있을 때 발생한다.

18 근로자에 있어서 약한 손(오른손잡이의 경우 왼손)의 힘은 평균 40 kp(kilopond)라고 한다. 이러한 근로자가 무게 10 kg인 상자를 두 손으로 들어 올릴 경우의 작업 강도(%MS)는?

① 12.5   ② 25
③ 40   ④ 80

해설 무게가 10 kg인 상자를 두 손으로 들어 올리므로 한 손에 미치는 힘은 5 kp가 된다. 따라서 작업 강도를 구하면

$$작업\ 강도(\%MS) = \frac{작업\ 시\ 요구되는\ 힘\ (RF,\ Required\ Force)}{근로자가\ 가지고\ 있는\ 최대의\ 힘\ (MS,\ Maximum\ Strength)} \times 100$$

$$= \frac{5}{40} \times 100 = 12.5\ \%MS$$

19 산업안전보건법령상 작업환경 측정 시 측정의 기본 시료 채취방법은?

① 개인 시료 채취
② 지역 시료 채취
③ 직독식 시료 채취
④ 고체 흡착 시료 채취

해설 작업환경 측정 시 측정은 개인 시료 채취를 기본 시료 채취방법으로 한다.

- 개인 시료 채취: 개인 시료 채취기를 이용하여 가스·증기·분진·흄(fume)·미스트(mist) 등을 근로자의 호흡 위치(호흡기를 중심으로 반경 30 cm인 반구)에서 채취하는 것을 말한다.
- 지역 시료 채취: 시료 채취기를 이용하여 가스·증기·분진·흄(fume)·미스트(mist) 등을 근로자의 작업행동 범위에서 호흡기 높이에 고정하여 채취하는 것을 말한다.
- 고체 채취방법: 시료 공기를 고체의 입자층을 통해 흡입, 흡착하여 해당 고체입자에 측정하려는 물질을 채취하는 방법을 말한다.

20 methyl chloroform(TLV = 350 ppm)을 1일 12시간 작업할 때 노출 기준을 Brief &Scala 방법으로 보정하면 몇 ppm으로 하여야 하는가?

① 150   ② 175
③ 200   ④ 250

해설 Brief & Scala 방법의 계산식: 전신중독 또는 기관장해를 일으키는 물질에 대하여 보정계수(RF, Reduction Factor, 감소계수)를 구한 후 보정계수와 허용농도를 곱하여 보정한다.

$$TLV\ 보정계수(RF) = \frac{8}{H} \times \frac{24-H}{16},$$

여기서, H: 노출시간/일, 16: 회복시간

$$\therefore TLV\ 보정계수(RF) = \frac{8}{H} \times \frac{24-H}{16}$$

$$= \frac{8}{12} \times \frac{24-12}{16} = 0.5$$

따라서 보정된 허용농도 = 0.5 × 350 = 175 ppm

정답 11 ④ 12 ② 13 ③ 14 ③ 15 ① 16 ③ 17 ④
18 ① 19 ① 20 ②

2과목　작업환경 측정 및 평가

21　소음계의 성능에 관한 설명으로 틀린 것은?
① 측정가능 주파수 범위는 31.5 ~ 8 kHz 이상이어야 한다.
② 지시계기의 눈금오차는 0.5 dB 이내이어야 한다.
③ 측정가능 소음도 범위는 10 ~ 150 dB 이상이어야 한다.
④ 자동차 소음측정에 사용되는 것의 측정가능 소음도 범위는 45 ~ 130 dB 이상이어야 한다.

> **해설**　소음계의 성능(소음·진동 공정시험기준(ES 03300.b) 총칙(소음))
> ㉠ 측정가능 주파수 범위는 31.5 Hz ~ 8 kHz 이상이어야 한다.
> ㉡ 측정가능 소음도 범위는 35 dB ~ 130 dB 이상이어야 한다. 다만, 자동차 소음측정에 사용되는 것은 45 ~ 130 dB 이상으로 한다.
> ㉢ 특성별(A 특성 및 C 특성) 표준 입사각의 응답과 그 편차는 KS C IEC 61672-1의 표 2를 만족하여야 한다.
> ㉣ 레벨레인지 변환기가 있는 기기에 있어서 레벨레인지 변환기의 전환오차가 0.5 dB 이내이어야 한다.
> ㉤ 지시계기의 눈금오차는 0.5 dB 이내이어야 한다.

22　직접 포집방법에 사용되는 시료 채취백의 특징과 거리가 먼 것은?
① 가볍고 가격이 저렴할 뿐 아니라 깨질 염려가 없다.
② 개인 시료 포집도 가능하다.
③ 연속 시료 채취가 가능하다.
④ 시료 채취 후 장시간 보관이 가능하다.

> **해설**　직접 포집방법에 사용되는 시료 채취백으로 시료를 채취하면 장시간 보관이 불가능하기 때문에 단시간 안에 분석을 행하여야 한다.

23　근로자가 노출되는 소음의 주파수 특성을 파악하여 공학적인 소음관리대책을 세우고자 할 때 적용하는 소음계로 가장 적당한 것은?
① 보통소음계
② 적분형 소음계
③ 누적소음폭로량 측정계
④ 옥타브밴드분석 소음계

> **해설**
> • 보통소음계(산업안전보건법에서 연속음의 경우 사용)를 사용하는 경우
>   ㉠ 누적소음폭로량 측정을 하기 전에 작업장소의 spot check를 위해
>   ㉡ 누적소음폭로량 측정계를 사용할 수 없을 때
>   ㉢ 소음개선을 위해 소음원을 평가할 때
>   ㉣ 소음감소 대책의 효과를 측정할 때
>   ㉤ 청력보호구의 감쇠 효과를 평가할 때
> • 적분형 소음계: 보통소음계가 읽는 음압 레벨을 시간에 대해 적분하여 등가소음도(L_{eq})로 나타낼 수 있는 소음계
> • 누적소음폭로량 측정기(noise dosimeter): ANSI S1-25-1978 규격에 적합한 것을 사용하며 작업자의 이동성이 크거나 소음의 강도가 불규칙적으로 변동하는 소음의 측정에 이용
> • 옥타브밴드분석 소음계: 근로자가 노출되는 소음의 주파수 특성을 파악하여 공학적인 소음관리대책을 세우고자 할 때 적용하는 소음계

24　다음 내용은 고용노동부 작업환경 측정 고시의 일부분이다. ㉠에 들어갈 내용은?

> "개인 시료 채취"란 개인 시료 채취기를 이용하여 가스, 증기, 분진, 흄(fume), 미스트(mist) 등을 근로자의 호흡 위치 (㉠)에서 채취하는 것을 말한다.

① 호흡기를 중심으로 반경 10 cm인 반구
② 호흡기를 중심으로 반경 30 cm인 반구
③ 호흡기를 중심으로 반경 50 cm인 반구
④ 호흡기를 중심으로 반경 100 cm인 반구

> **해설**　개인 시료 채취: 개인 시료 채취기를 이용하여 가스·증기·분진·흄(fume)·미스트(mist) 등을 근로자의 호흡 위치(호흡기를 중심으로 반경 30 cm인 반구)에서 채취하는 것을 말한다.

25 시료 전처리인 회화(ashing)에 대한 설명 중 틀린 것은?

① 회화용액에 주로 사용되는 것은 염산과 질산이다.
② 회화 시 실험 용기에 의한 영향은 거의 없으므로 일반 유리제품을 사용한다.
③ 분석하고자 하는 금속을 제외한 나머지의 기질과 산을 제거하는 과정을 회화라 한다.
④ 시료가 다상의 성분일 경우에는 여러 종류의 산을 혼합하여 사용한다.

해설 회화 시 실험 용기는 구경 6 cm 정도의 자재증발접시 또는 내용 25 mL 정도의 뚜껑이 있는 자재도가니를 사용하고, 일반 유리제품은 사용하지 않는다.

26 하루 중 80 dB(A)의 소음이 발생되는 장소에서 1/3 근무하고 70 dB(A)의 소음이 발생하는 장소에서 2/3 근무한다고 할 때, 이 근로자의 평균소음 피폭량 dB(A)은?

① 80   ② 78
③ 76   ④ 74

해설 평균소음 피폭량 dB(A)
$= 10 \log\left[\left(\frac{1}{3}\right) \times 10^8 + \left(\frac{2}{3}\right) \times 10^7\right] = 76 \text{ dB}$

27 임핀저(impinger)를 이용하여 채취할 수 있는 물질이 아닌 것은?

① 각종 금속류의 먼지
② 이소시아네이트(isocyanates)류
③ 톨루엔 디아민(toluene diamine)
④ 활성탄관이나 실리카젤로 흡착이 되지 않는 증기, 가스와 산

해설 임핀저(impinger): 보통은 미젯 임핀저(midget impinger)를 많이 사용하는데 이것은 가스상 물질을 채취할 때 사용하는 액체를 담는 유리로 된 채취기구로 가스, 산, 증기, 미스트, 여러 형태의 에어로졸 등을 액체 용액에 충동, 반응, 흡수시켜 채취한다.

28 아세톤, 부틸아세테이트, 메틸에틸케톤 1 : 2 : 1 혼합물의 허용농도(ppm)는? (단, 아세톤, 부틸아세테이트, 메틸에틸케톤의 TLV 값은 (750, 200, 200) ppm이다.)

① 약 225   ② 약 235
③ 약 245   ④ 약 255

해설 오염원이 서로 유사한 독성을 가진 물질로 구성된 혼합 액체이고 이 혼합물이 공기 중으로 증발할 때 액체상태에서의 혼합물 구성비율과 동일한 비율로 공기 중에 존재한다고 가정하였을 때 혼합물의 허용농도(TLV, ppm)

$= \dfrac{1}{\dfrac{f_a}{TLV_a} + \dfrac{f_b}{TLV_b} + \cdots + \dfrac{f_n}{TLV_n}}$ 에서 f_a, f_b 등은 물질 a, b 등의 중량구성비이고, TLV_a, TLV_b는 해당물질의 TLV이다.

∴ 혼합물의 $TLV(\text{mg/m}^3) = \dfrac{1}{\dfrac{0.25}{750} + \dfrac{0.5}{200} + \dfrac{0.25}{200}}$

$= 245 \text{ ppm}$

29 공기 중 입자상 물질의 여과에 의한 채취원리가 아닌 것은?

① 직접차단(Direct interception)
② 관성충돌(Inertial impaction)
③ 확산(Diffusion)
④ 흡착(Adsorption)

해설 여과에 의한 채취원리: 직접 차단, 관성 충돌, 확산, 중력 침강, 정전기 침강, 체질(sieving)

정답 21 ③ 22 ④ 23 ④ 24 ② 25 ② 26 ③ 27 ①
28 ③ 29 ④

30 가스상 유해물질을 검지관 방식으로 측정하는 경우 측정시간 간격과 측정 횟수로 옳은 것은? (단, 고용노동부 고시를 기준으로 한다.)

① 측정지점에서 1일 작업시간 동안 1시간 간격으로 3회 이상 측정하여야 한다.
② 측정지점에서 1일 작업시간 동안 1시간 간격으로 4회 이상 측정하여야 한다.
③ 측정지점에서 1일 작업시간 동안 1시간 간격으로 6회 이상 측정하여야 한다.
④ 측정지점에서 1일 작업시간 동안 1시간 간격으로 8회 이상 측정하여야 한다.

해설 작업환경 측정 및 정도관리 등에 관한 고시, 제2편 작업환경 측정, 제4장 작업환경 측정방법, 제3절 가스상 물질, 제25조(검지관방식의 측정)
⑤ 검지관 방식으로 측정하는 경우에는 1일 작업시간 동안 1시간 간격으로 6회 이상 측정하되 측정시간마다 2회 이상 반복측정하여 평균값을 산출하여야 한다.

31 20 mL의 1 % sodium bisulfite를 담은 임핀저를 이용하여 폼알데하이드가 함유된 공기 0.4 m³을 채취하여 비색법으로 분석하였다. 검량선과 비교한 결과 시료용액 중 폼알데하이드 농도는 40 µg/mL이었다. 공기 중 폼알데하이드 농도(ppm)는? (단, 25℃, 1기압기준이며, 폼알데하이드의 분자량은 30 g/mol 이다.)

① 0.8 ② 1.6
③ 3.2 ④ 6.4

해설 폼알데하이드 농도를 구하여 단위를 환산(mg/m³ → ppm)하면 된다.
폼알데하이드 농도(mg/m³)
$= \dfrac{질량}{공기\ 채취량} = \dfrac{40\,\mu g/mL \times 20\,mL}{0.4\,m^3} \times \dfrac{mg}{10^3\,\mu g}$
$= 2\,mg/m^3$
$\therefore\ ppm = \dfrac{2 \times 24.45}{30} = 1.63\,ppm$

32 유량, 측정시간, 회수율 및 분석 등에 의한 오차가 각각 15 %, 3 %, 9 %, 5 %일 때, 누적오차(%)는?

① 18.4 ② 20.3
③ 21.5 ④ 23.5

해설 누적오차(cumulative statistical error, E_c)
$E_c = \sqrt{E_1^2 + E_2^2 + \cdots + E_n^2}$
$= \sqrt{15^2 + 3^2 + 9^2 + 5^2} = 18.4\,\%$

33 여과지의 종류 중 MCE membrane Filter에 관한 내용으로 틀린 것은?

① 셀룰로오스부터 PVC, PTFE까지 다양한 원료로 제조된다.
② 시료가 여과지의 표면 또는 표면 가까운 데에 침착되므로 석면, 유리섬유 등 현미경 분석을 위한 시료 채취에 이용된다.
③ 입자상 물질에 대한 중량분석에 많이 사용된다.
④ 입자상 물질 중의 금속을 채취하여 원자흡수분광광도법으로 분석하는 데 적정하다.

해설 MCE 막여과지(mixed cellulose ester membrane filter): 산에 잘 녹으므로 금속시료를 채취하여 원자흡수분광광도법으로 분석하는 데 편리하고, 시료가 여과지의 표면 또는 표면 가까운 데에 침착되어 현미경으로 검사하는 데도 편리하지만 수분에 민감한 것이 단점이다. 석면, 유리섬유, 금속, 살충제, 불소화합물을 채취할 경우 사용된다. 흡습성이 높은 MCE 막여과지는 오차를 유발할 수 있어 중량분석에는 적합하지 않다.

34 활성탄에 흡착된 증기(유기용제-방향족탄화수소)를 탈착시키는 데 일반적으로 사용되는 용매는?

① chloroform ② methyl chloroform
③ H_2O ④ CS_2

해설 활성탄에 흡착된 증기(유기용제-방향족탄화수소)를 탈착시키는데 일반적으로 사용되는 용매는 이황화탄소(CS_2)이다.

35 검지관의 장점에 대한 설명으로 틀린 것은?

① 사용이 간편하다.
② 특이도가 높다.
③ 반응시간이 빠르다.
④ 산업보건전문가가 아니더라도 어느 정도 숙지하면 사용할 수 있다.

해설 검지관 측정법의 장점
㉠ 사용이 간편하다.
㉡ 반응시간이 빨라 바로 측정결과를 알 수 있다.
㉢ 숙련된 산업위생 전문가가 아니더라도 어느 정도만 숙지하면 사용할 수 있다.
㉣ 맨홀, 밀폐공간, 폭발성 가스로 인한 안전이 문제가 될 경우 유용하게 사용된다.

36 다음 중 개인용 방사선 측정기로 의료용 진단에서 가장 널리 사용되고 있는 측정기는?

① X-선 필름
② Lux meter
③ 개인 시료 포집장치
④ 상대농도 측정계

해설 방사선을 측정할 수 있는 방사선 검출기는 개인이 방사선에 얼마나 피폭되었는가를 측정할 수 있는 개인 피폭선량 검출기를 비롯하여 공기 중의 방사선 세기나 방사성오염을 간단하게 측정할 수 있는 GM(Geiger-Muller) 계수관 및 비례계수관 등이 있다. 의료용 진단에서 가장 널리 사용되고 있는 측정기는 X-선 필름이다.

37 가스크로마토그래피(GC) 분리관의 성능은 분해능과 효율로 표시할 수 있다. 분해능을 높이려는 조작으로 틀린 것은?

① 분리관의 길이를 길게 한다.
② 이론 층 해당 높이를 최대로 하는 속도로 운반 가스의 유속을 결정한다.
③ 고체 지지체의 입자 크기를 작게 한다.
④ 일반적으로 저온에서 좋은 분해능을 보이므로 온도를 낮춘다.

해설 컬럼의 분해능을 높이기 위한 방법
㉠ 시료와 고정상의 양을 적게 한다.
㉡ 고체 지지체의 입자 크기를 작게 한다.
㉢ 온도를 낮춘다.
㉣ 분해능은 길이의 제곱근에 비례하므로 분리관의 길이를 길게 한다.
㉤ 이론 층 해당 높이를 최소로 하는 속도로 운반 가스의 유속을 결정한다.

38 검출한계(LOD)에 관한 내용으로 옳은 것은?

① 표준편차의 3배에 해당
② 표준편차의 5배에 해당
③ 표준편차의 10배에 해당
④ 표준편차의 20배에 해당

해설
• 검출한계(LOD) : 분석과정을 실시한 후 분석대상물질의 유무를 확인할 수 있는 최소 검출농도,
LOD = 평균 + (3 × 표준편차)
• 정량한계(LOQ) : 분석대상 물질을 합리적인 신뢰성을 가지고 정량적 측정결과를 산출할 수 있는 최소 검출농도
LOQ = 평균 + (10 × 표준편차)

39 미국산업위생전문가협의회(ACGIH)에서 정의한 흉곽성 입자상 물질의 평균 입경(μm)은?

① 3
② 4
③ 5
④ 10

해설 흉곽성 먼지(TPM, Thoracic Particulate Matters) : 기도나 폐포(하기도)에 침착하여 독성을 나타내는 물질, 후두를 통과하여 기관지로 들어가는 입자로 공기역학적 지름이 30 μm 이하(평균입경 10 μm 이하)이다.

정답 30 ③ 31 ② 32 ① 33 ③ 34 ④ 35 ② 36 ① 37 ② 38 ① 39 ④

40 분석기기마다 바탕선량(background)과 구별하여 분석될 수 있는 가장 적은 분석물질의 양을 무엇이라 하는가?

① 정량한계(Limit Of Quantization: LOQ)
② 검출한계(Limit Of Detection: LOD)
③ 특이성(Specificity)
④ 검량선(Calibration graph)

해설
- 검출한계(Limit Of Detection: LOD): 분석에 이용되는 공시료와 통계적으로 다르게 분석될 수 있는 가장 낮은 농도로 분석기기가 검출할 수 있는 가장 적은 양, 즉 주어진 신뢰수준에서 검출 가능한 분석물질의 질량이다.
- 정량한계(Limit Of Quantization: LOQ): 분석기기마다 바탕선량과 구별하여 분석될 수 있는 최소의 양, 즉 분석결과가 어느 주어진 분석절차에 따라서 합리적인 신뢰성을 가지고 정량 분석할 수 있는 가장 적은 양이나 농도이다. 또한, 정량한계는 통계적인 개념보다는 일종의 약속이다. 일반적으로 표준편차의 10배 또는 검출한계의 3배 또는 3.3배로 정의한다.
- 특이성(Specificity)이란 불순물, 분해물, 배합성분 등의 혼재 상태에서 분석대상 물질을 선택적으로 정확하게 측정할 수 있는 능력을 말한다.

3과목 작업환경관리

41 자외선이 피부에 작용하는 설명으로 틀린 것은?

① 1,000 ~ 2,800 Å의 자외선에 노출 시 홍반현상 및 즉시 색소침착 발생
② 2,800 ~ 3,200 Å의 자외선에 노출 시 피부암 발생 가능
③ 자외선 조사량이 너무 많을 수 모세혈관 벽의 투과성 증가
④ 자외선에 노출 시 표피의 두께 증가

해설 1,000 ~ 2,800 Å의 자외선에 노출 시 발진, 경미한 홍반 발생

42 음압 레벨이 80 dB인 소음과 40 dB인 소음과의 음압 차이는?

① 2배   ② 20배
③ 40배 ④ 100배

해설 음압 수준(음압 레벨)

$$\text{SPL} = 20 \frac{P}{P_o} = 20 \log \frac{P}{2 \times 10^{-5}} \text{ 에서}$$

㉠ 80 dB인 소음의 음압: $80 = 20 \log \frac{P_1}{2 \times 10^{-5}}$

$\therefore P_1 = 0.2 \, \text{N/m}^2$

㉡ 40 dB인 소음의 음압: $40 = 20 \log \frac{P_2}{2 \times 10^{-5}}$

$\therefore P_2 = 0.002 \, \text{N/m}^2$

$\frac{P_1}{P_2} = \frac{0.2}{0.002} = 100$ 로부터 100배의 음압 차이가 발생한다.

43 소음방지 대책으로 가장 효과적인 방법은?

① 소음원의 제거 및 억제
② 음향재료에 의한 흡음
③ 장해물에 의한 차음
④ 소음기 이용

해설 소음방지 대책으로 가장 효과적인 방법은 소음 발생원을 제거하거나 억제시키는 방법이다.

44 작업 중 잠시라도 초과되어서는 안 되는 농도를 나타낸 단위는?

① TLV   ② TLV-TWA
③ TLV-C   ④ TLV-STEL

해설 최고노출 기준(TLV-C)이란 근로자가 1일 작업시간 동안 잠시라도 노출되어서는 아니 되는 기준을 말하며, 노출 기준 앞에 C를 붙여 표시한다.

45 보호구 밖의 농도가 300 ppm이고 보호구 안의 농도가 12 ppm이었을 때 보호계수(PF, Protection Factor)는?

① 200
② 100
③ 50
④ 25

해설 보호계수(PF, Protection Factor): 보호구를 착용하므로써 유해물질로부터 얼마만큼 보호해 주는지 그 정도를 말하는 계수로 그 값은 늘 1보다 크다.

$$PF = \frac{\text{보호구 밖의 유해물질 농도}(C_o)}{\text{보호구 안의 유해물질 농도}(C_i)} = \frac{300}{12} = 25$$

46 작업장의 조명관리에 관한 설명으로 옳지 않은 것은?

① 간접조명은 음영과 현휘로 인한 입체감과 조명 효율이 높은 것이 장점이다.
② 반간접조명은 간접과 직접조명을 절충한 방법이다.
③ 직접조명은 작업면의 빛의 대부분이 광원 및 반사 삿갓에서 직접 온다.
④ 직접조명은 기구의 구조에 따라 눈을 부시게 하거나 균일한 조도를 얻기 힘들다.

해설 직접조명은 음영과 현휘(빛이 반사되어 눈부심 현상 발생하는 것)로 인한 입체감과 조명효율이 높은 것이 단점이다.

47 정화능력이 사염화탄소의 농도 0.7 %에서 50분인 방독 마스크를 사염화탄소의 농도가 0.2 %인 작업장에서 사용할 때 방독 마스크의 사용 가능한 시간(분)은?

① 110
② 125
③ 145
④ 175

해설 방독 마스크의 정화통 능력은 파과시간까지이기 때문에 파과시간을 구하면 된다.

- 파과: 대응하는 가스에 대하여 정화통 내부의 흡착제가 포화상태가 되어 흡수능력을 상실한 상태를 말한다.
- 파과시간: 어느 일정 농도의 유해물질을 포함한 공기를 일정유량으로 정화통에 통과하기 시작부터 파과가 보일 때까지의 시간
- 파과시간(방독 마스크 정화통의 사용 가능한 시간)
$$= \frac{\text{표준유효시간} \times \text{시험가스 농도}}{\text{사용하는 작업장 공기 중 유해가스 농도}}$$
$$= \frac{50\text{분} \times 0.7\%}{0.2\%} = 175\text{분}$$

48 음원에서 10 m 떨어진 곳에서 음압 수준이 89 dB(A)일 때, 음원에서 20m 떨어진 곳에서의 음압 수준(dB(A))은? (단, 점음원이고 장해물이 없는 자유공간에서 구면상으로 전파한다고 가정한다.)

① 77
② 80
③ 83
④ 86

해설 점음원의 거리 감쇠(역2승법칙이 성립된다)

$$SPL_1 - SPL_2 = 20 \log \left(\frac{r_2}{r_1}\right) [dB] \text{에서}$$
$$SPL_2 = 89 - 20 \log \left(\frac{20}{10}\right) = 83 \text{ dB}$$

49 수은 작업장의 작업환경관리대책으로 가장 적합하지 않은 것은?

① 수은 주입과정을 자동화시킨다.
② 수거한 수은은 물과 함께 통에 보관한다.
③ 수은은 쉽게 증발하기 때문에 작업장의 온도를 80 ℃로 유지한다.
④ 독성이 적은 대체품을 연구한다.

해설 수은은 쉽게 증발하기 때문에 작업장의 온도를 가능한 한 낮고 일정하게 유지시킨다(20 ℃ 이하).

정답 40 ① 41 ① 42 ④ 43 ① 44 ③ 45 ④ 46 ① 47 ④ 48 ③ 49 ③

50 금속에 장기간 노출되었을 때 발생할 수 있는 건강장애가 잘못 연결된 것은?

① 납 – 빈혈
② 크로뮴 – 운동장애
③ 망간 – 보행장애
④ 수은 – 뇌신경세포 손상

> **해설** 크로뮴의 건강장해
> ㉠ 급성중독: 신장장해(요독증), 위장장해, 급성폐렴
> ㉡ 만성중독: 점막장해(비중격천공), 피부장해, 발암작용(비강암), 호흡기장해(크로뮴폐증)

51 태양복사광선의 파장 범위에 따른 구분으로 옳은 것은?

① 300 nm – 적외선
② 600 nm – 자외선
③ 700 nm – 가시광선
④ 900 nm – Dorno선

> **해설** 태양복사광선의 파장범위
> ㉠ 자외선: 100 ~ 400 nm
> ㉡ 가시광선: 400 ~ 770 nm
> ㉢ 적외선: 770 nm ~ 1 mm
> Dorno선은 중자외선(UV-B)으로 280 ~ 315 nm의 파장 범위를 갖는다.

52 장기간 사용하지 않은 오래된 우물에 들어가서 작업하는 경우 작업자가 반드시 착용해야 할 개인보호구는?

① 입자용 방진 마스크
② 유기가스용 방독 마스크
③ 일산화탄소용 방독 마스크
④ 송기형 호스마스크

> **해설** 장기간 사용하지 않은 오래된 우물은 산소결핍장소의 가능성이 있기 때문에 이곳에서 작업자가 반드시 착용해야 할 개인보호구는 송기형 호스마스크(에어 마스크)이다.

53 자연채광에 관한 설명으로 틀린 것은?

① 창의 방향은 많은 채광을 요구하는 경우는 남향이 좋다.
② 균일한 조명을 요하는 작업실은 북창이 좋다.
③ 창의 면적은 벽면적의 15 ~ 20 %가 이상적이다.
④ 실내 각점의 개각은 4 ~ 5°, 입사각은 28° 이상이 좋다.

> **해설** 창의 면적은 방바닥면적의 15 ~ 20 %(1/5 ~ 1/6)가 이상적이다.

54 공기역학적 직경의 의미로 옳은 것은?

① 먼지의 면적을 2등분하는 선의 길이
② 먼지와 침강속도가 같고, 밀도가 1이며, 구형인 먼지의 직경
③ 먼지의 한쪽 끝 가장자리에서 다른 쪽 끝 가장자리까지의 거리
④ 먼지의 면적과 동일한 면적을 가지는 구형의 직경

> **해설** 공기역학적 직경(aerodynamic diameter): 입자와 침강속도가 같으며 밀도가 1 g/cm³인 구형의 직경을 말한다.

55 안전보건규칙상 적정공기의 물질별 농도 범위로 틀린 것은?

① 산소 – 18 % 이상, 23.5 % 미만
② 탄산가스 – 2.0 % 미만
③ 일산화탄소 – 30 ppm 미만
④ 황화수소 – 10 ppm 미만

> **해설** 산업안전보건기준에 관한 규칙, 제10장 밀폐공간 작업으로 인한 건강장해의 예방, 제1절 통칙, 제618조(정의) 3. "적정공기"란 산소농도의 범위가 18퍼센트 이상 23.5퍼센트 미만, 탄산가스의 농도가 1.5퍼센트 미만, 일산화탄소의 농도가 30피피엠 미만, 황화수소의 농도가 10피피엠 미만인 수준의 공기를 말한다.

56 다음 중 작업에 기인하여 전신진동을 받을 수 있는 작업자로 가장 올바른 것은?

① 병타 작업자 ② 착암 작업자
③ 해머 작업자 ④ 교통기관 승무원

해설 전신진동(whole-body vibration): 인체와 기계 진동 요소가 접촉하는 발, 엉덩이, 등 부위에 전달된 진동을 의미하며 전신진동을 받을 수 있는 작업자는 교통기관 승무원이 있다.

57 유해화학물질이 체내로 침투되어 해독되는 경우 해독반응에 가장 중요한 작용을 하는 것은?

① 적혈구 ② 효소
③ 림프 ④ 백혈구

해설 체내 효소의 역할
㉠ 체내의 항상성(恒常性)을 유지
㉡ 혈액을 약알칼로 해주며 체내의 이물을 제거
㉢ 장내 세균의 평형을 유지하고 세포의 강화작용 및 소화의 촉진작용 그리고 병원균에 대한 저항력을 강화시킴
㉣ 항염증(抗炎症)에 작용
㉤ 세포의 일부가 손상, 파괴되면 병원균이 성장하여 염증이 생기는데 효소는 백혈구를 운반하여 백혈구의 활동을 도와 상처입은 세포에 치유력을 높여 줌
㉥ 분해 작용
㉦ 병 부위 관내(管內)에 저류된 오물을 분해·배설
㉧ 혈액을 정화해 줌
㉨ 혈액 중의 노폐물과 염증의 병독을 분해하여 배설하는 작용을 함
㉩ 혈중 콜레스테롤(cholesterol)을 용해시키며 혈류의 흐름을 좋게 함

58 감압병 예방 및 치료에 관한 설명으로 옳지 않은 것은?

① 감압병의 증상이 발생하였을 경우 환자를 원래의 고압환경으로 복귀시킨다.
② 고압 환경에서 작업할 때에는 질소를 아르곤으로 대치한 공기를 호흡시키는 것이 좋다.
③ 잠수 및 감압방법에 익숙한 사람을 제외하고는 1분에 10 m 정도씩 잠수하는 것이 좋다.
④ 감압이 끝날 무렵에 순수한 산소를 흡입시키면 예방적 효과와 감압시간을 단축시킬 수 있다.

해설 고압 환경에서 작업할 때에는 질소를 헬륨으로 대치한 공기를 호흡시키는 것이 좋다.

59 고압환경에서 발생할 수 있는 장해에 영향을 주는 화학물질과 가장 거리가 먼 것은?

① 산소 ② 질소
③ 아르곤 ④ 이산화탄소

해설 고압환경의 인체작용(2차적 가압현상)
㉠ 질소가스의 마취작용(4기압 이상에서 일으킴), 다행증
㉡ 산소중독(산소의 분압이 2기압이 넘을 경우)
㉢ 이산화탄소의 작용(산소 독성과 질소 마취작용을 증가시키는 역할을 함)

60 방진 마스크의 필터에 사용되는 재질과 가장 거리가 먼 것은?

① 활성탄 ② 합성섬유
③ 면 ④ 유리섬유

해설 방진 마스크의 필터에 사용되는 재질은 보통 면이나 부직포 성상의 TPE 재질(합성섬유)이나 특수한 경우 유리섬유 등을 사용한다.

정답 50 ② 51 ③ 52 ④ 53 ③ 54 ② 55 ② 56 ④
57 ② 58 ② 59 ③ 60 ①

4과목 산업환기

61 일반적으로 외부식 후드에 플랜지를 부착하면 약 어느 정도 효율이 증가될 수 있는가? (단, 플랜지의 크기는 개구면적의 제곱근 이상으로 한다.)

① 15 %
② 25 %
③ 35 %
④ 45 %

해설 외부식 후드에 플랜지를 부착하면 후방 유입기류가 차단되어 후드 전면에서 포집 범위가 확대되어 플랜지가 없는 후드에 비해 필요송풍량을 약 25 % 정도 감소시킬 수 있다.

62 후드의 형식 분류 중 포위식 후드에 해당하는 것은?

① 슬롯형
② 캐노피형
③ 건축부스형
④ 그리드형

해설 포위식 후드: 건축부스형, 장갑부착 상자형, 포위형, 그래프트 챔버형 등이 있다.

63 덕트 제작 및 설치에 대한 고려사항으로 옳지 않은 것은?

① 가급적 원형 덕트를 설치한다.
② 덕트 연결 부위는 가급적 용접하는 것을 피한다.
③ 직경이 다른 덕트를 연결할 때에는 경사 30° 이내의 테이퍼를 부착한다.
④ 수분이 응축될 경우 덕트 내로 들어가지 않도록 경사나 배수구를 마련한다.

해설 덕트 연결 부위는 가급적 용접해야 이음새에 대한 공기 저항이 없어진다.

64 환기 시스템 자체 검사 시에 필요한 측정기로서 공기의 유속 측정과 관련이 없는 장비는?

① 피토관
② 열선풍속계
③ 스모크 테스터
④ 흑구온도계

해설 환기 시스템 자체 검사 시에 필요한 측정기로서 공기의 유속 측정을 하는 장비: 피토관, 열선풍속계, 발연관(smoke tester) 등이 있다.

65 그림과 같이 작업대 위의 용접 흄을 제거하기 위해 작업면 위에 플랜지가 붙은 외부식 후드를 설치했다. 개구면에서 포착점까지의 거리는 0.3 m, 제어속도는 0.5 m/s, 후드개구의 면적이 0.6 m²일 때 Della Valle식을 이용한 필요송풍량(m³/min)은 약 얼마인가? (단, 후드개구의 폭/높이는 0.2보다 크다.)

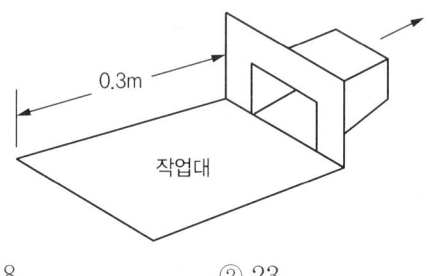

① 18
② 23
③ 32
④ 45

해설 후드가 바닥면에 위치해 있고, 플랜지가 부착되어 있으므로

필요송풍량 $Q = 60 \times 0.5 \times V_c(10X^2 + A)$
$= 60 \times 0.5 \times 0.5 \times (10 \times 0.3^2 + 0.6)$
$= 22.5 \, m^3/min$

66 0 ℃, 1기압에서 공기의 비중량은 1.293 kg$_f$/m³이다. 65 ℃의 공기가 송풍관 내를 15 m/s의 유속으로 흐를 때, 속도압은 약 몇 mmH$_2$O인가?

① 20
② 16
③ 12
④ 18

해설 덕트 내의 속도압: $VP = \dfrac{\gamma V^2}{2g}$ 에서

$\gamma = 1.293 \times \dfrac{273}{273+65} = 1.04 \, kg/m^3$

$\therefore VP = \dfrac{1.04 \times 15^2}{2 \times 9.81} = 12 \, mmH_2O$

67 메틸에틸케톤이 5 L/h로 발산되는 작업장에 대해 전체환기를 시키고자 할 경우 필요환기량(m³/min)은? (단, 메틸에틸케톤 분자량은 72.06, 비중은 0.805, 21 ℃, 1기압 기준, 안전계수는 2, TLV는 200 ppm이다.)

① 224
② 244
③ 264
④ 284

해설 MEK(메틸에틸케톤, Methyl Ethyl Ketone): $CH_3C(O)CH_2CH_3$의 구조로 이루어진 유기화합물)에 대하여
- 사용량 = 5 L/h × 0.805 g/mL × 1 000 mL/L
  = 4 025 g/h
- 발생률 = $\dfrac{24.45\,L \times 4\,025\,g/h}{72.06\,g}$ = 1 365.7 L/h
- 필요환기량 = $\dfrac{1\,365.7\,L/h \times 1\,000\,mL/L}{200\,mL/m^3 \times 60\,min} \times 2$
  = 228 m³/min

68 20 ℃, 1기압에서의 유체의 점성계수는 1.8 × 10^{-5} kg/s·m이고, 공기밀도는 1.2 kg/m³, 유속은 1.0 m/s이며, 덕트 직경이 0.5 m일 경우의 레이놀즈수는?

① 1.27 × 10^5
② 1.79 × 10^5
③ 2.78 × 10^4
④ 3.33 × 10^4

해설 레이놀즈수 $Re = \dfrac{\rho V d}{\mu}$
여기서, ρ: 유체의 밀도(kg/m³), V: 유체의 평균유속(m/s), d: 유체가 흐르는 관의 직경(m), μ: 유체의 점성계수(kg/m·s = Poise)
$\therefore Re = \dfrac{1.2 \times 1.0 \times 0.5}{1.8 \times 10^{-5}} = 33\,333 = 3.33 \times 10^4$

69 다음 중 전체환기 방식을 적용하기에 적절하지 못한 것은?

① 목재분진
② 톨루엔 증기
③ 이산화탄소
④ 아세톤 증기

해설 목재분진은 사람에게 충분한 발암성 증거가 있는 물질(1A)이므로 전체환기 방식은 적용하지 못한다.

70 산업안전보건법령에서 규정한 관리대상 유해물질 관련 물질의 상태 및 국소배기장치 후드의 형식에 따른 제어풍속으로 옳지 않은 것은?

① 외부식 상방흡입형(가스 상태): 1.0 m/s
② 외부식 측방흡입형(가스 상태): 0.5 m/s
③ 외부식 상방흡입형(입자 상태): 1.0 m/s
④ 외부식 측방흡입형(입자 상태): 1.0 m/s

해설 산업안전보건기준에 관한 규칙 [별표 13] 관리대상 유해물질 관련 국소배기장치 후드의 제어풍속

물질의 상태	후드 형식	제어풍속(m/s)
가스 상태	포위식 포위형	0.4
	외부식 측방흡입형	0.5
	외부식 하방흡입형	0.5
	외부식 상방흡입형	1.0
입자 상태	포위식 포위형	0.7
	외부식 측방흡입형	1.0
	외부식 하방흡입형	1.0
	외부식 상방흡입형	1.2

71 송풍기 설계 시 주의사항으로 옳지 않은 것은?

① 송풍관의 중량을 송풍기에 가중시키지 않는다.
② 송풍기의 덕트 연결부위는 송풍기와 덕트가 같이 진동할 수 있도록 직접 연결한다.
③ 배기가스의 입자의 종류와 농도 등을 고려하여 송풍기의 형식과 내마모 구조를 고려한다.
④ 송풍량과 송풍압력을 만족시켜 예상되는 풍량의 변동 범위 내에서 과부하하지 않고 운전이 되도록 한다.

해설 송풍기의 덕트 연결 부위는 플렉시블 덕트(flexible duct)를 설치하여 진동을 절연한다.

정답 61 ② 62 ③ 63 ② 64 ④ 65 ② 66 ③ 67 ①
68 ④ 69 ① 70 ③ 71 ②

72. 흡입유량을 320 m³/min에서 200 m³/min으로 감소시킬 경우 소요동력은 몇 % 감소하는가?

① 14.4
② 18.4
③ 20.4
④ 24.4

해설 송풍기의 상사법칙에 의해 $\dfrac{kW_2}{kW_1} = \left(\dfrac{Q_2}{Q_1}\right)^3$ 이므로

$kW_2 = kW_1 \times \left(\dfrac{Q_2}{Q_1}\right)^3 = kW_1 \times \left(\dfrac{200}{320}\right)^3 = 0.244 \times kW_1$

∴ 흡입유량을 감소시킬 경우 소요동력은 처음 소요동력의 24.4 %가 감소된다.

73. 압력에 관한 설명으로 옳지 않은 것은?

① 정압이 대기압보다 작은 경우도 있다.
② 정압과 속도압의 합은 전압이라고 한다.
③ 속도압은 공기 흐름으로 인하여 (−)압력이 발생한다.
④ 정압은 속도압과 관계없이 독립적으로 발생한다.

해설 속도압(VP, Velocity Pressure): 공기의 흐름 방향으로 미치는 압력으로 단위체적의 공기가 갖고 있는 운동에너지이다.
공기의 운동에너지에 비례하여 항상 양압을 갖는다.

74. 습한 납 분진, 철 분진, 주물사, 요업재료 등과 같이 일반적으로 무겁고 습한 분진의 반송속도(m/s)로 옳은 것은?

① 5 ~ 10
② 15
③ 20
④ 25 이상

해설 젖은 납분진, 철분진, 젖은 주물사, 요업재료와 같은 오염물질의 일반적인 반송속도(운반속도, transport velocity)는 25 m/s 이상이다.

75. 대기압이 760 mmHg이고, 기온이 25 ℃에서 톨루엔의 증기압은 약 30 mmHg이다. 이때 포화증기농도는 약 몇 ppm인가?

① 10,000
② 20,000
③ 30,000
④ 40,000

해설 포화증기 농도 $= \dfrac{해당 물질의\ 증기압}{760\ mmHg} \times 10^6$

$= \dfrac{30}{760} \times 10^6 ≒ 40,000\ ppm$

76. 흡착법에서 사용하는 흡착제 중 일반적으로 사용되고 있으며, 비극성의 유기용제를 제거하는 데 유용한 것은?

① 활성탄
② 실리카젤
③ 활성알루미나
④ 합성제올라이트

해설 활성탄은 비극성류(에스테르류, 알코올류, 할로겐화 탄화수소류, 방향족 탄화수소류) 유기용제를 제거하는 데 유용하게 사용되는 흡착제이다.

77. 국소배기장치의 배기 덕트 내 공기에 의한 마찰손실과 관련이 없는 것은?

① 공기조성
② 공기속도
③ 덕트직경
④ 덕트길이

해설
- 배기 덕트 내 공기에 의한 마찰손실에 미치는 영향인자: 공기속도, 덕트 직경, 덕트 길이, 덕트 형상, 덕트 면의 거칠기
- 덕트의 압력손실 계산식: $\Delta P = \lambda \dfrac{L}{D} \times VP$

$= \lambda \dfrac{L}{D} \times \dfrac{\gamma V^2}{2g}$

78 국소배기장치의 설계 시 후드의 성능을 유지하기 위한 방법이 아닌 것은?

① 제어속도를 유지한다.
② 주위의 방해기류를 제어한다.
③ 후드의 개구면적을 최소화한다.
④ 가급적 배출오염원과 멀리 설치한다.

해설 국소배기장치의 설계 시 후드의 성능을 높이기 위해서는 후드를 가급적 배출오염원과 가까이 설치한다.

79 스크러버(scrubber)라고도 불리며 분진 및 가스함유 공기를 물과 접촉시킴으로써 오염물질을 제거하는 방법의 공기정화장치는?

① 세정 집진장치
② 전기 집진장치
③ 여포 집진장치
④ 원심력 집진장치

해설 세정 집진장치: 처리가스에 물을 분사시키거나 처리가스를 엷은 액체막으로 또는 습윤된 충진탑에 통과시켜 처리가스 내의 분진을 제거하는 공기정화장치이다.

80 환기시설을 효율적으로 운영하기 위해서는 공기공급시스템이 필요한데 그 이유로 적절하지 않은 것은?

① 연료를 절약하기 위해서
② 작업장의 교차기류를 활용하기 위해서
③ 근로자에게 영향을 미치는 냉각기류를 제거하기 위해서
④ 실외공기가 정화되지 않은 채 건물 내로 유입되는 것을 막기 위해서

해설 공기공급시스템(보충용 공기의 공급 장치)이 필요한 이유
㉠ 에너지 절감(연료 절약)
㉡ 안전사고 예방
㉢ 국소배기장치의 효율 유지
㉣ 작업장 내의 방해기류(교차기류)가 생기는 것을 방지하기 위해 필요

정답 72 ④ 73 ③ 74 ④ 75 ④ 76 ① 77 ① 78 ④ 79 ① 80 ②

부록 II

CBT 모의고사

- CBT 모의고사 1회
- CBT 모의고사 2회

CBT 필기시험 미리 보기

http://www.q-net.or.kr

처음 방문하셨나요?
큐넷 서비스를 미리 체험해보고 사이트를 쉽고 빠르게 이용할 수 있는 이용 안내, 큐넷 길라잡이를 제공

- 큐넷 체험하기
- CBT 체험하기
- 이용안내 바로가기
- 큐넷길라잡이 보기
- 동영상 실기시험 체험하기
- 전문자격시험체험학습관 바로 가기

이용방법

큐넷에 접속한 후, 메인 화면 하단의 〈CBT 체험하기〉 버튼을 클릭한다.

1회 CBT 모의고사

- 수험번호:
- 수험자명:

- 제한 시간:
- 남은 시간:

- 전체 문제 수:
- 안 푼 문제 수:

답안 표기란

01 ① ② ③ ④
02 ① ② ③ ④

1과목 산업위생학개론

01 다음 ( ) 안에 알맞은 것은?

> 화학물질 및 물리적 인자의 노출 기준에 있어서 단시간 노출 기준(STEL)이라함은 1회에 ( )분간 유해요인에 노출되는 경우의 기준으로 1시간 이상인 1일 작업시간 동안 ( ) 이하 노출이 허용될 수 있는 기준을 말한다.

① 30, 6회
② 30, 4회
③ 15, 6회
④ 15, 4회

해설

단시간 노출 기준(STEL)이란 15분간의 시간가중평균노출값으로서 노출농도가 시간가중평균노출 기준(TWA)을 초과하고 단시간 노출 기준(STEL) 이하인 경우에는 1회 노출 지속시간이 15분 미만이어야 하고, 이러한 상태가 1일 4회 이하로 발생하여야 하며, 각 노출의 간격은 60분 이상이어야 한다.

02 에너지대사율(RMR)로 옳은 것은?

① 작업에 소요된 열량/기초대사량
② 기초대사량/작업대사량
③ 작업대사량/기초대사량
④ 기초대사량/작업에 소요된 열량

해설

에너지대사율은 작업 강도의 단위로써 산소호흡량을 측정하여 에너지 소모량을 결정하는 방식이다.

$$\text{작업대사율(에너지대사율)} = \frac{\text{작업 시 소요된 열량} - \text{안정 시 소요되는 열량}}{\text{기초대사량}}$$

$$= \frac{\text{작업대사량}}{\text{기초대사량}}$$

$$= \frac{\text{작업 시 산소 소비량} - \text{안정 시 산소 소비량}}{\text{기초대사 시 산소 소비량}}$$

03 미국산업위생학술원에서 채택한 산업위생 전문가 윤리강령의 내용으로 옳지 않은 것은?

① 기업체의 비밀은 누설하지 않는다.
② 위험요소와 예방조치에 관하여 근로자와 상담한다.
③ 사업주와 일반 대중의 건강 보호가 1차적 책임이다.
④ 전문적 판단이 타협에 의해서 좌우될 수 있으나 이해관계가 있는 상황에서는 개입하지 않는다.

해설
사업주와 일반 대중의 건강 보호가 1차적 책임인 윤리강령은 존재하지 않는다.

04 작업 자세는 에너지 소비량에 영향을 미친다. 바람직한 작업 자세로 옳지 않은 것은?

① 정적 작업을 피한다.
② 불안정한 자세를 피한다.
③ 작업물체와 몸과의 거리를 약 30 cm 유지토록 한다.
④ 원활한 혈액의 순환을 위해 작업에 사용하는 신체 부위를 심장 높이보다 아래에 두도록 한다.

해설
원활한 혈액의 순환을 위해 작업에 사용하는 신체 부위를 심장 높이보다 약간 위에 두도록 한다.

05 바람직한 근무 교대제로 옳은 것은?

① 야간 교대시간은 심야로 정한다.
② 연속근무의 경우 3교대 3조로 편성한다.
③ 야간근무의 연속은 2 ~ 3일 정도로 한다.
④ 야근 종료 후의 휴식은 32시간 이내로 한다.

해설
- 야근의 교대시간은 심야에 하지 않는다.
- 연속근무의 경우 근무의 연속성을 고려하여 가능한 한 4조 3교대로 편성한다.
- 야근 종료 후의 휴식은 최소 48시간 이상을 가지도록 하여야 한다.

정답 01 ④ 02 ③ 03 ③ 04 ④ 05 ③

06 물리적 인자의 노출 기준상 충격소음의 1일 노출횟수가 500회일 때의 허용 충격소음의 강도는?

① 110 dB(A) ② 120 dB(A)
③ 130 dB(A) ④ 140 dB(A)

> **해설**
>
> 화학물질 및 물리적 인자의 노출 기준 [별표 2-2] 충격소음의 노출 기준
>
> | 1일 노출횟수 | 충격소음의 강도 dB(A) |
> |---|---|
> | 100 | 140 |
> | 1,000 | 130 |
> | 10,000 | 120 |
>
> 위 표에서 1일 노출횟수가 500회일 때의 충격소음의 강도는 130 dB(A)이다.

07 근로자 건강 보호의 목적으로 수행되는 산업보건 분야의 업무에 대한 내용이다. 전문 분야별 주요 업무로 옳게 연결된 것은?

① 산업위생학 – 쾌적한 작업환경조성을 공학적으로 연구
② 산업의학 – 근로자의 건강과 안전을 연구
③ 인간공학 – 인간과 직업, 기계, 환경, 근로의 관계를 인문 사회학적으로 연구
④ 산업간호학 – 근로자의 건강증진, 질병의 예방과 치료를 연구

> **해설**
>
> - **산업의학**: 직업환경의학이라고도 하며 직업·환경과 관련된 각종 유해인자에 의한 질병을 진단·치료함은 물론 근로자의 기초 질환을 관리하는 새로운 의학이다.
> - **인간공학**: 인간의 신체적 인지적 특성을 고려하여 인간을 위해 사용되는 물체, 시스템, 환경의 디자인을 과학적인 방법으로 기존보다 사용하기 편하게 만드는 응용학문이다.
> - **산업간호학**: 근로자의 건강증진 및 건강관리, 보건위생관리, 보건교육 등을 통하여 산업체의 자기관리 능력을 적정기능 수준으로 향상시키는 학문이다.

08 노출에 대한 생물학적 모니터링의 설명으로 옳지 <u>않은</u> 것은?

① 기준값은 주 5일, 1일 8시간 노출을 기준으로 한다.
② 근로자로부터 시료를 직접 채취하기 때문에 시료의 채취 및 분석이 용이하다.
③ 공기 중의 농도보다도 근로자의 건강위험을 보다 직접적으로 평가할 수 있다.
④ 결정인자는 공기 중에서 흡수된 화학물질에 의하여 생긴 가역적인 생화학적 변화이다.

> **해설**
>
> 생물학적 모니터링(biological monitoring)은 혈액, 소변, 모발 등 생체 시료로부터 유해물질 그 자체, 또는 유해물질의 대사산물 또는 생화학적 변화산물 등 '생물학적 노출 지표'를 분석하여 유해물질 노출에 의한 체내 흡수 정도 또는 건강 영향 가능성 등을 평가하는 것을 말하며 시료의 채취 및 분석이 어렵다.

09 영상표시단말기(VDT)의 취급에 관한 설명으로 옳지 않은 것은?

① 화면상의 문자와 배경과의 휘도비(contrast)를 높인다.
② 작업 면에 도달하는 빛의 각도를 화면으로부터 45° 이내가 되도록 조면 및 채광을 제한한다.
③ 작업장 주변 환경의 조도를 화면의 바탕 색상이 검정색 계통일 때 300 ~ 500 Lux로 유지한다.
④ 영상표시단말기 작업을 주목적으로 하는 작업실 내의 온도를 18 ~ 24 ℃, 습도는 40 ~ 70 %를 유지하여야 한다.

> **해설**
>
> 화면에 나타나는 문자·도형과 배경의 휘도비(contrast)는 작업자가 용이하게 조절할 수 있어야 한다.

10 혐기성 대사에서 혐기성 반응에 의해 에너지를 생산하지 않는 것은?

① 아데노신삼인산(ATP)   ② 크레아틴인산(CP)
③ 포도당   ④ 지방

> **해설**
>
> 혐기성 대사 에너지원: ATP(Adenosine Tri-Phosphate), CP(Creatine Phosphate), 글리코겐($(C_6H_{10}O_5)_n$), 포도당

11 직업성 질환에 관한 설명으로 옳지 않은 것은?

① 재해성 질병과 직업병으로 분류할 수 있다.
② 장기적 경과를 가지므로 직업과의 인과관계를 명확하게 규명할 수 있다.
③ 직업상 업무로 인하여 1차적으로 발생하는 질병을 원발성 질환이라 한다.
④ 합병증은 원발성 질환에서 떨어진 다른 부위에 같은 원인에 의한 제2의 질환을 일으키는 경우를 말한다.

정답 06 ③ 07 ① 08 ② 09 ① 10 ④ 11 ②

> **해설**
> 직업성 질환은 직업과의 인과관계를 명확하게 규명할 수 없는 어려움이 있다.

12 산업 피로의 발생 요인 중 작업부하와 관련이 가장 적은 것은?
① 작업 강도
② 작업 자세
③ 적응 조건
④ 조작 방법

> **해설**
> 산업 피로의 발생 요인으로 작업부하 조건은 작업공간(작업 자세, 동작 공간), 작업방식(조작방법, 정보표시), 작업 강도, 작업환경 등과 관련이 있다.

13 일반적으로 산소 1 L에 생산되는 에너지양은 몇 kcal 정도인가?
① 1.5
② 5
③ 9
④ 15

> **해설**
> 에너지대사율(RMR) ∝ 산소 소모량(산소 1 L는 5 kcal의 에너지를 소비시킨다.)

14 미국의 산업위생학회(AIHA)에서 정의하고 있는 산업위생의 정의에 포함되지 않는 용어는?
① 예측(anticipation)
② 측정(recognition)
③ 평가(evaluation)
④ 증진(promotion)

> **해설**
> AIHA의 정의: 근로자들과 지역사회 주민들에게 질병, 건강장해와 안녕 방해, 또는 심각한 불쾌감과 비능률을 초래하는 작업환경 요인 또는 스트레스를 예측, 인지(또는 측정), 평가 및 관리(또는 대책)하는 과학이며 기술이다.

15 육체적 근육노동 시 특히 주의하여 보급해야 할 비타민의 종류는?
① 비타민 B_1
② 비타민 B_2
③ 비타민 B_6
④ 비타민 B_{12}

> **해설**
> 작업 강도가 높은 근로자의 근육에 호기적 산화로 연소를 도와주는 영양소는 비타민 B_1(티아민, thiamine)이다.

16 화학적 유해인자에 대한 노출을 평가하는 방법은 크게 개인 시료와 생물학적 모니터링(biological monitoring)이 있는데 다음 중 생물학적 모니터링에 이용되는 시료로 옳지 <u>않은</u> 것은?

① 소변
② 유해인자의 노출량
③ 혈액
④ 인체조직이나 세포

해설
생물학적 모니터링에 이용되는 시료: 소변, 호기, 혈액, 인체조직이나 세포(머리카락, 손발톱, 타액 등)

17 화학물질이 2종 이상 혼재하는 경우 다음 공식에 의하여 계산된 EI값이 1을 초과하지 아니하면 기준치를 초과하지 아니하는 것으로 인정할 때 이 공식을 적용하기 위하여 각각의 물질 사이의 관계는 어떤 작용을 하여야 하는가? (단, C는 화학물질 각각의 측정치, T는 화학물질 각각의 노출 기준을 의미한다.)

$$EI = \frac{C_1}{T_1} + \frac{C_2}{T_2} + \cdots + \frac{C_n}{T_n}$$

① 가승작용(potentiation)
② 상가작용(additive effect)
③ 상승작용(synergistic effect)
④ 길항작용(antagonistic effect)

해설
각 유해인자의 노출 기준은 해당 유해인자가 단독으로 존재하는 경우의 노출 기준을 말하며, 2종 또는 그 이상의 유해인자가 혼재하는 경우에는 각 유해인자의 상가작용으로 유해성이 증가할 수 있으므로 제6조에 따라 산출하는 노출 기준을 사용하여야 한다.

18 허용농도(TLV) 적용상 주의할 내용으로 옳지 <u>않은</u> 것은?
① 산업위생 전문가에 의하여 적용되어야 한다.
② 산업장의 유해조건을 평가하고 개선하기 위한 지침으로만 사용되어야 한다.
③ 24시간 노출 또는 정상 작업시간을 초과한 노출에 대한 독성 평가에는 적용될 수 없다.
④ 대기오염 평가 및 관리에 적용될 수 없으며 단순히 독성의 강도를 비교, 평가할 수 있는 기준이다.

해설
TLV는 대기오염 평가 및 관리에 적용될 수 없으며 독성의 강도를 비교, 평가할 수 있는 지표가 아니다.

정답 12 ③ 13 ② 14 ④ 15 ① 16 ② 17 ② 18 ④

19 사업장에서 건강 영향이나 직업병 발생에 관여하는 것으로 작업요인이 큰 연관성을 갖고 있다. 다음 중 이러한 작업요인에 관한 설명으로 옳지 않은 것은?

① 작업시간은 하루 8시간, 1주 48시간을 원칙으로 가급적 준수한다.
② 적성배치란 근로자의 생리적, 심리적 특성에 적합한 작업에 배치하는 것을 말한다.
③ 작업요인으로는 적성배치 외에도 작업시간이나 교대제 등의 작업조건도 배려할 필요가 있다.
④ 교대제 근무에 대한 일주기 리듬의 생리적, 심리적 적응은 불완전하므로 생산적 이유 이외의 교대제는 하지 않는다.

해설
근로기준법, 제4장 근로시간과 휴식, 제50조(근로시간)
① 1주 간의 근로시간은 휴게시간을 제외하고 40시간을 초과할 수 없다.
② 1일의 근로시간은 휴게시간을 제외하고 8시간을 초과할 수 없다.

20 작업환경 측정 및 지정측정기관평가 등에 의한 고시에 의하여 공기 중 석면을 위상차현미경으로 분석할 경우 그 길이가 얼마 이상인 것을 계수하는가?

① 1 μm
② 5 μm
③ 10 μm
④ 15 μm

해설
위상차현미경의 원리(NIOSH 7400)
대부분의 분석 방법이 시료 채취에 셀룰로스 에스테르(MCE, Mixed Cellulose Ester membrane) 막여과지를 사용하고, 전처리 시 Acetone-Triacetine을 사용한다. 길이는 5 μm 이상, Aspect Ratio(AR)가 3 : 1을 초과하는 섬유를 400 ~ 600배 확대하여 계수하며, 농도를 fiber/cc 또는 fiber/mL로 표현한다.

2과목 ··· 작업환경 측정 및 평가

21 1차 표준장비에 포함되지 않는 것은?

① 폐활량계(spirometer)
② 비누거품메타(soap buble meter)
③ 가스치환병(mariotte bottle)
④ 열선기류계(thermo anemometer)

해설

1차 표준 보정기구: 기구 자체가 정확한 값(정확도 ± 1 % 이내)를 제시하는 기구
㉠ 폐활량계(spirometer)
㉡ 무마찰 거품관 또는 비누거품미터(frictionless piston meter)
㉢ 피토우관(pitot tube)
㉣ 가스치환병(주로 실험실에서 사용함)
㉤ 유리 또는 흑연피스톤미터
열선기류계는 유량을 측정하는 2차 표준기구이다.

22 작업환경 측정결과의 평가에서 작업시간 전체를 1개의 시료로 측정할 경우의 노출결과 구분이 옳게 표기된 것은?

① 하한치(LCL) > 1일 때 노출 기준 미만
② 상한치(UCL) ≤ 1일 때 노출 기준 초과
③ 하한치(LCL) > 1일 때, 노출 기준 초과
④ 하한치(LCL) ≤ 1, 상한치(UCL) < 1일 때, 노출 기준 초과 가능

해설

- 하한치(LCL) > 1일 때 노출 기준 초과
- 상한치(UCL) ≤ 1일 때 노출 기준 이하
- 하한치(LCL) ≤ 1, 상한치(UCL) > 1일 때, 노출 기준 초과 가능

23 작업환경 측정 단위에 대한 설명으로 옳은 것은?

① 분진은 mL/m^3로 표시한다.
② 석면의 표시단위는 개수/m^3로 표시한다.
③ 가스 및 증기의 노출 기준 표시단위는 ppm 또는 mg/L 등으로 표시한다.
④ 고열(복사열 포함)의 측정 단위는 습구흑구온도지수(WBGT)를 구하여 ℃로 표시한다.

해설

- 분진은 mg/m^3 또는 $\mu g/m^3$로 표시한다.
- 석면의 표시단위는 개수/cm^3로 표시한다.
- 가스 및 증기의 노출 기준 표시단위는 ppm으로 표시한다.

정답 19 ① 20 ② 21 ④ 22 ③ 23 ④

24 흡광광도측정에서 투과 퍼센트가 50 %일 때 흡광도는?

① 0.1　　② 0.2
③ 0.3　　④ 0.4

해설

흡광도, $A = \log \frac{1}{\tau}$ 에서 $A = \log \frac{1}{0.5} = 0.30$

25 폐포에 침착할 때 독성을 일으킬 수 있는 물질로서 평균 입자의 크기가 4 μm인 입자상 물질은? (단, ACGIH 기준)

① 흡입성 입자상 물질　　② 흉곽성 입자상 물질
③ 복합성 입자상 물질　　④ 호흡성 입자상 물질

해설

호흡성 먼지(RPM, Respirable Particulate Matters): 가스교환 부위인 폐포에 침착하여 독성을 나타내는 물질. 평균입경이 4 μm이고, 3.5 μm인 입자가 폐포로 들어올 확률은 50 %이다.

26 1차 표준기기(primary standard)로 옳지 않은 것은?

① 유리피스톤미터　　② 폐활량계(spirometer)
③ 가스치환병(mariotte bottle)　　④ 건식가스미터(dry gas meter)

해설

건식가스미터(dry gas meter)는 2차 표준보정기구이다.

27 표준가스에 관한 법칙 중 일정한 부피조건에서 압력과 온도가 비례한다는 것을 나타내는 법칙은?

① 게이-뤼삭의 법칙　　② 라울트의 법칙
③ 보일의 법칙　　④ 하인리히의 법칙

해설

게이-뤼삭의 법칙(Gay-Lussac's law): 기체의 온도와 부피의 관계를 나타내는 제1법칙과 제2법칙이 있다.
㉠ 제1법칙: 기체의 부피는 일정한 압력하에서는 기체의 종류에 관계 없이 절대온도에 정비례하여 증가한다. 이 법칙은 1801년 게이-뤼삭에 의해 확립되었으나 이보다 앞서 1787년에 샤를이 같은 내용을 발표하고 있어, 샤를 법칙이라고도 한다.
㉡ 제2법칙: 기체반응의 법칙이라고도 하며 두 기체가 서로 과부족 없이 반응할 때 이들 기체와 생성된 기체의 부피 사이에는 간단한 정수비(整數比)의 관계가 성립된다.

28 에틸렌글리콜이 20 ℃, 1기압에서 증기압이 0.05 mmHg이면 포화농도(ppm)는?

① 약 44 ② 약 66 ③ 약 88 ④ 약 102

해설

포화농도(ppm) $= \dfrac{0.05}{760} \times 10^6 = 66 \text{ ppm}$

29 어느 작업장의 벤젠농도를 5회 측정한 결과가 30 ppm, 33 ppm, 29 ppm, 27 ppm, 31 ppm이었다면 기하평균농도(ppm)는?

① 29.9
② 30.5
③ 30.9
④ 31.1

해설

기하평균(幾何平均, geometric mean): 숫자들을 모두 곱해서 거듭제곱근을 취해서 얻는 평균으로 산업위생 분야에서 많이 사용하는 대푯값이다.

$\text{GM} = \sqrt[n]{x_1 \times x_2 \times \cdots \times x_n} = \sqrt[5]{30 \times 33 \times 29 \times 27 \times 31} = 29.9 \text{ ppm}$

30 미국 ACGIH에서 정의한 흉곽성 입자상 물질의 평균 입경은?

① 3 μm
② 4 μm
③ 5 μm
④ 10 μm

해설

흉곽성 먼지(TPM, Thoracic Particulate Matters): 기도나 폐포(하기도)에 침착하여 독성을 나타내는 물질, 후두를 통과하여 기관지로 들어가는 입자로 50 % 침착되는 평균 입자의 크기는 10 μm이다.

31 흡습성이 적고 가벼워 먼지 무게분석, 유리규산 채취, 6가 크로뮴 채취에 적용되는 여과지는?

① 은 막여과지
② PVC 막여과지
③ 유리섬유 여과지
④ 셀룰로오스에스테르(MCE) 막여과지

정답 24 ③ 25 ④ 26 ④ 27 ① 28 ② 29 ① 30 ④ 31 ②

> **해설**
> 여과지는 가볍고, 흡습성이 낮기 때문에 분진의 중량분석에 사용하며 유리규산을 채취하여 X-선 회절법으로 분석하는 데 적절하고 6가 크로뮴, 그리고 아연산 화합물의 채취에 이용하는 여과지는 PVC 막여과지이다.

32 습구온도를 측정하기 위한 아스만통풍건습계의 측정시간 기준으로 옳은 것은? (단, 고용노동부 고시 기준)

① 5분 이상
② 10분 이상
③ 15분 이상
④ 25분 이상

> **해설**
> 습구온도의 측정기기와 측정시간 기준
> 0.5도 간격의 눈금이 있는 아스만통풍건습계, 자연습구온도를 측정할 수 있는 기기 또는 이와 동등 이상의 성능이 있는 측정기기
> ㉠ 아스만통풍건습계: 25분 이상
> ㉡ 자연습구온도계: 5분 이상

33 공기 중 납을 막여과지로 시료포집한 후 분석한 결과 시료 여과지에서는 6 μg, 공시료 여과지에서는 0.005 μg이 검출되었다. 회수율은 95 %이고 공기 시료 채취량은 100 L이었다면 공기 중 납의 농도(mg/m^3)는? (단, 표준상태 기준)

① 약 0.028 mg/m^3
② 약 0.045 mg/m^3
③ 약 0.063 mg/m^3
④ 약 0.082 mg/m^3

> **해설**
> 공기 중 납 농도(mg/m^3) = $\dfrac{(6-0.005)\,\mu g \times \dfrac{mg}{10^3\,\mu g}}{100\,L \times 0.95 \times \dfrac{m^3}{10^3\,L}}$ = 0.063 mg/m^3

34 사이클론 분립장치가 충돌형 분립장치보다 유리한 장점으로 옳지 않은 것은?

① 사용이 간편하고 경제적이다.
② 입자의 질량 크기 분포를 얻을 수 있다.
③ 시료의 되튐 현상으로 인한 손실염려가 없다.
④ 매체의 코팅과 같은 별도의 특별한 처리가 필요 없다.

> **해설**
> 사이클론 분립장치로는 입자의 질량 크기별 분포를 얻을 수 없다.

답안 표기란				
32	①	②	③	④
33	①	②	③	④
34	①	②	③	④

35 크로마토그래피의 분리관 성능을 표시하는 분해능을 높일 수 있는 조작으로 옳지 않은 것은?

① 시료의 양을 적게 한다.
② 고정상의 양을 크게 한다.
③ 분리관의 길이를 길게 한다.
④ 고체 지지체의 입자 크기를 작게 한다.

해설
분리관의 분해능을 높이기 위한 방법
㉠ 시료와 고정상의 양을 적게 함
㉡ 고체 지지체의 입자 크기를 작게 함
㉢ 온도를 낮춤
㉣ 분리관의 길이를 길게 함(분해능은 길이의 제곱근에 비례)

36 원자흡수분광광도계는 다음 중 어떤 종류의 물질 분석에 널리 적용되는가?

① 금속
② 용매
③ 방향족 탄화수소
④ 지방족 탄화수소

해설
원자흡수분광광도계는 금속의 분석에 널리 적용된다.

37 TLV(Threshold Limit Values)는 ACGIH에서 권장하는 작업장의 노출농도 기준으로써 세계적으로 인정받고 있다. TLV에 관한 설명으로 옳지 않은 것은?

① 대기오염의 평가 및 관리에 적용하지 않는다.
② 정상작업시간을 초과한 노출에 대한 독성평가에는 적용할 수 없다.
③ 근로자가 주기적으로 노출되는 경우 역 건강 효과가 있는 농도의 최대치로 정의된다.
④ 기존의 질병이나 육체적 조건을 판단하기 위한 척도로 사용될 수 없으며 안전과 위험농도를 구분하는 경계선이 아니다.

해설
근로자가 주기적으로 노출되는 경우 역 건강 효과가 있는 농도의 최소치로 정의된다.

정답 32 ④ 33 ③ 34 ② 35 ② 36 ① 37 ③

38 고열측정에 관한 내용이다. ( ) 안에 알맞은 내용은? (단, 고용노동부 고시 기준)

> 측정은 단위작업장소에서 측정대상이 되는 근로자의 작업행동 범위에서 주 작업 위치의 ( )의 위치에서 할 것

① 바닥 면으로부터 50 cm 이상, 150 cm 이하
② 바닥 면으로부터 80 cm 이상, 120 cm 이하
③ 바닥 면으로부터 100 cm 이상, 120 cm 이하
④ 바닥 면으로부터 120 cm 이상, 150 cm 이하

해설

작업환경 측정 및 정도관리 등에 관한 고시, 제4장 작업환경 측정방법, 제5절 고열, 제31조(측정방법 등)
1. 측정은 단위작업 장소에서 측정대상이 되는 근로자의 주 작업 위치에서 측정한다.
2. 측정기의 위치는 바닥 면으로부터 50센티미터 이상, 150센티미터 이하의 위치에서 측정한다.

39 소음측정을 위해 사용되는 지시소음계(Sound Level Meter)는 산업장에서의 소음 노출의 정도를 판단하기 위하여 사용되는 기본계기이다. 지시소음계에 관한 설명으로 옳지 않은 것은?

① 지시소음계는 마이크로폰, 증폭기 및 지시계 등으로 구성되어 있으며 소리의 세기 또는 에너지량을 음압 수준으로 표시한다.
③ 보정회로를 붙인 이유는 주파수별로 음압 수준에 대한 귀의 청각반응이 다르므로 이를 보정하기 위함이다.
② 음량조절장치는 A 특성, B 특성, C 특성을 나타내는 3가지의 주파수 보정회로로 되어 있다.
④ 대부분의 소음에너지가 1 000 Hz 이하일 때에는 A, B, C의 각 특성치의 차이는 비슷하다.

해설

대부분의 소음에너지가 1 000 Hz 이하일 때에는 A, B, C의 각 특성치의 차이는 현저하게 차이가 나타난다.

40 위험도 계산 방법으로 옳지 않은 것은?

① 각 유해·위험요인에 대한 위험도 계산은 빈도 수준과 강도 수준의 조합으로 위험도 수준을 결정한다.
② 위험도 계산에 필요한 발생빈도의 수준을 4단계로, 피해 크기인 강도의 수준을 5단계로 정한다.
③ 사고의 빈도로는 위험이 사고로 발전될 확률과 노출빈도와 시간이 있다.
④ 사고의 강도로는 부상 및 건강장애 정도와 재산손실 크기가 있다.

해설
위험도 계산에 필요한 발생빈도의 수준을 5단계로, 피해 크기인 강도의 수준을 4단계로 정한다.

3과목 작업환경관리

41 분진작업장의 관리 방법을 설명한 것으로 옳지 않은 것은?

① 습식으로 작업한다.
② 작업자의 바닥에 적절히 수분을 공급한다.
③ 샌드블래스팅 작업 시에는 모래 대신 철을 사용한다.
④ 유리규산 함량이 높은 모래를 사용하여 마모를 최소화한다.

해설
유리규산 함량이 낮은 모래를 사용하여 마모를 최소화한다.

42 적외선에 관한 설명으로 옳지 않은 것은?

① 적외선에 강하게 노출되면 암검록염, 각막염, 홍채 위축, 백내장 등을 일으킬 수 있다.
② 적외선은 대부분 화학작용을 수반하며 가시광선과 자외선 사이에 있다.
③ 일명 열선이라고도 하며 온도에 비례하여 적외선을 복사한다.
④ 적외선 중 가시광선과 가까운 쪽을 근적외선이라 한다.

해설
적외선은 대부분 화학작용을 수반하지 않으며 파장이 가시광선보다 커 마이크로파와 가시광선 사이에 위치한다.

정답 38 ① 39 ④ 40 ② 41 ④ 42 ②

43 근로자가 귀덮개(NRR = 27)를 착용하고 있는 경우 미국 OSHA의 방법으로 계산한다면 차음 효과는?

① 5 dB ② 8 dB
③ 10 dB ④ 12 dB

해설
차음 효과 = (NRR − 7) × 50 % = (27 − 7) × 0.5 = 10 dB

44 방진 대책 중 전파경로 대책으로 옳은 것은?
① 수진점의 기초 중량의 부가 및 경감
② 수진점 근방의 방진구
③ 수진 측의 탄성지지
④ 수진 측의 강성변경

해설
발생원 방진 대책은 다음과 같다.
㉠ 가진력 감쇠 ㉡ 불평형력의 균형
㉢ 기초 중량의 부가 및 경감 ㉣ 탄성지지
㉤ 동적 흡진

45 일반적으로 작업장 신축 시 창의 면적은 바닥면적의 어느 정도가 적당한가?
① 1/2 ~ 1/3 ② 1/3 ~ 1/4
③ 1/5 ~ 1/7 ④ 1/7 ~ 1/9

해설
창의 면적은 바닥면적의 15 ~ 20 %(1/7 ~ 1/5)가 이상적이다.

46 고열장해 중 신체의 염분손실을 충당하지 못할 때 발생하며, 이 질환을 가진 사람은 혈중 염분의 농도가 매우 낮기 때문에 염분 관리가 중요한 것은?
① 열발진 ② 열경련
③ 열허탈 ④ 열사병

해설
수분 및 염분을 보충해주어야 하는 열중증은 열경련이다.

47 고압환경에서의 2차적인 가압현상(화학적 장해)에 관한 내용으로 옳지 않은 것은?

① 산소의 분압이 2기압이 넘으면 산소중독증세가 나타난다.
② 공기 중의 질소가스는 4기압 이상에서 마취작용을 나타낸다.
③ 산소중독 증상은 폭로가 중지된 후에도 상당 기간 지속되어 비가역적인 증세를 유발한다.
④ 이산화탄소농도의 증가는 산소의 독성과 질소의 마취작용 그리고 감압증의 발생을 촉진시킨다.

☑ 해설
산소중독 증상은 폭로가 중지되면 다시 원상태로 돌아오는 가역적인 증세가 나타난다.

48 1 foot candle의 정의는?

① 1루멘의 빛이 $1\,ft^2$의 평면상에 수직 방향으로 비칠 때 그 평면의 밝기
③ 1루멘의 빛이 $1\,m^2$의 평면상에 수직 방향으로 비칠 때 그 평면의 밝기
④ 1루멘의 빛이 $1\,in^2$의 평면상에 수직 방향으로 비칠 때 그 평면의 밝기
② 1루멘의 빛이 $1\,cm^2$의 평면상에 수직 방향으로 비칠 때 그 평면의 밝기

☑ 해설
1 푸트캔들(ft-cd, footcandle): 1루멘의 빛이 $1\,ft^2$의 평면상에 수직 방향으로 비칠 때 그 평면의 빛의 양(lumen/ft^2), 1 ft-cd = 10.8 lx

49 사업장의 유해물질을 물리적, 화학적 성질과 사용 목적을 조사하여 유해성이 보다 작은 물질로 대치한 경우로 옳지 않은 것은?

① 분체의 입자를 작은 입자로 전환한 경우
② 단열재로서 사용하는 석면을 유리섬유로 전환한 경우
③ 금속 세척 작업에 사용되는 트리클로로에틸렌을 계면활성제로 전환한 경우
④ 아조 염료의 합성 원료인 벤지딘을 대신하여 디클로로벤지딘으로 전환한 경우

☑ 해설
유해성이 작은 물질로 대치한 경우는 분체의 입자를 큰 입자로 전환한 경우이다.

정답 43 ③ 44 ② 45 ③ 46 ② 47 ③ 48 ① 49 ①

50 MUC(Maximum Use Concentration) 계산식으로 옳은 것은? (단, TLV: 허용기준, PF: 보호계수)

① MUC = TLV × PF
② MUC = TLV/PF
③ MUC = PF/TLV
④ MUC = TLV+PF

해설

최대사용농도(MUC, mg/m^3) = 노출 기준 × 할당보호계수 = TLV × PF

51 가동 중인 시설에 대한 작업환경관리를 위하여 공정을 대치하는 경우, 유의할 사항으로 가장 옳은 것은?

① 일반적으로 가장 비용이 많이 드는 대책이라는 것을 유의한다.
② 대응할 시설과 안전관계 시설에 대한 지식이 필요하다.
③ 일반적으로 유지 및 보수에 대한 많은 관심을 가진다.
④ 2-브로모프로판에 의한 생식독성 사례를 고찰한다.

해설

대치(대체)를 하는 경우는 작업환경관리의 기본적인 방법이며 비용도 적게 들 수 있다. 방법으로는 물질의 변경, 공정의 변경, 시설의 변경이 있다.

52 작업환경관리 공정의 개선내용으로 옳지 않은 것은?

① 금속을 두드려서 자르는 대신 톱으로 자르는 것
② 페인트 도장 시 분무하는 일을 페인트에 담그는 일로 바꾸는 것
③ 송풍기의 작은 날개로 고속회전시키는 대신 큰 날개로 저속회전시키는 것
④ 도자기 제조공정에서 건조 전 실시하던 점토배합을 건조 후에 실시하는 것

해설

도자기 제조공정에서 건조 후에 실시하던 점토배합을 건조 전에 실시하는 것

53 출력이 0.01 W인 기계에서 나오는 음향파워레벨(PWL)은 몇 dB인가?

① 80 dB
② 90 dB
③ 100 dB
④ 110 dB

해설

$$PWL = 10 \log \frac{W}{10^{-12}} = 10 \log \left(\frac{0.01}{10^{-12}} \right) = 100 \, dB$$

답안 표기란				
50	①	②	③	④
51	①	②	③	④
52	①	②	③	④
53	①	②	③	④

54 다음의 성분과 용도를 가진 보호크림은?

- 성분: 정제 벤드나이드젤, 염화바이닐수지
- 용도: 분진, 전해약품 제조, 원료 취급 작업

① 피막형 크림 ② 차광 크림
③ 소수성 크림 ④ 친수성 크림

해설
피막형성형 크림: 분진, 유리섬유에 대한 장해 예방용으로 적용 화학물질은 정제 벤드나이젤, 염화바이닐수지이며 작업 완료 후 즉시 닦아 내야 한다.

55 밀폐공간에서 산소결핍이 발생하는 원인 중 산소 소모에 관한 내용으로 옳지 않은 것은?

① 미생물 작용 ② 연소(용접, 절단, 불)
③ 화학반응(금속의 산화, 녹) ④ 사고에 의한 누설(저장 탱크 파손)

해설
사고에 의한 누설(저장 탱크 파손)은 산소결핍이 발생하는 원인 중 산소 소모에 해당하지 않는다.

56 전신진동 장해의 원인으로 옳은 것은?

① 중장비 차량의 운전 ② 전기톱 작업
③ 착암기 작업 ④ 해머 작업

해설
전신진동은 교통기관, 중장비 차량 등의 진동이 생체에 전파하여 일어나는 건강장해를 말한다.

57 어떤 음원의 PWL(power level)이 120 dB이다. 이 음원에서 10 m 떨어진 곳에서의 음의 세기 레벨(sound intensity level)은? (단, 점음원이고 장해물이 없는 자유공간에서 구면성으로 전파한다고 가정한다.)

① 89 dB ② 92 dB ③ 95 dB ④ 98 dB

해설
$SPL = PWL - 20 \log r - 11 = 120 - 20 \log 10 - 11 = 89\,dB$

58 산소가 결핍된 장소에서 자료 사용하는 호흡용 보호구는?
① 방진 마스크
② 일산화탄소용 방독 마스크
③ 산성가스용 방독 마스크
④ 호스 마스크

해설
산소가 결핍된 장소에서 자료 사용하는 호흡용 보호구는 공기공급이 가능한 호스 마스크나 송기 마스크를 사용한다.

59 피부 노화와 피부암에 영향을 주는 비전리방사선은?
① UV-A
② UV-B
③ UV-D
④ UV-F

해설
UV-B 자외선은 콜타르의 유도체, 벤조피렌, 안트라센 화합물과 상호작용하여 피부암을 유발하며 관여하는 파장은 280 ~ 320 nm이다.

60 한랭 환경에서 발생하는 제2도 동상의 증상은?
① 따갑고 가려운 감각이 생긴다.
② 혈관이 확장하여 발적이 생긴다.
③ 수포를 가진 광범위한 삼출성 염증이 일어난다.
④ 심부 조직까지 동결하며 조직의 괴사로 괴저가 일어난다.

해설
동상(frostbite)
㉠ 제1도 동상: 발적(홍반성) 동상이라고도 한다.
㉡ 제2도 동상: 수포를 가진 광범위한 삼출성 염증을 유발시켜 수포성 동상이라고도 한다.
㉢ 제3도 동상: 조직괴사로 괴저가 발생하여 괴사성 동상이라고도 한다.

4과목 산업환기

61 여과집진장치에서 사용되는 탈진장치의 종류로 옳지 않은 것은?
① 진동형
② 수동형
③ 역기류형
④ 역제트형

해설
여과집진장치의 탈진장치로는 진동형, 역기류형, 역분사(역제트)형, 충격분사형이 있다.

62 직경이 10 cm인 원형 후드가 있다. 관내를 흐르는 유량이 0.1 m³/s라면 후드 입구에서 15 cm 떨어진 후드 축선상에서의 제어속도는? (단, Dalla Valle의 경험식을 이용한다.)

① 0.25 m/s
② 0.29 m/s
③ 0.35 m/s
④ 0.43 m/s

해설

필요송풍량: $Q = V_c(10X^2 + A)$에서 $A = \left(\dfrac{3.14 \times 0.1^2}{4}\right) = 0.00785 \text{ m}^2$

$0.1 \text{ m}^3/\text{s} = V_c \times [(10 \times 0.15^2) \text{ m}^2 + 0.00785 \text{ m}^2]$에서 $V_c = 0.43 \text{ m/s}$

63 후드의 유입계수(C_e)에 관한 설명으로 옳지 않은 것은?

① 후드의 유입효율을 나타낸다.
② 유입손실계수가 0이면 유입계수는 1이 된다.
③ 유입계수가 1에 가까울수록 압력손실이 작은 후드이다.
④ 유입계수는 이상적인 흡입유량/실제흡입유량으로 정의된다.

해설

유입계수(C_e) = $\dfrac{\text{실제 유량}}{\text{이론적인 유량}} = \dfrac{\text{실제 흡입유량}}{\text{이상적인 흡입유량}}$으로 후드의 유입효율을 나타내며 이 값이 1에 가까울수록 압력손실이 적은 후드를 의미한다.

$C_e = \sqrt{\dfrac{1}{1+F}}$

64 희석환기를 적용하여서는 안 되는 경우는?

③ 오염물질의 발산이 비교적 균일한 경우
② 오염물질의 허용기준치가 매우 낮은 경우
④ 가연성가스의 농축으로 폭발의 위험이 있는 경우
① 오염물질의 양이 비교적 적고, 희석공기량이 많지 않아도 될 경우

해설

희석환기는 오염된 실내공기에 신선한 공기를 유입시켜 오염원 농도를 희석시키는 방법이기 때문에 오염물질의 허용기준치가 매우 낮은 경우는 독성이 강한 물질로 희석환기로는 제거가 어렵고, 이 경우에는 국소배기장치를 이용하여 제거한다.

정답 58 ④ 59 ② 60 ③ 61 ② 62 ④ 63 ④ 64 ②

65 사이클론의 집진율을 높이는 방법으로 분진박스나 호퍼부에서 처리가스의 일부를 흡입하여 사이클론 내의 난류 현상을 억제시킴으로써 집진된 먼지의 비산을 방지시키는 방법은 어떤 효과를 이용하는 것인가?

① 블로우 다운 효과
② 멀티 사이클론 효과
③ 원심력 효과
④ 중력침강 효과

☑ 해설

사이클론의 집진율을 높이는 방법의 하나로 호퍼(hopper)부에서 처리가스의 5 ~ 10 %를 흡입하여 선회기류의 교란을 방지함으로써 사이클론의 내부에서 분진이 떠오르지 못하게 하여 분리된 분진이 청정가스가 배출되는 사이클론 배출구로 빠져 나가는 것을 방지하는 방법이 사이클론의 블로다운 효과이다.

66 환기와 관련한 식으로 옳지 않은 것은? (단, 관련 기호는 표를 참고하시오.)

기호	설명	기호	설명
Q	유량	SP_h	후드 정압
A	단면적	TP	전압
V	유속	VP	속도압
D	직경	SP	정압
C_e	유입계수		

① $Q = AV$
② $A = \dfrac{\pi D^2}{4}$
③ $C_e = \sqrt{\dfrac{VP}{SP_h}}$
④ $VP = TP + SP$

☑ 해설

속도압: $VP = TP - SP$

67 덕트 제작 및 설치에 대한 고려사항으로 옳지 않은 것은?

① 가급적 원형 덕트를 설치한다.
② 덕트 연결 부위는 가급적 용접하는 것을 피한다.
③ 직경이 다른 덕트를 연결할 때에는 경사 30° 이내의 테이퍼를 부착한다.
④ 수분이 응축될 경우 덕트 내로 들어가지 않도록 경사나 배수구를 마련한다.

☑ 해설

덕트는 연결 부위에서 공기가 새어 들어오지 아니하도록 가능한 한 용접을 하는 것이 좋다.

68 유입계수가 0.6인 플랜지 부착 원형 후드가 있다. 덕트의 직경은 10 cm이고, 필요환기량이 20 m³/min라고 할 때 후드 정압(SP_h)은 약 몇 mmH₂O인가?

① -110.2 ② -236.4 ③ -307.4 ④ -448.2

해설

후드의 유입손실계수 $F_h = \dfrac{1}{C_e^2} - 1 = \dfrac{1}{0.6^2} - 1 = 1.78$

$V = \dfrac{Q}{A} = \dfrac{20}{\left(\dfrac{3.14 \times 0.1^2}{4}\right) \times 60} = 42.5 \,\text{m/s}$

$\therefore VP = \dfrac{\gamma V^2}{2g} = \dfrac{1.2 \times 42.5^2}{2 \times 9.8} = 110.6 \,\text{mmH}_2\text{O}$

$\therefore SP_h = 110.6 \times (1 + 1.78) = 307.4 \,\text{mmH}_2\text{O}$. 송풍기 앞쪽의 정압은 음압이므로 후드 정압은 $-307.4 \,\text{mmH}_2\text{O}$이다.

69 그림과 같은 덕트의 Ⅰ과 Ⅱ 단면에서 압력을 측정한 결과 Ⅰ단면의 정압(SP_1)은 -10 mmH₂O이었고, Ⅰ과 Ⅱ 단면의 속도압은 각각 20 mmH₂O

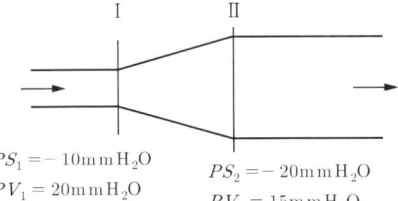

와 15 mmH₂O였다. Ⅱ 단면의 정압(SP_2)이 -20 mmH₂O이었다면 단면 확대부에서의 압력손실(mmH₂O)은?

① 5 ② 10 ③ 15 ④ 20

해설

확대부에서의 압력손실
$\Delta P = (VP_1 - VP_2) - (SP_2 - SP_1) = (20 - 15) - (-20 - (-10)) = 15 \,\text{mmH}_2\text{O}$

70 국소배기장치의 직선 덕트는 가로(a) 0.13 m, 세로(b) 0.26 m이고, 길이는 15 m, 속도압은 20 mmH₂O, 관마찰계수가 0.016일 때 덕트의 압력손실(mmH₂O)은 약 얼마인가? (단, 등가직경은 $\dfrac{2ab}{a+b}$로 구한다.)

① 12 ② 20
③ 28 ④ 26

정답 65 ① 66 ④ 67 ② 68 ③ 69 ③ 70 ③

해설

등가직경 $D_e = \dfrac{2 \times 0.13 \times 0.26}{0.13 + 0.26} = 0.173\,\text{m}$

$\therefore \Delta P = \lambda \times \dfrac{L}{D_e} \times VP = 0.016 \times \dfrac{15}{0.173} \times 20 = 27.8\,\text{mmH}_2\text{O}$

71 일반적인 산업환기 배관 내 기류 흐름의 Reynolds수 범위로 옳은 것은?

① $10^{-3} \sim 10^{-7}$
② $10^{-7} \sim 10^{-11}$
③ $10^2 \sim 10^3$
④ $10^5 \sim 10^6$

해설

일반적으로 산업환기의 덕트 내 기류 흐름의 레이놀즈수는 $10^5 \sim 10^6$로 흐름의 형태는 난류이다.

72 각형 직관에서 장변 0.3 m, 단변 0.2 m일 때 상당직경(equivalent diameter)은 약 몇 m인가?

① 0.24   ② 0.34   ③ 0.44   ④ 0.54

해설

가형 직관의 등가직경 $D_e = \dfrac{2 \times 0.3 \times 0.2}{0.3 + 0.2} = 0.24\,\text{m}$

73 직경이 250 mm인 직선 원형관을 통하여 풍량 100 m³/min의 표준상태인 공기를 보낼 때 이 덕트 내의 유속은 약 얼마인가?

① 13.32 m/s
② 17.35 m/s
③ 26.44 m/s
④ 33.95 m/s

해설

$V = \dfrac{Q}{A} = \dfrac{100 \times 4}{3.14 \times 0.25^2 \times 60} = 33.97\,\text{m/s}$

74 덕트 설치 시의 주요 원칙으로 옳지 않은 것은?

① 덕트는 가능한 한 짧게 배치하도록 한다.
② 가능한 한 후드의 가까운 곳에 설치한다.
③ 곡관의 수는 가능한 한 적게 하도록 한다.
④ 공기는 항상 위로 흐르도록 상향 구배로 한다.

해설
- 직관은 하향 구배로 하고 직경이 다른 덕트를 연결할 때는 경사 30° 이내의 테이퍼를 줄 것
- 가능한 한 길이는 짧게 하고 굴곡부(밴드)의 수는 적게 할 것
- 밴드의 수는 가능한 한 적게 하도록 한다.

75 자유공간에 떠 있는 직경 20 cm인 원형개구 후드의 개구면으로부터 20 cm 떨어진 곳의 입자를 흡입하려고 한다. 제어풍속을 0.8 m/s로 할 때 덕트에서의 속도(m/s)는 약 얼마인가?

① 7 ② 11 ③ 15 ④ 18

해설
외부식 후드의 필요송풍량

$$Q = V_c(10X^2 + A) = 0.8 \times \left[10 \times 0.2^2 + \left(\frac{3.14 \times 0.2^2}{4}\right)\right] = 0.35 \, \text{m}^3/\text{s}$$

$$\therefore V = \frac{0.35 \times 4}{3.14 \times 0.2^2} = 11.15 \, \text{m/s}$$

76 작업장의 크기가 세로 20 m, 가로 30 m, 높이 6 m이고, 필요환기량이 120 m³/min일 때 1시간당 공기 교환 횟수는 몇 회인가?

① 1회 ② 2회 ③ 3회 ④ 4회

해설
1시간당 공기 교환 횟수 $\text{ACH} = \dfrac{\text{필요환기량}(\text{m}^3/\text{h})}{\text{작업장 용적}(\text{m}^3)}$

$= \dfrac{120 \, \text{m}^3/\text{min} \times 60 \, \text{min/h}}{20 \, \text{m} \times 30 \, \text{m} \times 6 \, \text{m}} = 2$회

77 일반적으로 국소배기장치가 설치된 현장으로 가장 적합한 상황에 해당하는 것은?

① 최종 배출구가 작업장 내에 있다.
② 사용하지 않는 후드는 댐퍼로 차단되어 있다.
③ 증기가 발생하는 도장 작업지점에는 여과식 공기정화장치가 설치되어 있다.
④ 여름철 작업장 내에서는 오염물질 발생 장소를 향하여 대형 선풍기가 바람을 불어주고 있다.

정답 71 ④ 72 ① 73 ④ 74 ④ 75 ② 76 ② 77 ②

> **해설**
> - 최종 배출구가 작업장 외부에 있어야 한다.
> - 증기가 발생하는 도장 작업장에는 세정식 공기정화장치가 설치되어야 한다.
> - 여름철 작업장 내에서는 오염물질 발생장소를 향하여 대형 선풍기가 바람을 불어주면 방해기류가 형성되어 오염물질이 후드로 유입되지 못한다.

78 전자부품을 납땜하는 공정에 외부식 국소배기 장치를 설치하려 한다. 후드의 규격은 가로, 세로 각각 400 mm이고, 제어거리는 20 cm, 제어속도는 0.5 m/s, 반응속도를 1,200 m/min으로 하고자 할 때 필요소요풍량(m³/min)은? (단, 플랜지는 없으며 공간에 설치한다.)

① 13.2   ② 15.6
③ 16.8   ④ 18.4

> **해설**
> 플랜지 미부착 시 필요송풍량
> $Q = 60 \times V_c \times (10X^2 + A) = 60 \times 0.5 \times [10 \times 0.2^2 + (0.4 \times 0.4)] = 16.8 \, \text{m}^3/\text{min}$

79 온도 3 ℃, 기압 705 mmHg인 공기의 밀도보정계수는?

① 0.948   ② 0.956
③ 0.965   ④ 0.988

> **해설**
> 밀도보정계수 $d = \dfrac{(273+21)(P)}{(C+273)(760)}$ 에서 P: 압력(mmHg), C: 온도(℃)이므로
> $d = \dfrac{294 \times 705}{276 \times 760} = 0.988$

80 송풍기의 정압 효율이 좋은 것부터 옳게 나열한 것은?

① 방사형 > 다익형 > 터보형
② 터보형 > 다익형 > 방사형
③ 터보형 > 방사형 > 다익형
④ 방사형 > 터보형 > 다익형

> **해설**
> 원심력 송풍기의 효율은 터보형이 75 ~ 80 %, 방사형이 60 ~ 65 %, 다익형이 55 ~ 60 % 정도이다.

정답 78 ③   79 ④   80 ③

답안 표기란				
78	①	②	③	④
79	①	②	③	④
80	①	②	③	④

2회 CBT 모의고사

- 수험번호:
- 수험자명:
- 전체 문제 수:
- 안 푼 문제 수:

답안 표기란

01 ① ② ③ ④
02 ① ② ③ ④
03 ① ② ③ ④

1과목 · 산업위생학개론

01 다음 중 피로한 근육에서 측정된 근전도(EMG)의 특징으로 옳은 것은?
① 저주파(0 ~ 40 Hz)에서 힘의 감소 - 총전압의 감소
② 고주파(40 ~ 200 Hz)에서 힘의 감소 - 총전압의 감소
③ 저주파(0 ~ 40 Hz)에서 힘의 증가 - 평균 주파수의 감소
④ 고주파(40 ~ 200 Hz)에서 힘의 증가 - 평균 주파수의 감소

🗹 해설
국소 피로의 평가(피로한 근육에서 측정된 EMG와 정상 근육에서 측정된 EMG를 비교할 경우의 차이)
㉠ 총 전압의 증가
㉡ 평균 주파수의 감소
㉢ 0 ~ 40 Hz의 저주파수에서 힘의 증가
㉣ 40 ~ 200 Hz의 고주파수에서 힘의 감소

02 우리나라 산업위생의 역사에 있어서 1981년에 일어난 일로 옳은 것은?
① ILO 가입
② 근로기준법 제정
③ 산업안전보건법 공포
④ 한국산업위생학회 창립

🗹 해설
1981년 노동부의 산업안전보건법·시행령·시행규칙의 제정 및 공포

03 강도율의 식으로 옳은 것은?
① (재해건수/평균종업원 수) × 10^3
② (재해건수/평균종업원 수) × 10^6
③ (근로손실일 수/총근로시간 수) × 10^3
④ (근로손실일 수/총근로시간 수) × 10^6

🗹 해설
강도율(SR, Severity Rate of injury) = $\dfrac{\text{연간 총근로손실일 수}}{\text{연간 총근로시간 수}} \times 1{,}000$

정답 01 ③ 02 ③ 03 ③

04 전신 피로의 정도를 평가하고자 할 때 작업을 마친 직후 회복기에 측정하는 항목은?

① 심박수
② 에너지소비량
③ 이산화탄소(CO_2) 배출량
④ 산소부채(oxygen debt)량

해설
전신 피로의 평가는 작업을 마친 직후 회복기의 심박수(beats/min)를 측정하여 평가한다.

05 methyl chloroform(TLV = 350 ppm)을 1일 10시간 작업할 때 노출 기준을 Brife & Scala 방법으로 보정하면 몇 ppm으로 하여야 하는가?

① 150
② 175
③ 200
④ 245

해설
Brief와 Scala의 보정식에 의한 보정된 노출 기준 = TLV × RF 에서
$$RF = \left(\frac{8}{H}\right) \times \frac{24-H}{16} = \left(\frac{8}{10}\right) \times \frac{24-10}{16} = 0.7$$
∴ $350 \times 0.5 = 245 \, ppm$

06 산업안전보건법상 보건관리자의 직무로 옳지 않은 것은?

① 건강장해를 예방하기 위한 작업관리
② 물질안전보건자료의 게시 또는 비치
③ 근로자의 건강관리·보건교육 및 건강증진 지도
④ 소속된 근로자의 작업복·보호구 및 방호장치의 점검

해설
소속된 근로자의 작업복·보호구 및 방호장치의 점검과 그 착용·사용에 관한 교육·지도는 관리감독자의 업무이다.

07 세계 최초의 직업성 암으로 보고된 음낭암의 원인물질로 규명된 것은?

① 검댕(soot)
② 구리(copper)
③ 납(lead)
④ 황(sulfur)

해설
세계 최초의 직업성 암인 음낭암은 퍼시벌 포트(pott) (18세기)에 의해 굴뚝에서 배출되는 검댕 속 다핵방향족탄화수소(PAH)가 원인물질로 밝혀짐

08 미국산업위생학술원(AAIH)에서는 산업위생 분야에 종사하는 사람들이 반드시 지켜야 할 윤리강령을 채택하였는데 다음 중 해당하지 않는 것은?
① 전문가로서의 책임
② 근로자에 대한 책임
③ 검사기관으로서의 책임
④ 일반 대중에 대한 책임

해설
미국산업위생위원회(ABIH, American Board of Industrial Hygiene)와 미국산업위생학술원(AAIH, American Academy of Industrial Hygiene)의 산업위생 전문가 윤리강령은 전문가, 근로자, 기업주와 고객, 일반 대중에 대한 책임 등 4가지로 채택되었다.

09 작업환경 측정 및 정도관리 규정에 있어 시료 채취 근로자 수는 단위작업장소에서 최고 노출 근로자 몇 명 이상에 대하여 동시에 측정하도록 되어 있는가?
① 2명
② 3명
③ 5명
④ 10명

해설
작업환경 측정 및 정도관리 등에 관한 고시에서 시료 채취 근로자 수는 단위작업 장소에서 최고 노출 근로자 2명 이상에 대하여 동시에 개인 시료 채취방법으로 측정하되, 단위작업 장소에 근로자가 1명인 경우에는 그러하지 아니하며, 동일 작업 근로자 수가 10명을 초과하는 경우에는 매 5명당 1명 이상 추가하여 측정하여야 한다.

10 근골격계질환을 예방하기 위한 조치로 옳지 않은 것은?
① 계속하여 왼쪽으로 굽혀 잡는 자세를 오른쪽으로 잡도록 유도하였다.
② 망치의 미끄러짐을 방지하기 위하여 망치 자루에 고무 밴딩을 하였다.
③ 날카로운 책상 모서리에 팔의 하박 부분이 자주 닿아 모서리에 헝겊을 대었다.
④ 작업으로 인해 생긴 체열을 쉽게 발산하기 위하여 작업장의 온도를 약 16 ℃ 이하로 유지시켰다.

해설
21 ℃ 이하의 작업은 저온 작업이므로 근골격계질환의 위험요인이다.

정답 04 ① 05 ④ 06 ④ 07 ① 08 ③ 09 ① 10 ④

11 재해통계지수로 옳지 않은 것은?

① 종합재해지수 = $\sqrt{도수율 + 강도율}$

② 연천인율 = $\dfrac{연간\ 재해자\ 수}{연평균\ 근로자} \times 1{,}000$

③ 강도율 = $\dfrac{연간\ 근로손실일\ 수}{연간\ 근로시간\ 수} \times 1{,}000$

④ 도수율 = $\dfrac{연간\ 재해발생건수}{연간\ 근로시간\ 수} \times 1{,}000{,}000$

해설

종합재해지수(FSI): 인적 사고 발생의 빈도 및 강도를 종합한 지표로
FSI = $\sqrt{(도수율 \times 강도율)}$

12 전신 피로에 있어 생리학적 원인으로 옳지 않은 것은?

① 산소공급 부족
② 혈중 포도당 농도의 저하
③ 근육 내 글리코겐량의 감소
④ 소변 중 크레아틴량의 감소

해설

크레아틴, 젖산 등은 피로물질로 전신 피로 시 소변 중 크레아틴량의 증가가 일어난다.

13 작업 강도가 높아지는 요인으로 옳지 않은 것은?

① 작업 속도의 증가   ② 작업 인원의 감소
③ 작업 종류의 증가   ④ 작업 변경의 감소

해설

작업 강도에 영향을 주는 요소: 에너지소비량, 작업 속도, 작업 자세, 작업 범위, 작업 인원 등

14 국제노동기구(ILO)협약에 제시된 산업보건 관리업무로 옳지 않은 것은?

① 직장에 있어서의 건강 유해요인에 대한 위험성의 확인과 평가
② 작업방법의 개선과 새로운 설비에 대한 건강상 계획의 참여
③ 작업능률 향상과 생산성 제고에 관한 기획
④ 산업보건교육, 훈련과 정보에 관한 협력

> **해설**
> 작업능률 향상과 생산성 제고에 관한 기획은 산업보건 관리업무가 아닌 기업체의 경영에 관한 사항이다.

15 교대작업자의 작업설계를 할 때 고려해야 할 사항으로 옳지 않은 것은?
① 야간작업은 연속하여 3일을 넘기지 않도록 한다.
② 근무반 교대방향은 아침반 → 저녁반 → 야간반으로 정방향 순환이 되게 한다.
③ 교대작업자 특히 야간작업자는 주간작업자보다 연간 쉬는 날이 더 많이 있어야 한다.
④ 야간반 근무를 모두 마친 후 아침반 근무에 들어가기 전 최소한 12시간 이상 휴식을 하도록 한다.

> **해설**
> 야간반 근무를 모두 마친 후 아침반 근무에 들어가기 전 최소 48시간 이상 휴식을 하도록 한다.

16 NIOSH에서는 권장무게한계(RWL)와 최대허용한계(MPL)에 따라 중량물 취급작업을 분류하고, 각각의 대책을 권고하고 있는데 MPL을 초과하는 경우에 대한 대책으로 옳은 것은?
① 문제 있는 근로자를 적절한 근로자로 교대시킨다.
② 반드시 공학적 방법을 적용하여 중량물 취급작업을 다시 설계한다.
③ 대부분의 정상근로자들에게 적정한 작업조건으로 현 수준을 유지한다.
④ 적절한 근로자의 선택과 적정배치 및 훈련, 그리고 작업방법의 개선이 필요하다.

> **해설**
> MPL을 초과하는 경우의 대책: 반드시 공학적 방법을 적용하여 중량물 취급작업을 다시 설계한다.
> • RWL과 MPL 사이의 영역: 적절한 근로자의 선택과 적정 배치 및 훈련, 그리고 작업방법의 개선이 필요하다.
> • RWL 이하의 영역: 권고치 이하로 대부분의 근로자들에게 적절한 작업조건이다.

정답 11 ① 12 ④ 13 ④ 14 ③ 15 ④ 16 ②

17 '화학물질 및 물리적 인자의 노출 기준상' 다음 화학물질의 노출 기준(TWA, ppm)이 가장 낮은 것은?

① 오존(O_3)
② 암모니아(NH_3)
③ 일산화탄소(CO)
④ 이산화탄소(CO_2)

해설

화학물질 및 물리적 인자의 노출 기준 [별표 1] 화학물질의 노출 기준
오존(O_3) TWA 0.08 ppm, 암모니아(NH_3) TWA 25 ppm, 일산화탄소(CO) 30 ppm, 이산화탄소(CO_2) TWA 5,000 ppm

18 하인리히가 제시한 산업재해의 구성비율로 옳은 것은? (단, 순서는 "사망 또는 중상해 : 경상 : 무상해 사고"이다.)

① 1 : 29 : 300
② 1 : 30 : 330
③ 1 : 29 : 600
④ 1 : 30 : 600

해설

하인리히가 제시한 산업재해의 구성비율(1920년대 분석) : 1 : 29 : 300의 법칙(사망 또는 중상해 : 경상 : 무상해 사고)

19 산업안전보건법령상 사업주는 근골격계 부담작업에 근로자를 종사하도록 하는 경우에는 몇 년마다 유해요인조사를 실시하여야 하는가?

① 1년
② 2년
③ 3년
④ 5년

해설

산업안전보건기준에 관한 규칙에서 사업주는 근로자가 근골격계부담작업을 하는 경우에 3년마다 유해요인조사를 하여야 한다.

20 육체적 작업 능력이 16 kcal/min인 근로자가 1일 8시간 동안 물체를 운반하고 있다. 이때의 작업대사량이 7 kcal/min라고 할 때 이 사람이 쉬지 않고 계속하여 일할 수 있는 최대 허용시간은 약 얼마인가? (단, 16 kcal/min에 대한 작업시간은 4분이다.)

① 145분
② 188분
③ 227분
④ 245분

해설

$\log T_{end} = 3.720 - 0.1949 \times E$ 에서 $\log T_{end} = 3.720 - 0.1949 \times 7 = 2.3557$
$\therefore T_{end} = 10^{2.3557} = 227$ 분

2과목 작업환경 측정 및 평가

21 ACGIH 및 NIOSH에서 사용되는 자외선의 노출 기준 단위는?

① J/nm ② mJ/cm^2 ③ V/m^2 ④ W/℃

해설
ACGIH의 특정 파장 자외선에 대한 8시간 권고량에서 자외선의 단위는 mJ/cm^2, J/m^{2}으로 나타낸다.

22 수분에 대한 영향이 크지 않으므로 먼지의 중량 분석에 적절하고, 특히 유리규산을 채취하여 X선 회절법으로 분석하는데 적합한 여과지는?

① MCE 막여과지
② 유리섬유 여과지
③ PVC 여과지
④ 은 막여과지

해설
PVC(Poly-Vinyl Chloride) 막여과지: 비흡습성이므로 입자상 물질의 중량 분석에 적절하다. 특히 유리규산을 채취하여 X-선 회절법으로 분석하는데 좋으며 산화아연, 6가 크로뮴 등을 측정하는데도 사용된다.

23 호흡성 먼지를 채취할 때 입자의 크기가 10 μm 이상인 경우의 채취효율(폐의 침착률, 미국 ACGIH기준)로 옳은 것은?

① 75 % ② 50 % ③ 25 % ④ 0 %

해설
호흡성 먼지는 평균입경이 4 μm이므로 입경이 10 μm 이상인 경우의 폐에 도달하지 않으므로 채취효율(폐의 침착률, 미국 ACGIH기준)은 0 %이다.

24 가스크로마토그래피와 고성능 액체크로마토그래피의 비교로 옳지 않은 것은?

① 가스크로마토그래피(GC)는 분석 시료의 휘발성을 이용한다.
② 고성능 액체크로마토그래피(HPLC)는 분석 시료의 용해성을 이용한다.
③ 가스크로마토그래피의 분리 기전은 이온배제, 이온교환, 이온분배이다.

정답 17 ① 18 ① 19 ③ 20 ③ 21 ② 22 ③ 23 ④ 24 ③

④ 가스크로마토그래피의 이동상은 기체(가스)이고 고성능 액체크로마토그래피는 액체이다.

✅ 해설
가스크로마토그래피의 분리기전은 흡착, 분배, 분석 시료의 휘발성을 이용하는 것이다. 이온교환은 이온크로마토그래피의 분리기전이다.

25 검지관의 장·단점에 대한 설명으로 옳지 <u>않은</u> 것은?
① 민감도가 낮아 비교적 고농도에서 적용한다.
② 다른 방해물질의 영향을 받기 쉬워 오차가 크다.
③ 사전에 측정대상 물질의 동정이 불가능한 경우에 사용한다.
④ 다른 측정방법이 복잡하거나 빠른 측정이 요구될 때 사용할 수 있다.

✅ 해설
검지관 측정의 단점으로 사전에 측정대상 물질이 동정되어 있어야만 측정이 가능하다.

26 공기 중 납을 채취한 여과지 시료를 분석하고자 한다. 회수율을 구한 결과 95 %이고 시료 중 납 분석값은 0.05 mg이었다. 시료를 회수율로 보정한 값은?
① 0.0050 mg
② 0.0475 mg
③ 0.0500 mg
④ 0.0526 mg

✅ 해설
회수율을 고려한 보정값(mg) = $\dfrac{0.05 \text{ mg}}{0.95}$ = 0.0526 mg

27 분석에서의 계통오차(systematic error)로 옳지 <u>않은</u> 것은?
① 외계오차
② 개인오차
③ 기계오차
④ 우발오차

✅ 해설
측정치의 오차는 오차 원인 규명 및 그에 따른 보정도 어려운 우발오차(임의오차, 확률오차, 비계통오차)와 대부분의 경우 변이의 원인을 찾아낼 수 있으며, 크기와 부호를 추정 및 보정할 수 있는 계통오차(외계오차(환경오차), 기계오차(기기오차), 개인오차)로 나뉜다.

답안 표기란
25	①	②	③	④
26	①	②	③	④
27	①	②	③	④

28 고유량 공기 채취 펌프를 수동 무마찰 거품관으로 보정하였다. 비눗방울이 450 cm³의 부피(V)까지 통과하는데 12.6초(T) 걸렸다면 유량(Q)는 몇 L/min인가?

① 2.1 L/min ② 3.2 L/min
③ 7.8 L/min ④ 32.3 L/min

해설

1 mL = 1 cm³ = 1 cc(cubic centimeter)이므로 450 cm³ = 450 mL

$$\therefore \text{채취 유량(L/min)} = \frac{\text{비누거품이 통과한 용량(L)}}{\text{비누거품이 통과한 시간(min)}}$$

$$= \frac{450\,\text{mL} \times 10^{-3}\,\text{L/mL}}{12.6\,\text{s} \times \left(\frac{\text{min}}{60\,\text{s}}\right)} = 2.14\,\text{L/min}$$

29 1차 표준기구로 옳은 것은?

① Spirometer ② Thermo-anemometer
③ Rotameter   ④ Wet-test meter

해설

1차 표준 보정기구: 폐활량계(spirometer), 무마찰 거품관 또는 비누거품미터(frictionless piston meter), 피토우관, 가스치환병, 유리 또는 흑연피스톤 미터 등이 있다.

30 유량, 측정시간, 회수율, 분석에 의한 오차가 각각 15, 5, 5, 9일 때 누적오차는?

① 18.9 % ② 19.4 % ③ 20.9 % ④ 21.4 %

해설

누적오차(E_c, cumulative statistical error), $E_c = \sqrt{(E_1^2 + E_2^2 + \cdots E_n^2)}$

여기서, E_n: 시료 채취분석오차(SAE, Sampling and Analytical Error)를 발생시키는 각 출처에서의 오차($n = 1, 2, 3, \cdots$)

$$\therefore E_c = \sqrt{(15^2 + 5^2 + 5^2 + 9^2)} = 18.9\,\%$$

31 음압이 100배 증가하면 음압 수준은 몇 dB 증가하는가?

① 10dB ② 20dB ③ 30dB ④ 40dB

해설

음압의 증가에 따른 음압 수준, $20 \log r = 20 \log 100 = 40\,\text{dB}$

정답 25 ③ 26 ④ 27 ④ 28 ① 29 ① 30 ① 31 ④

32 25 ℃, 1 atm에서 H_2S를 함유한 공기 500 L를 흡수액 20 mL에 통과시켰더니 액 중의 H_2S양은 20 mg이었다. 공기 중 H_2S의 농도(ppm)는? (단, 채취효율은 75 %, S의 원자량은 32이다.)

① 19.5 ② 24.6 ③ 26.7 ④ 38.4

해설

황화수소(H_2S) (mg/m³) = $\dfrac{20 \text{ mg}}{500 \text{ L} \times 10^{-3} \text{ m}^3/\text{L} \times 0.75}$ = 53.3 mg/m³

∴ ppm = $53.3 \times \dfrac{24.45}{34}$ = 38.4 ppm

33 가스검지관의 특징에 대한 설명으로 옳지 않은 것은?
① 민감도가 높아 비교적 저농도에 적용이 가능하다.
② 특이도가 낮아 다른 방해물질의 영향을 받기 쉽다.
③ 색 변화가 선명하지 않아 주관적으로 읽을 수 있다.
④ 미리 측정대상 물질의 동정이 되어 있어야 측정이 가능하다.

해설

가스검지관법은 민감도가 낮아 비교적 고농도에 적용이 가능하다.

34 순간 시료 채취방법(가스상 물질)을 적용할 수 없는 경우로 옳지 않은 것은?
① 반응성이 없거나 비흡착성 가스상 물질을 채취할 때
② 오염물질의 농도가 시간에 따라 변할 때
③ 공기 중 오염물질의 농도가 낮을 때
④ 시간가중평균치를 구하고자 할 때

해설

순간 시료 채취방법(가스상 물질)을 적용할 수 없는 경우는 연속시료 채취방법을 사용해야 한다. 그래서 반응성이 없거나 비흡착성 가스상 물질을 채취할 때는 해당 사항이 아니다.

35 공기 중에 톨루엔(TLV = 100 ppm) 50 ppm, 자일렌(TLV = 100 ppm) 80 ppm, 아세톤(TLV = 750 ppm) 1 000 ppm으로 측정되었다면 이 작업환경의 노출지수 및 노출 기준 초과 여부는 얼마인가? (단, 상가작용 기준)
① 노출지수: 2.633, 초과함
② 노출지수: 2.053, 초과함
③ 노출지수: 0.633, 초과함
④ 노출지수: 0.833, 초과하지 않음

해설

노출지수, $EI = \dfrac{C_1}{TLV_1} + \dfrac{C_2}{TLV_2} + \cdots + \dfrac{C_n}{TLV_n} = \dfrac{50}{100} + \dfrac{80}{100} + \dfrac{1000}{750} = 2.633$로 1을 초과하여 노출 기준을 초과하였다.

36 공기 채취기구의 보정을 위한 1차 표준기구에 해당하는 것은?

① 가스치환병　　② 건식가스미터
③ 열선기류계　　④ 습식테스트미터

해설

1차 표준 보정기구: 기구 자체가 정확한 값(정확도 ±1 % 이내)를 제시하는 기구
㉠ 폐활량계(spirometer)
㉡ 무마찰 거품관 또는 비누거품미터(frictionless piston meter)
㉢ 피토우관(pitot tube)
㉣ 가스치환병(주로 실험실에서 사용함)
㉤ 유리 또는 흑연피스톤미터
로터미터는 유량을 측정하는 2차 표준기구이다.

37 작업환경의 고열 측정을 위한 자연습구온도계의 측정시간 기준으로 옳은 것은?(단, 고용노동부 고시 기준)

① 5분 이상　　② 10분 이상
③ 15분 이상　　④ 25분 이상

해설

자연습구온도계를 사용하여 습구온도를 측정할 경우 측정시간은 5분 이상이다.

38 여과포집에 적합한 여과재의 조건으로 옳지 않은 것은?

① 될 수 있는 대로 흡습률이 높을 것
② 포집시의 흡입저항은 될 수 있는 대로 낮을 것
③ 접거나 구부리더라도 파손되지 않고 찢어지지 않을 것
④ 포집대상 입자의 입도분포에 대하여 포집 효율이 높을 것

해설

여과재는 될 수 있는 대로 흡습률이 낮은 것이 좋다.

정답 32 ④　33 ①　34 ①　35 ①　36 ①　37 ①　38 ①

39 실리카젤에 대한 친화력이 가장 큰 물질은?

① 케톤류
② 올레핀류
③ 에스테르류
④ 방향족탄화수소류

> **해설**
> 실리카젤의 친화력(극성이 강한 순서)
> 물 > 알코올류 > 알데하이드류 > 케톤류 > 에스테르류 > 방향족 탄화수소류 > 올레핀류 > 파라핀류

40 어떤 분석 방법의 검출한계가 0.15 mg일 때 정량한계로 옳은 것은?

① 0.3 mg
② 0.45 mg
③ 0.9 mg
④ 1.5 mg

> **해설**
> 정량한계는 검출한계의 약 3배이다.
> ∴ $0.15 \times 3 = 0.45\,mg$

3과목 작업환경관리

41 고압환경에서 2차적 가압현상(화학적 장해)으로 옳지 않은 것은?

① 일산화탄소의 작용
② 질소의 작용
③ 이산화탄소의 작용
④ 산소의 중독

> **해설**
> 고압환경에서 2차적 가압현상(화학적 장해)에서 직업병에 영향을 주는 유해인자는 질소(N_2), 산소(O_2), 이산화탄소(CO_2)의 작용이다.

42 일반적으로 더운 환경에서 고된 육체적인 작업을 하면서 땀을 많이 흘릴 때 신체의 염분 손실을 충당하지 못하여 발생하는 고열장해는?

① 열발진
② 열사병
③ 열실신
④ 열경련

> **해설**
> 열경련은 가장 전형적인 열중증의 형태로 고온환경에서 심한 육체적인 노동을 할 경우 나타나는 데 이때 지나친 발한에 의한 수분 및 혈중 염분 손실이 가장 큰 원인이다.

43 방진재인 공기스프링에 관한 설명으로 옳지 않은 것은?

① 부하능력이 광범위하다.
② 구조가 복잡하고 시설비가 많다
③ 압축기 등의 부대시설이 필요하지 않다.
④ 사용진폭이 적은 것이 많아 별도의 댐퍼가 필요한 경우가 많다.

해설
공기스프링은 공기압축기 등 부대시설이 필요한 단점이 있다.

44 방진 마스크의 선정 기준으로 옳지 않은 것은?

① 배기 저항은 큰 것이 좋다.   ② 중량은 가벼운 것이 좋다.
③ 포집 효율이 높은 것이 좋다.   ④ 흡기 저항은 작은 것이 좋다.

해설
방진 마스크의 선정 시 배기 저항은 적은 것일수록 좋다.

45 채광에 관한 설명으로 옳지 않은 것은?

① 균일한 조명을 요구하는 작업실은 북창이 좋다
② 창의 면적은 벽 면적의 15 ~ 20 %가 이상적이다.
③ 자연채광 시 실내 각 점의 개각은 4 ~ 5°, 입사각은 28° 이상이 좋다.
④ 지상에서의 태양 조도는 약 100,000 Lux 정도이며 건물의 창 내측에서는 약 2,000 Lux 정도이다.

해설
창의 면적은 바닥면적의 15 ~ 20 %가 이상적이다.

46 출력이 1.0 W인 작은 음원에서 10 m 떨어진 점의 음압 레벨(SPL)은? (단, 무지형성 점음원이며 자유공간에 있다고 가정함)

① 83 dB   ② 89 dB   ③ 93 dB   ④ 98 dB

해설
$PWL = 10 \log \dfrac{1.0}{10^{-12}} = 120 \, dB$, 자유공간일 때 $SPL = PWL - 20 \log r - 11$에서
$SPL = 120 - 20 \log 10 - 11 = 89 \, dB$

47 고온작업장의 고온 대책에 관한 설명으로 옳지 않은 것은?
① 대류: 작업주기 증가
② 작업대사량: 작업량감소
③ 복사열: 방열판으로 차단
④ 급성 고열폭로: 공냉, 수냉식 방열복 착용

해설
대류 증가에 의한 방법은 작업장 주위 공기 온도가 작업자 신체 피부 온도보다 낮을 경우에만 적용 가능하다.

48 감압병의 예방과 치료에 관한 설명으로 옳지 않은 것은?
① 특별히 잠수에 익숙한 사람을 제외하고는 1분에 10 m 정도씩 잠수하는 것이 안전하다.
② 감압이 끝날 무렵 순수한 산소를 흡입시키면 예방적 효과가 있을 뿐 아니라 감압시간을 25 %가량 단축시킨다.
③ 헬륨은 질소보다 확산속도가 작고 체외로 배출되는 시간이 질소에 비하여 2배 가량이 길어 고압환경에서 작업할 때는 질소를 헬륨으로 대치한 공기를 호흡시킨다.
④ 감압병 증상이 발생하였을 때에는 환자를 바로 원래의 고압환경에 복귀시키거나 인공적 고압실에 넣어 혈관 및 조직 속에 발생한 질소의 기포를 다시 용해시킨 다음 천천히 감압한다.

해설
헬륨은 질소보다 확산속도가 크며, 체외로 배출되는 시간이 질소에 비하여 50 % 정도 밖에 걸리지 않는다.

49 지적온도에 미치는 인자에 관한 설명으로 옳지 않은 것은?
① 여름철이 겨울철보다 높다.
② 젊은 사람보다 노인들에게 지적온도가 높다.
③ 더운 음식, 알코올 섭취 시 지적온도는 낮아진다.
④ 작업량이 클수록 체열 생산량이 많아 지적온도가 높아진다.

해설
- 지적온도(적정온도, optimum temperature): 인간이 활동하기에 가장 좋은 상태인 온열 조건으로 환경온도를 감각온도로 나타낸 것
- 작업량이 클수록 체열 생산량이 많아 지적온도는 낮아진다.

50 소음 작업장 개인보호구인 귀마개에 관한 설명으로 옳지 않은 것은?

① 제대로 착용하는데 시간이 걸리고 요령을 습득하여야 한다.
② 오래 사용하여 귀걸이의 탄력성이 줄었을 때는 차음 효과가 떨어진다.
③ 귀마개는 좁은 장소에서 머리를 많이 움직이는 작업을 할 때 사용하기 편리하다.
④ 외청도에 이상이 없는 경우에 사용이 가능하며, 또 이상이 없어도 사용시간에 제한을 받는다.

☑ 해설
오래 사용하여 귀걸이의 탄력성이 줄었을 때는 차음 효과가 떨어지는 개인보호구는 귀덮개이다.

51 전리방사선의 단위 중 생체실효선량으로 옳은 것은?

① rad
② R
③ RBE
④ rem

☑ 해설
rem(렘, röentgen equivalent man): 생체실효선량으로 방사선이 생물체에 미치는 작용을 결정하는 흡수선량의 단위로 X선의 조사선량이 1 R일 때 이것을 피폭한 사람의 선량당량은 약 1 rem이다. X선이나 γ선을 기준으로 하는 각종 방사선의 생체에 대한 작용을 생물학적 효과비율(RBE, Relative Biological Effectiveness) 또는 방사선 가중치라고도 하며, 이것을 고려해서 나타내는 단위를 rem이라 한다.
rem = rad × RBE

52 방사선량 중 흡수선량에 관한 설명으로 옳지 않은 것은?

① 공기가 방사선에 의해 이온화되는 것에 기초를 둠
② 조직(또는 물질)의 단위 질량 당 흡수된 에너지임
③ 관용단위는 rad(피조사체 1 g에 대하여 100 erg의 에너지가 흡수되는 것)임
④ 모든 종류의 이온화 방사선에 의한 외부노출, 내부노출 등 모든 경우에 적용함

☑ 해설
흡수선량은 방사선이 물질과 상호작용한 결과 그 물질의 단위 질량에 흡수된 에너지이다.

정답 47 ① 48 ③ 49 ④ 50 ② 51 ④ 52 ①

53 고압환경에서의 질소마취는 몇 기압 이상의 작업환경에서 발생하는가?
① 1기압 ② 2기압
③ 3기압 ④ 4기압

해설
질소마취는 질소가스가 정상기압에서는 비활성이지만 4기압 이상에서는 마취작용을 나타내는 것이다.

54 국소진동에 의해 발생되는 레이노 씨 현상(Raynaud's phenomenon)에 관한 설명으로 옳지 않은 것은?
① 압축공기를 이용한 진동 공구를 사용하는 근로자들의 손가락에서 주로 발생한다.
② 손가락에 있는 말초혈관 운동의 장해로 초래된다.
③ 수근골에서의 탈석회화 작용을 유발한다.
④ 추위에 노출되면 현상이 악화된다.

해설
수근골에서의 탈석회화 작용을 유발하는 것은 비타민 D 부족으로 인한 골연화증과 관련이 있다.

55 작업환경개선 대책 중 대치의 방법으로 옳지 않은 것은?
① 분체의 원료는 입자가 큰 것으로 바꾼다.
② 금속제품 도장용으로 유기용제를 수용성 도료로 전환한다.
③ 금속제품의 탈지에 트리클로로에틸렌을 사용하던 것을 계면활성제로 전환한다.
④ 아조염료의 합성에서 원료로 디클로로벤지딘을 사용하던 것을 방부기능의 벤지딘으로 바꾼다.

해설
아조염료 합성원료인 벤지딘을 디클로로벤지딘으로 전환한다.

답안 표기란				
53	①	②	③	④
54	①	②	③	④
55	①	②	③	④

56 빛과 밝기의 단위에 관한 설명으로 옳지 않은 것은?

① 루멘은 1촉광의 광원으로부터 단위 입체각으로 나가는 광속의 단위이다.
② 광원으로부터 나오는 빛의 세기를 광도라 하며 단위로는 칸델라를 사용한다.
③ 조도는 광속의 양에 반비례하고 입사 면의 단면적에 비례하며 단위는 룩스(Lux)이다.
④ 단위 평면적에서 발산 또는 반사되는 광량, 즉 눈으로 느끼는 광원 또는 반사체의 밝기를 휘도라고 한다.

해설
조도(illumination)는 빛 밝기의 정도로 대상 면에 입사하는 빛의 양을 나타내며 단위는 lx 또는 lux로 표기하며 '럭스' 또는 '룩스'로 읽고 이는 바닥 면이나 작업 면 또는 벽면 등에 입사하는 빛의 양을 나타낸다. 조도는 광속의 양에 비례하고 입사면의 단면적에 반비례한다.

57 무거운 저속연장 사용으로 발생하는 진동에 의한 손의 장애에 관한 내용으로 옳지 않은 것은? (단, 가벼운 고속연장과 비교 기준)

① 뼈와 퇴행성 변화는 없다.
② 부종이 때때로 발생할 수 있다.
③ 손가락의 창백 현상이 특징적이다.
④ 동통은 통상적으로 주증상이 아니다.

해설
무거운 저속연장 사용으로 발생하는 진동에 의한 손의 장해는 뼈 및 관절의 장해를 유발한다.

58 총흡음량이 1,000 sabin인 작업장에 흡음시설을 강화하여 총흡음량이 4,000 sabin이 되었다. 소음감소(noise reduction)는 얼마가 되겠는가?

① 3 dB ② 6 dB
③ 9 dB ④ 12 dB

해설
소음감소량(NR) = $10 \log\left(\dfrac{4,000}{1,000}\right)$ = 6 dB

정답 53 ④ 54 ③ 55 ④ 56 ③ 57 ① 58 ②

59 도노선(Dorno-ray)은 자외선의 대표적인 광선이다. 이 빛의 파장 범위로 옳은 것은?

① 215 ~ 270 nm
② 290 ~ 315 nm
③ 2,150 ~ 2,800 nm
④ 2,900 ~ 3,150 nm

해설

Dorno-Ray(도노선): 290 ~ 315 nm(2,900 ~ 3,150 Å)의 파장을 갖는 자외선으로 인체에 유익한 작용을 하여 건강선(생명선)이라고도 한다. 소독작용, 비타민 D 형성, 피부의 색소침착 등 생물학적 작용이 강하다.

60 진폐증을 일으키는 분진 중에서 폐암을 유발시키는 분진은?

① 규산분진　② 석면분진　③ 활석분진　④ 규조토분진

해설

석면분진은 석면폐증, 폐암, 악성중피종, 늑막암 등을 일으켜 1급 발암물질군에 포함되어 있다.

4과목　산업환기

61 송풍기의 소요동력을 구하고자 할 때 필요한 인자로 옳지 않은 것은?

① 송풍기의 효율
② 풍량
③ 송풍기의 유효전압
④ 송풍기의 종류

해설

송풍기의 소요동력(kW) = $\dfrac{Q \times \Delta P}{6,120 \times \eta} \times \alpha$ [kW]에서 동력을 결정할 때 가장 필요한 정보는 송풍기 전압과 필요송풍량, 송풍기의 효율, 여유율(안전계수)이다.

62 두 개의 덕트가 합류될 때 정압(SP)에 따른 개선사항으로 옳지 않은 것은?

① 0.95 ≤ (낮은 SP/높은 SP): 차이를 무시
② 두 개의 덕트가 합류될 때 정압의 차이가 없는 것이 이상적
③ (낮은 SP/높은 SP) < 0.8: 정압이 높은 덕트의 직경을 다시 설계
④ 0.8 ≤ (낮은 SP/높은 SP) < 0.95: 정압이 낮은 덕트의 유량을 조정

해설

$\left(\dfrac{\text{낮은 } SP}{\text{높은 } SP}\right)$ < 0.8: 정압이 낮은 덕트의 직경을 다시 설계해야 한다.

63 전기집진장치의 전기 집진과정을 올바르게 나열한 것은?

> ㉠ 집진극으로부터의 분진 입자의 제거
> ㉡ 포집된 분진 입자의 전하 상실 및 중성화
> ㉢ 함진가스의 이온화
> ㉣ 분진 입자의 집진극으로의 이동 및 포집
> ㉤ 분진 입자의 대전

① ㉢ → ㉤ → ㉣ → ㉡ → ㉠
② ㉣ → ㉡ → ㉢ → ㉠ → ㉤
③ ㉤ → ㉢ → ㉠ → ㉣ → ㉡
④ ㉤ → ㉢ → ㉡ → ㉣ → ㉠

☑ 해설

전기집진장치의 집진과정: 방전극에 의한 함진가스의 이온화 → 입자의 대전 → 대전된 입자의 집진극 이동 → 포집 입자의 전하상실 → 집진극으로부터 입자 제거

64 다음 그림과 같은 송풍기 성능곡선에 대한 설명으로 옳은 것은?

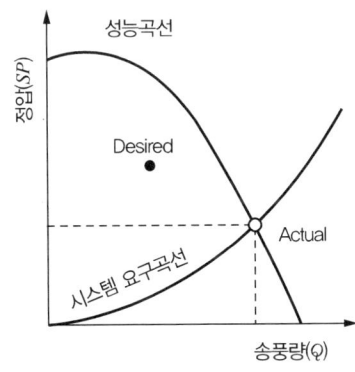

① 송풍기의 선정이 적절하여 원했던 송풍량이 나오는 경우이다.
② 성능이 약한 송풍기를 선정하여 송풍량이 작게 나오는 경우이다.
③ 너무 큰 송풍기를 선정하고, 시스템 압력손실도 과대평가된 경우이다.
④ 송풍기의 선정은 적절하나 시스템의 압력손실이 과대평가되어 송풍량이 예상보다 많이 나오는 경우이다.

☑ 해설

그림에서 Desired는 설계동작점을, Actual은 실제동작점이다. 주어진 그림은 송풍기가 너무 크게 선정되었고, 시스템 압력손실도 과대평가된 경우를 나타낸다.

정답 59 ② 60 ② 61 ④ 62 ③ 63 ① 64 ③

65 직경이 180 mm인 덕트 내 정압은 −58.5 mmH₂O, 전압은 23.5 mmH₂O이다. 이때 공기유량은 약 몇 m³/min인가?

① 42
② 56
③ 69
④ 81

해설

속도압 $VP = TP - SP = 23.5 - (-58.5) = 82\,\mathrm{mmH_2O}$, 여기서 $VP = \left(\dfrac{V}{4.043}\right)^2$의 식에서 $V = 36.6\,\mathrm{m/s}$

∴ $Q(\mathrm{m^3/min}) = 60\,AV = 60 \times \dfrac{3.14}{4} \times 0.18^2 \times 36.6 = 56\,\mathrm{m^3/min}$

66 덕트 내에서 피토관으로 속도압을 측정하여 반송속도를 추정할 때 반드시 필요한 자료로 옳지 않은 것은?

① 횡단측정 지점에서의 덕트 면적
② 처리대상 공기 중 유해물질의 조성
③ 횡단지점에서 지점별로 측정된 속도압
④ 횡단측정 지점과 측정시간에서 공기의 온도

해설

덕트 내에서 피토관으로 속도압을 측정하여 반송속도를 추정할 때 유해물질 조성과 덕트 내 반송속도와는 관련성이 없다.

67 국소배기 시스템 설치 시 고려사항으로 옳지 않은 것은?

① 가급적 원형 덕트를 사용한다.
② 후드는 덕트보다 두꺼운 재질을 선택한다.
③ 곡관의 곡률 반경은 최소 덕트 직경의 1.5 이상으로 하며, 주로 2.0배를 사용한다.
④ 송풍기를 연결할 때는 최소 덕트 직경의 3배 정도는 직선 구간으로 하여야 한다.

해설

송풍기를 연결할 때는 최소 덕트직경의 6배 정도는 직선 구간으로 하여야 한다.

68 슬롯후드란 개구변의 폭(W)이 좁고, 길이(L)가 긴 것을 말하며 일반적으로 W/L 비가 몇 이하인 것을 말하는가?

① 0.1 ② 0.2 ③ 0.3 ④ 0.4

해설
슬롯후드는 폭과 길이의 비(종횡비, W/L)가 0.2 이하인 폭이 좁고, 길이가 긴 후드를 말한다.

69 자연환기 방식에 의한 전체환기의 효율은 주로 무엇에 의해 결정되는가?
① 대기압과 오염물질의 농도
② 풍압과 실내·외 온도 차이
③ 오염물질의 농도와 실내·외 습도 차이
④ 작업자 수와 작업장 내부 시설의 위치

해설
자연환기는 실내·외 온도차와 풍력차에 의한 자연적 공기 흐름에 의한 환기이다.

70 분사구의 등속점에서 거리가 멀어질수록 기류 속도가 작아져 분출기류의 속도가 50 %로 줄어드는 부위를 무엇이라 하는가?
① 잠재중심부   ② 천이부
③ 완전개방부   ④ 흡입부

해설
push-pull 방식에서 분사구의 등속점에서 거리가 멀어질수록 기류속도가 작아져 분출기류의 속도가 50 %로 줄어드는 부위는 분사구 직경의 30배가 되는 천이부이다.

71 push-pull형 환기장치에 관한 설명으로 옳지 않은 것은?
① 도금조, 자동차 도장공정에서 이용할 수 있다.
② 일반적인 국소배기장치 후드보다 동력비가 가장 많이 든다.
③ 한 쪽에서는 공기를 불어 주고(push) 한쪽에서는 공기를 흡입(pull)하는 장치이다.
④ 공정상 제어거리가 길어서 단지 공기를 제어하는 일반적인 후드로는 효과가 낮을 때 이용하는 장치이다.

해설
push-pull형 환기장치는 일반적인 국소배기장치 후드보다 동력비가 적게 소요된다.

정답 65 ② 66 ② 67 ④ 68 ② 69 ② 70 ② 71 ②

72 터보팬형 송풍기의 특징을 설명한 것으로 옳지 않은 것은?

① 소음, 진동이 비교적 크다.
② 통상적으로 최고속도가 높아 효율이 높다.
③ 규정풍량 이외에서는 효율이 갑자기 떨어지는 단점이 있다.
④ 소요정압이 떨어져도 동력은 크게 상승하지 않으므로 시설저항 및 운전상태가 변하여도 과부하가 걸리지 않는다.

☑ 해설
터보팬형 송풍기는 규정풍량 이외에서도 효율이 갑자기 떨어지지는 않는 장점이 있다.

73 국소배기에서 덕트의 반송속도에 대한 설명으로 옳지 않은 것은?

① 가스상 물질의 반송속도는 분진의 반송속도보다 늦다.
② 덕트의 반송속도는 송풍기 용량에 맞춰 가능한 높게 설정한다.
③ 분진의 경우 반송속도가 낮으면 덕트 내에 분진이 퇴적될 우려가 있다.
④ 같은 공정에서 발생되는 분진이라도 수분이 있는 것은 반송속도를 높여야 한다.

☑ 해설
반송속도는 오염물질을 이송시키기 위한 덕트 내 기류의 최소속도를 의미한다.

74 분진을 다량 함유하는 공기를 이송시키고자 할 때 송풍기를 잘못 선정하면 송풍기 날개에 분진이 퇴적되어 효율이 저하되는 경우가 많다. 다음 중 자체 정화 기능을 가진 송풍기는 무엇인가?

① 터보 송풍기
② 방사날개형 송풍기
③ 후향날개형 송풍기
④ 전향날개형 송풍기

☑ 해설
깃이 분진의 자체정화가 가능한 구조로 된 송풍기는 평판형 송풍기(방사날개형 송풍기, 평판형 송풍기)이다.

75 도금공정에서 벽에 고정된 외부식 국소배기장치가 설치되어 있다. 소요풍량이 10.5 m³/min, 덕트의 직경이 10 cm, 후드의 유입손실계수가 0.4일 때 후드의 유입손실(mmH₂O)은? (단, 덕트 내의 온도는 표준상태로 가정한다.)

① 12.16
② 14.18
③ 16.27
④ 18.25

해설

$V = \dfrac{Q}{A} = \dfrac{10.5 \times 4}{3.14 \times 0.1^2 \times 60} = 22.3 \, \text{m/s}$

$VP = \left(\dfrac{V}{4.043}\right)^2 = \left(\dfrac{22.3}{4.043}\right)^2 = 30.4 \, \text{mmH}_2\text{O}$

∴ $\Delta P = 0.4 \times 30.4 = 12.16 \, \text{mmH}_2\text{O}$

76 융융로 상부의 공기 용량은 200 m³/min, 온도는 400 ℃, 1기압이다. 이것은 21 ℃, 1기압의 상태로 환산하면 공기의 용량은 약 몇 m³/min가 되겠는가?

① 82.6
② 87.4
③ 93.4
④ 116.6

해설

환산된 공기의 용량: $Q_2 = 200 \times \dfrac{273+21}{273+400} = 87.37 \, \text{m}^3/\text{min}$

77 덕트계에서 공기의 압력에 대한 설명으로 옳지 않은 것은?

① 속도압은 공기가 이동하는 힘으로 항상 0 이상이다.
② 국소배기장치의 배출구 압력은 항상 대기압보다 높아야 한다.
③ 공기의 흐름은 압력차에 의해 이동하므로 송풍기 앞은 항상 음(-)의 값을 갖는다.
④ 정압은 잠재적인 에너지로 공기의 이동에 소요되어 유용한 일을 하므로 항상 양(+)의 값을 갖는다.

해설

정압은 잠재적인 에너지로 공기의 이동에 소요되어 유용한 일을 하므로 양(+) 및 음(-)의 값을 갖는다.

정답 72 ③ 73 ② 74 ② 75 ① 76 ② 77 ④

78 90° 곡관의 곡률 반경이 2.0일 때 압력손실 계수는 0.27이다. 속도압이 15 mmH₂O일 때 덕트 내 유속은 약 몇 m/s인가? (단, 표준상태이며, 공기의 밀도는 1.2 kg/m³이다.)

① 20.7
② 15.7
③ 18.7
④ 28.7

해설

$VP = \left(\dfrac{V}{4.043}\right)^2$ 에서 $15 = \left(\dfrac{V}{4.043}\right)^2$, ∴ $V = 15.7 \, \text{m/s}$

79 송풍기를 직렬로 연결하여 사용하는 경우로 옳은 것은?
① 24시간 생산체제로 운전할 때
② 1대의 대형 송풍기를 사용할 수 없어 분할이 필요한 경우
③ 송풍기 정압이 1대의 송풍기로 얻을 수 있는 정압보다 더 필요한 경우
④ 송풍기가 고장이 나더라도 어느 정도의 송풍량을 확보할 필요가 있는 경우

해설

송풍기 정압이 1대의 송풍기로 얻을 수 있는 정압보다 더 필요한 경우 송풍기를 직렬로 연결한다.

80 제어속도에 관한 설명으로 옳지 않은 것은?
① 포착속도라고도 한다.
② 유해물질이 후드로 유입되는 최대속도를 말한다.
③ 같은 유해인자라도 후드의 모양과 방향에 따라 달라진다.
④ 제어속도는 유해물질의 발생조건과 공기의 난기류 속도 등에 의해 결정된다.

해설

제어속도 또는 제어풍속은 유해물질이 후드로 유입되는 최소속도를 말한다.

답안 표기란				
78	①	②	③	④
79	①	②	③	④
80	①	②	③	④

정답 78 ② 79 ③ 80 ②

■ 저자 약력

신은상 공학박사
- 전 동남보건대학교 바이오환경보건과 정교수
- 한국대기환경학회 부회장(미래교육) 역임
- NCS 환경·에너지·안전 분야 대표집필자
- 30년간 산업위생 관련 분야 전 과목 강의 및 문제출제 경력

산업위생관리산업기사 필기

정가 ┃ 30,000원

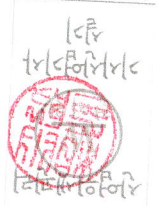

지은이 ┃ 신　은　상
펴낸이 ┃ 차　승　녀
펴낸곳 ┃ 도서출판 건기원

2023년 3월 15일 제1판 제1쇄 인쇄발행
2024년 1월 25일 제2판 제1쇄 인쇄발행
2025년 1월 10일 제3판 제1쇄 인쇄발행

주소 ┃ 경기도 파주시 연다산길 244(연다산동 186-16)
전화 ┃ (02)2662-1874~5
팩스 ┃ (02)2665-8281
등록 ┃ 제11-162호, 1998. 11. 24

- 건기원은 여러분을 책의 주인공으로 만들어 드리며 출판 윤리 강령을 준수합니다.
- 본 수험서를 복제·변형하여 판매·배포·전송하는 일체의 행위를 금하며, 이를 위반할 경우 저작권법 등에 따라 처벌받을 수 있습니다.

ISBN 979-11-5767-868-6　13530